第五代行動通訊系統

3GPP New Radio (NR)：原理與實務

李大嵩 李明峻 詹士慶 吳昭沁 著

全華圖書股份有限公司 印行

國家圖書館出版品預行編目資料

第五代行動通訊系統 3GPP New Radio(NR)：原理與實務/李大嵩, 李明峻, 詹士慶, 吳昭沁編著. -- 初版. -- 新北市 : 全華圖書股份有限公司, 2021.10

面； 公分

ISBN 978-986-503-940-0(平裝)

1.無線電通訊

448.82 110016506

第五代行動通訊系統 3GPP New Radio (NR)：原理與實務

作者 / 李大嵩 李明峻 詹士慶 吳昭沁
發行人 / 陳本源
執行編輯 / 鍾佩如
封面設計 / 盧怡瑄
出版者 / 全華圖書股份有限公司
郵政帳號 / 0100836-1 號
印刷者 / 宏懋打字印刷股份有限公司
圖書編號 / 06469
初版一刷 / 2021 年 10 月
定價 / 新台幣 580 元
ISBN / 978-986-503-940-0
全華圖書 / www.chwa.com.tw
全華網路書店 Open Tech / www.opentech.com.tw
若您對本書有任何問題，歡迎來信指導 book@chwa.com.tw

臺北總公司(北區營業處)
地址：23671 新北市土城區忠義路 21 號
電話：(02) 2262-5666
傳真：(02) 6637-3695、6637-3696

南區營業處
地址：80769 高雄市三民區應安街 12 號
電話：(07) 381-1377
傳真：(07) 862-5562

中區營業處
地址：40256 臺中市南區樹義一巷 26 號
電話：(04) 2261-8485
傳真：(04) 3600-9806(高中職)
(04) 3601-8600(大專)

序言

第一代 (1G) 商用行動通訊系統於 1980 年代問世，當時僅有少數用戶使用此昂貴的服務；第二代 (2G) 行動通訊系統於 1990 年代問世，由於技術的進步與市場普及，用戶數大幅提升，電信服務市場生態開始有了巨大轉變；第三代 (3G) 行動通訊系統於 2000 年代問世，標榜多媒體服務與更大的系統容量，但初期似乎未能獲得市場認同與定位，直到智慧型手機出現，3G 系統的行動上網能力才開始被消費者重視，但很快的，系統容量與服務品質無法跟上用戶的需求而顯得捉襟見肘；在此一生態條件下，第四代 (4G) 行動通訊系統於 2010 年代應運而生，以解決行動上網頻寬不足為己任，迅速獲得電信服務市場的認可，用戶數也大幅提升，成為十分成功的行動寬頻服務平台。就在 4G 如日中天之時，第五代 (5G) 行動通訊系統於 2020 年開始於全球範圍營運，標榜具備大頻寬、低延遲、廣連結三大技術面向，能提供較 4G 更為廣泛的服務模式，而其用戶也引領期盼它能帶來全新的使用體驗。國際電信聯盟 ITU 官方認可的 5G 行動通訊標準為 3GPP New Radio (NR) 與相關的物聯網標準 NB-IoT。

5G 行動通訊技術充分表現了人類面對新世代商用通訊服務挑戰所做出的全方位回應，這些挑戰包括：有限的頻譜、複雜的物理環境、嚴格的延遲要求，以及多樣化的應用服務等。首先，行動通訊的頻譜在大多數國家都是以極高價格標售給電信業者使用，這使得電信業者必須在每單位頻譜產生最大的數據量，方能平衡標金成本；其次，行動通訊系統運作於複雜的地面環境中，須面對各種電波傳播效應，再加上用戶的移動性，使得系統接收機面對極大挑戰；再者，為了能提供更即時的用戶體驗，5G 系統引進極低延遲技術，讓某些對時間敏感的應用如智慧運輸、智慧工廠、虛擬實境與遠距醫療等得以在 5G 架構下實現；最後，5G 系統提供網路切片功能，可將整體資源針對不同應用服務做出互不干擾的最優配置，提供用戶更具彈性的服務體驗。基於上述有別於 4G 系統的特有能力，5G 系統可針對個別企業或機構提供專網服務，打造客製化的網路架構與應用，其目的在提升相關場域的運作效率與效益，從而強化其競爭力，此一願景為廣大企業用戶帶來數位轉型的希望，也為電信營運商帶來擺脫笨水管的契機，更為國內白牌設備商提供切入電信市場的舞台，可謂 5G 時代兵家必爭之地，值得期待。

5G 行動通訊系統除了網路架構的進一步優化外，也延續 4G 系統在實體層大量引進先進的信號處理技術，協助改善通訊系統接收機的效能。現今的行動通訊系統係運作於一個極為複雜惡劣的物理條件下，多用戶、移動，以及變動不止的通道，這對傳統的通訊技術而言，是極為不友善的條件。因此，在過去三十幾年間，學術界有大量的研究探討如何結合通訊與信號處理二領域的技巧，有效地解決行動通訊所面對的挑戰，此一努力所獲的的成效極為豐碩，在 4G 與 5G 的技術規範中處處可見其蹤跡。在

Preface

現今的主流學術文獻中，行動通訊的研究充斥著各種信號處理的技巧，這是不同學術領域結合的絕佳範例，而此一合作模式，相信將持續至未來 B5G 系統的研發過程，產出更多令人耳目一新的成果。

本書主題為第五代行動通訊技術標準 3GPP NR 系統的原理與實務，是「第四代行動通訊系統 3GPP LTE-Advanced 原理與實務」的延續著作，全書分為兩個部分：第一部分側重與 NR 相關性較高的行動通訊學理介紹，第二部分側重 NR 的技術標準實務介紹，茲略述如下：

學理部分：首先探討電波傳播物理特性，輔以數學模型解說 3GPP 所採用的無線傳輸通道 (SCM/SCME) 特性，並介紹多天線系統信號模型；其次，針對 OFDM 系統，從傳收機基本架構、原理及相關的信號檢測與處理演算法進行深入介紹；最後探討多天線信號處理，包括波束成形、多樣、空時碼、MIMO 檢測及預編碼等，提供全面性的介紹。

實務部分：首先針對 NR 系統與技術，介紹 R13 到 R16 規格版本的演進過程與主要技術內涵，並詳述系統網路架構、通訊協定、實體傳輸資源，與三維通道模型；其次，介紹NR系統實體層信號處理與運作機制，包括各類參考信號、實體層處理、控制信令、波束管理、毫米波系統、大規模多天線系統、多天線傳輸模式、側行鏈路傳輸，與協調多點傳輸及載波聚合技術；最後探討其他NR進階關鍵技術，介紹極可靠低延遲通訊、裝置對裝置通訊與鄰域服務、機器類型通訊與物聯網、車聯網通訊、定位服務與技術、非授權頻譜與頻譜共享技術、垂直應用與專網，以及非地面網路通訊。

本書的內容係基於國立陽明交通大學電信工程研究所「無線通訊信號處理」課程教材發展而成，適合作為電機通訊相關科系大學部高年級 / 研究所授課與研發人員自修之用，建議讀者先具備「信號與系統」與「通訊原理」等課程基礎較佳。本書第二至八章均附有習題，供讀者自我評估之用，書末並有兩則附錄，分別簡要介紹矩陣代數及最佳化理論，協助讀者掌握書中學理部分內容。

本書的完成，首先要感謝共同作者詹士慶與吳昭沁的貢獻，另外要感謝金志惠、葉冠呈、劉耘碩、陳建凱與余少軒協助書稿校閱與輔助教材製作，最後要感謝全華圖書公司在本書的規劃與編輯上的專業協助。

李大嵩 李明峻

國立陽明交通大學電信工程研究所

目錄

Contents

Contents

Chapter 8 5G NR 進階關鍵技術

Appendix A 矩陣代數簡介

Appendix B 最佳化理論簡介

Index 本書索引

NOTATIONS & ACRONYMS

粗體字代表向量或矩陣

$|\ |$：絕對值

$(\ )^*$：共軛

$(\ )^+$：保留正值，非正值設爲零 (用於純量時)

$(\ )^T$：向量或矩陣轉置

$(\ )^H$：向量或矩陣共軛轉置

$(\ )^{-1}$：反矩陣

$(\ )^+$：擬反矩陣 (用於矩陣時)

$\|\ \|$：向量或矩陣範數

tr( )：矩陣對角元素和

det( )：矩陣行列式

diag( )：以輸入向量爲對角元素的對角矩陣

I：單位矩陣

O：零矩陣

*：旋積

$\odot_N$：以 N 爲周期的循環旋積

$((\ ))_N$：以 N 爲周期的循環位移

$\otimes$：Kronecker 乘積

log( )：對數函數

$E\{\ \}$：期望值

Σ：加總

Max：最大值

Min：最小值

arg：自變數

2nd-stage SCI：2nd-stage sidelink control information
3GPP：3rd Generation Partnership Project
5GC：5G core network
5GMSGS client：5G message service client
5G NR：5G New Radio
ACK：acknowledgement
A/D：analog-to-digital conversion
ADC：analog-to-digital converter
AF：application function
AGC：automatic gain control
AMF：access and mobility management function
AoA：angle of arrival
AOA：azimuth angle of arrival
AoD：angle of departure
AOD：azimuth angle of departure
AOMT messaging：application originated mobile terminated messaging
AP：access point
AS：angle spread
ASA：azimuth angle spread of arrival
ASD：azimuth angle spread of departure
AUSF：authentication server function
BBU：baseband unit
BBU pool：baseband unit pool
BCCH：broadcast control channel
BCH：broadcast channel
BER：bit error rate
BLER：block error rate
BS：base station
BWP：bandwidth part
CA：carrier aggregation
CBG：code block group
CC：component carrier
CCA：clear channel assessment
CCCH：common control channel
CCE：control channel element
CCTV：closed-circuit television
CDD：cyclic delay diversity
CDF：cumulative distribution function
CDM：code division multiplexing
CFO：carrier frequency offset
CIoT：cellular Internet of things
CLR：correlated low rank
CN：core network
CoMP：coordinated multi-point
CORESET：control resource set
CP：cyclic prefix
CQI：channel quality indicator
C-RAN：centralized radio access network
CRB：common resource block
CRI：CSI-RS resource indicator
CRM：CoMP resource management
C-RNTI：cell radio-network temporary identifier
CS/CB：coordinated scheduling/beamforming
CSI：channel state information
CSI-RS：CSI reference signal
CSIT：channel state information at transmitter
CU：central unit
CUPS：control and user plane separation
C-V2X：cellular V2X
CWS：contention window size
D2D：device-to-device
D/A：digital-to-analog conversion

DAC：digital-to-analog converter
DAS：distributed antenna system
DCCH：dedicated control channel
DCI：downlink control information
DFT：discrete Fourier transform
DFT-s-OFDMA：DFT spread OFDMA
DL-SCH：downlink shared channel
DL symbol：downlink symbol
DM-RS：demodulation reference signal
DN：data network
DPC：dirty paper coding
DPS：dynamic point selection
DRB：data radio bearer
DRS：discovery reference signal
DRX：discontinuous reception
DSA：downlink scheduling assignments
DSS：dynamic spectrum sharing
DTCH：dedicated traffic channel
DU：distributed unit
E-CID：enhanced cell identifier
EDN：edge data network
EEC：edge enabler client
EES：edge enabler server
EGC：equal gain combining
eMBB：enhanced mobile broadband
eMTC：enhanced machine type communication
EN-DC：E-UTRA-NR dual connectivity
EPC：evolved packet core
E-UTRAN：evolved UMTS terrestrial radio access network
eV2X：enhanced vehicle-to-everything
EVD：eigenvalue decomposition
FDD：frequency division duplex
FDM：frequency division multiplexing
FD-MIMO：full dimension MIMO
FR1：frequency range 1
FR2：frequency range 2
FRMCS：future railway mobile communication system
FSTD：frequency shift transmit diversity
GEO satellite：geostationary earth orbit satellite
GMLC：gateway mobile location center
gNB-CU：gNB-central unit
gNB-DU：gNB-distributed unit
GNSS：global navigation satellite system
GP：guard period
GPS：global positioning system
GSM-R：global system for mobile communications-railway
HARQ：hybrid automatic repeat request
HEO satellite：high elliptical orbit satellite
IAI：inter-antenna interference
ICI：inter-carrier interference
ICIC：inter-cell interference coordination
IDFT：inverse discrete Fourier transform
i.i.d.：independent, identically distributed
IIoT：industrial Internet of things
IMR：interference measurement resource
IMT：International Mobile Telecommunications
InF：Indoor Factory
INR：interference-to-noise ratio
IOPS：isolated operation for public safety
IoT：Internet of things
IP：Internet protocol

ISI：inter-symbol interference
ITU：International Telecommunication Union
ITU-R：ITU Radiocommunication Sector
JR：joint reception
JT：joint transmission
LAA：licensed assisted access
LBT：listen-before-talk
LCID：logical channel identity
LDPC code：low-density parity-check code
LEO satellite：low-earth orbit satellite
LI：layer indicator
LIDAR：light detection and ranging
LINC：linear amplification with non-linear components
LMF：location management function
LO：local oscillator
LoS：line-of-sight
LPF：low-pass filter
LTE-A：LTE-Advanced
MAC：medium access control
MAC-I：message authentication code-integrity
MARS：Maritime Mobile Access and Retrieval System
MCG：master cell group
MCOT：maximum channel occupancy time
MCS：modulation-and-coding scheme
MEC：mobile edge computing
MEO satellite：medium-earth orbit satellite
MIB：master information block
MICO mode：mobile initiated connection only mode
MIMO：multiple-input multiple-output
MIoT：massive Internet of things
ML：maximum likelihood
MMSE：minimum mean square error
mMTC：massive machine type communications
mmWave：millimeter wave
MOAT messaging：mobile originated application terminated messaging
MO-LR：mobile originated location request
MRC：maximum ratio combining
MSE：mean square error
MSGin5G：message service for MIoT in 5G
MTC：machine type communications
MT-LR：mobile terminated location request
multi-TRP：multiple transmission point
MU-MIMO：multi-user MIMO
MU-MISO：multi-user multiple-input single-output
MU-SIMO：multi-user single-input multiple-output
MVDR：minimum variance distortionless response
NAS：non-access stratum
NB-IoT：narrowband Internet of things
NEF：network exposure function
NF：network function
NFV：network functions virtualization
NG-RAN：next generation radio access network
NI-LR：network induced location request
NLoS：non-line-of-sight
NPN：non-public network
NR：New Radio
NRF：network repository function
NR-U：NR in unlicensed band
NSA：non-standalone

NSI：network slice instance
NSI layer：network slice instance layer
NSSF：network slice selection function
NTN：non-terrestrial network
OCC：orthogonal cover codes
OFDM：orthogonal frequency division multiplexing
OFDMA：orthogonal frequency division multiple access
OSIC：ordered SIC
OTDoA：observed time difference of arrival
PA：power amplifier
PAPR：peak-to-average power ratio
PBCH：physical broadcast channel
PCC：power control command
PCC：primary component carrier
PCCH：paging control channel
PCF：policy control function
PCH：paging channel
PCI：physical cell identity
PDCCH：physical downlink control channel
PDCP：packet data convergence protocol
PDSCH：physical downlink shared channel
PDU：protocol data unit
PHY：physical
PIC：parallel interference cancellation
PIoT：personal Internet of things
PMI：precdoer matrix indicator
PNI-NPN：public network integrated non-public network
PRACH：physical random-access channel
PRB：physical resource block
ProSe：proximity service
P/S：parallel-to-serial conversion
PSBCH：physical sidelink broadcast channel
PSCCH：physical sidelink control channel
PSFCH：physical sidelink feedback channel
PSS：primary synchronization signal
PSSCH：physical sidelink shared channel
PT-RS：phase-tracking reference signal
PTS：partial transmit sequence
PUCCH：physical uplink control channel
PUSCH：physical uplink shared channel
QCL：quasi co-location
QFI：QoS flow identifier
QoE：quality of experience
QoS：quality of service
QoS flow：quality-of-service flow
RACH：random access channel
RADAR：radio detection and ranging
RAN：radio access network
RB：resource block
RE：resource element
REG：resource element group
RI：rank indicator
RIM-RS：remote interference management reference signal
RLC：radio link control
RMS：root-mean square
RNTI：radio network temporary identifier
RRC：radio resource control
RRH：remote radio head
RRM：radio resource management
RRU：remote radio unit
RSRP：reference signal received power
RSRQ：reference signal received quality

RSSI：received signal strength indicator
RSU：roadside unit
RTT：round trip time
RU：radio unit
RMa：Rural macro
RV：redundancy version
RVQ：random vector quantization
SA：standalone
SBA：service-based architecture
SCC：secondary component carrier
SC-FDE：single-carrier frequency domain equalizer
SC-FDMA：single-carrier frequency division multiple access
SCG：secondary cell group
SCI：sidelink control information
SCM：spatial channel model
SCME：SCM-extension
SCS：subcarrier spacing
SD：slice differentiator
SDAP：service data adaptation protocol
SDMA：space division multiple access
SDR：semi-definite relaxation
SDU：service data unit
SEAL：service enabler architecture layer for vertical
SER：symbol error rate
SF：shadow fading
SFBC：space-frequency block code
SFi：slot format indicator
SIB：system information block
SIC：successive interference cancellation
SINR：signal-to-interference-plus-noise ratio
SISO：single-input single-output
SLM：selected mapping
SL-SCH：sidelink shared channel
SMF：session management function
SNPN：stand-alone non-public network
SNR：signal-to-noise ratio
S-NSSAI：single network slice selection assistance information
S/P：serial-to-parallel conversion
S-PSS：sidelink PSS
SRB：signaling radio bearer
SRI：SRS resource indicator
SRS：sounding reference signal
SSB：synchronization signal block
SSBRI：SS/PBCH block resource indicator
SSS：secondary synchronization signal
S-SSS：sidelink SSS
SST：slice/service type
SSV：spatial signature vector
STBC：space-time block code
STTC：space-time trellis code
SU-MISO：single-user multiple-input single-output
SU-SIMO：single-user single-input multiple-output
TBS：terrestrial beacon system
TCI：transmission configuration indication
TC-RNTI：temporary cell radio-network
TDD：time division duplex
TDM：time division multiplexing
TDMA：Time division multiple access
TR：tone reservation
TRS：tracking reference signal

TSN：time-sensitive networking

TTI：transmission time interval

UCA：uniform circular array

UCI：uplink control information

UDM：unified data management

UE：user equipment

UHR：uncorrelated high rank

ULA：uniform linear array

ULR：uncorrelated low rank

UL-SCH：uplink shared channel

UL symbol：uplink symbol

UMa：Urban macro

UMi-street canyon：Urban micro street canyon

UMTS：Universal Mobile Telecommunications System

UPF：user plane function

URLLC：ultra-reliable and low-latency communications

USG：uplink scheduling grants

V2I：vehicle-to-infrastructure

V2N：vehicle-to-network

V2P：vehicle-to-pedestrian

V2V：vehicle-to-vehicle

V2X：vehicle-to-everything

VAE layer：V2X application enabler layer

VAL：vertical application layer

VQ：vector quantization

VRB：virtual resource block

WLAN：wireless local area network

WRC：World Radiocommunication Conference

XPR：cross polarization power ratios

ZF：zero-forcing

ZOA：zenith angle of arrival

ZOD：zenith angle of departure

ZSA：zenith angle spread of arrival

ZSD：zenith angle spread of departure

NOTE

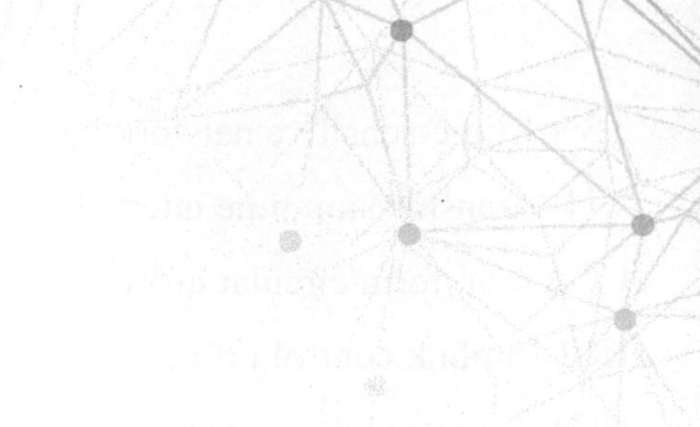

Chapter 1

緒論

商用行動通訊系統的發展，可追溯到 1980 年代推出的第一代 (1G) 系統，以美規 AMPS 與歐規 NMT/TACS 為代表，台灣在 1989 年引進的系統即為 AMPS，其巨大笨重的手機，至今仍令人印象深刻。1990 年代，第二代 (2G) 行動通訊系統問世，以歐規 GSM、美規 CDMA/TDMA，與日規 PDC 為代表；以空中介面技術而言，第二代系統分為 TDMA 與 CDMA 兩大陣營：GSM、美規 TDMA (D-APMS) 與 PDC 屬於 TDMA 系統；而美規 CDMA (cdmaOne, IS-95)，顧名思義，自然屬於 CDMA 系統。當時在學術界與產業界對此兩種技術，各有支持的聲音，曾引起一陣勢均力敵的爭論，但以結果而論，GSM 為代表的 TDMA 系統席捲了絕大多數的市場份額，成為有史以來最成功的行動語音系統；值得注意的是，不論 TDMA 或 CDMA 系統，均持續開發作為數據通訊使用的演進系統，如 GPRS/EDGE 與 IS-95B。時至 2000 年代，第三代 (3G) 行動通訊系統登場，為了促成國際間統一標準與跨國漫遊，由國際電信聯盟 (ITU) 負責主導訂定 IMT-2000 標準框架，通過 3GPP UMTS 與美規 CDMA2000 兩大主要標準，均採用 CDMA 技術，而 UMTS 又包括 W-CDMA 與 TD-SCDMA 兩種主要空中介面，TDMA 從此成為市場非主流技術；ITU 又於 2007 年通過 WiMAX 成為另一個 3G 標準。3G 系統標準制定當時，一個重要的訴求在於提供用戶彈性的多媒體服務，包括語音，數據及視訊，也如同 2G 的演進策略，3G 系統推出高速率數據服務的演進版本，如 3GPP HSPA/HSPA+ 與 CDMA2000 1xEV-DO，提供用戶高速行動上網服務。

從 1G 到 3G，行動通訊系統的演進，基本上仍建立在傳統的電信系統思維，如電路交換與較複雜的網路層次架構，這對語音服務而言，是一個相對穩定可靠的系統，但就多樣化的多媒體數據服務而言，顯然缺乏足夠的頻寬與運作彈性。為了因應此一市場需求，ITU 在 2008 年提出 IMT-Advanced 標準框架，徵求第四代 (4G) 行動通訊標準，並於 2012 年通過 3GPP LTE-Advanced (LTE-A) 與 WiMAX-Advanced (WiMAX 2.0) 兩大標準。ITU 對於 4G 系統的要求，係以全新的數據化思惟為著眼點，如 all-IP 網路架構、1 Gbps 的靜態最高數據速率、100 Mbps 的動態最高數據速率、高頻譜效率、低網路延遲，以及彈性的網路資源配置等，對行動通訊技術研發者形成極大挑戰。在此一高標準要求下，行動通訊產業所提出的對策不約而同指向正交分頻多工 (OFDM) 與多天線 (MIMO) 兩大實體層 (physical layer) 技術，另搭配扁平化的 all-IP 網路、基地台 (base station, BS) 協作、細胞間干擾管理等協定，大幅提升系統運作效能與用戶體驗。事實上，LTE-A 與 WiMAX 2.0 在技術面基本上是相通的，這說明了行動通訊產業經過二十餘年的演進，終於在技術面匯聚於一，國際通訊界普遍認為 IMT-Advanced 所背書的 4G 標準是至今最成功的行動數據系統。在智慧手機及高速上網的需求推動下，全球的 4G 用戶快速增加，行動數據流量於 2010 年超越行動語音流量後，持續大幅成長，宣告行動寬頻時代的到來。爲因應更多面向的行動數據服務需求，ITU 在 2012 年啓動第五代 (5G) 行動通訊標準訂定工作，提出 IMT-2020 標準框架，並於 2015 年發布 5G 願景，揭櫫三大用例 (use case)：增強型行動寬頻 (enhanced mobile broadband, eMBB)、巨量機器類型通訊 (massive machine type communications, mMTC)、極可靠低延遲通訊 (ultra-reliable and low-latency communications, URLLC)，期望能提供行動用戶與產業界更寬廣的應用空間。3GPP 爲呼應此規劃，於 LTE-A 之後提出 LTE-A Pro 標準，著重於物聯網與車聯網相關技術規範，可視爲 5G 標準的前身。IMT-2020 相對於 IMT-Advanced 有更高的技術規格要求，包括：20 Gbps 的靜態最高數據速率、1 ms 的最小延遲、更大頻寬、更高頻譜效率、更低能耗，以及巨量連結等，需要引入新的技術架構方能實現。3GPP 在 LTE-A 與 LTE-A Pro 的基礎之上，於 2019 年開始訂定符合 IMT-2020 規範的 5G 技術標準 New Radio (NR)，並於 2020 年獲得 ITU 通過成爲 5G 國際標準。

5G 行動通訊技術充分表現了人類面對嚴苛的商用通訊挑戰所做出的卓越回應，這些挑戰包括：有限的頻譜資源、複雜的通道環境、巨量的聯結需求，以及多樣化的應用服務等。首先，行動通訊的頻譜在大多數國家都是以極高價格標售給電信業者使用，這使得電信業者必須在每單位頻譜產生最大的數據量，方能平衡標金成本，IMT-2020 提供 5G 系統 FR1 及 FR2 兩個工作頻段，分別落於微波及毫米波頻段，並要求頻譜效率峰值須達 30 bps/Hz (下行) 及 15 bps/Hz (上行)，另外，針對平均頻譜效率與細胞邊緣頻譜效率均有要求；爲了達到此目標，5G 系統沿用 4G 系統所採行了多天線 MIMO 技術，並支援了許多傳輸模式，針對不同環境提供最佳效能；與 4G 系統不同的是，5G 系統將波束成形 (beamforming) 納入實體層的基本功能，藉由波束管理機制提供用戶更佳的傳輸條件。其次，行動通訊系統運作於複雜的地面環境中，須面對各種多重路徑 (multipath)、遮蔽 (shadowing)、衰減 (path loss) 與衰落 (fading) 等效應，再加上用戶的移動性，使得系統接收機面對極大挑戰；學理證明，目前最能有效因應地面行動通訊環境的傳輸技術即爲 OFDM，5G 系統沿用 4G 系統所採行的多重接取 (multiple access) 架構爲基於 OFDM 的 OFDMA 與 SC-FDMA，它們除能有效應付多路經通道效應外，更能提供極具彈性的用戶資源配置 (resource allocation) 與頻率多樣 (frequency diversity)，針對用戶的環境與需求提供最適服務。再者，由於行動通訊系統係建立於細胞式架構之上，以便能重複運用珍貴的頻譜資源，惟頻率重複使用的結果，是衍生大量的同頻干擾，尤其是細胞邊緣的用戶受影響最深。爲了能提供均勻的用戶體驗，5G 系統沿用 4G 系統的干擾管理機制，如細胞間干擾協調 ICIC、協調多點傳輸 CoMP，與自我組織網路 SON 等，有效管理抑制系統干擾，大幅提升系統容量。最後，5G 系統沿用 4G 系統的 all-IP 扁平化網路，通訊協定的運作較 4G 系統更有效率，整體資源配置與排程更能有效針對服務的差異做出反應，提供用戶更佳的即時服務體驗；此一新的網路架構，也使得巨量機器類型通訊與極低延遲服務成爲可能。

如上所述，循著 4G 系統的優勢演進，5G 系統能有效提升系統容量，克服通道效應與系統干擾問題，給用戶全新的高速上網體驗，其成功要素，除了網路架構的優化外，最重要的，就是在實體層大量引進先進的信號處理技術，協助改善通訊系統接收機的效能。在傳統的通訊教科書中，常見到的假設就是單用戶、單天線、靜止，以及相加性白高斯雜訊 AWGN 通道，在此友善的假設之下，可以針對不同的調變及編碼技術進行分析，預測系統效能。然而現今的行動通訊系統系運作於一個極爲複雜惡劣的條件下，多用戶、移動，以及變動不止的多路徑衰落通道，這對傳統的通訊技術而言，是極爲不友善的條件，若無新的機制引入，幾乎可以確定系統失靈。因此，在過去二十幾年間，學術界有大量的研究探討如何結合通訊與信號處理二領域的技巧，有效地解決行動通訊所面對的挑戰，此一努力所獲得的成效極爲豐碩，在 4G 與 5G 的技術規範中處處可見其蹤跡。除了傳統的同步、等化、檢測等通訊次系統外，信號處理在 5G 系統中最突出的貢獻就是 MIMO 多天線技術，以及干擾控制機制的建立；若無 MIMO 技術，則 5G 的超高速率不能實現，若無干擾控制機制，則 5G 的均勻用戶體驗不能實現。在現今的主流學術文獻中，行動通訊的研究處處可見各種信號處理技巧，這是不同學術領域結合的絕佳範例，而此一合作模式將持續至 B5G 甚至 6G 系統的發展過程，產出更多令人耳目一新的成果。

本書的宗旨在提供讀者有關於 5G 標準 NR 的系統原理與實務介紹，前半部主要介紹行動通訊基本原理，較著重於實體層，尤其是與信號處理相關的 OFDM 與 MIMO 技術；後半部則詳細介紹 NR 系統規格與關鍵技術。OFDM 技術早在 1960 年代中期便已被提出，其原理十分簡單明瞭，但直到 1980 年代才被考慮使用於通訊系統，1990 年代開始，才開始有正規的通訊標準將之納入，如 DAB/DVB 數位廣播、Wi-Fi 無線網路等，2000 年後，大量的無線通訊標準將 OFDM 列爲傳輸方式，如 WiMAX、LTE、NR，以及各式無線高畫質視訊傳輸技術等。時至今日，無線通訊產業基本上已認定 OFDM 是高速無線傳輸的最佳選擇，除了實現簡單、能有效對抗多路徑效應外，最主要的原因在於其爲多載波系統，頻寬擴展性佳，多用戶接取時，能彈性配置用戶頻寬，更能免除用戶間干擾，這些特點，恰好是現今行動寬頻系統所需。另一方面，MIMO 技術是多天線技術的最新演進形式，所謂多天線技術，係指在通訊系統的傳送端或接收端放置多根天線，藉以提升傳輸效果。相對於單天線，多天線可提供額外的空間多樣 (spatial diversity)，對抗多路徑效應；在一個單純的視線 (line-of-sight) 環境中，多天線可提供波束成形，提高傳輸增益；所謂 MIMO，即為傳送端與接收端同時放置多根天線，此時更可提供空間多工 (spatial multiplexing)，提升系統容量。空間多工是通訊理論的重大突破，它藉由傳送接收兩端的多天線，以及配套的信號處理演算法，在空間中形成虛擬的獨立鏈路，提供多筆數據在同一時間、同一頻率傳輸。在理想的通道環境下，空間多工可以在不增加頻寬或功率前提下，將系統容量提升，提升倍數則取決於傳送接收兩端天線數較小者。有鑒於此一令人驚豔的效益，2000 年之後所提出的無線通訊標準，包括 Wi-Fi 與 WiMAX、LTE、NR，均將 MIMO 列為必備規格，其著眼點即在於數據速率的提升。因此，現今的主流無線或行動通訊標準，可說絕大多數都是建立在 MIMO-OFDM 技術之上的。

NR 系統的技術標準係由 3GPP 組織所訂定，它的前身是 2016 年提出的 Release 13 (R13) 與 2017 年提出的 Release 14 (R14) 規格，二者也被稱為 LTE-A Pro。R13 主要特點包括：增強型機器類型通訊 eMTC、窄頻物聯網 NB-IoT，與非授權頻譜 (unlicensed spectrum)；R14 主要特點包括：車聯網 V2X、CU 分離，與非正交多重接取 NOMA。NR 的第一版規格為 2019 年提出的 Release 15 (R15)，它詳細定義了接取網路 (NG-RAN) 與核心網路 (5GC) 架構，NG-RAN 主要特點包括：彈性頻寬、OFDMA/SC-FDMA 多重接取、快速排程、細胞間干擾管理、多天線技術、扁平化網路架構，與基地台間連結介面等；5GC 的主要特點即為全 IP 化。R15 規格能提供最高約 20 Gbps 的下行速率、10 Gbps 的上行速率，與最低約 4 ms 的網路延遲，主要特點包括：載波聚合 (carrier aggregation, CA)、網路切片 (network slice)，與鐵路通訊。2020 年 3GPP 提出 Release 16 (R16) 規格，作為 NR 的第二版規格，主要特點包括：側行鏈路 (sidelink) 傳輸、實體定位，與加強版多天線技術。在本書出版時 [1]，3GPP 正在訂定 Release 17 (R17) 規格，為 NR 的強化版本，其主要特點包括：工業物聯物 IIoT、非地面網路通訊、鄰域服務、中繼技術，與更高階的多天線技術等。R17 之後 3GPP 將著眼於更高一層的技術位階，正式啓動向後 5G 及 6G 時代演進之路。

NR 相對於 4G 系統，最大的變革之一是彈性的訊框 (frame) 設計與實體層參數 (numerology) 配置，這使得 NR 具有極佳的可擴展性 (scalability)，能夠在不同頻寬條件下提供數據服務，且 5G 系統具有較大的頻寬，能獲得比 4G 系統更高的頻率多樣。NR 在實體層定義了許多參考信號，作為 OFDMA/SC-FDMA 接取的導航信號，另定義了天線埠，作為多天線資源配置的虛擬單元；另一方面，NR 引進了毫米波頻段，增加可運

1 由於通訊標準不斷修訂更新，本書僅整理並描述 2021 年以前通訊標準的技術內容。

用的頻譜資源，其搭配大規模多天線技術與多樣的傳輸模式，將能有效提升頻譜效率與傳輸品質。此外，NR 亦引進了側行鏈路傳輸模式，使用戶不需經過基地台而能與其他用戶直接通訊，如此將可提供更多的通訊應用。爲了有效服務細胞邊緣用戶，NR 引進了協調多點傳輸技術 CoMP，並定義了使用場景，讓多個基地台能透過互連介面，協同運作，服務多個細胞邊緣用戶，這等同於將多個細胞融合成單一細胞，形成一個協作式的大型多天線系統。爲了持續提升峰值速率，NR 引進了載波聚合技術，容許最多 16 個頻寬可不同的頻帶聚合爲 400 MHz。載波聚合的觀念並非新意，在更早的 Wi-Fi 無線網路便已出現，但運用於行動通訊系統，須面對更爲複雜的因素，包括：頻帶不連續、頻帶頻寬不一致、用戶裝置支援能力等，因此，NR 針對載波聚合定義了三種頻譜配置情境，期能有效運用頻譜資源。綜上所述，NR 藉由精簡的網路架構、多樣化的接取資源、彈性的天線 / 頻譜運用，與先進的干擾管理，達到整體系統效能的重大突破。然而，行動寬頻市場與用戶仍持續快速成長，爲了因應下一世代系統需求，3GPP 已著手制定後 5G/6G 標準，R17 即爲其首發之作，具體而言，後 5G 時代技術所標榜的是：更快、更穩定可靠、更多連結、更省電，每一個項目都對現今的行動通訊系統形成極大挑戰，需要相關產學界共同努力，尋求解決方案。

本書的各章組成如下：第二章主題爲無線通道及信號模型，首先介紹無線通道各種物理現象，包括大小尺度衰落，接著介紹多天線信號模型，最後以空間通道模型 SCM 爲例，說明行動通訊標準中所使用之通道模型建構方式。第三章主題爲正交分頻多工 OFDM，首先介紹 OFDM 基本原理與傳收機架構，接著說明峰均功率比問題及其解決方案，其次介紹 OFDM 檢測與通道估計技巧，最後介紹單載波頻域等化及 SC-FDMA 系統。第四章主題爲多天線信號處理，首先介紹多天線系統的基本應用波束成形，接著介紹多天線系統原理與 MIMO-OFDM 架構，其次介紹空間多樣及空時碼原理，之後介紹各種線性及非線性 MIMO 檢測技術，最後介紹 MIMO 預編碼技術。第五章主題爲 NR 系統與技術，首先介紹從 R13 到 R16 規格版本的演進過程與主要技術內涵，接著介紹 NR 系統網路架構與通訊協定，最後介紹 NR 所使用的實體傳輸資源與三維通道模型。第六章與第七章主題爲 NR 系統實體層信號處理與運作機制，首先介紹各類參考信號，接著介紹實體層傳收機所牽涉到的各個處理次系統，其次介紹控制信令、波束管理、毫米波系統與大規模多天線系統、傳輸模式、側行鏈路傳輸等，最後介紹協調多點傳輸與載波聚合技術。第八章主題爲 NR 進階關鍵技術，包括：極可靠低延遲通訊、裝置對裝置通訊與鄰域服務、機器類型通訊與物聯網、車聯網通訊、定位服務與技術、非授權頻譜與頻譜共享技術、垂直應用與專網，以及非地面網路通訊。本書另提供「矩陣代數簡介」與「最佳化理論簡介」兩則附錄，簡介本文中所需的相關數學工具，供讀者參考。

參考文獻

[1] William C. Y. Lee, *Wireless and Cellular Telecommunications*, Third Edition, McGraw-Hill, 2006.

[2] C. Cox, *An Introduction to LTE: LTE, LTE-Advanced, SAE and 4G Mobile Communications*, John Wiley & Sons, 2012.

[3] S. Ahmadi, *LTE-Advanced- A Practical Systems Approach to Understanding 3GPP LTE Releases 10 and 11 Radio Access Technologies*, Elsevier, 2013.

[4] E. Dahlman, S. Parkvall, and J. Sköld, *4G LTE/LTE-Advancedfor Mobile Broadband*, Second Edition, Academic Press, 2013.

[5] C. Cox, *An Introduction to 5G, The New Radio, 5G Network and Beyond*, John Wiley & Sons, 2021.

[6] S. Ahmadi, *5G NR: Architecture, Technology, Implementation, and Operation of 3GPP New Radio Standards*, Academic Press, 2019.

[7] E. Dahlman, S. Parkvall, and J.Sköld, *5G NR*: *The Next Generation Wireless Access Technology*, Second Edition, Academic Press, 2020.

[8] 3GPP TS 38.300 V16.3.0, NR; NR and NG-RAN overall description; stage 2 (Release 16), Oct. 2020.

[9] A. Ghosh, A. Maeder, M. Baker, and D. Chandramouli, “5G evolution: a view on 5G cellular technology beyond 3GPP release 15,” *IEEE Access*, vol. 7, pp. 127639-127651, 2019.

NOTE

Chapter 2

無線通道與信號模型

2-1 概論

從線性系統的觀點而言，輸出信號為輸入信號與通道響應做旋積 (convolution) 的結果。成功通訊的條件在於接收端能正確地還原出傳送的信號並獲得傳送端提供的訊息。因此，能否正確地掌握通道響應是傳收機設計的一大關鍵。所謂無線通訊係指利用電磁波傳送信號的通訊行為，其傳輸過程不似有線通訊經由固定的傳輸路徑而具有較穩定的特性，除了信號會隨傳輸距離增加而明顯衰減外，更有反射 (reflection)、繞射 (diffraction)、散射 (scattering) 等狀況發生，如圖 2-1 所示，這些狀況通常與傳送信號波長及障礙物表面粗糙程度與大小有關。加入這些效應後，在接收端所收到的信號會有不確定的建設性或破壞性疊加效應，造成信號解調的困難；另外，週遭環境常會隨時間而變動，例如人的走動、汽車的移動等，因此整個通道可視為一個時變系統。欲有效掌握這樣的時變系統型態，應以統計的觀點，利用一些簡單的物理量對其進行充份的分析與掌握。

本章將針對無線通道，首先從頻域及時域的觀點探討大 / 小尺度衰落 (fading)、頻率選擇 (frequency selective)/ 頻率非選擇 (non-selective)，及快速 (fast)/ 慢速 (slow) 衰落等現象。其次，嘗試在傳送及接收端擺置多天線，利用所引入的空間自由度，探討其通道特性的變化。最後，本章將以第三代夥伴計畫 (3rd Generation Partnership Project, 3GPP) 所採用的空間通道模型 (spatial channel model, SCM) 與 SCM-extension (SCME) 為例，說明各種典型的傳輸環境特性。

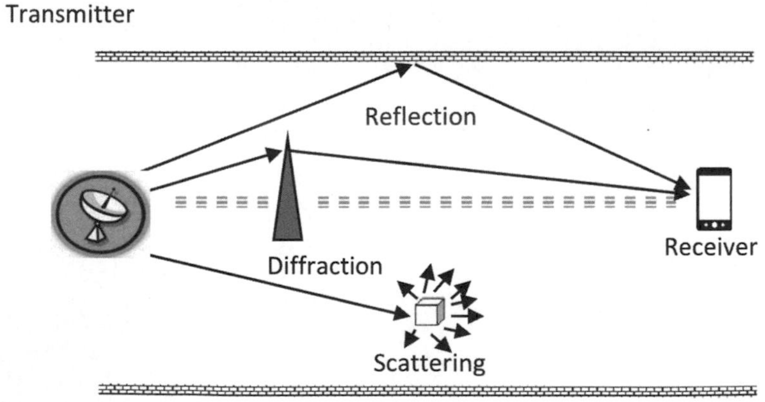

Transmitter
Reflection
Diffraction
Receiver
Scattering

圖 2-1　無線通訊傳輸環境示意

2-2 大尺度衰落

本節將探討大尺度衰落 (large-scale fading) 現象；大尺度衰落可分爲由傳送端與接收端間距離所造成的路徑損失 (path loss)，及由通道中障礙物所造成的遮蔽 (shadowing) 兩個部分，以下將依序介紹。

2-2-1 路徑損失

在路徑損失部分，首先考慮最簡單的環境，亦即自由空間 (free space) 中的傳輸，其傳送與接收功率可使用自由空間傳播模型 (propagation model) 描述如下：

$$P_R(d)=\frac{P_T G_T G_R \lambda^2}{(4\pi)^2 d^2 L}=P_R(d_0)\cdot\left(\frac{d_0}{d}\right)^2,\quad d>d_0 \tag{2.1}$$

其中 P_R 與 P_T 分別代表接收及傳送功率，G_R 與 G_T 分別代表接收及傳送天線的增益，λ 是載波波長，d 是傳送天線與接收天線之間的距離，L 是系統損失因子 (system loss factor)，d_0 是某接近傳送端的參考距離[1]。(2.1) 式描述傳送與接收功率之間的關係，由此可以計算出路徑損失，也就是傳輸過程中因距離所導致的信號功率衰減，其單位是 dB。自由空間模型中的路徑損失可表示爲

$$PL(d)[\text{dB}]=10\log_{10}\frac{P_T}{P_R}=-10\log_{10}\left[\frac{G_T G_R \lambda^2}{(4\pi)^2 d^2}\right] \tag{2.2}$$

一般而言，現實的通道遠較自由空間模型複雜，其路徑損失是一個隨機變數，因此通常以平均路徑損失表示，如 (2.3) 式，由該式可以看出路徑損失與距離的 n 次方成正比，其中 n 是一個與環境相關的參數，稱爲路徑損失指數 (path loss exponent)；一些常見環境的 n 值如表 2-1 所列。

$$\begin{aligned}\overline{PL}(d)[\text{dB}]&=\overline{PL}(d_0)+10n\log_{10}\left(\frac{d}{d_0}\right)\\ \overline{PL}(d)&\propto\left(\frac{d}{d_0}\right)^n\end{aligned} \tag{2.3}$$

1 如果沒有 $d>d_0$ 這項限制，那麼根據此式，在很接近傳送端處接收到的功率會趨近於無限大，但在實際情況中，由於能量守恆，接收功率不可能超過傳送功率。

在理解最基本的傳導模型後，接著介紹兩種較複雜的無線通訊傳導模型，首先是 Hata 模型[2]，如 (2.4) 式，其中 f_c 是載波頻率，h_{te} 與 h_{re} 分別是傳送與接收天線的高度 (h_{te} 須介於 30 m 與 200 m 之間，h_{re} 須介於 1 m 與 10 m 之間)，$a(h_{re})$ 是由天線高度決定的參數。

$$\begin{aligned} PL[\mathrm{dB}] = &69.55 + 26.16\log_{10}(f_c) - 13.82\log_{10} h_{te} \\ &- a(h_{re}) + (44.9 - 6.55\log_{10} h_{te})\log_{10}(d) \end{aligned} \tag{2.4}$$

另一個常用的模型是 Walfisch 與 Bertoni 模型[3]，如 (2.5) 式所示，其中 L_0、L_{rts} 與 L_{ms} 分別代表自由空間損失、屋頂至街道的折射散射損失，及由整排建築造成的多屏幕繞射損失 (multiscreen diffraction loss)。

$$PL[\mathrm{dB}] = L_0 + L_{rts} + L_{ms} \tag{2.5}$$

表 2-1　常見環境的路徑損失指數值

環境	n
自由空間	2
都會區	2.7 - 3.5
建築內部(有視線)	1.6 - 1.8
建築內部(無視線)	4 - 6

2-2-2　遮蔽衰落

信號強度除因傳輸路徑長度而有所損失外，路徑上的大型遮蔽物亦會影響信號強度，導致信號的衰減，這樣的現象稱爲遮蔽效應 (shadowing)。在大尺度模型中，一般以對數常態 (log-normal) 分布的隨機變數[4]代表遮蔽衰落 (shadow fading, SF) 造成的影響，路徑損失與遮蔽效應共同組成的大尺度衰落模型爲

$$PL[\mathrm{dB}] = \overline{PL}(d) + X_{SF} \tag{2.6}$$

其中 X_{SF} 爲 $N(0, (\sigma_{SH})^2)$ 分布，σ_{SH}的值約爲 4~10 dB。加入路徑損失與遮蔽效應的大尺度衰落可分別由圖 2-2 中的實線與虛線曲線代表。

2　請參考 [6]。
3　請參考 [7]。
4　如果路徑損失的單位是 dB，則遮蔽就可用常態分布的隨機變數來代表。

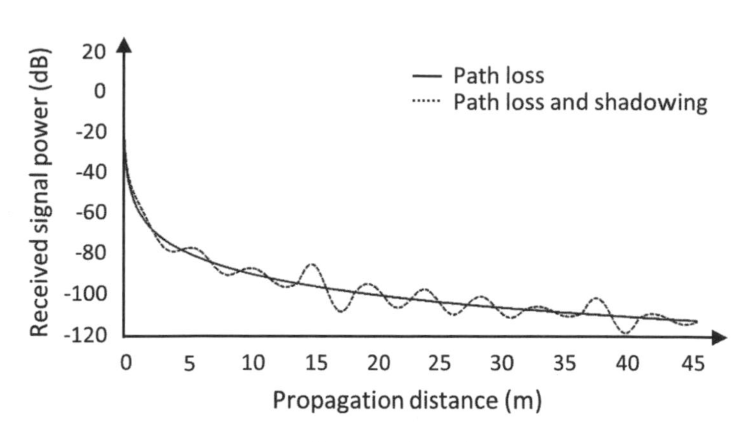

圖 2-2 環境衰落與距離對信號強度影響示意

以上是大尺度衰落的簡介，其各種常見的模型與統計特性均是根據這些原理，再輔以實測資料所建立的。

2-3 小尺度衰落

信號在傳輸過程中除了因距離與環境中障礙物所造成的大尺度衰落外，也會經歷由多路徑及相對運動所造成的小尺度衰落 (small-scale fading)，本節將針對小尺度衰落現象加以介紹。

2-3-1 多路徑衰落與延遲擴散

想像在空曠的禮堂內說話，會聽到回聲持續一段時間，其原因為聲波在禮堂內到處反射，最後在不同時間以不同強度抵達聽者的耳朵，這就是典型的多路徑效應，其通道效應可由圖 2-3 中的 τ 軸表示。假設位於 τ_1 的路徑強度大小是 0.2，那代表在說話之後 τ_1 時刻，聽到振幅為 0.2 的回音；如果在說話的過程中，環境持續變化 (例如有人進出)，則通道將隨時間而改變，由圖 2-3 的 t 軸表示，固定一個 t 會得到一個通道。因此，通道最一般化的描述必須同時考慮多路徑與時變效應，其基頻脈衝響應 (impulse response) 可表示為

$$h(t,\tau)=\sum_{i=1}^{N}\alpha_i(t)\exp[-j(2\pi f_c\tau_i(t)+\phi_i(t))]\delta(\tau-\tau_i(t)) \tag{2.7}$$

其中 N 為路徑數，$\alpha_i(t)$ 、$\tau_i(t)$ 及 $\phi_i(t)$ 分別代表在 t 時刻第 i 條路徑的振幅、延遲時間及相位。根據 (2.7) 式可導出此通道輸入信號 $u(t)$ 與輸出信號 $x(t)$ 的關係式：

$$x(t)=\int h(t,\tau)u(t-\tau)d\tau=\sum_{i=1}^{N}\alpha_i(t)\exp[-j(2\pi f_c\tau_i(t)+\phi_i(t))]u(t-\tau_i(t)) \tag{2.8}$$

若通道不隨時間而變，則 (2.7) 式可簡化如下 [5]：

$$h(\tau)=\sum_{i=1}^{N}\alpha_i\exp(-j\theta_i)\delta(\tau-\tau_i) \tag{2.9}$$

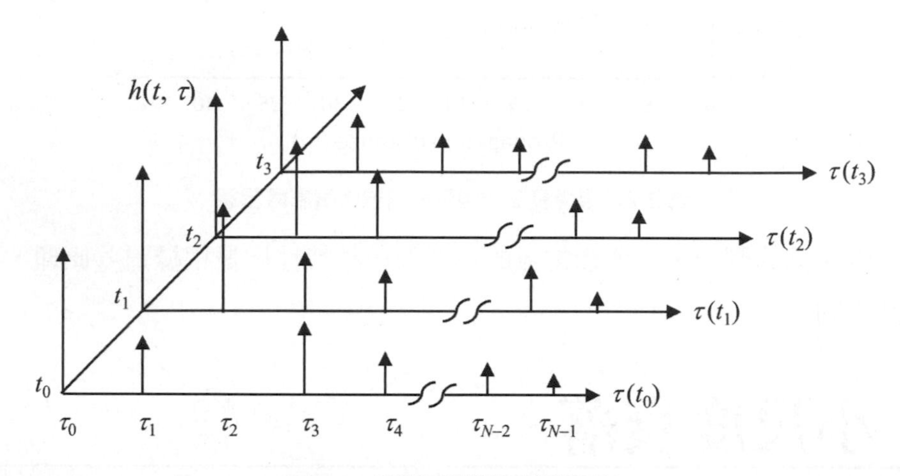

圖 2-3　時變通道脈衝響應示意

在多路徑通道中，一般較關心的是每條路徑的功率與相對延遲關係，其量化描述爲功率延遲概樣 (power delay profile)，如圖 2-4 所示。爲簡化分析，暫時假設通道不隨時間變化。對於特定頻率而言，不同的功率延遲概樣可造成不同程度的建設或破壞性干涉；換言之，信號通道的功率延遲概樣決定其頻率響應。功率延遲概樣不易以簡單的方式表示，

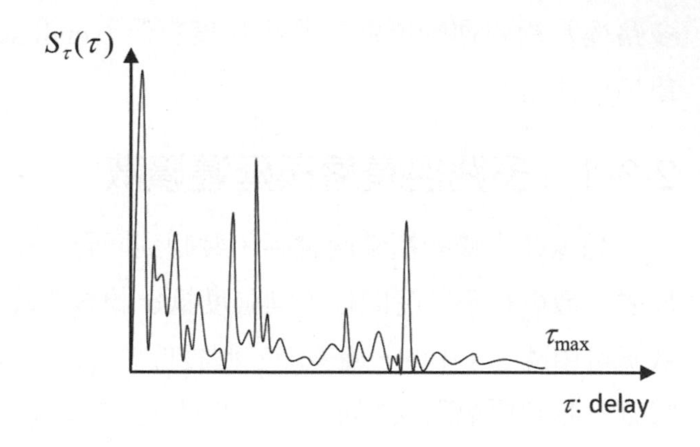

圖 2-4　功率延遲概樣示意

因此常以其統計特性描述之，一般係以過量延遲 (excess delay) 及延遲擴散 (delay spread) 來代表信號通道的功率與相對延遲的關係。過量延遲代表信號通道的延遲，常見的定義有最大過量延遲：

$$T_m=\tau_{max} \tag{2.10}$$

5　此時，脈衝響應將不再是 t 的函數。

與平均過量延遲：

$$\bar{\tau} = \frac{\int_0^{\tau_{\max}} \tau \cdot S_\tau(\tau)d\tau}{\int_0^{\tau_{\max}} S_\tau(\tau)d\tau} \tag{2.11}$$

其中 $S_\tau(\tau)$ 爲功率延遲概樣。(2.10) 與 (2.11) 式分別代表最長路徑的延遲及所有路徑的平均延遲。延遲擴散代表通道中各路徑延遲時間的分散程度，延遲擴散較小，代表各路徑的延遲時間相差較小，換言之，各路徑都在相近的時間點抵達接收端；反之延遲擴散較大代表各路徑抵達接收端的時間點相差較大。均方根 (root-mean square, RMS) 延遲擴散爲定義延遲擴散常見的方式之一，其表示式如下：

$$\tau_{RMS} = \sqrt{\overline{\tau^2} - (\bar{\tau})^2} \quad ; \overline{\tau^2} = \frac{\int_0^{\tau_{\max}} \tau^2 \cdot S_\tau(\tau)d\tau}{\int_0^{\tau_{\max}} S_\tau(\tau)d\tau} \tag{2.12}$$

根據過量延遲與延遲擴散，可定義通道的同調頻寬 (coherence bandwidth)。同調頻寬的意義爲「在統計上經歷大約相同衰落現象的頻寬」，舉例而言，假設一個通道對於 1.9 GHz 頻帶的同調頻寬是 500 kHz，則任何頻寬在 500 kHz 以下的 1.9 GHz 信號，當其通過此通道時，整段信號都視爲經歷相同的衰落，如圖 2-5(a) 所示；反之，若一頻寬大於 500 kHz 的 1.9 GHz 信號通過此通道，則整段信號的不同部分就會經歷不同的衰落，如圖 2-5(b) 所示。基本上同調頻寬與延遲呈現反比的關係，延遲較大則不同頻率的相位變化差異較大，故通道維持不變的頻寬較短，根據此概念，常見的同調頻寬定義有以下三種：

$$B_c \approx \frac{1}{\tau_{\max}} \tag{2.13}$$

$$B_c \approx \frac{1}{50\tau_{RMS}} \tag{2.14}$$

$$B_c \approx \frac{1}{5\tau_{RMS}} \tag{2.15}$$

其中 (2.13) 式是直接取最大延遲時間的倒數，(2.14) 與 (2.15) 式的意義分別是通道相關係數大於 0.9 與 0.5 的頻率範圍 [6]。

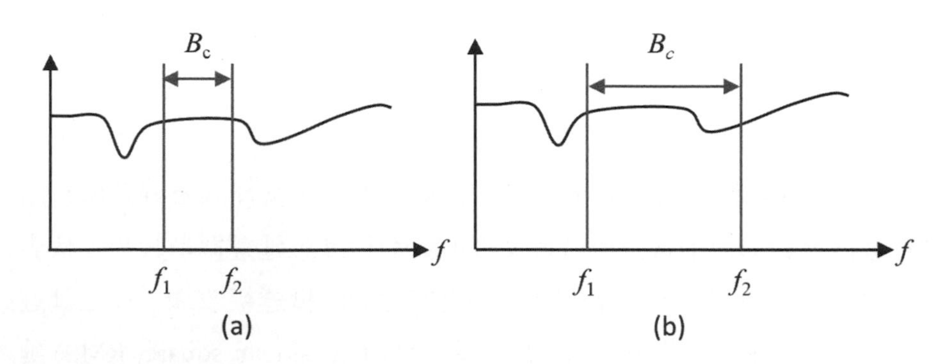

圖 2-5 (a) 信號頻寬小於同調頻寬示意；(b) 信號頻寬大於同調頻寬示意

2-3-2 通道時變特性與都卜勒擴散

本小節介紹通道的時變特性。一般而言，通道隨時間變化的原因為傳送端、接收端及環境三者相對位置的變化。由於同時模擬三者的運動極為複雜，且實際環境中只有傳送或接收端的運動較明顯，因此大多數模擬時變通道的模型都假設固定環境，只考慮傳送或接收端運動對通道造成的影響，亦即探討移動端都卜勒 (Doppler) 效應對通道造成的影響。都卜勒效應係由於傳送端與接收端的相對運動所造成的信號載波頻率變化，其簡易模型如圖 2-6 所示，其中傳送端與接收端的距離為 R_0，接收端的移動速率為 v，移動方向與傳送接收端的夾角為 θ，且通道只有一條路徑。在此模型下，信號頻率變化量 f_D 與接收端的速度、方向及載波波長有關，如下式：

$$f_D = \frac{v}{\lambda}\cos(\theta) \tag{2.16}$$

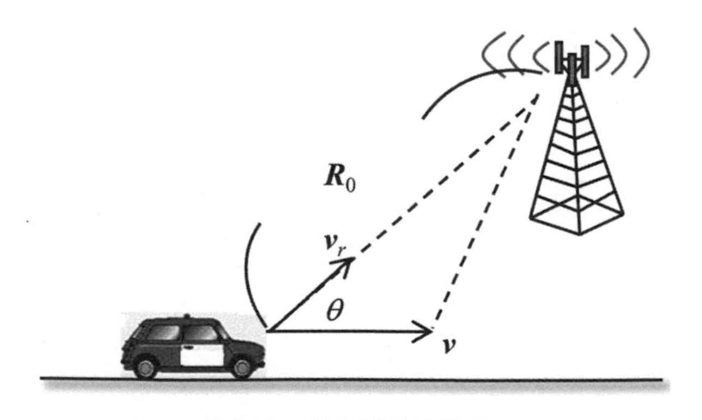

圖 2-6 都卜勒效應示意

6 請參考 [8]。

都卜勒效應對通道的影響通常以都卜勒擴散 (Doppler spread) 表示，都卜勒擴散類似於延遲擴散，其意義是信號經過通道之後頻率變化量的範圍。舉例而言，一個單頻信號的頻寬為 0，當其經過一個都卜勒擴散為 200 kHz 的通道後，會變成一個頻寬約為 200 kHz 的信號。均方根都卜勒擴散是一種常見的定義：

$$f_{RMS}=\sqrt{\frac{\int\left(f-\bar{f}\right)^2\cdot S_D(f)df}{\int S_D(f)df}}\quad;\quad \bar{f}=\frac{\int f\cdot S_D(f)df}{\int S_D(f)df} \tag{2.17}$$

其中 $S_D(f)$ 是通道的都卜勒功率頻譜 (Doppler power spectrum)，如圖 2-7 所示。

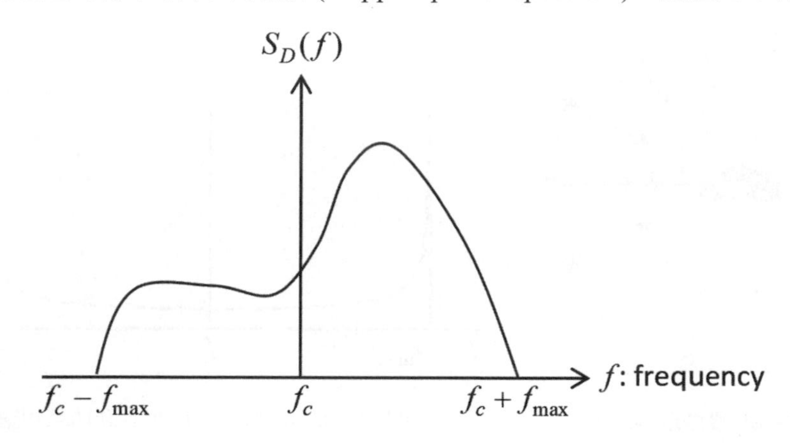

圖 2-7　都卜勒功率頻譜示意

如同延遲擴散與同調頻寬，都卜勒擴散與同調時間 (coherence time) 亦有類似的關係。在時變通道中，同調時間代表統計上通道維持不變的時間，基本上同調時間與最大都卜勒偏移 (Doppler shift) 呈現反比的關係，都卜勒偏移較大代表移動端移動較快，通道特性也變化較快，故通道維持不變的時間較短。常見的同調時間定義有以下三種：

$$T_c\approx\frac{1}{f_{\max}} \tag{2.18}$$

$$T_c\approx\frac{9}{16\pi\cdot f_{\max}} \tag{2.19}$$

$$T_c\approx\sqrt{\frac{9}{16\pi\cdot f_{\max}^2}}=\frac{0.423}{f_{\max}} \tag{2.20}$$

(2.18) 式是直接取最大都卜勒偏移的倒數，(2.19) 式的意義是相關係數大於 0.5 的時間範圍，(2.20) 式則是以幾何平均數的概念計算 [7]。

7　請參考 [8]。

接下來介紹一個常用的無線通訊多路徑時變通道模型：Jakes 模型。在無線通訊系統的模擬中，Jakes 模型常用於模擬傳送端與接收端有相對運動的情況，如圖 2-8 所示。Jakes 模型並不考慮大尺度的路徑損失與遮蔽，只模擬小尺度的衰落，它假設接收端以速率 v 移動，頻率爲 f_c 的信號則均勻地從各個角度入射，每條路徑的信號強度相同且爲相互獨立的 Rayleigh 隨機變數。當入射信號的數量非常多時，接收信號的功率密度與頻率的關係如圖 2-9 所示，此時大多數的信號能量集中於最大的頻率偏移 f_{max}。

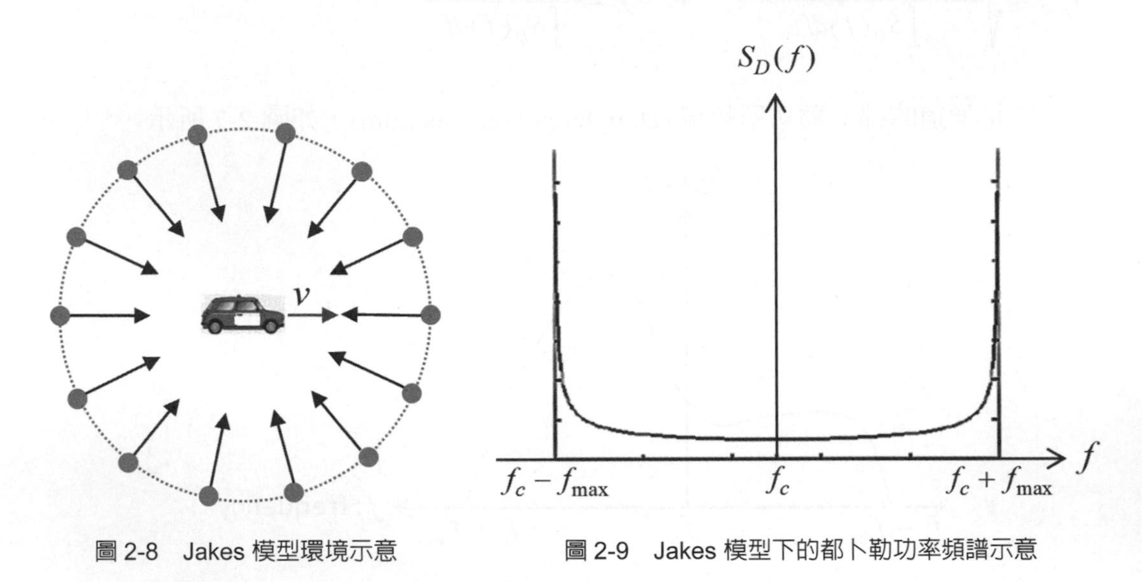

圖 2-8　Jakes 模型環境示意

圖 2-9　Jakes 模型下的都卜勒功率頻譜示意

2-3-3　通道的擴散與小尺度衰落

以上介紹係從通道的頻率響應與時變兩種角度切入。從頻率響應的角度而言，可將通道分爲平坦衰落 (flat fading) 與頻率選擇衰落 (frequency selective fading) 兩種。當信號的頻寬小於通道的同調頻寬，代表信號的各頻率成分都經歷相似的衰落現象，此現象稱爲平坦衰落，如圖 2-10(a) 所示；在時域看來，信號的長度大於通道的延遲擴散，代表延遲效應並未使得信號經過通道之後產生太大改變。相對的，當信號的頻寬大於通道的同調頻寬，代表信號的不同頻率成分經歷不同的衰落現象，此現象稱爲頻率選擇衰落，如圖 2-10(b) 所示；在時域看來，信號的長度小於通道的延遲擴散，代表延遲效應使得信號經過通道之後產生大幅改變。

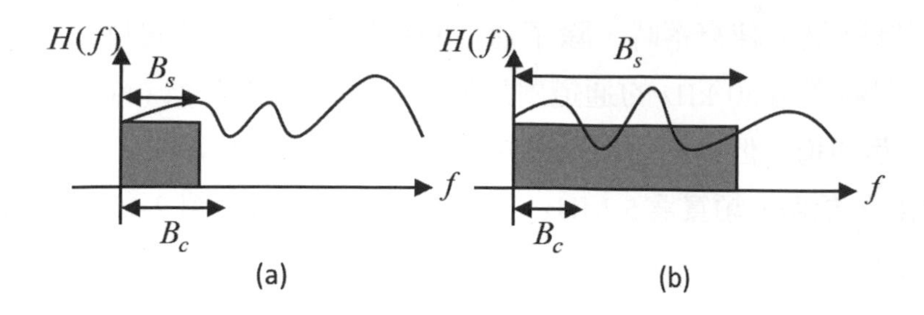

圖 2-10 (a) 平坦衰落示意；(b) 頻率選擇衰落示意

另一方面，從時變的角度而言，可將通道分成慢速衰落 (slow fading) 與快速衰落 (fast fading) 兩種。當信號的長度小於通道的同調時間，代表信號在傳送期間通道未有明顯變化，信號都經歷相似的衰落現象，此現象稱為慢速衰落；在頻域看來，信號的頻寬大於通道的都卜勒擴散，代表都卜勒效應並未使得信號經過通道之後產生太大改變，如圖 2-11(a) 所示；相對的，當信號的長度大於通道的同調時間，代表信號在傳送期間通道已產生明顯變化，信號經歷不同的衰落現象，此現象稱為快速衰落；在頻域看來，信號的頻寬小於通道的都卜勒擴散，代表都卜勒效應使得信號經過通道之後產生大幅改變，如圖 2-11(b) 所示。

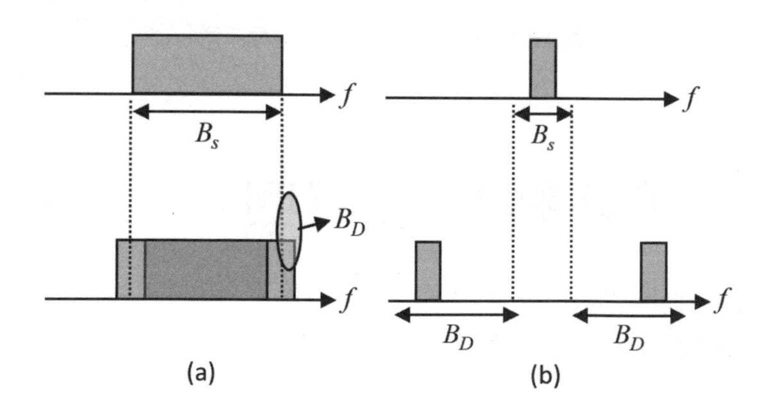

圖 2-11 (a) 慢速衰落頻域示意；(b) 快速衰落頻域示意

在判斷信號經歷何種衰落時，除了通道的特性，信號本身的特性也很重要。舉例而言，一個同調頻寬爲 50 kHz 的通道對於 LTE-A 系統的次載波 (subcarrier，頻寬爲 15 kHz) 是平坦衰落通道，但對於通用行動電信系統 (Universal Mobile Telecommunications System, UMTS) 的信號 (頻寬爲 5 MHz) 則是頻率選擇通道。圖 2-12 是四種小尺度衰落的分類整理。

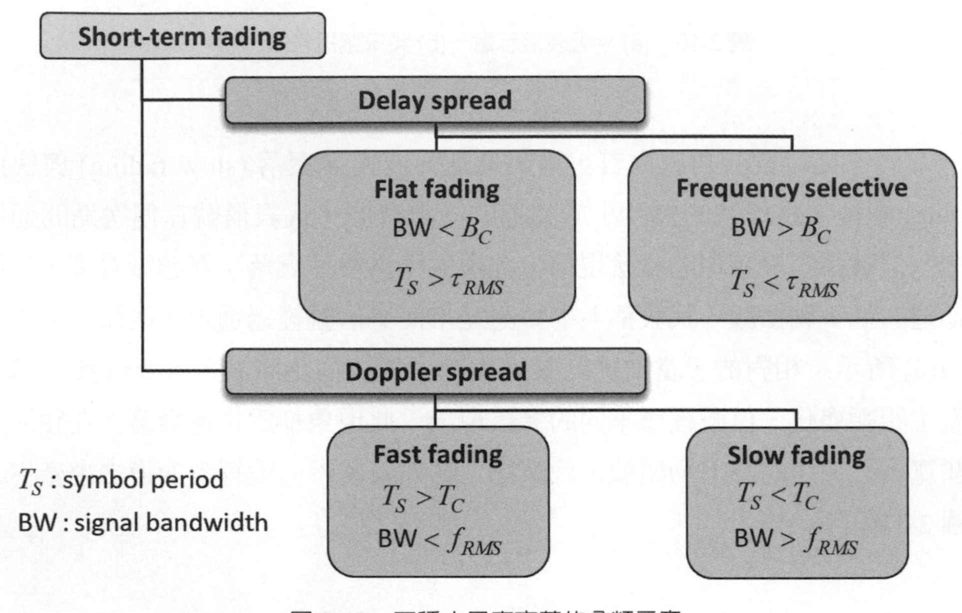

圖 2-12　四種小尺度衰落的分類示意

2-4　多天線系統信號模型

前述所介紹的通道僅考慮信號從傳送端天線發出至接收端天線之間的環境參數，並未考慮天線本身的型態。目前較先進的無線通訊系統 (包括無線網路與行動通訊系統) 已廣泛使用多天線架構，以充分利用空間自由度所帶來的效益，因此較新版的通道模型均納入傳送與接收端的多天線架構，形成複雜的多維度時變模型。本節將針對通訊系統中較常見的多天線信號模型介紹。

2-4-1 天線陣列與波束成形技術

本小節所考慮的多天線模型爲接收端配置具多根天線的陣列，而傳送端爲一個點信號源的場景 (scenario)。如圖 2-13 所示，接收陣列有 N_R 根天線，$\vec{x}_i$ 是第 i 根天線的位置向量，$\vec{r}$ 是參考點 0 指向信號源的方向向量，天線的排列方式及各天線的空間響應並無限制，惟須假設信號源與天線之間的距離足夠遠[8]，如此入射波可視爲平面波，使得各天線接收信號之間的關係較簡單；另須假設信號爲窄頻，如此各天線的接收信號具有相同的基頻形式，使得陣列接收信號的數學結構較簡單。

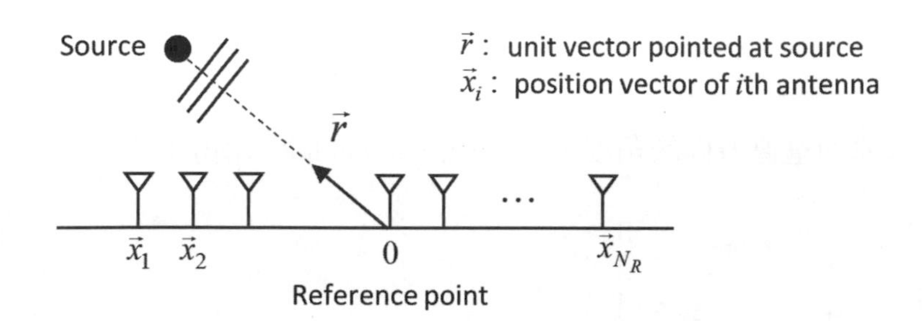

圖 2-13 單一信號源、接收端多天線的場景示意

在上述模型下，陣列各天線接收到的等效基頻信號可以向量的方式表示，如 (2.21) 式，其中 λ 是載波波長，$u(t)$ 是基頻信號，$\mathbf{a}(\vec{r})$ 是所謂的陣列指引向量 (array steering vector) 或空間特徵向量 (spatial signature vector, SSV)，它可視爲陣列的空間響應。從陣列指引向量的定義可以看出爲何需要遠場與窄頻的假設：平面波 (遠場) 的假設使得信號源至第 i 根天線的相對波程可以寫成 $\vec{x}_{N_R} \cdot \vec{r}$ ，而窄頻的假設使得各天線的接收基頻信號可抽離陣列指引向量；陣列指引向量所保留者即爲各天線接收信號的相位關係。

$$\mathbf{x}(t) = \begin{bmatrix} x_1(t) \\ \vdots \\ x_{N_R}(t) \end{bmatrix} = \begin{bmatrix} e^{j\frac{2\pi}{\lambda}\vec{x}_1 \cdot \vec{r}} \\ \vdots \\ e^{j\frac{2\pi}{\lambda}\vec{x}_{N_R} \cdot \vec{r}} \end{bmatrix} u(t) + \begin{bmatrix} n_1(t) \\ \vdots \\ n_{N_R}(t) \end{bmatrix} = \mathbf{a}(\vec{r})u(t) + \mathbf{n}(t) \tag{2.21}$$

8 遠場假設。

均勻線性陣列 (uniform linear array, ULA) 及均勻環形陣列 (uniform circular array, UCA) 是通訊系統中較常見的天線陣列。給定 N_R 根天線，均勻線性陣列將天線以等距方式排成一直線，如圖 2-14 所示；均勻環形陣列則是將天線均勻排在一個圓周上，如圖 2-15 所示。均勻線性陣列的陣列指引向量為

$$\mathbf{a}(\theta)=\begin{bmatrix} 1 \\ e^{-j\frac{2\pi}{\lambda}d\sin\theta} \\ \vdots \\ e^{-j\frac{2\pi}{\lambda}(N_R-1)d\sin\theta} \end{bmatrix} \tag{2.22}$$

其中 θ 為相對於陣列垂直方向的角度。均勻環形陣列的陣列指引向量為

$$\mathbf{a}(\theta,\phi)=\begin{bmatrix} e^{j\frac{2\pi}{\lambda}R\sin\phi\cos\theta} \\ e^{j\frac{2\pi}{\lambda}R\sin\phi\cos\left(\theta-\frac{2\pi}{N_R}\right)} \\ \vdots \\ e^{j\frac{2\pi}{\lambda}R\sin\phi\cos\left(\theta-\frac{2(N_R-1)\pi}{N_R}\right)} \end{bmatrix} \tag{2.23}$$

其中 θ 與 ϕ 各為相對於陣列平面與垂直方向的角度。

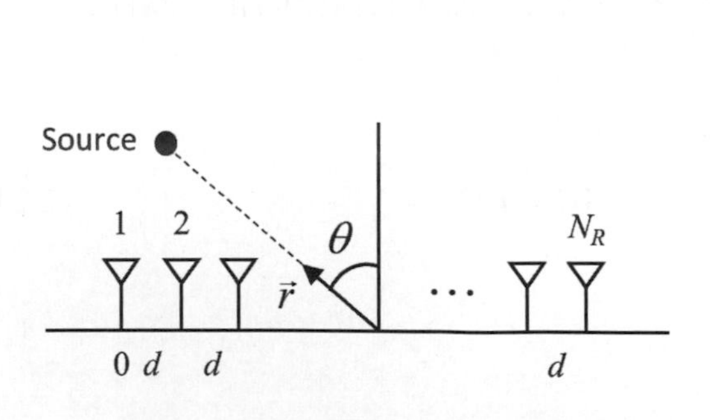

圖 2-14 均勻線性陣列示意

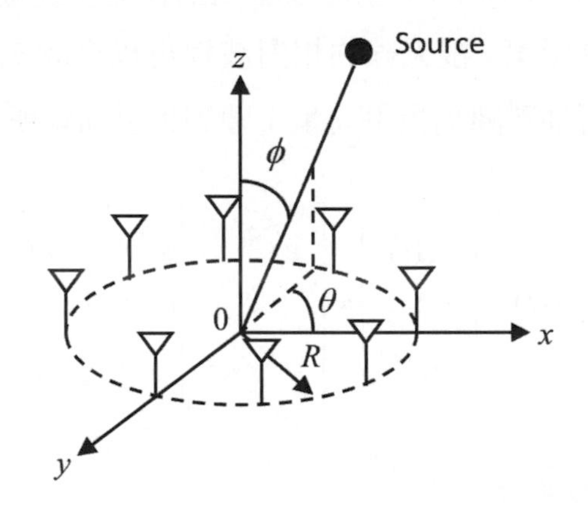

圖 2-15 均勻環形陣列示意

陣列天線最常見的應用形式爲波束成形 (beamforming)，波束成形可以視爲一種空間濾波的技巧，它將陣列中的各天線乘上特定權值 (weight) 之後加總得到一個空間濾波器的結構，稱爲波束成形器 (beamformer) 以及相對應的空間響應 (spatial response)，如圖 2-16 所示；不同的權值可產生不同的空間響應，因此波束成形的工作就是決定權值。由以上敘述可知，波束成形器與數位信號處理中常見的有限脈衝響應濾波器 (FIR filter) 十分相似，而空間響應如同濾波器頻率響應，唯一差別在於頻率換成空間角度。

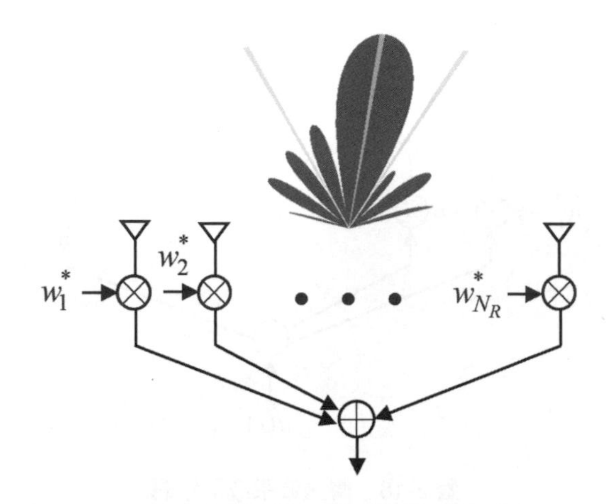

圖 2-16　波束成形器與空間響應示意

波束成形可應用於接收及傳送信號，於接收時稱爲接收 (receive) 波束成形，如圖 2-17 所示，其數學模型爲

$$y(t) = \sum_{i=1}^{N_R} w_i^* x_i(t) = \mathbf{w}^H \mathbf{x}(t) \tag{2.24}$$

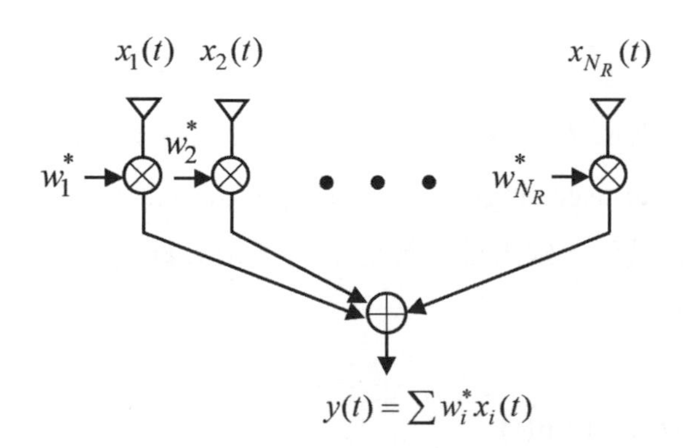

圖 2-17　接收波束成形示意

其中 $\mathbf{w}=[w_1,w_2,\ldots,w_{N_R}]^T$ 爲權值向量；接收波束成形如同凸透鏡聚光的概念，利用波束成形器將特定方向的信號能量集中，改善接收品質。當陣列作爲傳送端時，傳送陣列有 N_T 根天線，傳送 (transmit) 波束成形如圖 2-18 所示，其數學模型爲

$$\begin{bmatrix} x_1(t) \\ \vdots \\ x_{N_T}(t) \end{bmatrix} = \begin{bmatrix} w_1^* \\ \vdots \\ w_{N_T}^* \end{bmatrix} u(t) \quad ; \quad \mathbf{x}(t)=\mathbf{w}^H u(t) \tag{2.25}$$

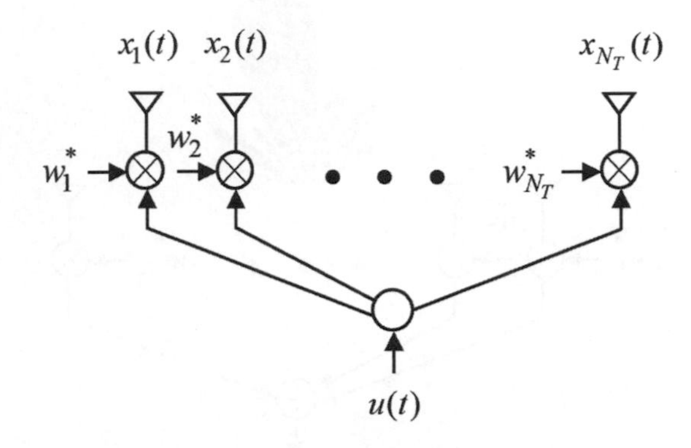

圖 2-18　傳送波束成形示意

傳送波束成形如同探照燈，將經由不同天線發射的信號指向特定方向。不論是接收或傳送波束成形，由於信號能量在特定方向被集中，除能有效改善該信號的接收品質外，也能降低該信號與其他信號間的干擾現象，此即爲波束成形在無線通訊系統中扮演的最重要角色。

2-4-2　SIMO、MISO 與 MIMO 信號模型

給定上述多天線信號基本模型後，本小節將介紹幾種無線通訊系統常見的多天線信號模型，模型中假設有配置多天線的基地台 (BS) 與配置單天線的用戶 (user)。首先，單用戶單輸入多輸出 (single-user single-input multiple-output, SU-SIMO) 是描述一個傳送端對一個接收端，傳送端只有一根天線，接收端有多根天線的信號模型，如圖 2-19 所示；其接收信號可表示爲

$$\mathbf{x}(t)=\sum_{j=1}^{J}\alpha_j \mathbf{a}(\theta_j)u(t-\tau_j)+\mathbf{n}(t) \tag{2.26}$$

其中 J 代表路徑數，α_j、θ_j 與 τ_j 分別代表第 j 條路徑的衰落增益 (fading gain)、到達角度 (angle of arrival, AoA) 與延遲；$\mathbf{a}(\theta_j)$ 是陣列指引向量，$u(t)$ 爲信號源的基頻形式。

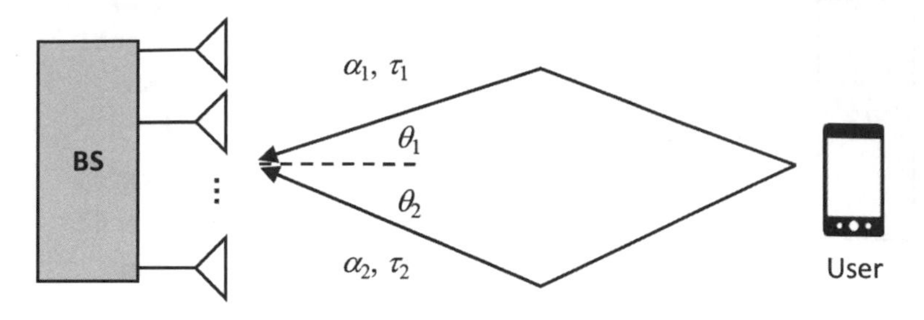

圖 2-19　SU-SIMO 場景示意

其次，單用戶多輸入單輸出 (single-user multiple-input single-output, SU-MISO) 是描述一個傳送端對一個接收端，傳送端有多根天線，接收端只有一根天線的信號模型，如圖 2-20 所示；其接收信號可表示爲

$$x(t)=\sum_{j=1}^{J}\alpha_j\mathbf{w}^H\mathbf{a}(\theta_j)u(t-\tau_j)+n(t) \tag{2.27}$$

其中 $\mathbf{w}$ 是傳送波束成形權值向量，θ_j 是第 j 條路徑的離開角度 (angle of departure, AoD)。

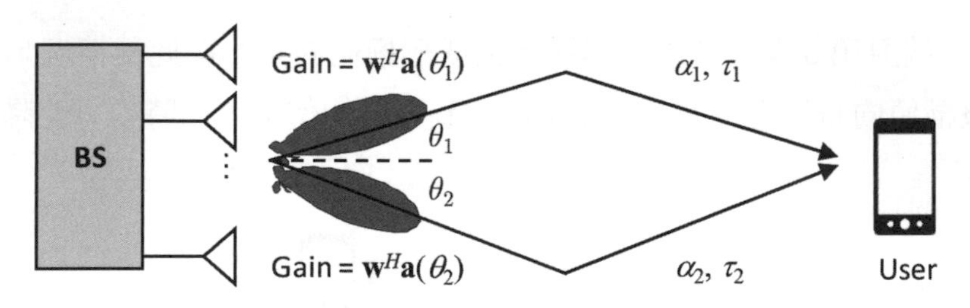

圖 2-20　SU-MISO 場景示意

再者，多用戶單輸入多輸出 (multi-user single-input multiple-output, MU-SIMO) 是描述多個傳送端對一個接收端，傳送端只有一根天線，接收端有多根天線的信號模型，如圖 2-21 所示；其接收信號可表示爲

$$\mathbf{x}(t)=\sum_{q=1}^{Q}\sum_{j=1}^{J_q}\alpha_{jq}\mathbf{a}(\theta_{jq})u_q(t-\tau_{jq})+\mathbf{n}(t) \tag{2.28}$$

其中 Q 是傳送端的個數，$u_q(t)$ 是第 q 個傳送端的傳送信號。

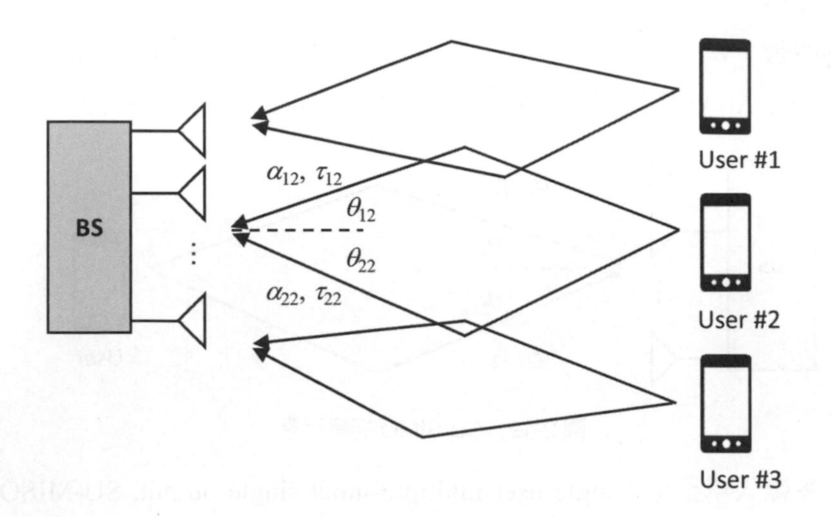

圖 2-21　MU-SIMO 場景示意

最後，多用戶多輸入單輸出 (multi-user multiple-input single-output, MU-MISO) 是描述一個傳送端對多個接收端，傳送端有多根天線，每個接收端只有一根天線的信號模型，如圖 2-22 所示；第 d 個接收端接收到的信號可表示爲

$$x_d(t) = \sum_{q=1}^{Q} \sum_{j=1}^{J_d} \alpha_{jd} \mathbf{w}_q^H \mathbf{a}(\theta_{jd}) u_q(t - \tau_{jd}) + n_d(t) \tag{2.29}$$

其中 $\mathbf{w}_q$ 是傳送端對第 q 個接收端的傳送波束成形權值向量，在此種情況，傳送端較佳的策略是調整權值向量使得每個接收端都能收到各自的信號，同時盡可能降低對其餘接收端的干擾。

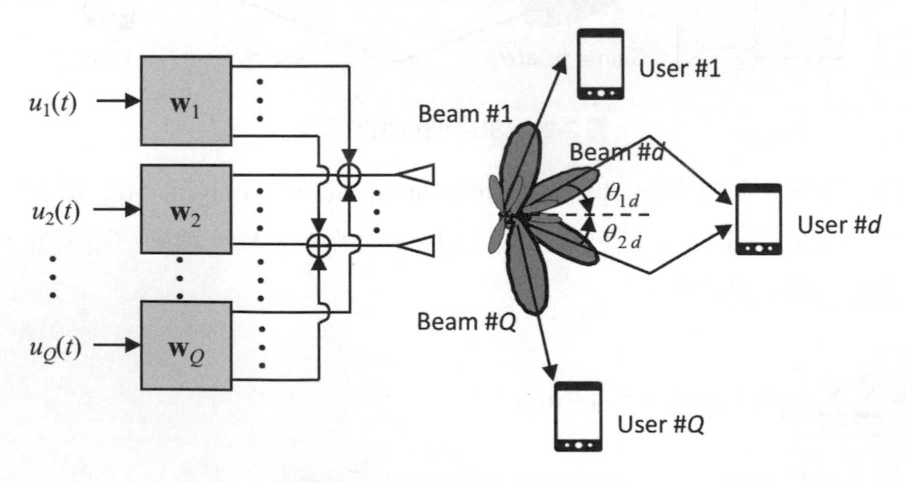

圖 2-22　MU-MISO 場景示意

上述 MU-SIMO 及 MU-MISO 模型中出現的多用戶端可視爲一個多天線的裝置，此時系統可視爲一個等效的多輸入多輸出 (multiple-input multiple-output, MIMO) 系統。MIMO 信號模型是描述傳送端有 N_T 根天線，接收端有 N_R 根天線的信號模型，爲了簡化分析，假設傳送端與接收端都只有一個裝置，亦即點對點傳輸，如圖 2-23 所示。多輸入多輸出信號模型的接收信號可表示爲

$$\mathbf{y}(t)=\int \mathbf{H}(t,\tau)\mathbf{x}(t-\tau)d\tau+\mathbf{n}(t) \tag{2.30}$$

其中 $\mathbf{H}(t,\ \tau)=[h_{ij}(t,\ \tau)]$ 爲 $N_R\ \times N_T$ 的 MIMO 通道矩陣，而接收信號向量的第 i 個元素 y_i 則可表示爲

$$y_i(t)=\sum_{j=1}^{N_T}\int h_{ij}(t,\tau)x_j(t-\tau)d\tau+n_i(t) \tag{2.31}$$

其中 h_{ij} 爲 $\mathbf{H}(t,\ \tau)$ 的第 i 列第 j 行的元素，x_j 則爲 $\mathbf{x}$ 的第 j 個元素，n_i 爲 $\mathbf{n}$ 的第 i 個元素。

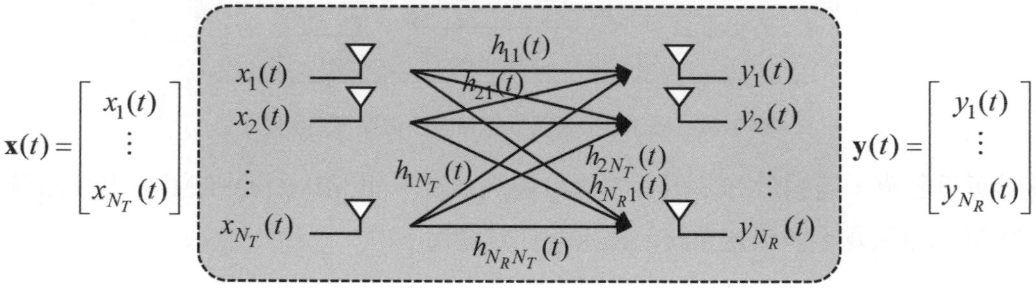

圖 2-23 MIMO 信號模型示意

在先前提到 MU-SIMO 信號模型中，多個單天線的傳送端可以視爲一個多天線的傳送端，如此就可使用 MIMO 信號模型表示如以下等效形式：

$$\begin{aligned}\mathbf{x}(t)&=\sum_{q=1}^{Q}\sum_{j=1}^{J_q}\alpha_{jq}\mathbf{a}(\theta_{jq})u_q(t-\tau_{jq})+\mathbf{n}(t)\\&=\sum_{q=1}^{Q}\sum_{j=1}^{J_q}\alpha_{jq}\mathbf{a}(\theta_{jq})\delta(t-\tau_{jq})*u_q(t)+\mathbf{n}(t)\\&=\begin{bmatrix}\mathbf{h}_1(t) & \ldots & \mathbf{h}_Q(t)\end{bmatrix}*\begin{bmatrix}u_1(t)\\ \vdots \\ u_Q(t)\end{bmatrix}+\mathbf{n}(t)=\mathbf{H}(t)*\mathbf{u}(t)+\mathbf{n}(t)\end{aligned} \tag{2.32}$$

其中通道矩陣 $\mathbf{H}(t)$ 中各行即為對應各個信號的等效通道向量，可表示為

$$\mathbf{h}_q(t)=\sum_{j=1}^{J_q}\alpha_{jq}\mathbf{a}(\theta_{jq})\delta(t-\tau_{jq}) \tag{2.33}$$

在慢速和平坦衰落的假設下，通道矩陣 $\mathbf{H}$ 不再 τ 是與 t 的函數，而成為一常數矩陣 $\mathbf{H}=[h_{ij}]$，因此 MIMO 的信號模型可簡化為圖 2-24 所示，其接收信號可表示為

$$\mathbf{y}(t)=\mathbf{H}\mathbf{x}(t)+\mathbf{n}(t) \tag{2.34}$$

而接收信號向量的第 i 個元素 y_i 則可表示為

$$y_i(t)=\sum_{j=1}^{N_T}h_{ij}x_j(t)+n_i(t) \tag{2.35}$$

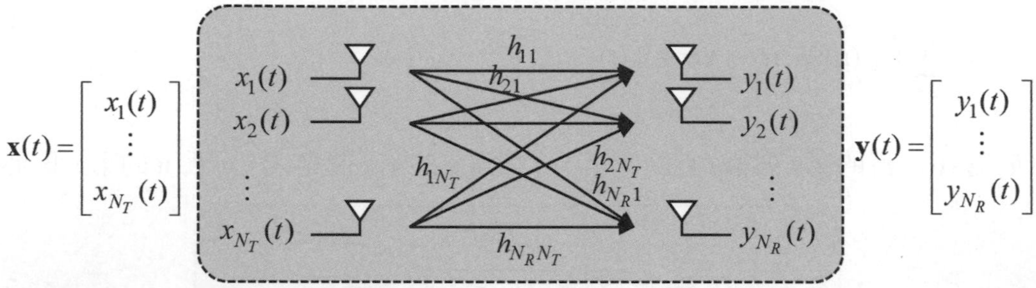

$\mathbf{x}(t)=\begin{bmatrix}x_1(t)\\ \vdots \\ x_{N_T}(t)\end{bmatrix}$
$x_1(t)$
$x_2(t)$
$x_{N_T}(t)$
h_{11}
h_{21}
h_{1N_T}
h_{2N_T}
h_{N_R1}
$h_{N_RN_T}$
$y_1(t)$
$y_2(t)$
$y_{N_R}(t)$
$\mathbf{y}(t)=\begin{bmatrix}y_1(t)\\ \vdots \\ y_{N_R}(t)\end{bmatrix}$

圖 2-24　慢速平坦衰落下的 MIMO 信號模型示意

此模型使用簡單，適用於許多現有的無線通訊系統，如 MIMO-OFDM[9]。本小節最後以圖 2-25 顯示單天線至多天線系統的演進，作為結尾。

SISO
SIMO
MISO
MIMO

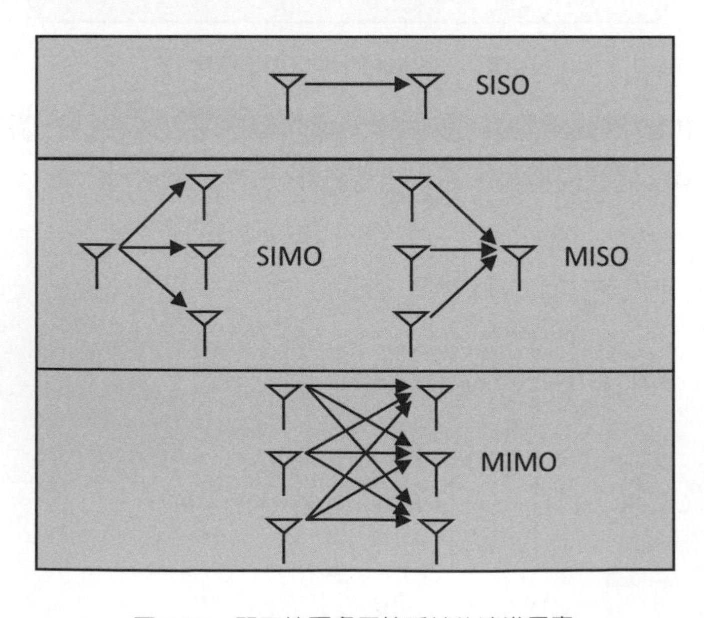

圖 2-25　單天線至多天線系統的演進示意

9　MIMO-OFDM 的概念將於第四章中介紹。

2-4-3　角度擴散

本小節將多天線的概念引入先前介紹的多路徑通道，並說明其衍生的效應。包含多路徑及多天線效應的通道模型如圖 2-26 所示，其中一端使用多天線陣列接收來自不同方向的信號路徑，每條路徑有其入射角度，而不同入射角度所擴展的範圍稱爲角度擴散 (angle spread, AS)。角度擴散的概念與延遲擴散及都卜勒擴散相似，角度擴散代表在多路徑通道下，天線傳送或接收信號的空間角度範圍；舉例而言，假設一通道有三條路徑，這三條路徑離開傳送端天線的角度分別是 –10°、0°、30°，進入接收端的角度分別是 3°、4°、6°，那麼傳送端天線的與接收端天線所觀察到的角度擴散分別是 40° 與 3°。

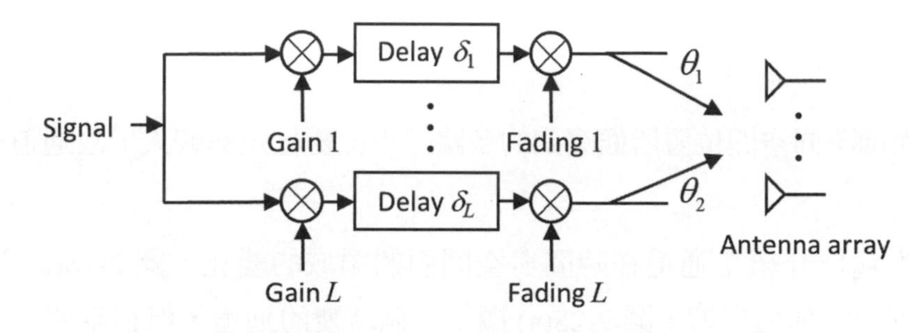

圖 2-26　考量多路徑及多天線效應的通道模型示意

當然，實際信號不會只經過少數有限的路徑傳輸，因此實務上角度擴散是以信號空間角度頻譜 $S_\theta(\theta)$ 來分析，如圖 2-27 所示：

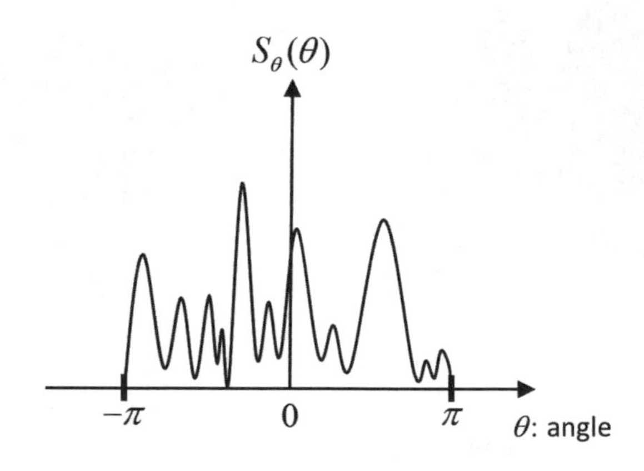

圖 2-27　空間角度頻譜示意

均方根角度擴散是較常見的角度擴散表示法，其式如下：

$$\theta_{RMS} = \sqrt{\frac{\int_{-\pi}^{\pi}\left(\theta-\bar{\theta}\right)^2 \cdot S_\theta(\theta)d\theta}{\int_{-\pi}^{\pi} S_\theta(\theta)d\theta}} \quad ; \quad \bar{\theta} = \frac{\int_{-\pi}^{\pi} \theta \cdot S_\theta(\theta)d\theta}{\int_{-\pi}^{\pi} S_\theta(\theta)d\theta} \tag{2.36}$$

類似於同調頻寬與同調時間的概念，根據角度擴散可定義出同調距離 (coherence distance)，一般而言，同調距離與角度擴散成反比，亦即

$$D_C \propto \frac{1}{\theta_{RMS}} \tag{2.37}$$

角度擴散較大則不同空間位置所觀察到的多路徑相位變化差異較大，故通道維持不變的距離較短。

至此，本章已介紹了通道在時間與空間兩個領域的變化，圖 2-28(a) 與圖 2-28(b) 分別呈現了不同的通道型態，圖 2-28(a) 顯示一個時變的通道，但在空間上不變的，圖 2-28(b) 則顯示一個隨時間空間都會變化的通道。常見環境的延遲擴散、都卜勒擴散與角度擴散值如表 2-2 所示。

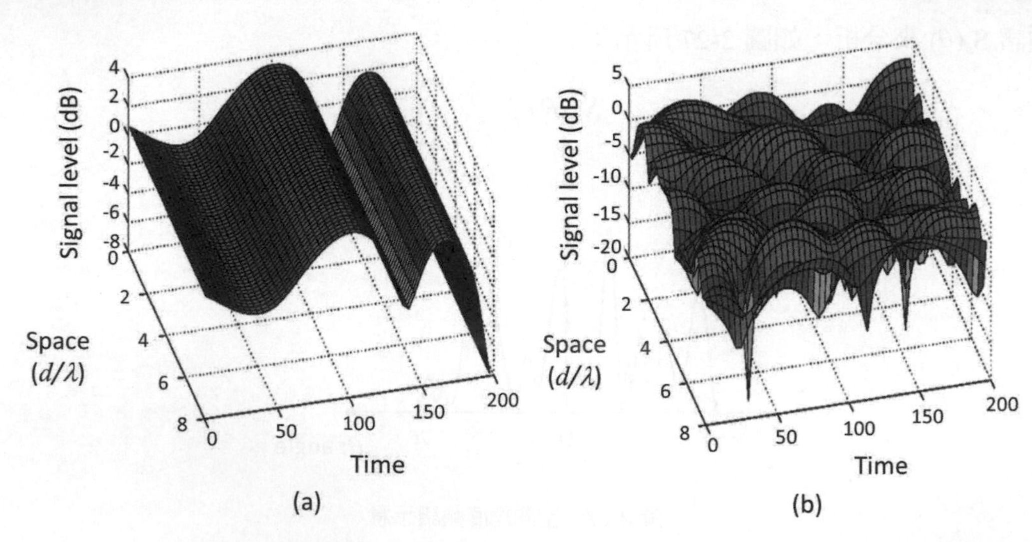

圖 2-28　(a) 隨時間變化但不隨空間變化的通道型態示意；(b) 隨時間與空間變化的通道型態示意

表 2-2　常見環境的延遲擴散、都卜勒擴散與角度擴散值 [10]

環境	Delay spread	Angle spread	Doppler spread
平野	0.5 μs	1°	190 Hz
都會	5 μs	20°	120 Hz
山丘	20 μs	30°	190 Hz
賣場	0.3 μs	120°	10 Hz
室內	0.1 μs	360°	5 Hz

以下從實際環境的觀點，大致分析造成延遲擴散、都卜勒擴散與角度擴散的原因。考慮一個用戶傳送信號給遠方的基地台，如圖 2-29 所示。一般而言，信號從用戶的裝置發出之後，首先會與用戶周遭的環境作用，對於基地台而言，由於距離很遠，用戶及其周遭環境對於基地台而言可視爲一個點，因此這個階段並不會影響延遲擴散及角度擴散，但若用戶周遭有移動物體 (如汽車)，則信號在該路徑就會衍生都卜勒擴散；信號離開用戶所在區域之後，可能會經過遠方的散射物 (如高樓、山丘)，在這個階段，不同散射物一般相距甚遠，因此經過不同散射物抵達基地台信號的抵達時間與入射角都不一樣，故信號在這個階段會衍生延遲擴散及角度擴散，由於這些散射物一般都是靜止的，此階段不會衍生都卜勒擴散；最後，信號在抵達基地台前，會與基地台附近的環境作用，由於基地台周遭環境所造成的多路徑長度相差不遠，因此並不會造成抵達時間的差距，換言之，在這個階段不會衍生延遲擴散，此外，基地台一般位於較高處，其周遭很少有移動物體，故此階段也不會衍生都卜勒擴散，然而這些多路徑最終抵達基地台的角度不同，故此階段也會衍生接收端的角度擴散。

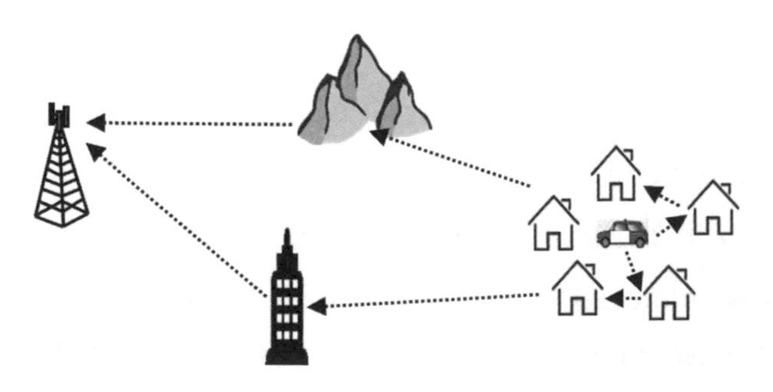

圖 2-29　通道產生不同擴散的場景示意

10　本表所列數值以 1800 MHz 頻段爲例，請參考 [11]。

2-5 空間通道模型

本章至此已初步介紹多天線多路徑時變通道的效應，本小節將介紹 3GPP 針對第三代行動通訊所提出的通道模型：空間通道模型 (spatial channel model, SCM)。SCM 爲一基於射線 (ray-based) 的通道模型，它考慮角度擴散、延遲擴散與遮蔽衰落等影響通道響應之變數，並據此產生路徑以模擬信號在實際多天線多路徑環境中的表現。

2-5-1 應用場景與大尺度衰落模型

SCM 所支援的信號頻寬最高可達 5 MHz，載波頻率則爲 1900 MHz，模型中有三種模擬場景：Urban microcell、Urban macrocell 及 Suburban macrocell，表 2-3 爲三種場景的主要參數比較。在 macrocell 的場景下，由於基地台服務較大的範圍，其接收到視線 (line-of-sight, LoS) 的信號機率十分低，因此模擬中不含 LoS 成分；在 microcell 的場景下，由於基地台服務範圍較小，有機會接收到 LoS 信號，依其接收到 LoS 的信號與否，又可分爲 microcell LoS 與 microcell NLoS 兩種場景。

表 2-3　SCM 三種模擬場景的主要參數

	Distance of BS to BS	BS antenna position	LoS component
Suburban macrocell	3 km	High (above local clutter)	No
Urban macrocell	3 km	High (above rooftop)	No
Urban microcell	1 km	Rooftop level	Yes / No

三種場景採用的路徑損失模型皆不相同，列於表 2-4 中；表中參數 C 於 Suburban macrocell 與 Urban macrocell 場景下分別爲 0 dB 及 3 dB；h_{BS} 與 h_{MS} 分別是基地台及用戶高度，單位爲公尺，d 是基地台與用戶之間的距離，單位爲公尺，f_c 是載波頻率，單位爲 MHz。Macrocell 及 microcell 場景的參數列於表 2-5 中，將其代入表 2-4 中的數學式並簡化，可得如表 2-6 所示的簡化路徑損失模型。不同場景下的路徑損失與距離的關係如圖 2-30 所示。

表 2-4 SCM 三種場景的路徑損失模型 [11]

Macrocell
$PL[\text{dB}] = [44.9-6.55\log(h_{BS})]\log(d/1000) + 45.5 + 0.7h_{MS} + (35.46-1.1h_{MS})\log(f_c) - 13.82\log(h_{BS}) + C$
Microcell (NLoS)
$PL_{MI\text{-}NLoS}[\text{dB}] = -55.9 + 38\log(d) + [24.5+(1.5f_c/925)]\log(f_c)$
Microcell (LoS)
$PL_{MI\text{-}LoS}[\text{dB}] = -35.4 + 26\log(d) + 20\log(f_c)$

表 2-5 SCM macrocell 與 microcell 場景參數

	h_{BS}	h_{MS}	d	f_c
Macrocell	32 m	1.5 m	≥ 35 m	1900 MHz
Microcell	12.5 m	1.5 m	≥ 20 m	1900 MHz

表 2-6 代入各場景參數後的 SCM 簡化路徑損失模型

Path loss		
Macrocell	Suburban	$PL_{SM} = 31.5 + 35\log(d)$
	Urban	$PL_{UM} = 34.5 + 35\log(d)$
Microcell	NLoS	$PL_{MI\text{-}NLoS} = 34.53 + 38\log(d)$
	LoS	$PL_{MI\text{-}LoS} = 30.18 + 26\log(d)$

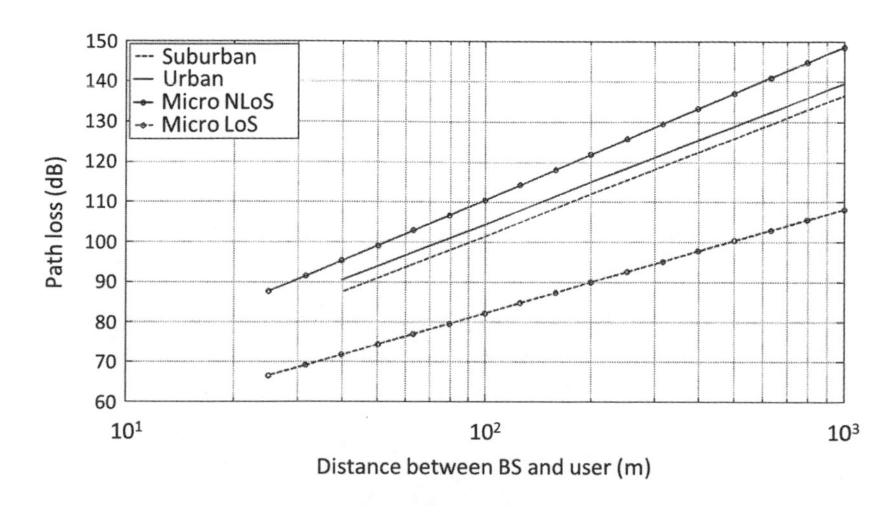

圖 2-30 SCM 各場景路徑損失與距離關係示意

11 資料來源請參考 [17]。

2-5-2 小尺度衰落模型

以上所述爲 SCM 中大尺度衰落的部分，在小尺度衰落中，SCM 採用的多天線多路徑模型如圖 2-31 所示，其中 BS 代表基地台，爲傳送端，MS 代表用戶，爲接收端。SCM 利用多個路徑合成並描述實際環境之小尺度衰落；如圖所示，基地台第 n 條路徑的第 m 條次路徑 (subpath) 的離開角度 (angle of departure, AoD) $\theta_{n,m,AoD}$ 與用戶第 n 條路徑的第 m 條子路徑的到達角度 (angle of arrival, AoA) $\theta_{n,m,AoA}$ 分別爲

$$\begin{aligned}\theta_{n,m,AoD} &= \theta_{BS} + \delta_{n,AoD} + \Delta_{n,m,AoD} \\ \theta_{n,m,AoA} &= \theta_{MS} + \delta_{n,AoA} + \Delta_{n,m,AoA}\end{aligned} \tag{2.38}$$

其中 θ_{BS} 與 θ_{MS} 分別爲 LoS 路徑的離開角度與到達角度，$\delta_{n,AoD}$ 與 $\delta_{n,AoA}$ 爲第 n 條路徑與 LoS 路徑的離開角度及到達角度之差值，其產生方式將於下個部分介紹，而 $\Delta_{n,m,AoD}$ 與 $\Delta_{n,m,AoA}$ 則是第 n 條路徑的第 m 條次路徑與第 n 條路徑的離開角度與到達角度之偏移量 (offset)，其值列於表 2-7 中。值得注意的是，基地台與用戶的次路徑將隨機配對以使最終信號的相位較爲均勻分布，如圖 2-32 所示。

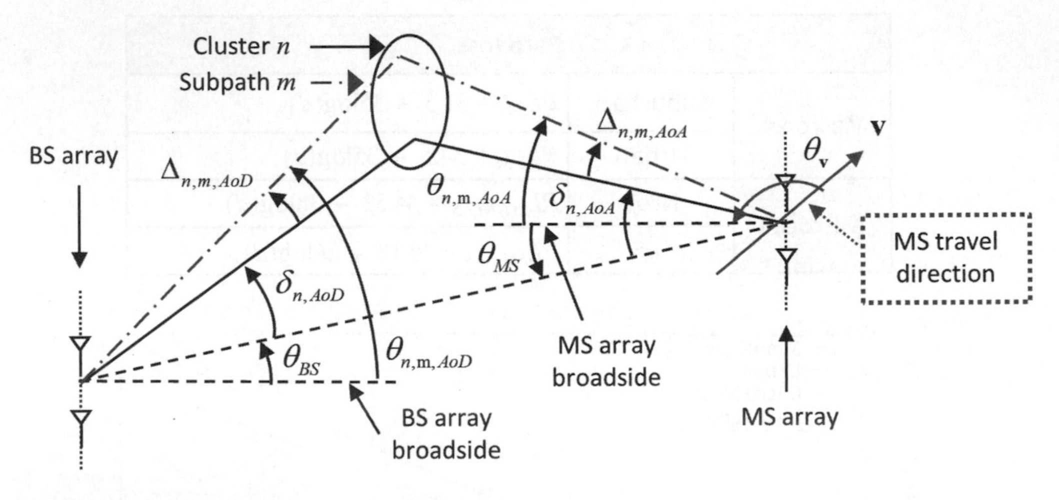

圖 2-31 SCM 多天線多路徑小尺度衰落模型示意 [12]

12 資料來源請參考 [17]。

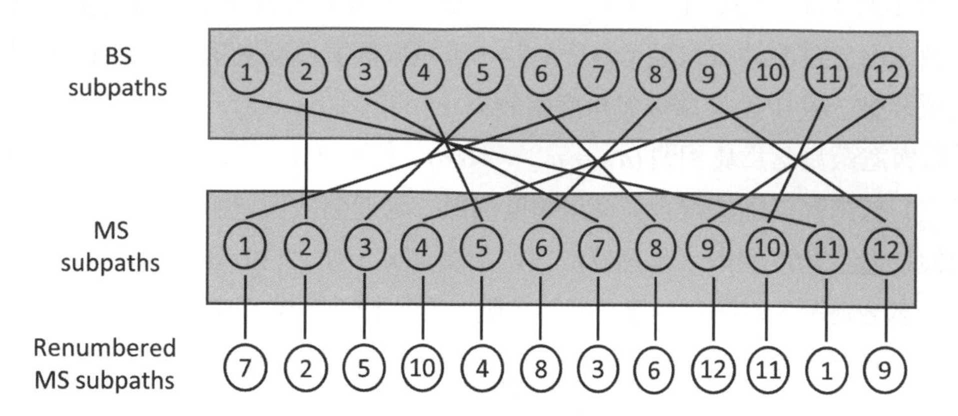

圖 2-32 基地台與用戶次路徑隨機配對示意

表 2-7 次路徑離開角度與到達角度偏移量 [13]

Subpath number (m)	**Offset at BS** AS = 2° Macrocell $\Delta_{n,m,AoD}$ (degree)	**Offset at BS** AS = 5° Microcell $\Delta_{n,m,AoD}$ (degree)	**Offset at MS** AS = 35° $\Delta_{n,m,AoD}$ (degree)
1, 2	0.0894	0.2236	1.5649
3, 4	0.2826	0.7064	4.9447
5, 6	0.4984	1.2461	8.7224
7, 8	0.7431	1.8578	13.0045
9, 10	1.0257	2.5642	17.9492
11, 12	1.3594	3.3986	23.7899
13, 14	1.7688	4.4220	30.9538
15, 16	2.2961	5.7403	40.1824
17, 18	3.0389	7.5974	53.1816
19, 20	4.3101	10.7753	75.4274

13 資料來源請參考 [17]。

由圖 2-31 可瞭解 SCM 中小尺度模型的概念，接下來將介紹如何產生 SCM 小尺度效應參數。由於實測的資料顯示角度擴散、延遲擴散與遮蔽衰落三者爲相關的對數常態分布隨機變數，其中延遲擴散與角度擴散爲正相關 (ρ_{DA} = 0.5)，延遲擴散與遮蔽衰落及角度擴散與遮蔽衰落爲負相關 (ρ_{AF} = ρ_{DF} = −0.6)，如圖 2-33 所示。據此特性，SCM 藉由三個獨立的標準高斯隨機變數與使用角度擴散、延遲擴散與遮蔽衰落之間的相關性執行線性變換以產生角度擴散、延遲擴散與遮蔽衰落值，如 (2.39) 與 (2.40) 式所示，再依此產生各路徑之延遲、離開與到達角度等參數，最終結合各路徑產生多路徑效應。

Correlation matrix	
Intra BS	Inter BS
$\begin{bmatrix} 1 & \rho_{DA} & \rho_{DF} \\ \rho_{DA} & 1 & \rho_{AF} \\ \rho_{DF} & \rho_{AF} & 1 \end{bmatrix}$	$\begin{bmatrix} 0 & 0 & 0 \\ 0 & 0 & 0 \\ 0 & 0 & \zeta \end{bmatrix}$
$\rho_{DA} = +0.5$ $\rho_{AF} = r_{DF} = -0.6$	$\zeta = +0.5$

圖 2-33　角度擴散、延遲擴散與遮蔽衰落所形成的相關矩陣

$$\begin{bmatrix} \alpha_j \\ \beta_j \\ \gamma_j \end{bmatrix} = \begin{bmatrix} 1 & \rho_{DA} & \rho_{DF} \\ \rho_{DA} & 1 & \rho_{AF} \\ \rho_{DF} & \rho_{AF} & 1-\zeta \end{bmatrix}^{1/2} \begin{bmatrix} w_{j1} \\ w_{j2} \\ w_{j3} \end{bmatrix} + \begin{bmatrix} 0 & 0 & 0 \\ 0 & 0 & 0 \\ 0 & 0 & \zeta \end{bmatrix}^{1/2} \begin{bmatrix} \xi_1 \\ \xi_2 \\ \xi_3 \end{bmatrix} \tag{2.39}$$

$$\begin{aligned} \sigma_{DS,j} &= 10^{\varepsilon_{DS}\alpha_j + \mu_{DS}} \\ \sigma_{AS,j} &= 10^{\varepsilon_{AS}\beta_j + \mu_{AS}} \\ \sigma_{SF,j} &= 10^{0.1(\sigma_{SH}\gamma_j)} \end{aligned} \tag{2.40}$$

在 (2.39) 式中，w_{j1}、w_{j2}、w_{j3} 爲三個獨立的標準高斯隨機變數，而 ξ_1、ξ_2、ξ_3 亦爲三個獨立的標準高斯隨機變數。在 (2.40) 式中，下標 j 代表第 j 個基地台，σ_{DS}、σ_{AS}、σ_{SF} 分別爲延遲擴散、角度擴散及遮蔽衰落，μ_{DS}、μ_{AS} 代表 σ_{DS}、σ_{AS} 取常用對數後的平均值，例如 $\mu_{DS} = E\{\log_{10}(\sigma_{DS})\}$，$\varepsilon_{DS}$、$\varepsilon_{AS}$、$\sigma_{SH}$ 代表 σ_{DS}、σ_{AS}、σ_{SF} 取常用對數後的標準差，例如：$(\varepsilon_{DS})^2 = E\{[\log_{10}(\sigma_{DS,j}) - (\mu_{DS})]^2\}$。

首先介紹 macrocell 場景中各路徑之延遲、離開與到達角度等參數的產生方式。決定σ_{DS}、σ_{AS}、σ_{SF}後，即可產生各路徑之延遲、功率、離開角度與到達角度，最終組合爲多路徑通道響應。路徑延遲的產生如 (2.41) 所示：

$$\tau'_n = -r_{DS}\sigma_{DS}\ln(z_n)\ , \quad n = 1,2,\ldots,N \tag{2.41}$$

其中N爲路徑數，z_n爲 i.i.d.[14] $U(0, 1)$ 均勻分布隨機變數，r_{DS}爲與場景相關之比例常數。藉由計算 (2.41) 式產生所有路徑延遲後，將其由小至大重新排列，得到$\tau'_{(1)} < \tau'_{(2)} < \ldots < \tau'_{(N)}$，再將所有$\tau'_{(n)}$扣除$\tau'_{(1)}$以正規化 (normalize) 路徑延遲，即$\tau_n = \tau'_{(n)} - \tau'_{(1)}$，故$0 = \tau_1 < \tau_2 < \ldots < \tau_N$。路徑功率的產生如 (2.42) 所示：

$$P'_n = e^{-\frac{(1-r_{DS})\tau_n}{r_{DS}\sigma_{DS}}} \cdot 10^{-0.1\xi_n}\ , \quad n = 1,2,\ldots,N \tag{2.42}$$

其中ξ_n爲 i.i.d. $N(\mu,\sigma^2)$ 高斯隨機變數，σ爲 3 dB。由 (2.42) 式得到P'_n後，將其正規化使得所有路徑的功率和爲 1，亦即

$$P_n = \frac{P'_n}{\sum_{i=1}^{N} P'_i} \tag{2.43}$$

接著，各路徑的離開角度與到達角度根據 (2.44) 及 (2.45) 式之機率分布計算：

$$\delta'_n \sim N\left[0, \left(r_{AS}\cdot\sigma_{AS}\right)^2\right], \quad n = 1,2,\ldots,N \tag{2.44}$$

$$\begin{aligned} &\delta_{n,AoA} \sim N(0, \sigma^2_{n,AoA})\ , \quad n = 1,2,\ldots,N \quad ; \\ &\sigma_{n,AoA} = 104.12^\circ \cdot \left(1 - e^{-0.2175|10\log_{10}(P_n)|}\right) \end{aligned} \tag{2.45}$$

在 (2.44) 式中，r_{AS}爲比例常數。隨機產生$\delta'_{(n)}$後，將其取絕對值再由小而大重新排列得到$|\delta'_{(1)}| < |\delta'_{(2)}| < \ldots < |\delta'_{(N)}|$，而第$n$條路徑的離開角度$\delta_{n,AoD}$即爲$\delta'_{(n)}$。

以上爲 macrocell 場景中各路徑之延遲、離開與到達角度等參數的產生方式，而 Urban microcell 場景中參數的產生方式則略微不同。Urban microcell 場景中路徑延遲的產生如 (2.46) 所示，與 (2.41) 式不同：

$$\tau'_n \sim N(0, 1.2\ \mu s)\ , \quad n = 1,2,\ldots,N \tag{2.46}$$

---

14 i.i.d. 爲 independent, identically distributed 的縮寫。

接著由小至大排列再扣除最小值，得 $0=\tau_1<\tau_2<\ldots<\tau_N$；如爲 LoS 場景，則 LoS 路徑之延遲設爲 0。路徑功率的產生如 (2.47) 所示：

$$P'_n = 10^{-(\tau_n+0.1z_n)}, \quad n=1,2,\ldots,N \tag{2.47}$$

其中 z_n 爲 i.i.d. $N(\mu,\sigma^2)$ 高斯隨機變數，σ 爲 3 dB；如爲 LoS 場景，則路徑功率則如 (2.48) 所示：

$$P_n = \frac{P'_n}{(K+1)\sum_{i=1}^{N} P'_i} \quad ; \quad P_{LoS} = \frac{K}{K+1} \tag{2.48}$$

在 (2.48) 式中，由於 LoS 路徑的功率相較其它路徑大，以 Ricean K 參數模擬 LoS 路徑的功率與總功率之比例，其中 LoS 發生的機率及 Ricean K 參數值可分別由 (2.49) 與 (2.50) 式求得：

$$\Pr_{LoS} = \left(\frac{300-(d_{MS-BS})}{300}\right), \quad d_{MS-BS} < 300 \text{ m} \tag{2.49}$$

$$K[\text{dB}] = 13.0 - 0.03 \times (d_{MS-BS}) \tag{2.50}$$

其中 $d_{MS\text{-}BS}$ 是基地台與用戶之間的距離。最後，離開角度與到達角度分別如 (2.51) 與 (2.52) 所示：

$$\delta_{n,AoD} \sim U(-40°,\ 40°), \quad n=1,2,\ldots,N \tag{2.51}$$

$$\delta_{n,AoA} \sim N(0,\sigma^2_{n,AoA}), \quad n=1,2,\ldots,N \quad ; \quad \sigma_{n,AoA} = 104.12° \cdot \left(1-e^{-0.265\left|10\log_{10}(P_n)\right|}\right) \tag{2.52}$$

其產生方式如 macrocell 場景中所述；如爲 LoS 場景，則 LoS 路徑的離開角度與到達角度即視線方向。SCM 模型的詳細參數列於表 2-8 中。

表 2-8 SCM 通道場景與參數[15]

Channel scenario	Suburban macro	Urban macro	Urban micro
Number of paths (N)	6	6	6
Number of sub-paths (M) per path	20	20	20
Mean RMS AS at BS	$E(\sigma_{AS}) = 5^\circ$	$E(\sigma_{AS}) = 8^\circ, 15^\circ$	NLoS: $E(\sigma_{AS}) = 19^\circ$
AS at BS $\sigma_{AS} = 10^{(\varepsilon_{AS}\cdot x+\mu_{AS})}$ $x \sim N(0,1)$ σ_{AS} in degrees	$\mu_{AS} = 0.69$ $\varepsilon_{AS} = 0.13$	8° $\mu_{AS} = 0.810$ $\varepsilon_{AS} = 0.34$ 15° $\mu_{AS} = 1.18$ $\varepsilon_{AS} = 0.210$	N/A
$r_{AS} = \sigma_{AoD} / \sigma_{AS}$	1.2	1.3	N/A
Per-path AS at BS	2°	2°	5° (LoS and NLoS)
BS per-path AoD distribution standard deviation	$N(0, \sigma^2_{AoD})$ $\sigma_{AoD} = r_{AS}\cdot\sigma_{AS}$	$N(0, \sigma^2_{AoD})$ $\sigma_{AoD} = r_{AS}\cdot\sigma_{AS}$	$U(-40^\circ, 40^\circ)$
Mean RMS AS at MS	$E(\sigma_{AS,MS}) = 68^\circ$	$E(\sigma_{AS,MS}) = 68^\circ$	$E(\sigma_{AS,MS}) = 68^\circ$
Per-path AS at MS	35°	35°	35°
MS per-path AoA Distribution	$N(0, \sigma^2_{AoA})$	$N(0, \sigma^2_{AoA})$	$N(0, \sigma^2_{AoA})$
Delay spread $\sigma_{DS} = 10^{(\varepsilon_{DS}\cdot x+\mu_{DS})}$ $x \sim N(0,1)$ σ_{DS} in μsec	$\mu_{DS} = -6.80$ $\varepsilon_{DS} = 0.288$	$\mu_{DS} = -6.18$ $\varepsilon_{DS} = 0.18$	N/A
Mean total RMS delay spread	$E(\sigma_{DS}) = 0.17\ \mu s$	$E(\sigma_{DS}) = 0.65\ \mu s$	$E(\sigma_{DS}) = 0.251\ \mu s$
$r_{DS} = \sigma_{delays} / \sigma_{DS}$	1.4	1.7	N/A
Lognormal shadowing standard deviation	8 dB	8 dB	NLoS: 10 dB LoS: 4 dB
Pathloss model (dB) (d in meters)	$31.5 + 35\log_{10}(d)$	$34.5 + 35\log_{10}(d)$	NLoS: $34.53 + 38\log_{10}(d)$ LoS: $30.18 + 26\log_{10}(d)$

15 資料來源請參考 [17]。

除場景外，傳送端與接收端的天線特性亦將影響傳送信號與接收信號的關係，因此 SCM 亦有規範天線特性。SCM 定義的基地台天線場型與天線增益分別如 (2.53) 及 (2.54) 所示，用戶天線則通常假設爲全向性：

$$A(\theta)[\mathrm{dB}] = -\min\left[12\left(\frac{\theta}{\theta_{3\text{-dB}}}\right)^2, A_m\right], \ -180^\circ \le \theta \le 180^\circ \tag{2.53}$$

$$G(\theta) = 10^{0.1A(\theta)} \tag{2.54}$$

其中 θ 代表與天線主要輻射方向的夾角，$\theta_{3\text{-dB}}$ 爲 3-dB 波束寬，A_m 則爲最大衰減。支援三扇區 (sector) 的天線場型，其 $\theta_{3\text{-dB}}$ 爲 70°，A_m 則爲 20 dB，如圖 2-34(a) 所示；支援六扇區的天線場型，其 $\theta_{3\text{-dB}}$ 爲 35°，A_m 則爲 23 dB，如圖 2-34(b) 所示。

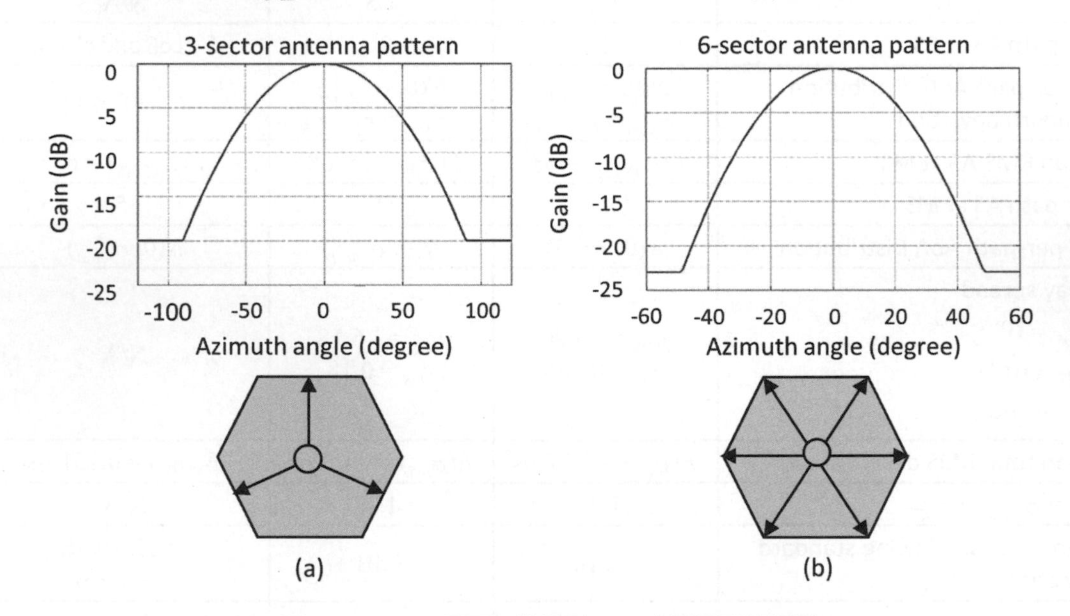

圖 2-34　(a) 三扇區天線場型；(b) 六扇區天線場型

在完成以上參數計算後，即可利用這些參數產生多天線 MIMO 通道係數。考慮一個傳送端與接收端分別有 N_T 與 N_R 根天線的通道，如圖 2-35 所示，對於第 n 條路徑，其通道係數爲一個 $N_R \times N_T$ 的矩陣，如 (2.55) 所示：

$$\mathbf{H}_n(t) = \begin{bmatrix} h_{1,1,n}(t) & h_{1,2,n}(t) & \cdots & h_{1,N_T,n}(t) \\ h_{2,1,n}(t) & h_{2,2,n}(t) & \cdots & h_{2,N_T,n}(t) \\ \vdots & \vdots & \ddots & \vdots \\ h_{N_R,1,n}(t) & h_{N_R,2,n}(t) & \cdots & h_{N_R,N_T,n}(t) \end{bmatrix} \tag{2.55}$$

傳送與接收信號的關係則如下：

$$\mathbf{y}(t)=\sum_{n=1}^{N}\mathbf{H}_n(t)\mathbf{x}(t-\tau_n)+\mathbf{n}(t) \tag{2.56}$$

其中 $\mathbf{y}(t)$ 爲 $N_R\times 1$ 的接收信號向量，$\mathbf{x}(t)$ 爲 $N_T\times 1$ 的傳送信號向量，$\mathbf{n}(t)$ 爲 $N_R\times 1$ 的雜訊向量。

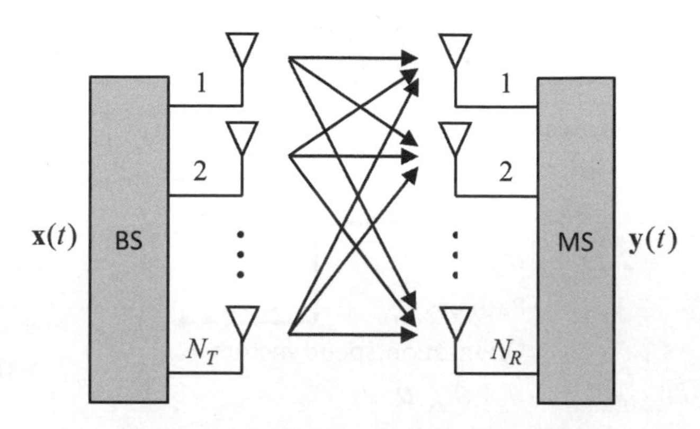

圖 2-35 具備 N_T 根傳送天線與 N_R 根接收天線的 MIMO 系統

在 NLoS 的場景下，(2.55) 式中第 (u, s) 個元素可表示如下 [16]：

$$h_{u,s,n}(t)=\sqrt{\frac{P_n\sigma_{SF}}{M}}\sum_{m=1}^{M}\begin{bmatrix}\sqrt{G_{BS}(\theta_{n,m,AoD})}\exp\left(j\left[kd_s\sin\left(\theta_{n,m,AoD}\right)+\Phi_{n,m}\right]\right)\times\\ \sqrt{G_{MS}(\theta_{n,m,AoA})}\exp\left(j\left[kd_u\sin\left(\theta_{n,m,AoA}\right)\right]\right)\times\\ \exp\left(jk\|\mathbf{v}\|\cos\left(\theta_{n,m,AoA}-\theta_v\right)t\right)\end{bmatrix} \tag{2.57}$$

其中 M 爲一條路徑的次路徑數量，G_{BS} 與 G_{MS} 分別代表基地台與用戶的天線增益，d_s 與 d_u 分別代表基地台第 s 根天線與用戶第 u 根天線相對於其參考點的距離，$\Phi_{n,m}$ 代表第 m 條次路徑的相位，$\|\mathbf{v}\|$ 與 θ_v 分別代表用戶移動速度的大小與方向，$k=2\pi/\lambda$ 爲波數。另一方面，在 Urban microcell 的 LoS 場景下，(2.55) 式中第 (u, s) 個元素可表示如下：

$$\begin{aligned}h_{u,s,1}^{LoS}(t)&=h_{u,s,1}(t)\\&+\sqrt{\frac{K\sigma_{SF}}{K+1}}\times\begin{bmatrix}\sqrt{G_{BS}(\theta_{BS})}\exp j\left[kd_s\sin(\theta_{BS})\right]\times\\ \sqrt{G_{MS}(\theta_{MS})}\exp j\left[kd_u\sin(\theta_{MS})+\Phi_{LoS}\right]\times\\ \exp\left(jk\|\mathbf{v}\|\cos(\theta_{MS}-\theta_v)t\right)\end{bmatrix}\quad;\\ h_{u,s,n}^{LoS}(t)&=h_{u,s,n}(t)\quad,\quad n\neq 1\end{aligned} \tag{2.58}$$

16 請參考 [17]。

其中 $h_{u,s,n}(t)$ 如 (2.57) 式所定義；如前所述，K 是 Ricean K 參數，θ_{BS} 、θ_{MS} 與 Φ_{LoS} 分別爲 LoS 路徑的離開角度、到達角度與相位。(2.58) 與 (2.57) 式最大不同處爲 $n = 1$ 含有 LoS 路徑，其功率於總功率的比例爲 $K/(K+1)$，而其餘路徑功率和的比例則爲 $1/(K+1)$。SCM 模型參數的完整產生流程如圖 2-36 所示。

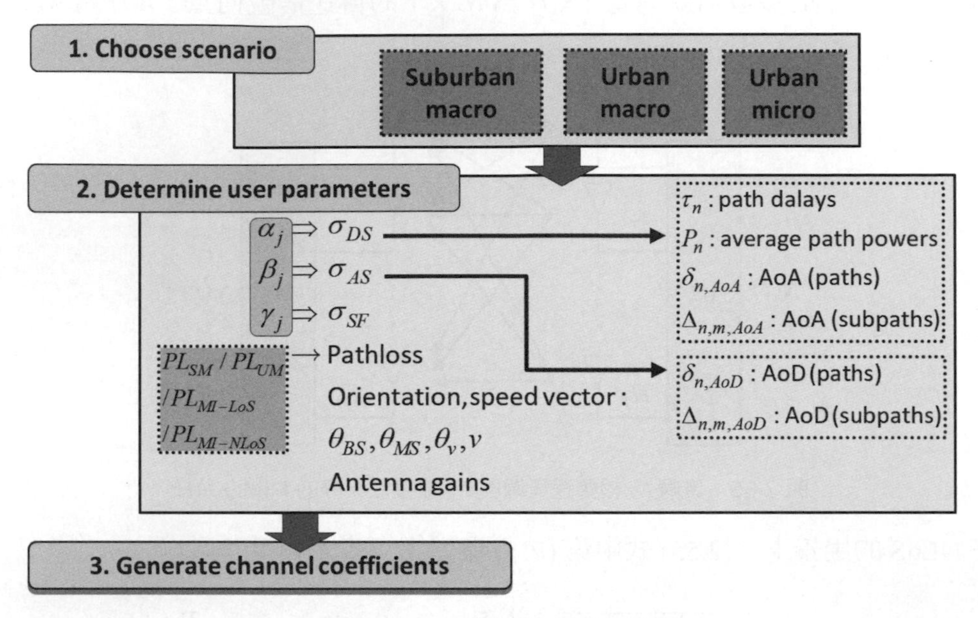

圖 2-36 SCM 模型參數產生流程

學習評量

1. 試說明大尺度衰落模型中，路徑損失指數的定義爲何，並指出表 2-4 中三種 SCM 模型的路徑損失指數值。
2. 試以 Jakes 模型爲例，說明小尺度衰落模型中，都卜勒擴散 (Doppler spread) 的形成原因爲何。
3. 考慮一個傳輸速率爲 $R_s = 3$ Mbps 的基頻信號，以 64-QAM 調變於 2 GHz 的射頻載波上，在都市環境中傳播，其 RMS 延遲擴散爲 $\tau_{RMS} = 10\ \mu s$。
   (1) 假設 $B_c = 1/\tau_{RMS}$，則此通道爲平坦衰落或頻率選擇衰落？
   (2) 假設 $T_c = 1/f_m$ 且信號移動速率爲 108 km/hr，則此通道的同調時間爲何？
   (3) 根據 (b) 的結果，此通道爲快速衰落或慢速衰落？
4. 考慮一個具有 N 條路徑的多路徑通道，接收信號爲 $y = (h_1 x + h_2 x + \ldots + h_N x) + n$，其中第 i 條路徑的通道係數爲 $h_i = h_{i,R} + jh_{i,I}$，而 $h_{i,R}$ 和 $h_{i,I}$ 爲獨立且遵循相同機率分布的隨機變數，滿足 $E[h_{i,R}] = E[h_{i,I}] = 0$，$E[h_{i,R}^2] = E[h_{i,I}^2] = 1/N$，$n$ 爲雜訊。試證明當 N 值很大時，接收信號可近似爲 $y = hx + n$，其中 $h \sim CN(0, \sigma^2)$ 爲複數高斯隨機變數，並求出 σ 值。
5. 試推導 (2.22) 式中均勻線性陣列的陣列指引向量 $\mathbf{a}(\theta)$ 的表示式。
6. 試推導 (2.23) 式中均勻環形陣列的陣列指引向量 $\mathbf{a}(\theta,\phi)$ 的表示式。
7. 考慮設計一個具有兩根天線的接收機，使不同天線的衰落儘量不相關，以確保任何時刻均可接收到足夠好的信號，此即爲「多樣」(diversity) 的概念。根據 2-4-3 小節中同調距離與角度擴散成反比的結論，試說明此接收機的設計準則與適用環境爲何。
8. 試說明 SCM 通道模型中的角度擴散、延遲擴散與遮蔽衰落隨機變數定義爲何。
9. 試說明 SCM 通道模型中，延遲擴散與角度擴散爲正相關，而遮蔽衰落與延遲擴散與角度擴散則爲負相關的原因爲何。
10. 試說明 SCM 通道模型中，macrocell 與 microcell 的離開角度分布不同的原因爲何。

參考文獻

[1] T. S. Rappaport, *Wireless Communications: Principles and Practice*, Second Edition, Prentice Hall, 2002.

[2] D. Tse, and P. Viswanath, *Fundamental of Wireless Communication*, Cambridge University Press, 2005.

[3] G. Proakis and M. Salehi, *Digital communications*, Fifth Edition, McGraw Hill, 2008.

[4] Gordon L. Stüber, *Principles of Mobile Communication*, Third Edition, Springer, 2012.

[5] D. C. Hogg, "Fun with the Friis free-space transmission formula," *IEEE Antennas Propagation Magazine*, vol. 35, no. 4, pp. 33-36, Aug. 1993.

[6] M. Hata, "Empirical formula for propagation loss in land mobile radio services," *IEEE Transactions on Vehicular Technology*, vol. 29, no. 3, pp. 317-325, Aug. 1980.

[7] J. Walfisch and H. L. Bertoni, "A theoretical model of UHF propagation in urban environments," *IEEE Transactions on Antennas and Propagation*, vol. 36, no. 12, pp. 1788-1796, Dec. 1988.

[8] R. Steele and L. Hanzo, *Mobile Radio Communications*, Second Edition, Englewood Cliffs, NJ: Prentice Hall, 1992.

[9] A. Paulraj, R. Nabar, and D. Gore, *Introduction to Space-Time Wireless Communications*, Cambridge University Press, May 2003.

[10] F. P. Fontan and P. M. Espineira, *Modeling the Wireless Propagation Channels: a Simulation Approach with Matlab*, John Wiley & Sons, 2008.

[11] A. J. Paulraj and C. B. Papadias, "Array processing for mobile communications," *Wireless, Networking, Radar, Sensor Array Processing, and Nonlinear Signal*, CRC Press, 2010.

[12] K. I. Pederson, P. E. Mogensen, and B. H. Fleurly, "A stochastic model of the temporal and azimuthal dispersion seen at the base station in outdoor propagation environments," *IEEE Transactions on Vehicular Technology*, vol. 49, no. 2, pp. 437-447, Mar. 2000.

[13] A. Algans, K. I. Pederson, and P.E. Mogensen, "Experimental analysis of the joint statistical properties of azimuth spread, delay spread, and shadow fading," *IEEE Journal on Selected Areas in Communications*, vol. 20, no. 3, pp. 523-531, Apr. 2002.

[14] G. D. Durgin, *Space-Time Wireless Channels*, Prentice Hall, 2003.

[15] H. Xu, D. Chizhic, H. Huang, and R. Valenzuela, "A generalized space-time multiple input multiple output (MIMO) channel model," *IEEE Transactions on Wireless Communications*, vol. 3, no. 3, pp. 966-975, May 2004.

[16] G. Calcev, D. Chizhik, and B. Goransson et al., "A wideband spatial channel model for system-wide simulations," *IEEE Transactions on Vehicular Technology*, vol. 56, no. 2, pp. 389-403, Mar. 2007.

[17] 3GPP TR 25.996 v16.0.0, Spatial channel model for multiple input multiple output (MIMO) simulations (Release 16), Jul. 2020.

[18] "Path-based spatial channel modeling," *SCM/SCME White Paper 102*, Spirent Communications, Inc., 2011.

NOTE

Chapter 3

正交分頻多工

3-1 概論

通訊系統的數據傳輸速率爲每秒傳送符碼 (symbol) 數與每符碼載送位元數之乘積，若要提高通訊傳輸量，可從兩個面向著手：增加每個符碼所載送位元數，或提高每秒傳送符碼數。若欲提高每個符碼載送位元數，則接收端需相對較高的信雜比 (signal-to-noise ratio, SNR) 方能正確解調，此時傳送端需提高傳送功率，面臨高成本及法規的限制；若欲提高每秒傳送符碼數，則系統需較大頻寬，面臨較嚴重的頻率選擇衰落 (frequency selective fading) 通道。因此如何設計適當的傳收機 (transceiver)，使其於嚴重的頻率選擇衰落通道下，仍具有良好的通訊品質，即爲當今通訊系統設計所關注的重點。

由於各類應用服務所需的數據傳輸速率持續提高，通訊系統需使用更大的頻寬方能因應，惟大頻寬傳輸將面臨嚴重的頻率選擇衰落，導致符碼間干擾 (inter-symbol interference, ISI)，此時傳統的單載波 (single-carrier) 系統須使用較長的時域等化器 (equalizer) 消除 ISI，造成接收機極高的負擔。若改使用多個載波傳送信號，每個載波所使用的頻寬相對較小，因此不再面臨嚴重的 ISI 與等化器需求。如圖 3-1 所示，多載波 (multi-carrier) 系統中每個次載波 (subcarrier) 使用的頻寬較小，其所經歷的選擇衰減不如大頻寬的單載波嚴重，甚至可將次載波經歷的衰落視爲平坦衰落，如此等化器的複雜度即可大幅降低。綜上所述，在大頻寬的趨勢下，多載波系統較單載波系統擁有極大優勢，而多載波系統最主流的實現方式爲正交分頻多工 (orthogonal frequency division multiplexing, OFDM)，其具有較高的頻譜效率與較簡單的傳收機架構。

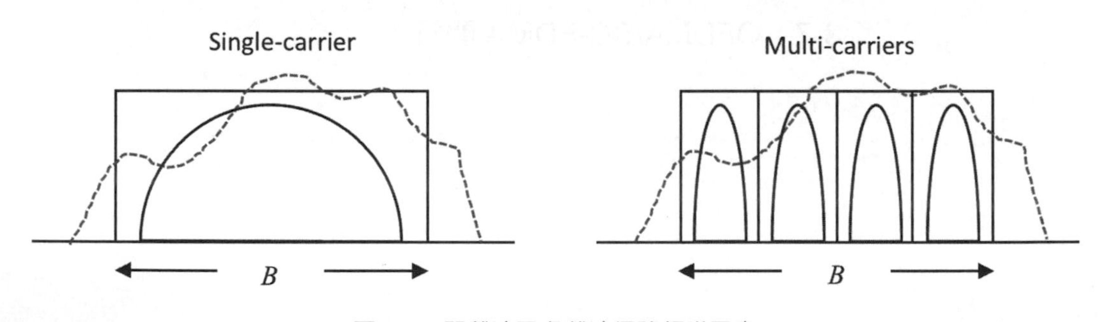

圖 3-1 單載波及多載波信號頻譜示意

本章將針對 OFDM 系統傳收機原理及相關議題進行介紹，首先介紹 OFDM 傳收機基本原理與架構；其次介紹 OFDM 系統相關議題，如峰均功率比 (peak-to-average power ratio, PAPR)、信號檢測及通道估計等，亦針對 OFDM 傳收機核心部份進行系統性分析，並輔以完整的數學模型說明；最後將 OFDM 技術延伸至多用戶系統，介紹正交分頻多重接取 (orthogonal frequency division multiple access, OFDMA) 及單載波分頻多重接取 (single-carrier frequency division multiple access, SC-FDMA) 運作原理與實務。

3-2 OFDM 傳收機

作爲多載波傳輸技術，OFDM 將傳送數據符碼載放於相互正交之一組次載波上；相互正交的次載波定義爲

$$\int_0^T e^{j2\pi f_1 t} \cdot e^{-j2\pi f_2 t} dt = 0 \tag{3.1}$$

由 (3.1) 可導出不同次載波間相互正交的條件爲 $f_1 - f_2$ 須等於 $1/T$ 的整數倍，換言之，不同次載波間最小的頻率差爲 $f_0 = 1/T$。當使用一組相互正交的次載波時，OFDM 的信號頻譜及其時頻配置如圖 3-2 所示。

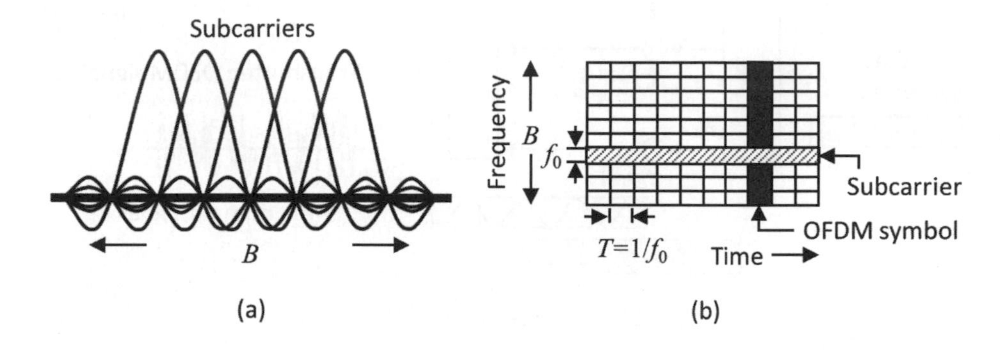

圖 3-2 (a) OFDM 信號頻譜示意；(b) OFDM 信號時頻配置示意

圖 3-2(a) 所示爲使用方形視窗函數 [1] 的 OFDM 信號頻譜，各個次載波頻譜均爲 sinc 函數，其峰值恰好落於其他次載波之零點 (null) 位置，因此次載波之間不會互相干擾，亦不需額外設定保護頻帶 (guard band)，因而具有較高的頻譜使用效率，此特性爲 OFDM 系統的一大優點。

3-2-1 OFDM 傳收機基本原理

OFDM 傳送機架構如圖 3-3 所示，其產生 OFDM 信號的步驟如下：(1) 將 N 個數據符碼 $\{X_0, X_1, ..., X_{N-1}\}$ 形成一個區塊，通過一個串聯到並聯轉換 (serial-to-parallel conversion, S/P)，將序列數據符碼並列化；(2) 將並列化數據符碼載入相互正交之次載波 $\{\phi_0(t), \phi_1(t), ..., \phi_{N-1}(t)\}$，並產生信號；(3) 將所有次載波信號疊加形成 OFDM 信號 $s(t)$。綜上所述，OFDM 傳送信號可表示爲

1 視窗函數將於 3-2-5 介紹，方形視窗函數爲最基本的視窗函數。

$$s(t)=\begin{cases}\sum_{k=0}^{N-1}X_k\phi_k(t) & 0\le t\le T\\ 0 & \text{otherwise}\end{cases} \tag{3.2}$$

其中 T 爲 OFDM 信號長度，$\phi_k(t)$ 爲次載波函數：

$$\phi_k(t)=\frac{1}{\sqrt{T}}e^{j2\pi\frac{k}{T}t} \tag{3.3}$$

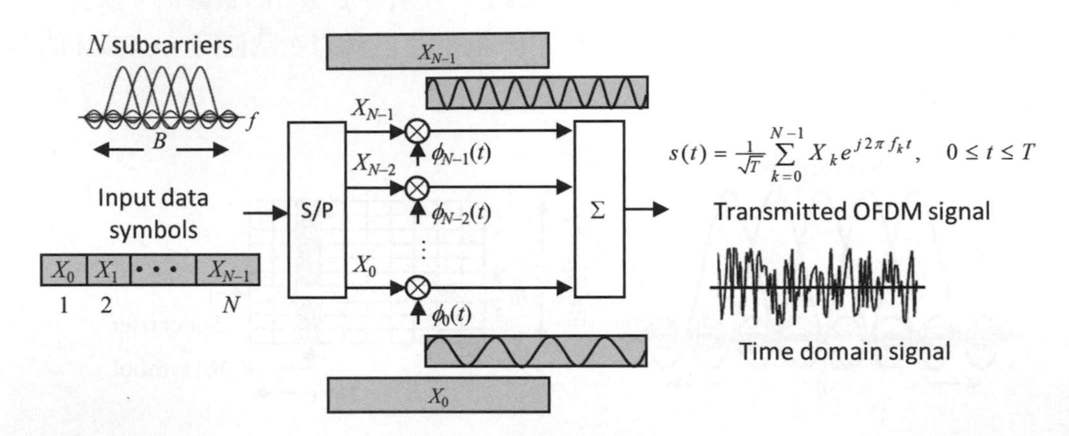

圖 3-3　OFDM 傳送機架構示意

OFDM 接收機架構如圖 3-4 所示，其解調信號的步驟如下：(1) 將接收信號輸入 N 個對應次載波的匹配濾波器；(2) 將 N 個匹配濾波器輸出 $\{Y_0,Y_1,...Y_{N-1}\}$ 形成一個區塊，通過一個並聯到串聯轉換 (parallel-to-serial conversion, P/S)，將並列數據符碼序列化而得到輸出數據符碼。如不考慮通道及雜訊影響，接收信號爲 $r(t)=s(t)$，則匹配濾波器的運算方式如下：

$$Y_i=\int_0^T s(t)\phi_i^*(t)dt=\frac{1}{T}\sum_{k=0}^{N-1}X_k\int_0^T e^{j2\pi\frac{k-i}{T}t}dt=X_i \tag{3.4}$$

由 (3.4) 可發現，由於次載波間相互正交，只有當 $k=i$ 時其相對應的符碼可被還原，亦即不同次載波上的符碼完全不會互相干擾。藉由此特性，OFDM 接收機可藉由一組匹配濾波器將各次載波上的符碼還原；此爲 OFDM 系統容易實現的根本原因。

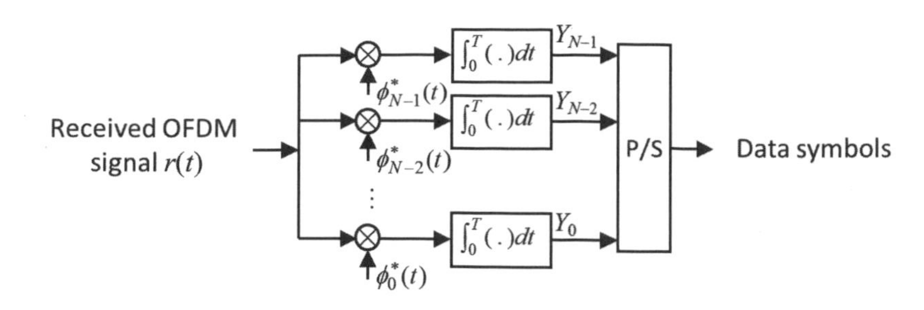

圖 3-4　OFDM 接收機架構示意

3-2-2　數位 OFDM 傳收機

上述 OFDM 傳收機係基於類比信號所建構，在以數位信號為主流的無線或行動通訊系統中，OFDM 傳送機可經由數位形式實現，其傳送信號如下式所示：

$$s[n] = s(t)\Big|_{t=\frac{nT}{N}} = \begin{cases} \frac{1}{N}\sum_{k=0}^{N-1} X_k e^{j2\pi\frac{k}{N}n} & 0 \le n \le N-1 \\ 0 & \text{otherwise} \end{cases} = \mathrm{IDFT}\{X_k\} \tag{3.5}$$

由 (3.5) 可發現 $s[n]$ 實際上就是 X_k 的反離散傅立葉轉換 (inverse discrete Fourier transform, IDFT)。在接收機方面，如不考慮通道及雜訊影響，接收信號為 $r[n] = s[n]$，則可將 (3.4) 所描述的匹配濾波器運算數位化如下：

$$Y_i = \mathrm{DFT}\{r[n]\} = \sum_{n=0}^{N-1} s[n]e^{-j2\pi\frac{i}{N}n} = \sum_{k=0}^{N-1} X_k\delta[k-i] = X_i \tag{3.6}$$

此時匹配濾波器轉換成為離散傅立葉轉換 (discrete Fourier transform, DFT)，數位化接收機仍然保留次載波間不互相干擾的特性，因此系統可將傳送符碼還原。

上述數位 OFDM 傳收機架構如圖 3-5 所示，於傳送端的步驟如下：(1) 將 N 個數據符碼 $\{X_0, X_1, \ldots, X_{N-1}\}$ 2 形成一個區塊，通過一個串聯到並聯轉換，將序列數據符碼並列化；(2) 將並列化數據符碼輸入 IDFT 運算，產生 N 個時域信號 $\{s[0], s[1], \ldots, s[N-1]\}$，再通過一個並聯到串聯轉換，得到數位傳送信號；(3) 將數位傳送信號通過數位 / 類比轉換 (digital-to-analog conversion, D/A)，產生實際傳送的類比 OFDM 信號。於接收端的步驟如下：(1) 將接收的類比 OFDM 信號通過類比 / 數位轉換 (analog-to-digital conversion, A/D)，產生數位接收信號；(2) 將數位接收信號通過一個串聯到並聯轉換，將序列信號並列化，再將並列化信號輸入 DFT 運算，還原傳送數據符碼；(3) 將並列數據符碼 $\{Y_0, Y_1, \ldots, Y_{N-1}\}$ 通過並聯到串聯轉換，得到輸出數據符碼序列。

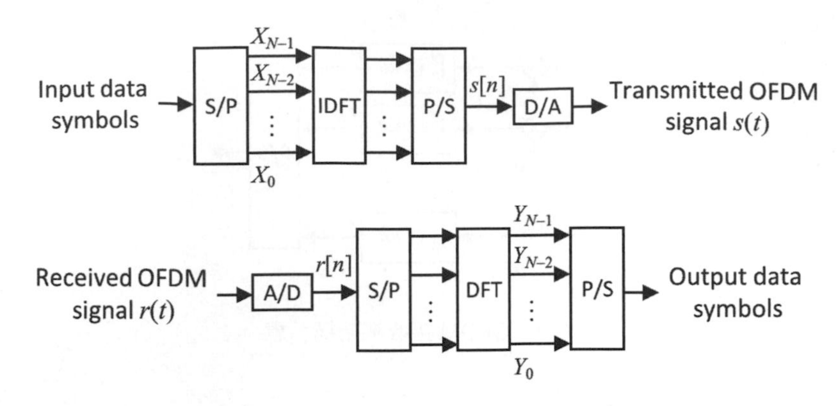

圖 3-5　數位 OFDM 傳收機架構示意

在一般文獻中，常將 OFDM 信號稱為 OFDM 符碼 (OFDM symbol)，因此也將 OFDM 信號產生 / 還原過程稱為 OFDM 調變 / 解調。換言之，OFDM 傳送機將 N 個數據符碼調變為一個 OFDM 符碼，接收機將一個 OFDM 符碼解調為 N 個數據符碼。在本書中，將以 OFDM 信號表示不特定的信號值，以 OFDM 符碼表示 N 個數據符碼所產生的信號區塊，亦即 (3.2) 中的 $s(t)$ 或 (3.5) 中的 $s[n]$。

3-2-3　循環字首

上述針對 OFDM 系統的介紹並未考慮通道效應，在實際環境中，多路徑通道效應將使相鄰的 OFDM 符碼相互干擾而產生 ISI，如圖 3-6 所示。為避免 ISI，最直接的做法即為在相鄰的 OFDM 符碼間預留一段稱為保護時段 (guard period) 的空白時段 [2]，如圖 3-7 所示，只要保護時段的長度大於通道長度，OFDM 符碼間即不致相互干擾。保護時段雖可避免 ISI，但其空白信號導致原本 OFDM 符碼中次載波間的正交性遭到破壞，如圖 3-8 所示，假設有兩條路徑，接收端以第一條路徑到達時間為準執行 DFT 解調，此時在 DFT 區間內，第二條路徑上的次載波將有一小段時間為零，不再是具有完整週期的載波，其結果是：兩條路徑上的不同次載波間不再相互正交。此現象導致載波間干擾 (inter-carrier interference, ICI)，使不同次載波的符碼間相互干擾。為改善 ICI 問題，OFDM 系統引入所謂的循環字首 (cyclic prefix, CP)，其能同時避免 ISI 與 ICI。

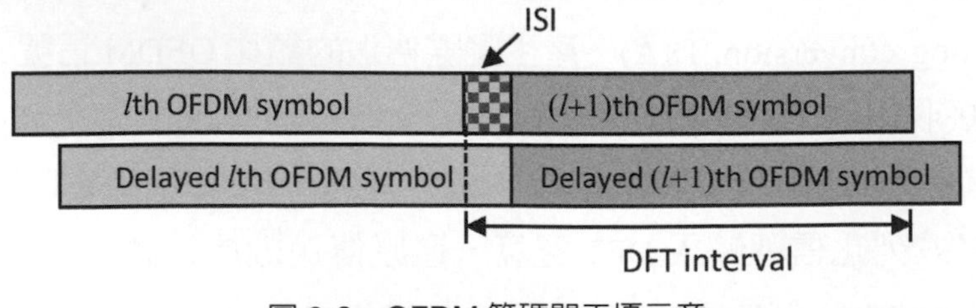

圖 3-6　OFDM 符碼間干擾示意

2　在空白時段中，傳送端不傳送任何信號。

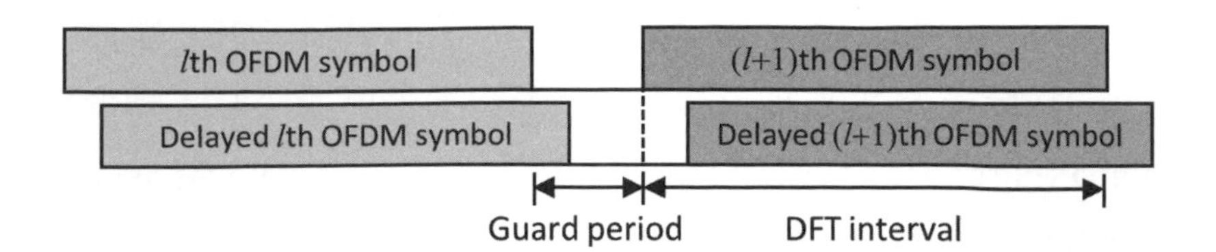

圖 3-7 OFDM 符碼與保護時段示意

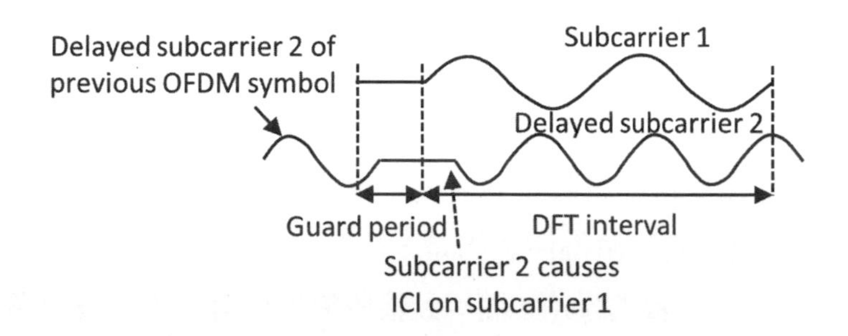

圖 3-8 保護時段與 ICI 產生原因示意

爲保持次載波間的正交性，須確保在 DFT 區間內，不同路徑上次載波波形的完整性。爲滿足此要求，OFDM 傳送機將傳送信號 $s[n]$ 的尾端一段長度爲 N_g 的信號複製到其首端，稱爲循環字首 CP，如圖 3-9 所示。由於原 OFDM 符碼中的次載波均具有完整週期，其尾段信號能完美銜接於信號首端，如圖 3-10 所示，兩條路徑上的不同次載波均具有完整週期，故能於 DFT 區間內維持正交而不相互干擾。OFDM 系統使用 CP 的條件爲 CP 長度須大於通道長度，否則仍會導致 ISI。

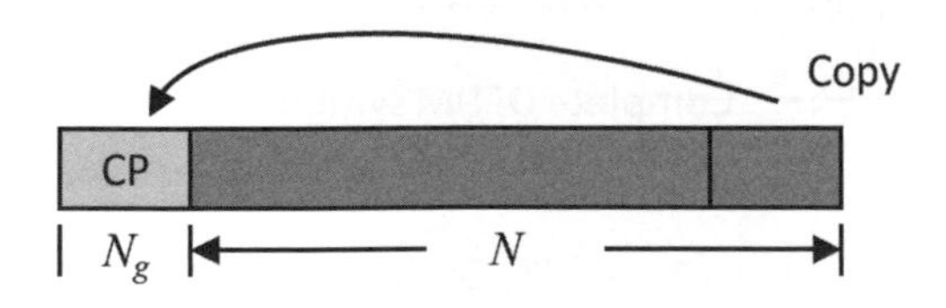

圖 3-9 循環字首 CP 示意

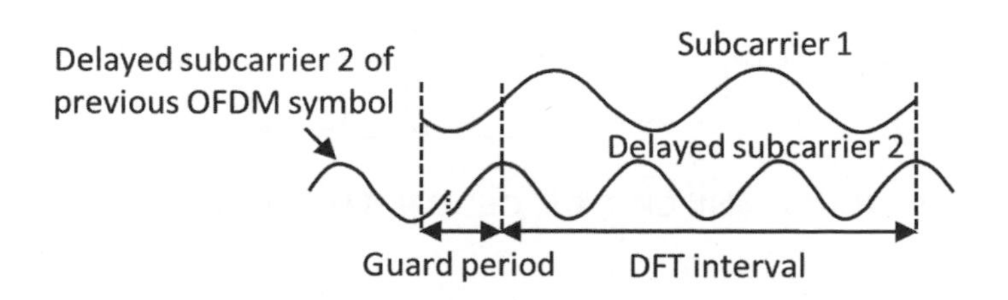

圖 3-10 CP 對於 OFDM 系統次載波的影響

使用 CP 的 OFDM 傳送機架構如圖 3-11 所示，其中 IDFT 輸出的時域信號 $\{s[0], s[1], ..., s[N-1]\}$ 最後 N_g 個取樣重複擺放於最前端，再通過 D/A 轉換爲類比信號。加上 CP 後的 OFDM 符碼稱爲「完整的 OFDM 符碼」(complete OFDM symbol)，如圖 3-12 所示，其信號模型爲

$$u[n] = \begin{cases} \frac{1}{N}\sum_{k=0}^{N-1} X_k e^{j2\pi \frac{k}{N}(n-N_g)} & 0 \le n \le N+N_g-1 \\ 0 & \text{otherwise} \end{cases} \tag{3.7}$$

原始的 OFDM 符碼則稱爲「有用的部分」(useful part)。使用 CP 的 OFDM 接收機架構如圖 3-13 所示，經過 A/D 轉換爲數位信號後，須先將 CP 移除，再輸入 DFT 運算，解調出各次載波上的數據符碼。值得注意的是，移除 CP 需有精準的時間同步以決定 CP 的起始位置，若時間同步有較大誤差，將導致接收機誤移有用的信號而影響解調效能。

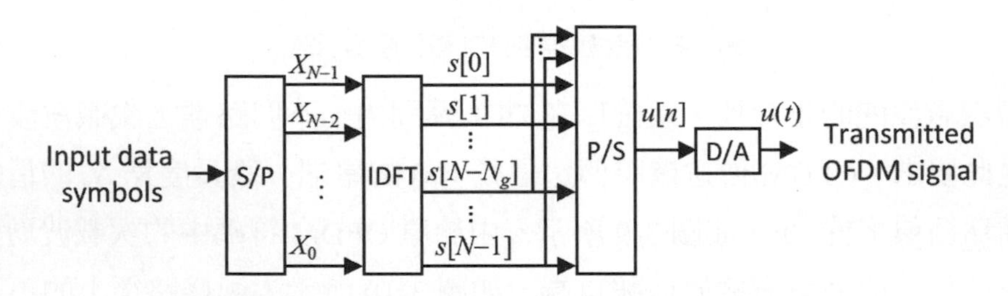

圖 3-11　使用 CP 的數位 OFDM 傳送機架構示意

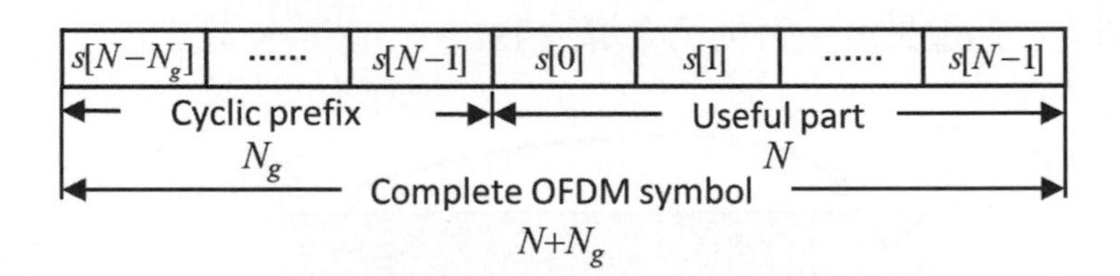

圖 3-12　完整的 OFDM 符碼示意

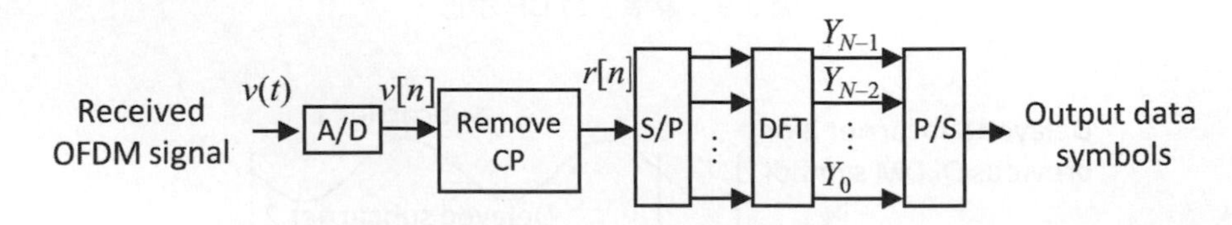

圖 3-13　使用 CP 的數位 OFDM 接收機架構示意

3-2-4 OFDM 等化

OFDM 系統的 CP 除能有效避免 ISI 及 ICI 外，也能大幅降低接收機通道等化的複雜度。當不考慮雜訊影響時，完整的 OFDM 符碼 $u[n]$ 經過通道後產生接收信號 $v[n]$：

$$v[n]=u[n]*h[n]\ ,\quad 0\le n\le N+N_g+L_h-2 \tag{3.8}$$

其中 $h[n]$ 為通道脈衝響應，L_h 為通道長度。當 CP 長度大於通道長度時，接收信號移除 CP 後，(3.8) 式中 $u[n]$ 與 $h[n]$ 的線性旋積 (linear convolution)，將轉換成原始 OFDM 符碼 $s[n]$ 與 $h[n]$ 的循環旋積 (circular convolution)，亦即

$$r[n]=s[n]\odot_N h[n]\ ,\quad 0\le n\le N-1 \tag{3.9}$$

對上式中 $r[n]$ 做 DFT，並利用循環旋積的特性可得

$$Y_k=\mathrm{DFT}\{r[n]\}=X_kH_k\ ,\quad 0\le k\le N-1 \tag{3.10}$$

其中

$$H_k=\mathrm{DFT}\{h[n]\}\quad ;\quad X_k=\mathrm{DFT}\{s[n]\}\ ,\quad 0\le k\le N-1 \tag{3.11}$$

由 (3.10) 式可得知，若想還原傳送數據符碼，接收機只需將個別次載波上的通道效應去除如下：

$$\hat{X}_k=Y_k/H_k \tag{3.12}$$

上述結果所揭示的重要事實為：若 CP 的長度大於通道長度，則 OFDM 系統僅需使用一階等化器 (one-tap equalizer) 即可去除通道效應，此即為 CP 於 OFDM 系統的另一個重要功能。

OFDM 系統藉由次載波間的正交性與 CP 的使用，有效避免於頻率選擇性衰落環境下 ISI 造成的影響；OFDM 系統亦藉由簡化信號模型大幅降低等化器的複雜度。相較於單載波系統，OFDM 系統大幅提升大頻寬通訊系統的效能與可行性，因此成為目前廣泛使用於高數據速率行動通訊系統的傳輸技術。OFDM 系統與單載波系統等化複雜度的比較如圖 3-14 所示，其中 OFDM 系統等化複雜度隨通道長度呈現線性增加，單載波系統則呈現指數增加。

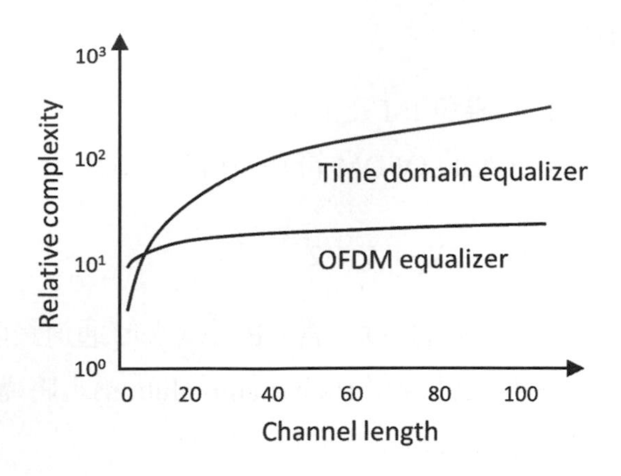

圖 3-14　OFDM 系統與單載波系統等化複雜度比較示意

3-2-5　視窗函數設計

在上述推導中，皆假設 OFDM 系統使用方形視窗函數 (window function)，故次載波頻譜爲相互疊加的 sinc 函數，而 sinc 函數的旁波瓣 (sidelobe) 下降較緩慢，可能導致 OFDM 信號對相鄰頻帶的其他使用者造成干擾，如圖 3-15 所示。爲解決此問題，一般的 OFDM 系統將傳送信號乘上一個適當設計的視窗函數，使旁波瓣壓低以減少對鄰頻的干擾。

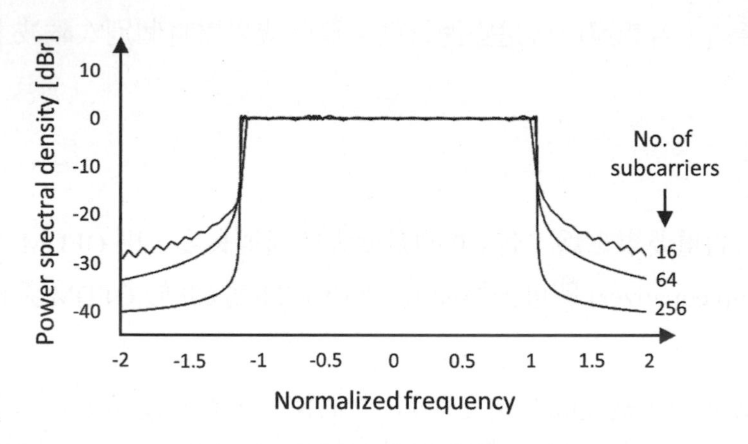

圖 3-15　OFDM 信號功率頻譜示意

使用視窗函數後的 OFDM 符碼可表示爲

$$u[n]=\frac{1}{N}g_T[n]\sum_{k=0}^{N-1}X_k e^{j2\pi\frac{k}{N}(n-N_g)}\ ,\qquad 0\le n\le N+N_g+N_w-1 \tag{3.13}$$

其中 $g_T[n]$ 爲視窗函數，其長度爲 $N+N_g+N_w$，而 N_w 爲視窗函數在其兩端邊緣平滑延伸所衍生的額外長度。OFDM 系統常用的視窗函數爲升餘弦 (raised cosine) 視窗，其表示式爲

$$g_T[n]=\begin{cases}\frac{1}{2}+\frac{1}{2}\cos\left[\pi+\frac{n\pi}{\beta(N+N_g)}\right], & 0\le n\le N_w-1\\ 1 & N_w\le n\le N+N_g-1\\ \frac{1}{2}+\frac{1}{2}\cos\left[\frac{[n-(N+N_g)]\pi}{\beta(N+N_g)}\right], & N+N_g\le n\le N+N_g+N_w-1\end{cases} \tag{3.14}$$

其中 $\beta=N_w/(N+N_g)$ 爲 roll-off factor，其功能在調整視窗函數頻譜旁波瓣下降速率；較大的 roll-off factor 可使旁波瓣下降較快，但相對使 OFDM 符碼拉長，邊緣變形較嚴重；較小的 roll-off factor 使旁波辦下降較慢，造成較大的鄰頻干擾，因此系統設計須於這兩者間取得適當權衡。不同視窗函數 roll-off factor 下的 OFDM 頻譜比較如圖 3-16 所示。

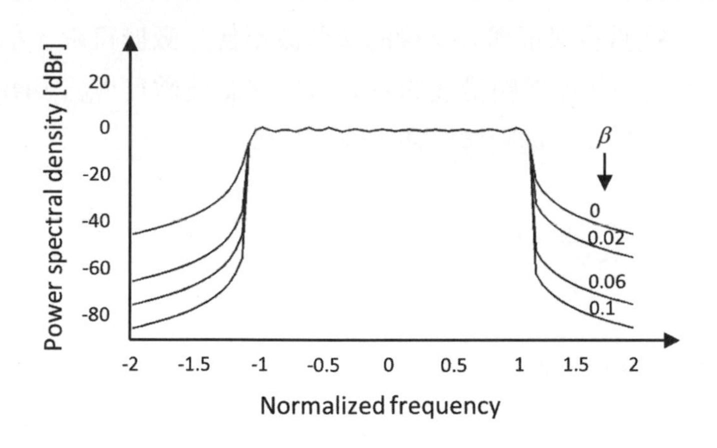

圖 3-16　不同視窗函數 roll-off factor 對 OFDM 功率頻譜的影響示意

3-2-6　小結

完整的 OFDM 傳收機架構如圖 3-17 所示，其將數據符碼載於相互正交的次載波上傳輸，每個次載波所經歷的頻率選擇衰落大幅減輕，形成的 OFDM 的符碼區間較長，可忍受較大的延遲擴散；數位 OFDM 系統可利用成熟的 DFT/IDFT 技術實現，加速執行速度；CP 的引入有效消除相鄰 OFDM 符碼間的 ISI，同時維持次載波間正交性，此外更將等化器簡化爲單階等化器，大幅降低接收機複雜度。OFDM 系統的另一個優點爲彈性優化，不同次載波經歷不同通道狀況，因此可根據其個別條件調整傳輸速率以優化系統效能 [3]。

3　可動態調整頻率資源或功率資源以提升系統容量。

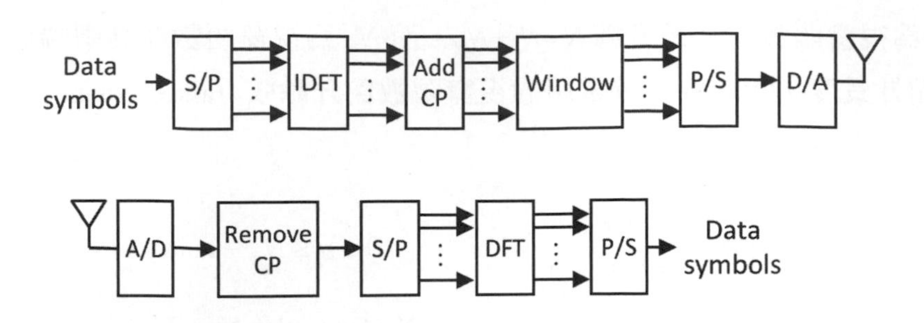

圖 3-17　完整的 OFDM 傳收機架構示意

最後值得一提的是，OFDM 系統由於 CP 與保護頻帶 (guard band) 的緣故，其 SNR 的計算方法與一般通訊系統有所差異。一般系統的 SNR 定義爲

$$\mathrm{SNR} = \frac{P_{\mathrm{signal}}}{P_{\mathrm{noise}}} = \frac{E_s R_s}{N_0 W} \tag{3.15}$$

其中 E_s 爲數據符碼能量，R_s 爲數據符碼傳輸速率，N_0 爲雜訊功率密度，W 爲系統頻寬。在 OFDM 系統中，通常會保留部分邊緣的次載波不傳送數據符碼，稱爲保護頻帶，以避免鄰頻干擾，假設扣除保護頻帶後的有效數據次載波數爲 N_{data}，DFT 長度爲 N，CP 長度爲 N_{g}，如圖 3-18 所示，則數據符碼傳輸速率爲

$$R_s = \frac{N_{\mathrm{data}}}{\left(N + N_g\right)\dfrac{T}{N}} = \frac{N_{\mathrm{data}}}{N + N_g} W \tag{3.16}$$

其中 $T = N/W$ 爲 OFDM 符碼週期。將 (3.16) 代入 (3.15) 後可得

$$\mathrm{SNR} = \frac{E_s}{N_0} \cdot \frac{N_{\mathrm{data}}}{N + N_g} \tag{3.17}$$

由上式可發現，OFDM 系統浪費部分能量於 CP 及保護頻帶的使用，因此等效 SNR 稍微降低。

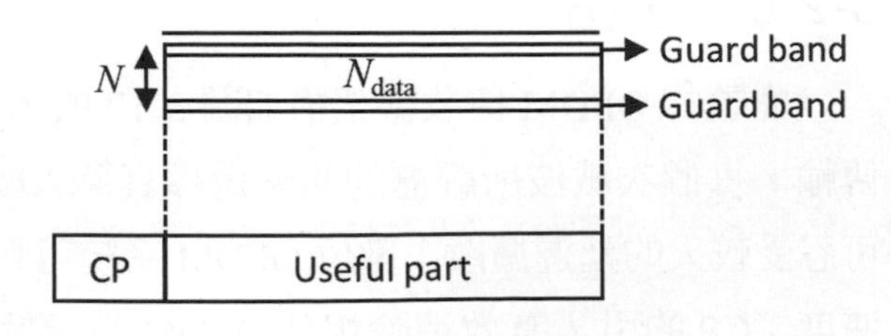

圖 3-18　OFDM 有效信號示意

3-3　OFDM 系統峰均功率比問題與解決方案

如前節所述，OFDM 符碼係由 N 個數據符碼載於 N 個次載波上所疊加而成，因數據符碼具隨機特性，N 個次載波的疊加也具隨機性，故呈現隨機出現的建設與破壞干涉現象，造成傳送 OFDM 信號強度忽大忽小，此即爲峰均功率比 (peak-to-average power ratio, PAPR) 問題。PAPR 的定義爲傳送信號最大的瞬時功率與平均功率的比值，其數學描述爲

$$\mathrm{PAPR}\{s[n]\} = \frac{\max|s[n]|^2}{E\{|s[n]|^2\}} \tag{3.18}$$

當 PAPR 較高時，信號強度的變異程度較大，此時若要保持功率放大器的適當運作[4]，則須降低其工作點，因而導致功率放大器效率下降。此外，PAPR 較高時，ADC/DAC 須使用更多的位元數以維持相同的量化誤差 (quantization error)，如此將使得 ADC/DAC 的使用成本提高。

若 OFDM 符碼由 N 個次載波疊加而成，當次載波於某時刻 3，OFDM 信號的瞬時功率將達到平均功率的 N 倍。舉例而言，考慮由四個 BPSK 符碼所產生的 OFDM 符碼，其所有可能的 PAPR 值如表 3-1 所示，可發現 PAPR 的最大值等於 6 dB，也就是 $N = 4$ 取對數的結果。因此可以想見，當 N 值很大時[5]，OFDM 系統將面臨嚴重 PAPR 問題。以下將介紹三類降低 PAPR 的方案：信號失真的 PAPR 降低技術、信號無失真的 PAPR 降低技術，及 LINC 技術。

表 3-1　不同 OFDM 符碼的 PAPR 數值

Data block X	PAPR of IDFT{X} (dB)	Data block X	PAPR of IDFT{X} (dB)
[1,1,1,1]	6.0	[–1,1,1,1]	0
[1,1,1,–1]	0	[–1,1,1,–1]	3.0
[1,1,–1,1]	0	[–1,1,–1,1]	6.0
[1,1,–1,–1]	3.0	[–1,1,–1,–1]	0
[1,–1,1,1]	0	[–1,–1,1,1]	3.0
[1,–1,1,–1]	6.0	[–1,–1,1,–1]	0
[1,–1,–1,1]	3.0	[–1,–1,–1,1]	0
[1,–1,–1,–1]	0	[–1,–1,–1,–1]	6.0

4　設定放大器工作點時，須確保其不會運作於非線性區，以避免失真。
5　一般 OFDM 系統的 N 值爲數百甚至數千。

3-3-1 信號失真的 PAPR 降低技術

信號失真的 PAPR 降低技術其概念為強行去除或降低超過一定門檻的信號強度，因而導致信號部分失真，惟其優勢在於實現簡單。最直接的做法為剪裁法 (clipping)，其將傳送信號 $s[n]$ 中振幅超過 A 的部分強行限制於 A 值：

$$s[n]=\begin{cases} s[n], & |s[n]|\le A \\ Ae^{j\phi\{s[n]\}}, & |s[n]|>A \end{cases} \tag{3.19}$$

由於剪裁法直接限制傳送信號強度，可有效降低 PAPR 值，但因直接去除超出門檻的信號而造成非線性失真。剪裁法的改良形式為峰值視窗法 (peak windowing)，其將信號中振幅超過 A 的部分乘上一個事先設計好的視窗函數，將其降低至 A 值，藉由視窗函數的平滑作用，其失真較不嚴重，但仍會使信號產生頻帶外 (out-of-band) 干擾。圖 3-19 為使用峰值視窗法的結果，由圖 3-19(a) 可見，相較於剪裁法，使用視窗函數可大幅降低 OFDM 符碼的頻帶外干擾，惟其仍較無失真的信號為高。

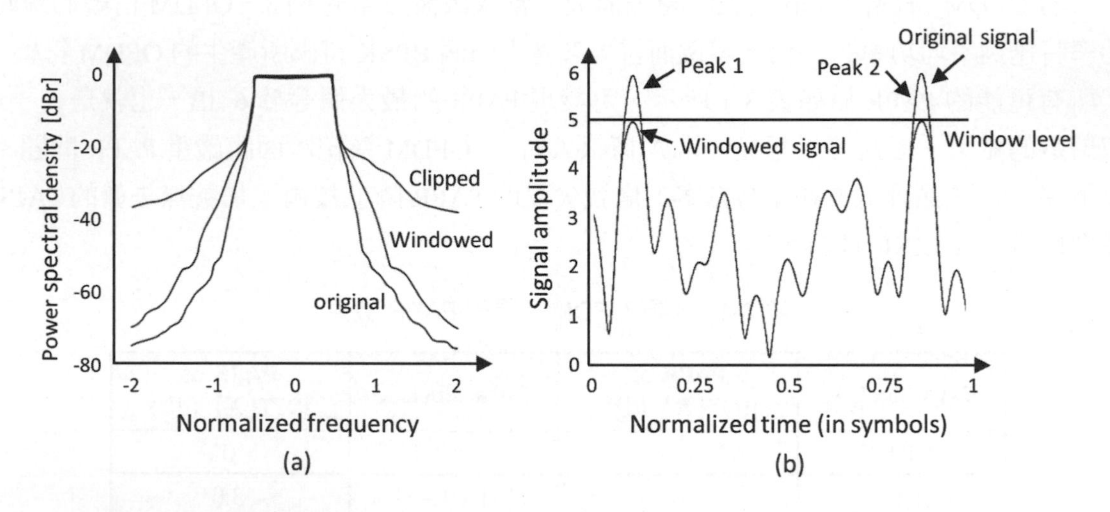

圖 3-19　使用峰值視窗法的結果示意：(a) OFDM 符碼功率頻譜；(b) OFDM 時域信號

另一種信號失真的 PAPR 降低技術為峰值消除法 (peak cancellation)，其架構如圖 3-20 所示，首先將 IDFT 輸出的信號 $s[n]$ 經由峰值檢測 (peak detection)，尋找出超過門檻的信號值與位置，再以其振幅與相位產生一個相對應的消除信號 (cancellation signal) 從原信號中扣除，以降低其峰值，其式如下：

$$z[n]=s[n]-\sum_i a_i e^{j\varphi_i} f[n-n_i] \tag{3.20}$$

其中 $f(\cdot)$ 爲事先設計的脈波函數，a_i 爲欲降低的信號峰值振幅，φ_i 爲欲消除的信號峰值相位。藉由消除信號脈波函數的適當選取，峰值消除法亦可避免頻帶外干擾。圖 3-21 爲使用峰值消除法的結果。

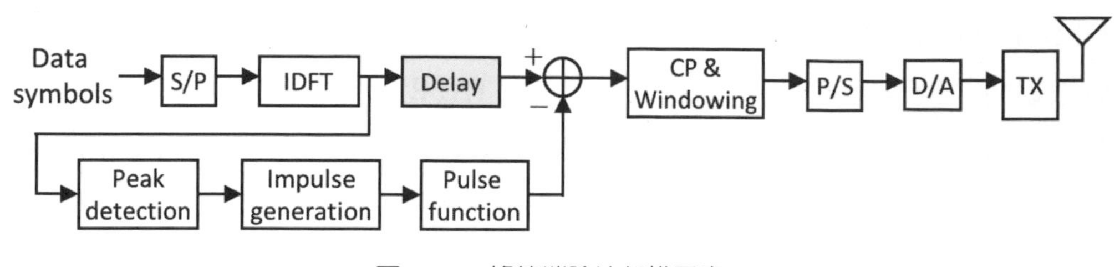

圖 3-20 峰值消除法架構示意

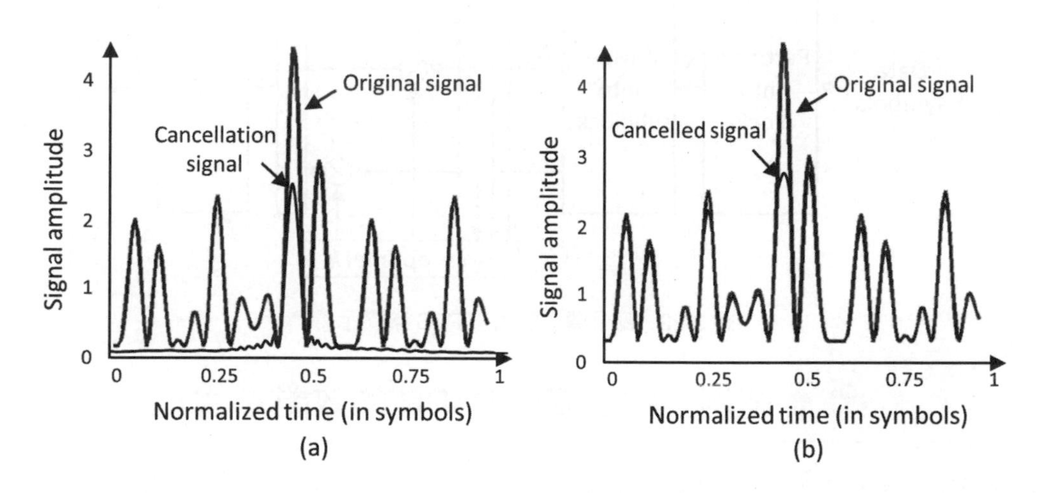

圖 3-21 使用峰值消除法的結果示意：(a) 消除前 OFDM 時域信號；(b) 消除後 OFDM 時域信號

3-3-2 信號無失真的 PAPR 降低技術

信號無失眞的 PAPR 降低技術其概念爲依據一定規則，將原信號修改爲具有較低 PAPR 的形式，由於修改方式須爲接收端所知，這類技術通常需要傳送額外資訊至接收端，接收端依據此資訊及接收信號還原信號。本小節將介紹部分傳送序列法 (partial transmit sequence, PTS)、選擇性映射法 (selected mapping, SLM)，與次載波保留法 (tone reservation, TR)。

部分傳送序列法 [6]

部分傳送序列法 PTS 的架構如圖 3-22 所示，其將原傳送數據符碼區塊分成 M 個不重複的小區塊 $\{\mathbf{X}_1, \mathbf{X}_2, ..., \mathbf{X}_M\}$，接著各區塊分別乘上不同係數 $\{b_1, b_2, ..., b_M\}$ 後輸入 IDFT 產生 OFDM 符碼 **s**。PTS 降低 PAPR 的關鍵為係數的選取，一般須利用最佳化技巧求出最佳係數組合；此外一般而言，較大的 M 可使 PAPR 降低較多，但其代價為複雜度提高。由於 PTS 使用係數改變信號，接收端須知悉此組係數方能還原信號。系統傳送此額外資訊的常用方式是使用傳送及接收端事先知悉的碼簿，傳送端由碼簿中挑選一組係數使用，並將此組係數的編號告知接收端即可，如此傳送資訊量可大幅降低。

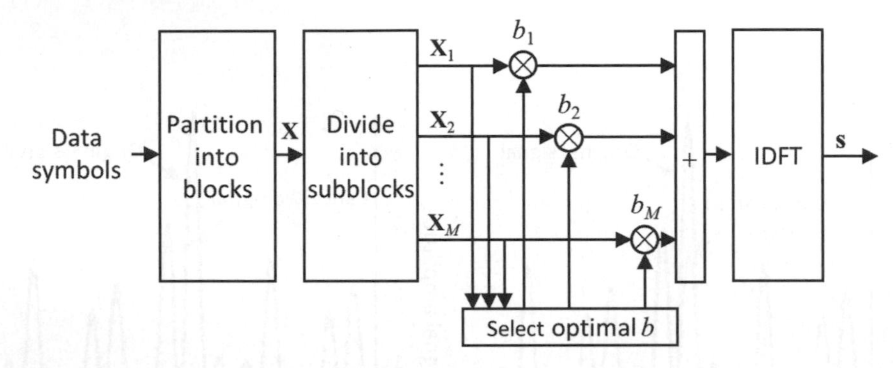

圖 3-22　部分傳送序列法 PTS 架構示意

範例：PTS 降低 PAPR 的效能

考慮由 $N = 8$ 個數據符碼組成的區塊切割為 $M = 4$ 個小區塊，如圖 3-23 所示。假設原傳送數據符碼區塊為 $\mathbf{X} = [1, -1, 1, -1, 1, -1, -1, -1]$，其 PAPR 為 6.5 dB；當使用 PTS 時，系統搜尋碼簿後選擇使用 $[b_1, b_2, b_3, b_4] = [1, -1, -1, -1]$，並產生 OFDM 符碼 $\mathbf{s} = \text{IDFT}\{b_1\mathbf{X}_1 + b_2\mathbf{X}_2 + b_3\mathbf{X}_3 + b_4\mathbf{X}_4\}$，其 PAPR 為 2.2 dB。

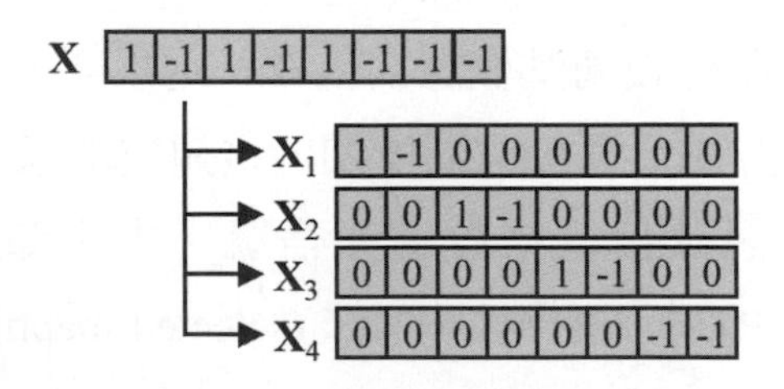

圖 3-23　PTS 數據符碼分組示意

6　請參考 [8]。

選擇性映射法 [7]

選擇性映射法 SLM 的架構如圖 3-24 所示，其將原傳送數據符碼區塊 $\mathbf{X}$ 乘上不同相位序列 $\{\mathbf{B}^{(1)},\mathbf{B}^{(2)},...,\mathbf{B}^{(U)}\}$ 後產生不同候選符碼區塊 $\{\mathbf{X}^{(1)},\mathbf{X}^{(2)},...,\mathbf{X}^{(U)}\}$，分別輸入 IDFT，再從其輸出中挑選出 PAPR 最低者爲最終 OFDM 符碼 $\mathbf{s}$。如同 PTS，SLM 亦需將使用的相位序列資訊傳送至接收端。

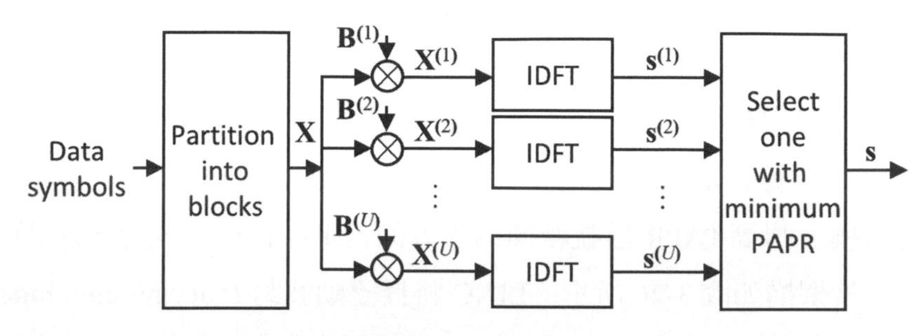

圖 3-24 選擇性映射法 SLM 架構示意

範例：SLM 降低 PAPR 的效能

假設原傳送數據符碼區塊爲 $\mathbf{X}=[1,-1,\ 1,-1,\ 1,-1,-1,-1]$，其 PAPR 爲 6.5 dB；當使用 SLM 時，系統使用四個相位序列如下：

$$\begin{aligned}
\mathbf{B}^{(1)} &= [1,1,\ 1,1,1,1,1,1] \\
\mathbf{B}^{(2)} &= [-1,-1,\ 1,1,1,1,1,-1] \\
\mathbf{B}^{(3)} &= [-1,1,-1,1,-1,1,1,1] \\
\mathbf{B}^{(4)} &= [1,1,-1,1,1,-1,1,1]
\end{aligned} \tag{3.21}$$

經過計算後得知，第四個 IDFT 輸出 $\mathbf{s}^{(4)}=\text{IDFT}\{\mathbf{B}^{(4)}\mathbf{X}\}$ 的 PAPR 最低，爲 1.76 dB。

次載波保留法 [8]

次載波保留法 TR 的架構如圖 3-25 所示，其將部分次載波保留以提供降低 PAPR 的自由度；具體而言，系統只使用 N 個次載波中的 $N-L$ 個次載波傳送數據符碼，保留 L 個次載波傳送可使 PAPR 降低的非數據符碼。由於 TR 保留部分次載波不傳送數據，其頻譜效率較低，因此調整 L 的大小以權衡 PAPR 降低效能與頻譜效率便成爲其重要的設計議題。

7 請參考 [8]。
8 請參考 [8]。

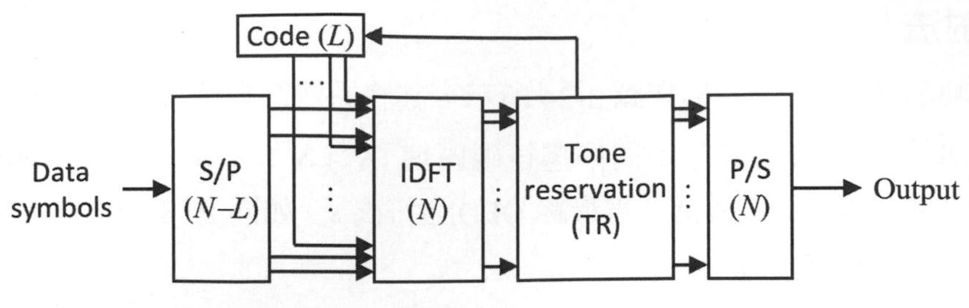

圖 3-25　次載波保留法 TR 架構示意

3-3-3　LINC 技術 [9]

具非線性組件的線性放大法 (linear amplification with non-linear components, LINC) 係利用特殊的轉換，將高 PAPR 信號轉換爲等效的低 PAPR 信號成分，經過放大器後再予以結合傳送，其架構如圖 3-26 所示。LINC 將具變動波封 (varying-envelope) 的原傳送信號分解爲兩個具恆定波封 (constant-envelope) 的信號成分，再將其各自通過相同的放大器，最後使用結合器 (combiner) 重建放大後的信號。由於兩個信號成分的波封大小恆定，放大器的工作點可落於非線性區，甚至可使用非線性放大器獲得更高放大增益而不使信號失真，此爲 LINC 技術的獨特優點。

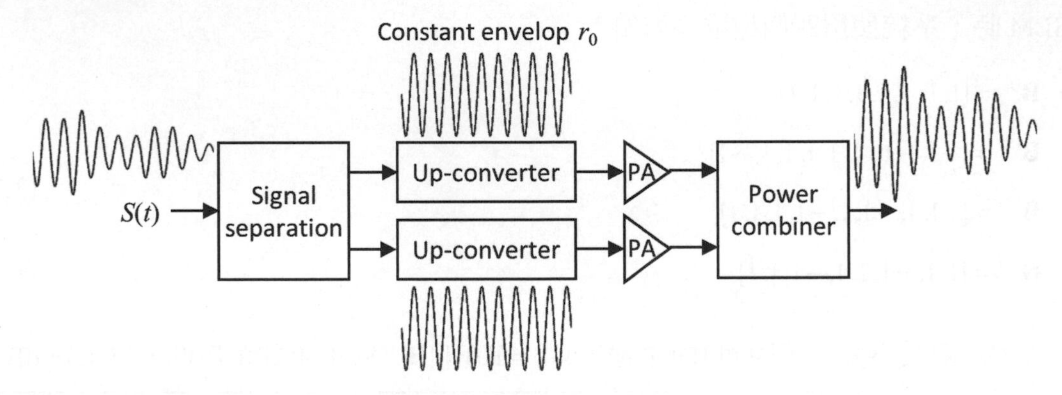

圖 3-26　LINC 系統架構示意

圖 3-26 中的傳送信號 $s(t)$ 可分解如下：

$$s(t) = A(t) \cdot e^{j\varphi(t)} = \underbrace{\frac{1}{2} r_0 e^{j(\varphi(t)+\theta(t))}}_{s_1(t)} + \underbrace{\frac{1}{2} r_0 e^{j(\varphi(t)-\theta(t))}}_{s_2(t)} \tag{3.22}$$

9　請參考 [9]。

其中 $A(t)$ 為波封、$\varphi(t)$ 為相位；$s_1(t)$ 為信號成分 1、$s_2(t)$ 為信號成分 2；$\theta(t)=\cos^{-1}(A(t)/r_0)$，其中 r_0 為一常數，須符合 $r_0 \ge A_{\max}$，而 $A_{\max}$ 是 $|A(t)|$ 的最大值。值得注意的是，(3.22) 式為一通用表示式，亦即任意信號皆可以此方式分解。通過放大器及結合器後的傳送信號可表示為

$$L\cdot[G\cdot s_1(t)+G\cdot s_2(t)]=L\cdot G\cdot 2\cdot s(t) \tag{3.23}$$

其中 G 為放大器的增益，L 為信號通過結合器後的損耗。若使用常見的 Wilkinson 結合器，其 $L=1/\sqrt{2}$，因此最後的傳送信號為 $\sqrt{2}Gs(t)$，故其結合器使用效率為

$$\eta_c(t)=\frac{\left|\sqrt{2}Gs(t)\right|^2}{\left|Gs_1(t)\right|^2+\left|Gs_2(t)\right|^2}=\cos^2\theta(t)=\left(\frac{A(t)}{r_0}\right)^2 \tag{3.24}$$

由 (3.24) 可發現，雖然 LINC 的放大增益與 PAPR 無關，但其結合器的使用效率會隨信號的波封大小而改變，因此若信號的 PAPR 較大，則結合器使用效率較不穩定。由此可知，LINC 的主要研究議題在於提升結合器的效率。

3-3-4 PAPR 降低技術的選擇

OFDM 系統選擇 PAPR 降低技術時，除 PAPR 處理能力外，亦須考量其系統面的衝擊，如是否影響傳送功率、傳輸速率、錯誤率，及實現的複雜度等。例如使用 TR 時，保留部分次載波不傳送數據，因而降低數據傳輸速率；且系統需提升傳送功率以維持相同的傳輸速率與錯誤率。使用 PTS 或 SLM 時，需佔用系統頻寬傳送額外資訊至接收端，因而降低數據傳輸速率；若此資訊出錯，則可能導致原信號無法還原，因而提高錯誤率。PTS 與 SLM 需較高運算複雜度，較不適合於用戶端使用。最後，LINC 與上述方法不同，並無系統面衝擊的問題，惟其需要額外的硬體成本。信號失真法與 LINC 均不需更動接收機，故可運用於既有通訊系統中，其他方法則需更動系統規格。表 3-2 所示為不同 PAPR 降低技術的系統面衝擊及所需的處理資源。

表 3-2　不同 PAPR 降低技術的比較

	功率提高	速率降低	所需處理
信號失真法	No	No	Tx: amplitude clipping, filtering Rx: none
PTS	No	Yes	Tx: M IDFTs, side information delivery Rx: inverse PTS
SLM	No	Yes	Tx: U IDFTs, side information delivery Rx: inverse SLM
TR	Yes	Yes	Tx: non-data subcarriers processing Rx: ignore non-data subcarriers
LINC	No	No	Tx: additional hardware Rx: none

3-4 OFDM 信號檢測

前述 3-2 節已介紹 OFDM 系統的基本原理與架構，本節將以矩陣代數的觀點重新介紹 OFDM 系統的信號模型，闡明其系統特性與效能，並提及優化 OFDM 系統效能的方法，最後探討 OFDM 系統的 ISI 與 ICI 議題。

3-4-1　OFDM 系統矩陣信號模型

圖 3-27 所示為 OFDM 系統架構圖，其與圖 3-17 的相異處在於使用矩陣表示法描述信號與相對應的運算，其中傳送與接收的 OFDM 符碼與信號皆用向量形式表示，系統中的運算模組則以矩陣形式表示；此外若符碼或信號位於頻域則使用大寫英文字母，若位於時域則使用小寫英文字母。為求簡易，以下敘述均假設使用方形視窗函數，且不考慮雜訊效應，亦不區分序列與並列信號的向量表示。

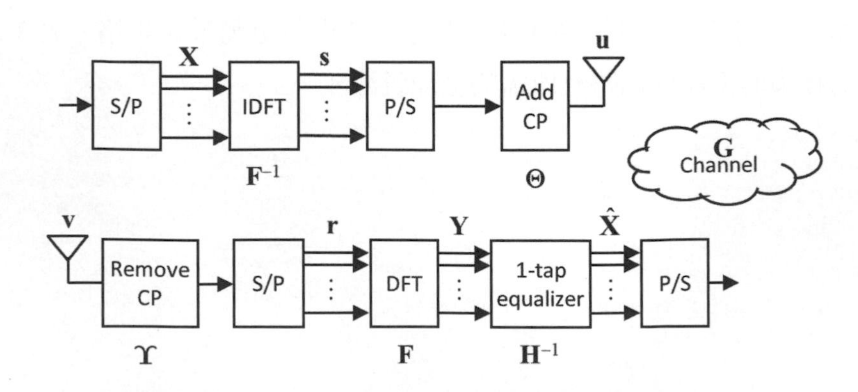

圖 3-27　OFDM 傳收機架構與矩陣信號模型示意

於圖 3-27 中傳送端，**X** 為 $N\times 1$ 的數據符碼區塊向量，表示如下：

$$\mathbf{X}=\left[X_0, X_1, \ldots, X_{N-1}\right]^T \tag{3.25}$$

其中 X_n 表示載放在第 n 個次載波上的數據符碼；**X** 通過 IDFT 運算後得到 $N\times 1$ 的「有用」OFDM 符碼向量 **s**，表示如下：

$$\mathbf{s}=\mathbf{F}^{-1}\cdot\mathbf{X}=\left[s[0], s[1], \ldots, s[N-1]\right]^T \tag{3.26}$$

其中 **F** 為 $N\times N$ 的 DFT 矩陣，其功用是將向量做 DFT 運算，故其反矩陣 $\mathbf{F}^{-1}$ 為 IDFT 矩陣，其功用為 IDFT 運算。DFT 矩陣的數學表式如下：

$$\mathbf{F}=\begin{bmatrix} 1 & 1 & \cdots & 1 \\ 1 & W^{1\cdot 1} & \cdots & W^{(N-1)\cdot 1} \\ \vdots & \vdots & \ddots & \vdots \\ 1 & W^{1\cdot(N-1)} & \cdots & W^{(N-1)\cdot(N-1)} \end{bmatrix}, \quad W=e^{-j\frac{2\pi}{N}} \tag{3.27}$$

s 加上長度為 N_g 的 CP 後，成為 $(N+N_g)\times 1$ 的「完整」OFDM 符碼向量 **u**，表示如下：

$$\mathbf{u}=\mathbf{\Theta}\cdot\mathbf{s}=\left[s[N-N_g], \ldots, s[N-1], s[0], s[1], \ldots, s[N-1]\right]^T \tag{3.28}$$

其中

$$\mathbf{\Theta}=\begin{bmatrix} \mathbf{0}_{N_g\times(N-N_g)} & \mathbf{I}_{N_g} \\ \multicolumn{2}{c}{\mathbf{I}_N} \end{bmatrix}_{(N+N_g)\times N} \tag{3.29}$$

為加上 CP 的運算，其將 **s** 尾端長度為 N_g 的部分重複擺放於首端。**u** 即為傳送端最後輸出的傳送信號向量。

於接收端，**v** 為 $(N+N_g)\times 1$ 接收信號向量[10]，表示如下：

$$\mathbf{v}=\mathbf{G}\cdot\mathbf{u}+\mathbf{G}^{(-)}\cdot\mathbf{u}^{(-)}=\left[v[0], v[1], \ldots, v[N+N_g-1]\right]^T \tag{3.30}$$

10　實際接收信號包括通道效應，較 $N+N_g$ 長，但因有 CP，可省略不考慮。

其中 **G** 為 $(N+N_g) \times (N+N_g)$ 的通道矩陣，用以描述通道對傳送信號向量的影響；$\mathbf{G}^{(-)}$ 為對應前一個傳送信號向量 $\mathbf{u}^{(-)}$ 的通道矩陣，兩者結合用以描述前一個 OFDM 符碼對當下 OFDM 符碼的影響，亦即 ISI。(3.30) 式所述現象可表示如圖 3-28，其中兩條虛線間的區域即為 **u**，$\mathbf{u}^{(-)}$ 因通道延遲延伸至虛線內而產生 ISI。

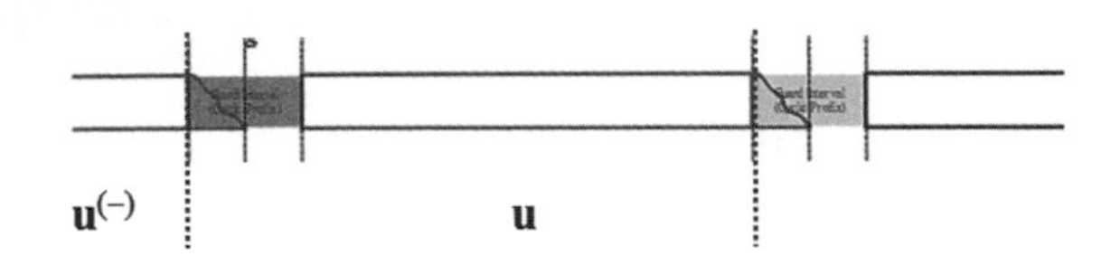

圖 3-28　OFDM 接收信號及其 ISI 示意

接收信號向量 **v** 的元素 $v[n]$ 可描述為通道與傳送信號的旋積，表示如下：

$$v[n]=\sum_{i=0}^{L_h-1} h[i]u[n-i]+h[i]u^{(-)}[n+N+N_g-i] \tag{3.31}$$

其中 L_h 為通道長度，將 (3.31) 以矩陣描述即可得出通道矩陣如下：

$$\mathbf{G}=\begin{bmatrix} h[0] & 0 & \cdots & 0 & 0 & 0 & 0 \\ h[1] & h[0] & \ddots & \vdots & 0 & 0 & 0 \\ \vdots & h[1] & \ddots & 0 & \vdots & 0 & 0 \\ h[L_h-1] & \vdots & \ddots & h[0] & 0 & \vdots & 0 \\ 0 & h[L_h-1] & \vdots & h[1] & h[0] & 0 & \vdots \\ \vdots & \vdots & \ddots & \vdots & h[1] & \ddots & 0 \\ 0 & 0 & \cdots & h[L_h-1] & \cdots & h[1] & h[0] \end{bmatrix} \tag{3.32}$$

由上式可見，**G** 為 $(N+N_g) \times (N+N_g)$ 的 Toeplitz 矩陣，其中每一行為前一行向下位移一次產生，此結構為反映延遲效應；以相同方法可建構出 $\mathbf{G}^{(-)}$，同樣為 $(N+N_g) \times (N+N_g)$ 的 Toeplitz 矩陣，表示如下：

$$\mathbf{G}^{(-)}=\begin{bmatrix} 0 & \cdots & h[L_h-1] & \cdots & h[1] \\ \vdots & \ddots & \vdots & \ddots & \vdots \\ 0 & \cdots & 0 & \vdots & h[L_h-1] \\ \vdots & \ddots & \vdots & \ddots & \vdots \\ 0 & \cdots & 0 & \cdots & 0 \end{bmatrix} \tag{3.33}$$

觀察 (3.33) 式可發現 $\mathbf{G}^{(-)}$ 是由 **G** 的右下部分與 0 所構成，此結構反映 ISI 係由前一個 OFDM 符碼的少部分尾端所產生。接收機將 **v** 的 CP 部分移除後，得到 $N \times 1$ 的「有用」接收信號向量 **r**，表示如下：

$$\mathbf{r} = \boldsymbol{\Upsilon} \cdot \mathbf{v} = \boldsymbol{\Upsilon} \cdot \mathbf{G} \cdot \mathbf{u} + \boldsymbol{\Upsilon} \cdot \mathbf{G}^{(-)} \cdot \mathbf{u}^{(-)}$$

$$= \boldsymbol{\Upsilon} \cdot \mathbf{G} \cdot \mathbf{u} = \left[r[0], r[1], \ldots, r[N-1] \right]^T \tag{3.34}$$

其中

$$\boldsymbol{\Upsilon} = \left[\mathbf{0}_{N \times N_g} \quad \mathbf{I}_{N \times N} \right] \tag{3.35}$$

為移除 CP 的運算。由 $\mathbf{G}^{(-)}$ 結構可得知前一個 OFDM 符碼所產生的 ISI 影響範圍僅限於當下 OFDM 符碼的前 $L_h - 1$ 個值，因此當 N_g 大於等於 $L_h - 1$ 時，ISI 即可於移除 CP 後消失；如圖 3-29 所示，前一個信號並未超出 CP 範圍 (灰色區域)，因此移除 CP 後，ISI 即消失。

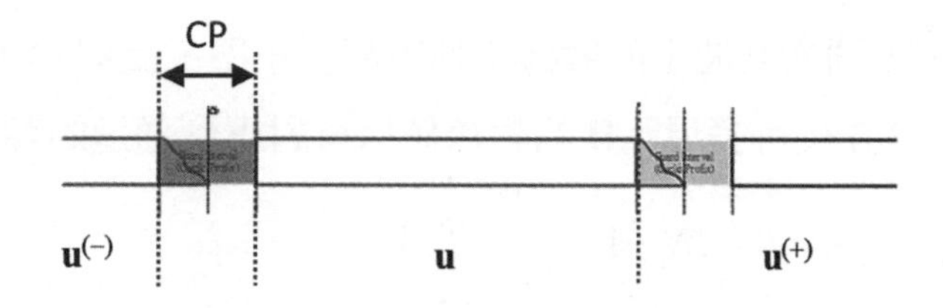

圖 3-29 OFDM 接收信號及 ISI 消除示意

接收信號向量 $\mathbf{r}$ 經過 DFT 運算得到 $N \times 1$ 的頻域接收信號區塊向量 $\mathbf{Y}$，表示如下：

$$\mathbf{Y} = \mathbf{F} \cdot \mathbf{r} = \mathbf{F} \cdot \boldsymbol{\Upsilon} \cdot \mathbf{G} \cdot \mathbf{u} = \mathbf{F} \cdot \boldsymbol{\Upsilon} \cdot \mathbf{G} \cdot \boldsymbol{\Theta} \cdot \mathbf{F}^{-1} \cdot \mathbf{X}$$

$$= \left[Y_0, Y_1, \ldots, Y_{N-1} \right]^T \tag{3.36}$$

其中 CP 的加入、移除與通道的影響可表示為一等效通道如下：

$$\mathbf{H}_e = \boldsymbol{\Upsilon} \cdot \mathbf{G} \cdot \boldsymbol{\Theta}$$

$$= \begin{bmatrix} h[0] & 0 & 0 & 0 & h[L_h-1] & \cdots & h[1] \\ h[1] & h[0] & 0 & \vdots & 0 & 0 & h[2] \\ \vdots & h[1] & \ddots & 0 & \vdots & 0 & \vdots \\ h[L_h-1] & \vdots & \ddots & h[0] & 0 & \vdots & h[L_h-1] \\ 0 & h[L_h-1] & \vdots & h[1] & h[0] & 0 & \vdots \\ \vdots & \vdots & \ddots & \vdots & \ddots & \ddots & 0 \\ 0 & 0 & \cdots & h[L_h-1] & h[L_h-2] & \cdots & h[0] \end{bmatrix} \tag{3.37}$$

其爲 $N \times N$ 的循環矩陣 (circulant matrix)。循環矩陣具有一特殊性質，其可被 DFT 矩陣對角化，因此可得

$$\mathbf{H} = \mathbf{F} \cdot \mathbf{H}_e \cdot \mathbf{F}^{-1} = \begin{bmatrix} H_0 & 0 & \cdots & 0 \\ 0 & H_1 & \cdots & 0 \\ \vdots & \vdots & \ddots & \vdots \\ 0 & 0 & \cdots & H_{N-1} \end{bmatrix} \tag{3.38}$$

其中對角值 $\{H_k\}$ 即爲 $\mathbf{H}_e$ 的特徵值。將 (3.37) 與 (3.38) 代入 (3.36)，可得到簡化後的 OFDM 傳收機數學模型如下：

$$\mathbf{Y} = \mathbf{H} \cdot \mathbf{X} \tag{3.39}$$

由於 $\mathbf{H}$ 爲對角矩陣，不同次載波上的數據符碼不相互干擾，此與 (3.10) 所呈現的結果一致，而進一步分析 (3.38) 後可發現，$\mathbf{H}$ 的對角值恰可對應到通道的頻率響應，亦即

$$H_k = \text{DFT}\{h[n]\}, \quad k = 0, \ldots, N-1 \tag{3.40}$$

上述 OFDM 傳收機架構如圖 3-30 所示。

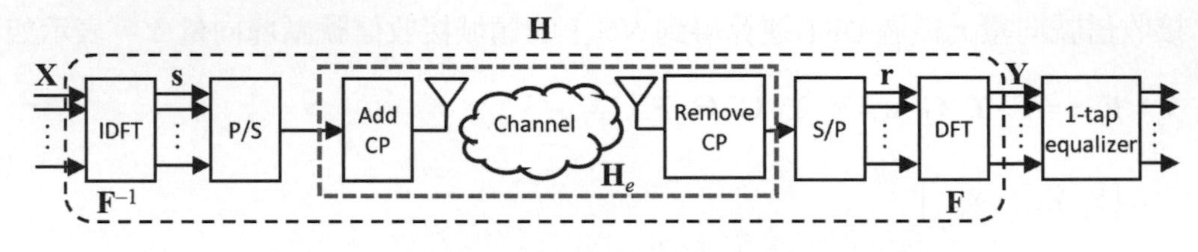

圖 3-30　OFDM 傳收機架構與等效矩陣信號模型示意

3-4-2　OFDM 等化

本小節將根據前述信號模型介紹 OFDM 等化器，顧名思義，OFDM 等化器的目的爲自接收信號區塊向量 $\mathbf{Y}$ 還原傳送數據符碼區塊向量 $\mathbf{X}$，如圖 3-31 所示，其中 $\mathbf{E}$ 爲等化器的矩陣表示。當考慮雜訊效應時，接收信號區塊向量可表示爲

$$\mathbf{Y} = \mathbf{HX} + \mathbf{N} \tag{3.41}$$

其中 $\mathbf{N}$ 爲 $N \times 1$ 接收雜訊區塊向量，其元素爲 i.i.d. $CN(0, \sigma_n^2)$ 隨機變數。將 $\mathbf{Y}$ 通過等化器後，可得數據符碼區塊估計如下：

$$\hat{\mathbf{X}} = \mathbf{EY} \tag{3.42}$$

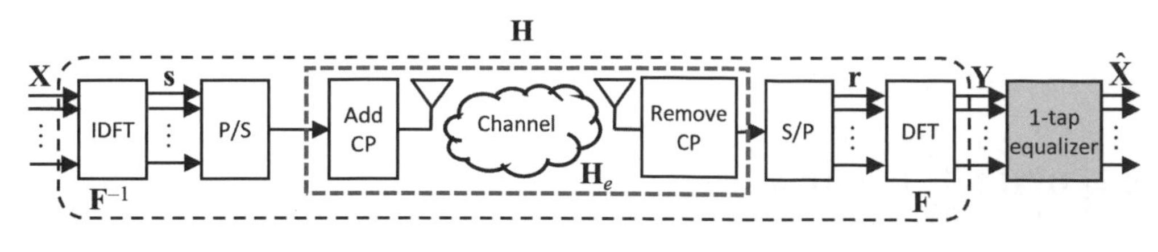

圖 3-31 OFDM 傳收機架構與等化器示意

逼零等化器

逼零 (zero-forcing, ZF) 等化器的設計方針爲完全消除通道效應，其數學表示即爲等效通道 $\mathbf{H}$ 的反矩陣：

$$\mathbf{E}_{ZF}=\mathbf{H}^{-1} \tag{3.43}$$

因此數據符碼區塊估計可表示爲

$$\begin{aligned}&\hat{\mathbf{X}}=\mathbf{H}^{-1}\mathbf{Y}=\mathbf{X}+\mathbf{H}^{-1}\mathbf{N}\\&\hat{X}_k=H_k^{-1}Y_k=X_k+H_k^{-1}N_k\ ,\qquad k=0,\ldots,N-1\end{aligned} \tag{3.44}$$

由 (3.44) 式可發現，由於等效通道矩陣 $\mathbf{H}$ 爲對角矩陣，ZF 等化器可簡化爲一階等化器；此外，等化後第 k 個次載波上數據符碼的 SNR 爲

$$\mathrm{SNR}_{ZF,k}=\left|H_k\right|^2\frac{\sigma_X^2}{\sigma_n^2} \tag{3.45}$$

其中 $\sigma_X^2=E\{|X_k|^2\}$ 爲數據符碼功率。

最小均方誤差等化器

最小均方誤差 (minimum mean square error, MMSE) 等化器的設計方針爲最小化數據符碼區塊估計的平方誤差，其數學表示爲 [11]

$$\mathbf{E}_{MS}=\arg\min_{\mathbf{E}}E\left\{\left\|\mathbf{X}-\mathbf{E}\mathbf{Y}\right\|^2\right\}=\left(\mathbf{H}^H\mathbf{H}+\frac{\sigma_n^2}{\sigma_X^2}\mathbf{I}_N\right)^{-1}\mathbf{H}^H \tag{3.46}$$

11 min 爲 minimize 的縮寫，代表取函數的最小值；arg 爲 argument 的縮寫，arg min 代表使函數獲得最小值的點。

與 ZF 等化器不同，MMSE 等化器同時考慮通道與雜訊的效應，其數據符碼區塊估計可表示為

$$\hat{\mathbf{X}} = \left(\mathbf{H}^H \mathbf{H} + \frac{\sigma_n^2}{\sigma_X^2} \mathbf{I}_N \right)^{-1} \mathbf{H}^H \mathbf{Y}$$

$$\hat{X}_k = \frac{\sigma_X^2 |H_k|^2}{\sigma_X^2 |H_k|^2 + \sigma_n^2} X_k + \frac{\sigma_X^2 H_k^*}{\sigma_X^2 |H_k|^2 + \sigma_n^2} N_k \ , \qquad k = 0, \ldots, N-1 \tag{3.47}$$

等化後第 k 個次載波上數據符碼的 SNR 為

$$\mathrm{SNR}_{MS,k} = |H_k|^2 \frac{\sigma_X^2}{\sigma_n^2} \tag{3.48}$$

比較 (3.45) 與 (3.48) 式可發現 ZF 等化器與 MMSE 等化器的等化後 SNR 相等，此結果與一般 MMSE 等化器較 ZF 等化器 SNR 效能為佳的認知有所出入，其原因如下：OFDM 接收信號中並無 ISI，因此 ZF 等化器不須為了消除 ISI 而造成雜訊增強 (noise enhancement)。基於此理解，OFDM 系統可使用較簡單的 ZF 等化器取代 MMSE 等化器。

3-4-3 OFDM 系統效能優化

由上述 OFDM 傳收機信號模型得知，次載波間互不干擾，可形成獨立傳輸通道，因此 OFDM 系統可利用此特性優化效能；具體而言，系統可藉由適當分配不同次載波上的傳送功率以優化整體系統容量，並可表示為以下的最佳化問題 [12]：

$$\begin{aligned} &\max_{p_0, p_1, \ldots, p_{N-1}} \sum_{k=0}^{N-1} \log_2 \left(1 + \frac{p_k |H_k|^2}{\sigma_n^2} \right) \\ &\text{subject to} \sum_{k=0}^{N-1} p_k \le P \\ &\qquad p_k \ge 0, \quad k = 0, \ldots, N-1 \end{aligned} \tag{3.49}$$

其中 p_k 為於第 k 個次載波上的傳送功率，P 為最大傳送功率限制。(3.49) 的最佳化問題可利用拉格朗日乘數 (Lagrange multiplier) 技巧求解，其解為 [13]

12 請參考 [6]；max 為 maximize 的縮寫，代表取函數的最大值。

13 $(x)^+ = x$ if $x > 0$, $(x)^+ = 0$ if $x < 0$。

$$p_k = \frac{1}{\lambda} - \frac{\sigma_n^2}{|H_k|^2} \quad ; \quad \sum_{k=0}^{N-1}\left(\frac{1}{\lambda} - \frac{\sigma_n^2}{|H_k|^2}\right)^+ = P \tag{3.50}$$

由於 $\sigma_n^2/|H_k|^2$ 與通道增益成反比，因此通道狀況較好的次載波可分配較大功率，通道狀況較差的次載波則分配較小功率，甚至捨去不用。(3.50) 所示的解稱爲注水法 (water-filling)，如圖 3-32 所示，想像有一個容器，其底部高低不均，注入一定水量後，$1/\lambda$ 爲的水面高度，$\sigma_n^2/|H_k|^2$ 爲容器底部的高度，各次載波所分配的能量即爲水面到容器底部的高度差，容器底部較高者所獲功率較低，超過水面者則無法獲得任何功率。

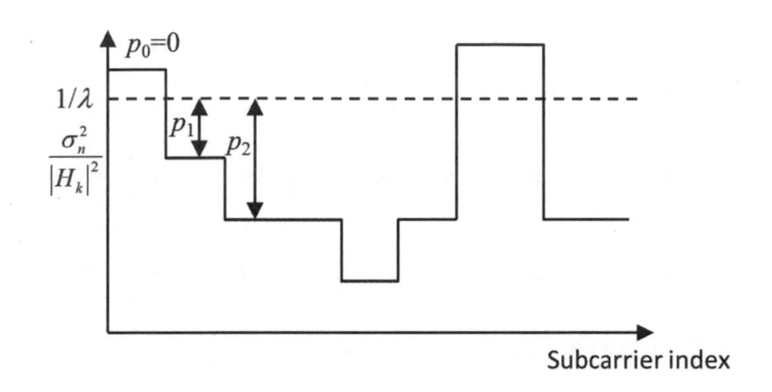

圖 3-32 OFDM 注水法示意

3-4-4 OFDM 系統 ISI 與 ICI 問題

前述 OFDM 系統係假設接收機完美運作，故無 ISI 或 ICI 等干擾產生，在實務上，OFDM 系統常會因各種非理想效應產生 ISI 或 ICI，例如 CP 長度不足與載波頻率偏移 (carrier frequency offset, CFO)。CP 長度不足導致 ISI 與 ICI，而載波頻率偏移導致 ICI；本小節將針對此二問題進行探討。

CP 長度不足問題

當 CP 長度不足，以致 $N_g < L_h - 1$，(3.36) 式中接收信號向量可利用 (3.30) 與 (3.34) 式修正爲

$$\mathbf{Y} = \mathbf{F}\cdot\boldsymbol{\Upsilon}\cdot\mathbf{G}\cdot\mathbf{u} + \mathbf{F}\cdot\boldsymbol{\Upsilon}\cdot\mathbf{G}^{(-)}\cdot\mathbf{u}^{(-)} + \mathbf{N} \tag{3.51}$$

將 $\mathbf{u}$ 與 $\mathbf{u}^{(-)}$ 代入 (3.51) 式後可得

$$\begin{aligned}\mathbf{Y} &= \mathbf{F}\cdot\boldsymbol{\Upsilon}\cdot\mathbf{G}\cdot\boldsymbol{\Theta}\cdot\mathbf{F}^{-1}\cdot\mathbf{X} + \mathbf{F}\cdot\boldsymbol{\Upsilon}\cdot\mathbf{G}^{(-)}\cdot\boldsymbol{\Theta}\cdot\mathbf{F}^{-1}\cdot\mathbf{X}^{(-)} + \mathbf{N} \\ &= \mathbf{F}\cdot\mathbf{H}_{e,cp}\cdot\mathbf{F}^{-1}\cdot\mathbf{X} + \mathbf{F}\cdot\mathbf{H}_{e,cp}^{(-)}\cdot\mathbf{F}^{-1}\cdot\mathbf{X}^{(-)} + \mathbf{N}\end{aligned} \tag{3.52}$$

由於 CP 長度不足，$\mathbf{H}_{e,cp}$ 並非循環矩陣，$\mathbf{F}\mathbf{H}_{e,cp}\mathbf{F}^{-1}$ 也不再是對角矩陣，因而產生 ICI；同時 CP 長度不足亦使接收機無法完全去除前一個 OFDM 符碼所造成的干擾，因而產生 ISI。將 (3.52) 式整理後可表示爲

$$\begin{aligned}\mathbf{Y} &= \mathbf{F}\cdot\left(\mathbf{H}_e - \mathbf{H}_{ICI}\right)\cdot\mathbf{F}^{-1}\cdot\mathbf{X} + \mathbf{F}\cdot\mathbf{H}_{ISI}\cdot\mathbf{F}^{-1}\cdot\mathbf{X}^{(-)} + \mathbf{N} \\ &= \mathbf{F}\cdot\mathbf{H}_e\cdot\mathbf{F}^{-1}\cdot\mathbf{X} - \mathbf{F}\cdot\mathbf{H}_{ICI}\cdot\mathbf{F}^{-1}\cdot\mathbf{X} + \mathbf{F}\cdot\mathbf{H}_{ISI}\cdot\mathbf{F}^{-1}\cdot\mathbf{X}^{(-)} + \mathbf{N} \\ &= \mathbf{H}\cdot\mathbf{X} - \mathbf{F}\cdot\mathbf{H}_{ICI}\cdot\mathbf{F}^{-1}\cdot\mathbf{X} + \mathbf{F}\cdot\mathbf{H}_{ISI}\cdot\mathbf{F}^{-1}\cdot\mathbf{X}^{(-)} + \mathbf{N}\end{aligned} \tag{3.53}$$

其中 $\mathbf{H}_{ICI}$ 代表 ICI 效應的通道矩陣表示：

$$\mathbf{H}_{ICI} = \begin{bmatrix} 0 & \cdots & h[L_h-1] & h[L_h-2] & \cdots & h[N_g+1] & 0 & \cdots & 0 \\ 0 & \cdots & 0 & h[L_h-1] & \cdots & h[N_g+2] & 0 & \cdots & 0 \\ \vdots & \cdots & \vdots & \vdots & \ddots & \vdots & \vdots & \vdots & \vdots \\ 0 & \cdots & 0 & 0 & \cdots & h[L_h-1] & 0 & \cdots & 0 \\ \vdots & \cdots & \vdots & \vdots & \vdots & \vdots & \vdots & \vdots & \vdots \\ 0 & \cdots & 0 & 0 & \cdots & 0 & 0 & \cdots & 0 \end{bmatrix} \tag{3.54}$$

$\mathbf{H}_{ISI}$ 代表 ISI 效應的通道矩陣表示：

$$\mathbf{H}_{ISI} = \begin{bmatrix} 0 & \cdots & 0 & h[L_h-1] & h[L_h-2] & \cdots & h[N_g+1] \\ 0 & \cdots & 0 & 0 & h[L_h-1] & \cdots & h[N_g+2] \\ \vdots & \cdots & \vdots & \vdots & \vdots & \ddots & \vdots \\ 0 & \cdots & 0 & 0 & 0 & 0 & h[L_h-1] \\ \vdots & \cdots & \vdots & \vdots & \vdots & \vdots & \vdots \\ 0 & \cdots & 0 & 0 & 0 & \cdots & 0 \end{bmatrix} \tag{3.55}$$

將 (3.54) 與 (3.55) 式代入 (3.53) 式中，可得各個次載波成分表示如下：

$$Y_k = H_k X_k - \sum_{k'=0}^{N-1}\left[\mathbf{F}\mathbf{H}_{ICI}\mathbf{F}^{-1}\right]_{k+1,k'+1} X_{k'} + \sum_{k'=0}^{N-1}\left[\mathbf{F}\mathbf{H}_{ISI}\mathbf{F}^{-1}\right]_{k+1,k'+1} X_{k'}^{(-)} + N_k \tag{3.56}$$

其中 $[\cdot]_{i,j}$ 代表矩陣第 i 行第 j 列的值。

時域等化

爲解決 CP 長度不足導致干擾的問題，直覺的方案是藉由特殊設計的時域等化器縮短接收端的等效通道長度[14]，如圖 3-33 所示，原本較 CP 長的通道經等化器處理後，等效通道長度縮短至小於 CP 的長度。

---

14 一般而言，OFDM 系統使用頻域等化器消除通道效應，此處的時域等化器只爲處理 CP 過短問題。

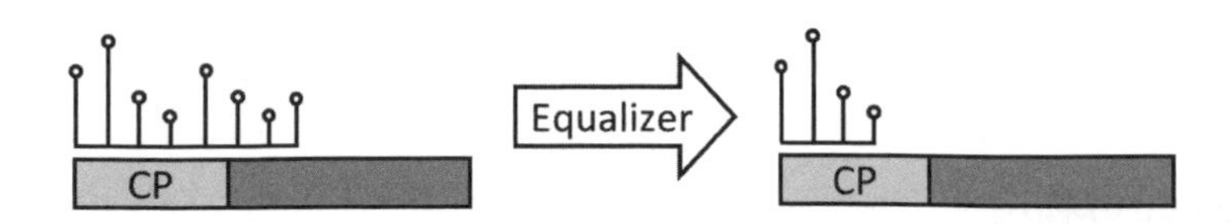

圖 3-33 時域等化器設計理念示意

時域等化器基本架構如圖 3-34(a) 所示，於接收端 DFT 運算前，接收信號先行通過一個 FIR[15] 濾波器 $w[n]$ 以縮短等效通道長度；合併原通道與 FIR 濾波器的等效通道形成如圖 3-34(b) 所示的等效架構，其中等效通道爲 $b[n]$，其長度小於 CP 長度，而 d 爲額外的延遲，因此時域等化器係以額外的信號延遲爲代價，縮短等效通道的長度。

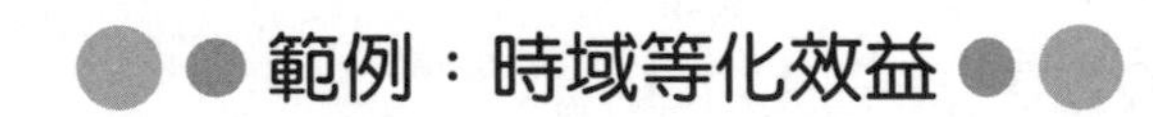

圖 3-34 (a) 時域等化器基本架構示意；(b) 時域等化器等效架構示意

範例：時域等化效益

上述時域等化器的效益舉例說明如圖 3-35 所示[16]，其中原通道長度 $L_h = 26$，FIR 濾波器長度 $L_w = 11$ 設計目標是將等效通道長度減至 $L_d = 5$，其額外的延遲爲 $d = 3$。觀察原通道響應可發現其最短路徑延遲爲 0，最長爲 25；在使用時域等化器後，其等效通道長度減至 5，然而其最短路徑延遲增加爲 3，亦即系統以額外的延遲換取通道長度的減少。

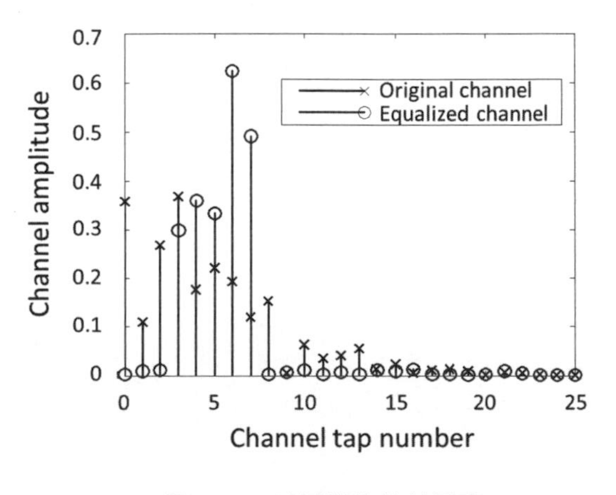

圖 3-35 時域等化效益示意

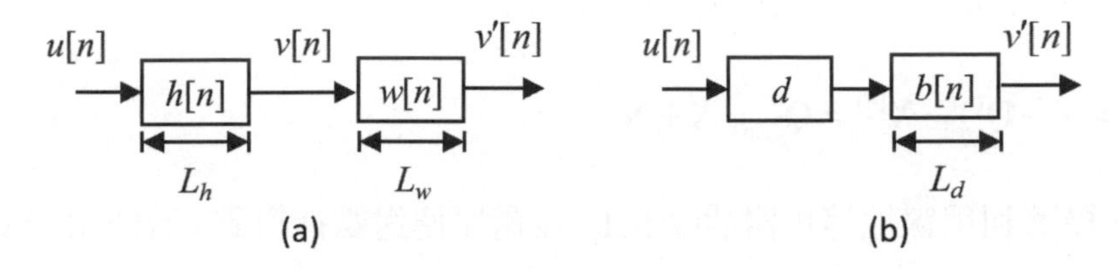

15 FIR: finite impulse response。
16 詳細方法請參考 [10]。

頻域等化

另一種解決 CP 長度不足問題的方案為直接於頻域將干擾消除。ICI 是次載波符碼間的干擾，而 ISI 亦可利用前一個符碼的資訊[17]予以消除，因此系統可使用頻域等化器直接消除 ICI 與 ISI。常見的頻域等化器係使用線性等化器[18]消除 ICI，以決策回授 (decision feedback) 等化器消除 ISI，其數學模型可由 (3.52) 式推導如下：

$$\begin{aligned}\mathbf{Y} &= \mathbf{F}\cdot\mathbf{H}_{e,\mathrm{cp}}\cdot\mathbf{F}^{-1}\cdot\mathbf{X}+\mathbf{F}\cdot\mathbf{H}_{e,\mathrm{cp}}^{(-)}\cdot\mathbf{F}^{-1}\cdot\mathbf{X}^{(-)}+\mathbf{N}\\ &= \mathbf{Q}_{e,\mathrm{cp}}\cdot\mathbf{X}+\mathbf{Q}_{e,\mathrm{cp}}^{(-)}\cdot\mathbf{X}^{(-)}+\mathbf{N}\end{aligned} \tag{3.57}$$

於設計等化器時，先利用決策回授消除 ISI 如下：

$$\mathbf{Y}^{\text{ISI-free}} = \mathbf{Y}-\mathbf{Q}_{e,\mathrm{cp}}^{(-)}\cdot\mathbf{X}^{(-)} = \mathbf{Q}_{e,\mathrm{cp}}\cdot\mathbf{X}+\mathbf{N} \tag{3.58}$$

消除 ISI 後，接著利用線性等化器消除 ICI，並還原傳送數據符碼；若使用 MMSE 等化器，其數據符碼區塊估計為

$$\hat{\mathbf{X}} = \mathbf{E}_{MS}\mathbf{Y}^{\text{ISI-free}} = \left(\mathbf{Q}_{e,\mathrm{cp}}^{H}\mathbf{Q}_{e,\mathrm{cp}}+\frac{\sigma_n^2}{\sigma_X^2}\mathbf{I}_N\right)^{-1}\mathbf{Q}_{e,\mathrm{cp}}^{H}\mathbf{Y}^{\text{ISI-free}} \tag{3.59}$$

最後通過決策還原傳送數據符碼。上述架構如圖 3-36 所示。

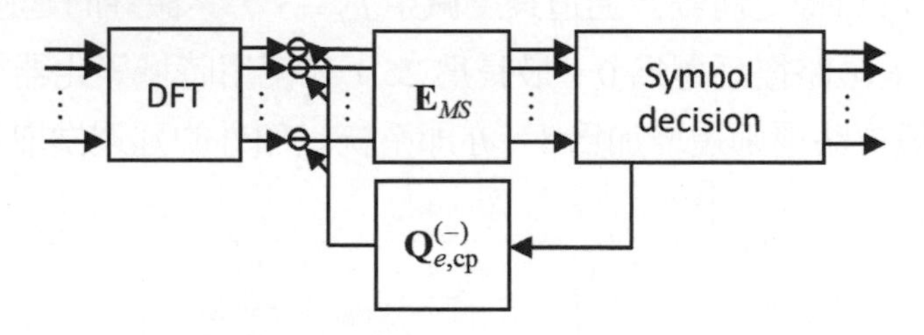

圖 3-36　OFDM 頻域等化器架構示意

17　假設前一個符碼正確接收。
18　ZF 等化器或 MMSE 等化器。

載波頻率偏移問題

造成 ICI 的另一種常見原因爲載波頻率偏移 (carrier frequency offset, CFO)，CFO 係因傳送端與接收端的震盪器間頻率不匹配所造成。無 CFO 時，接收機 DFT 頻率取樣點可精確對齊次載波的波峰頻率，故不產生 ICI，如圖 3-37(a) 所示；有 CFO 時，接收機 DFT 頻率取樣點偏移，導致次載波間相互干擾而產生 ICI，如圖 3-37(b) 所示。CFO 可由次載波間的頻率間距 Δf 乘上一係數 α 表示如下：

$$f_{\text{offset}} = \alpha\Delta f = k_0\Delta f + \varepsilon\Delta f \quad , |\varepsilon| \leq 0.5 \tag{3.60}$$

其中 α 可分爲整數 k_0 與小數 ε 兩部分。當整數部分不爲零時，接收機將面臨符碼對應順序錯誤；如圖 3-38 所示，其 CFO = 1，原本 0-1-2-3 的傳送符碼順序變爲 1-2-3-4 的接收符碼順序，其中 4 爲未知符碼，此時符碼解調完全錯亂而無用。當 CFO 整數部分爲零，小數部分不爲零時[19]，接收機將面臨 ICI 與符碼接收增益降低；如圖 3-39 所示，虛線爲取樣點，相較於無 CFO 時的實線，其 DFT 接收增益較低，同時相位亦有偏移，並受到其他次載波干擾。一般而言，OFDM 系統出現整數 CFO 的情形較少見，且有機制可快速偵測修正，因此文獻上多以探討小數 CFO 的影響爲主。

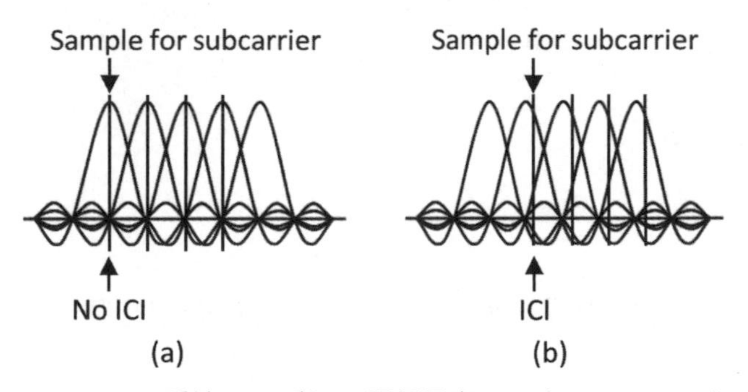

圖 3-37　OFDM 系統 CFO 與 ICI 關係示意：(a) 無 CFO；(b) 有 CFO

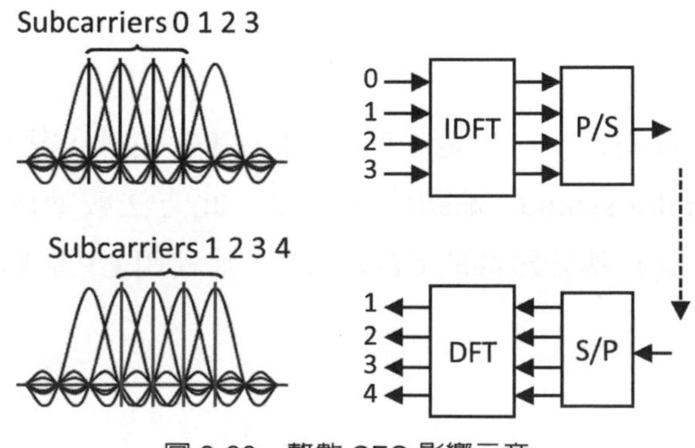

圖 3-38　整數 CFO 影響示意

19　OFDM 系統大多遭遇此情況。

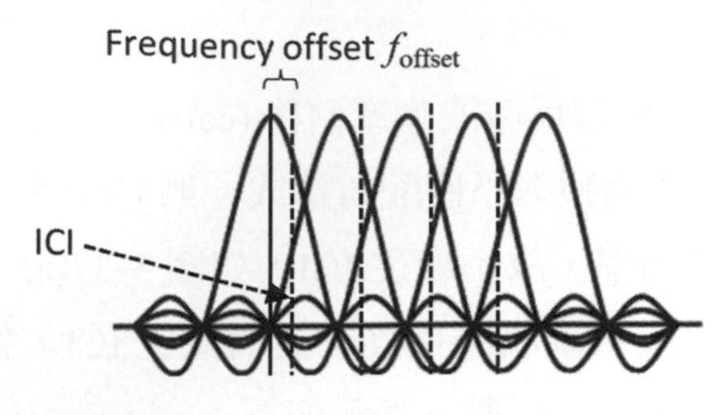

圖 3-39　小數 CFO 影響示意

含有 CFO 效應的接收信號可表示為

$$v[n] = e^{j2\pi f_{\text{offset}} \frac{nT}{N}} \left(u[n] * h[n]\right) + n[n] \tag{3.61}$$

將上述接收信號重新執行如 3-4-1 小節中的推導 [20]，得到 OFDM 頻域接收信號區塊向量如下：

$$\mathbf{Y} = \mathbf{F} \cdot \mathbf{\Phi}_f \cdot \mathbf{\Upsilon} \cdot \mathbf{G} \cdot \mathbf{\Theta} \cdot \mathbf{F}^{-1} \cdot \mathbf{X} + \mathbf{N} = \mathbf{F} \cdot \mathbf{H}_{e,\text{cfo}} \cdot \mathbf{F}^{-1} \cdot \mathbf{X} + \mathbf{N} \tag{3.62}$$

其中

$$\mathbf{\Phi}_f = \begin{bmatrix} 1 & & & 0 \\ & e^{j2\pi f_{\text{offset}} \frac{T}{N}} & & \\ & & \ddots & \\ 0 & & & e^{j2\pi f_{\text{offset}} \frac{(N-1)T}{N}} \end{bmatrix} \tag{3.63}$$

(3.62) 式引入 $\mathbf{\Phi}_f$ 描述 CFO 的影響，$\mathbf{\Phi}_f$ 使得 $\mathbf{H}_{e,\text{cfo}}$ 不再是循環矩陣，因而導致 ICI 的產生。一般 OFDM 系統處理 CFO 的方法是先估計 CFO，並於 DFT 運算前消除其影響，亦即

$$\mathbf{Y} = \mathbf{F} \cdot \underbrace{\hat{\mathbf{\Phi}}_f^{-1}}_{\substack{\text{CFO} \\ \text{compensation}}} \cdot \mathbf{\Phi}_f \cdot \mathbf{\Upsilon} \cdot \mathbf{G} \cdot \mathbf{\Theta} \cdot \mathbf{F}^{-1} \cdot \mathbf{X} + \mathbf{N} \tag{3.64}$$

典型的 CFO 估計方法有兩種，一種是基於數據的 CFO 估計，其利用訓練符碼 (training symbol) 或領航符碼 (pilot symbol) 輔助估計 CFO，此方法較準確但需額外的信號開銷 (overhead)；另一種則是非基於數據的 CFO 估計，其利用 CP 與數據符碼之間的相關性輔助估計 CFO[21]。

20　假設 CP 長度足夠。
21　請參考 [1], [2]。

3-5 OFDM 系統通道估計

現行通訊系統多使用同調檢測，接收端需知悉通道資訊以正確檢測傳送符碼。本節將簡要介紹 OFDM 系統通道估計方法，其概念爲藉由訓練符碼或領航符碼於時域或頻域中估計通道，根據系統所要求的估計精確度，訓練符碼或領航符碼的開銷將有所不同。

訓練符碼爲於特定時槽中放置於所有次載波上的訓練信號，一般訓練符碼先於數據符碼傳送，以使接收機有正確的通道資訊檢測數據符碼；相對於訓練符碼，領航符碼爲放置於特定次載波上的訓練信號，其與數據符碼分享頻寬。訓練符碼與領航符碼的放置方式如圖 3-40 所示，訓練符碼佔據較多次載波，其通道估計精確度優於領航符碼[22]，但其開銷亦較大，因此系統需權衡使用訓練符碼與領航符碼的時機。一般而言，通訊系統於開機時，或非同步傳輸時，多使用訓練符碼以利其準確設定連結狀態；於穩定傳輸期間，則使用領航符碼以節省開銷。

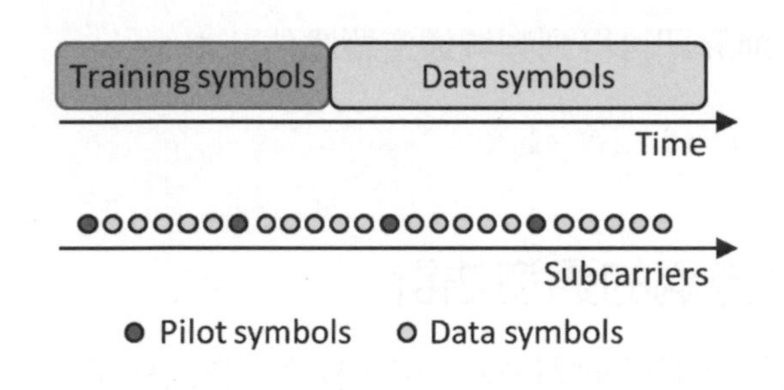

圖 3-40 訓練符碼與領航符碼示意

3-5-1 基於訓練符碼的通道估計

由 (3.41) 式得知，頻域接收信號區塊向量的各個次載波成分可表示如下：

$$Y_k = H_k X_k + N_k \,, \qquad k = 0, \ldots, N-1 \tag{3.65}$$

於訓練符碼傳送期間，接收端已知傳送符碼 $\{X_k\}$，此時直覺的通道估計爲

$$\hat{H}_k = Y_k X_k^{-1} \,, \qquad k = 0, \ldots, N-1 \tag{3.66}$$

基於訓練符碼的通道估計亦可於時域中執行，其程序爲先估計時域通道響應 $h[n]$，再將時域通道估計轉成頻域通道估計。綜合整理 (3.28)、(3.32) 及 (3.34) 式，接收信號向量可表示爲

$$\mathbf{r} = \boldsymbol{\Upsilon} \cdot \mathbf{G} \cdot \boldsymbol{\Theta} \cdot \mathbf{s} + \mathbf{n} = \mathbf{H}_e \mathbf{s} + \mathbf{n} = \mathbf{S}\mathbf{h} + \mathbf{n} \tag{3.67}$$

22 訓練符碼亦可提供接收機同步及校正等功能。

其中 **S**、**h** 及 **n** 的定義如下

$$\mathbf{S}=\begin{bmatrix} s[0] & s[N-1] & \cdots & s[N-L_h+1] \\ s[1] & s[0] & \cdots & s[N-L_h+2] \\ \vdots & \vdots & \vdots & \vdots \\ s[N-1] & s[N-2] & \cdots & s[N-L_h] \end{bmatrix}$$

$$\mathbf{h}=\left[h[0],h[1],\ldots,h[L_h-1]\right]^T \tag{3.68}$$

$$\mathbf{n}=\left[n[0],n[1],\ldots,n[N-1]\right]^T$$

(3.67) 式的主要訴求爲將通道矩陣與符碼向量角色互換，變爲符碼矩陣與通道向量，此時直覺的通道估計爲最小平方 (least squares) 解：

$$\hat{\mathbf{h}}=\left(\mathbf{S}^H\mathbf{S}\right)^{-1}\mathbf{S}^H\mathbf{r}=\mathbf{h}+\left(\mathbf{S}^H\mathbf{S}\right)^{-1}\mathbf{S}^H\mathbf{n} \tag{3.69}$$

最後對 $\hat{\mathbf{h}}$ 做 N 點 DFT 運算即可得到頻域通道響應估計：

$$\hat{H}_k=\mathrm{DFT}\{\hat{h}[n]\}, \quad k=0,\ldots,N-1 \tag{3.70}$$

3-5-2　基於領航符碼的通道估計

若次載波間距小於通道的同調頻寬[23]，則鄰近次載波所遭受的衰落狀況類似，此時系統可使用較少符碼滿足通道估計要求。基於領航符碼的通道估計爲將已知領航符碼嵌入 OFDM 符碼中特定位置，估計領航符碼所在的通道響應，再利用內差法或其他演算法推算未放置領航符碼的通道響應。領航符碼常見的配置方式有：區塊形式 (block type)、梳狀形式 (comb type)、混合形式 (mixed type) 及散布形式 (scatter type)。

區塊形式領航符碼如圖 3-41 所示，其於固定時間間隔在所有次載波配置領航符碼，此形式較能精確估計通道於頻域的變化，但對時域的變化無法精確掌握，因此適合用於緩慢衰落通道。梳狀形式領航符碼的配置與區塊形式相反，如圖 3-42 所示，其於固定次載波間隔在所有時間配置領航符碼，此形式較能精確估計通道於時域的變化，但對頻域的變化無法精確掌握，因此適合用於平坦衰落通道。

23 同調頻寬的概念請見第二章。

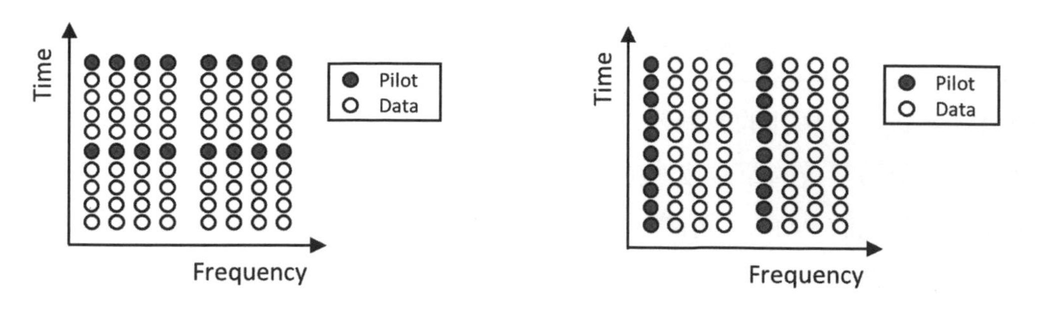

圖 3-41　區塊形式領航符碼示意　　圖 3-42　梳狀形式領航符碼示意

混合形式領航符碼爲結合區塊形式與梳狀形式的配置，如圖 3-43 所示，其於時域及頻域局部配置完整的領航符碼，此形式的優點爲能兼顧時域與頻域的通道變化，但需占用較多資源與開銷。散布形式領航符碼以分散方式將領航符碼配置於時間頻率平面上，如圖 3-44 所示，以期取得時域與頻域通道估計效能，及資源開銷之間的平衡。

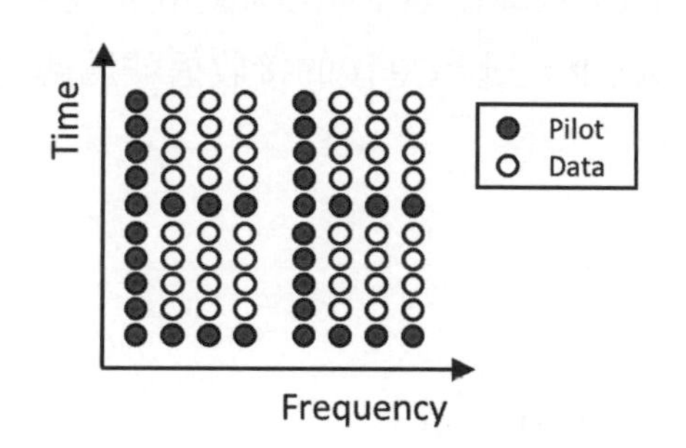

圖 3-43　混合形式領航符碼示意

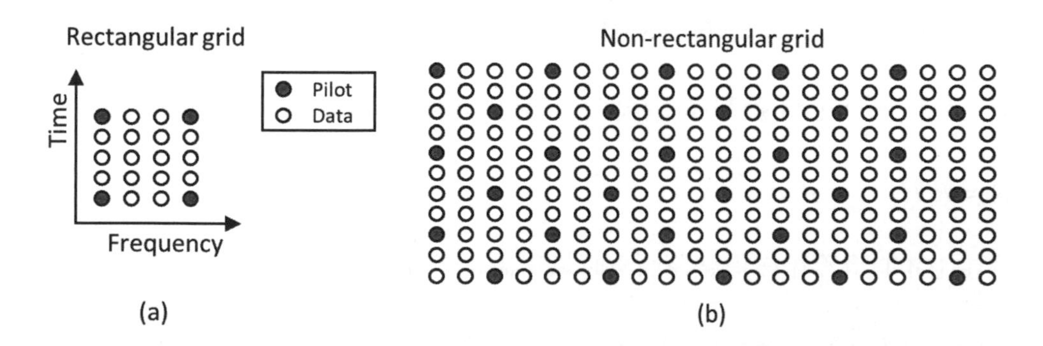

圖 3-44　散布形式領航符碼示意：(a) 矩形配置；(b) 非矩形配置

3-6 基於循環字首的單載波傳輸

OFDM 系統具有極佳的傳輸效率與實現簡易性，惟其高 PAPR 限制了低功率傳送機的使用；基於循環字首的單載波傳輸技術爲 OFDM 的延伸形式，其可保有 OFDM 的優點，同時具有較低的 PAPR，可謂一舉兩得。本節將介紹基於循環字首的單載波傳輸技術及其等化器架構。

3-6-1 單載波頻域等化器

基於循環字首的單載波系統藉由引入 CP 及頻域等化，具備了與 OFDM 系統相似的特性，並因使用單載波，其 PAPR 較 OFDM 系統大幅降低。基於循環字首的單載波系統通常於接收端搭配使用單載波頻域等化器 (single-carrier frequency domain equalizer, SC-FDE)。如圖 3-45 所示，長度爲 N 的傳送數據符碼區塊 $\{s[n]\}$ 於引入 CP 後直接傳送；於接收端，接收信號於去除 CP 後，經 DFT 運算轉換至頻域並等化通道效應，再將等化後信號轉回時域執行符碼檢測。由於引入 CP，去除 CP 後的接收信號爲傳送符碼與通道的循環旋積：

$$r[n]=s[n]\odot_N h[n]+n[n] \tag{3.71}$$

經過 DFT 運算可得

$$R_k=\mathrm{DFT}\{r[n]\}=S_k H_k \ , \quad k=0,\ldots,N-1 \tag{3.72}$$

其中

$$S_k=\mathrm{DFT}\{s[n]\} \ , \quad k=0,\ldots,N-1 \tag{3.73}$$

(3.72) 式與前述 OFDM 數學模型相似，可藉由頻域等化消除通道效應，亦即

$$\hat{S}_k=R_k H_k^{-1} \ , \quad k=0,\ldots,N-1 \tag{3.74}$$

最後經由 IDFT 將等化後信號還原爲時域符碼估計如下：

$$\hat{s}[n]=\mathrm{IDFT}\{\hat{S}_k\}, \quad n=0,\ldots,N-1 \tag{3.75}$$

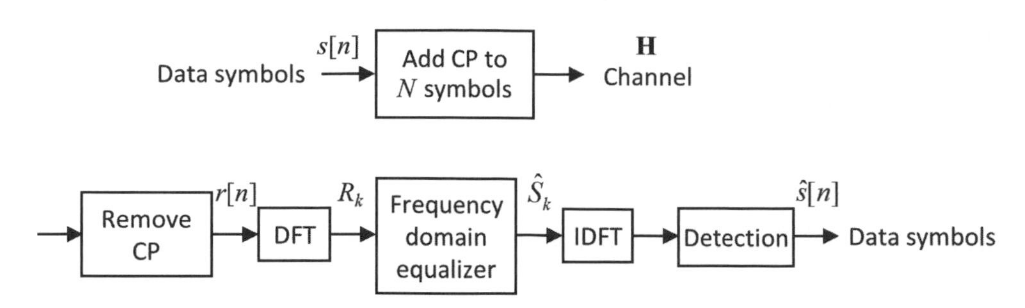

圖 3-45　基於循環字首的單載波頻域等化器架構示意

SC-FDE 與 OFDM 架構十分相似，其中包含 CP、DFT/IDFT 運算與頻域等化器，因此二者系統複雜度與效能亦相似，但 SC-FDE 具有較低 PAPR 的優勢。

3-6-2　單載波決策回授等化器

單載波頻域等化可利用額外的決策回授提升其效能，其架構如圖 3-46 所示。單載波決策回授等化器 (decision feedback equalizer) 使用時域決策回授消除後游標 (postcursor) ISI，使用頻域等化消除前游標 (precursor) ISI。令圖 3-46 中決策回授等化器輸出信號爲 $z[n]$，並表示爲

$$z[n]=\frac{1}{N}\sum_{k=0}^{N-1}W_kR_ke^{j2\pi\frac{kn}{N}}-\sum_{l=1}^{K_b}f_l^*\,\hat{s}[n-l] \tag{3.76}$$

其中 W_k 爲第 k 個次載波上的等化係數，f_l 爲決策回授濾波器的係數，K_b 爲決策回授濾波器的階數。考慮以 MMSE 準則決定 $\{W_k\}$ 與 $\{f_l\}$ 如下：

$$\min_{W_k,f_l}E\left\{\left|z[n]-s[n]\right|^2\right\}\equiv\frac{1}{N}\sum_{k=0}^{N-1}\left|W_kH_k-F_k\right|^2+\frac{\sigma_n^2}{N}\sum_{k=0}^{N-1}\left|W_k\right|^2 \tag{3.77}$$

其中

$$F_k=1+\sum_{l=1}^{K_b}f_l^*e^{-j2\pi\frac{kl}{N}}\ ,\qquad k=0,\ldots,N-1 \tag{3.78}$$

σ_n^2 爲雜訊功率。先暫時假設 $\{f_l\}$ 爲給定，可推得 MMSE 頻域等化係數爲

$$W_k=\frac{H_k^*F_k}{\sigma_n^2+\left|H_k\right|^2} \tag{3.79}$$

將 (3.79) 式代入 (3.77) 式可得到以 $\{F_k\}$ 爲參數的 MMSE 問題如下：

$$\min_{F_k} \frac{\sigma_n^2}{N} \sum_{k=0}^{N-1} \frac{\left|F_k\right|^2}{\sigma_n^2 + \left|H_k\right|^2} \tag{3.80}$$

上述問題可藉由調整 f_l 獲得最佳解，其解如下 [24]

$$\mathbf{f} = \left[f_1 ,\dots, f_{K_b} \right]^T = -\mathbf{V}^{-1}\mathbf{v} \tag{3.81}$$

其中

$$\mathbf{v} = \left[v_1, \dots, v_{K_b} \right]^T$$

$$\mathbf{V} = \begin{bmatrix} v_0 & v_{-1} & \cdots & v_{1-K_b} \\ v_1 & v_0 & \cdots & v_{2-K_b} \\ \vdots & \cdots & \ddots & \vdots \\ v_{K_b-1} & v_{K_b-2} & \cdots & v_0 \end{bmatrix} \tag{3.82}$$

$$v_l = \frac{\sigma_n^2}{N} \sum_{k=0}^{N-1} \frac{e^{-j2\pi \frac{kl}{N}}}{\sigma_n^2 + \left|H_k\right|^2}, \quad l = 0, \dots, K_b - 1$$

最後再將 (3.78) 及 (3.81) 式代回 (3.79) 式得出頻域等化係數。

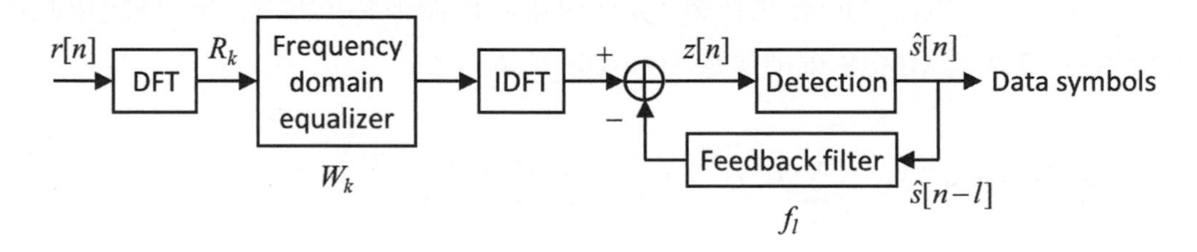

圖 3-46　基於循環字首的單載波決策回授等化器架構示意

3-6-3　單載波與 OFDM 系統的共存

SC-FDE 與 OFDM 系統的主要差異在於 IDFT 運算置放的位置。如圖 3-47 所示，OFDM 系統將 IDFT 運算置放於傳送端以實現多載波傳輸；SC-FDE 則將 IDFT 運算置放於接收端以還原頻域等化後的符碼。利用 SC-FDE 與 OFDM 系統的相似性，系統可不增加額外的 DFT/IDFT 運算電路，即能做到 OFDM 傳送與 SC-FDE 接收。以 4G 行動

24　請參考 [14]。

通訊系統為例，如圖 3-48 所示，基地台 (BS) 使用 OFDM 系統傳送數據，行動用戶端 (MS) 使用單載波系統傳送數據，亦即下行 (downlink) 使用 OFDM 系統，上行 (uplink) 使用單載波系統。此種配置有兩個優點：(1) 較多運算於基地台執行，用戶端可節省運算資源與電力；(2) 用戶端傳送單載波信號，其 PAPR 較低，可提高傳送效率與節省電力。

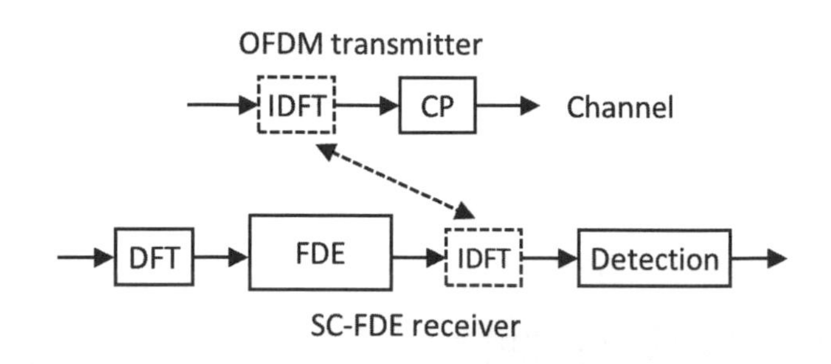

圖 3-47 SC-FDE 接收機與 OFDM 傳送機關係示意

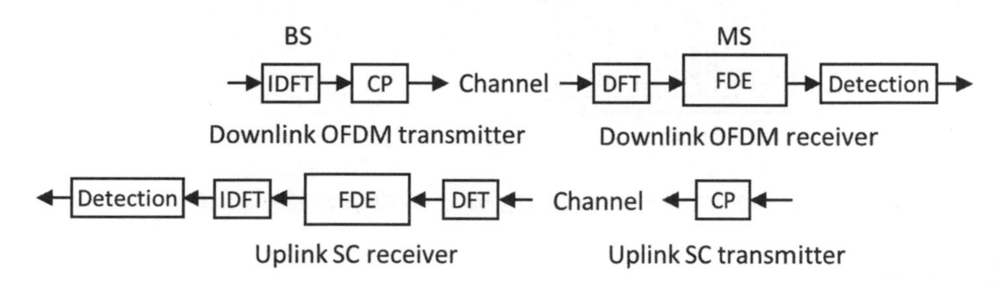

圖 3-48 行動通訊系統傳收機配置策略示意

3-7 OFDMA/SC-FDMA 簡介

前述針對 OFDM 與單載波系統的討論皆假設單用戶系統，亦即點對點傳輸 (point-to-point transmission)，事實上，OFDM 與單載波系統亦可適用於多用戶系統，實現分頻多重接取 (multiple access)，稱為正交分頻多重接取 (orthogonal frequency division multiple access, OFDMA) 與單載波分頻多重接取 (single-carrier frequency division multiple access, SC-FDMA)。

3-7-1 正交分頻多重接取

如圖 3-49 所示，分時多重接取 (Time division multiple access, TDMA) 將時間切割為不同時槽，分配給不同用戶，OFDM-TDMA 則在每一個時槽內將所有 OFDM 次載波分配給單一用戶。OFDMA 兼具 TDMA 與 FDMA 的特性，在每一個時槽內將 OFDM 次載波分配給不同用戶，且不同時槽的分配方式可能不同。

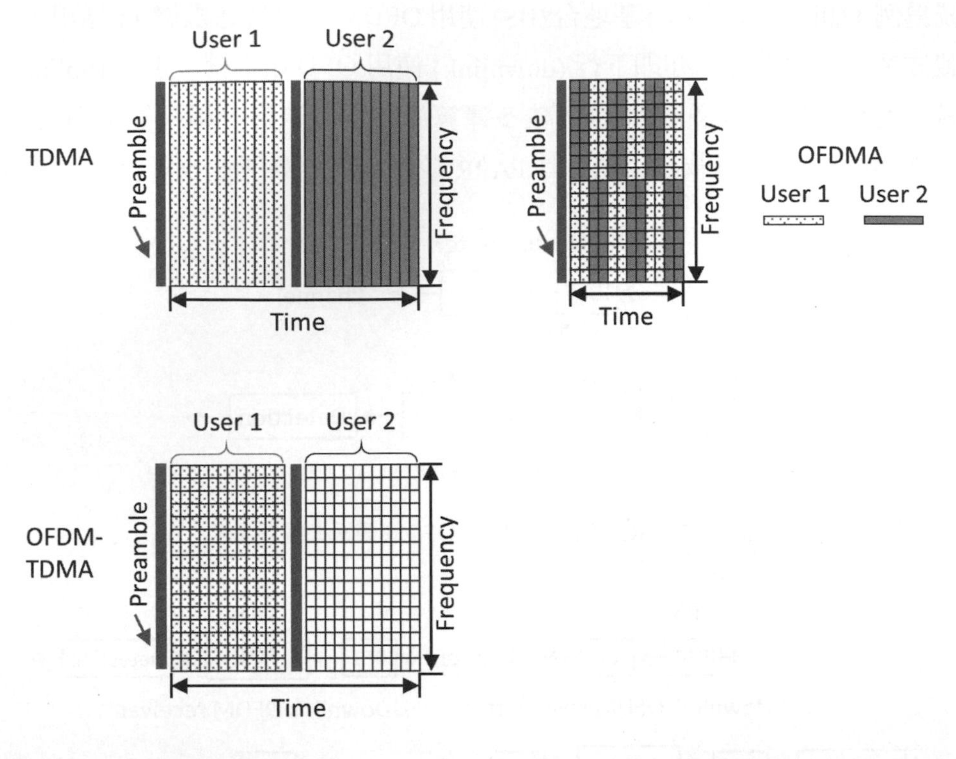

圖 3-49　TDMA、OFDM-TDMA 及 OFDMA 資源分配示意

二維資源分配

OFDMA 系統可於時間及頻率上彈性分配資源予不同用戶，擁有極具彈性的二維資源配置能力，如圖 3-50 所示。藉由精細的二維資源分配，OFDMA 系統可利用通道的時間與頻率選擇性衰落的衰退特性，適當分配資源給不同用戶[25]，大幅提升系統整體頻寬使用效率。舉例而言，當用戶 1 於第 n 個時刻、第 k 個載波的通道響應較用戶 2 為佳，而用戶 2 於第 m 個時刻、第 l 個載波的通道響應較用戶 1 為佳時，系統即可分配第 n 個時刻、第 k 個載波給用戶 1 使用，及第 m 個時刻、第 l 個載波給用戶 2 使用。

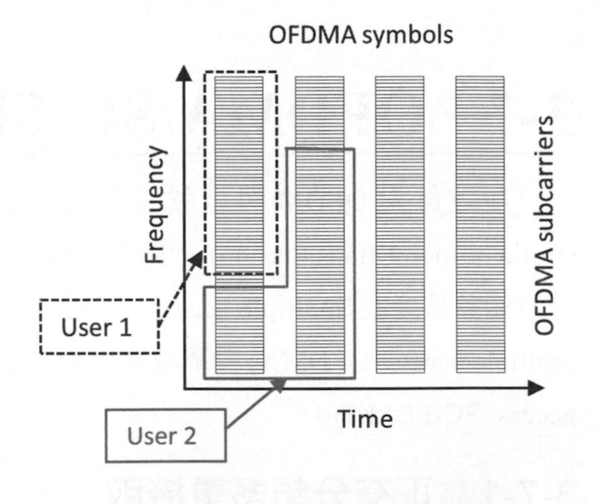

圖 3-50　OFDMA 二維資源分配示意

25　此為多用户多樣 (multi-user diversity) 的概念。

OFDMA 傳送機架構與 OFDM 傳送機架構相似，惟因需指配次載波給不同用戶，於執行 IDFT 運算前，需將不同用戶數據符碼映射至其分配的次載波上。如圖 3-51 所示，某用戶將自身 N_u 個符碼映射至系統 N 個次載波中的 N_u 個次載波組合，並保留其餘次載波給其他用戶使用；該用戶接收端則於執行 DFT 運算後，將自身分配的 N_u 個次載波上的接收信號取出、等化及檢測。由於 OFDMA 傳送機係基於 OFDM 調變技術，其亦有 PAPR 的問題。

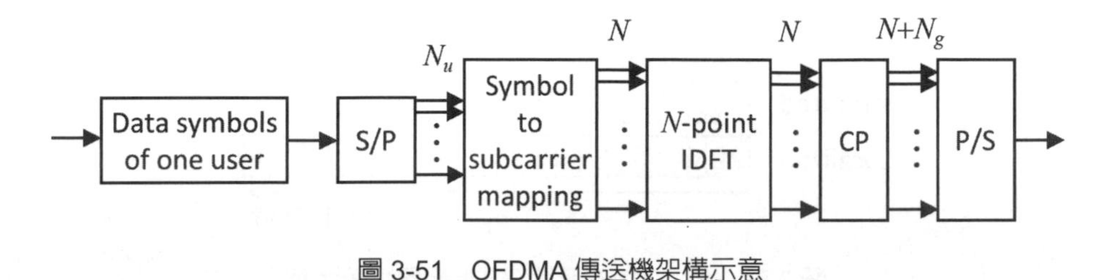

圖 3-51　OFDMA 傳送機架構示意

3-7-2　單載波分頻多重接取

SC-FDMA 爲架構於 OFDMA 之上的單載波多重接取技術，其傳送機架構如圖 3-52 所示，與 OFDMA 傳送機架構相似，唯一差異爲使用額外的 DFT 運算將時域數據符碼轉展至頻域，其後即與 OFDMA 系統相同，將不同用戶的頻域符碼配置於不同次載波組合上。SC-FDMA 使用 DFT 轉展的目的爲將每一個時域符碼展至用戶所能使用的最大頻寬，使其具備單載波的特性。SC-FDMA 次載波配置可爲分散式 (distributed) 或局部式 (localized)，如圖 3-53 所示，分散式配置將同一用戶的頻域符碼置放於不連續的次載波；局部式配置則置放於連續的次載波區塊。

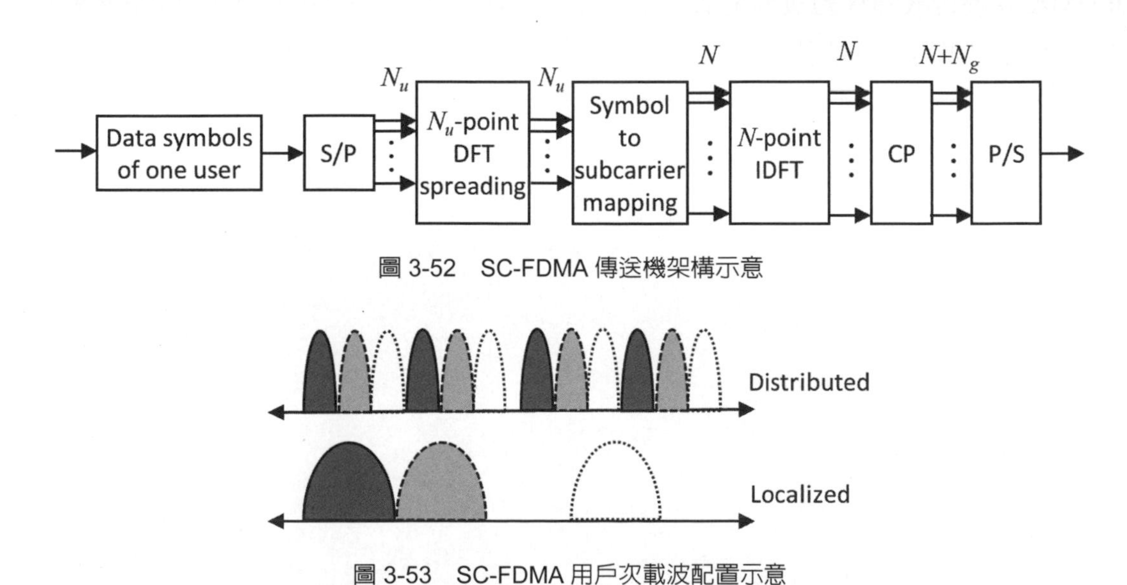

圖 3-52　SC-FDMA 傳送機架構示意

圖 3-53　SC-FDMA 用戶次載波配置示意

範例：分散式與局部式配置比較

如圖 3-54 所示，分散式配置將用戶的四個符碼分散至不連續的次載波，不同用戶交錯置放；局部式配置將用戶的四個符碼配置於連續的次載波區塊，不同用戶占用不同區塊。

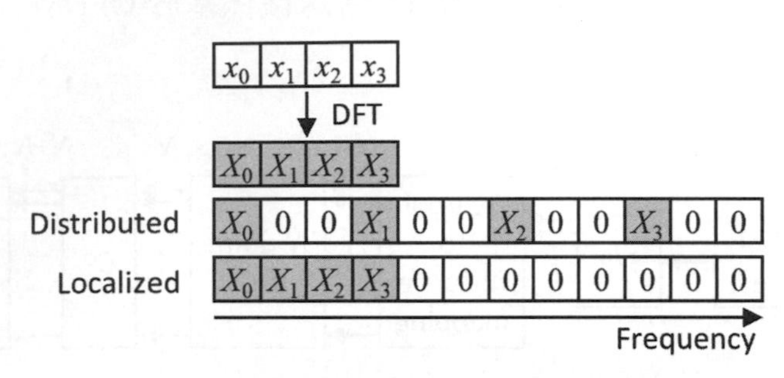

圖 3-54　SC-FDMA 系統次載波配置比較示意

一般而言，OFDMA 系統效能較 SC-FDMA 爲佳，因 OFDMA 具有較高的資源配置彈性，惟此配置彈性亦導致 PAPR 上升；SC-FDMA 系統爲保有低 PAPR 特性，其餘資源配置的彈性即不如 OFDMA 系統。基於此考量，第四代行動通訊系統 3GPP LTE-A 於下行採用 OFDMA，於上行採用 SC-FDMA，其理由如下：(1) 基地台於下行時服務眾多用戶，需彈性的資源配置以提升系統效能；(2) 基地台可配置較高效能的放大器，較無 PAPR 的疑慮；(3) 用戶端使用 PAPR 較低的 SC-FDMA 傳送機，其放大器效率較佳，能耗較低。第五代行動通訊系統 3GPP NR 於下行採用 OFDMA；然而由於目前多數用戶端已可配置較高效能的放大器，因此第五代行動通訊系統於上行需多層傳輸時，其採用 OFDMA 以獲得較彈性的資源配置，惟其於上行通道狀況不佳時，仍採用 PAPR 較低的 SC-FDMA 以獲得較好的傳收機效能。

學習評量

1. 考慮一個使用固定調變的 OFDM 系統：
   (1) 當其次載波間距固定，而次載波數量加倍時，數據傳輸速率是否加倍？原因爲何？
   (2) 當其次載波間距減半，而次載波數量加倍時，數據傳輸速率是否加倍？原因爲何？
2. 考慮一個行動通訊系統，其採用 OFDM 傳輸技術，次載波間距爲 $\Delta f = 15$ kHz，IDFT 長度爲 2048，OFDM 符碼「有用的部分」長度爲 66.67 μs，CP 長度爲 16.67 μs。
   (1) 試求此系統的最大可使用頻寬。
   (2) 試求在無符碼間干擾的情況下，此系統可容許的最大延遲擴散。
   (3) 假設此系統可使用頻寬爲 18 MHz，試求須關掉的次載波數。若採用 64-QAM 調變，試求在此頻寬下的最大理論有效數據速率。提示：有效數據指不含 CP 的有用符碼上的數據。
   (4) 試求此系統 IDFT 輸出端的取樣頻率與 CP 時段內的取樣點數。
3. 試推導 (3.46) 式中最小均方誤差等化器之數學式。提示：將 (3.46) 式拆成 N 個最小平方問題，每個問題對應 **E** 的一個列；另使用附錄 A 中的矩陣求逆引理。
4. 於 3-4-2 小節中，OFDM 系統的 ZF 與 MMSE 等化器具有相同的 SNR 效能，但其所獲得的符碼估計值卻不同，試就此二種等化器的設計訴求，說明其異同原因。
5. 於 3-4-3 小節中，OFDM 系統可藉由適當分配次載波上的傳送功率以優化整體系統容量，其可表示爲 (3.49) 式之最佳化問題：
   (1) 試利用拉格朗日乘數技巧，寫出解 (3.49) 式所需的聯立方程式。
   (2) 根據 (1) 的結果，試推導出 (3.50) 式中的最佳解。
   提示：請參考附錄 B，並使用功率不能爲負值的條件。
6. 於 3-4-1 與 3-4-4 小節中，CP 長度足夠與否，和 ISI 與 ICI 的產生有直接關係。
   (1) 當 CP 長度足夠時，試推導出 (3.34) 式的結果，並說明其不受前一個 OFDM 符碼影響的原因。
   (2) 當 CP 長度不足時，接收信號向量如 (3.52) 式所示，此時 ICI 與 ISI 無法完全消除；試由 (3.52) 式推導出 (3.54) 式與 (3.55) 式中的通道矩陣表示。
   (3) 根據 (2) 的結果，試推導出 (3.56) 式中各個次載波成分的表示。

7. 考慮一個具有 CFO 效應的 OFDM 接收信號：

$$v[n]=e^{j2\pi f_{\text{offset}}\frac{nT}{N}}\left(u[n]*h[n]\right),\quad n=0,1,\ldots,N-1$$

亦即 (3.61) 式，其中 f_{offset} 代表頻率偏移量。假設 CP 長度大於通道長度，且雜訊可忽略。

(1) 試經由 3-4-1 小節中的推導，得出 (3.62) 式中的 OFDM 頻域接收信號區塊向量。

(2) 試推導出移除 CP 後的接收信號，如下式所示：

$$r[n]=\frac{1}{N}\left\{\sum_{k=0}^{N-1}H_kX_ke^{j2\pi n(k+f_{\text{offset}}T)/N}\right\},\quad n=0,1,\ldots,N-1$$

(3) 試推導出 $r[n]$ 經 DFT 運算後的形式，並顯示此結果係由欲接收符碼 H_kX_k 與 ICI 所組成。

8. OFDM 系統可在時域或頻域傳送訓練符碼或領航符碼以估計通道，試比較此二種符碼擺放方式的差異，並說明其適用的場景爲何。

9. 考慮一個行動通訊系統，其基地台使用 OFDM 技術傳送數據，而用戶端使用單載波技術傳送數據，試說明此種配置方式的考量爲何。

10. 考慮一個行動通訊系統，其上行使用 SC-FDMA 技術，此時用戶間須維持同步，試說明若無法維持用戶間同步，將導致何種現象發生？

參考文獻

[1] R. van Nee and R. Prasad, *OFDM for Wireless Multimedia Communications*, Artech House, 1999.

[2] J. Terry and J. Heiskala, *OFDM Wireless LANs: A Theoretical and Practical Guide*, SAMS, 2001.

[3] D. Tse, and P. Viswanath, *Fundamental of Wireless Communication*, Cambridge University Press, 2005.

[4] K. Fazel and S. Kaiser, *Multi-Carrier and Spread Spectrum Systems*, Second Edition, John Wiley & Sons, 2008.

[5] G. Proakis and M. Salehi, *Digital communications*, Fifth Edition, McGraw Hill, 2008.

[6] Y. Li and G. L. Stüber, *Orthogonal Frequency Division Multiplexing for Wireless Communications*, Springer, 2010.

[7] J. Tellado, "Peak to average power reduction for multicarrier modulation," Ph.D. dissertation, Stanford University, 2000.

[8] S. H. Han and J. H. Lee, "An overview of peak-to-average power ratio reduction techniques for multicarrier transmission," *IEEE Transactions on Wireless Communications*, vol. 12, no. 2, pp. 56-65, Apr. 2005.

[9] D. C. Cox, "Linear amplification with nonlinear components," *IEEE Transactions on Communications*, vol. 22, no. 12, pp. 1942-1945, Dec. 1974.

[10] D. Daly, C. Heneghan, and A. D. Fagan, "Minimum mean squared error impulse response shortening for discrete multitone transceiver," *IEEE Transactions on Signal Processing*, vol. 52, no. 1, pp. 301-306, Jan. 2004.

[11] H. Z. Jafarian, H. Khoshbin, and S. Pasupathy, "Time-domain equalizer for OFDM systems based on SINR maximization," *IEEE Transactions on Communications*, vol. 53, no. 6, pp. 924-929, Jun. 2005.

[12] T. Schenk, *RF Imperfections in High-rate Wireless Systems - Impact and Digital Compensation*, Springer, 2008.

[13] D. D. Falconer, S. L. Ariyavistitakul, A. Benyamin-Seeyar and B. Edison, "Frequency domain equalization for single-carrier broadband wireless systems," *IEEE Communications Magazine*, vol. 40, no. 4, pp. 58-66, Apr. 2002.

[14] D. D. Falconer and S. L. Ariyavistitakul, "Broadband wireless using single carrier and frequency domain equalization," *IEEE WPMC' 02*, vol. 1, pp. 27-36, Oct. 2002.

[15] H. G. Myung, J. Lim and D. J. Goodman, "Single carrier FDMA for uplink wireless transmission," *IEEE Vehicular Technology Magazine*, vol. 1, no. 3, pp. 30-38, Sept. 2006.

[16] H. G. Myung and D. J. Goodman, *Single Carrier FDMA: a New Air Interface for Long Term Evolution*, John Wiley & Sons, 2008.

Chapter 4

多天線信號處理

4-1 概論

4-2 波束成形技術

4-3 多天線系統原理

4-4 MIMO-OFDM 系統模型

4-5 接收多樣

4-6 傳送多樣

4-7 空時碼

4-8 MIMO 檢測

4-9 MIMO 預編碼

4-1 概論

在無線通訊系統中，自由度 (degrees of freedom) 是一個重要的概念，自由度泛指可供系統運用調整效能的有效資源，它通常存在於時間、頻率及空間等領域 (domain)。舉例而言，一個濾波器的自由度即爲其可獨立調整的係數數目，藉由調整一組係數，濾波器可改變其時域或頻域的信號處理特性與效能；在空間，自由度可藉由多天線系統獲得，一個多天線系統的自由度即爲其可獨立運用的天線數目，藉由調整一組天線權值 (weight)，多天線系統可改變其空間的信號處理特性與效能。在無線通訊系統中，多天線技術是提升系統效能的有效手段，其原理是在傳送端與接收端架設多根天線，使得信號的傳送 / 接收可在空間多個位置同時進行。由於多天線技術的顯著效果，幾乎所有高階的無線及行動通訊標準均已將其列入必要技術選項。

多天線系統需要配合信號處理技術方能有效利用空間自由度提升通訊系統效能，一般而言，多天線系統信號處理有兩個面向的目標：(1) 藉由強化信號及抑制干擾以提升接收信號品質；(2) 藉由增加容量 (capacity) 以提高傳輸速率。爲了達到上述目標，多天線系統可彈性運用其本身蘊含的能力進行信號處理：陣列增益 (array gain)、多樣增益 (diversity gain)、干擾抑制增益 (interference suppression gain)，及空間多工增益 (spatial multiplexing gain)。如圖 4-1 所示，陣列增益指的是將多天線接收信號做同調處理 [1]，使得接收信雜比 (signal-to-noise ratio, SNR) 提高；若多天線傳送端具有通道資訊，則可將各天線的傳送信號做適當處理，使得不同天線傳送的信號在接收端同調相加而提高 SNR。如圖 4-2、4-3 所示，多樣增益指的是在衰落通道 (fading channel) 中，藉由多天線的傳送 / 接收，使得接收信號遭受的衰落現象減輕。如圖 4-4 所示，干擾抑制增益指的是將多天線接收干擾信號做破壞性干涉處理，使其被抑制，而接收信擾雜比 (signal-to-interference-plus-noise ratio, SINR) 提高。如圖 4-5 所示，空間多工增益指的是在傳送與接收端都有多根天線的情況下，同時傳送多個數據流 (data stream) 以提高數據速率。綜合以上幾種技術，多天線信號處理可以用來提升通訊系統的覆蓋範圍、鏈結品質、傳輸速率及系統容量 (或頻譜效率)。

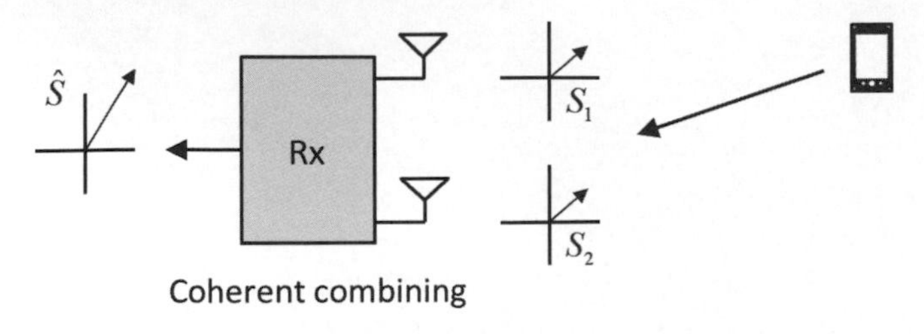

圖 4-1　陣列增益示意

1　同調處理指的是將不同信號的相位調成一致。

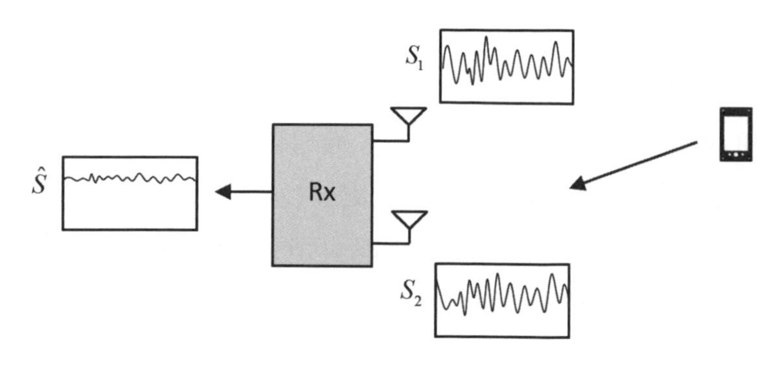

圖 4-2 接收多樣增益示意

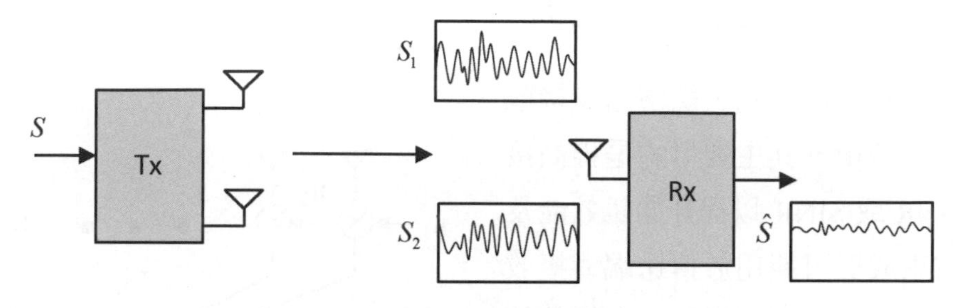

圖 4-3 傳送多樣增益示意

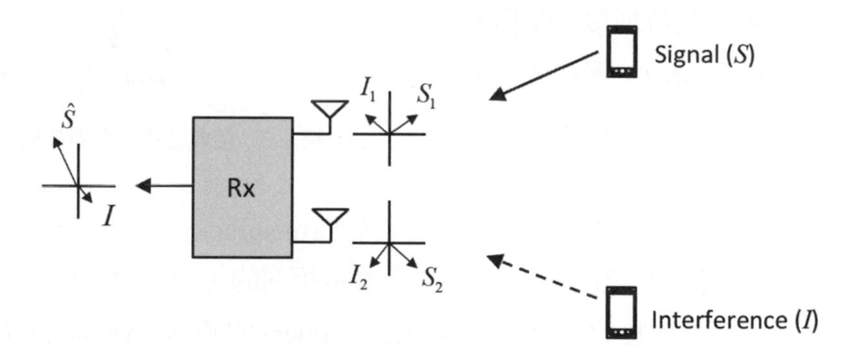

圖 4-4 干擾抑制增益示意

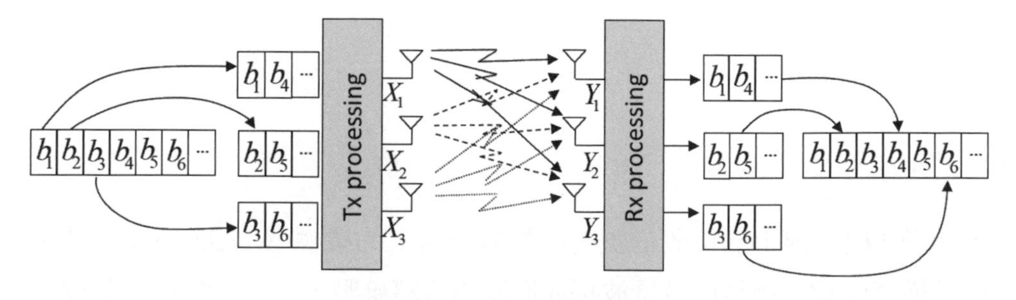

圖 4-5 空間多工增益示意

本章旨在使讀者瞭解多天線系統可使用的信號處理，與各種條件下的傳收機設計技術。以下各節將首先介紹多天線系統的基本應用形式：波束成形 (beamforming)[2]；其次介紹多天線系統的理論基礎，包括多樣增益、通道容量，及 MIMO-OFDM 系統架構；接著介紹無線通訊系統所使用的多天線信號處理技巧，包括傳送 / 接收多樣、空時碼 (space-time code)，及 MIMO 檢測 (MIMO detection) 技術；最後介紹傳送端具有通道資訊時可採用的 MIMO 預編碼 (MIMO precoding) 技術。

4-2 波束成形技術

波束成形是利用陣列天線傳送或接收信號的多天線技術，其主要目的是提高接收信號的 SNR 或 SINR 以提升通訊效能及可靠度。波束成形可運用於傳送端或接收端，接收波束成形的原理是對各天線的接收信號做適當的振幅及相位調整，使得其以同調方式疊加而提升 SNR；傳送波束成形的原理是將各天線的傳送信號做適當的振幅及相位調整，以增強傳送信號在接收端所在方向的強度。傳送與接收波束成形具有互易性 (reciprocity)，換言之，在同一個波束成形架構下，傳送與接收信號感受到的空間響應是相同的，因此傳送與接收波束成形的設計基本上是同一件事。接收波束成形器 (beamformer) 的基本架構如圖 4-6 所示，假設陣列天線有 N_R 根天線，則其等效基頻接收信號如 (4.1) 式：

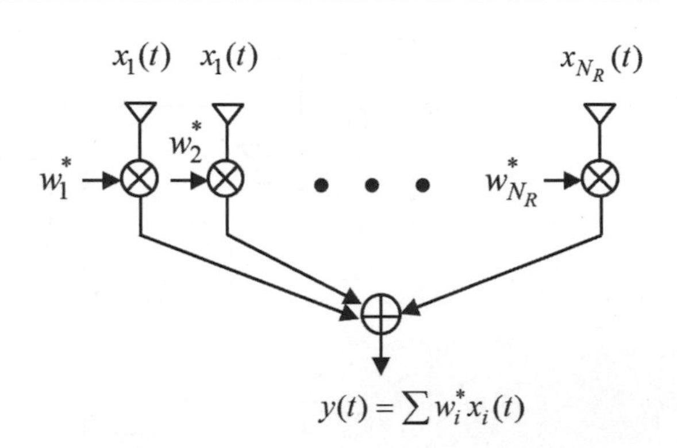

圖 4-6 接收波束成形器架構示意

$$y(t)=\sum_{i=1}^{N_R} w_i^* x_i(t)=\mathbf{w}^H\mathbf{x}(t) \tag{4.1}$$

$$\mathbf{x}(t)=[x_1(t),x_2(t),\ldots,x_{N_R}(t)]^T \quad ; \quad \mathbf{w}=[w_1,w_2,\ldots,w_{N_R}]^T \tag{4.2}$$

其中 $x_i(t)$ 是第 i 根天線上的接收信號，w_i 是該天線上的權值 (weight)[3]，$\mathbf{x}(t)$ 是接收信號向量，$\mathbf{w}$ 是權值向量。權值向量是波束成形器的關鍵參數，決定了權值向量就等於決定了波束成形器的特性。

2 波束成形的概念已在第二章中介紹。
3 權值爲複數，代表對基頻信號的振幅與相位的調整值。

以下針對三種代表性接收波束成形介紹：匹配波束成形 (matched beamforming)、MVDR[4] 波束成形 (MVDR beamforming)，及 MMSE 波束成形 (MMSE beamforming)。為方便敘述，假設所使用的陣列天線為均勻線性陣列 (uniform linear array, ULA)，如圖 4-7 所示，且接收信號向量可表示為

$$\mathbf{x}(t) = \mathbf{a}(\theta_1)u(t) + \mathbf{i}(t) + \mathbf{n}(t) \tag{4.3}$$

其中 $\mathbf{a}(\theta)$ 是陣列天線的指引向量 (steering vector)[5]，θ_1 是欲接收信號的方向，$u(t)$ 是欲接收信號，$\mathbf{i}(t)$ 是接收干擾信號向量，$\mathbf{n}(t)$ 是接收雜訊向量。此時波束成形器的輸出信號及其平均功率可表示為

$$y(t) = \mathbf{w}^H\mathbf{x}(t) = \mathbf{w}^H\mathbf{a}(\theta_1)u(t) + \mathbf{w}^H\mathbf{i}(t) + \mathbf{w}^H\mathbf{n}(t) \tag{4.4}$$

$$\begin{aligned} E\{|y(t)|^2\} &= E\{|\mathbf{w}^H\mathbf{x}(t)|^2\} = \mathbf{w}^H\mathbf{R}_{xx}\mathbf{w} \\ &= E\{|u(t)|^2\}\mathbf{w}^H\mathbf{a}(\theta_1)\mathbf{a}^H(\theta_1)\mathbf{w} + \mathbf{w}^H\mathbf{R}_{ii}\mathbf{w} + \sigma_n^2\mathbf{w}^H\mathbf{w} \end{aligned} \tag{4.5}$$

其中 $\mathbf{R}_{xx}$ 是陣列天線接收信號的相關矩陣 (correlation matrix)：

$$\mathbf{R}_{xx} = E\{\mathbf{x}(t)\mathbf{x}^H(t)\} = E\{|u(t)|^2\}\mathbf{a}(\theta_1)\mathbf{a}^H(\theta_1) + \mathbf{R}_{ii} + \sigma_n^2\mathbf{I}_{N_R} \tag{4.6}$$

$\mathbf{R}_{ii}$ 是干擾信號的相關矩陣，σ_n^2 是雜訊功率；因雜訊在不同天線上係相互獨立，故其相關矩陣為 $\sigma_n^2\mathbf{I}_{N_R}$ [6]。

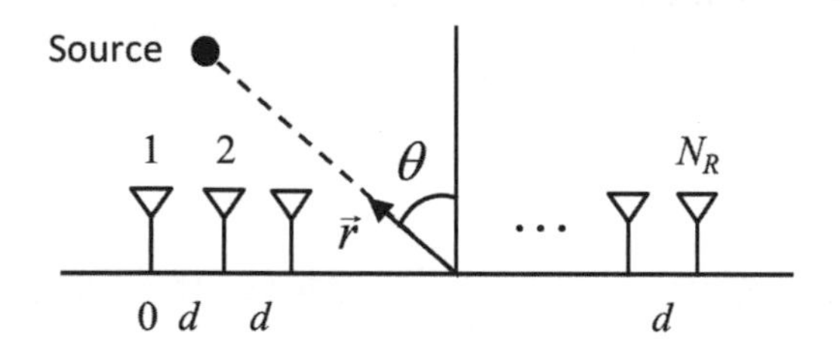

圖 4-7　均勻線性陣列示意

4　MVDR 為 minimum variance distortionless response 的縮寫，亦即最小變異無失真響應，請參考 [7]。
5　指引向量的定義請參考第二章 2-4-1。
6　$\mathbf{I}_n$ 表示 $n \times n$ 的單位矩陣。

4-2-1 匹配波束成形

匹配波束成形的目的是最大化欲接收信號方向的 SNR，其原理與通訊系統常用的匹配濾波器相同。匹配波束成形可描述為以下的約束最佳化(constrained optimization)問題：

$$\max_{\mathbf{w}_{MF}} \mathbf{w}_{MF}^H \mathbf{a}(\theta_0)\mathbf{a}^H(\theta_0)\mathbf{w}_{MF}$$

$$\text{subject to } \mathbf{w}_{MF}^H \mathbf{w}_{MF} = \frac{1}{N_R} \tag{4.7}$$

其中 θ_0 代表假設的欲接收信號方向，又稱為觀測方向 (look direction)。由 (4.7) 可得知其目的在使 θ_0 方向的接收響應最大，同時使接收雜訊功率固定，因此若 θ_0 與實際欲接收信號的方向 θ_1 接近 [7]，則其等效結果就是使 SNR 最大。(4.7) 可利用柯西不等式 (Cauchy inequality) 求解，其權值向量解如 (4.8) 式：

$$\mathbf{w}_{MF} = \frac{1}{N_R}\mathbf{a}(\theta_0) \tag{4.8}$$

以上結果與匹配濾波的概念相似，匹配濾波使其濾波器脈衝響應在時域匹配接收信號的形狀，匹配波束成形則使天線的權值在空間匹配接收信號的特徵 (指引向量)。匹配波束成形運用於均勻線性陣列時，其波束成形後的等效接收信號如 (4.9) 式，其形式相當於陣列天線接收信號 $\mathbf{x}(t)$ 的傅立葉轉換 (Fourier transform)，因此匹配波束成形也稱為傅立葉波束成形。匹配波束成形也可運用於傳送端，此時 θ_0 改為欲傳送信號的方向。

$$y(t) = \mathbf{w}_{MF}^H \mathbf{x}(t) = \frac{1}{N_R}\sum_{i=1}^{N_R} x_i(t) e^{-j2\pi\frac{d}{\lambda_c}(i-1)\sin\theta_0} \tag{4.9}$$

如上所述，匹配波束成形的目的是最大化欲接收信號方向的 SNR，並未考慮干擾源的存在，因此在環境中沒有其他干擾源，只有雜訊的情況下，可顯著提升接收信號品質，但在有干擾的情況下，則其接收品質可能大幅衰退。以下兩小節將介紹兩種能有效應付干擾的波束成形技術：MVDR 與 MMSE 波束成形。

7 理想情況下，觀測方向應等於欲接收信號方向，實際上二者或有少許偏差。

4-2-2 MVDR 波束成形

MVDR 波束成形的原理是在維持觀測方向的空間響應是 1 的條件下，盡可能降低總接收功率；接收信號包含了欲接收信號、干擾信號及雜訊，維持觀測方向的空間響應即爲固定欲接收信號強度，在這個條件下降低總接收功率即爲降低干擾信號及雜訊的功率，因此能有效抑制干擾。MVDR 波束成形可描述爲以下的約束最佳化問題：

$$\min_{\mathbf{w}_{MV}} \mathbf{w}_{MV}^H \mathbf{R}_{xx} \mathbf{w}_{MV} \quad \text{subject to } \mathbf{w}_{MV}^H \mathbf{a}(\theta_o) = 1 \tag{4.10}$$

(4.10) 式可利用拉格朗日乘數 (Lagrange multiplier) 法[8] 求解，過程如 (4.11)、(4.12) 式，若 $\mathbf{R}_{xx}$ 反矩陣存在，則解出的權值向量 $\mathbf{w}_{MV}$ 如 (4.13) 式：

$$\begin{cases} \nabla_{\mathbf{w}_{MV}} \mathbf{w}_{MV}^H \mathbf{R}_{xx} \mathbf{w}_{MV} - \lambda \nabla_{\mathbf{w}_{MV}} [\mathbf{w}_{MV}^H \mathbf{a}(\theta_o) - 1] = 0 \\ \mathbf{w}_{MV}^H \mathbf{a}(\theta_o) = 1 \end{cases} \tag{4.11}$$

$$\begin{cases} \mathbf{R}_{xx} \mathbf{w}_{MV} = \lambda \mathbf{a}(\theta_o) \\ \mathbf{w}_{MV}^H \mathbf{a}(\theta_o) = 1 \end{cases} \tag{4.12}$$

$$\mathbf{w}_{MV} = \frac{1}{\mathbf{a}^H(\theta_o) \mathbf{R}_{xx}^{-1} \mathbf{a}(\theta_o)} \mathbf{R}_{xx}^{-1} \mathbf{a}(\theta_o) \tag{4.13}$$

由於 $\mathbf{w}_{MV}$ 與接收信號有關，因此 MVDR 波束成形是一種適應性的信號處理技術，它會隨著干擾信號及雜訊的改變自動調整 $\mathbf{w}_{MV}$ 以壓制二者。舉例而言，當干擾信號明顯強過雜訊時，波束成形器會盡力將干擾去除；相反地，當雜訊明顯強過干擾信號時，波束成形器會盡力抑制雜訊，其結果就是回歸匹配波束成形。MVDR 波束成形最大的優點爲自動抑制干擾，惟當觀測方向與實際欲接收信號方向有偏差時，其效能會大幅下降，此因波束成形器會把實際欲接收信號當成干擾而加以抑制；此外，當干擾信號與欲接收信號爲同調[9] 時，其效能亦會大幅下降，此時波束成形器會將各同調信號做破壞性相加，以最小化總接收功率。以下以三個例子說明上述特性。

---

8 拉格朗日乘數法的介紹請參考附錄 B。

9 此處同調的定義是不同信號間存在固定的比例關係，常出現於信號經由鏡面反射多路徑抵達接收端時。

範例：MVDR 波束成形效能探討

圖 4-8 所示爲使用 16 根天線的均勻線性陣列執行 MVDR 波束成形所得到的波束場型 (beam pattern)[10]，其中觀測方向 θ_0 與欲接收信號的方向 θ_1 都是 0°，干擾信號的方向是 35°，SNR = INR = 10 dB (INR 爲 interference-to-noise ratio)。由圖中可看出 MVDR 波束成形具有優異的干擾抑制效果。

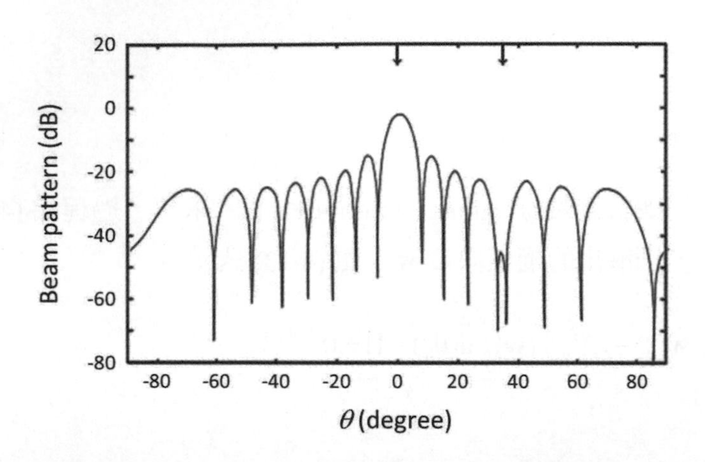

圖 4-8　MVDR 波束成形的抗干擾效能：波束場型示意

圖 4-9 所示爲觀測方向誤差對 MVDR 波束成形效能的影響，同樣使用 16 根天線的均勻線性陣列，惟此時 $\theta_0 = 0°$，$\theta_1 = 1°$，干擾信號的方向是 35°，SNR = INR = 10 dB。由圖中可看出觀測方向誤差使得波束成形器將位於 1° 的信號誤認爲干擾而加以抑制，故接收品質大幅下降，但這並不影響其對位於 35° 干擾信號的抑制能力。

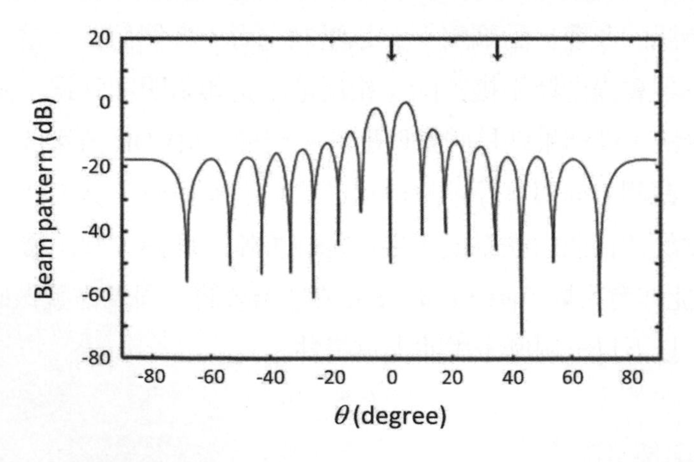

圖 4-9　觀測方向誤差對 MVDR 波束成形效能的影響：波束場型示意

10　波束場型的定義爲波束成形器的空間角度響應，亦即 $\mathbf{w}^H\mathbf{a}(\theta)$，一般以取對數的功率形式呈現。

圖 4-10 所示為同調干擾對 MVDR 波束成形效能的影響，同樣使用 16 根天線的均勻線性陣列，$\theta_0 = \theta_1 = 0°$，同調干擾信號的方向是 35°，SNR = INR = 10 dB。由圖中可看出波束成形器試圖將欲接收信號與同調干擾信號同時接收，惟其為了最小化總接收功率，將二信號做破壞性相加 [11]，故接收品質大幅下降。

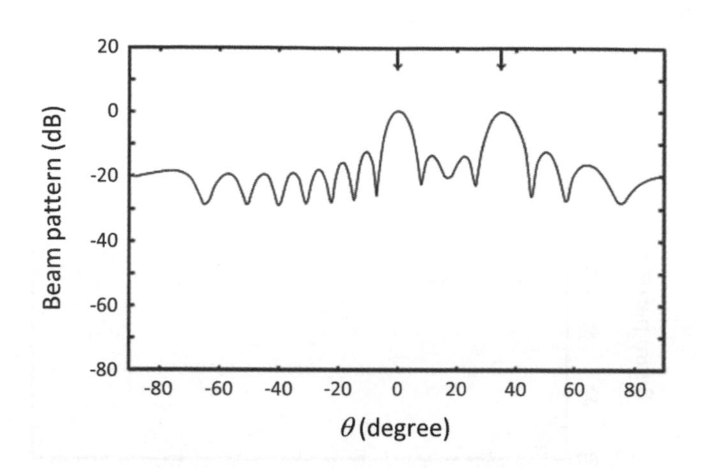

圖 4-10 同調信號對 MVDR 波束成形效能的影響：波束場型示意

4-2-3 MMSE 波束成形

MMSE 波束成形的原理是最小化欲接收信號 $u(t)$ 與波束成形器實際接收信號的均方誤差 (mean square error)，可表示為 (4.14) 式：

$$\min_{\mathbf{w}_{MS}} E\{|\mathbf{w}_{MS}^H \mathbf{x}(t) - u(t)|^2\} \tag{4.14}$$

此為典型的 MMSE 問題，其解為：

$$\mathbf{w}_{MS} = \mathbf{R}_{xx}^{-1}\mathbf{r}_{xs} \quad ; \quad \mathbf{r}_{xs} = E\{\mathbf{x}(t)u_1^*(t)\} \tag{4.15}$$

MMSE 波束成形不需要知道欲接收信號方向，故不受觀測方向誤差的影響，惟其需要傳送訓練信號 (training signal) 以獲得 $\mathbf{r}_{xs}$，這會增加系統的開銷 (overhead)。MMSE 波束成形的目的在將欲接收信號盡可能還原，且使用訓練信號導引波束成形，故不論外在環境因素如何，均能正常運作，此為與 MVDR 波束成形的根本性差異。

11 此效應並未顯示在圖中，因為波束場型圖只顯示振幅響應。

範例：MMSE 波束成形效能探討

圖 4-11 所示為同調干擾對 MMSE 波束成形效能的影響，同樣使用 16 根天線的均勻線性陣列，$\theta_0 = \theta_1 = 0°$，同調干擾信號的方向是 35°，SNR = INR = 10 dB。由圖中可看出波束成形器試圖將欲接收信號與同調干擾信號同時接收，且為了最小化均方誤差，將二信號做建設性相加，提升接收品質。

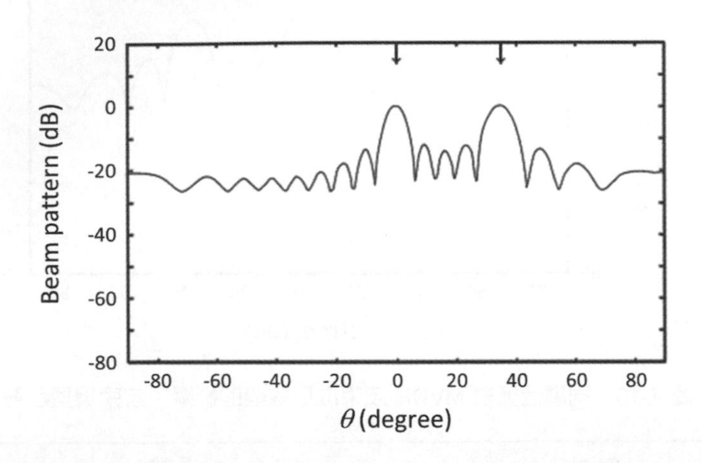

圖 4-11　同調信號對 MMSE 波束成形效能的影響：波束場型示意

4-3　多天線系統原理

評估通訊系統的效能最常見的指標為可靠度 (reliability) 與容量 (capacity)，可靠度一般係指傳輸錯誤率 (error rate)，造成錯誤的因素主要來自通道、干擾及雜訊效應；容量係指在固定時間內的有效數據傳輸量，或有效數據傳輸率，如同可靠度，限制通訊系統容量的主要因素亦來自通道、干擾及雜訊效應。舉例而言，在安靜的空間內，談話雙方可用較快的速度談話而不會感到困難，也不容易聽錯，此時可以說系統有較高的可靠度與容量，但若空間變吵雜，則談話雙方就須放慢說話速度，否則就容易聽錯，從通訊的角度來看，此時系統的可靠度與容量降低了。設計通訊系統的主要目標就是克服環境中通道、干擾及雜訊效應，以提高系統的可靠度與容量。

在通訊系統中，可靠度一般是以錯誤率表示，常見的錯誤率表示法有符碼錯誤率 (symbol error rate, SER) 及位元錯誤率 (bit error rate, BER)，前者指傳送符碼錯誤的機率，後者則是位元錯誤的機率。舉例而言，若傳送端將 100 個位元載在 25 個 16-QAM 符碼上傳送，在接收端有 2 個符碼發生錯誤，轉回位元之後有 3 個位元發生錯誤，那麼符碼錯誤率就是 8% (2/25)，位元錯誤率則是 3% (3/100)。通訊系統錯誤率一般是 SNR 代表環境的效應，它考慮了傳送功率、雜訊強度及通道效應，至於干擾則常被併入雜訊，因爲從接收端的角度，干擾與雜訊的效應基本上是類似的。因此，評估一個傳送接收鏈結 (link) 效能的方法，就是計算其在不同 SNR 下錯誤率的變化曲線。

4-3-1　多天線通訊系統可靠度

在第二章曾提到，通道效應主要分爲路徑損失 (path loss)、遮蔽衰落 (shadow fading)，及多路徑衰落 (multipath fading)，前兩者代表傳收位置對通道的影響，當傳送接收端的位置固定之後，路徑損失與遮蔽衰落也就固定。在通道效應下，SNR 的定義即需考慮路徑損失與遮蔽衰落的大尺度平均效應，如 (4.16) 式：

$$\mathrm{SNR} = \frac{P_t G_{PL} G_{SF}}{\sigma_n^2} \tag{4.16}$$

其中 P_t 代表傳送功率，G_{PL} 與 G_{SF} 分別代表路徑損失與遮蔽衰落的平均增益，此時通道效應剩下小尺度多路徑衰落。一般而言，多路徑衰落的值是隨機的，多路徑衰落是由許多條獨立的路徑所構成，每條路徑的統計特性相同，在此情況下，若再假設慢速及平坦衰落 (slow and flat fading)，則多路徑衰落效應可根據中央極限定理以高斯隨機變數表示，如 (4.17) 式：

$$y(t) = hx(t) + n(t) \tag{4.17}$$

其中 $y(t)$ 爲接收信號，$x(t)$ 爲傳送信號，h 爲代表多路徑衰落的複數高斯隨機變數，其振幅爲 Rayleigh 分布，因此 (4.17) 又稱爲 Rayleigh 衰落的信號模型。在此模型下發生接收錯誤的原因主要有兩個：通道太差或 SNR 太低，當 SNR 較高時，通道是造成錯誤的因素，此時錯誤率 p_e 與 SNR 的關係如 (4.18) 式：

$$p_e \propto \frac{1}{\mathrm{SNR}} \tag{4.18}$$

由 (4.18) 式中可知，在對數尺度下，錯誤率對 SNR 的曲線在高 SNR 區域趨近於斜率爲 −1的直線，這代表錯誤率隨著 SNR 上升下降很慢，是非常不理想的狀況，改善此現象的最有效手段爲使用多天線技術。若傳送與接收端其中之一或兩者具備多根天線，且天線間隔足夠大，則任一對傳送接收天線之間的鏈路可視爲一個獨立的通道；舉例而言，若傳送端有四根天線、接收端有二根天線，則有八個獨立通道[12]。若通訊系統使用 d 個獨立通道傳送同樣信號，則錯誤率與 SNR 的關係在高 SNR 區域變爲

$$p_e \propto \frac{1}{\mathrm{SNR}^d} \tag{4.19}$$

換言之，在對數尺度下，錯誤率對 SNR 的曲線在高 SNR 區域趨近於斜率爲 $-d$ 的直線，因此較大的 d 值可提供較大幅度的系統可靠度改善。(4.19) 式中的 d 爲多樣增益 (diversity gain)[13]，其意義就是傳送相同信號的有效獨立通道個數；多天線系統中最大的多樣增益即爲傳送與接收天線數的乘積。

4-3-2　多天線通訊系統容量

在通訊系統中，容量是另一個重要的效能指標，容量指的是單位時間有效傳輸的數據量，其單位爲每秒傳送位元 (bit/s, bps)，容量與系統頻寬成正比，因此也常以單位頻寬單位時間有效傳輸的數據量表示，其單位爲每秒每赫茲傳送位元 (bit/s/Hz, bps/Hz)，與頻譜效率 (spectrum efficiency) 的概念相似。以下將介紹多天線技術對通道容量的影響，首先考慮最簡單的單輸入單輸出 (single-input single-output, SISO) 系統，如圖 4-12 所示，其傳送接收關係可以表示爲 (4.17) 式。根據 Shannon 公式，SISO 系統的通道容量可表示爲 (4.20) 式：

$$C = \log_2\left(1+|h|^2\gamma\right) \quad \text{(bps/Hz)} \quad ; \quad \gamma = \frac{P}{\sigma_n^2} \tag{4.20}$$

其中 P 爲傳送功率，γ 爲 SNR。

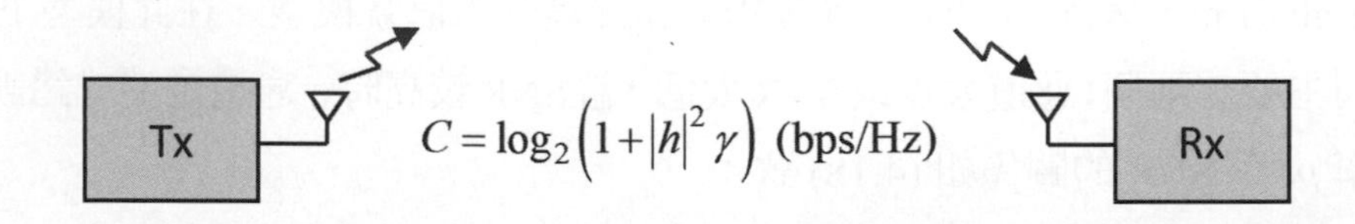

圖 4-12　SISO 系統及其通道容量示意

12 此爲理想假設，實際情況下，有效的獨立通道必小於傳送與接收天線數的乘積。
13 在不同文獻中，d 也被稱爲多樣階數 (diversity order)，本書稱其爲多樣增益以求一致性。

其次考慮傳送端具備 N_T 根天線，接收端具備 N_R 根多天線的多輸入多輸出 (multiple-input multiple-output, MIMO) 系統，如圖 4-13 所示，當通道是慢速及平坦衰落時，其信號模型可表示爲 (4.21) 或 (4.22) 式：

$$\begin{bmatrix} y_1(t) \\ \vdots \\ y_{N_R}(t) \end{bmatrix} = \begin{bmatrix} h_{11} & \cdots & h_{1N_T} \\ \vdots & \ddots & \vdots \\ h_{N_R 1} & \cdots & h_{N_R N_T} \end{bmatrix} \begin{bmatrix} x_1(t) \\ \vdots \\ x_{N_T}(t) \end{bmatrix} + \begin{bmatrix} n_1(t) \\ \vdots \\ n_{N_R}(t) \end{bmatrix} \tag{4.21}$$

$$\mathbf{y}(t) = \mathbf{H}\mathbf{x}(t) + \mathbf{n}(t) \tag{4.22}$$

其中 **H** 爲通道矩陣。MIMO 系統的通道容量可表示爲 (4.23) 式 [14]：

$$C = \log_2\left[\det\left(\mathbf{I}_{N_R} + \mathbf{H}\mathbf{R}_{xx}\mathbf{H}^H\mathbf{R}_{nn}^{-1}\right)\right] \quad \text{(bps/Hz)} \tag{4.23}$$

$$\mathbf{R}_{xx} = E\left\{\mathbf{x}(t)\mathbf{x}^H(t)\right\} \quad ; \quad \mathbf{R}_{nn} = E\left\{\mathbf{n}(t)\mathbf{n}^H(t)\right\} \tag{4.24}$$

其中 det(•) 爲行列式運算，$\mathbf{R}_{xx}$ 與 $\mathbf{R}_{nn}$ 分別爲傳送信號與雜訊的相關矩陣。爲保持公平性，一般多假設 MIMO 系統的傳送總功率與 SISO 系統相同，均爲 P，因此要求 $\mathbf{R}_{xx}$ 滿足如下等式：

$$\mathrm{tr}\left(\mathbf{R}_{xx}\right) = P \tag{4.25}$$

亦即系統的 N_T 根傳送天線的傳送總功率等於 P。圖 4-13 顯示了 SISO 到 MIMO 系統的容量變化，二者雖不同，但仍可看出有類似的結構。

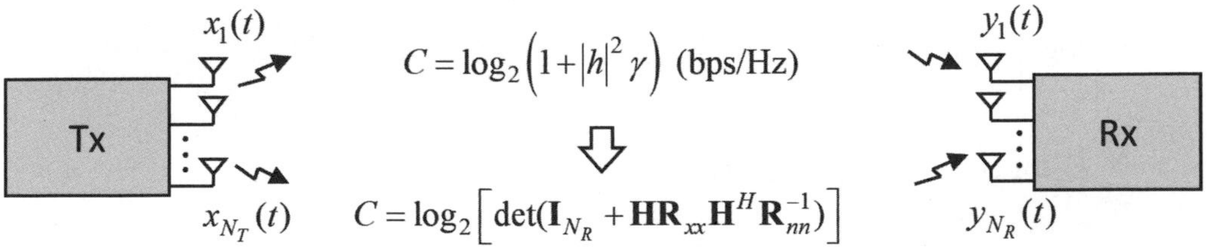

圖 4-13 MIMO 系統及其通道容量示意

14 請參考 [3], [4]。

以上討論的是給定通道 **H** 下的通道容量，實際上 **H** 是隨機的，因此通道容量亦爲隨機，故一般分析時多針對 **H** 取其期望值，如 (4.26) 式：

$$C = E\left\{\log_2\left[\det\left(\mathbf{I}_{N_R} + \mathbf{H}\mathbf{R}_{xx}\mathbf{H}^H\mathbf{R}_{nn}^{-1}\right)\right]\right\} \quad \text{(bps/Hz)} \tag{4.26}$$

若不同天線的傳送信號與雜訊各自在統計上獨立且遵循相同機率分布 (independent, identically distributed, i.i.d.) 時，$\mathbf{R}_{xx}$ 與 $\mathbf{R}_{nn}$ 可表示爲：

$$\mathbf{R}_{xx} = \frac{P}{N_T}\mathbf{I}_{N_T} \quad ; \quad \mathbf{R}_{nn} = \sigma_n^2\mathbf{I}_{N_R} \tag{4.27}$$

此時 (4.26) 式可化簡爲 (4.28) 式[15]：

$$\begin{aligned} C &= E\left\{\log_2\left[\det\left(\mathbf{I}_{N_R} + \tfrac{\gamma}{N_T}\mathbf{H}\mathbf{H}^H\right)\right]\right\} \\ &= E\left\{\log_2\left[\det\left(\mathbf{I}_{N_T} + \tfrac{\gamma}{N_T}\mathbf{H}^H\mathbf{H}\right)\right]\right\} \quad \text{(bps/Hz)} \quad ; \quad \gamma = \frac{P}{\sigma_n^2} \end{aligned} \tag{4.28}$$

首先假設 $N_R \le N_T$，將 (4.28) 式中 $\mathbf{H}\mathbf{H}^H$ 做特徵值分解 (eigenvalue decomposition, EVD) 成爲 $\mathbf{U}\Lambda\mathbf{U}^H$ ，並化簡後可得 (4.29) 式：

$$\begin{aligned} C &= E\left\{\log_2\left[\det\left(\mathbf{I}_{N_R} + \tfrac{\gamma}{N_T}\mathbf{U}\mathbf{\Lambda}\mathbf{U}^H\right)\right]\right\} \\ &= E\left\{\log_2\left[\det\left(\mathbf{U}\mathbf{U}^H + \tfrac{\gamma}{N_T}\mathbf{U}\mathbf{\Lambda}\mathbf{U}^H\right)\right]\right\} \\ &= E\left\{\log_2\left[\det\left(\mathbf{I}_{N_R} + \tfrac{\gamma}{N_T}\mathbf{\Lambda}\right)\right]\right\} \\ &= E\left\{\log_2\left[\prod_{i=1}^{N_R}\left(1 + \tfrac{\gamma}{N_T}\lambda_i\right)\right]\right\} \\ &= \sum_{i=1}^{N_R} E\left\{\log_2\left(1 + \tfrac{\gamma}{N_T}\lambda_i\right)\right\} \quad \text{(bps/Hz)} \end{aligned} \tag{4.29}$$

其中 $\lambda_1,\ldots,\lambda_{N_R}$ 爲 $\mathbf{H}\mathbf{H}^H$ 的特徵值，且推導中引用了等式 $\mathbf{U}\mathbf{U}^H = \mathbf{I}_{N_R}$ ；從 (4.29) 式可看出，MIMO 系統的通道容量可以看做 N_R 組平行 SISO 次通道容量的總和[16]，而根據 Jensen 不等式 (Jensen's inequality)，當 **H** 的範數固定時，(4.29) 式的最大值發生於 $\lambda_1 = \lambda_2 = \cdots = \lambda_{N_R}$ ；當 N_T 夠大，且通道 **H** 中各個元素爲 i.i.d. 時，可證明 $\lambda_1,\ldots,\lambda_{N_R}$ 約等

15 引用等式 det (**I** + **AB**) = det (**I** + **BA**)。
16 若 **H** 非滿秩 (full rank)，則 $\mathbf{H}\mathbf{H}^H$ 的部分特徵值爲零，中平行 SISO 通道數小於 N_R。

於 $N_T E\{|h_{11}|^2\}$。其次假設 $N_R \geq N_T$，將 (4.28) 式中 $\mathbf{H}^H\mathbf{H}$ 做特徵值分解，並進行類似 (4.29) 的推導；當 N_R 夠大，且通道 $\mathbf{H}$ 中各個元素為 i.i.d. 時，可證明 $\lambda_1,\ldots,\lambda_{N_T}$ 約等於 $N_R E\{|h_{11}|^2\}$。綜合以上論述，當通道 $\mathbf{H}$ 為滿秩 (full rank)，且其各個元素趨近於 i.i.d. 時，可得以下最大通道容量的近似式：

$$\begin{aligned} C &\approx N_R \log_2\left(1+E\left\{\left|h_{11}\right|^2\right\}\gamma\right) \quad \text{(bps/Hz)} \quad N_R \leq N_T \\ &\approx N_T \log_2\left(1+\frac{N_R}{N_T}E\left\{\left|h_{11}\right|^2\right\}\gamma\right) \quad \text{(bps/Hz)} \quad N_R \geq N_T \end{aligned} \tag{4.30}$$

(4.30) 式有幾項重要的意義：(1) MIMO 通道容量隨著傳送接收端較小的天線數線性增長，此增長幅度稱為多工增益 (multiplexing gain)，在 (4.30) 式中多工增益為 $\min\{N_R, N_T\}$；(2) 多工增益的效應如要明顯，則 $\mathbf{H}$ 須為滿秩，且其各個元素須趨近 i.i.d.，此條件的物理意義為空間通道須具備足夠豐富的多路徑。由以上的論述可得知，在傳統通訊系統中被視為負面因素的多路徑衰落，在 MIMO 系統中反而成為通道容量的推手，豐富的多路徑使得 MIMO 通道可等效成為多個獨立的 SISO 次通道，MIMO 系統可藉此效應在相同時間相同頻率傳送多個數據流 (data stream)，提高數據傳輸率。MIMO 系統多工增益效應無疑是無線通訊領域近二十年來最大的亮點之一，它無需增加頻寬或傳送功率，即可提高系統容量，這對頻譜成本極高的商用行動通訊而言，更是有絕大的吸引力，現有的主流無線與行動通訊標準中，MIMO 技術均已納入成為必要項目。

4-3-3 傳送端通道資訊的效應

以上論述係基於傳送端不知悉通道 $\mathbf{H}$ 的前提，因此假設如 (4.29) 及 (4.30) 式中，各天線及各次通道的傳送信號具有相同的功率；當傳送端知悉通道 $\mathbf{H}$ 的資訊時，平均分配功率將不再是最佳策略，此時通道容量應寫為

$$C = \log_2\left[\det\left(\mathbf{I}_{N_T} + \frac{1}{\sigma_n^2}\mathbf{R}_{xx}\mathbf{H}^H\mathbf{H}\right)\right] = \sum_{i=1}^{Q}\log_2\left(1+\frac{P_i}{\sigma_n^2}\lambda_i\right) \quad \text{(bps/Hz)} \tag{4.31}$$

其中 P_i 為分配給第 i 個次通道的功率，λ_i 為 $\mathbf{H}^H\mathbf{H}$ 的第 i 個特徵值，Q 是 $\mathbf{H}$ 的秩。在滿足傳送端總功率的限制下：

$$\sum_{i=1}^{Q} P_i \leq P \tag{4.32}$$

(4.31) 式中使得容量最大的一組 P_i 值最佳解，可經由所謂的注水 (water-filling) 程序獲得，如 (4.33) 式：

$$P_i = \left(\lambda^{-1} - \lambda_i^{-1}\right)^+ , \quad i = 1, \ldots, Q \tag{4.33}$$

其中 λ 由 (4.34) 式決定 [17]：

$$\sum_{i=1}^{Q} P_i = \sum_{i=1}^{Q} \left(\lambda^{-1} - \lambda_i^{-1}\right)^+ = P \tag{4.34}$$

給定以下的特徵值分解：

$$\frac{1}{\sigma_n^2} \mathbf{H}^H \mathbf{H} = \mathbf{V} \mathbf{\Lambda} \mathbf{V}^H \tag{4.35}$$

則傳送信號相關矩陣可由下式建構：

$$\mathbf{R}_{xx} = \mathbf{V}_Q \mathbf{P} \mathbf{V}_Q^H = \mathbf{V}_Q \mathrm{diag}\left(\left[P_1, \ldots, P_Q\right]^T\right) \mathbf{V}_Q^H \tag{4.36}$$

其中 $\mathbf{V}_Q$ 爲 $\mathbf{V}$ 的前 Q 行構成的矩陣，$\mathbf{P}$ 爲 $Q \times Q$ 的對角矩陣，其對角元素爲 $\{P_1, ..., P_Q\}$。(4.36) 式建議傳送信號的產生程序如下：(1) 產生一組獨立信號，功率爲 $P_1, ..., P_Q$；(2) 將這組信號乘上 $\mathbf{V}_Q$，再由各傳送天線傳送。(4.33) 式所表達的功率分配方式可由注水比擬 [18]，如圖 4-14 所示：想像往一底部凹凸不平的池子倒水，總注水量即爲總傳送功率，池中不同高度的區域代表不同次通道，次通道較差的區域底部較高；當水全部倒下後，各區域的水深即爲其相對應次通道分配到的功率。在此種分配規則下，較好的次通道分配到較多功率，某些極差的次通道甚至分配不到任何功率，如圖 4-14 中最凸出的次通道；因此注水法的精神可說是「富者越富，貧者越貧。」

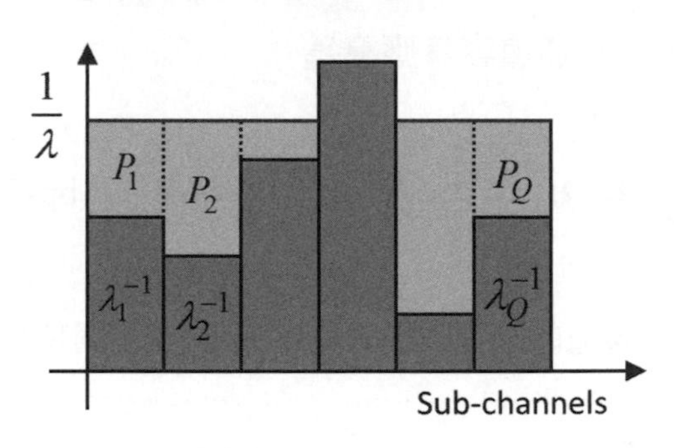

圖 4-14　注水法示意

17　$(x)^+ = x$ if $x \geq 0$, $(x)^+ = 0$ if $x < 0$。
18　注水法的概念在第三章 3-4-3 中已有介紹。

範例：不同通道資訊下的 MIMO 通道容量比較

圖 4-15 所示爲不同通道資訊下的 MIMO 通道容量 CDF[19] 比較示意，其模擬環境爲 i.i.d. Rayleigh 衰落通道，SNR = 20 dB，模擬參數爲傳送接收天線數與傳送端通道資訊有無的不同組合；舉例而言，CSIT (N_T, N_R) 代表有 N_T 根傳送天線及 N_R 根接收天線，且傳送端有通道資訊[20]，NCSIT (N_T, N_R) 則代表傳送端沒有通道資訊，所有情況下，接收端均有通道資訊。由圖中可明顯看出影響通道容量的首要因素是傳送接收天線數的較小值，曲線分爲三個集團，(4, 4) 系統的通道容量大於 (4, 2)、(2, 4)、(2, 2) 系統，而 (4, 2)、(2, 4)、(2, 2) 系統的通道容量又大於 (1, 1) 系統。在 (4, 2)、(2, 4)、(2, 2) 集團中，(4, 2)、(2, 4) 系統較 (2, 2) 系統多了二根天線，通道容量稍高。在 (4, 2)、(2, 4) 集團中，NCSIT (4, 2) 系統容量最低，原因爲其無傳送端通道資訊，無法發揮傳送天線較多的優勢；CSIT (4, 2)、CSIT (2, 4)、NCSIT (2, 4) 系統容量很接近，代表接收天線較多時，不論有無傳送端通道資訊皆能發揮優勢，而傳送天線較多時，則須有傳送端通道資訊方能達到同樣的效能。最後，在 (4, 4) 集團中，傳送端通道資訊的影響不大，因其接收天線足夠多。

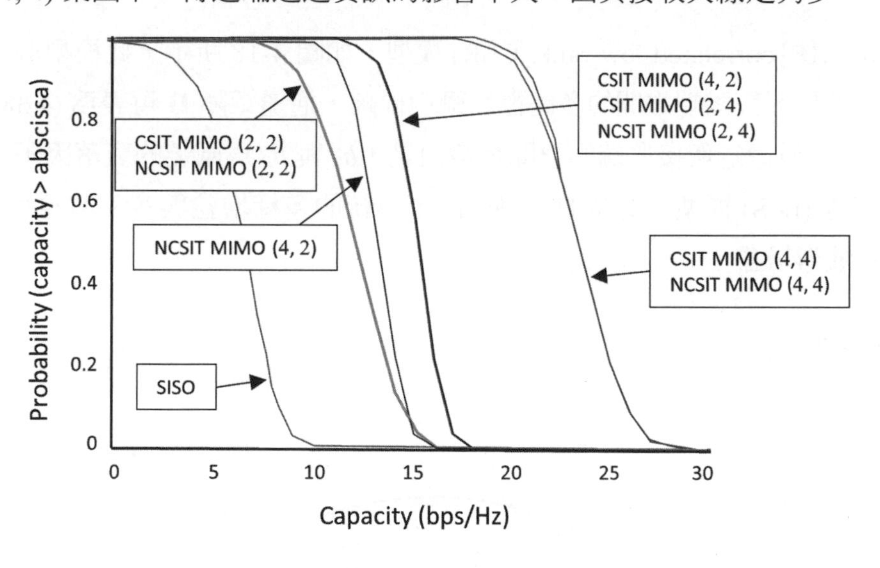

圖 4-15 MIMO 通道容量 CDF 比較示意

19 CDF 爲 cumulative distribution function 的縮寫。
20 CSIT 爲 channel state information at transmitter 的縮寫。

4-3-4 MIMO 通道模型分類

本章最後介紹一種基於多路徑結構觀點的 MIMO 通道模型簡易分類。首先是非相關高秩 (uncorrelated high rank, UHR) 模型，如圖 4-16 所示，此模型假設多路徑整體結構豐富，通道矩陣 **H** 的元素為 i.i.d. $CN(0, 1)$ 複數高斯分布隨機變數；此時 **H** 有最大的秩，系統可達到最大的多樣增益 $N_R N_T$ 與最大的多工增益 $\min\{N_R, N_T\}$。其次是非相關低秩 (uncorrelated low rank, ULR) 模型，如圖 4-17 所示，此模型假設在傳送端及接收端周遭局部的多路徑結構豐富，但兩端之間的多路徑結構稀疏，通道矩陣 **H** 可表為 (4.37) 式，其在傳送端及接收端周遭局部具有 i.i.d. 通道向量結構 $\mathbf{h}_T$ 與 $\mathbf{h}_R$，為 $CN(\mathbf{0}, \mathbf{I})$ 多變數複數高斯分布，但兩端之間視為僅有一條路徑的視線 (LoS) 模型；此時 **H** 的秩為 1，系統的多樣增益等於 $\min\{N_R, N_T\}$[21]，多工增益等於 1。

$$\begin{aligned} &\mathbf{H} = \mathbf{h}_R \mathbf{h}_T^H \\ &\mathbf{h}_R \sim CN(\mathbf{0}, \mathbf{I}_{N_R}) \quad ; \quad \mathbf{h}_T \sim CN(\mathbf{0}, \mathbf{I}_{N_T}) \end{aligned} \tag{4.37}$$

最後是相關低秩 (correlated low rank, CLR) 模型，如圖 4-18 所示，此模型假設在傳送端及接收端周遭局部與兩端之間的多路徑結構均稀疏，通道矩陣 **H** 可表為 (4.38) 式，其中 $\mathbf{u}_T$ 與 $\mathbf{u}_R$ 分別為傳送端與接收端的空間特徵向量，h_T 與 h_R 為兩端的衰落因子，整體通道為單純的視線 (LoS) 模型；此時 **H** 的秩為 1，系統的多樣增益與多工增益均等於 1，僅能提供波束成形增益。

$$\begin{aligned} &\mathbf{H} = h_R h_T^* \mathbf{u}_R \mathbf{u}_T^H \\ &h_R \sim CN(0,1) \quad ; \quad h_T \sim CN(0,1) \end{aligned} \tag{4.38}$$

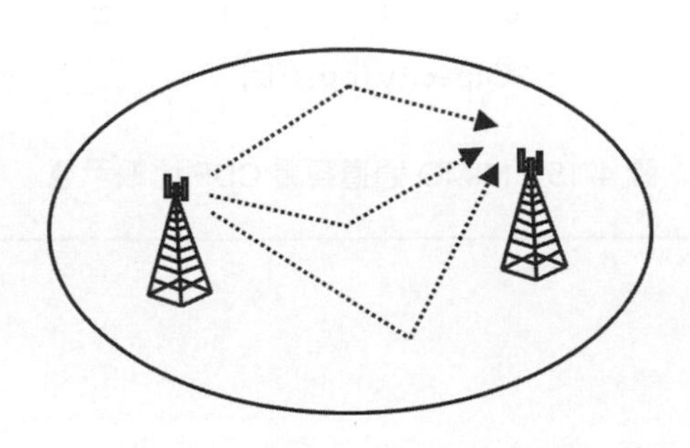

圖 4-16　非相關高秩 UHR 模型示意

21　此結果的推論請參考本章習題 4。

圖 4-17 非相關低秩 ULR 模型示意

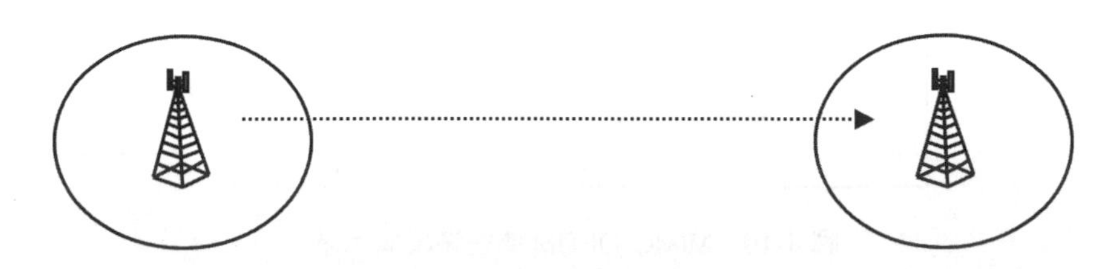

圖 4-18 相關低秩 CLR 模型示意

4-4 MIMO-OFDM 系統模型

第三章介紹了 OFDM 系統的原理及優點，本章則介紹了 MIMO 的原理及優點，這兩項技術的結合即爲 MIMO-OFDM 系統。MIMO-OFDM 在先進的無線及行動通訊系統中已成爲主流的傳輸技術，其主要原因爲 OFDM 具有窄頻的次載波結構，在每個次載波上通道均可視爲平坦衰落，而 MIMO 技術在平坦衰落假設下較容易分析與實現。MIMO-OFDM 可視爲 OFDM 的多天線版本，它在 OFDM 的各個次載波上應用 MIMO 技術。

4-4-1 MIMO-OFDM 原理與動機

如圖 4-19 及圖 4-20 所示，假設系統有 N 個次載波，傳送端有 N_T 根天線，接收端有 N_R 根天線，在此架構下傳送端將數據符碼分爲 N_T 個數據流，在各傳送天線前做相同的 OFDM 調變處理。在接收端，各接收天線的信號先經過 OFDM 解調處理，獲得 N_RN 筆接收信號，此時各個次載波上均可觀察到一筆 MIMO 信號，包含了 N_T 個傳送信號成分，及 N_R 個接收信號成分，針對每個次載波，將此 N_R 個接收信號經過 MIMO 檢測 (detection) 即可還原傳送的 N_T 個數據流及原始數據符碼。

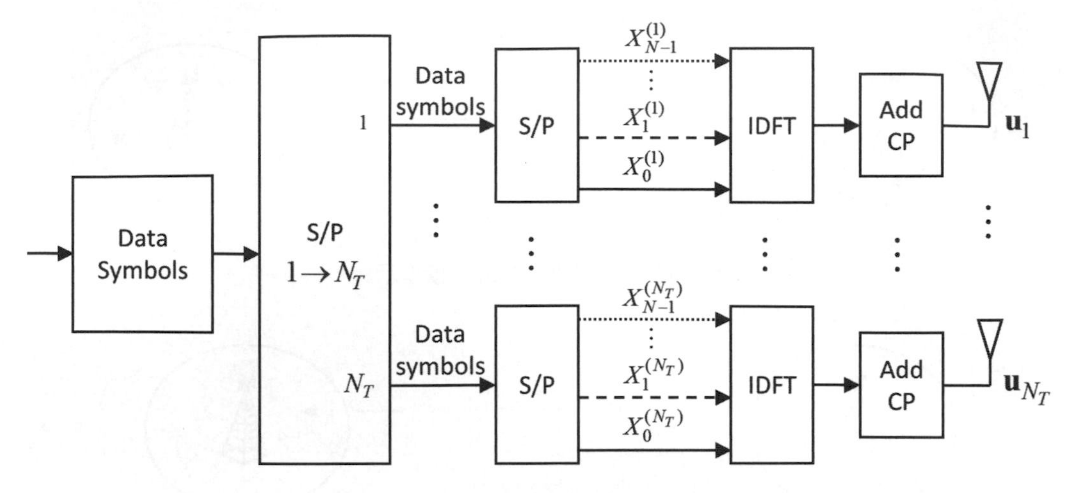

圖 4-19　MIMO-OFDM 傳送端架構示意

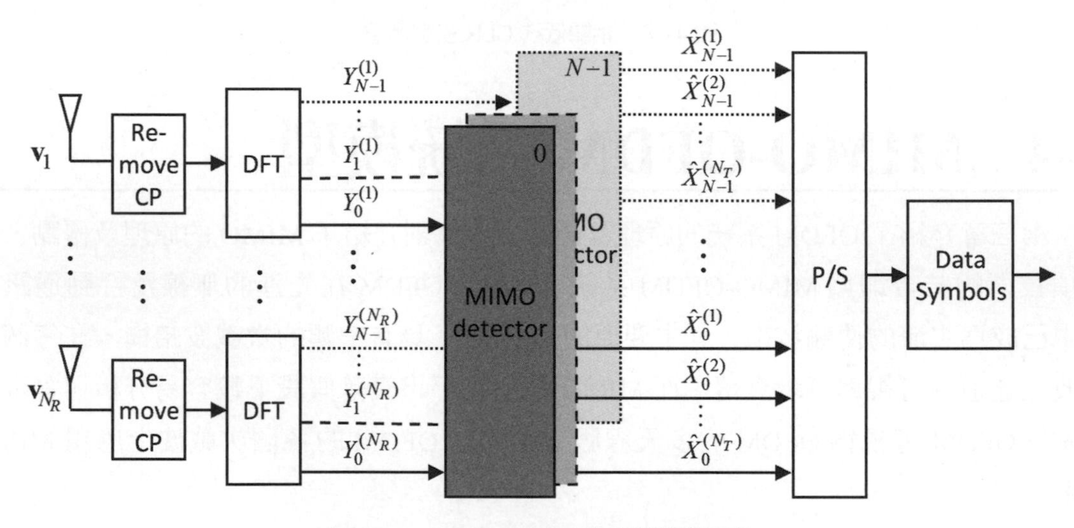

圖 4-20　MIMO-OFDM 接收端架構示意

在詳細探討 MIMO-OFDM 系統模型前，先說明廣義的 MIMO 系統模型，並納入通道效應，如圖 4-21 所示。在此模型下，接收信號可表爲 (4.39) 式，其中 $\mathbf{y}[n]$、$\mathbf{H}[n]$、$\mathbf{x}[n]$ 與 $\mathbf{n}[n]$ 分別爲接收信號、通道、傳送信號與雜訊 [22]，其細節見 (4.40) 與 (4.41) 式：

$$\mathbf{y}[n]=\sum_{l=0}^{L_h-1}\mathbf{H}[l]\mathbf{x}[n-l]+\mathbf{n}[n] \tag{4.39}$$

$$\begin{aligned}&\mathbf{y}[n]=\left[y^{(1)}[n],\ldots,y^{(N_R)}[n]\right]^T \quad ; \quad \mathbf{x}[n]=\left[x^{(1)}[n],\ldots,x^{(N_T)}[n]\right]^T\\&\mathbf{n}[n]=\left[n^{(1)}[n],\ldots,n^{(N_R)}[n]\right]^T\end{aligned} \tag{4.40}$$

22 此處考慮取樣後的數位信號，之後皆同。

$$\mathbf{H}[n]=\begin{bmatrix} h_{11}[n] & h_{12}[n] & \cdots & h_{1N_T}[n] \\ h_{21}[n] & h_{22}[n] & \cdots & h_{2N_T}[n] \\ \vdots & \vdots & \ddots & \vdots \\ h_{N_R1}[n] & h_{N_R2}[n] & \cdots & h_{N_RN_T}[n] \end{bmatrix} \tag{4.41}$$

值得注意的是，此處通道假設爲頻率選擇衰落 (frequency selective fading)，L_h 爲時域通道響應的長度。在 (4.41) 式中，$h_{ij}[n]$ 爲第 i 根接收天線與第 j 根傳送天線之間的 SISO 時域通道響應，而 $\mathbf{H}[n]$ 可視爲 MIMO 時域通道響應的第 n 個係數。

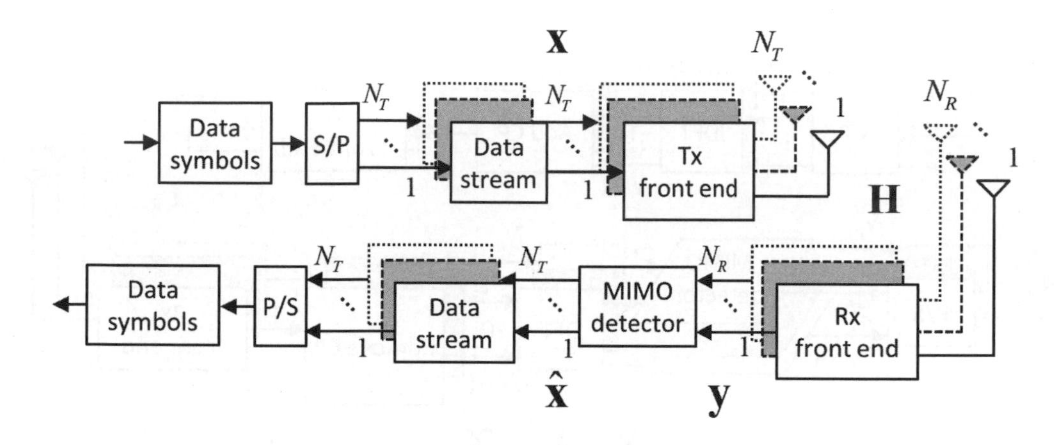

圖 4-21 廣義的 MIMO 系統模型示意

上述 MIMO 系統在平坦衰落通道下，(4.39) 式可簡化爲 (4.42) 式：

$$\mathbf{y}[n]=\mathbf{H}\mathbf{x}[n]+\mathbf{n}[n] \tag{4.42}$$

此時系統的分析及處理都變得較簡易，MIMO 的效益也較容易實現。惟現今多數通訊系統的頻寬需求較大，其通道多爲頻率選擇衰落，欲獲得平坦衰落通道環境，最直接有效的方案就是將系統頻寬切割爲多個較小的頻寬，即次載波，並在各個次載波上實施 MIMO 技術。基於此理念，MIMO 與 OFDM 的結合便成爲理所當然之事。

4-4-2 MIMO-OFDM 矩陣信號模型

本小節將介紹 MIMO-OFDM 信號模型，其架構如圖 4-22 所示[23]，其中 $\mathbf{X}$ 爲長度 NN_T 的頻域傳送信號 (數據符碼)，$\mathbf{u}$ 爲長度 $(N+N_g)N_T$ 的時域傳送信號 (OFDM 符碼，含 CP)，$\mathbf{v}$ 爲長度 $(N+N_g)N_R$ 的時域接收信號，$\mathbf{Y}$ 爲長度 NN_R 的頻域接收信號，$\hat{\mathbf{X}}$ 爲 $\mathbf{X}$ 的估計值。由於 MIMO-OFDM 的信號有時間及空間的多重維度，極爲複雜，以下以矩陣向量形式表現，以求簡潔清楚。

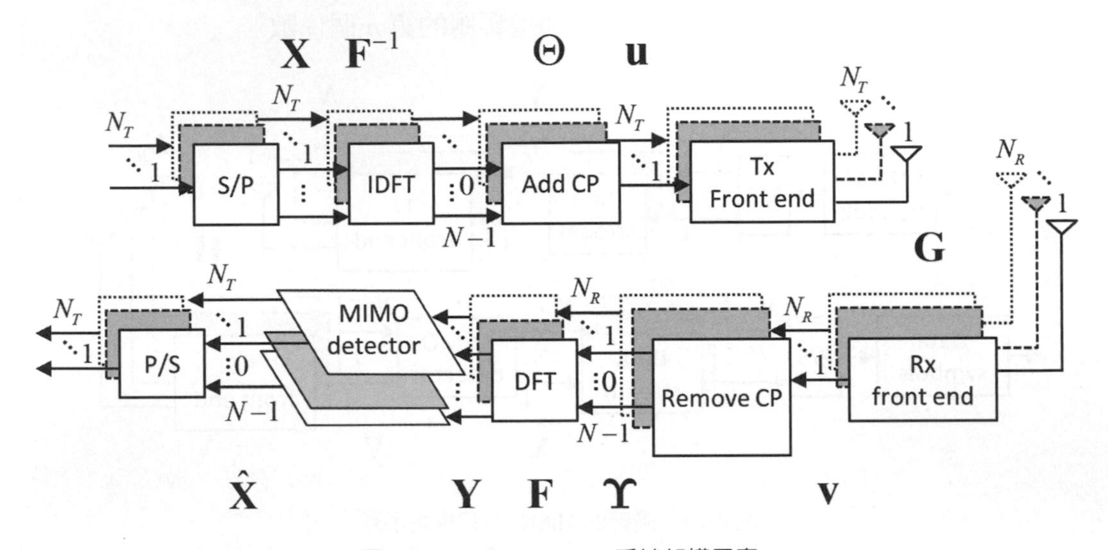

圖 4-22 MIMO-OFDM 系統架構示意

在圖 4-22 中，原始傳送信號 (數據符碼) 先分爲 N_T 個平行數據流，每個數據流再切成長度爲 N 的符碼區塊，將這些信號排成向量即爲 $\mathbf{X}$，如 (4.43) 式，接著對 $\mathbf{X}$ 的每個區塊進行反離散傅立葉轉換 (IDFT) 運算，亦即乘上 IDFT 矩陣 $\mathbf{F}^{-1}$，成爲 N_T 個長度爲 N 的時域信號，再對每個時域信號加上 CP，亦即乘上 Θ 矩陣，將處理完的信號排成向量即爲 OFDM 符碼 $\mathbf{u}$。$\mathbf{u}$ 與 $\mathbf{X}$ 的關係如 (4.44) 式，其中 $\otimes$ 爲 Kronecker 乘積 (Kronecker product)，定義如 (4.45) 式，加 CP 矩陣 Θ 的結構如 (4.46) 式。值得注意的是，$\mathbf{X}$ 的結構是先以次載波分群爲次向量 $\{\mathbf{X}_0,\ldots,\mathbf{X}_{N-1}\}$，再以傳送天線分爲元素 $\{X_k^{(1)},\ldots,X_k^{(N_T)}\}$，這與上述程序不同，故須以 Kronecker 乘積表示其運作。(4.43) 式表示法的優點爲將 MIMO-OFDM 信號視爲向量版本的 OFDM 信號，可先聚焦於 OFDM 層面的處理，再進行 MIMO 層面的處理。

$$\mathbf{X}=\begin{bmatrix}\mathbf{X}_0^T & \mathbf{X}_1^T & \cdots & \mathbf{X}_{N-1}^T\end{bmatrix}^T \quad ; \quad \mathbf{X}_k=\left[X_k^{(1)},X_k^{(2)},\ldots,X_k^{(N_T)}\right]^T \tag{4.43}$$

23 讀者可參考第三章 OFDM 的矩陣信號模型，相關推導極爲類似。

$$\mathbf{u}=\left(\Theta\otimes\mathbf{I}_{N_T}\right)\left(\mathbf{F}^{-1}\otimes\mathbf{I}_{N_T}\right)\mathbf{X}=\left(\Theta\mathbf{F}^{-1}\otimes\mathbf{I}_{N_T}\right)\mathbf{X} \tag{4.44}$$

$$\mathbf{A}=\begin{bmatrix} a_{11} & a_{12} \\ a_{21} & a_{22} \end{bmatrix}\Rightarrow\mathbf{A}\otimes\mathbf{B}=\begin{bmatrix} a_{11}\mathbf{B} & a_{12}\mathbf{B} \\ a_{21}\mathbf{B} & a_{22}\mathbf{B} \end{bmatrix} \tag{4.45}$$

$$\Theta=\begin{bmatrix} \mathbf{0}_{N_g\times(N-N_g)} & \mathbf{I}_{N_g} \\ \multicolumn{2}{c}{\mathbf{I}_N} \end{bmatrix}_{(N+N_g)\times N} \tag{4.46}$$

在正常情況下，對應某個 OFDM 符碼的接收信號只會被前一個 OFDM 符碼所干擾，如圖 4-23 所示，因此經過通道之後的接收信號 $\mathbf{v}$ 可表示為 (4.47) 式，其中 $\mathbf{u}$ 與 $\mathbf{u}^{(-)}$ 分別為現在的 OFDM 符碼及前一個 OFDM 符碼，$\mathbf{n}$ 為雜訊，$\mathbf{G}$ 與 $\mathbf{G}^{(-)}$ 分別為 $\mathbf{u}$ 與 $\mathbf{u}^{(-)}$ 對應的通道，如 (4.48)、(4.49) 式：

$$\mathbf{v}=\mathbf{G}\cdot\mathbf{u}+\mathbf{G}^{(-)}\cdot\mathbf{u}^{(-)}+\mathbf{n} \tag{4.47}$$

$$\mathbf{G}=\begin{bmatrix} \mathbf{H}[0] & \mathbf{O} & \cdots & \mathbf{O} & \mathbf{O} & \mathbf{O} & \mathbf{O} \\ \mathbf{H}[1] & \mathbf{H}[0] & \ddots & \vdots & \mathbf{O} & \mathbf{O} & \mathbf{O} \\ \vdots & \mathbf{H}[1] & \ddots & \mathbf{O} & \vdots & \mathbf{O} & \mathbf{O} \\ \mathbf{H}[L_h-1] & \vdots & \ddots & \mathbf{H}[0] & \mathbf{O} & \vdots & \mathbf{O} \\ \mathbf{O} & \mathbf{H}[L_h-1] & \vdots & \mathbf{H}[1] & \mathbf{H}[0] & \mathbf{O} & \vdots \\ \vdots & \vdots & \ddots & \vdots & \mathbf{H}[1] & \ddots & \mathbf{O} \\ \mathbf{O} & \mathbf{O} & \cdots & \mathbf{H}[L_h-1] & \cdots & \mathbf{H}[1] & \mathbf{H}[0] \end{bmatrix} \tag{4.48}$$

$$\mathbf{G}^{(-)}=\begin{bmatrix} \mathbf{O} & \cdots & \mathbf{H}[L_h-1] & \cdots & \mathbf{H}[1] \\ \vdots & \ddots & \vdots & \ddots & \vdots \\ \mathbf{O} & \cdots & \mathbf{O} & \vdots & \mathbf{H}[L_h-1] \\ \vdots & \ddots & \vdots & \ddots & \vdots \\ \mathbf{O} & \cdots & \mathbf{O} & \cdots & \mathbf{O} \end{bmatrix} \tag{4.49}$$

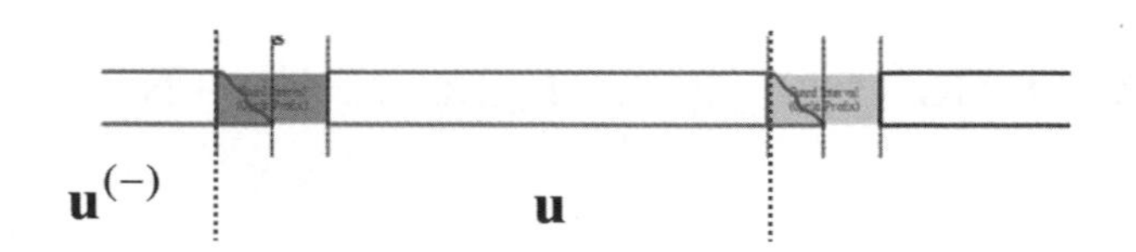

圖 4-23　OFDM 符碼間干擾示意

接著，接收端將傳送端的信號處理過程逆向執行，亦即先移除 CP，再做 DFT 而得到 $\mathbf{Y}$，如 (4.50) 式，其中移除 CP 矩陣 $\boldsymbol{\Upsilon}$ 如 (4.51) 式：

$$\begin{aligned}\mathbf{Y} &= \left(\mathbf{F}\otimes\mathbf{I}_{N_R}\right)\left(\boldsymbol{\Upsilon}\otimes\mathbf{I}_{N_R}\right)\mathbf{v} \\ &= \left(\mathbf{F}\otimes\mathbf{I}_{N_R}\right)\left(\boldsymbol{\Upsilon}\otimes\mathbf{I}_{N_R}\right)\mathbf{G}\left(\boldsymbol{\Theta}\otimes\mathbf{I}_{N_T}\right)\left(\mathbf{F}^{-1}\otimes\mathbf{I}_{N_T}\right)\mathbf{X}+\left(\mathbf{F}\boldsymbol{\Upsilon}\otimes\mathbf{I}_{N_R}\right)\mathbf{n} \\ &= \left[\mathbf{Y}_0^T \quad \mathbf{Y}_1^T \quad \cdots \quad \mathbf{Y}_{N-1}^T\right]^T \quad ; \quad \mathbf{Y}_k = \left[Y_k^{(1)}, Y_k^{(2)}, \ldots, Y_k^{(N_R)}\right]^T\end{aligned} \tag{4.50}$$

$$\boldsymbol{\Upsilon} = \left[\mathbf{0}_{N\times N_g} \quad \mathbf{I}_{N\times N}\right] \tag{4.51}$$

若將加入移除 CP 與通道效應合併，可形成等效通道 $\mathbf{H}_e$，如 (4.52) 式，可看出 $\mathbf{H}_e$ 爲一區塊循環矩陣 (block circulant matrix)，由矩陣代數的特性可知，區塊循環矩陣 $\mathbf{H}_e$ 經過區塊 IDFT 與區塊 DFT 運算後，成爲區塊對角矩陣 $\mathbf{H}$，如 (4.53) 式，因此 (4.50) 可化簡爲 (4.54) 式，其中第 k 個次載波的傳送接收信號關係如 (4.55)、(4.56) 式，即爲 MIMO 系統的傳送接收信號關係。由 (4.56) 式可看出，MIMO-OFDM 看似複雜，其實核心概念僅就是在每個次載波上運用 MIMO 技術。

$$\begin{aligned}\mathbf{H}_e &= \left(\boldsymbol{\Upsilon}\otimes\mathbf{I}_{N_R}\right)\mathbf{G}\left(\boldsymbol{\Theta}\otimes\mathbf{I}_{N_T}\right) \\ &= \begin{bmatrix} \mathbf{H}[0] & 0 & 0 & 0 & \mathbf{H}[L_h-1] & \cdots & \mathbf{H}[1] \\ \mathbf{H}[1] & \mathbf{H}[0] & 0 & \vdots & 0 & 0 & \mathbf{H}[2] \\ \vdots & \mathbf{H}[1] & \ddots & 0 & \vdots & 0 & \vdots \\ \mathbf{H}[L_h-1] & \vdots & \ddots & \mathbf{H}[0] & 0 & \vdots & \mathbf{H}[L_h-1] \\ 0 & \mathbf{H}[L_h-1] & \vdots & \mathbf{H}[1] & \mathbf{H}[0] & 0 & \vdots \\ \vdots & \vdots & \ddots & \vdots & \ddots & \ddots & 0 \\ 0 & 0 & \cdots & \mathbf{H}[L_h-1] & \mathbf{H}[L_h-2] & \cdots & \mathbf{H}[0] \end{bmatrix}\end{aligned} \tag{4.52}$$

$$\mathbf{H} = \left(\mathbf{F}\otimes\mathbf{I}_{N_R}\right)\mathbf{H}_e\left(\mathbf{F}^{-1}\otimes\mathbf{I}_{N_T}\right) = \begin{bmatrix} \mathbf{H}_0 & \mathbf{O} & \cdots & \mathbf{O} \\ \mathbf{O} & \mathbf{H}_1 & \ddots & \vdots \\ \vdots & \ddots & \ddots & \mathbf{O} \\ \mathbf{O} & \cdots & \mathbf{O} & \mathbf{H}_{N-1} \end{bmatrix} \tag{4.53}$$

$$\mathbf{Y} = \left(\mathbf{F}\otimes\mathbf{I}_{N_R}\right)\left(\boldsymbol{\Upsilon}\otimes\mathbf{I}_{N_R}\right)\mathbf{G}\left(\boldsymbol{\Theta}\otimes\mathbf{I}_{N_T}\right)\left(\mathbf{F}^{-1}\otimes\mathbf{I}_{N_T}\right)\mathbf{X}+\mathbf{N} = \mathbf{H}\mathbf{X}+\mathbf{N} \tag{4.54}$$

$$\mathbf{Y}_k = \mathbf{H}_k\mathbf{X}_k + \mathbf{N}_k \tag{4.55}$$

$$\begin{bmatrix} Y_k^{(1)} \\ \vdots \\ Y_k^{(N_R)} \end{bmatrix} = \begin{bmatrix} H_k^{(1,1)} & H_k^{(1,2)} & \cdots & H_k^{(1,N_T)} \\ H_k^{(2,1)} & \ddots & & \vdots \\ \vdots & & \ddots & \vdots \\ H_k^{(N_R,1)} & \cdots & \cdots & H_k^{(N_R,N_T)} \end{bmatrix} \begin{bmatrix} X_k^{(1)} \\ \vdots \\ X_k^{(N_T)} \end{bmatrix} + \begin{bmatrix} N_k^{(1)} \\ \vdots \\ N_k^{(N_R)} \end{bmatrix} \tag{4.56}$$

以下小節將根據 (4.56) 式所述的信號模型，針對 MIMO 系統的編碼、檢測與預編碼進行探討；在討論 MIMO 編碼之前，先介紹空間多樣 (space diversity) 的概念。

4-5 接收多樣

接收多樣 (receive diversity) 的概念，爲利用不同接收天線所接收的信號係經歷不同通道衰落的特性，提升接收可靠度。具體而言，若傳送端與接收端均爲單天線，則通道衰落將使得接收端無法穩定接收信號；若接收端爲多天線，且天線間距夠大，則各接收天線與傳送天線間的通道可視爲無關聯 (uncorrelated)，如此只要其中任何一個通道夠好，接收端就可穩定接收信號，提升接收可靠度。接收多樣的形式可分爲選擇多樣 (selection diversity)、切換多樣 (switched diversity)，及線性結合 (linear combining)。選擇多樣的機制是在所有接收天線的信號中選擇品質最佳的信號，如圖 4-24 所示；切換多樣的機制是在接收信號的品質低於某個預設值時，切換至其他接收天線，如圖 4-25 所示；線性結合的機制是將各接收天線的信號做線性結合後成爲最終接收信號，如圖 4-26 所示[24]。

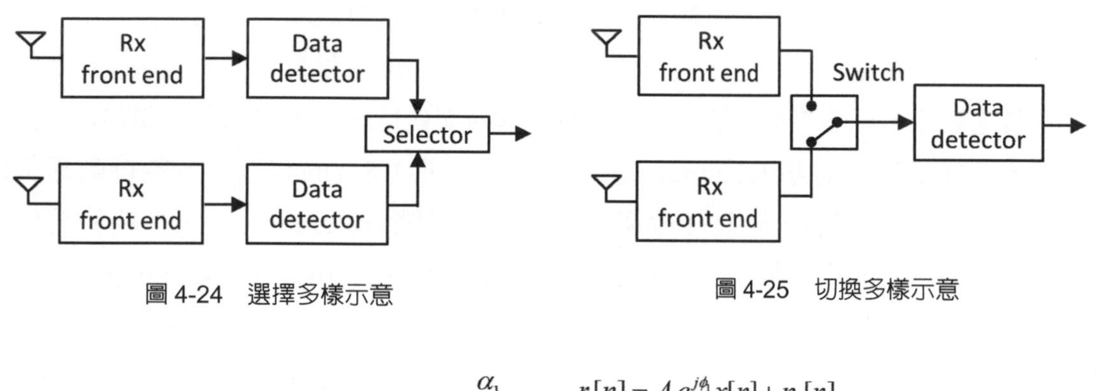

圖 4-24 選擇多樣示意

圖 4-25 切換多樣示意

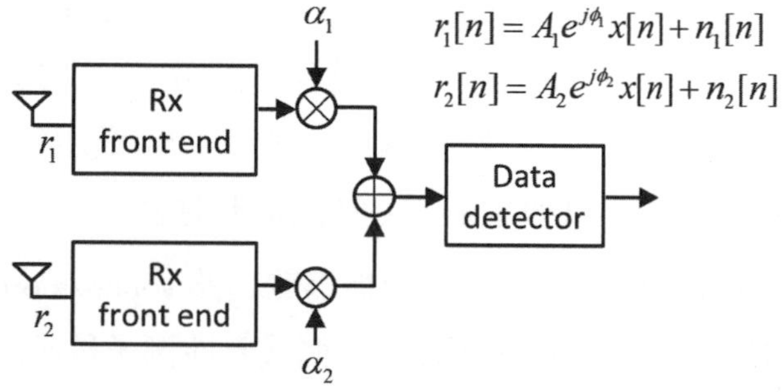

圖 4-26 線性結合示意

24 爲求簡潔，均以兩根接收天線爲例說明。

常見的線性結合法有等增益結合 (equal gain combining, EGC) 與最大比結合 (maximum ratio combining, MRC)。假設接收端有兩根天線，各天線接收信號如 $r_1[n]=A_1e^{j\phi_1}x[n]+n_1[n]$ ，$r_2[n]=A_2e^{j\phi_2}x[n]+n_2[n]$，線性結合之後可得：

$$y[n]=\alpha_1 r_1[n]+\alpha_2 r_2[n] \tag{4.57}$$

等增益結合的機制是將各天線接收信號的相位補償後相加，但不調整其振幅，其對應的權值為 $\alpha_1=e^{-j\phi_1}$, $\alpha_2=e^{-j\phi_2}$ ；而最大比結合的機制是將各天線接收信號相位補償，並乘上其振幅後相加，其對應的權值為 $\alpha_1=A_1e^{-j\phi_1}$, $\alpha_2=A_2e^{-j\phi_2}$ 。顧名思義，最大比結合的目的在使結合後的 SNR 最大，其機制等同於匹配濾波器或匹配波束成形器，亦即接收機匹配接收信號的空間響應。

4-6 傳送多樣

傳送多樣 (transmit diversity) 的概念為利用不同傳送天線所傳送的信號，其可能經歷不同的通道衰落的特性，提升接收可靠度。與接收多樣類似，若傳送端為多天線，且天線間距夠大，則各傳送天線與接收天線間的通道可視為無關聯，如此只要其中任何一個通道夠好，接收端就可穩定接收信號，提升接收可靠度。乍看之下，傳送多樣與接收多樣的概念類似，只需將接收端信號處理移至傳送端執行即可，但二者之間存在一個根本差別，即通道狀態資訊 (channel state information, CSI) 的有無。多數行動通訊系統接收端採用同調解調，因此接收端可根據參考信號 (reference signal) 或領航信號 (pilot signal) 估計通道響應，但傳送端則不然。在分時雙工 (time division duplex, TDD) 系統中，因通道具互易性 (reciprocity)，傳送端可直接獲得 CSI；在分頻雙工 (frequency division duplex, FDD) 系統中，傳送端須藉由接收端回報而得到 CSI，此時若通道變化較快，則傳送端得到的 CSI 將失去準確性。考慮此現實因素下，在設計傳送多樣策略時，需考慮傳送端有無 CSI 兩種情況。當傳送端有 CSI 時，即可藉由接收多樣的逆向操作，使接收端獲得多樣增益；以下僅就傳送端無 CSI 的情形討論。

當傳送端沒有通道資訊時，其多樣機制稱為開迴路 (open-loop) 傳送多樣，因系統沒有透過接收端回報 CSI。開迴路傳送多樣的一個代表性例子是應用於 OFDM 系統的循環延遲多樣 (cyclic delay diversity, CDD)，如圖 4-27 所示 [25]：

25 仍以兩根傳送天線為例；CDD 技術已運用於 3GPP LTE-A 標準中。

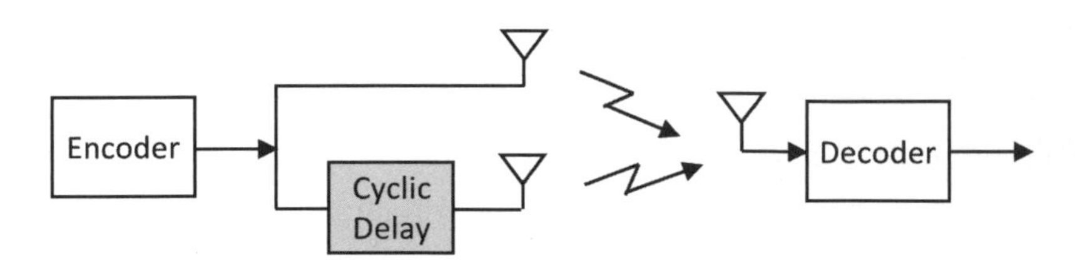

圖 4-27 循環延遲多樣示意

其傳送接收信號關係式如下：

$$r[n]=h_1[n]*s[n]+h_2[n]*s[((n-n_d))_N] \tag{4.58}$$

其中 $h_1[n]$ 與 $h_2[n]$ 爲兩根傳送天線與接收天線之間的通道，$((\quad))_N$ 代表以 N (次載波數) 爲周期的循環位移。在 OFDM 系統中，時域的循環延遲相當於頻域的相位偏移，假設原始頻域第 k 個次載波的符碼是 X_k，則 $s[n]$ 與 X_k 的關係爲 IDFT：

$$s[n]=\frac{1}{N}\sum_{k=0}^{N-1}X_k e^{j2\pi\frac{kn}{N}}\ ,\qquad n=0,1,\ldots,N-1 \tag{4.59}$$

此時頻域接收信號可表示爲：

$$Y_k=H_k^{(1)}X_k+H_k^{(2)}e^{-j2\pi\frac{kn_d}{N}}X_k=\left(H_k^{(1)}+H_k^{(2)}e^{-j2\pi\frac{kn_d}{N}}\right)X_k \tag{4.60}$$

其中 Y_k 與 $r[n]$ 的關係爲 DFT：

$$Y_k=\sum_{n=0}^{N-1}r[n]e^{-j2\pi\frac{kn}{N}}\ ,\qquad k=0,1,\ldots,N-1 \tag{4.61}$$

$H_k^{(1)}$ 與 $H_k^{(2)}$ 分別是 $h_1[n]$ 與 $h_2[n]$ 的頻率響應。由 (4.60) 式可看出，CDD 改變了通道的頻率響應，由原本的通道 H_k 變爲等效複合通道 $H_k^{(c)}$ ：

$$H_k^{(c)}=H_k^{(1)}+H_k^{(2)}e^{-j2\pi\frac{kn_d}{N}} \tag{4.62}$$

以上論述的重點在於：CDD 藉由引入延遲，在接收端不同次載波上產生額外的相位變化，就如同在通道中刻意加上頻率選擇衰落效應，使系統在傳送端不需知道 CSI 的前提下，獲得接收端的頻率多樣增益。

4-7 空時碼

另一個獲得開迴路傳送多樣(open-loop transmit diversity)的方法爲空時碼(space-time code)，如圖 4-28 所示，空時碼係將傳送符碼編碼於時間與空間領域，利用此領域提供的冗餘 (redundancy)，使得接收端能獲得多樣增益。空時碼與通道編碼類似，可分爲空時格子碼 (space-time trellis code, STTC) 與空時區塊碼 (space-time block code, STBC)，當空時冗餘較充足時，空時碼亦可提供有限的錯誤更正能力。在實務上，空時格子碼較複雜不易實現，因此本節將僅介紹空時區塊碼。

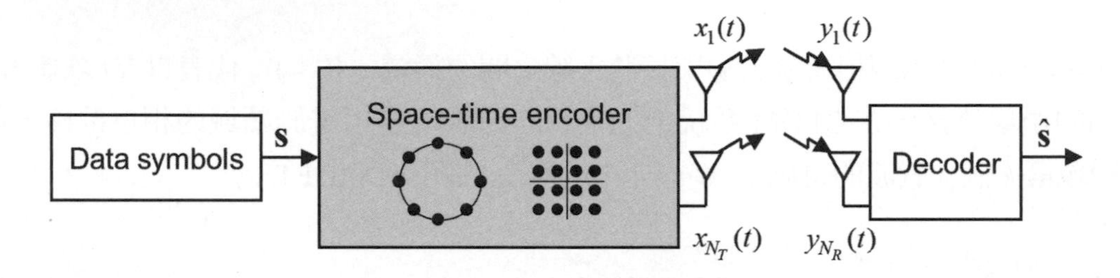

圖 4-28 空時碼示意

空時區塊碼將輸入的符碼區塊 **s** 編碼爲空時碼字 (space-time codeword) **X**，如下式所示：

$$\mathbf{s}=[s_1,s_2,\ldots s_L]^T \quad\rightarrow\quad \mathbf{X}=\begin{bmatrix} x_1(1) & x_1(2) & \cdots & x_1(K) \\ x_2(1) & x_2(2) & \cdots & x_2(K) \\ \vdots & \vdots & \ddots & \vdots \\ x_{N_T}(1) & x_{N_T}(2) & \cdots & x_{N_T}(K) \end{bmatrix} \tag{4.63}$$

其中 L 爲輸入符碼區塊的時域長度，K 爲輸出空時碼字的時域長度，N_T 爲傳送天線數 [26]。由此可見，空時區塊碼將 $L\times 1$ 的符碼編碼爲 $N_T\times K$ 的碼字，獲得相當大的冗餘，其時域的碼率 (code rate) 則爲 $R=L/K$，理論上可達 1。

26 常見的空時區塊碼大多滿足 $K\geq N_T$ 的條件。

Alamouti 碼爲相當具代表性的空時區塊碼，如圖 4-29 所示：

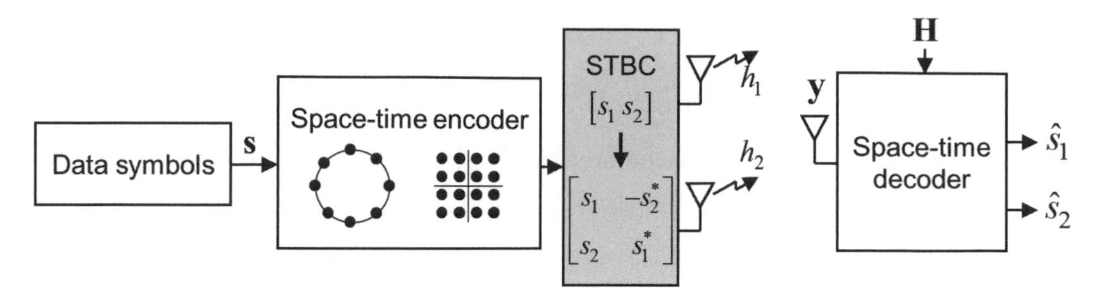

圖 4-29 Alamouti 碼示意

其編碼機制表示如下：

$$\mathbf{s} = [s_1, s_2]^T \quad \rightarrow \quad \mathbf{X} = \begin{bmatrix} s_1 & -s_2^* \\ s_2 & s_1^* \end{bmatrix} \tag{4.64}$$

故碼率爲 $R = 1$。Alamouti 碼將二個符碼編爲 2×2 的空時碼字，在傳送端，第一個時槽 (time slot) 中，二根天線分別傳送 s_1 與 s_2，第二個時槽中，則分別傳送 $-s_2^*$ 與 s_1^*；在接收端，令 y_1 與 y_2 分別爲第一個時槽與第二個時槽的接收信號，如 (4.65) 式，將其中 y_2 取共軛複數並取向量形式可得 (4.66) 式：

$$\begin{aligned} y_1 &= h_1 s_1 + h_2 s_2 + n_1 \\ y_2 &= -h_1 s_2^* + h_2 s_1^* + n_2 \end{aligned} \tag{4.65}$$

$$\mathbf{y} = \begin{bmatrix} y_1 \\ y_2^* \end{bmatrix} = \begin{bmatrix} h_1 & h_2 \\ h_2^* & -h_1^* \end{bmatrix} \begin{bmatrix} s_1 \\ s_2 \end{bmatrix} + \begin{bmatrix} n_1 \\ n_2^* \end{bmatrix} = \mathbf{Hs} + \mathbf{n} \tag{4.66}$$

其中 h_1 與 h_2 爲傳送天線與接收天線之間的通道，n_1 與 n_2 爲雜訊，$\mathbf{H}$ 可視爲傳送符碼與接收信號之間的等效通道矩陣；因此，接收端的解碼可利用通道資訊 $\mathbf{H}$ 與接收信號 $\mathbf{y}$ 還原傳送符碼 $\mathbf{s}$。學理上最佳的解碼方式爲最大似然 (maximum likelihood, ML)，如 (4.67) 所示：

$$\hat{\mathbf{s}} = \arg\min_{\mathbf{s} \in S} \|\mathbf{y} - \mathbf{Hs}\|^2 \tag{4.67}$$

其中 S 爲符碼集合；ML 法需要多維度的搜尋，在實務上較不可行，故多以次佳解替代。由觀察可得知 $\mathbf{H}$ 滿足 $\mathbf{H}^H\mathbf{H} = (|h_1|^2 + |h_2|^2)\mathbf{I}$ 的條件，因此將 (4.66) 等式兩邊乘上 $\mathbf{H}^H$ 後可得：

$$\mathbf{H}^H\mathbf{y} = \left(|h_1|^2 + |h_2|^2\right) \begin{bmatrix} s_1 \\ s_2 \end{bmatrix} + \mathbf{H}^H\mathbf{n} \tag{4.68}$$

$$\begin{bmatrix}\hat{s}_1\\\hat{s}_2\end{bmatrix}=\frac{1}{|h_1|^2+|h_2|^2}\mathbf{H}^H\mathbf{y}=\begin{bmatrix}s_1\\s_2\end{bmatrix}+\frac{1}{|h_1|^2+|h_2|^2}\mathbf{H}^H\mathbf{n} \quad (4.69)$$

(4.69) 式顯示 s_1 與 s_2 可直接經由正規化 $\mathbf{H}^H\mathbf{y}$ 決策而得，可謂是相當簡易的解碼程序。

(4.68) 式所提示的訊息爲：Alamouti 碼的多樣增益爲 2，如同 s_1 與 s_2 皆經由兩個通道 h_1 與 h_2 到達接收端，接收端再藉由最大比結合將兩個接收信號相加；換言之，Alamouti 碼將二發一收的傳送多樣巧妙轉變爲等效的一發二收接收多樣，如此使得單天線的接收端也能獲得完整的多樣增益。Alamouti 碼亦適用於頻域，此時 y_1 與 y_2 代表於兩個不同頻帶的接收信號，其推導與時域相仿。由於其優異的效能、簡易的解碼與彈性的運用，Alamouti 碼已廣泛使用於主流無線及行動通訊系統標準，惟其受限於僅能使用兩根傳送天線。Alamouti 碼具備所謂的正交設計 (orthogonal design) 特性，亦即

$$\mathbf{X}\mathbf{X}^H=\left(|s_1|^2+|s_2|^2\right)\mathbf{I} \quad (4.70)$$

正交設計是使得 Alamouti 碼具備上述的優點的關鍵因素。

在多於兩根天線的情況下，空時區塊碼並無簡易的設計方法，若要維持多樣增益與簡易解碼，則需以碼率降低爲代價；若要提高碼率，則正交設計需被放棄。ABBA 碼爲非正交空時區塊碼的代表性例子，如圖 4-30 所示：

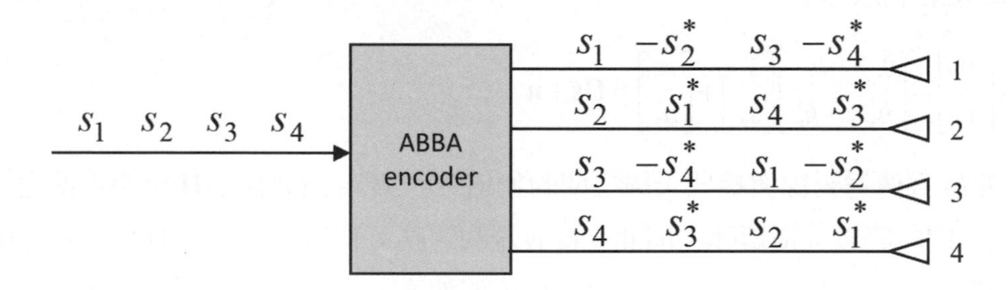

圖 4-30 ABBA 碼示意

其編碼機制表示如下：

$$\mathbf{s}=[s_1,s_2,s_3,s_4]^T \quad\rightarrow\quad \mathbf{X}=\begin{bmatrix}s_1 & -s_2^* & s_3 & -s_4^*\\ s_2 & s_1^* & s_4 & s_3^*\\ s_3 & -s_4^* & s_1 & -s_2^*\\ s_4 & s_3^* & s_2 & s_1^*\end{bmatrix} \quad (4.71)$$

$$\mathbf{X}=\begin{bmatrix}\mathbf{A} & \mathbf{B}\\ \mathbf{B} & \mathbf{A}\end{bmatrix} \quad ; \quad \mathbf{A}=\begin{bmatrix}s_1 & -s_2^*\\ s_2 & s_1^*\end{bmatrix} \quad ; \quad \mathbf{B}=\begin{bmatrix}s_3 & -s_4^*\\ s_4 & s_3^*\end{bmatrix} \tag{4.72}$$

故碼率爲 $R = 1$。ABBA 碼將四個符碼編爲 4×4 的空時碼字，以四根天線在四個時槽中傳送，其原理爲將兩個符碼視爲一組建構 Alamouti 空時碼字，再將兩個 Alamouti 空時碼字交錯排列成最終的空時碼字矩陣，ABBA 碼的名稱即來自其空時碼字 $\mathbf{X}$ 的特殊結構。如同 (4.66) 式，ABBA 碼在四個時槽中的接收信號可表示爲 (4.73) 式，將等式兩邊乘上 $\mathbf{H}^H$ 可得 (4.74) 式。與 Alamouti 碼不同的是，(4.74) 式的 $\mathbf{H}^H\mathbf{H}$ 並非對角方陣，亦即符碼間有相互干擾，因此接收端需執行額外的信號處理或甚至 ML 解碼以消除此干擾，此爲 ABBA 碼爲求較高碼率所需付出的代價。

$$\mathbf{y}=\begin{bmatrix}y_1\\ y_2^*\\ y_3\\ y_4^*\end{bmatrix}=\begin{bmatrix}h_1 & h_2 & h_3 & h_4\\ h_2^* & -h_1^* & h_4^* & -h_3^*\\ h_3 & h_4 & h_1 & h_2\\ h_4^* & -h_3^* & h_2^* & -h_1^*\end{bmatrix}\begin{bmatrix}s_1\\ s_2\\ s_3\\ s_4\end{bmatrix}+\mathbf{n}=\mathbf{Hs}+\mathbf{n} \tag{4.73}$$

$$\mathbf{H}^H\mathbf{y}=\begin{bmatrix}\rho & 0 & \beta & 0\\ 0 & \rho & 0 & \beta\\ \beta & 0 & \rho & 0\\ 0 & \beta & 0 & \rho\end{bmatrix}\begin{bmatrix}s_1\\ s_2\\ s_3\\ s_4\end{bmatrix}+\mathbf{H}^H\mathbf{n}$$

$$\rho=\sum_{n=1}^{4}|h_n|^2 \quad ; \quad \beta=2\,\mathrm{Re}\left\{h_1^*h_3+h_2^*h_4\right\} \tag{4.74}$$

區塊碼亦可在空間及頻率領域實現，此即爲空頻區塊碼 (space-frequency block code, SFBC) 的概念。在多於兩根天線的情況，空頻區塊碼可結合頻率偏移傳送多樣 (frequency shift transmit diversity, FSTD)，稱爲 SFBC-FSTD[27]，以獲得較高的碼率。以下以 Alamouti 空頻區塊碼爲例說明，如圖 4-31 所示：

27 SFBC-FSTD 技術已運用於 3GPP LTE-A 標準中。

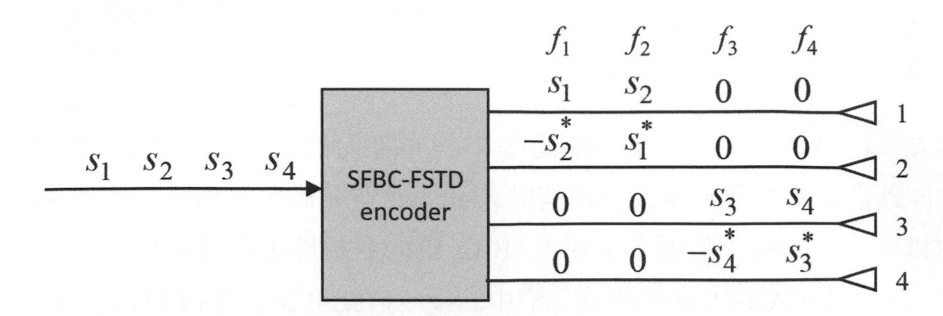

圖 4-31　SFBC-FSTD 碼示意

其編碼機制表示如下：

$$\mathbf{s}=\left[s_1,s_2,s_3,s_4\right]^T \quad \rightarrow \quad \mathbf{X}=\begin{bmatrix} s_1 & s_2 & 0 & 0 \\ -s_2^* & s_1^* & 0 & 0 \\ 0 & 0 & s_3 & s_4 \\ 0 & 0 & -s_4^* & s_3^* \end{bmatrix} \tag{4.75}$$

SFBC-FSTD 碼將四個符碼編爲 4 × 4 的空頻碼字，以四根天線在四個頻率、一個時槽中傳送，故碼率爲 R = 4，其原理爲將兩個符碼視爲一組建構 Alamouti 空頻碼字，再將兩個 Alamouti 空頻碼字對角排列成最終的空頻碼字矩陣。如同 (4.73) 式，SFBC-FSTD 碼在四個頻率的接收信號可表示爲 (4.76) 式，將等式兩邊乘上 $\mathbf{H}^H$ 可得 (4.77) 式。與 ABBA 碼不同的是，(4.77) 式的 $\mathbf{H}^H\mathbf{H}$ 爲對角方陣，亦即符碼間沒有相互干擾，此爲 SFBC-FSTD 碼耗費較多頻率資源換得的優點。如同 Alamouti 碼，s_1、s_2、s_3、s_4 可直接經由正規化 $\mathbf{H}^H\mathbf{y}$ 決策而得。

$$\mathbf{y}=\begin{bmatrix} y_1 \\ y_2^* \\ y_3 \\ y_4^* \end{bmatrix}=\begin{bmatrix} h_1 & -h_2^* & 0 & 0 \\ h_2 & h_1^* & 0 & 0 \\ 0 & 0 & h_3 & -h_4^* \\ 0 & 0 & h_4 & h_3^* \end{bmatrix}\begin{bmatrix} s_1 \\ s_2 \\ s_3 \\ s_4 \end{bmatrix}+\mathbf{n}=\mathbf{Hs}+\mathbf{n} \tag{4.76}$$

$$\mathbf{H}^H\mathbf{y}=\begin{bmatrix} \rho_1 & 0 & 0 & 0 \\ 0 & \rho_1 & 0 & 0 \\ 0 & 0 & \rho_2 & 0 \\ 0 & 0 & 0 & \rho_2 \end{bmatrix}\begin{bmatrix} s_1 \\ s_2 \\ s_3 \\ s_4 \end{bmatrix}+\mathbf{H}^H\mathbf{n}$$

$$\rho_1=\left|h_1\right|^2+\left|h_2\right|^2 \quad ; \quad \rho_2=\left|h_3\right|^2+\left|h_4\right|^2 \tag{4.77}$$

4-8 MIMO 檢測

本節將介紹 MIMO 系統的檢測 (detection) 技術，考慮的場景爲傳送端無通道資訊下的空間多工傳輸。以下仍假設 MIMO 通道爲慢速及平坦衰落，如圖 4-32 所示，其信號模型可表示爲

$$\mathbf{y}[n]=\mathbf{H}\mathbf{x}[n]+\mathbf{n}[n] \tag{4.78}$$

其中 $\mathbf{x}[n]$ 爲傳送信號向量，$\mathbf{y}[n]$ 爲接收信號向量，N_T、N_R 分別爲傳送及接收天線數，$\mathbf{H}=[h_{ij}]$ 爲 $N_R\times N_T$ 通道矩陣，h_{ij} 爲 i.i.d. $CN(0, 1)$ 複數高斯分布通道衰落增益，$\mathbf{n}[n]$ 爲雜訊向量，其元素爲 i.i.d. $CN(0,\sigma_n^2)$ 複數高斯隨機變數。最後，令傳送天線總平均傳送功率爲 P，且定義 $\gamma=P/\sigma_n^2$ 爲不考慮通道效應的 SNR[28]。

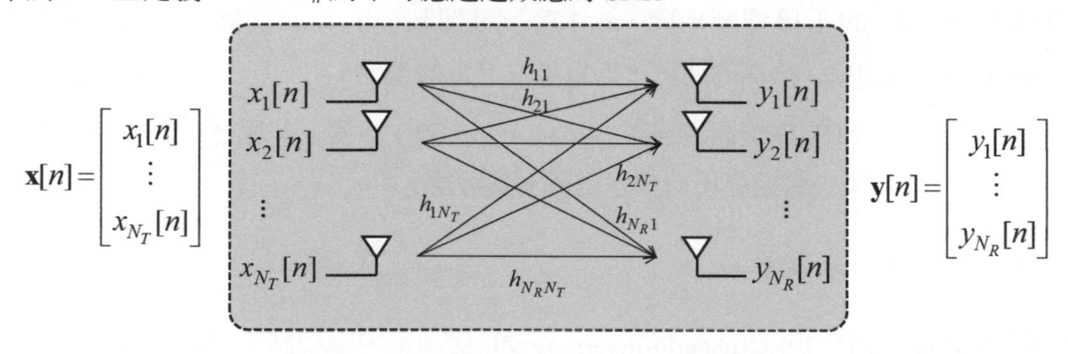

圖 4-32 慢速平坦衰落 MIMO 信號模型

如圖 4-32 及 (4.78) 所示，MIMO 系統的原始傳送信號被拆分爲 N_T 個次信號，不同次信號由不同天線傳送，經通道後交纏於各個接收天線，形成所謂天線間干擾 (inter-antenna interference, IAI)；因此，接收端需藉由特定的處理，將次信號分離，而達到空間多工，此即爲 MIMO 檢測的目的，換言之，MIMO 檢測的目的在利用接收信號 $\mathbf{y}[n]$ 與通道資訊 $\mathbf{H}$，還原傳送信號 $\mathbf{x}[n]$。

最大似然 ML 法可提供 MIMO 檢測之最佳解，假設傳送信號來自有限的符碼集合，則 ML MIMO 檢測可描述爲以下問題：

$$\hat{\mathbf{x}}[n]=\arg\min_{\mathbf{x}[n]\in S}\left\|\mathbf{y}[n]-\mathbf{H}\mathbf{x}[n]\right\|^2 \tag{4.79}$$

28 爲求公平的比較基礎，不論傳送天線數爲何，均假設傳送總功率固定。

其中 S 爲傳送符碼集合；將所有可能的符碼組合代入 (4.79) 式，並選擇具有最小歐式距離者即爲 ML 解。ML 檢測須執行高維度的窮盡搜尋，複雜度高，一般無法用於實際的通訊系統，需以其他次佳解替代。以下將就線性檢測、非線性檢測，及球型解碼三種方法分別介紹，並假設 $N_T \leq N_R$，亦即，接收端有足夠自由度還原傳送信號。

4-8-1 線性 MIMO 檢測

線性 MIMO 檢測分爲兩個步驟：(1) 以信號處理實現天線間干擾的抑制 (suppression)；(2) 以符碼檢測還原傳送數據，如以下二式所示：

$$\mathbf{z}[n] = \mathbf{W}^H \mathbf{y}[n] \tag{4.80}$$

$$\hat{\mathbf{x}}[n] = \text{Dec}\{\mathbf{z}[n]\} \tag{4.81}$$

其中 $\mathbf{W}$ 爲 $N_R \times N_T$ 的干擾抑制矩陣，$\mathbf{z}[n]$ 爲干擾抑制後的接收信號，Dec 爲符碼決策 (decision)。線性 MIMO 檢測的問題，即爲尋找適當的 $\mathbf{W}$。

最常見的線性 MIMO 檢測爲逼零 (zero-forcing, ZF) 檢測，其原理爲將所有天線間干擾抑制爲零，同時無失真還原所有傳送信號，其解爲

$$\mathbf{W} = \mathbf{H}(\mathbf{H}^H \mathbf{H})^{-1} = (\mathbf{H}^+)^H \tag{4.82}$$

其中 $\mathbf{H}^+$ 表示 $\mathbf{H}$ 的擬反矩陣 (pseudo-inverse)。ZF 檢測可完全抑制天線間干擾，其處理後信號爲

$$\mathbf{z}[n] = \mathbf{x}[n] + (\mathbf{H}^H \mathbf{H})^{-1} \mathbf{H}^H \mathbf{n}[n] \tag{4.83}$$

在不考慮雜訊影響的情況下，ZF 檢測確爲一優選方案，惟當通道處於非良置 (ill-conditioned) 狀態時，$\mathbf{H}$ 可能接近秩虧 (rank deficiency)，使得 $\mathbf{H}^+$ 放大雜訊能量，進而影響符碼決策效能。

另一種常見線性 MIMO 檢測爲最小均方誤差 (minimum mean square error, MMSE) 檢測，其原理爲最小化傳送與接收信號的均方誤差 (mean square error, MSE)，亦即：

$$\mathbf{W} = \arg\min_{\mathbf{W}} E\left\{\left\|\mathbf{x}[n] - \mathbf{W}^H \mathbf{y}[n]\right\|^2\right\} \tag{4.84}$$

其解爲

$$\mathbf{W} = \mathbf{H}\left(\mathbf{H}^H \mathbf{H} + \tfrac{N_T}{\gamma} \mathbf{I}_{N_T}\right)^{-1} \tag{4.85}$$

處理後信號爲

$$\mathbf{z}[n]=\left(\mathbf{H}^H\mathbf{H}+\frac{N_T}{\gamma}\mathbf{I}_{N_T}\right)^{-1}\mathbf{H}^H\mathbf{H}\mathbf{x}[n]+\left(\mathbf{H}^H\mathbf{H}+\frac{N_T}{\gamma}\mathbf{I}_{N_T}\right)^{-1}\mathbf{H}^H\mathbf{n}[n] \tag{4.86}$$

MMSE 檢測同時考慮通道及雜訊的影響，因此在通道狀況不良時效能明顯優於 ZF 檢測。由 (4.83) 與 (4.86) 式可發現：MMSE 檢測在高 SNR 下近似於 ZF 檢測；在低 SNR 下近似於匹配濾波器。線性檢測雖具有較低的複雜度，惟其效能不足以提供通訊系統高品質傳輸。

4-8-2 非線性 MIMO 檢測

改良線性檢測的有效方案爲引入干擾消除 (interference cancellation) 機制，與干擾抑制不同，干擾消除的概念爲將先干擾信號還原，再將其由接收信號中扣除，進一步淨化接收信號後再執行檢測，因此可提升檢測效能。干擾消除可略分爲連續干擾消除 (successive interference cancellation, SIC) 及平行干擾消除 (parallel interference cancellation, PIC) 兩類，以下將介紹結合線性檢測與 SIC 干擾消除的 MIMO 檢測技術；由於干擾還原與消除牽涉非線性運算，此類檢測技術應歸類爲非線性檢測。

SIC 的概念如圖 4-33 所示，當某個信號被成功檢測後，該信號在下一個檢測階段中便由接收信號中扣除，使其接收信號中的干擾成分降低，以利於該階段的信號檢測。具體而言，第一個線性檢測器 (detector) 先將第一個信號檢測，接著第二個線性檢測器將第一個檢測後信號由其接收信號中扣除，再將第二個信號檢出，此時檢測器只需處理第三至第 N_T 個信號所形成的干擾，因此有較多自由度對抗雜訊，進而提升其檢測效能。此程序持續進行直至最末一個線性檢測器，此時所有干擾皆已被扣除。

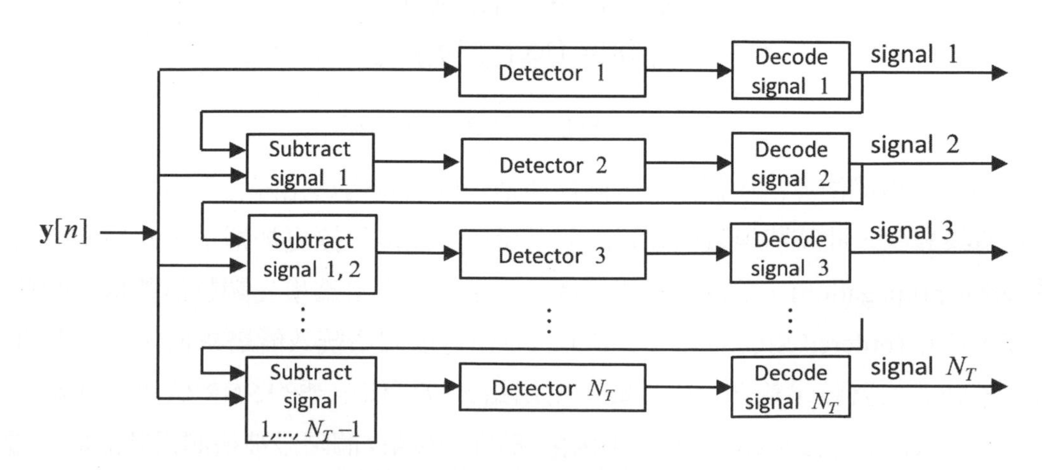

圖 4-33 連續干擾消除 SIC 運作示意

將以上檢測流程應用於 MIMO 檢測中，可得線性 - SIC MIMO 檢測架構，如圖 4-34 所示，其對應的檢測流程整理如圖 4-35 所示，其中 $z_l[n]$ 爲第 l 個檢測器的處理後信號，w_l 爲第 l 個檢測器的權值向量，$\hat{x}_l[n]$ 爲第 l 個檢測器的決策後信號，$\mathbf{h}_l$ 爲第 l 個信號所對應的通道向量。以上程序中的線性檢測器可爲 ZF 或 MMSE 檢測器，或任何以線性運算將信號由干擾中解出的檢測器。

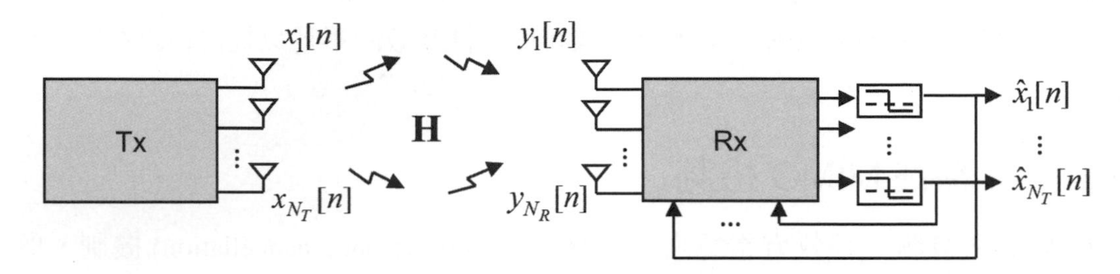

圖 4-34　線性 - SIC MIMO 檢測器架構示意

$$
\begin{aligned}
& z_1[n] = \mathbf{w}_1^H \mathbf{y}[n] \\
& \hat{x}_1[n] = \mathrm{Dec}\{z_1[n]\} \\
& \mathbf{y}_{(1)}[n] = \mathbf{y}[n] - \mathbf{h}_1 \hat{x}_1[n] \\
\\
& z_2[n] = \mathbf{w}_2^H \mathbf{y}_{(1)}[n] \\
& \hat{x}_2[n] = \mathrm{Dec}\{z_2[n]\} \\
& \mathbf{y}_{(2)}[n] = \mathbf{y}_{(1)}[n] - \mathbf{h}_2 \hat{x}_2[n] \\
& \vdots \\
& z_{N_T}[n] = \mathbf{w}_{N_T}^H \mathbf{y}_{(N_T-1)}[n] \\
& \hat{x}_{N_T}[n] = \mathrm{Dec}\{z_{N_T}[n]\}
\end{aligned}
$$

圖 4-35　線性 - SIC MIMO 檢測流程

上述 SIC 檢測演算法中假設每一階段所消除的信號均爲正確，然而實際上信號檢測不免有錯誤發生，此時將導致消除錯誤的干擾值，使得干擾更加嚴重，此現象稱爲錯誤傳播 (error propagation)。爲避免錯誤傳播，較常見的方案爲事先調整信號檢測的順序，稱爲排序 SIC (ordered SIC, OSIC)。排序的原則可依據系統效能需求而定，一個直覺的想法爲較強的信號較早檢測，因其較不易出錯，故可依信號的 SNR 值決定其順序，亦即 $\mathrm{SNR}_{o1} > \mathrm{SNR}_{o2} > \ldots > \mathrm{SNR}_{oN_T}$，其中 SNR_{ol} 爲排序後第 l 個階段被檢測信號的原始編號。

依此排序原則，除可優先檢測出擁有較低錯誤率的信號外，更可避免高 SNR 信號對其他信號造成嚴重干擾。另一個避免錯誤傳播的方案爲配合使用通道編碼，當信號發生錯誤時，可以通道編碼更正之，再以更正後信號饋入下一階段，以降低錯誤傳播發生的機率。搭配線性干擾抑制與 OSIC 的 MIMO 檢測方案常被稱爲 V-BLAST (vertical Bell Lab Layered space-time)[29]，以下以範例說明其演算法。

範例：基於 ZF + OSIC 的 V-BLAST 檢測

在 V-BLAST 架構下，擬設計一使用 ZF 線性檢測及 OSIC 的 MIMO 檢測器，其演算法如圖 4-36 所示，在第 n 個遞迴階段：(1) 挑選出經 ZF 檢測後具有最高 SNR 的信號，其編號爲 o_n；(2) 對其進行 ZF 檢測；(3) 決策後乘上對應的通道向量，再從接收信號中扣除；(4) 更新通道矩陣 $\mathbf{H}$ 與 ZF 干擾抑制矩陣 $\mathbf{W}$。值得注意的是，步驟 (1) 中具有最高 SNR 的信號即爲對應步驟 (4) 中 ZF 干擾抑制矩陣具有最大範數 (norm) 的行[30]。

$$\text{Initialization } (l=1): \mathbf{W} = \mathbf{H}(\mathbf{H}^H\mathbf{H})^{-1}\ ;\ y_{(1)}[n] = y[n]$$

$$\text{For } l = 1,..,N_T$$

$$o_l = \arg\min_j \left\|[\mathbf{W}_l]_i\right\|^2 \qquad ([\mathbf{W}_l]_i : i\text{th column of } \mathbf{W}_l)$$

$$\mathbf{w}_{o_l} = [\mathbf{W}_l]_{o_l}$$

$$z_{o_l}[n] = \mathbf{w}_{o_l}^H \mathbf{y}_{(l)}[n]$$

$$\hat{x}_{o_l}[n] = \text{Dec}\{z_{o_l}[n]\}$$

$$\text{If } l < N_T$$

$$\mathbf{y}_{(l+1)}[n] = \mathbf{y}_{(l)}[n] - [\mathbf{H}]_{o_l}\hat{x}_{o_l}[n]$$

$$\mathbf{W}_{l+1} = \tilde{\mathbf{H}}_{o_l}(\tilde{\mathbf{H}}_{o_l}^H\tilde{\mathbf{H}}_{o_l}) \qquad (\tilde{\mathbf{H}}_{o_l} : \text{removing columns } o_1,\ldots,o_l \text{ of } \mathbf{H})$$

圖 4-36 基於 ZF + OSIC 的 V-BLAST 檢測流程

29 請參考 [26]。
30 請參考本章習題 8。

範例：基於 QR 分解的 V-BLAST 檢測

在 V-BLAST 架構下，擬設計一使用 QR 分解的 MIMO 檢測器，其演算法如以下所示：首先，將通道矩陣 **H** 經 QR 分解成

$$\mathbf{H} = \mathbf{QR} \tag{4.87}$$

其中 **Q** 爲 $N_R \times N_T$ 矩陣，滿足 $\mathbf{Q}^H\mathbf{Q} = \mathbf{I}$，**R** 爲 $N_T \times N_T$ 上三角矩陣如下：

$$\mathbf{R} = \begin{bmatrix} r_{11} & r_{12} & \cdots & r_{1N_T} \\ 0 & r_{22} & \cdots & r_{2N_T} \\ \vdots & \vdots & \ddots & \vdots \\ 0 & 0 & \cdots & r_{N_T N_T} \end{bmatrix} \tag{4.88}$$

接著，使用 **Q** 對 (4.78) 式中接收信號進行線性檢測：

$$\tilde{\mathbf{y}}[n] = \mathbf{Q}^H \mathbf{y}[n] = \mathbf{Rx}[n] + \mathbf{Q}^H \mathbf{n}[n] = \mathbf{Rx}[n] + \tilde{\mathbf{n}}[n] \tag{4.89}$$

由於 **R** 爲上三角矩陣，$\tilde{\mathbf{y}}[n]$的元素具有特殊結構如下：

$$\tilde{y}_l[n] = r_{ll}x_l[n] + \sum_{i=l+1}^{N_T} r_{li}x_i[n] + \tilde{n}_l[n], \quad l = N_T,\ldots,1 \tag{4.90}$$

由此可知，第 l 個信號的干擾只來自第 $l+1$ 到 N_T 個信號，此外，第 N_T 個信號未受到任何干擾，因此，若檢測的順序係由下而上，並搭配 SIC，則可將所有信號逐一檢測出，其流程如圖 4-37 所示：

$$\text{Initialization } (l = N_T): \hat{x}_{N_T}[n] = \text{Dec}\left\{\frac{1}{r_{NN}}\tilde{y}_{N_T}[n]\right\}$$

$$\text{For } l = N_T - 1,..,1$$

$$z_l[n] = \frac{1}{r_{nn}}\left(\tilde{y}_l[n] - \sum_{i=n+1}^{N_T} r_{ni}\hat{x}_i[n]\right)$$

$$\hat{x}_l[n] = \text{Dec}\{z_l[n]\}$$

圖 4-37　基於 QR 分解的 V-BLAST 檢測流程

最後，值得一提的是，基於線性干擾抑制與SIC的MIMO檢測所能提供的多樣增益，係取決於信號檢測順序，具體而言，較晚檢測出的信號擁有較高的多樣增益，原因爲其消耗較少的自由度對抗干擾，而能保留較多自由度對抗通道衰落與雜訊。

4-8-3 球型解碼

如前所述，最佳 MIMO 檢測法爲 ML 法，以 (4.79) 式求最佳解，惟窮盡搜尋在實務上不可行，而線性與 SIC 檢測的效能亦不盡理想，因此尋求其他與 ML 法效能相近的低複雜度非線性檢測法，便成爲 MIMO 領域的重要研究議題。球型解碼 (sphere decoding)[31] 爲一能滿足 MIMO 檢測高效能低複雜度需求的演算法，依其所設計的檢測器即爲球型解碼器 (sphere decoder)，在近年間廣受討論，並運用於實際通訊系統的研發中。

球型解碼的概念係藉由設定有限的搜尋範圍以降低 ML 檢測複雜度，其以接收信號爲圓心，並於一個給定半徑 D 所形成的多維度球體範圍內進行搜尋，以取代 ML 的全域搜尋，換言之，球型解碼僅針對滿足下式的符碼進行 ML 搜尋：

$$\left\|\mathbf{y}[n]-\mathbf{H}\mathbf{x}[n]\right\|^2 \le D^2 \tag{4.91}$$

球型解碼的概念看似簡單，其執行面的關鍵問題爲如何決定 D；D 選得太大，則複雜度高，選得太小，則可能遺漏眞正的最佳解。爲進一步降低複雜度，球型解碼藉由對通道矩陣 $\mathbf{H}$ 做 $\mathbf{QR}$ 分解，將高維度搜尋轉變爲多個低維度搜尋，$\mathbf{QR}$ 分解如 (4.92) 式[32]：

$$\mathbf{H}=\begin{bmatrix}\mathbf{Q}_1 & \mathbf{Q}_2\end{bmatrix}\begin{bmatrix}\mathbf{R}\\ \mathbf{0}\end{bmatrix} \tag{4.92}$$

其中 $\mathbf{Q}_1$ 爲 $N_R\times N_T$，$\mathbf{Q}_2$ 爲 $N_R\times(N_R-N_T)$，$[\mathbf{Q}_1\ \mathbf{Q}_2]$ 爲么正矩陣 (unitary matrix)，$\mathbf{R}$ 爲 $N_T\times N_T$ 上三角矩陣，其結構如 (4.88) 所示，$\mathbf{0}$ 爲 $(N_R-N_T)\times N_T$ 全零矩陣。將 (4.92) 式代入 (4.91) 式並將左式乘以 $[\mathbf{Q}_1\ \mathbf{Q}_2]^H$，可得 (4.93) 式[33]：

$$\left\|\mathbf{Q}_1^H\mathbf{y}[n]-\mathbf{R}\mathbf{x}[n]\right\|^2 \le D^2-\left\|\mathbf{Q}_2^H\mathbf{y}[n]\right\|^2=d^2 \tag{4.93}$$

---

31 請參考 [27]。
32 請注意此處的表示法與 (4.87) 不同。
33 利用么正轉換不改變向量範數 (norm) 的特性。

令 $\mathbf{z}[n]=\mathbf{Q}_1{}^H\mathbf{y}[n]$ ，則 (4.93) 式可改寫為

$$\|\mathbf{z}[n]-\mathbf{R}\mathbf{x}[n]\|^2=\left\|\begin{bmatrix} z_1 \\ \vdots \\ z_{N_T} \end{bmatrix}-\begin{bmatrix} r_{11} & r_{12} & \cdots & r_{1N_T} \\ 0 & r_{22} & \cdots & r_{2N_T} \\ \vdots & \vdots & \ddots & \vdots \\ 0 & 0 & \cdots & r_{N_TN_T} \end{bmatrix}\begin{bmatrix} x_1 \\ \vdots \\ x_{N_T} \end{bmatrix}\right\|^2 \le d^2 \tag{4.94}$$

(4.94) 式可展開為 (4.95) 式：

$$\sum_{i=1}^{N_T}\left|z_i-\sum_{j=i}^{N_T}r_{ij}x_j\right|^2=\sum_{i=1}^{N_T}B_i \le d^2 \tag{4.95}$$

其中 B_i 為分支度量 (branch metric)，代表誤差量；分支度量的累加稱為路徑度量 (path metric)，定義如下：

$$P_l=\sum_{i=l}^{N_T}B_i \tag{4.96}$$

由 (4.95) 式可發現，解 x_i 時僅與 $\{x_{i+1},x_{i+2},...,x_{N_T}\}$ 有關，因此 (4.95) 式所代表的高維度球體搜尋問題可轉化為樹狀搜尋以提高搜尋效率，如圖 4-38 所示，其中每一層針對單一符碼進行搜尋，不同節點代表該符碼的不同可能值。圖 4-38 的樹狀搜尋的數學描述如下：首先，在第 N_T 層，依下式對 x_{N_T} 執行搜尋：

$$\left|z_{N_T}-r_{N_TN_T}x_{N_T}\right|^2 \le d^2-\sum_{i=1}^{N_T-1}B_i \approx d^2 \tag{4.97}$$

其中的近似代表將目前尚未知道的 $\{B_1,...,B_{N_T-1}\}$ 捨去不考慮，搜尋完畢後將滿足 (4.97) 式的 x_{N_T} (節點) 保留於樹狀圖第 N_T 層中；接著，針對每一個保留的 x_{N_T} ，在第 N_T-1 層，依下式對 x_{N_T-1} 執行搜尋：

$$\begin{aligned}\left|z_{N_T-1}-r_{(N_T-1)N_T}x_{N_T}-r_{(N_T-1)(N_T-1)}x_{N_T-1}\right|^2 &\le d^2-\left|z_{N_T}-r_{N_TN_T}x_{N_T}\right|^2-\sum_{i=1}^{N_T-2}B_i \\ &\approx d^2-\left|z_{N_T}-r_{N_TN_T}x_{N_T}\right|^2\end{aligned} \tag{4.98}$$

其中的近似代表將目前尚未知道的 $\{B_1,...,B_{N_T-2}\}$ 捨去不考慮，搜尋完畢後將滿足 (4.98) 式的 x_{N_T-1} (節點) 紀錄於樹狀圖第 N_T-1 層中；以此類推，直到第一層。執行完畢上述搜尋後，最佳解即爲所有完整的路徑組合中具有最小總路徑度量 P_1 者。下一小節將介紹兩種典型的樹狀搜尋策略：深向優先 (depth first) 及橫向優先 (breadth first) 搜尋。

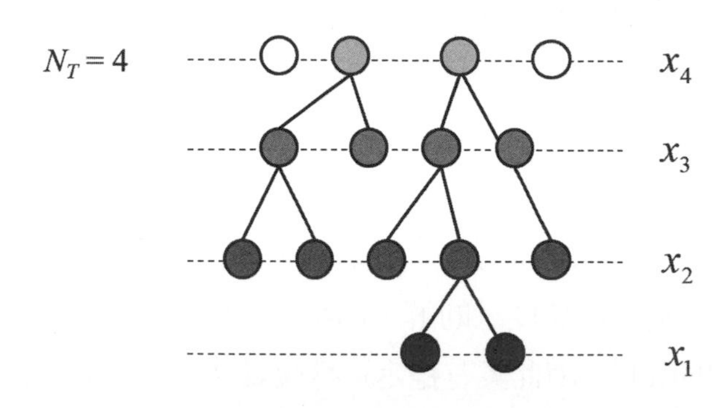

圖 4-38 球型解碼樹狀搜尋示意

深向優先搜尋策略

深向優先搜尋的基本精神爲：在每一層，僅保留具有最小路徑度量的節點，重複此步驟直至最底層。當搜尋至最底層時，已找出一條完整路徑，亦即爲一可能解，若此路徑的路徑度量較原搜尋半徑小，則可取代原搜尋半徑成爲新的搜尋半徑；若至最底層時仍尚未經歷過所有節點，則此解未必爲最佳解，故需返回搜尋剩餘的節點。若搜尋某節點時發現其路徑度量大於搜尋半徑，則可丟棄之，因縱使向下搜尋，其最終解的路徑度量必大於搜尋半徑，如此可有效降低搜尋複雜度。

範例：深向優先搜尋 $N_T = 3$

考慮 $N_T = 3$ 的簡單案例，其樹狀圖如圖 4-39 所示，其中各節點內之值即爲其路徑度量。深向優先搜尋的搜尋路徑如圖中虛線所示，其搜尋半徑初始值爲無限大，當搜尋至左邊最底層的節點時，搜尋半徑更新爲 13，再返回上一層搜尋剩餘的節點，上一層節點爲 15 大於搜尋半徑，故捨棄，遂再返回上一層搜尋，最後到達右邊最底層的節點，其路徑度量爲 12，小於左邊最底層的節點路徑度量，因此最佳解爲包含右邊最底層節點的路徑；將搜尋半徑更新爲 12，再返回上一層搜尋剩餘的節點，最後到達最底層的節點，其路徑度量爲 10，此時已經歷各節點，因此該路徑即爲最佳解。由以上說明，可發現深向優先搜尋必可找到具最短路徑度量的解，即全域最佳解，然而其運算複雜度隨場景變動較大，導致實務上的限制，因此具有穩定運算複雜度的變形演算法廣受討論。

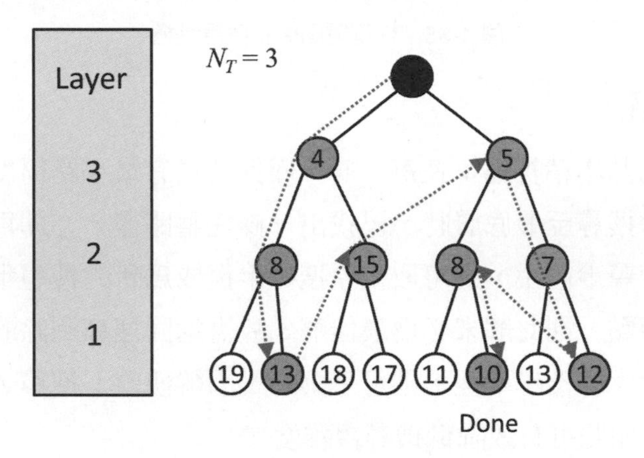

圖 4-39　球型解碼深向優先搜尋示意

橫向優先搜尋策略

橫向優先搜尋的基本精神為：在每一層，僅保留具有最小路徑度量的 K 個節點，重複此步驟直至最底層。如此樹狀結構將不逐層擴大，可有效降低搜尋複雜度。

範例：橫向優先搜尋 $N_T = 3, K = 4$

考慮 $N_T = 3, K = 4$ 的簡單案例，其樹狀圖如圖 4-40 所示，每層只留下四個節點，其餘皆被捨去，因此搜尋範圍不逐層擴大。由於在每層的搜尋中，無法確定是否保留最佳解，因此橫向優先搜尋的效能較差，但因其具有規律性，運算複雜度可預測，在實務上有較高的接受度。

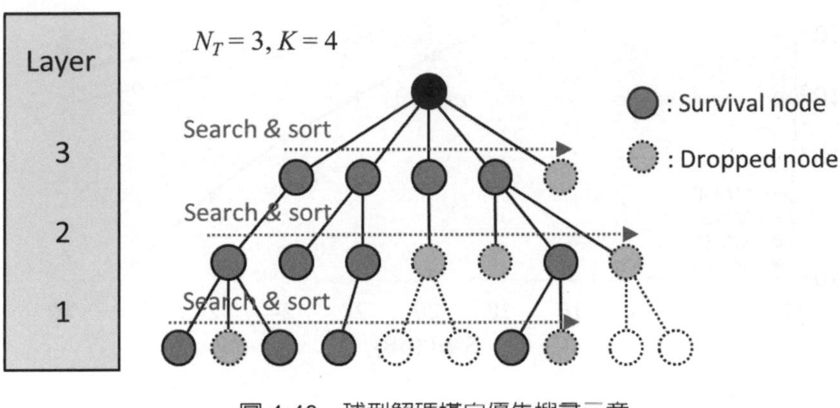

圖 4-40 球型解碼橫向優先搜尋示意

範例：不同 MIMO 檢測技術效能比較

考慮使用 4 × 4 的 MIMO 系統傳送 16-QAM 符碼，以五種不同 MIMO 檢測器還原符碼，其檢測 BER 如圖 4-41 所示，其中 ZF 與 MMSE 爲線性檢測器，SQRD 爲基於 QR 分解的 V-BLAST 檢測器，MMSE-SIC 爲 MMSE 線性檢測器搭配 SIC，SD 爲球型解碼器搭配深向優先搜尋。由結果所示，球型解碼器效能遠較其他線性及非線性檢測器佳；MMSE-SIC 檢測器因其 SIC 輔助，又較球型解碼器以外的其他檢測器爲佳。

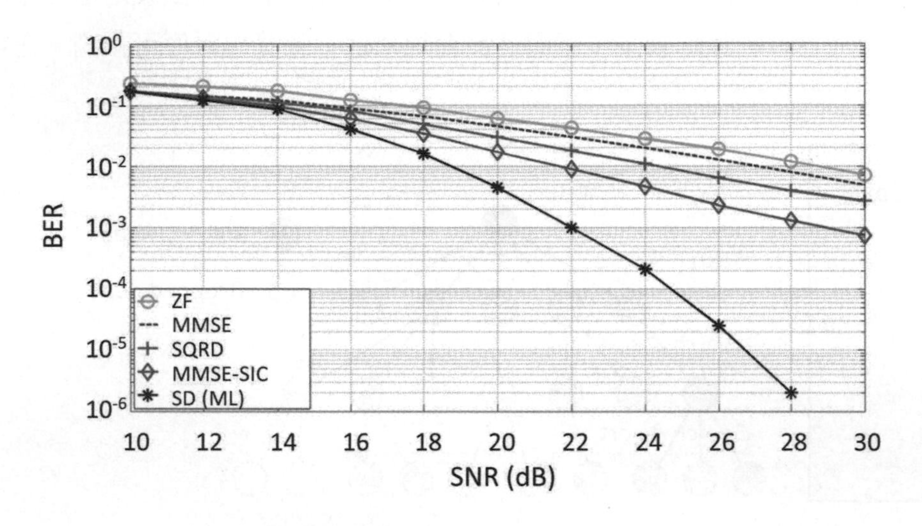

圖 4-41　不同 MIMO 檢測器 BER 效能比較

4-9　MIMO 預編碼

MIMO 預編碼 (precoding)[34] 係利用信號處理技巧將傳送信號於傳送前做適當轉換，使接收端可達到預期的系統效能。在設計預編碼器 (precoder) 時，傳送端經常需使用通道資訊，通道的優劣及其資訊的正確與否影響預編碼器效能甚鉅。此節將介紹幾種 MIMO 預編碼在不同系統與不同形式通道資訊下的設計方式，就系統架構面，可分爲單用戶 (single-user) 及多用戶 (multi-user) 預編碼；就通道資訊面，可分爲基於 CSIT 及基於碼簿 (codebook) 的預編碼。

34　請參考 [3]。

4-9-1 單用戶 MIMO 預編碼

單用戶 MIMO 預編碼系統概念如圖 4-42 所示，其中傳送端欲傳送 Q 個信號，經預編碼後的傳送信號向量爲

$$\mathbf{x}[n]=\mathbf{F}\mathbf{s}[n] \tag{4.99}$$

其中 $\mathbf{s}[n]=[s_1[n],...,s_Q[n]]^T$ 爲原始傳送信號向量，$\mathbf{F}$ 爲 $N_T\times Q$ 的預編碼矩陣 (precoding matrix)。經過通道 $\mathbf{H}$ 之後，接收信號向量爲

$$\mathbf{y}[n]=\mathbf{H}\mathbf{x}[n]+\mathbf{n}[n]=\mathbf{H}\mathbf{F}\mathbf{s}[n]+\mathbf{n}[n] \tag{4.100}$$

爲方便推導，假設 $\{s_i[n]\}$ 爲相互獨立且具單位功率，$\mathbf{n}[n]$ 爲具 i.i.d. $CN(0,\sigma_n^2)$ 元素的雜訊向量，因此其相關矩陣可表爲

$$\mathbf{R}_{ss}=E\left\{\mathbf{s}[n]\mathbf{s}^H[n]\right\}=\mathbf{I}_Q \quad ; \quad \mathbf{R}_{nn}=E\left\{\mathbf{n}[n]\mathbf{n}^H[n]\right\}=\sigma_n^2\mathbf{I}_{N_R} \tag{4.101}$$

最後，接收信號經過對應的 MIMO 解碼後成爲

$$\hat{s}[n]=\mathbf{G}\mathbf{y}[n]=\mathbf{G}\mathbf{H}\mathbf{F}\mathbf{s}[n]+\mathbf{G}\mathbf{n}[n] \tag{4.102}$$

其中 $\mathbf{G}$ 爲 $Q\times N_R$ 的解碼矩陣 (decoding matrix)。

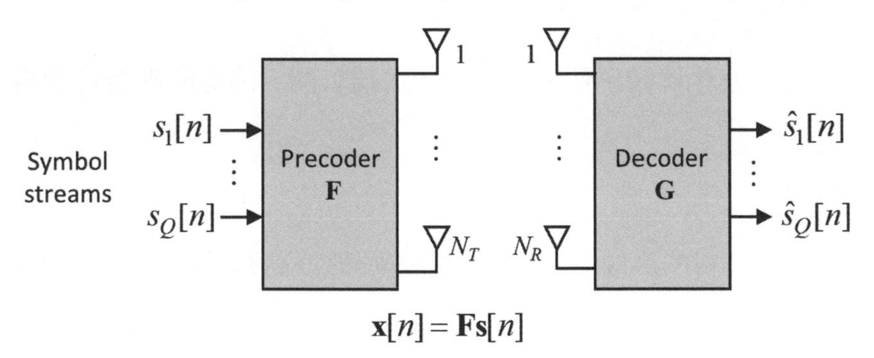

圖 4-42 單用戶 MIMO 預編碼系統示意

上述預編碼系統的目的爲設計適當的 $\mathbf{F}$ 與 $\mathbf{G}$，使得解碼信號 $\hat{s}[n]$ 盡可能接近原始傳送信號 $\mathbf{s}[n]$。值得注意的是，原始傳送信號數 Q 不可超過傳送天線及接收天線之較小值，亦即 $Q\leq\min\{N_R,N_T\}$ ，亦不可超過通道矩陣 $\mathbf{H}$ 的秩，以符合系統的多工增益限制。

最大化傳輸率預編碼

假設傳送端具備完整的通道資訊，亦即 CSIT，則最常見的預編碼設計方式之一爲最大化系統傳輸率，亦即設計一個最大化 MIMO 通道容量的預編碼矩陣，如 (4.103) 式所示：

$$\max_{\mathbf{F}} \log_2\left[\det\left(\mathbf{I}_Q + \frac{1}{\sigma_n^2}\mathbf{F}^H\mathbf{H}^H\mathbf{H}\mathbf{F}\right)\right] \quad \text{(bps/Hz)}$$

$$\text{subject to } \operatorname{tr}\left(\mathbf{F}\mathbf{F}^H\right) = \operatorname{tr}\left(\mathbf{R}_{xx}\right) \le P \tag{4.103}$$

其中 $\mathbf{R}_{xx} = E\{\mathbf{x}[n]\mathbf{x}^H[n]\} = \mathbf{F}\mathbf{F}^H$ 由 (4.101) 式而得，P 爲傳送信號總功率上限。最大化傳輸率的設計方法如同 4-3-3 小節中所介紹的注水法，其最佳解爲

$$\mathbf{R}_{xx}^{\text{opt}} = \mathbf{V}_Q \operatorname{diag}\left(\left[P_1, \ldots, P_Q\right]^T\right)\mathbf{V}_Q^H \tag{4.104}$$

其中 $\mathbf{V}\Lambda\mathbf{V}^H$ 爲 $(1/\sigma_n^2)\mathbf{H}^H\mathbf{H}$ 的特徵值分解，$\mathbf{V}_Q$ 爲 $\mathbf{V}$ 的前 Q 行構成的矩陣，而 $\{P_1, P_2, \ldots, P_Q\}$ 爲不同傳送信號的功率。最後，比較 (4.104) 式與 $\mathbf{R}_{xx} = \mathbf{F}\mathbf{F}^H$ 的結構，可得以下最佳預編碼器：

$$\mathbf{F}^{\text{opt}} = \mathbf{V}_Q \operatorname{diag}\left(\left[\sqrt{P_1}, \ldots, \sqrt{P_Q}\right]^T\right) \tag{4.105}$$

値得注意的是，最大化傳輸率預編碼僅與傳送端有關，因此解碼器可設爲任意 MIMO 檢測器。

MMSE 預編碼

MMSE 預編碼的目的爲最小化解碼後信號與傳送信號之間的均方誤差值，如 (4.106) 式所示：

$$\min_{\mathbf{G},\mathbf{F}} E\left\{\left\|\hat{\mathbf{s}}[n] - \mathbf{s}[n]\right\|^2\right\}$$

$$\text{subject to } \operatorname{tr}\left(\mathbf{F}\mathbf{F}^H\right) = \operatorname{tr}\left(\mathbf{R}_{xx}\right) \le P \tag{4.106}$$

其中誤差向量如下：

$$\hat{\mathbf{s}}[n]-\mathbf{s}[n]=\mathbf{GHFs}[n]-\mathbf{s}[n]+\mathbf{Gn}[n] \tag{4.107}$$

(4.106) 式的解可表示爲[35]

$$\begin{aligned}\mathbf{F}&=\mathbf{V}\boldsymbol{\Phi}_f\\ \mathbf{G}&=\boldsymbol{\Phi}_g\mathbf{V}^H\mathbf{H}^H/\sigma_n^2\end{aligned} \tag{4.108}$$

其中 $\mathbf{V}\Lambda\mathbf{V}^H$ 爲 $(1/\sigma_n^2)\mathbf{H}^H\mathbf{H}$ 的特徵值分解，而 $\boldsymbol{\Phi}_f$ 與 $\boldsymbol{\Phi}_g$ 的表示式如下：

$$\begin{aligned}\boldsymbol{\Phi}_f&=(\lambda^{-1/2}\boldsymbol{\Lambda}^{-1/2}-\boldsymbol{\Lambda}^{-1})_+^{1/2}\\ \boldsymbol{\Phi}_g&=(\lambda^{1/2}\boldsymbol{\Lambda}^{-1/2}-\lambda\boldsymbol{\Lambda}^{-1})_+^{1/2}\boldsymbol{\Lambda}^{-1/2}\end{aligned} \tag{4.109}$$

其中 λ 爲拉格朗日乘數，其值須符合傳送總功率限制，而 $(.)_+$ 爲將矩陣內元素爲負值者設爲零之運算。將 (4.109) 式代入 (4.108) 式整理後，可發現 **GHF** 爲一對角矩陣，亦即系統經過預編碼、通道、解碼之後的等效通道已被對角化，因此傳送信號被個別分離而解出。

4-9-2 基於碼簿的 MIMO 預編碼

上述介紹的預編碼器設計皆基於傳送端完全具備通道資訊的假設，此假設在實務上難以落實，因其需極大的回傳頻寬開銷[36]，較實際的做法爲僅回傳有限的通道或預編碼器資訊。有限回傳常見的作法爲通道量化與預編碼器量化，目前在許多主流通訊系統中所採用的方案爲屬於預編碼器量化的碼簿方案。本小節將針對基於碼簿的預編碼 (codebook based precoding) 進行介紹。

基於碼簿的預編碼概念爲：事先設計一組預編碼器，將之整合爲一本碼簿，並將碼簿內所有的預編碼器標立編號 (index)，傳送端與接收端均具備此碼簿的完全資訊。在傳送信號前，接收端先執行通道估計，並根據通道資訊由碼簿中選定一個最適當的預編碼器，再將其編號回傳至傳送端，而傳送端便使用此預選的預編碼器傳送信號。假設碼簿內含有不多於 2^B 個預編碼器，接收端只需回傳 B 個位元，回傳資料量大幅降低。基於碼簿的預編碼系統架構如圖 4-43 所示，其中 $\mathcal{F}$ 爲碼簿，$\mathbf{F}_i$ 爲碼簿中第 i 個預編碼器。基於碼簿的預編碼的最重要議題爲：(1) 如何在碼簿中選擇最佳的預編碼器；(2) 如何設

35 請參考 [29]。
36 此指 FDD 系統而言，如爲 TDD 系統，傳送端可自行估計通道。

計最佳的碼簿。碼簿的設計為一專業的研究領域，其中較著名者有：Grassmannian 包裝 (Grassmannian packing)、向量量化 (vector quantization, VQ)，及隨機向量量化 (random vector quantization, RVQ)[37]。

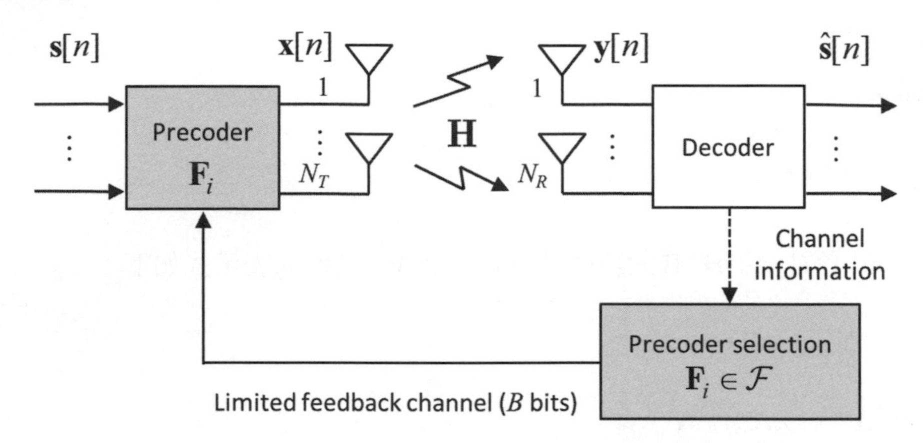

圖 4-43　基於碼簿的 MIMO 預編碼系統示意

給定碼簿與通道資訊後，接收端選擇預編碼器的準則擇要介紹如下：

最小奇異值準則

本準則在最大化等效通道 $\mathbf{HF}_i$ 的最小奇異值 (singular value)，其數學式如下：

$$\mathbf{F}^{\text{opt}} = \arg\max_{\mathbf{F}_i \in \mathcal{F}} \lambda_{\min}\{\mathbf{HF}_i\}$$
$$\text{subject to } \operatorname{tr}\left(\mathbf{F}_i\mathbf{F}_i^H\right) \leq P \tag{4.110}$$

其中 $\lambda_{\min}\{\mathbf{HF}_i\}$ 表示 $\mathbf{HF}_i$ 的最小奇異值。由於 $\mathbf{HF}_i$ 可視為結合預編碼器後的等效通道，提高其最小奇異值可使等效通道的條件數 (condition number) 較小，故可改善傳輸效能。

最大容量準則

本準則在最大化等效通道 $\mathbf{HF}_i$ 的容量，其數學式如下：

$$\mathbf{F}^{\text{opt}} = \arg\max_{\mathbf{F}_i \in \mathcal{F}} \log_2\left[\det\left(\mathbf{I}_Q + \frac{1}{\sigma_n^2}\mathbf{F}_i^H\mathbf{H}^H\mathbf{HF}_i\right)\right]$$
$$\text{subject to } \operatorname{tr}\left(\mathbf{F}_i\mathbf{F}_i^H\right) \leq P \tag{4.111}$$

37　請參考 [34]。

MMSE 準則

本準則在最小化解碼後信號與傳送信號之間的均方誤差值，其數學式如下：

$$\mathbf{F}^{\text{opt}} = \arg\min_{\mathbf{F}_i \in \mathcal{F}} \text{tr}\left(\left(\mathbf{I}_Q + \frac{1}{\sigma_n^2}\mathbf{F}_i^H \mathbf{H}^H \mathbf{H}\mathbf{F}_i\right)^{-1}\right)$$
$$\text{subject to } \text{tr}\left(\mathbf{F}_i \mathbf{F}_i^H\right) \le P \tag{4.112}$$

此處的 MMSE 係假設接收端解碼使用基於等效通道 $\mathbf{HF}_i$ 的 MMSE 檢測 [38]。

除 MMSE 準則外，以上基於碼簿的預編碼並未涉及解碼器的設計，使用者可依其需求選擇適當的 MIMO 檢測策略。

4-9-3 基於碼簿的多模式 MIMO 預編碼

MIMO 系統根據其通道條件，可提供不同程度的多樣增益或多工增益，因此在不同的通道條件下，應妥爲權衡 (tradeoff)，選擇最適當的傳輸方式。配合傳輸方式選擇的預編碼稱爲多模式預編碼 (multi-mode precoding)，其中模式係指信號數或數據流 (data stream) 數量。多模式預編碼同時選擇預編碼器與模式，使系統能更全面地回應通道條件與傳輸需求，其系統架構如圖 4-44 所示，其中 Q 爲傳送的數據流數量 (即模式)，$\mathcal{M}$ 爲所有模式的集合，$\mathcal{F}_Q$ 爲模式 Q 使用的碼簿。

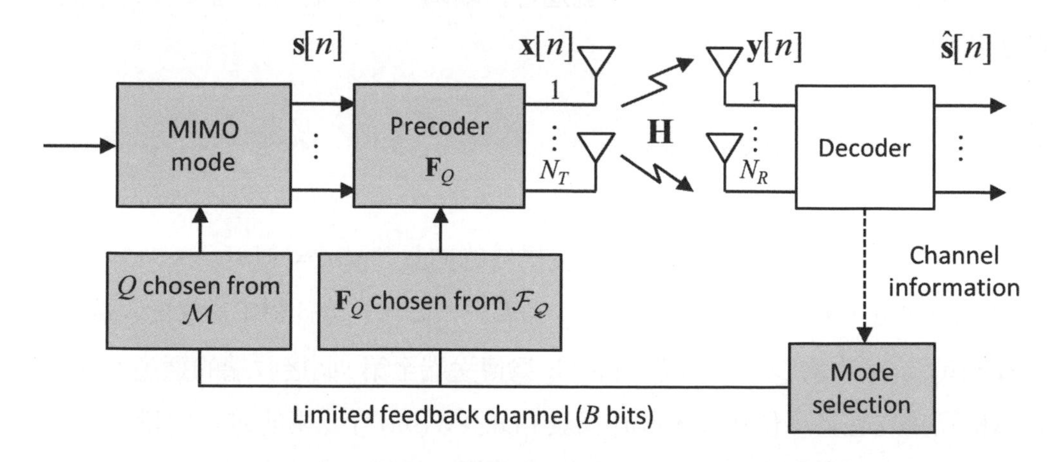

圖 4-44 基於碼簿的多模式 MIMO 預編碼系統示意

38 請參考本章習題 10。

多模式預編碼在所有模式及其對應的預編碼器中，選擇最佳的預編碼器使用，其選擇預編碼器的準則如前一小節所述，如以最大容量準則為例，則其數學式如下：

$$\begin{aligned}
&\mathbf{F}^{\text{opt}} = \mathbf{F}_Q^{\text{opt}} \\
&Q = \arg\max_{q\in\mathcal{M}} \log_2\left[\det\left(\mathbf{I}_q + \frac{1}{\sigma_n^2}\left(\mathbf{F}_q^{\text{opt}}\right)^H \mathbf{H}^H\mathbf{H}\mathbf{F}_q^{\text{opt}}\right)\right] \\
&\mathbf{F}_q^{\text{opt}} = \arg\max_{\mathbf{F}_i\in\mathcal{F}_q} \log_2\left[\det\left(\mathbf{I}_q + \frac{1}{\sigma_n^2}\mathbf{F}_i^H\mathbf{H}^H\mathbf{H}\mathbf{F}_i\right)\right] \\
&\text{subject to } \operatorname{tr}\left(\mathbf{F}_i\mathbf{F}_i^H\right) \le P
\end{aligned} \tag{4.113}$$

其中傳送總功率限制確保不同模式下，傳送端的輸出功率為恆定，以求公平性。由 (4.113) 式可發現其選擇準則是由各個模式中找出最佳的預編碼器，再由此組候選者當中找出最後當選的預編碼器。

4-9-4 多用戶 MIMO 預編碼

多用戶 MIMO (multi-user MIMO, MU-MIMO) 預編碼的概念為傳送端配置多根天線，傳送 Q 個信號給 Q 個接收端，而每個接收端僅配置一根天線，其系統概念如圖 4-45 所示[39]。在此場景下，傳送端對傳送信號進行預編碼，接收端則個別接收其信號，其接收信號表示如下：

$$\mathbf{y}[n] = \mathbf{H}\sum_{q=1}^{Q}\mathbf{f}_q s_q[n] = \mathbf{HFs}[n] + \mathbf{n}[n] \tag{4.114}$$

其中 $\mathbf{y}[n]=[y_1[n],...,y_Q[n]]^T$ 為 Q 個接收信號構成的向量，$\mathbf{s}[n]=[s_1[n],...,s_Q[n]]^T$ 為 Q 個傳送信號構成的向量，$\mathbf{F}=[\mathbf{f}_1,...,\mathbf{f}_Q]$ 為 $N_T\times Q$ 預編碼矩陣，$\mathbf{f}_i$ 為針對第 i 個接收端的預編碼向量，$\mathbf{H}=[\mathbf{h}_1,...,\mathbf{h}_Q]^T$ 為 $Q\times N_T$ 通道矩陣，$\mathbf{h}_i$ 為傳送端至第 i 個接收端的通道；如前假設，$\{s_i[n]\}$ 為相互獨立且具單位功率，$\mathbf{n}[n]$ 為具 i.i.d. $CN(0,\sigma_n^2)$ 元素的雜訊向量。

多用戶 MIMO 預編碼系統中，接收端具備單一天線，其對抗干擾的能力極有限，故預編碼主要目的為設計預編碼矩陣 $\mathbf{F}$，使得接收端之間的相互干擾能盡量降低，個別接收端能如實還原其信號。為達此目的，傳送端需事先具備通道資訊。

39 多用户 MIMO 預編碼也可運用於多天線接收端，或多個傳送端與單一接收端的場景。

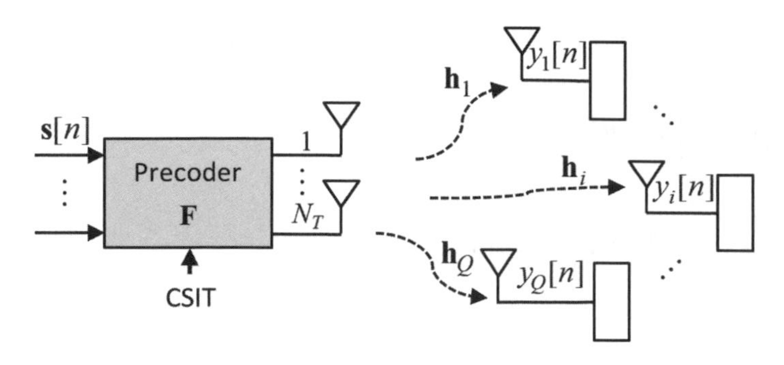

圖 4-45 多用戶 MIMO 預編碼系統示意

ZF 預編碼

將接收端之間的相互干擾去除的直接做法爲 ZF 預編碼，如同 ZF MIMO 檢測，ZF 預編碼的目的在將個別傳送信號指向其接收端，同時使其不影響其他接收端，如圖 4-46 所示，其中預編碼向量 $\mathbf{f}_i$ 如同針對第 i 個接收端的傳送波束形成器，將波束指向第 i 個接收端，同時將零點指向其他接收端，亦即

$$\mathbf{h}_i^T \mathbf{f}_{\mathrm{ZF},q} = 0 \ , \quad q \neq i \tag{4.115}$$

ZF 預編碼器的解如下式：

$$\mathbf{f}_{\mathrm{ZF},i} = \frac{[\mathbf{H}^+]_i}{\kappa \left\| [\mathbf{H}^+]_i \right\|} \tag{4.116}$$

其中 $\mathbf{H}^+ = \mathbf{H}^H (\mathbf{H}\mathbf{H}^H)^{-1}$ 爲 $\mathbf{H}$ 的擬反矩陣，$[\mathbf{H}^+]_i$ 爲 $\mathbf{H}^+$ 的第 i 行，κ 爲正規化係數，使預編碼器符合傳送總功率限制。

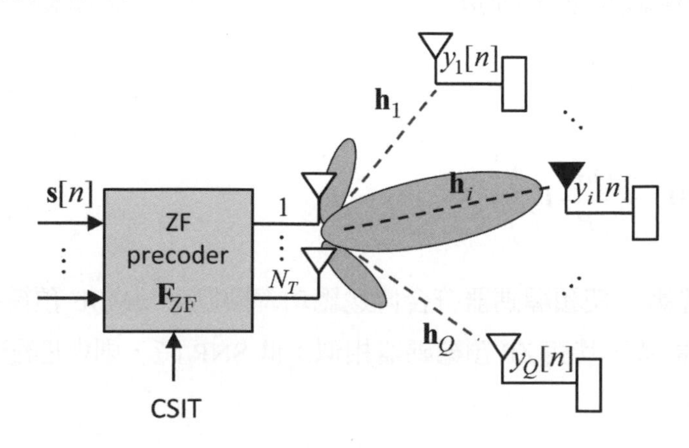

圖 4-46 ZF 預編碼系統示意

根據 (4.116) 式，第 i 個接收端的接收信號可表示爲

$$\begin{aligned} y_i[n] &= \mathbf{h}_i^T \sum_{q=1}^{Q} \mathbf{f}_{\mathrm{ZF},q} s_q[n] + n_i[n] \\ &= \mathbf{h}_i^T \mathbf{f}_{\mathrm{ZF},i} s_i[n] + \sum_{\substack{q=1 \\ q\neq i}}^{Q} \mathbf{h}_i^T \mathbf{f}_{\mathrm{ZF},q} s_q[n] + n_i[n] \\ &= \frac{1}{\kappa \left\| [\mathbf{H}^+]_i \right\|} s_i[n] + n_i[n] \end{aligned} \tag{4.117}$$

由 (4.117) 式可發現，對所有其他接收端，預編碼與通道的組合效應皆爲 0，因此不會收到 $s_i[n]$。如同 ZF 檢測，在通道狀況不佳時，ZF 預編碼的效能亦受影響，惟其原因並非雜訊放大，而是 $\mathbf{H}^+$ 的範數放大，因此 (4.117) 式中的接收信號將除以一個很大的值，而使 SNR 下降，此現象稱爲功率降低 (power reduction)。

MMSE 預編碼

MMSE 預編碼的目的爲最小化接收信號與傳送信號之間的均方誤差，如下所示：

$$\begin{aligned} &\min_{\mathbf{F}} E\left\{ \left\| \mathbf{y}[n] - \mathbf{s}[n] \right\|^2 \right\} \\ &\text{subject to } \operatorname{tr}\left(\mathbf{F}\mathbf{F}^H \right) \leq P \end{aligned} \tag{4.118}$$

其中誤差向量如下：

$$\mathbf{y}[n] - \mathbf{s}[n] = \mathbf{HFs}[n] - \mathbf{s}[n] + \mathbf{n}[n] \tag{4.119}$$

(4.118) 式的解可表示爲

$$\mathbf{F} = \frac{1}{\kappa} \mathbf{H}^H \left(\mathbf{H}\mathbf{H}^H + \frac{Q\sigma_n^2}{P} \mathbf{I}_Q \right)^{-1} \tag{4.120}$$

其中 κ 爲正規化係數，使預編碼器符合傳送總功率限制。MMSE 預編碼器權衡干擾與雜訊的影響，高 SNR 時，其與 ZF 預編碼器相似；低 SNR 時，則與匹配預編碼器 (matched precoder) 相似 [40]。

---

40 匹配預編碼器即爲使用 $\mathbf{F} = \mathbf{H}^H$ 直接匹配通道。

基於 SINR 的預編碼

基於 SINR 的預編碼其概念爲設定每個接收端所需滿足的最低 SINR 值，並在符合該條件的所有解當中選取具最小總傳送功率的一組預編碼器，此設計概念可表示爲 (4.121) 式的最佳化問題[41]：

$$\min_{\mathbf{F}} \operatorname{tr}\left(\mathbf{F}\mathbf{F}^H\right)$$

$$\text{subject to } \frac{\left|\mathbf{h}_i^T \mathbf{f}_i\right|^2}{\sum_{\substack{q=1 \\ q\neq i}}^{Q} \left|\mathbf{h}_i^T \mathbf{f}_q\right|^2 + \sigma_n^2} \geq \text{SINR}_{T,i} \tag{4.121}$$

$$\operatorname{tr}\left(\mathbf{F}\mathbf{F}^H\right) \leq P$$

其中 $\text{SINR}_{T,i}$ 爲第 i 個接收端的目標 SINR，而最佳解仍須滿足傳送總功率限制。(4.121) 式爲一常見的非凸二次問題 (non-convex quadratic problem)[42]，其最佳解難以獲得，通常以半定鬆弛法 (semi-definite relaxation, SDR) 尋找符合其限制的最佳近似解。

污紙編碼

污紙編碼 (dirty paper coding, DPC) 的概念爲在信號源事先知悉干擾的前提下，利用預編碼處理使得解碼不受干擾影響[43]，其設計係基於一個特殊的模函數 (modulo fuinction)，定義如下：

$$\pi(y) = y - \left\lfloor \frac{y + \tau/2}{\tau} \right\rfloor \tau \tag{4.122}$$

其中 $\lfloor \cdot \rfloor$ 爲取整數的地板函數 (floor function)，τ 爲一設計參數。若信號源爲 s，事先知悉的干擾爲 i，則預編碼後的信號 x 爲

$$x = \pi(s - i) = s - i - \tau k \tag{4.123}$$

41 請參考 [36]。
42 請參考附錄 B。
43 請參考 [37], [38]。

其中 k 爲模函數運算後的整數商數。使用模函數的優點爲可確保編碼後信號限制在 $[-\tau/2, \tau/2]$ 區間，其大小不隨干擾變化。在解碼端，只需將接收信號(含信號源、干擾、雜訊)經過原模函數運算後解出，如 (4.124) 式所示：

$$\hat{s} = \pi(x+i+n) = \pi(s-i-\tau k+i+n) \\ = \pi(s+n) \tag{4.124}$$

由 (4.124) 式可發現，解碼器可完全消除干擾，只要 $|s+n|$ 不超過 $\tau/2$，則解碼後信號將如同無干擾一般。

結合污紙編碼概念的多用戶 MIMO 預編碼系統如圖 4-47 所示，假設 $N_T \geq N_R$，$\mathbf{s}[n]=[s_1[n],...,s_{N_R}[n]]^T$ 爲原始傳送信號向量，其 MIMO 傳送接收信號關係如下：

$$\mathbf{y}[n] = \mathbf{H}\mathbf{x}[n] + \mathbf{n}[n] = \mathbf{R}^H\mathbf{x}'[n] + \mathbf{n}[n] \\ \mathbf{x}[n] = \mathbf{Q}\mathbf{x}'[n] \tag{4.125}$$

其中爲 $\mathbf{H}^H = \mathbf{QR}$ 爲 $\mathbf{H}^H$ 的 QR 分解，$\mathbf{Q}$ 滿足 $\mathbf{Q}^H\mathbf{Q} = \mathbf{I}$，$\mathbf{R}$ 爲上三角矩陣。由 (4.125) 式可發現，通道效應轉變爲下三角矩陣 $\mathbf{R}^H$，干擾效應已部分消除，故可降低前端污紙預編碼的複雜度。

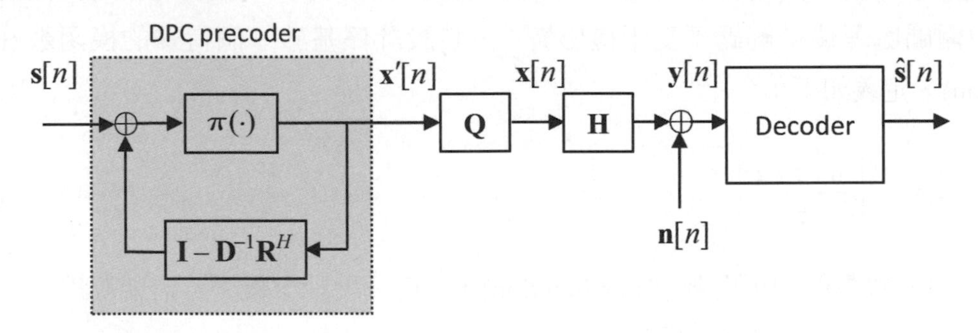

圖 4-47 基於 QR 分解的 MIMO 污紙預編碼系統示意

設計污紙預編碼器的前提爲使接收信號不受干擾影響，因此考慮如下的預編碼條件：

$$\mathbf{R}^H\mathbf{x}'[n] = \mathbf{D}\mathbf{s}[n] \tag{4.126}$$

其中

$$\mathbf{R}^H = \begin{bmatrix} r_{11} & 0 & \cdots & 0 \\ r_{21} & r_{22} & \cdots & 0 \\ \vdots & \vdots & \ddots & \vdots \\ r_{N_R1} & r_{N_R2} & \cdots & r_{N_RN_R} \end{bmatrix} \tag{4.127}$$

$$\mathbf{D} = \mathrm{diag}\left(r_{11},\ldots,r_{N_RN_R}\right) \tag{4.128}$$

將 (4.126) 式展開如下：

$$\begin{bmatrix} r_{11} & 0 & \cdots & 0 \\ r_{21} & r_{22} & \cdots & 0 \\ \vdots & \vdots & \ddots & \vdots \\ r_{N_R1} & r_{N_R2} & \cdots & r_{N_RN_R} \end{bmatrix} \begin{bmatrix} x_1'[n] \\ x_2'[n] \\ \vdots \\ x_{N_R}'[n] \end{bmatrix} = \begin{bmatrix} r_{11}s_1[n] \\ r_{22}s_2[n] \\ \vdots \\ r_{N_RN_R}s_{N_R}[n] \end{bmatrix} \tag{4.129}$$

可得如下聯立方程組：

$$\begin{aligned} x_1'[n] &= s_1[n] \\ x_2'[n] &= s_2[n] - \frac{r_{21}}{r_{22}} x_1'[n] \\ &\vdots \\ x_{N_R}'[n] &= s_{N_R}[n] - \frac{r_{N_R(N_R-1)}}{r_{N_RN_R}} x_{N_R-1}'[n] - \cdots - \frac{r_{N_R1}}{r_{N_RN_R}} x_1'[n] \end{aligned} \tag{4.130}$$

其中第 i 個方程式只與第 1 至 $i-1$ 個方程式相關，因此求解的順序應由上而下。(4.130) 式可化簡爲矩陣形式如下：

$$\mathbf{x}'[n] = \mathbf{s}[n] + \left(\mathbf{I} - \mathbf{D}^{-1}\mathbf{R}^H\right)\mathbf{x}'[n] \tag{4.131}$$

爲維持傳送信號功率限制，編碼後信號須再經過模函數運算，如圖 4-47 所示。

學習評量

1. MVDR 波束成形的原理是在維持觀測方向空間響應條件下，盡可能降低總接收功率，其權值向量如 (4.13) 式所示。當干擾信號強度遠低於雜訊時，MVDR 波束成形器將盡力抑制雜訊，試證明此時 MVDR 波束成形器將退化為匹配波束成形器。提示：假設觀測方向等於欲接收信號方向，並使用附錄 A 中的矩陣求逆引理。
2. 試說明 MVDR 波束成形器與 MMSE 波束成形器在同調多路徑通道下的效能差異。
3. 考慮一個傳送與接收天線總數為 6 的 MIMO 系統，其通道 **H** 為滿秩，各個元素趨近於 i.i.d.，而傳送端總功率與接收端 SNR 均為固定。當傳送端不具有通道資訊且接收端 SNR 很高時，試比較以下系統通道容量大小：$(N_T, N_R) = (1, 5), (2, 4), (3, 3), (4, 2), (5, 1)$，其中 (N_T, N_R) 代表傳送與接收天線數組合。
4. 於 4-3-4 小節中，非相關低秩模型的多樣增益為傳送與接收天線數較小者，試推論其原因。提示：考慮 (4.19) 式中多樣增益與錯誤率曲線斜率的關係，並將非相關低秩模型想像為一個多輸入單輸出系統 (MISO) 與一個單輸入多輸出系統 (SIMO) 的串接。
5. MIMO-OFDM 系統可視為由多個單次載波的 MIMO 系統組成，或由多個單天線的 OFDM 系統組成，試闡述之。
6. 考慮一個具有四根傳送天線且採用空時區塊碼的 MISO 系統，其空時碼字為

$$\mathbf{X} = \begin{bmatrix} s_1 & s_2 & -s_3^* & -s_4^* \\ s_2 & s_1 & -s_4^* & -s_3^* \\ s_3 & s_4 & s_1^* & s_2^* \\ s_4 & s_3 & s_2^* & s_1^* \end{bmatrix}$$

假設在空時區塊碼的傳送時間內，通道為非時變且無雜訊，接收信號可表示為 $\mathbf{y} = \mathbf{hX}$，其中 $\mathbf{y} = [y_1\ y_2\ y_3\ y_4]$，$y_1, y_2, y_3, y_4$ 分別為第一、二、三及四個時槽的接收信號；$\mathbf{h} = [h_1\ h_2\ h_3\ h_4]$，$h_1, h_2, h_3, h_4$ 分別為第一、二、三及四根天線的通道增益。

(1) 試求此空時碼的碼率 R。

(2) 經改寫後，接收信號可表示為 $\hat{\mathbf{y}} = \mathbf{HS}$，其中 $\mathbf{s} = [s_1\ s_2\ s_3\ s_4]^T$，$\mathbf{H}$ 為 4×4 的矩陣，$\hat{\mathbf{y}}$ 為 4×1 的向量。試求 $\mathbf{H}$ 與 $\hat{\mathbf{y}}$ 的表示式。

(3) 試求 $\mathbf{H}^H\mathbf{H}$ 並證明以兩個 2×2 的 ZF 檢測器可還原傳送信號。

7. MMSE 檢測器的原理為最小化傳送與接收信號的均方誤差，如 (4.84) 式所示，試推導其解得出 (4.85) 式。提示：參考第三章第三題。

8. 於 4-8-2 小節中的範例：基於 ZF+OSIC 的 V-BLAST 檢測，其程序可分爲四個步驟。試證明步驟 (1) 中具有最高 SNR 的信號，其編號即爲對應步驟 (4) 中 ZF 干擾抑制矩陣具有最大範數 (norm) 的行。提示：考慮 ZF 干擾抑制矩陣作用後的 SNR 表示式。
9. 試於下圖中畫出深向優先搜尋法球形解碼器的搜尋路徑。

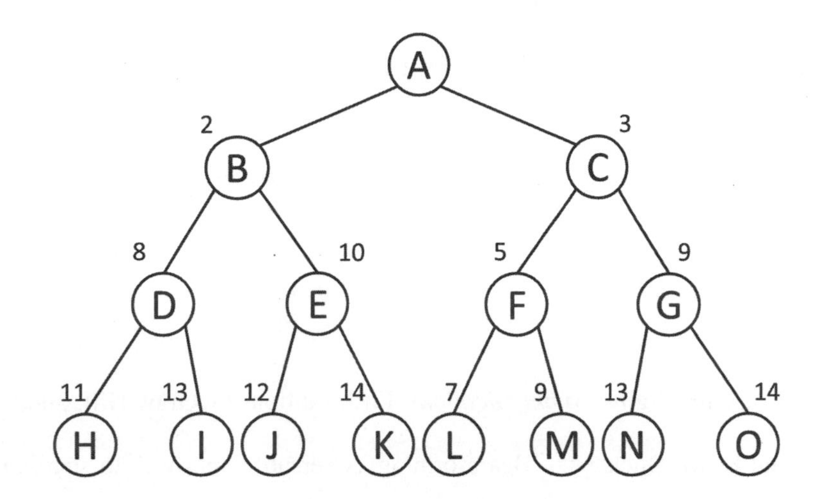

10. 於 4-9-2 小節中，採用 MMSE 準則的基於碼簿的預編碼，其目標爲最小化解碼後信號與傳送信號間的均方誤差值，如 (4.112) 式所示；具體而言，針對傳送端所選定的任一預編碼器，接收端需採用相對應的 MMSE 檢測，以獲得最小均方誤差值。試證明 (4.112) 式中欲最小化的目標函數，係以接收端使用基於等效通道 $\mathbf{HF}_i$ 的 MMSE 檢測爲前提所獲得。

參考文獻

[1] J. C. Liberti, Jr. and T. S. Rappaport, *Smart antennas for wireless communications: IS-95 and third generation CDMA Applications*, New Jersey: Prentice Hall, 1999.

[2] T. S. Rappaport, *Wireless Communications: Principles and Practice*, Second Edition, Prentice Hall, 2002.

[3] A. Paulraj, R. Nabar and D. Gore, *Introduction to Space-time Wireless Communications*, Cambridge University Press, 2003.

[4] D. Tse, and P. Viswanath, *Fundamental of Wireless Communication*, Cambridge University Press, 2005.

[5] G. Proakis and M. Salehi, *Digital communications*, Fifth Edition, McGraw Hill, 2008.

[6] B. D. Van Veen and K. M. Buckley, "Beamforming: A versatile approach to spatial filtering," *IEEE ASSP Magazine*, vol. 5, no. 2, pp. 4-24, Apr. 1988.

[7] H. L. Van Trees, *Detection, Estimation, and Modulation Theory, Part IV, Optimum Array Processing*, John Wiley & Sons, 2002.

[8] B. D. Van Veen and K. M. Buckley, "Beamforming techniques for spatial filtering," *Wireless, Networking, Radar, Sensor Array Processing, and Nonlinear Signal*, CRC Press, 2010.

[9] A. J. Paulraj and C. B. Papadias, "Array processing for mobile communications," *Wireless, Networking, Radar, Sensor Array Processing, and Nonlinear Signal*, CRC Press, 2010.

[10] A. Paulraj and C. B. Papadias, "Space-time processing for wireless communications," *IEEE Signal Processing Magazine*, vol. 14, no. 6, pp. 49-83, Nov. 1997.

[11] G. J. Foschini and M. J. Gans, "On limits of wireless communications in a fading environment using multiple antennas," *Wireless Personal Communications*, vol. 6, no. 3, pp. 311-355, 1998.

[12] A. F. Naguib, N. Sechadri and A. R. Calderbank, "Increasing data rate over wireless channels," *IEEE Signal Processing Magazine*, vol. 17, no. 3, pp. 76-92, May 2000.

[13] A. Lozano, F. R. Farrokhi and R. A. Valenzuela, "Lifting the limits on high-speed wireless data access using antenna arrays," *IEEE Communications Magazine*, vol. 39, no. 9, pp. 156-162, Sept. 2001.

[14] G. J. Foschini, D. Chizhik, M. J. Gans, C. Papadias and R. A. Valenzuela, "Analysis and performance of some basic space-time architectures," *IEEE Transactions on Communications*, vol. 21, no. 3, pp. 303-320, Apr. 2003.

[15] A. Hottinen, O. Tirkkonen, and R. Wichman, *Multi-antenna Transceiver Techniques for 3G and Beyond*, John Wiley & Sons 2003.

[16] A. Paulraj, D. A. Gore, R. U. Nabar and H. Bölcskei, "An overview of MIMO communications- A key to Gigabit wireless," *Proceedings of the IEEE*, vol. 92, no. 2, pp. 198-218, Feb. 2004.

[17] T. Schenk, *RF Imperfections in High-rate Wireless Systems - Impact and Digital Compensation*, Springer, 2008.

[18] Y. S. Cho, J. Kim, W. Y. Yang, and C. G. Kang, *MIMO-OFDM Wireless Communications with Matlab*, John Wiley & Sons, 2010.

[19] V. Tarokh, N. Seshdri and A. R. Calderbank, "Space-time codes for high data rate wireless communication: performance analysis and code construction," *IEEE Transactions on Information Theory*, vol. 44, no. 2, pp. 744-765, Mar. 1998.

[20] V. Tarokh, H. Jafarkhani and A. R. Calderbank, "Space-time block codes from orthogonal designs," *IEEE Transactions on Information Theory*, vol. 45, no. 5, pp. 1456-1467, Jul. 1999.

[21] A. F. Naguib and A. R. Calderbank, "Space-time coding and signal processing for high data rate wireless communications," *Wireless Communications and Mobile Computing*, vol. 1, no. 1, pp. 13-43, 2001.

[22] B. Vucetic and J. Yuan, *Space-Time Coding*, John Wiley, 2003.

[23] D. Gesbert, M. Shafi, D. Shiu, P. Smith, and A. Naguib, "From theory to practice: an overview of space-time coded MIMO wireless systems," *IEEE Journal on Selected Area in Communications*, vol. 21, no. 3, pp. 281-302, Apr. 2003.

[24] E. G. Larsson and P. Stoica, *Space-time Block Coding for Wireless Communication*, Cambridge University Press, 2008.

[25] L. Zheng and D. N. C. Tse, "Diversity and multiplexing: a fundamental trade off in multiple-antenna channels," *IEEE Transactions on Information Theory*, vol. 49, no. 5, pp. 1073-1096, May 2003.

[26] G. J. Foschini, "Layered space-time architecture for wireless communication in a fading environment when using multiple antennas," *Bell Labs System Technical Journal*, vol. 1, no. 2, pp. 41-59, 1996.

[27] H. Vikalo and B. Hassibi, "On the sphere-decoding algorithm I & II," *IEEE Transactions on Signal Processing*, vol. 53, no. 8, pp. 2806-2834, Aug. 2005.

[28] B. Shim and I. Kang, "Sphere decoding with a probabilistic tree pruning," *IEEE Transactions on Signal Processing*, vol. 56, no.10, pp. 4867-4878, Oct. 2008.

[29] H. Sampath, P. Stoica, and A. Paulraj, "Generalized linear precoder and decoder design for MIMO channels using the weighted MMSE criterion," *IEEE Transactions on Communications*, vol. 49, no. 12, pp. 2198-2206, Dec. 2001.

[30] A. Scaglione, P. Stoica, S. Barbarossa, G. B. Giannakis, and H. Sampath, "Optimal designs for space-time linear precoders and decoders," *IEEE Transactions on Signal Processing*, vol. 50, no. 5, pp. 1051-1064, May 2002.

[31] Y. Ding, T. N. Davidson, Z. Luo, and K. M. Wong, "Minimum BER block precoders for zero-forcing equalization," *IEEE Transactions on Signal Processing*, vol. 51, no. 9, pp. 2410-2423, Sept. 2003.

[32] M. Joham, W. Utschick, and J. A. Nossek, "Linear transmit processing in MIMO communication systems," *IEEE Transactions on Signal Processing*, vol. 53, no. 8, pp. 2700-2712, Aug. 2005.

[33] D. J. Love and R. W. Heath Jr., "Multi-mode precoding for MIMO wireless systems," *IEEE Transactions on Signal Processing*, vol. 53, no. 10, pp. 3674-3687, Oct. 2005.

[34] D. J. Love and R. W. Heath Jr., *et al.*, "An overview of limited feedback in wireless communication systems," *IEEE Journal on Selected Area in Communications*, vol. 26, no. 8, pp. 1341-1365, Oct. 2008.

[35] Q. H. Spencer, A. L. Swindlehurst, and M. Haardt, "Zero-forcing methods for downlink spatial multiplexing in multi-user MIMO channels," *IEEE Transactions on Signal Processing*, vol. 52, no. 2, pp. 461-471, Feb. 2004.

[36] A. B. Gershman, N. D. Sidiropoulos, S. Shahbazpanahi *et al.*, "Convex optimization based beamforming," *IEEE Signal Processing Magazine*, vol. 27, no. 3, pp. 62-75, May 2010.

[37] C. B. Peel, "On dirty-paper coding," *IEEE Signal Processing Magazine*, vol. 20, no. 3, pp. 112-113, May 2003.

[38] A. B. Gershman, N. D. Slidiropoulos, *Space-time Processing for MIMO Communications*, John Wiley & Sons, 2005.

Chapter 5

5G NR 系統與技術簡介

5-1 概論

國際電信聯盟 (International Telecommunication Union, ITU) 是聯合國的一個專門機構，主要負責確立國際電信及無線電的標準與管理制度制訂，其下屬無線電通訊部門 (ITU Radiocommunication Sector, ITU-R) 為負責無線電通訊管理的部門，業務包括無線電頻譜、應急無線電通訊、世界無線電通訊大會 (World Radiocommunication Conference, WRC)、海事無線接取與檢索系統 (Maritime Mobile Access and Retrieval System, MARS) 與國際行動電信 (International Mobile Telecommunications, IMT) 等。已通行全球多年的第四代行動通訊 (4G) 與目前興起的第五代行動通訊 (5G) 技術標準均由 ITU-R 所主導制定。ITU-R 的 4G 與 5G 技術規範正式名稱分別為 IMT-Advanced 與 IMT-2020，此處所指的技術規範是有關 4G 或 5G 系統的基本效能要求，如通道容量、頻譜效率等，至於使用何種架構與技術達到這些要求，ITU-R 並未規定，而是由各廠商或技術團隊自行規劃。所謂進階長期演進 (LTE-Advanced, LTE-A) 與 5G 新無線電 (5G New Radio, 5G NR) 即為第三代夥伴計畫 (3rd Generation Partnership Project, 3GPP) 所提出，經由 ITU-R 認可其符合 IMT-Advanced 與 IMT-2020 規範，而成為 4G 與 5G 的技術標準之一，本書將主要針對 5G 技術標準做介紹。

ITU-R 以 IMT-Advanced 的基本效能為考量，提出效能要求更高的 5G 技術規範 IMT-2020， IMT-Advanced 與 IMT-2020 的主要關鍵效能指標差異如圖 5-1 所示；根據 IMT-2020 的關鍵效能指標，ITU-R 亦針對大頻寬、低延遲與大量連結這三種特色，規範第五代行動通訊需支援三大用例，包含增強型行動寬頻 (enhanced mobile broadband, eMBB)、極可靠低延遲通訊 (ultra-reliable and low-latency communications, URLLC) 與巨量機器類型通訊 (massive machine type communications, mMTC)，其三大用例對應的關鍵效能指標與支援的應用與服務，如圖 5-2 與圖 5-3 所示。由於三大用例分別支援不同的應用與服務，因此 5G NR 技術標準的制訂亦須將其對應的技術納入考量。

LTE-A 與 5G NR 皆為無線數據通訊技術標準，由 3GPP 提出與制訂；如同大多數通訊技術，LTE-A 與 5G NR 的標準隨時間不斷演進成不同版本 (release, 以下簡稱 R)，其標準演進如圖 5-4 所示。3GPP 在 2009 年開始制定第一個符合 IMT-Advanced 的規格版本 R10，又稱為 LTE-A，其後標準不斷演進，發展至 R12 已完成制定 LTE-A 所需的通訊技術，而這些版本亦被稱為 4G LTE；其後，3GPP 根據 IMT-2020 的願景研究，以 4G 系統為基礎提出 5G NR，在 2016 年開始制定第一個符合 IMT-2020 的規格版本 R15，而 R13 與 R14 則為技術標準發展過程中的過渡版本，R15 與其後的版本稱為 5G NR。R15

爲 5G NR 技術發展的第一階段 (phase 1)，R16 爲第二階段 (phase 2)，R17 爲第三階段 (phase 3)。截至 2020 年，5G NR 已發展至第三階段，其間的三個階段主要發展的任務不同。R15 在 2018 年完成制定，主要任務爲發展 eMBB 所需的相關技術；R16 在 2018 年開始制定並在 2020 年完成制定，主要任務爲發展 URLLC 與 mMTC 所需的相關技術；R17 在 2020 年開始制定並仍在進行中，主要任務亦爲發展 URLLC 與 mMTC 所需的相關技術，並且以 R16 提出的關鍵技術進一步發展。

本書最後四章將介紹 5G NR 技術及其演進趨勢，本章將介紹 5G NR 的基本架構，第六章與第七章將介紹 5G NR 實體層的關鍵技術，分爲信號處理與運作機制，第八章則將介紹 5G NR 進階的關鍵技術。

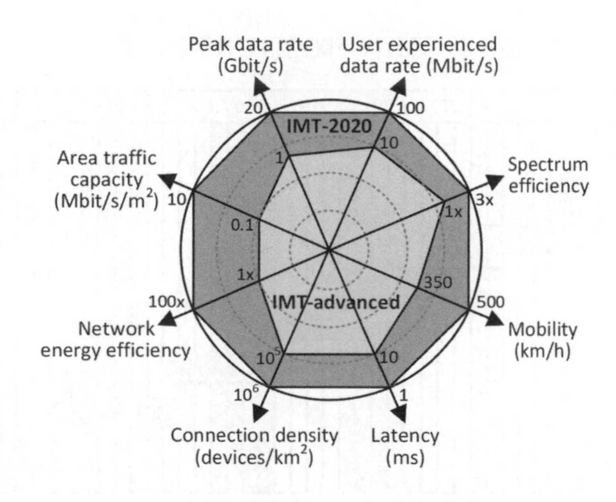

圖 5-1 IMT-Advanced 與 IMT-2020 的主要關鍵效能指標差異

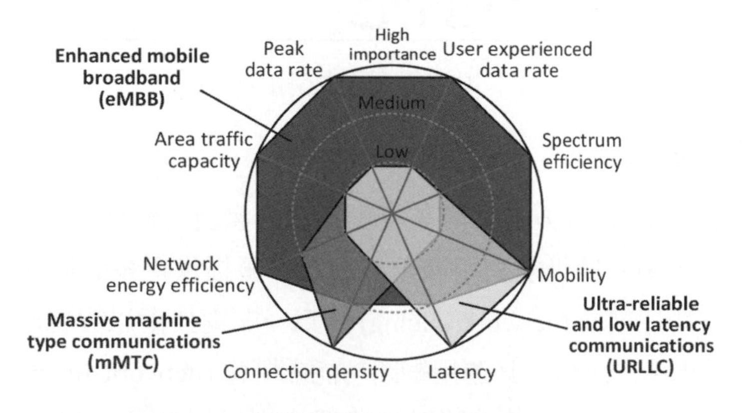

圖 5-2 第五代行動通訊三大用例的關鍵效能指標

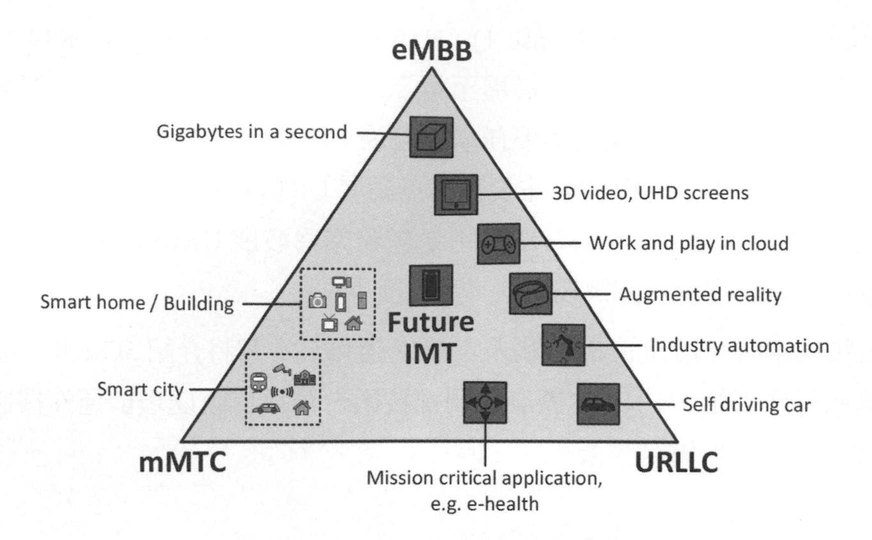

圖 5-3　第五代行動通訊三大用例示意

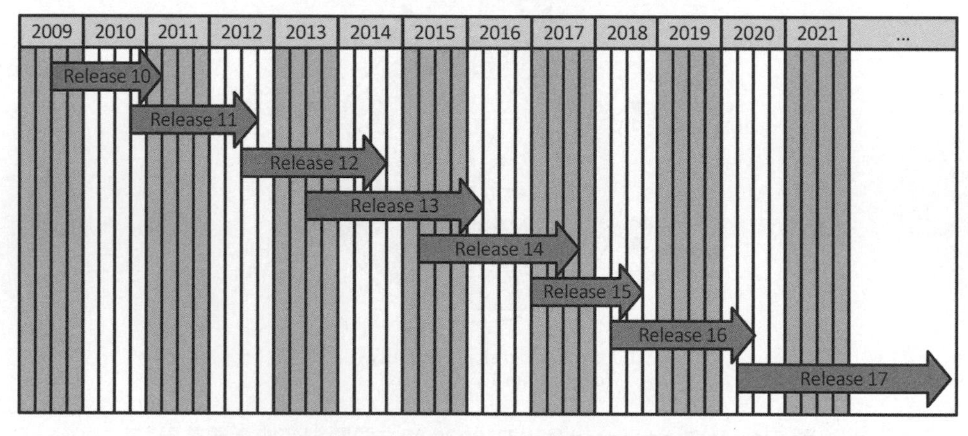

圖 5-4　4G LTE-A 與 5G NR 各版本隨時間演進示意

5-2　技術特點與演進

本節將逐一介紹 5G NR 現今各版本規格的重要技術內容。

網路切片與邊緣運算

網路切片 (network slice) 方面：隨著行動通訊的發展，雖然 5G 系統支援更多樣化的應用場景與服務，但系統仍須利用有限的網路資源提供更多的服務。爲了因應多樣的服務需求，網路切片技術 (network slicing) 即爲一關鍵技術以實現此目標，而大量的網路切片得以支援更多的應用，其運用網路功能虛擬化 (network functions virtualization, NFV) 技術至關重要。3GPP 在 R14 針對網路切片進行研究及探討，並於 R15 制定網路切片標準。5G NR 利用虛擬化技術，將原先網路架構中的各個網路功能 (network function, NF) 專屬硬體設備，改以軟體形式運作，再整合至通用規格的硬體設備中，以支援大量的網路切片應用。網路切片的概念係指將一個實體網路利用網路切片技術，將網路切分成多個虛擬的邏輯網路切片，其各個網路切片可具有特定的網路配置，並且支援特定應用場景的服務需求，進而實現一個實體網路可支援多種應用場景的架構。

邊緣運算 (edge computing) 方面：在 4G 系統中，當用戶需利用網路進行數據運算時，需將數據回傳至核心網路 (core network, CN) 才能運算，如此將增加數據傳輸的延遲。隨著行動通訊的演進，用戶裝置 (user equipment, UE) 的數量呈現爆炸性成長，造成系統需傳輸的數據量過於龐大，因此 5G 系統支援邊緣運算功能。邊緣運算係指用戶利用網路邊緣的基地台或數據中心先初步對數據做處理，因網路邊緣的基地台呈現分散式分布，故用戶可利用網路進行分散式運算 (distributed computing)。此外，邊緣運算亦稱爲行動邊緣運算 (mobile edge computing, MEC) 或多重接取邊緣運算 (multi-access edge computing)。3GPP 在 R14 針對邊緣運算進行研究及探討，R15 針對邊緣運算制定標準，將邊緣運算視爲一個網路功能作爲使用，以提供需要低延遲的服務於不同應用。網路切片與邊緣運算的具體技術內容將在 5-3-5 詳細介紹。

增強型行動寬頻

增強型行動寬頻 (eMBB) 係 5G NR 三大用例之一，主要特點爲強調更高的傳輸速率 (data rate)、用戶密度 (user density)、用戶移動性 (user mobility) 及覆蓋率 (coverage rate)，以提供良好的用戶體驗。R15 針對此用例制定相關效能指標規格，例如：(1) 上下行峰值傳輸速率 (peak data rate) 分別達到 10 Gbps 與 20 Gbps；(2) 上下行用戶體驗傳輸速率分別須達到 50 Mbps 與 100 Mbps；(3) 上下行峰值頻譜效率 (peak spectral efficiency) 分別須達 10 bps/Hz 與 30 bps/Hz；(4) 用戶平面 (user plane) 的延遲須小於 4 ms；(5) 控制平面 (control plane) 的延遲須小於 10 ms。爲達到制訂的規格，eMBB 採用若干關鍵技術：(1) 多樣時槽 (time slot)；(2) 新進編碼技術；(3) 毫米波 (millimeter wave, mmWave) 頻段與大規模多輸入多輸出 (massive MIMO) 運用；(4) 頻譜聚合 (spectrum aggregation)；(5) 核心網路演進。

多樣時槽方面，5G 系統在頻域與時域的資源配置方式較 4G LTE-A 系統更靈活彈性，頻域上會依電波頻率特性做不同的 OFDM 次載波變化，時域上的時槽配置亦可依不同需求而多樣變化。eMBB 的時槽配置方式主要有三個特點：(1) 時槽時間會依不同的次載波間距 (subcarrier spacing, SCS) 而改變；(2) 同一時槽內可同時含有下行與上行數據，其數據比例可依需求而調整；(3) 引入迷你時槽 (mini slot) 概念以支援 URLLC 用例，可隨時插入既有的時槽格式，做即時的數據傳輸。

新進編碼技術方面，相較於 4G 系統，5G 系統需在極短時間內傳送大量即時的數據，因此編碼技術的突破爲支援 5G 系統運作的一大關鍵，而 5G 系統採用的編碼技術主要分爲兩種：第一種爲極化碼 (polar code)，被使用於流量不大，但需要較高準確度的控制平面通道；第二種爲低密度奇偶檢查碼 (low-density parity-check code, LDPC code)，其具高效率、低複雜度、低延遲等特性，被使用於流量大的用戶平面通道。

毫米波與大規模多輸入多輸出運用方面，因爲天線間距會取決於波長大小，而 4G 系統使用低頻段的波長較長，因此不利於擴大天線陣列的規模。不過，5G 系統將使用 24 GHz 以上的毫米波頻段，其波長可小於 1 cm，短波長的特性可使天線間距縮小，在同樣面積下得以容納更多的天線，實現大規模天線陣列，而更多天線亦有利於運用波束成形技術並支援更高維度的 MIMO 架構。

頻譜聚合方面，5G 網路將透過結合不同頻段或不同通訊系統等方式，聚合不同頻譜資源以提升整體傳輸速率，其方式大致分成三種：(1) 不同通訊系統間之聚合：4G 基地台採用中低頻段且覆蓋範圍較廣，5G 基地台則大多使用中高頻段，傳輸速度快但覆蓋範圍較小，結合 4G 與 5G 基地台將可兼顧覆蓋範圍及傳輸速率；(2) 不同頻段間聚合：結合 5G 中頻段與高頻段的頻譜資源以提升整體速度；(3) 授權與非授權頻段之聚合：結合 5G 授權頻段與非授權的 ISM 頻段 (Industrial Scientific Medical Band)[1] 以提升整體速度。

核心網路演進方面，5G 網路佈建將保有原 4G 網路基礎並額外增設 5G 基地台，其網路架構主要分成兩大類：(1) 非獨立組網 (non-standalone, NSA)：5G 基地台連接 4G 核心網路，5G 基地台只負責提供用戶平面的相關功能，但控制平面的相關功能仍須仰賴 4G 核心網路提供；(2) 獨立組網 (standalone, SA)：5G 基地台連接 5G 核心網路，控制與用戶平面的相關功能全由 5G 核心網路提供。

極可靠低延遲通訊

極可靠低延遲通訊係 5G NR 關鍵的三大用例之一，此類型通訊對數據傳輸在低延遲 (low latency) 與高可靠度 (high reliability) 方面的品質要求非常嚴苛，針對用戶平面的通訊延遲需低於 0.5 ms，而在 1 ms 延遲與封包大小爲 32 bytes 的情況，數據傳輸區塊錯誤率 (block error rate, BLER) 需達到 10-5 以下。此用例範疇內的相關通訊應用，例如：工業自動化製造、遠程醫療手術、智慧電網配電自動化、運輸安全、自動駕駛汽車等，未來皆會因受益於極可靠低延遲通訊而得以實現。爲達成此嚴苛的品質要求，3GPP 制

1　各國主要開放給工業，科學和醫學機構使用的特定頻段，使用該頻段無需許可證或費用。

定相關技術以降低延遲及提升可靠度，在R15中主要利用彈性實體層參數(numerology)、下行搶占資源傳輸 (downlink pre-emption transmission)、上行授予資源傳輸 (uplink configured grant transmission) 等技術達成，彈性的實體層參數係指不同的次載波間距，5G 系統根據需求可使用較 4G 系統更大的次載波間距，縮短 OFDM 符碼的時間長度以降低傳輸延遲；下行搶占資源技術係指基地台在原先 eMBB 傳送數據的過程中，優先分配資源給 URLLC 運用，使 URLLC 數據可即時被傳送，並透過搶占指示 (pre-emption indication) 告知 eMBB 用戶其傳送資源中包含 URLLC 數據，不需對其資源進行解調；上行授予資源傳輸係指基地台授予用戶時頻資源 (time-frequency resource)，當用戶在上行使用配置的資源傳送數據時，即可直接動態授予 (dynamic grant) 傳輸，不需額外傳送排程請求 (scheduling request) 與接收基台地的上行授予。在 R16 主要針對加強版本的實體層處理，針對實體層通道與控制資訊進行延遲與可靠度方面的加強設計。URLLC 的具體內容將在第八章中詳細介紹。

裝置對裝置通訊與鄰域服務

裝置對裝置 (device-to-device, D2D) 通訊係指裝置間不經基地台直接通訊，因裝置皆對鄰近的區域提供服務，故 D2D 通訊亦被稱爲鄰域服務 (proximity service, ProSe)。D2D 通訊支援鄰域服務時，需有兩個基本的運作功能，一個是鄰域服務搜尋 (ProSe discovery)，其目的是找尋鄰近同樣支援鄰域服務的用戶；另一個是鄰域服務直接通訊，也就是實際的通訊行爲。爲便於說明，後續內容會以 ProSe 用戶表示使用鄰域服務的用戶。鄰域服務搜尋可分爲兩類：限制搜尋及開放搜尋，其區別在於 ProSe 用戶是否可以拒絕其他用戶的鄰域服務搜尋，反過來說就是鄰域服務是否需要獲得許可。鄰域服務搜尋可使用搜尋信號直接找到鄰近的 ProSe 用戶，也可請基地台協助搜尋，後者需要基地台持續更新 ProSe 用戶的資訊。至於鄰域服務直接通訊則包含點對點傳輸、中繼點 (relay)、單播 (unicast)、廣播 (broadcast) 及群播 (group) 等技術，並經由側行鏈路 (sidelink)[2] 進行通訊。

3GPP 在 R12 提出裝置對裝置鄰域服務的技術規格，然而 D2D 通訊係行動裝置間的通訊，不同於基地台與行動裝置間的通訊，當時 4G 系統的設計並不適合提供此類型的服務，尤其部分實體層運作機制需重新設計。之後技術標準持續演進，從 R13 發展至 R16，一方面部分裝置對裝置鄰域服務的發展已逐漸成熟，其規格被制定於車聯網 (vehicle-to-everything, V2X) 的技術標準中，另一方面行動裝置間通訊的實體層運作機制

2 詳細技術內容將在第七章 7-6 側行鏈路傳輸中介紹。

亦在R14制定，其使用的實體層運作稱爲側行鏈路，R17將針對鄰域服務制定相關標準。側行鏈路實體層運作與處理的具體技術內容將在第七章中詳細介紹，而裝置對裝置通訊與鄰域服務的具體內容將在第八章中詳細介紹。

機器類型通訊與物聯網

機器類型通訊係 5G NR 關鍵的三大用例之一，隨著網路應用的持續發展，許多利用機器輔助的應用開始興起，機器與機器之間的通訊訊務量快速上升，許多原本未相連結的裝置開始相連結，最終由機器控制的通訊裝置數量將遠超過人對人 (human-to-human) 的通訊裝置。爲了因應此一場景，3GPP 也積極著手規劃機器類型通訊技術。3GPP 從 R13 開始針對不同應用類型的物聯網 (Internet of things, IoT) 制定各自的通訊標準，而在這多種類型當中，本處主要針對與一般蜂巢式網路類似的蜂巢式物聯網 (cellular Internet of things, CIoT) 做介紹。3GPP 在 R15 制定喚醒信令 (wake-up signaling) 功能，其能使物聯網裝置在無數據傳輸需求下進入睡眠狀態，惟接收到喚醒信令才會解除睡眠狀態，如此將可減少裝置能耗。此外，在 R15 亦制定有別於傳統的接取模式，即爲僅由行動端發起連線之模式 (mobile initiated connection only mode, MICO mode)，使用 MICO 模式的物聯網裝置只在需要傳輸數據時，才會啓動電源與網路連線，如此可大量減少裝置能耗。機器類型通訊與物聯網的具體技術內容將在第八章中詳細介紹。

車聯網通訊

車聯網 (V2X) 的概念係指車輛與其周遭的物件或網路互相連結，形成可互相溝通的互聯網路，交換彼此重要訊息。車聯網通訊亦可分爲四種通訊類型，包括：(1) 車輛對車輛 (vehicle-to-vehicle, V2V)；(2) 車輛對基礎設施 (vehicle-to-infrastructure, V2I)；(3) 車輛對網路 (vehicle-to-network, V2N)；(4) 車輛對行人 (vehicle-to-pedestrian, V2P)。車輛透過 V2X 通訊可與其他裝置交換資訊以達到交通管制、行車提醒，而網路亦能提供車輛天候、速限資訊，增加車輛的感知能力以避免事故發生。3GPP 在 R15 制定特定的 V2X 應用，包括：(1) 車輛自動跟車 (vehicle platooning)；(2) 先進駕駛 (advanced driving)；(3) 擴展感測器 (extended sensors)；(4) 遠端駕駛 (remote driving)，並且增強 V2V、V2N、V2I 及 V2P 的各種服務；在 R16 制定 V2X 應用於 5G 系統的架構，其中包含各種 V2X 類型所使用的通訊介面，以及支援的通訊技術，如廣播、群播及單播，此外亦支援可降低延遲的相關技術，如邊緣運算技術；未來在 R17 將持續發展相關技術以實現多種 V2X 應用。車聯網的具體技術內容將在第八章中詳細介紹。

鐵路通訊與海事通訊

鐵路通訊與海事通訊相較於其他通訊技術，在環境上與其他通訊場景有很大的不同，鐵路通訊需能長期在高速環境下進行通訊；而海事通訊必須依靠海上含有大量遮蔽信號的船隻進行通訊，且船隻亦可能不時駛出網路覆蓋範圍。GSM-R (global system for mobile communications-railway, GSM-R) 是一項用於鐵路通訊及應用的國際無線通訊標準，3GPP 在 R13、R14 針對鐵路通訊技術，提出透過基頻單元 (baseband unit, BBU) 並利用有線網路，使鐵路前後的基地台能互相連線，可在高速環境下追蹤列車。在 R15 中將鐵路通訊分為列車控制服務、維護列車運作服務與鐵路特定服務 (如鐵路緊急通話)，並制定未來鐵路行動通訊系統 (future railway mobile communication system, FRMCS) 以提升鐵路通訊能力，未來此系統將持續演進與發展相關技術。之後的 R16、R17 將致力於在列車高速環境下，發展更進階的通訊技術，以提升高速移動用戶裝置的吞吐量 (throughput)。海事通訊方面，3GPP 在 R16 中制定海事通訊標準，而在此之前海事通訊的標準皆制定於關鍵任務 (critical mission) 標準中，3GPP 針對海事通訊定義了若干海上通訊的服務，包括：用戶裝置間通訊、用戶裝置與船隻間通訊、船隻間通訊。此外，海事通訊亦將空中載具與太空載具，以及結合垂直應用 (verticals) 的技術納入考量，以擴大海上的通訊範圍或協助海上事故的救援行動。鐵路通訊與海事通訊的具體技術內容將在第八章中詳細介紹。

非授權頻譜與頻譜共享技術

隨著通訊技術的演進，通訊系統支援更多的應用且更高的傳輸速率，為了因應龐大數據的傳輸要求，雖然可使用載波聚合 (carrier aggregation, CA) 技術 [3] 聚合多個成分載波 (component carrier) 來增加頻寬，但可配置的授權頻譜依然有限，為此 3GPP 除了繼續發展使用授權頻譜的無線接取技術以提升頻譜效率外，亦將使用非授權頻譜的無線接取技術納入考量。3GPP 在 R13 針對 4G 系統使用非授權頻譜的技術制定 LTE-U (LTE in unlicensed band)，其亦稱為授權輔助接取 (licensed assisted access, LAA) 技術，4G 系統除了使用原先的授權頻譜外，亦透過載波聚合技術聚合非授權頻譜 (如 Wi-Fi 系統的 5 GHz 頻段)，以提升傳輸速率；由於非授權頻譜不為任何營運商所擁有，且所有無線接取技術 (如 Wi-Fi 與藍牙 (bluetooth)) 皆可使用，因此系統所使用的頻帶可能會有其他無線接取技術同時使用，此時系統傳送的數據將可能會與其他無線接取技術的數據發生碰撞，造成數據流失，因此 LAA 技術必須能因應此種情況，為此 3GPP 採用與 Wi-Fi 系

---

3 詳細技術內容將在 7-8 載波聚合中介紹。

統相同的先聽後傳 (listen-before-talk, LBT) 機制，簡單來說，就是系統在傳送數據前會先探測通道是否有其他數據，確認沒有才可傳送數據。LAA 技術在 R13 制定並持續發展演進，R13 支援下行傳輸、R14 支援上行傳輸、R15 增強技術以提高成功傳輸的機率，R16 則將 LAA 技術引入 5G 系統，制定 NR-U (NR in unlicensed band, NR-U)，其技術大致與 LTE-U 相同，不同之處在於上行傳輸使用非授權頻譜時，用戶執行隨機接取 (random access) 會由原先的 4 個步驟變爲 2 個步驟，也就是訊息傳遞的次數會從原先的四次減少爲兩次，如此將能降低延遲並減少在 LBT 機制中所發生碰撞的機會。

此外，由於頻譜資源具稀缺的特性，爲了能充分有效利用這些頻譜資源，並將原先 4G LTE-A 網路使用的頻譜，逐漸轉換成 5G NR 網路使用，營運商可考慮採用頻譜共享 (spectrum sharing) 技術，將 4G LTE-A 網路的部分頻譜切割給 5G NR 網路使用，然而此種方式無法根據實際情況動態調整，爲使系統能有效提升頻譜效率，3GPP 在 R15 制定動態頻譜共享 (dynamic spectrum sharing, DSS) 技術，並於 R16 與 R17 持續發展技術以提升頻譜效率。非授權頻譜與頻譜共享技術的具體技術內容將在第八章中詳細介紹。

定位服務與技術

精確的定位服務在 5G 系統中可提供許多定位相關的應用與服務，如人流的監控、物聯網與車聯網。傳統定位服務使用全球定位系統 (global positioning system, GPS)，惟其定位精確度無法達到非常精確，因此 3GPP 開始著手研究定位相關的技術，從 R13 開始針對定位服務制定若干種定位技術並評估其定位的精確度，之後於 R14 定義了若干種定位服務的使用場景，惟此時仍未有較詳盡的標準，一直到 R16 才制定了較完整的定位服務與定位技術標準，包含定位服務的應用流程與定位技術。欲使用定位服務前需先發起定位請求，而依據發起方的不同其可區分爲：(1) 由網路發起的定位請求 (network induced location request, NI-LR)，爲網路欲取得用戶裝置的位置所發起的定位請求，其主要用於執行緊急服務的情況；(2) 以行動端爲接收方的定位請求 (mobile terminated location request, MT-LR)，爲網路中的用戶裝置欲取得其他用戶裝置的位置，所發起的定位請求；(3) 以行動端爲發起方的定位請求 (mobile originated location request, MO-LR)，爲用戶裝置欲透過網路取得自身位置所發起的定位請求。無論何種定位服務，皆可搭配執行多種定位技術來取得定位目標的位置，而定位服務與定位技術的具體技術內容將在第八章中詳細介紹。

垂直應用與專網

隨著通訊技術的演進，5G 系統支援更廣泛的通訊應用，除了三大用例 eMBB、URLLC 與 mMTC 外，亦支援諸多關鍵的通訊應用，如車聯網、專網 (non-public network, NPN) 等，而在這些應用當中，各個應用皆具有其相關的垂直應用功能，因此這些通訊應用亦可視為垂直應用 (verticals)。由於每種應用具有多樣的垂直應用，為使系統能在同一實體網路中，可支援多樣的通訊應用及其垂直應用，3GPP 開始著手制定垂直應用技術與架構，期能有效運用網路資源並設計整個網路，以達到較佳的網路使用效率。在 R16 中，3GPP 針對垂直應用制定一個標準架構，其主要由垂直應用層 (vertical application layer, VAL)，與垂直應用服務賦能者架構層 (service enabler architecture layer for vertical, SEAL) 所組成，該架構可套用絕大部分的通訊應用並提供多種管理服務，未來 R17 亦將持續發展垂直應用相關技術。另一方面，由於垂直應用技術的發展，使得 5G 系統的許多通訊應用得以實現，而受益於此技術的其中關鍵應用之一即為專網。所謂的專網即是企業或私人使用的專屬網路，其會提供專屬的網路功能，為使同一網路能支援更多的通訊應用，因此垂直應用技術相當重要。3GPP 在 R16 中制定專網，並介紹專網的類型及架構，未來在 R17 中將會制定更實際的應用方式。垂直應用與專網的具體技術內容將在第八章中詳細介紹。

非地面網路通訊

一般而言，網路佈建是根據用戶分布與需求佈建基地台，其網路覆蓋範圍通常為人類活動的陸地及其邊緣地帶，至於人跡罕至的大洋、沙漠、深山與極地等區域，由於 5G 基地台難以佈建，使得這些區域的網路覆蓋不易實現，此外於可佈建 5G 基地台之地點，因實際佈建狀況及遮蔽效應等問題，亦可能出現網路覆蓋盲區 (coverage hole)，因此為解決 5G 網路在上述區域的覆蓋問題，5G 網路考慮透過非地面載具協助用戶連接至網路，此種技術歸類為非地面網路 (non-terrestrial network, NTN) 通訊。3GPP 在 R15 中初步介紹各種不同的非地面載具，如：空中載具 (無人機、飛船)、太空載具 (衛星 (satellite)、太空站)，並針對各種非地面載具描述其軌道及服務範圍等特性，之後在 R16 進一步描述非地面網路通訊如何應用於 5G 系統，以及介紹非地面網路通訊參考場景。非地面網路通訊的具體技術內容將在第八章中詳細介紹。

5-3 網路架構

此節將介紹 5G NR 的網路架構，包括核心網路 (core network, CN) 及無線接取網路 (radio access network, RAN)。5G NR 的網路架構分成非獨立組網 (non-standalone, NSA) 與獨立組網 (standalone, SA) 兩種模式，其架構如圖 5-5 所示。4G LTE-A 的核心網路與無線接取網路分別稱爲演進封包核心 (evolved packet core, EPC) 與演進 UMTS 地面無線接取網路 (evolved UMTS terrestrial radio access network, E-UTRAN)；5G NR 的核心網路與無線接取網路分別稱爲 5G 核心網路 (5G core network, 5GC) 與次世代無線接取網路 (next generation radio access network, NG-RAN)。非獨立組網模式爲 5G 基地台連接 4G 核心網路，5G 基地台只負責提供用戶平面 (user plane) 的相關功能，但控制平面 (control plane) 的相關功能仍須仰賴 4G 核心網路提供；獨立組網模式爲 5G 基地台連接 5G 核心網路，控制與用戶平面的相關功能全由 5G 核心網路提供。在圖 5-5 中，實線爲用戶平面的介面，虛線爲控制平面的介面[4]。在 5G 網路中，無線接取網路負責所有與無線通訊相關的功能，包含排程、無線資源分配、重傳技術、編碼及多天線方案；核心網路則負責無線接取之外的部分，即無線接取網路與網際網路之間的介面，其功能包括用戶認證、流量計費及建立終端之間的連線。此節將針對 5G NR 的核心網路與無線接取網路分別加以介紹。

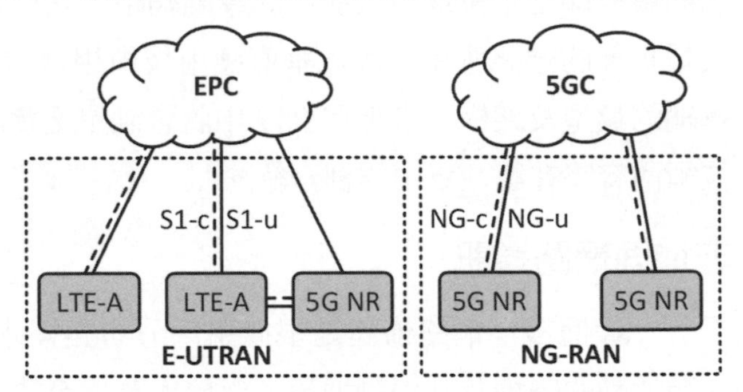

圖 5-5　非獨立組網與獨立組網架構示意

5-3-1　5G 核心網路

不同於 4G 系統，5G 核心網路採用服務導向的架構 (service-based architecture, SBA)，將傳統網路設備進行軟硬體解構，利用網路功能虛擬化 (network functions virtualization, NFV) 技術，使其原先專屬硬體的網路功能 (network function, NF) 能以軟體運作，並將 4G 核心網路功能進一步拆分出多個獨立的網路功能，網路功能間使用標準介面連接且控制平面相關的網路功能可相互提供服務。此外，5G 核心網路亦支援用戶與控制平面分離 (control and user plane separation, CUPS) 及網路切片技術，使核心網路具可擴展性，網路佈建更彈性。5G 系統架構如圖 5-6 所示，虛線框住部分爲核心網路主要的網路功能，包括接取與移動管理功能 (access and mobility management function, AMF)、用戶平

4　4G 基地台與核心網路、5G 基地台與核心網路、4G 基地台與 5G 基地台之間分別用 S1、NG、X2 介面相連。

面功能 (user plane function, UPF)、會話管理功能 (session management function, SMF)、網路揭露功能 (network exposure function, NEF)、網路儲存功能 (network repository function, NRF)、統一數據管理 (unified data management, UDM)、網路切片選擇功能 (network slice selection function, NSSF)、認證伺服器功能 (authentication server function, AUSF)、策略控制功能 (policy control function, PCF) 及應用功能 (application function, AF) 等節點。上述網路功能除用戶平面功能負責提供用戶平面的服務，其餘網路功能皆負責提供控制平面的服務。

接取和移動管理功能為用戶與無線接取網路於控制平面的終端介面，其主要負責接取認證授權、用戶閒置 (idle) 狀態的移動管理，及保護非接取層 (non-access stratum, NAS) 數據安全。用戶平面功能為無線接取網路於用戶平面的終端介面，亦為無線接取網路與網際網路 (Internet) 或數據網路 (data network, DN) 之間的介面，其主要負責傳遞與檢查封包、處理服務品質 (quality of service, QoS) 與量測流量。會話管理功能主要負責會話管理、用戶的網際網路協定 (Internet protocol, IP) 位址分配和管理、用戶平面功能的選擇和控制，以及服務品質管理。網路揭露功能主要負責將核心網路可使用的網路功能資訊提供給用戶及外部系統。網路儲存功能主要負責管理網路功能，及尋找用戶所需的網路功能和提供網路功能註冊註銷、認證授權等服務。統一數據管理主要負責用戶身份驗證與訂閱資料的授權工作。網路切片選擇功能主要為協助用戶依服務需求選擇合適的網路切片實例 (network slice instance, NSI)。認證伺服器功能主要負責處理用戶認證的工作。策略控制功能主要負責為 AMF 提供網路切片、漫遊 (roaming) 及移動性管理等相關策略。應用功能主要負責與 3GPP 核心網路互連，以支援流量路由和策略 / 計費功能的應用 [5]。以上介紹的節點均為邏輯 (logical) 的節點，實務上，一台裝置經常包含數個節點的功能。

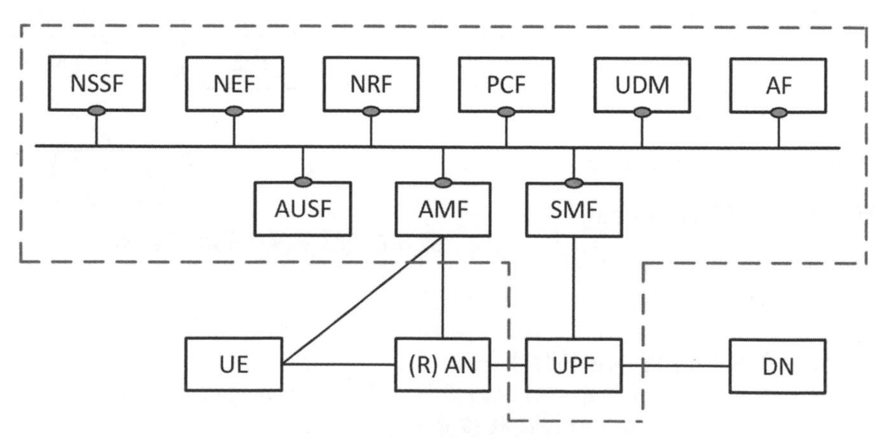

圖 5-6 5G 核心網路架構與其溝通介面

5 網路功能詳細內容請參考 [20]，其中 AMF、UPF 與 NSSF 會在後續內容進一步介紹。

5-3-2 5G 無線接取網路

5G NR 的無線接取網路與 4G LTE-A 一樣使用扁平化架構，其網路架構如圖 5-7 所示，5G NR 的無線接取網路中只存在一種節點：5G 節點 B (5G Node B, gNB，泛指 5G NR 基地台)。gNB 負責細胞內所有與無線通訊相關的功能，實務上常見的 gNB 是一座實體的基地台，將其服務的區域分為三個 120° 的扇區；gNB 亦有其他的形式，如一座基頻單元 (baseband unit, BBU) 利用線路連接至數個遠端無線電站 (remote radio head, RRH) 或遠端無線電單元 (remote radio unit, RRU)，主要應用於室內或公路。如圖 5-7 所示，gNB 透過 NG 介面與 5G 核心網路相連，具體而言，gNB 在控制平面透過 NG-c 介面與 AMF 相連，並在用戶平面透過 NG-u 介面與 UPF 相連；一個 gNB 可以與多個 AMF 與 UPF 相連以分擔流量，gNB 之間亦可透過 Xn 介面直接相連，此介面能執行雙連結 (dual connectivity) 功能[6]、無線資源管理 (radio resource management, RRM)、細胞間干擾協調 (inter-cell interference coordination, ICIC)[7] 及協調多點 (coordinated multipoint, CoMP) 傳輸 / 接收 (transmission/reception)[8]。

gNB 可由 gNB 集中單元 (gNB-central unit, gNB-CU) 與 gNB 分散單元 (gNB-distributed unit, gNB-DU) 組成，兩者之間以 F1 介面相連；一個 gNB 可切分成一個 gNB-CU 與一個或多個 gNB-DU。gNB-CU 主要包含非即時服務的高層通訊協定，包含無線資源控制 (radio resource control, RRC) 層、服務數據調適協定 (service data adaptation protocol, SDAP) 層及封包數據匯聚協定 (packet data convergence protocol, PDCP) 層；gNB-DU 則主要包含即時服務的低層通訊協定，包含無線鏈結控制 (radio link control, RLC) 層、媒介存取控制 (medium access control, MAC) 層及實體 (physical, PHY) 層。

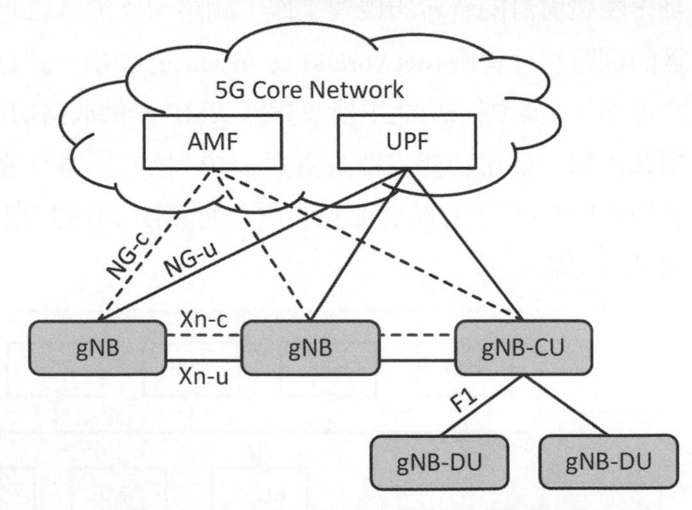

圖 5-7　5G 無線接取網路架構與其溝通介面

6　詳細技術內容將在 5-3-4 LTE-NR 協作中介紹。
7　不同細胞的排程者 (基地台) 須瞭解彼此的排程決定，避免分配被鄰近細胞使用的資源給位於細胞邊緣的用戶，以降低干擾並維持接收品質。
8　詳細技術內容將在 7-7 協調多點傳輸 / 接收中介紹。

5-3-3 C-RAN 與功能分割

5G NR 網路架構主要採取集中式無線接取網路 (centralized radio access network, C-RAN)，其將基地台拆分成 BBU 與 RRU，再將多個 BBU 集中和虛擬化形成一基頻單元池 (baseband unit pool, BBU pool)，對其進行統一管理與動態資源分配，以提升資源使用效率並降低系統耗能，且不同 BBU 可透過協作提升整個網路效能，此架構亦可降低部署與營運成本。此外，5G C-RAN 將 BBU 拆分為集中單元 (central unit, CU) 與分散單元 (distributed unit, DU)，CU 負責非即時性的基頻處理，DU 負責即時性的基頻處理，而 RRU 亦稱為無線電單元 (radio unit, RU)。由於 CU 可以集中雲端化，因此 C-RAN 亦稱為雲端無線接取網路 (cloud radio access network)。5G C-RAN 主要由 core network、CU、DU、RU 與運輸網路 (transport network) 組成，整個 C-RAN 網路架構如圖 5-8 所示。其中，RU 與 DU 之間以前傳網路 (fronthaul network) 連接，DU 與 CU 之間以中傳網路 (midhaul network) 連接，CU 與 core network 之間以後傳網路 (backhaul network) 連接。根據不同應用場景需求，3GPP 將 CU 與 DU 之間可能的功能分割方式分成 8 種選項，如圖 5-9 所示，由左至右為高層通訊協定至低層通訊協定，對於每種分割選項，CU 具備分割線左邊的高層通訊協定功能，DU 則具備分割線右邊的低層通訊協定。每個功能分割選項其相應的優點和缺點整理於表 5-1 中 [9]。

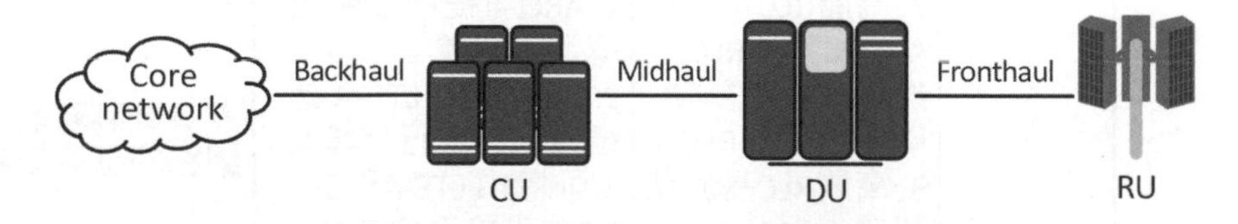

圖 5-8 C-RAN 網路架構示意

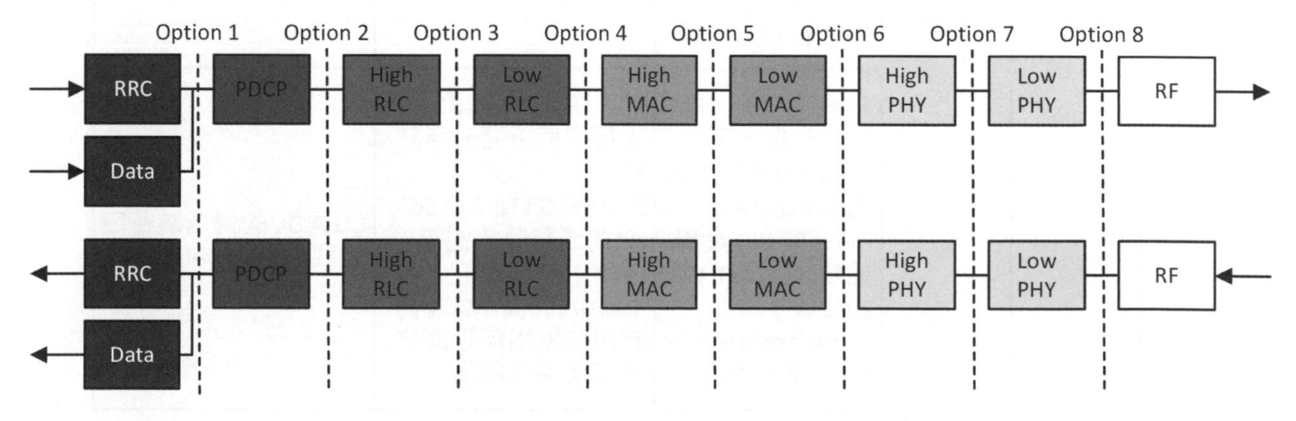

圖 5-9 CU 與 DU 之間功能分割示意

9 資料來源請參考 [21]。

表 5-1　CU 與 DU 之間功能分割選項

選項	集中單元	分散單元	特徵	優點	缺點
1	RRC	PDCP, RLC, MAC, PHY, RF	全部用戶平面協定皆位於DU	1. 集中式無線資源管理支援用戶平面協定分離 2. 靠近傳送端的用戶可支援邊緣運算和低延遲通訊	RRC與PDCP層協定的分割可能會對其通訊介面的資訊安全造成影響
2-1	RRC, PDCP	RLC, MAC, PHY, RF		可將4G LTE-A與5G NR的訊務聚合並統一管理	
2-2			將控制平面的RRC與PDCP，以及用戶平面的PDCP，各自分割成不同的集中實體(central entities)	1. 集中式無線資源管理支援用戶平面協定分離 2. 可將4G LTE-A與5G NR的訊務聚合並統一管理 3. 集中式的PDCP層協定將能隨用戶平面的訊務量進行擴展	需確保不同PDCP實例之間協調配置的安全性
3-1	PDCP, High-RLC	Low-RLC, MAC, PHY, RF	1. 基於ARQ進行功能分割 2. 高層RLC可能由ARQ和其他RLC功能組成，其餘功能組成低層RLC 3. 高層RLC基於狀態報告對RLC PDU分段，低層RLC再將其分段至可用的MAC PDU資源	1. ARQ可提供集中化或池化增益 2. 已針對4G LTE-A雙連接功能進行標準化 3.可將4G LTE-A與5G NR的訊務聚合並統一管理	重傳機制容易受運輸網路的延遲影響
3-2			1. 基於TX&RX RLC進行功能分割 2. 低層RLC可由傳送transparent mode的 RLC實體組成，高層RLC可由接收transparent mode的RLC實體組成	1. 集中式RRC/RRM可支援用戶平面分離功能 2.可將4G LTE-A與5G NR的訊務聚合並統一管理 3.集中式的PDCP層協定將能隨用戶平面的訊務量進行擴展	CU與DU的傳送端各自需要一個buffer

選項	集中單元	分散單元	特徵	優點	缺點
4	RRC, PDCP, RLC	MAC, PHY, RF	在4G LTE-A並無此選項的優點，故需根據5G NR通訊協定內容進行修訂		
5	RRC, PDCP, RLC, High-MAC	Low-MAC, PHY, RF	1. 集中式排程 2. 可用CoMP的JP/CS 干擾協調方法處理細胞間干擾 3. 量測/估計UE的統計資訊並定期報告	1. 減少前傳所需的頻寬 2. 減少對前傳的等待時間要求(如果在DU中執行HARQ處理與特定小細胞的MAC功能) 3. 具有跨多個小細胞的高效干擾管理和增強型排程技術	1. CU和DU之間的介面較複雜 2. CU和DU之間的排程決策會受前傳延遲的影響，導致非理想的前傳和短TTI的性能 3. 無法使用某些CoMP方案 (例如：UL JR)
6	RRC, PDCP, RLC, MAC	PHY, RF	CU和DU間介面可傳送數據、配置、排程相關的資訊(如：調變方案、層映射、資源區塊配置)和測量報告	1. 因MAC層協定位於CU，故可進行聯合傳輸和集中式排程 2. 允許PHY層以上協定以資源池方式配置	1. CU的MAC層與DU的PHY層之間介面的互動溝通需為次訊框層級的時間 2. 前傳往返的延遲可能會影響HARQ的時間與排程
7-1 (UL+ DL)	RRC, PDCP, RLC, MAC, PHY(部份功能)	PHY(部份功能), RF	1. 在上行鏈路中，FFT、移除循環字首及PRACH過濾功能皆位於DU 2. 在下行鏈路中，IFFT和新增循環字首功能皆位於DU 3. 其餘PHY功能位於CU	1.可將4G LTE-A與5G NR的訊務聚合並統一管理 2. 可減少前傳所需的吞吐量 3. 集中式排程	CU與DU的PHY層之間介面的互動溝通需為次訊框層級的時間
7-2 (UL+ DL)	RRC, PDCP, RLC, MAC, PHY(部份功能)	PHY(部份功能), RF	1. 在上行鏈路中，FFT、移除循環字首、解調資源映射及預過濾功能皆位於DU 2. 在下行鏈路中，IFFT、新增循環字首、資源映射及預編碼功能皆位於DU 3. 其餘PHY功能位於CU	1.可將4G LTE-A與5G NR的訊務聚合並統一管理 2. 可減少前傳所需的吞吐量 3. 集中式排程	CU與DU的PHY層之間介面的互動溝通需為次訊框層級的時間

選項	集中單元	分散單元	特徵	優點	缺點
7-3 (DL)	RRC, PDCP, RLC, MAC, PHY(部份功能)	PHY(部份功能), RF	1. 在上行鏈路中，FFT和移除循環字首功能皆位於DU 2. 在下行鏈路中，IFFT和新增循環字首功能皆位於DU 3. 僅編碼器位於CU，其餘PHY功能位於DU	1. 可將4G LTE-A與5G NR的訊務聚合並統一管理 2. 可減少前傳所需的吞吐量 3. 集中式排程	CU與DU的PHY層之間介面的互動溝通需為次訊框層級的時間
8	RRC, PDCP, RLC, MAC, PHY	RF	集中化所有協定功能，使網路能緊密協調，並可支援CoMP、MIMO傳輸移動性管理等功能	1. 可將4G LTE-A與5G NR的訊務聚合並統一管理 2. 協調高度集中的整個協定，可實現更有效的資源管理及提升無線電性能 3. 可重複使用RF元件以服務不同無線接取術的PHY層(例如：GSM、3G、LTE) 4. 池化PHY資源可提高成本效益 5. 營運商可共享RF元件，減少系統佈建成本	需更高的資源消耗和設備成本，以支援高規格的前傳延遲和頻寬

5-3-4 LTE-NR 協作

如前所述，5G NR 網路架構分成非獨立組網與獨立組網兩種運作模式，在獨立組網全面佈建前，5G 用戶設備仍需在非獨立組網模式下，利用 4G 基地台與 5G 基地台雙連結技術[10] 透過 LTE 與 NR 協作提供服務。LTE 雙連結技術於 R12 制訂並廣泛運用於 LTE 系統，而 EN-DC 技術原理與 LTE 系統雙連結技術相同。以下將介紹雙連結的架構，如圖 5-10 所示，雙連結係指用戶設備同時被至少兩個基地台服務，其架構會有一個主要節點 (master node) 與一個或多個次要節點 (secondary node)，兩種節點可爲 4G 基地台 (eNodeB)[11] 或 5G 基地台

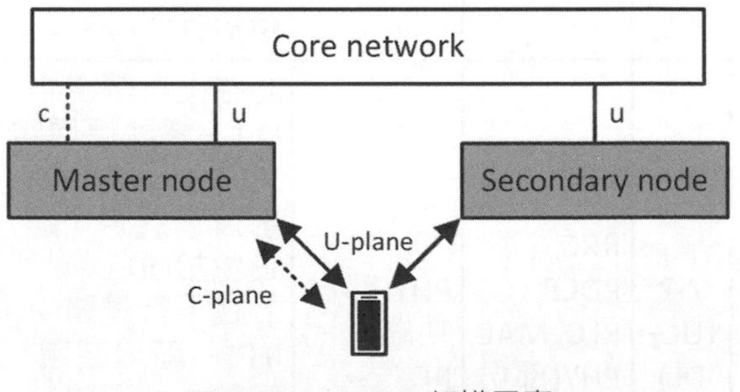

圖 5-10　EN-DC 架構示意

10　雙連結技術亦稱爲新無線電雙連結 (E-UTRA-NR dual connectivity, EN-DC) 技術。

11　4G 基地台又稱爲演進節點 B (Evolved Node B, eNodeB)，其可表示爲 eNB。

(gNB)，其主要節點通常負責控制平面的功能運作。在雙連結模式下，因不同基地台通常位於不同的地理位置，除了可覆蓋較大的服務範圍外，亦能利用在 R10 制訂的載波聚合 (carrier aggregation, CA) 技術[12] 增加用戶設備使用的頻寬以提高傳輸速率。

由於 5G 基地台使用中低頻帶與毫米波頻帶[13]，其可服務的細胞範圍較小，加上佈建基地台時，不同細胞間可能會有無基地台服務的區域，導致覆蓋盲區 (coverage hole)，使得位於此區域的用戶設備無法連線，而 4G 基地台使用中低頻帶，其可服務的細胞範圍較大，透過 LTE 與 NR 協作將可解決 5G 基地台覆蓋問題，亦能聚合 LTE 頻帶與 NR 頻帶提供用戶設備更大的頻寬。圖 5-11 與圖 5-12 說明 LTE 與 NR 雙連結的示意場景，若 5G 基地台與 4G 基地台位於不同位置，用戶設備可使用 LTE 頻帶並搭配 NR 毫米波頻帶；若 5G 基地台位於 4G 基地台的服務範圍內，抑或於同一個位置同時佈建 4G 與 5G 基地台，用戶設備可使用 LTE 頻帶並搭配 NR 中低頻帶或毫米波頻帶。此外，3GPP 已制訂數種 LTE 頻帶與 NR 頻帶的載波聚合方式，亦提出數種 NR 可行的佈建架構選項，如圖 5-13 所示，其中選項 3、4、7 需利用 EN-DC 技術支援。

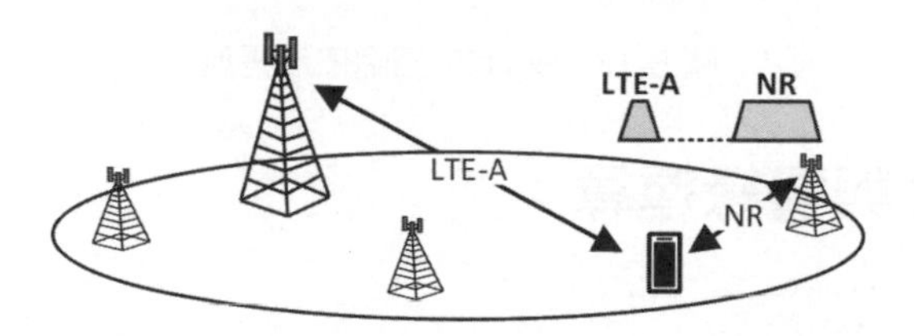

圖 5-11　不同地理位置下 EN-DC 使用場景示意

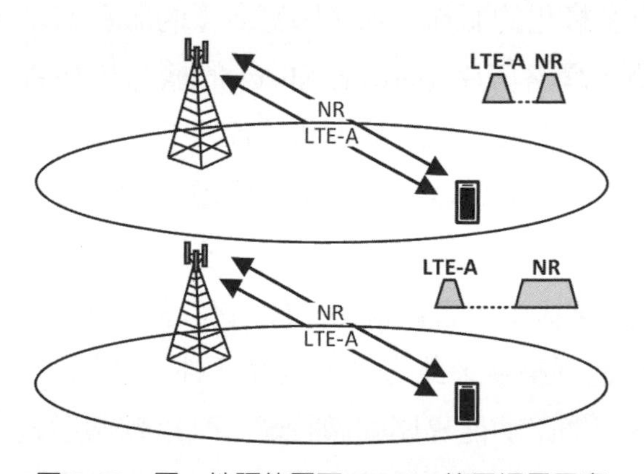

圖 5-12　同一地理位置下 EN-DC 使用場景示意

12 詳細技術內容將在 7-8 載波聚合中介紹。
13 本書所謂的頻帶大部分指的是在一個較大頻率範圍的頻段中一小段頻帶。

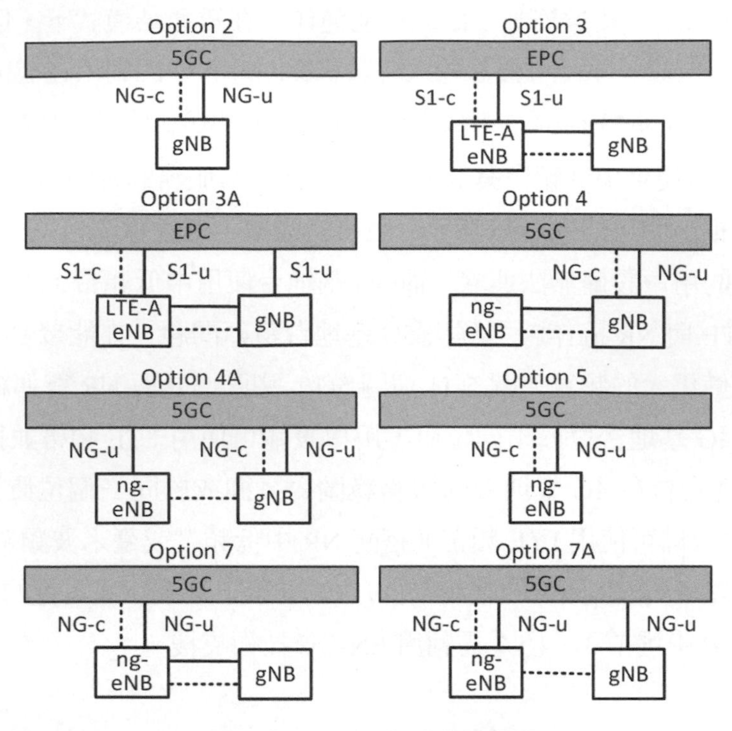

圖 5-13　5G NR 細胞佈建選項

5-3-5　網路切片與邊緣運算

網路切片

隨著行動通訊系統的發展，5G 系統需支援更多樣化的應用場景，因此系統須利用有限的網路資源提供更多樣化的服務。為了因應多樣的服務需求，網路切片技術即為一關鍵技術以實現此目標，網路切片 (network slice) 的概念係指將一個實體網路利用網路切片技術，將網路切分成多個虛擬的邏輯網路切片，其各個網路切片可具有特定的網路配置，並且支援特定應用場景的服務需求，進而實現一個實體網路可支援多種應用場景的架構。為使大量的網路切片得以支援更多應用，運用網路功能虛擬化 (NFV) 技術至關重要。在 4G 系統的網路架構中，各個網路功能皆有專屬的硬體設備，若要佈建一網路架構，僅能以各種硬體進行整合，此方式不具靈活性；然而 5G NR 利用虛擬化技術，將原先網路架構中的各個網路功能專屬硬體設備，改以軟體形式運作，再整合至通用規格的硬體設備中，如此將能提升網路佈建的效率，亦能降低購置專用硬體的開銷與維運成本，故此方式具極高的靈活性可支援大量的網路切片應用。

5G NR 將不同的用例、應用場景或用戶連線皆視為一種服務，其所需的網路功能可由網路切片實例表示，亦即以一個網路切片提供相關網路功能。網路切片實例為一個邏輯網路利用其資源執行網路功能，以支援特定服務所需的網路特性，網路營運商會根據不同的服務需求，將其網路切片實例的配置與規劃，以網路切片藍圖 (network slice blueprint) 描述其實體與邏輯網路架構。由於一個網路切片實例會包含核心與接取網路，不同的網路切片實例可能會使用相同的核心與接取網路功能，因此網路切片實例可再進一步切分成子網路實例 (sub-network instance)，網路營運商亦會以子網路切片藍圖 (sub-network slice blueprint) 描述其子網路實例的配置與規劃。網路切片的概念架構如圖 5-14 所示，其網路切片架構包含三層，分別爲資源層 (resource layer)、網路切片實例層 (network slice instance layer, NSI layer) 與服務實例層 (service instance layer)。資源層表示整個實體網路的架構、網路資源與網路功能等，其可依不同的服務需求被運用在不同的網路切片上；網路切片實例層表示每種服務所需的網路切片實例，其被網路營運商根據網路的特性所規劃與配置，而一個網路切片實例亦可切分爲多個子網路實例，其可由其他網路切片實例共享；服務實例層表示網路支援的服務，其服務一般由網路營運商或第三方所提供，而每種服務會以服務實例表示，不同服務實例亦可共享同一個網路切片實例。

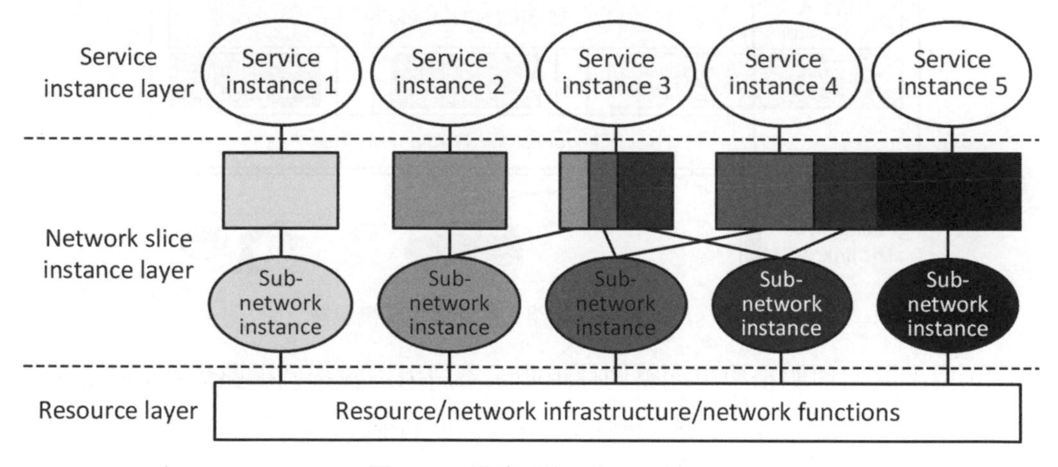

圖 5-14 網路切片的概念架構示意

圖 5-15 爲 eMBB、URLLC 與 mMTC 三大用例的網路切片邏輯架構示意圖，三種用例的服務需求不同，其使用的網路切片亦需針對其需求進行配置，若以垂直應用的角度看，不同用例皆需對應的網路協定，因此會將整個網路協定功能的資源，切分給不同用例使用；若以水平應用的角度看，不同切片需要進行統一管理，因此網路切片的無線資源控制與 MAC 排程，以及實體網路的資源，皆可在不同服務之間共享。透過上述兩種應用，網路營運商將能針對不同的服務需求，量身訂做不同類型的網路切片，此特點對於專用網路的佈建極其重要。舉例而言，不同階層的通訊協定可配置於不同的網路切

片實例，例如：第一層的 PHY 層可配置不同的次載波間距以支援不同網路切片類型、第三層的 RRC 層可針對不同的網路切片客製化設計其無線資源控制功能，至於 PHY 層與 RRC 層以外的第二層通訊協定，其可根據不同網路切片實例的特定需求，設計不同的無線承載 (radio bearer)。此外，網路營運商考量網路切片的方式，會因網路功能的支援與優化有所不同，對於實體網路而言，營運商可選擇佈建多個網路切片實例，這些網路切片實例使用完全相同的網路功能，同時屬於不同用戶，例如：接取與移動管理功能實例的網路切片實例在邏輯上共同屬於所有用戶，用戶可透過網路切片選擇功能觸發選擇的網路切片實例，並根據其對網路的互動，更改移動性管理功能配置。雖然一個實體網路可以使用大量的網路切片，但對於用戶而言，其仍不支援多於八個平行切片。

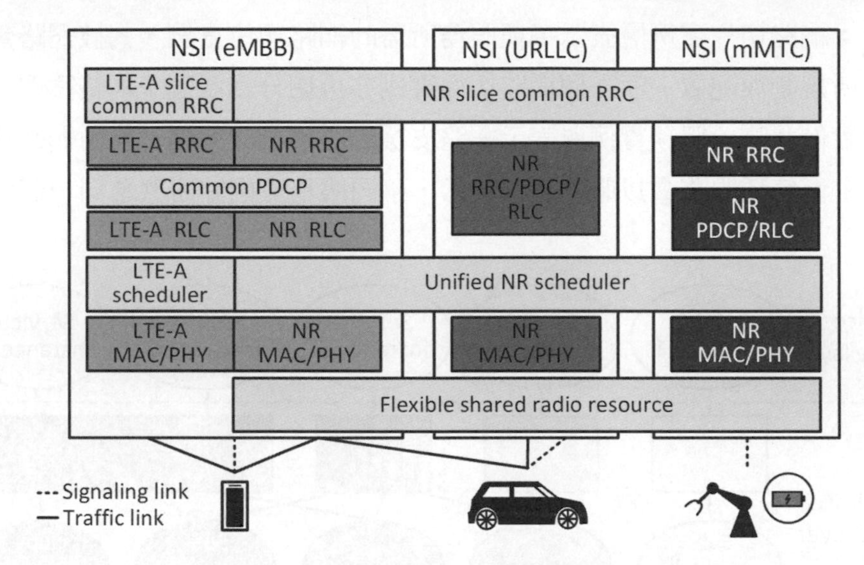

圖 5-15　不同應用其網路切片的邏輯架構示意

圖 5-16 爲不同用戶服務使用網路切片說明，不同用戶會透過網路切片功能 NSSF 選擇適當的網路切片，網路切片由單網路切片選擇輔助資訊 (single network slice selection assistance information, S-NSSAI) 作爲識別不同服務的依準。網路切片選擇輔助資訊包含兩部分：(1) 切片 / 服務類型 (slice/service type, SST)；(2) 切片區分器 (slice differentiator, SD)。切片 / 服務類型係指在功能與服務方面網路切片的預期行爲；切片區分器係補充切片 / 服務類型可選的資訊以區分多個相同的切片 / 服務類型。3GPP R15 制訂切片 / 服務類型爲 1 至 3 分別代表 eMBB、URLLC 及 mMTC 的切片類型。用戶與網路之間在控制信號的網路切片選擇輔助資訊中可包含一個或多個單網路切片選擇輔助資訊，最多爲八個輔助資訊。每個單網路切片選擇輔助資訊皆會幫助網路選擇特定的網路切片實例，而不同的單網路切片選擇輔助資訊亦可選擇相同的網路切片實例，但每個網路切片只會由唯一的單網路切片選擇輔助資訊進行識別，如圖 5-16 所示。

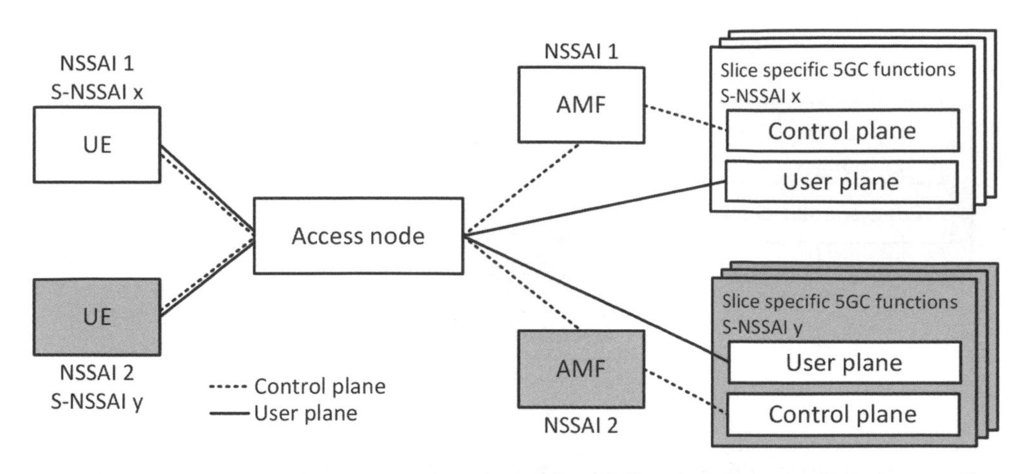

圖 5-16 不同用戶服務使用網路切片說明

邊緣運算

在 4G LTE-A 系統中，當用戶需利用網路進行數據運算時，一律需將數據回傳至核心網路後才一併處理，由於網路邊緣的基地台或數據中心至核心網路之間可能需經過數個節點，這將增加數據傳輸的延遲。隨著行動通訊演進，用戶裝置數量呈現爆炸性成長，數據量過於龐大，若仍採用此方式則將對核心網路造成負擔，因此，5G NR 支援邊緣運算功能。邊緣運算 (edge computing) 係指用戶利用網路邊緣的基地台或數據中心先初步對數據做處理，因網路邊緣的基地台呈現分散式分佈，故用戶可利用網路進行分散式運算 (distributed computing)，邊緣運算亦稱爲行動邊緣運算 (mobile edge computing, MEC) 或多重接取邊緣運算 (multi-access edge computing)。當無線接取網路進行邊緣運算，因距離用戶較近，能大量減少點對點延遲；邊緣運算爲離散運作，故能降低核心網路的數據處理量與數據流量，提升網路使用效率。邊緣運算可以幫助其他 5G NR 的技術發展，例如：垂直應用、低延遲應用。

邊緣運算支援不同應用與服務，旨爲建立低延遲之網路環境，使得在網路邊緣的應用與服務得以執行特定的關鍵任務 (critical mission) 或即時 (real-time) 服務，關鍵任務例如：觸覺物聯網 (tactile Internet)、工廠自動化 (factory automation)、互聯汽車 (connected car) 等，即時服務例如：擴增實境 (augmented reality)、虛擬實境 (virtual reality)。此外，位於無線接取網路邊緣的基地台或數據中心可共享快取 (caching) 內容及數據分析，使需使用相同數據的用戶可共同接取，以提升網路使用效率與用戶體驗品質 (quality of experience, QoE)。

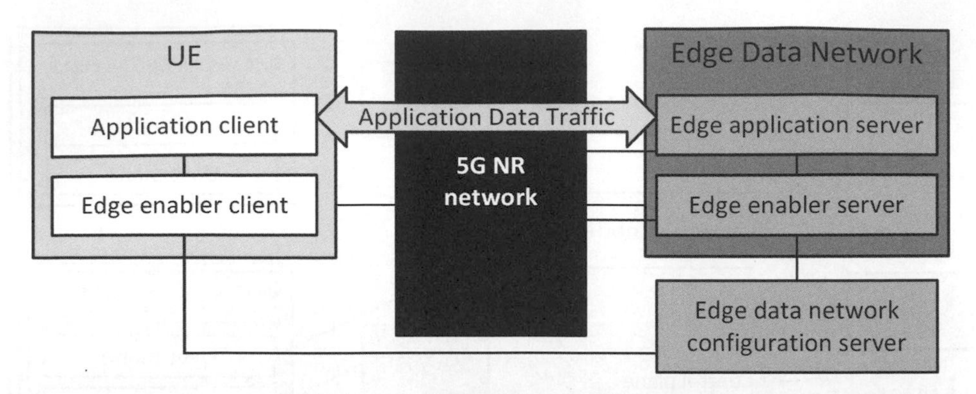

圖 5-17　邊緣運算應用架構示意

邊緣運算應用架構如圖 5-17 所示，邊緣運算使用邊緣數據網路 (edge data network, EDN) 的資源及網路切片中的 UPF 進行運算，EDN 係指距離用戶較近的本地數據網路 (local data network)，包含：邊緣應用伺服器 (edge application server)、邊緣賦能者伺服器 (edge enabler server, EES) 及邊緣數據網路組態伺服器 (EDN configuration server)；用戶設備包含應用客戶端 (application client) 與邊緣賦能者客戶端 (edge enabler client, EEC)。當用戶設備執行邊緣運算，需要經過五個步驟，其執行流程如圖 5-18，五個步驟分別爲：(1) 初始註冊 (initial registration) 及建立 PDU 會話 (session establishment) 以接取網路；(2) 用戶透過 EEC 與 EDN 組態伺服器連結，以開通執行邊緣運算服務的功能；(3) 檢查在 EDN 組態伺服器中是否存在此數據網路名稱 (data network name) 或接取點名稱 (access point name)，若名稱不存在，則需建立 PDU 會話，執行步驟 (4)，反之則進行步驟 (5)；(4) 與 EDN 建立新的 PDU 會話；(5) 當用戶偵測到 EES 處於閒置狀態，則 EEC 與 EES 進行連結，以執行邊緣運算。

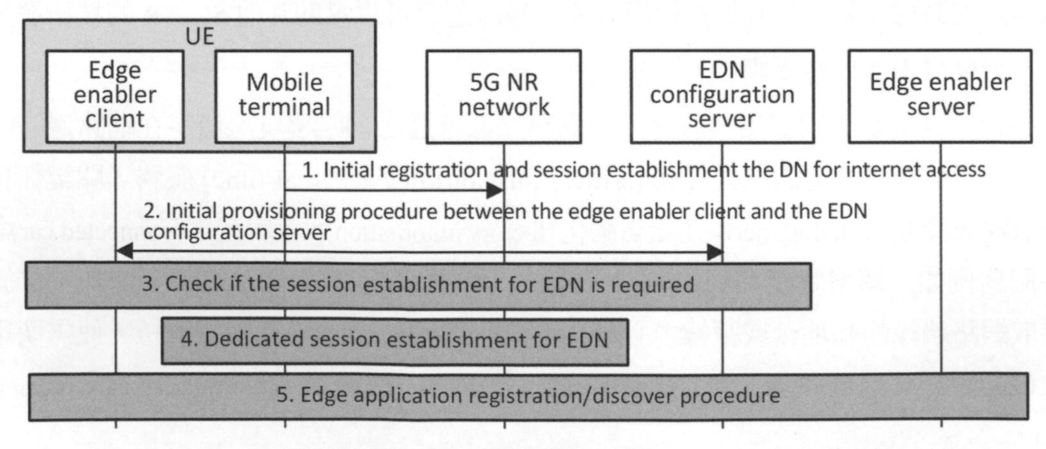

圖 5-18　邊緣運算執行流程

5-4 通訊協定

介紹完 5G NR 的網路架構，本節將介紹 5G NR 用戶平面與控制平面的通訊協定。值得注意的是，此二平面的通訊協定可完全分離，部分協定可同時在兩個平面中使用，如圖 5-19 所示，其中各部分細節將於以下小節說明。

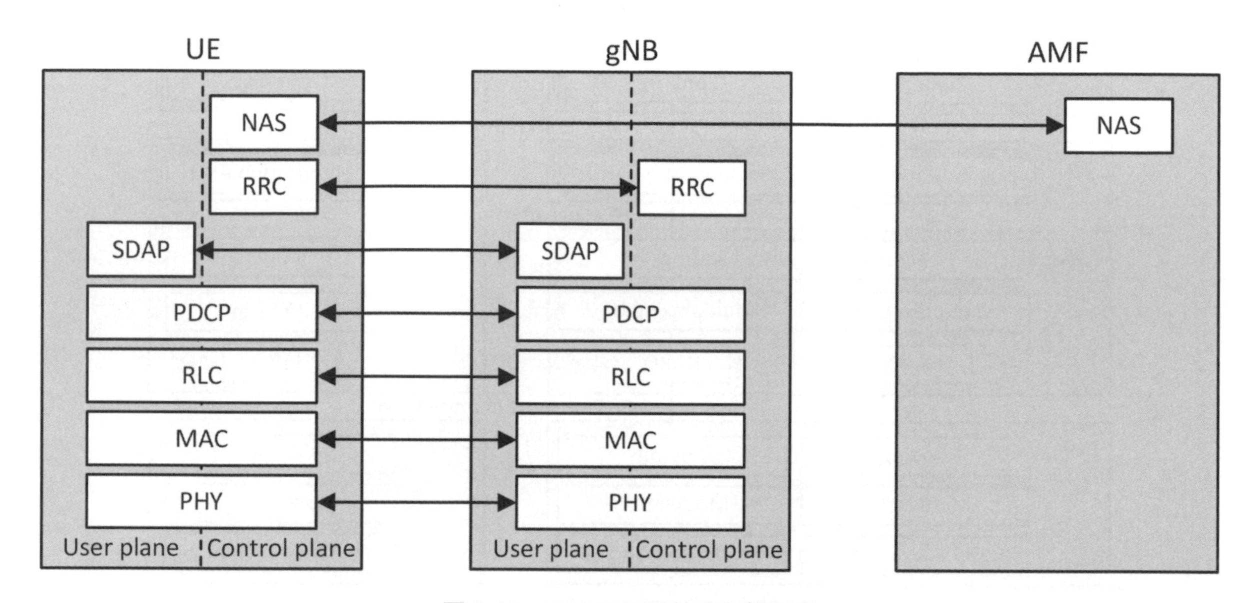

圖 5-19 5G NR 通訊協定架構示意

5-4-1 用戶平面協定

如前所述，5G NR 的用戶平面係透過無線接取網路提供服務，由於行動網路最終仍將連上網際網路，5G NR 無線接取網路由網際網路收到的數據均以 IP 封包 (Internet protocol packet) 呈現，同樣的，數據亦需轉成 IP 封包以進入網際網路。因此，在下行時，用戶平面協定為將 IP 封包轉換為位元的規則；在上行時，用戶平面協定為將收到的位元轉換為 IP 封包的規則。

如圖 5-20 所示，用戶平面協定分為五層，由上而下分別為服務數據調適協定 (SDAP) 層、封包數據匯聚協定 (PDCP) 層、無線鏈結控制 (RLC) 層、媒介存取控制 (MAC) 層及實體 (PHY) 層。SDAP 層與 PDCP 層之間的介面稱為無線承載 (radio bearer)，PDCP 層與 RLC 層之間的介面稱為 RLC 通道 (RLC channel)，RLC 層與 MAC 層之間的介面稱為邏輯通道 (logical channel)，MAC 層與 PHY 層之間的介面稱為運輸通道 (transport channel)。在各層中，與下層介接的封包稱為協定數據單元 (protocol data unit, PDU)，與上層介接的封包稱為服務數據單元 (service data unit, SDU)，SDU 即是 PDU 的酬載

(payload)。以下將依序介紹 SDAP 層、RLC 層、MAC 層及 PHY 層的功能，其中 PHY 層使用較多信號處理技巧，將於第六章與第七章中詳細介紹。

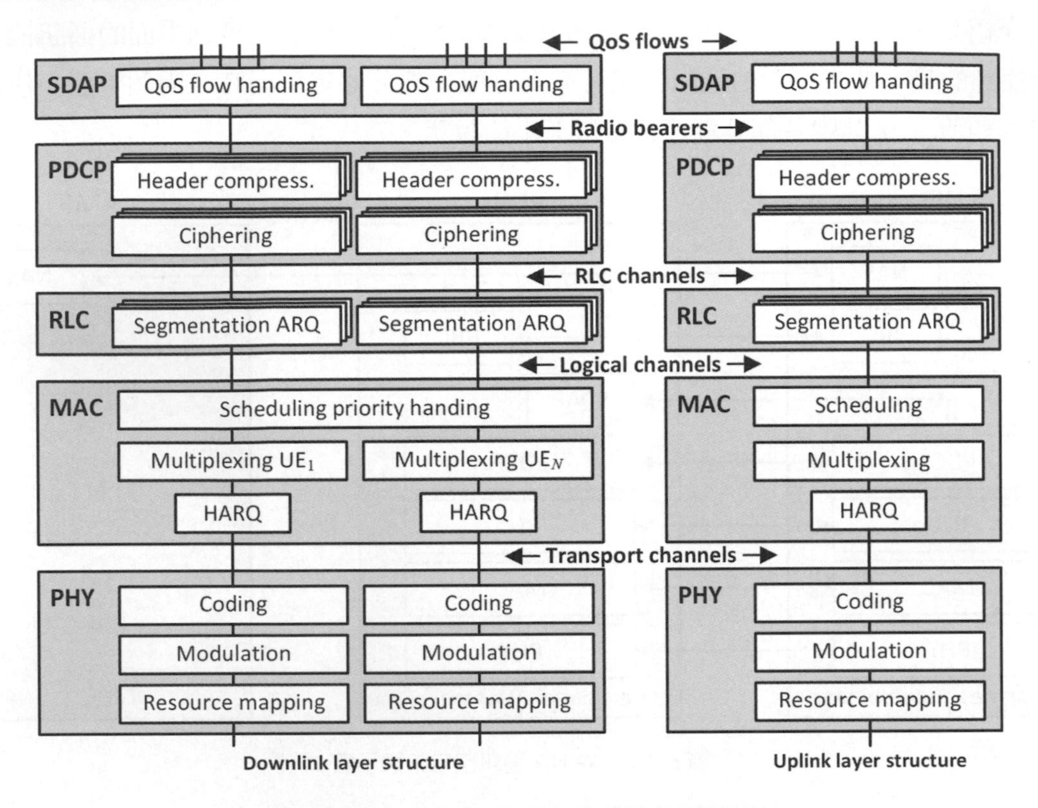

圖 5-20　5G NR 用戶平面協定架構與各層功能

5-4-1-1　SDAP 層功能 [14]

SDAP 層為 5G NR 才制訂的通訊協定，負責處理不同的 QoS 要求，其主要功能包括：服務品質流 (quality-of-service flow, QoS flow)[15] 和數據無線承載 (data radio bearer, DRB) 之間的映射，以及標記上行和下行 IP 封包的 QoS 流 ID (QoS flow identifier, QFI)。5G QoS 模型的框架如圖 5-21 所示，核心網路 UPF 會將 IP 封包根據 QoS 要求映射到一條 QoS 流傳輸並用 QFI 標記，對於已連線的用戶，5GC 可建立一個或多個 PDU，每個 PDU 可包含多條 QoS 流，但同一 PDU 中各條 QoS 流的 QFI 需不同，gNB 會對每個 PDU 建立一個或多個 DRB，並將 QoS 流映射到對應的 DRB。一條 QoS 流只能被映射到一個 DRB，而一條或多條 QoS 流可以被映射到同一個 DRB，但上行中，SDAP 層一次僅能將一條 QoS 流映射到一個 DRB。圖 5-22 為 SDAP 層功能架構，每個 PDU 都會建立一個對應的 SDAP 實體 (SDAP entity)，其位於 SDAP 層中，傳送時，SDAP 實體從

14　具體技術內容請參考 [25]。
15　具體技術內容請參考 [20]。

上層接收 SDAP SDU，並在加入訊頭 (header) 後，將對應的 SDAP PDU 傳送給下層；接收時，SDAP 實體從下層接收 SDAP PDU，並在移除訊頭後，將對應的 SDAP SDU 傳送到上層。此外，5G NR 引入反射映射功能，其功能為用戶會觀察下行封包中 QoS 映射 DRB 的規則，並將其應用於上行傳輸。

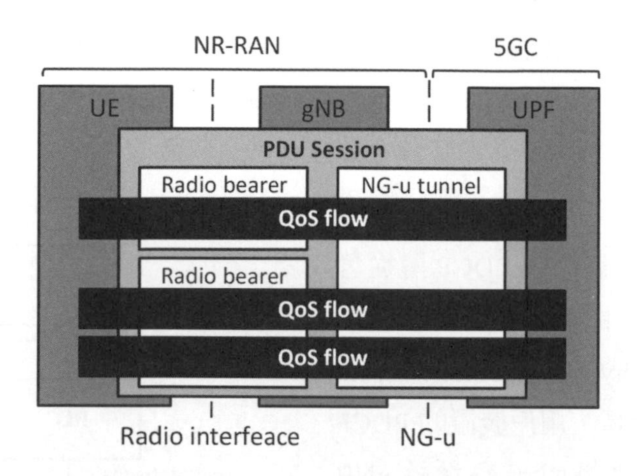

圖 5-21 5G NR QoS 模型框架示意

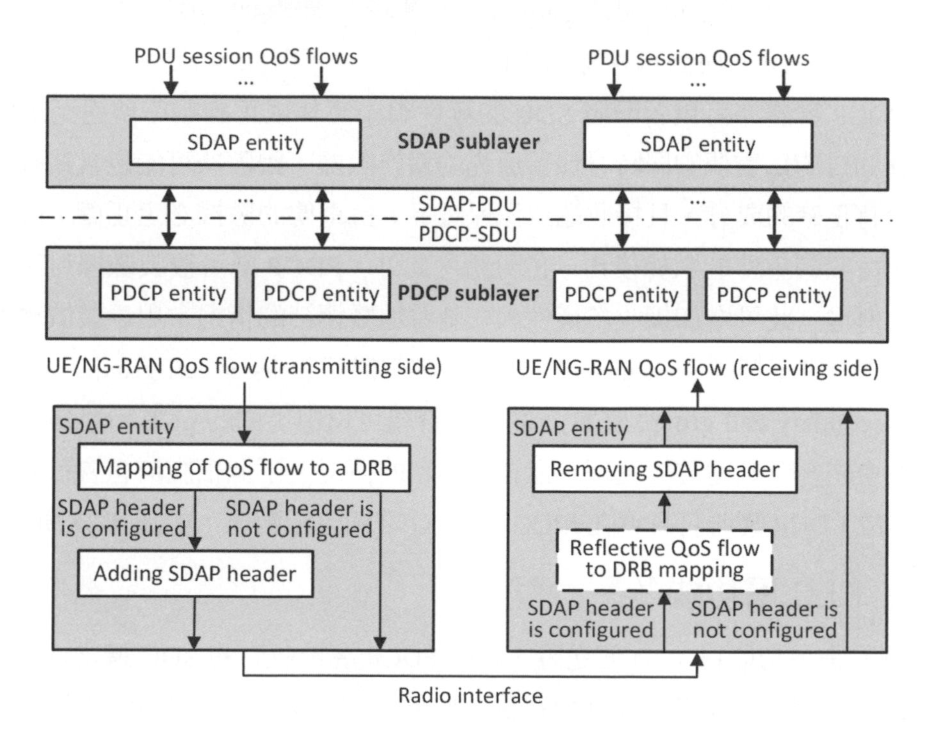

圖 5-22 SDAP 層功能示意

5-4-1-2　PDCP 層功能 [16]

PDCP 層的主要功能爲：(1) 傳送時，負責 IP 封包訊頭的壓縮與加密，維護封包的完整性，並透過無線承載介面將處理後的 PDU 傳給 RLC 層；(2) 接收時，執行相反的動作，即先將透過無線承載接收的數據解密，並將訊頭解壓縮以符合 IP 格式，最後將形成的 IP 封包上傳至網際網路。在 5G NR 中，無線承載爲用戶與 gNB 之間的最高層連結介面，分爲信令無線承載 (signaling radio bearer, SRB) 與數據無線承載 (data radio bearer, DRB) 兩類，分別用於傳送無線資源控制信令與數據。

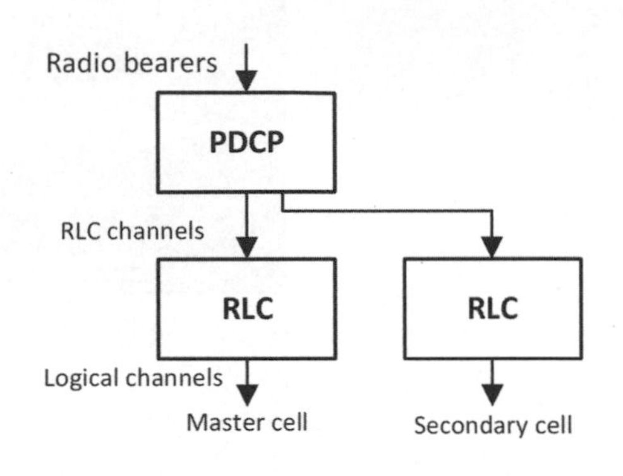

圖 5-23　雙連結情況的主要與次要細胞群組示意

當 gNB 間進行交遞 (handover) 時，未發送的下行數據封包會由 PDCP 層從舊 gNB 轉傳至新 gNB，由於交遞時會刷新混合式自動重傳請求 (hybrid automatic repeat request, HARQ) 緩衝區，用戶裝置的 PDCP 實體 (PDCP entity) 會將尚未發送給 gNB 的上行數據封包進行重傳，此情況用戶裝置可能會重複接收到舊 gNB 與新 gNB 相同的 PDU，此時 PDCP 層將可移除重複的 PDU，而 PDCP 實體亦可重新配置 SDU 的發送順序使其依正確順序傳送至上層通訊協定。HARQ 的目的爲重傳的同時會保留原先的錯誤數據，因數據可能包含錯誤的位元，但其中仍含有正確的成分，且接收端無法保證下一份重傳的數據必定正確，故會保留原先的數據，待收到重傳的數據後再一併分析。此外，PDCP 層可複製數據封包並將其於多個基地台傳送，此可增加接收多樣性。在基台地雙連結的情況，用戶裝置會連接到兩個基地台或兩個細胞群組 (cell group)，即主要細胞群組 (master cell group, MCG) 與次要細胞群組 (secondary cell group, SCG)，這兩個群組可以由不同的 gNB 分別處理。一個無線承載一般會由一個細胞群組處理，但在雙連結的情況，兩個細胞群組會都處理同一個無線承載，故 PDCP 實體將負責在 MCG 和 SCG 之間分配數據，如圖 5-23 所示。

5-4-1-3　RLC 層功能 [17]

RLC 層的主要功能爲：(1) 傳送時，將由 PDCP 層接收到的 SDU 適當地分割，並在加入訊頭後，透過邏輯通道傳給 MAC 層，此外，當先前傳送的 PDU 發生錯誤或重複時，亦需透過 ARQ 重傳或移除重複接收的 PDU；(2) 接收時，執行相反的動作。根據排程的決定，數據由 RLC 層的 SDU 緩衝區中取出以組成 RLC 層的 PDU。PDU 的大小係

16　具體技術內容請參考 [26]。
17　具體技術內容請參考 [27]。

由排程者決定，其可變動，若 SDU 太大，則 RLC 層便將其分割為較小片段以符合 PDU 的大小，如圖 5-24 所示。RLC 層中 PDU 的大小可變動，係因 5G NR 須根據流量與通道狀況調整其傳輸速率，RLC 層採用可變動的 PDU 大小以支援變動的傳輸速率。實務上，由於 gNB 包含 RLC 層與排程者的功能，故支援變動的 PDU 大小並無問題。RLC 層的 PDU 中，包含經過切割的 SDU 與訊頭，其訊頭內含有接收此 PDU 的重要資訊，如 PDU 的序號，使接收端的 RLC 層可將接收的 PDU 正確排序。RLC 層的另一個功能為提供正確的數據給 PDCP 層，換言之，接收端的 RLC 層必須有能力判斷 PDU 的正確性，並告知傳送端需重傳錯誤的 PDU。接收端以藉由觀察接收到 PDU 的序號找出遺失的 PDU，遺失的 PDU 被視為在傳輸過程中發生錯誤，而遭下層的協定捨棄，接收端的 RLC 層遂將錯誤接收的 PDU 記錄於接收狀態報告中，並回報傳送端的 RLC 層，傳送端的 RLC 層將依此報告重傳錯誤的 PDU。

5G NR 與 4G LTE-A 的 RLC 層功能主要差異有兩點：(1) 刪除 RLC 層的合併功能，允許接收上行排程決定前預先組裝 RLC PDU，並在接收到排程決定後，RLC 層可根據運輸區塊 (transport block) 大小進行分配並將其傳送到 MAC 層，如圖 5-24；(2) 5G NR RLC 層不支援依排序傳送 SDU 至上層協定的功能，此可減少整體傳送延遲，因為正確接收的數據封包在傳送至上層協定前，不必等待重傳更早遺失的數據封包。

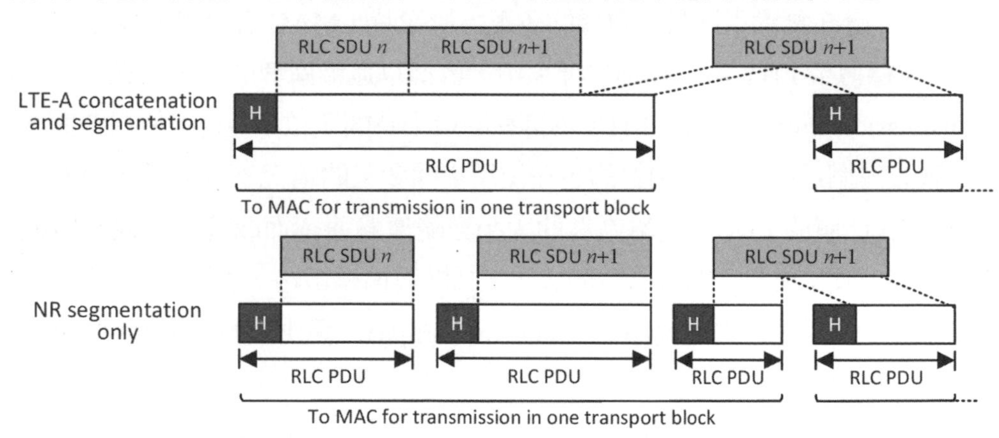

圖 5-24 4G 與 5G 系統 RLC 層 PDU 功能比較

5G NR 的邏輯通道根據其攜帶的資訊可分為控制通道 (control channel) 與訊務通道 (traffic channel)，其中控制通道主要攜帶系統運作的必要控制資訊，訊務通道則是攜帶實際欲傳送的數據。5G NR 制訂的邏輯通道包括：廣播控制通道 (broadcast control channel, BCCH)、傳呼控制通道 (paging control channel, PCCH)、共同控制通道 (common control channel, CCCH)、專屬控制通道 (dedicated control channel, DCCH) 及專屬訊務通道 (dedicated traffic channel, DTCH)。用戶端主要透過 BCCH 得到建立連線所需之必要系統參數，如系統使用的頻帶。PCCH 則是使 gNB 可以隨時傳呼 (paging) 處於閒置狀態的用戶設備，由於 gNB 並無法掌握閒置狀態用戶的實體位置，傳呼訊息須在多個細胞同時傳送。CCCH 與 DCCH 主要是用以傳送鏈結中的控制訊息；DTCH 主要用以傳送所有數據。5G NR 邏輯通道與下兩小節將說明的運輸通道及實體通道 (physical channel) 之間的對應關係如圖 5-25 所示。

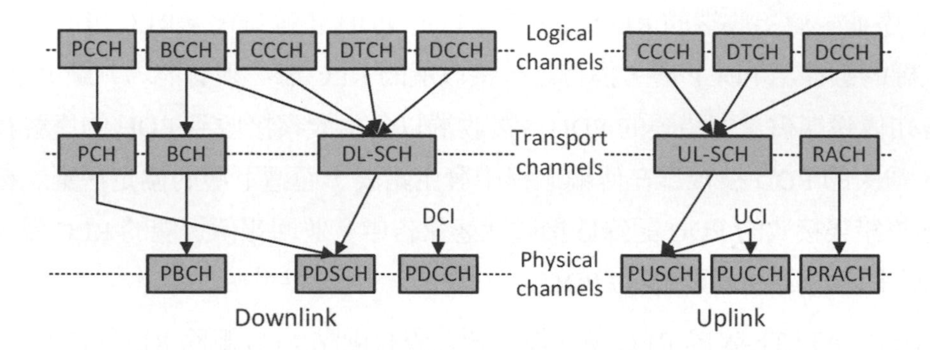

圖 5-25　5G NR 下上行邏輯通道、運輸通道與實體通道的對應關係

5-4-1-4　MAC 層功能 [18]

MAC 層主要負責邏輯通道的多工、HARQ 重傳機制及上下行的排程；當載波聚合啓用時，MAC 層亦負責不同載波數據的多工。傳送時，MAC 層透過運輸通道 (transport channel) 將數據傳至 PHY 層。在運輸通道中，數據以運輸區塊的形式存在，每一個傳輸時段 (transmission time interval, TTI，爲排程的最小時間單位) 中，不使用空間多工的情況下，只載入一個運輸區塊；相對的，在使用空間多工的情況下，可載入至多二個運輸區塊。如同 RLC 層的 PDU，運輸區塊的大小亦隨傳輸速率而改變，因此，數據被切割爲運輸區塊前，須先決定此運輸區塊的大小、調變與編碼策略，及使用的天線埠 (antenna port)[19] 等，這些參數統稱爲運輸格式 (transport format)，藉由調整運輸格式，MAC 層可實現不同的傳輸速率。

如同邏輯通道，5G NR 的運輸通道亦依照其特性與使用實體傳輸資源的方式加以分類，包括：廣播通道 (broadcast channel, BCH)、傳呼通道 (paging channel, PCH)、下行共享通道 (downlink shared channel, DL-SCH)、上行共享通道 (uplink shared channel, UL-SCH) 及隨機接取通道 (random access channel, RACH)。其中 BCH 主要負責傳送 BCCH 的資訊，其運輸格式固定，亦即調變、編碼策略與使用的天線埠不隨環境改變。PCH 主要負

18　具體技術內容請參考 [28]。
19　天線埠相關概念將在第六章中介紹

責傳送 PCCH 的資訊，其支援不連續接收 (discontinuous reception, DRX)，故用戶端在無傳送與接收數據需求時，可關掉部分硬體以降低用戶設備的耗能。DL-SCH 主要用於傳送下行數據，其支援排程機制、HARQ 及空間多工等技術，亦可用於傳送 BCCH 的數據，如同 PCH，DL-SCH 亦支援 DRX 技術以降低用戶設備的耗能；一個細胞內有多個 DL-SCH，亦即每個分配到數據的用戶皆有其獨立的 DL-SCH，此外，BCCH 亦有其獨立的 DL-SCH。UL-SCH 主要用於傳送上行數據，其功能與 DL-SCH 雷同，不再贅述。最後，由於 5G NR 採取動態排程資源，需要資源的用戶須透過隨機接取 (random access) 的方式向 gNB 索取資源，其用於隨機接取的訊息即透過 RACH 傳送，故 RACH 只存在於上行端；RACH 與其他運輸通道最大不同處，在於其數據並不會形成特定格式的運輸區塊。

由上述運輸通道介紹與圖 5-25 可發現，下行時，DL-SCH 爲最主要的運輸通道，包括 DCCH、DTCH、CCCH 與部分 BCCH 的 PDU 皆透過 DL-SCH 傳送；同理，上行時，UL-SCH 爲最主要的運輸通道。在接收端，MAC 層的主要功能爲分離使用相同運輸通道的 RLC 層 PDU，並將各 PDU 分別透過其對應的邏輯通道送至 RLC 層。爲使接收端的 MAC 層得以辨別各 PDU 所對應的 RLC 實體，傳送端於 MAC 層給予來自不同 RLC 實體的 PDU 各自對應的次訊頭 (sub-header)，其中包含邏輯通道識別碼 (logical channel identity, LCID) 及該 PDU 的大小。接收端的 MAC 層即可藉由次訊頭中的資訊，將運輸區塊還原爲 PDU，並依照其對應的邏輯通道上傳至 RLC 層。在 4G LTE-A 系統中，MAC 訊頭的資訊只放在 MAC PDU 的開頭，當排程決定後 MAC PDU 才能開始合併，此方式將造成過多延遲。然而在強調低延遲通訊的 5G NR 系統中，傳送端於 MAC 層會額外將 MAC SDU 立即加入各自對應的次訊頭，此方式將允許排程決定前可先對 PDU 進行預處理。

5G NR 系統中一個重要的概念爲共享通道傳輸 (shared-channel transmission)，亦即所有用戶動態分享相同的時頻資源，因此系統需要一個排程者動態排程資源給用戶；由通訊協定的觀點，排程屬於MAC層當中一個功能，換言之，排程者係指gNB的MAC層。5G NR 系統中，排程者須具備動態排程的能力，亦即在每個 TTI 中決定下個 TTI 的資源分配，並將其排程決定告知用戶。此外，排程者亦可選擇半持續性排程 (semi-persistent scheduling)，亦即一次決定一段較長時間 (例如 50 個 TTI) 的排程決定，此策略的優點爲大幅降低傳送排程決定所需的資源開銷 (overhead)。不同 gNB 如欲協調排程決定，執行如 CoMP 與 ICIC 功能時，可利用 Xn 介面交換資訊以協調最佳的排程決定。

在 5G NR 系統中，上下行的排程主要由 gNB 負責，且各自獨立進行，換言之，在決定上行的排程時不需考慮下行的排程決定，反之亦然。下行時，排程者負責決定服務的用戶，及每個用戶所分配的資源，此外，亦決定每個運輸區塊所對應的運輸格式，包括運輸區塊的大小、調變策略及使用天線埠等；由於排程者可藉由控制運輸格式決定傳輸速率，其亦間接影響 RLC 層 PDU 的分割與 MAC 層的多工策略。上行時，排程的工作亦由 gNB 負責，其項目與下行類似，主要爲決定上行運輸區塊的運輸格式，惟用戶須決定傳送的無線承載內容。以貨運爲例，下行時，gNB 的工作爲決定傳送用戶對象、箱子的大小 (運輸格式) 及每個箱子的內容物 (無線承載)，並將箱子傳送至用戶；上行時，gNB 爲用戶決定箱子的大小，其內容物則由用戶決定。

3GPP 制訂排程者的工作，但未規定其使用的演算法，因此每個 gNB 的排程法則係由設備商自行決定，儘管如此，排程演算法大抵上皆遵循一個準則：利用通道在時域與頻域變化的特性，選擇當下最好的頻域通道；此特性在頻寬大時尤其明顯，由於頻寬較大時，通道的頻率選擇衰落效應較明顯。惟當用戶快速移動時，通道隨時間快速變化，此時任何排程均將失去優勢，因此當用戶移動速率較低時，根據通道特性所設計的排程演算法能達較佳的效能。5G NR 系統中，排程者獲得通道資訊的流程如下：下行時，gNB 傳送一種稱爲參考信號 (reference signal) 的特殊信號給用戶，用戶據以估計下行通道響應，並將下行通道響應記錄於通道狀態回報 (channel-state report)，透過上行控制通道 (control channel) 回傳至 gNB，如此一來，gNB 便可得知下行通道的狀況；上行時，則由用戶傳送參考信號至 gNB，gNB 據以估計上行通道響應。第六章將詳細介紹 5G NR 所使用的參考信號與其功能。

5G NR 與 4G LTE-A 同樣透過混合式自動重傳請求 (hybrid automatic repeat request, HARQ) 技術提升錯誤更正能力，然而並非所有信號皆支援 HARQ。例如一對多的廣播信號一般不支援 HARQ，此爲避免因少數廣播用戶接收錯誤而重傳，對多數正確接收用戶產生影響。5G NR 的 HARQ 僅應用於 DL-SCH 與 UL-SCH，並採用數個平行運作的停與等 (stop-and-wait) 機制。停與等機制係指傳送端於傳送一筆數據後，等待接收端的回覆，待接收到其回覆的認可 (acknowledgement, ACK)，再傳送下一筆數據；此機制的缺點爲傳送端於傳送數據後至接收 ACK 期間內，無法傳送下一筆數據，造成資源的浪費。爲避免此缺點，5G NR 採用數組平行運作的停與等機制，在此機制下，傳送端具有多個傳輸次單元，每個次單元皆利用停與等機制負責一部分數據的傳輸，當第一個次單元傳送數據並等待其 ACK 時，第二個次單元接著傳送，以此類推；此架構解決了停與等機制資源浪費的問題，惟須付出較高的運作複雜度。

在上述機制下，傳送端須有能力辨別每筆數據正確接收與否。5G NR 解決此問題的方式爲：固定傳送數據與其對應 ACK 的傳輸時間差。舉例而言，若系統規定傳送數據與其對應 ACK 的傳輸時間差爲四個 TTI，則於第一個 TTI 傳送的數據若正確接收，傳送端便預期其將於第五個 TTI 接收 ACK。此外，接收端須有能力辨別數據的先後順序，此工作由 RLC 層負責。MAC 層主要負責數據的正確接收，並將正確接收的數據傳至 RLC 層 (上傳的順序可能不正確)，接著在 RLC 層進行排序。當載波聚合技術啓用時，一個鏈結含有數個成分載波，此時 HARQ 將獨立運作於每個成分載波上。

5-4-1-5　PHY 層功能

PHY 層主要負責通道編碼、HARQ 處理、調變、多天線處理，及將各式信號映射至適當的時頻資源。在前一小節中提及，MAC 層上下行的數據主要透過 UL-SCH 與 DL-SCH 傳送，若不使用空間多工技術，在每個 UL-SCH 或 DL-SCH 中，一個 TTI 內只傳送一個運輸區塊；當使用載波聚合技術時，每個成分載波中只有一個 DL-SCH 或 UL-SCH。在 PHY 層中，每個運輸通道皆對應至實體通道 (physical channel)，實體通道係指一組實際用於傳輸信號的時頻資源。爲使接收端能正確接收運輸通道所對應的實體通道上的資訊，須利用額外的實體通道傳送控制資訊，稱爲第一層 / 第二層控制通道 (layer 1/ layer 2 control channel)，簡稱 L1/L2 控制通道， L1 即指 PHY 層，L2 則指 MAC 層至 SDAP 層 (RRC 層以下、PHY 層以上)。下行時，L1/L2 控制通道傳送的資訊稱爲下行控制資訊 (downlink control information, DCI)；上行時則稱爲上行控制資訊 (uplink control information, UCI)，DCI 與 UCI 內的資訊包括數據的時頻資源位置、使用的通道編碼與調變種類等。

5G NR 定義的實體通道在下行端有：實體下行共享通道 (physical downlink shared channel, PDSCH)、實體廣播通道 (physical broadcast channel, PBCH) 及實體下行控制通道 (physical downlink control channel, PDCCH)；在上行端則有：實體上行共享通道 (physical uplink shared channel, PUSCH)、實體上行控制通道 (physical uplink control channel, PUCCH) 及實體隨機接取通道 (physical random-access channel, PRACH)。下行端方面，PBCH 負責廣播系統資訊，包括系統操作頻帶、使用頻寬等用戶接取網路所需的資訊；PDSCH 主要負責傳送單播的數據及傳呼的資訊；PDCCH 用於傳送下行控制資訊，包括 PDSCH 所使用的時頻資源、通道編碼、調變與多天線使用策略，協助接收端順利接收 PDSCH 的訊息。此外，由於 5G NR 上行亦由 gNB 排程，當用戶欲傳送數據時，須先告知 gNB 其需求，而 gNB 則利用 PDCCH 傳送「准許用戶傳送數據」之資訊給用戶。由於 5G NR 使用動態資源排程策略，gNB 須透過額外的通道 (PDCCH) 告知用戶 PDSCH 與 PDCCH 的相關資訊，否則用戶將無法得知其數據於時頻資源上的位置。上行端方面，PUSCH 主要攜帶用戶欲傳至 gNB 的數據，如同下行的 PDSCH。PUCCH 則負責傳送下行 HARQ 的 ACK，告知 gNB 其傳送數據已正確接收，此外，其亦負責攜帶通道狀態資訊 (channel state information, CSI) 協助 gNB 掌握下行通道狀況；當用戶欲傳送數據時，亦透過 PUCCH 告知 gNB，並請求排程資源。最後，PRACH 主要功能爲協助用戶隨機接取網路。

上述介紹的通道中，下行的 PDCCH 與上行的 PUCCH 並無對應的運輸通道，而 PBCH 的架構較 PDSCH 特殊。PBCH 負責傳送系統資訊，協助用戶順利接取系統，因用戶在解出此資訊前，對系統一無所悉，PBCH 對應的時頻資源、通道編碼與調變策略必須固定，故不支援動態資源排程。

5-4-2 控制平面協定

控制平面協定主要負責鏈結的建立、用戶移動的掌控，與網路安全等。由網路傳至用戶的控制資訊主要由 5G 核心網路的接取與移動管理功能或 gNB 的無線資源控制單元發送，如圖 5-19 所示，其中非接取層 (non-access stratum, NAS) 爲 AMF 與用戶之間的最高層控制平面協定。NAS 主要負責管理用戶進入網路的認證與安全，及各種閒置模式的程序，例如傳呼，它亦指派 IP 位址給用戶。RRC 主要負責與無線接取相關的功能，包括廣播系統資訊、傳送 AMF 發送的傳呼訊息至指定用戶以通知其有新動態 (例如收到新訊息)、設定無線乘載並管理鏈結、量測與回報網路訊息，及掌握用戶的移動與能力。RRC 訊息主要藉由信令無線承載 (signaling radio bearer, SRB) 傳送，並透過用戶平面的四層協定 (PDCP、RLC、MAC 與 PHY) 傳至用戶；在 RLC 層中，連線建立前 SRB 對應至 CCCH，連線建立後，則對應至 DCCH；在 MAC 層中，控制平面與用戶平面的數據合併，並於同一個 TTI 傳至用戶。

用戶連線狀態

在 5G NR 系統中，用戶有三種狀態，分別爲連線狀態 (RRC_CONNECTED)、閒置狀態 (RRC_IDLE) 與非活躍狀態 (RRC_INACTIVE)，其中非活躍狀態爲 5G NR 系統新增的用戶狀態，作爲過渡到 RRC_IDLE 狀態前的睡眠狀態，以節省用戶設備的耗能且可快速建立連線，如圖 5-26 所示。在 RRC_CONNECTED 狀態下，gNB 傳送 RRC 資訊至用戶，以維持必要的連線，此時 gNB 藉由細胞無線網路臨時識別碼 (cell radio-network temporary identifier, C-RNTI) 辨認其所屬用戶。在 RRC_IDLE 狀態下，用戶處於睡眠狀態，gNB 不傳送 RRC 訊息至該用戶，此時用戶不屬於任何細胞，gNB 與用戶無法同步。上行時，處於 RRC_IDLE 狀態下的用戶若有連線需求，需先傳送隨機接取信號，藉此程序進入 RRC_CONNECTED 狀態；下行時，處於 RRC_IDLE 狀態下的用戶須於固定時間醒來，以接收傳呼訊息。運用 RRC_IDLE 狀態可以大幅節省用戶設備的耗能，提升其電池續航力。在 RRC_INACTIVE 狀態下，RRC 資訊會同時被 gNB 和用戶設備保留，並且維持用戶與核心網路的連線，故可在不告知核心網路的情況下，快速轉換至 RRC_CONNECTED 狀態進行數據傳輸。此種情況，用戶可類似於 RRC_IDLE 狀態進入睡眠狀態，並可透過細胞重選 (cell reselection) 的方式以掌控用戶移動。

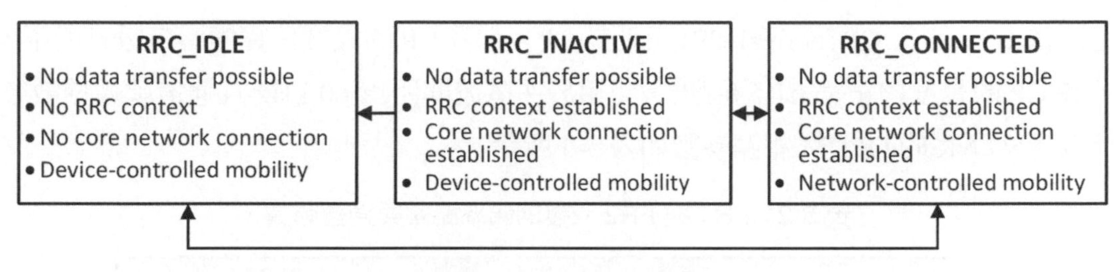

圖 5-26 RRC 用戶狀態

5-5 實體傳輸資源

5G NR 的實體層傳輸策略係基於 OFDM 技術所發展，相較於 4G LTE-A，其下行多重接取方案同樣爲 OFDMA，上行多重接取方案爲功率效率較佳的 DFT 擴散 OFDMA (DFT spread OFDMA, DFT-s-OFDMA)，以及 5G NR 才支援的 OFDMA。DFT-s-OFDMA 與 OFDMA 差別在於 DFT-s-OFDMA 信號需先經過 DFT 預編碼後，再載至次載波上，其餘二者系統架構皆相同，且 DFT-s-OFDMA 只能用於單層 (single-layer) 傳輸。

5G NR 爲因應廣泛多樣的應用場景，比 4G LTE-A 支援更大的頻率範圍與多樣的通道頻寬，並採用彈性的訊框架構。根據使用頻帶所在的頻段，大致分爲兩種頻段，分別爲中低頻段 (小於 7 GHz) 與毫米波頻段 (大致介於 24 GHz 至 52 GHz)，中低頻段稱爲第一型頻率範圍 (frequency range 1, FR1)，毫米波頻段稱爲第二型頻率範圍 (frequency range 2, FR2)，兩種頻段支援的頻率範圍與通道頻寬，其對應的相關參數列於表 5-2。爲實現彈性的訊框架構以因應不同訊務需求，5G NR 採用五種次載波間距，其以 15 kHz 爲單位乘上 2 的 μ 冪次擴展而成，分別爲 15 kHz、30 kHz、60 kHz、120 kHz 與 240 kHz，次載波間距亦稱爲實體層參數 (numerology)，以 μ 的數值表示。5G NR 的訊框架構如圖 5-27 所示，一個訊框 (frame) 長度爲 10 ms，並分爲 10 個長度爲 1 ms 的次訊框 (sub-frame)，一個次訊框依實體層參數分別內含 1、2、4、8 與 16 個的時槽 (time slot)，而一個時槽都內含 14 個 OFDM 符碼，但在特定情況下，一個時槽可由少於 14 個 OFDM 符碼所組成，例如：爲實現低延遲傳輸，5G NR 定義了迷你時槽 (mini slot)，其可由 2、4 或 7 個 OFDM 符碼組成，以及當使用延長 CP (extended CP) 時，一個時槽則由 12 個 OFDM 符碼組成。圖 5-28 爲 5G NR 針對不同的應用場景，配置彈性的訊框架構示意圖。

由於 CP 的長度須大於通道的延遲擴散以消除通道的多路徑效應；然而 CP 亦不宜過長，以免造成系統傳輸速率損失。5G NR 考量市區、郊區與鄉村等多種通道特性後，制定兩種 CP：正常 CP (normal CP) 與延長 CP，正常 CP 的長度依實體層參數有所不同，而延長 CP 的長度約正常 CP 的四倍，只用於次載波間距爲 60 kHz 且通道延遲擴散較大的情況。5G NR 的 OFDM 相關參數如表 5-3 所示。

表 5-2　FR1 與 FR2 支援的頻率範圍與通道頻寬

Frequency range designation	Corresponding frequency range	Recommended system frequency range
FR1	410 MHz – 7125 MHz	50 – 100 MHz
FR2	24250 MHz – 52600 MHz	50 MHz / 100 MHz / 200 MHz / 400 MHz

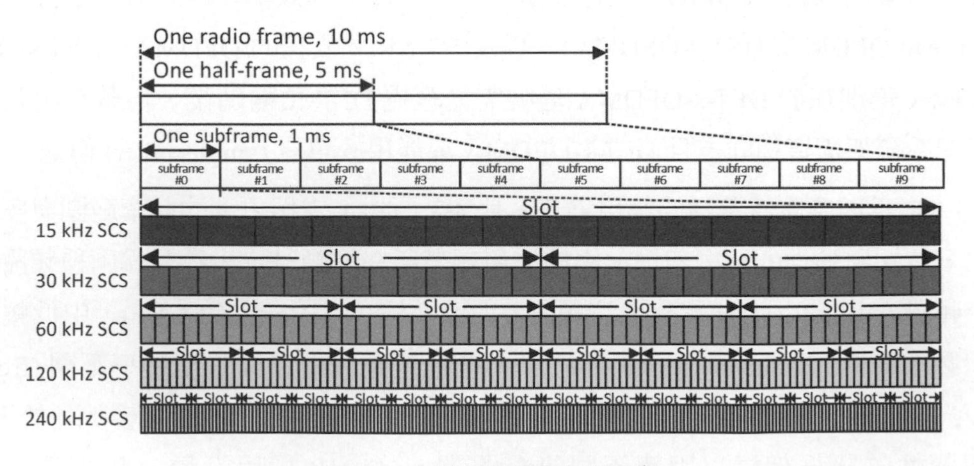

圖 5-27　彈性的實體層參數示意

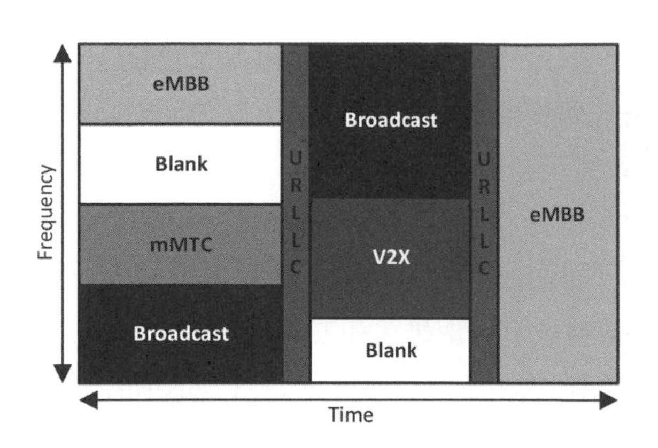

圖 5-28　5G NR 彈性訊框架構支援不同應用場景示意

表 5-3　5G NR OFDM 相關參數 [20]

μ	Subcarrier spacing $\Delta f = 2^{\mu} \times 15$ (kHz)	Cyclic prefix type	OFDM useful symbol length (μs)	Cyclic prefix length (μs)	OFDM symbol length (μs)	Number of symbols per slot	Number of slots per subframe	Applicable frequency range
0	15	Normal	66.67	4.69	71.35	14	1	FR1
1	30	Normal	33.33	2.34	35.68	14	2	FR1
2	60	Normal / extended	16.67	1.17	17.84	14 / 12	4	FR1, FR2
3	120	Normal	8.33	0.57	8.92	14	8	FR2
4	240	Normal	4.17	0.29	4.46	14	16	FR2

5G NR 採用分時雙工 (time division duplex, TDD) 與分頻雙工 (frequency division duplex, FDD) 兩種模式，此兩種模式皆支援上述相同的訊框架構。在 TDD 模式下，系統以時間區分上下行傳輸，若以一個訊框爲例，則會有部分次訊框用於上行傳輸，部分用於下行傳輸，或者進一步在一個次訊框內使用部分 OFDM 符碼用於上行傳輸，部分用於下行傳輸，其上下行間的切換以保護時段 (guard period, GP) 區隔，圖 5-29 爲 TDD 模式下的次訊框架構示意。根據不同的傳輸用途，5G NR 制訂三種 OFDM 符碼類型，分別爲上行符碼 (uplink symbol, UL symbol)、下行符碼 (downlink symbol, DL symbol) 與彈性符碼 (flexible symbol)，其中上行符碼用於上行傳輸；下行符碼用於下行傳輸；彈性符碼可用於上行傳輸或下行傳輸。5G NR 係以時槽爲單位配置時槽內的 OFDM 符碼，一個時槽可由一種或多種類型的 OFDM 符碼組合而成，大致分成三類，分別爲上行鏈

20　資料來源請參考 [6], [30]。

路、下行鏈路以及混合上下行鏈路，目前若干種組合的配置方式已被制訂並表示爲時槽格式 (slot format)，其格式列於表 5-4。在一個次訊框內，不同時槽亦可依需求彈性配置相同或不同的時槽格式以實現多種排程策略，基地台會利用時槽格式指示器 (slot format indicator, SFI) 告知用戶配置的符碼類型。5G NR 與 4G LTE-A 差別在於 4G LTE-A 係以次訊框爲單位配置上行傳輸或下行傳輸，一旦配置爲其中一種，則該次訊框內所有 OFDM 符碼須用於上行傳輸或下行傳輸。在 FDD 模式下，系統以不同頻帶區分上下行傳輸，上行傳輸頻帶內的訊框須用於上行傳輸，下行傳輸頻帶內的訊框須用於下行傳輸，如圖 5-30 所示。雖然 3GPP 已對 5G NR 各個頻帶制訂使用的傳輸模式，但不同國家與地區被配置的頻帶略有不同，各家電信業者可於被配置的頻帶自行決定欲採用的傳輸模式。

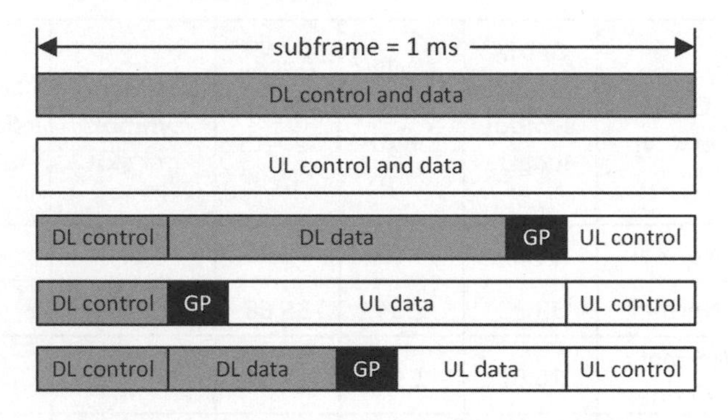

圖 5-29　5G NR TDD 模式下的次訊框架構示意

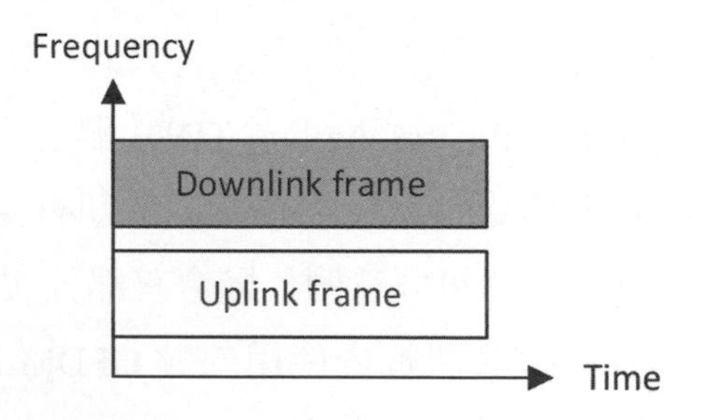

圖 5-30　5G NR FDD 模式下的訊框架構示意

表 5-4　5G NR TDD 模式下的時槽格式[21]

	Symbol number in a slot													
Format	0	1	2	3	4	5	6	7	8	9	10	11	12	13
0	D	D	D	D	D	D	D	D	D	D	D	D	D	D
1	U	U	U	U	U	U	U	U	U	U	U	U	U	U
2	F	F	F	F	F	F	F	F	F	F	F	F	F	F
3	D	D	D	D	D	D	D	D	D	D	D	D	D	F
4	D	D	D	D	D	D	D	D	D	D	D	D	F	F
5	D	D	D	D	D	D	D	D	D	D	D	F	F	F
6	D	D	D	D	D	D	D	D	D	D	F	F	F	F
7	D	D	D	D	D	D	D	D	D	F	F	F	F	F
8	F	F	F	F	F	F	F	F	F	F	F	F	F	U
9	F	F	F	F	F	F	F	F	F	F	F	F	U	U
10	F	U	U	U	U	U	U	U	U	U	U	U	U	U
11	F	F	U	U	U	U	U	U	U	U	U	U	U	U
12	F	F	F	U	U	U	U	U	U	U	U	U	U	U
13	F	F	F	F	U	U	U	U	U	U	U	U	U	U
14	F	F	F	F	F	U	U	U	U	U	U	U	U	U
15	F	F	F	F	F	F	U	U	U	U	U	U	U	U
16	D	F	F	F	F	F	F	F	F	F	F	F	F	F
17	D	D	F	F	F	F	F	F	F	F	F	F	F	F
18	D	D	D	F	F	F	F	F	F	F	F	F	F	F
19	D	F	F	F	F	F	F	F	F	F	F	F	F	U
20	D	D	F	F	F	F	F	F	F	F	F	F	F	U
21	D	D	D	F	F	F	F	F	F	F	F	F	F	U
22	D	F	F	F	F	F	F	F	F	F	F	F	U	U
23	D	D	F	F	F	F	F	F	F	F	F	F	U	U
24	D	D	D	F	F	F	F	F	F	F	F	F	U	U
25	D	F	F	F	F	F	F	F	F	F	F	U	U	U
26	D	D	F	F	F	F	F	F	F	F	F	U	U	U
27	D	D	D	F	F	F	F	F	F	F	F	U	U	U
28	D	D	D	D	D	D	D	D	D	D	D	D	F	U
29	D	D	D	D	D	D	D	D	D	D	D	F	F	U
30	D	D	D	D	D	D	D	D	D	D	F	F	F	U

21　資源來源請參考 [32]。

	Symbol number in a slot													
Format	0	1	2	3	4	5	6	7	8	9	10	11	12	13
31	D	D	D	D	D	D	D	D	D	D	D	F	U	U
32	D	D	D	D	D	D	D	D	D	D	F	F	U	U
33	D	D	D	D	D	D	D	D	D	F	F	F	U	U
34	D	F	U	U	U	U	U	U	U	U	U	U	U	U
35	D	D	F	U	U	U	U	U	U	U	U	U	U	U
36	D	D	D	F	U	U	U	U	U	U	U	U	U	U
37	D	F	F	U	U	U	U	U	U	U	U	U	U	U
38	D	D	F	F	U	U	U	U	U	U	U	U	U	U
39	D	D	D	F	F	U	U	U	U	U	U	U	U	U
40	D	F	F	F	U	U	U	U	U	U	U	U	U	U
41	D	D	F	F	F	U	U	U	U	U	U	U	U	U
42	D	D	D	F	F	F	U	U	U	U	U	U	U	U
43	D	D	D	D	D	D	D	D	D	F	F	F	F	U
44	D	D	D	D	D	D	F	F	F	F	F	F	U	U
45	D	D	D	D	D	D	F	F	U	U	U	U	U	U
46	D	D	D	D	D	F	U	D	D	D	D	D	F	U
47	D	D	F	U	U	U	U	D	D	F	U	U	U	U
48	D	F	U	U	U	U	U	D	F	U	U	U	U	U
49	D	D	D	D	F	F	U	D	D	D	D	F	F	U
50	D	D	F	F	U	U	U	D	D	F	F	U	U	U
51	D	F	F	U	U	U	U	D	F	F	U	U	U	U
52	D	F	F	F	F	F	U	D	F	F	F	F	F	U
53	D	D	F	F	F	F	U	D	D	F	F	F	F	U
54	F	F	F	F	F	F	F	D	D	D	D	D	D	D
55	D	D	F	F	F	U	U	U	D	D	D	D	D	D
62-254	Reserved													
255	UE determines the slot format													

5G NR 在實體層的資源係以時域與頻域的二維架構呈現，在頻域以次載波的形式呈現，在時域則以符碼的形式呈現。5G NR 實體資源的最基本單位稱爲資源單位 (resource element, RE)，其爲一個 OFDM 符碼內的一個次載波；爲利於資源排程，5G NR 定義了資源區塊 (resource block, RB)，其與 4G LTE-A 定義的資源區塊略有不同，4G LTE-A 的資源區塊分別在頻域與時域爲 12 個連續次載波與一個時槽，而 5G NR 僅在頻域定義資源區塊爲 12 個連續次載波，此方式提供系統在時域排程的靈活性，以資源區塊在時域爲一個符碼爲例，資源區塊與資源單位於資源框架 (resource grid) 的關係如圖 5-31 所示，不同實體層參數支援的資源區塊個數與頻寬列於表 5-5。

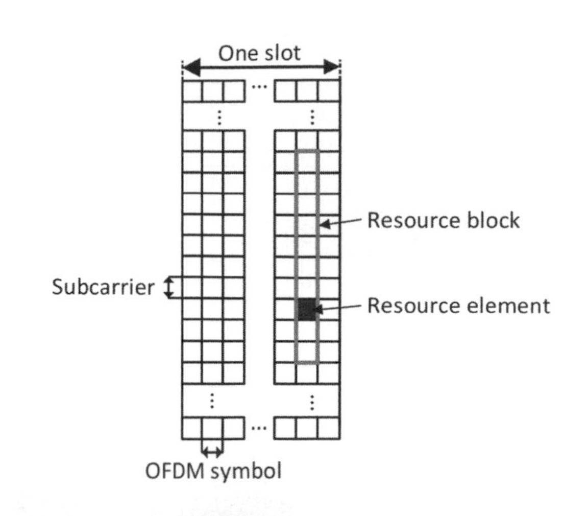

圖 5-31 5G NR 實體層的資源單位與資源區塊

由於 5G NR 在同一個載波可支援多個實體層參數，不同實體層參數其資源區塊佔用的頻寬不同，爲了對齊不同實體層參數的資源區塊，5G NR 定義參考點 A (Point A)、共同資源區塊 (common resource block, CRB)、實體資源區塊 (physical resource block, PRB)、虛擬資源區塊 (virtual resource block, VRB) 與部分頻寬 (bandwidth part, BWP)，其中，參考點 A 爲資源框架的共同參考點；共同資源區塊是以參考點 A 爲基準，於資源框架上預先配置的資源區塊，不同實體層參數的第一個共同資源區塊內第一個次載波中心會對齊參考點 A，並在頻域由 0 開始編號，如圖 5-32 所示；實體資源區塊爲實際傳輸的資源區塊，亦爲最基本的排程單元，系統會從已配置的共同資源區塊，依需求配置連續若干個共同資源區塊作爲實體資源區塊，形成一個部分頻寬，部分頻寬內的資源區塊亦稱爲虛擬資源區塊，其編號將由 0 重新開始編號，圖 5-33 說明了實體資源區塊與共同資源區塊的關係；部分頻寬爲給定實體層參數下，一組連續若干個的實體資源區塊，考量用戶設備並非支援整個載波頻寬運作，不同用戶設備可配置不同 BWP，並依需求使用對應的 BWP 進行傳輸以節省能耗。此外，用戶設備於每個細胞中上下行皆可配置四個 BWP，但在給定的時間內，上下行皆只能使用一個 BWP，圖 5-34 說明不同時間使用不同 BWP 的概念。

表 5-5　5G NR 實體層參數支援的資源區塊個數與頻寬 [22]

μ	Subcarrier spacing (kHz)	Minimum number of PRB	Minimum bandwidth (MHz)	Maximum number of PRB	Maximum bandwidth (MHz)
0	15	24	4.32	275	49.5
1	30	24	8.64	275	99
2	60	24	17.28	275	198
3	120	24	34.56	275	396
4	240	24	69.12	138	397.44

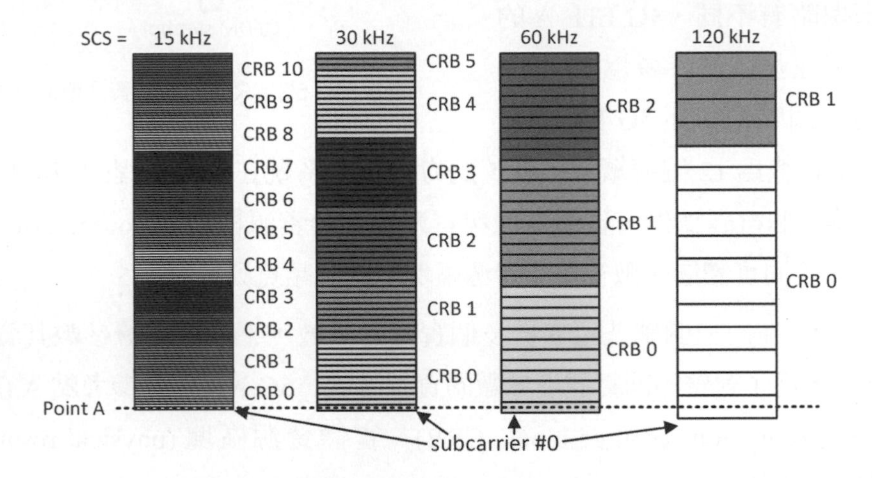

圖 5-32　不同實體層參數其共同資源區塊對齊示意

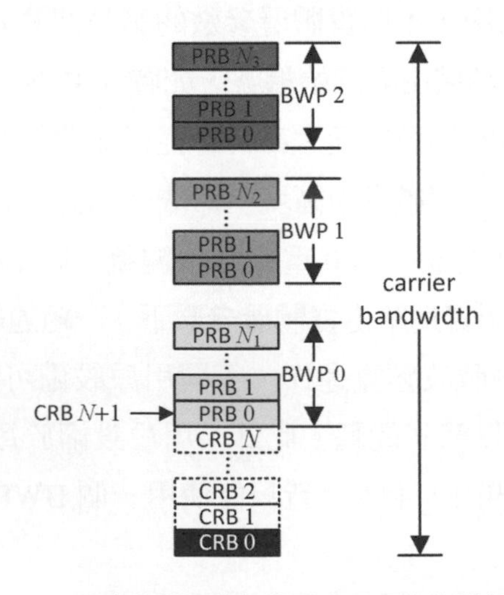

圖 5-33　實體資源區塊與共同資源區塊的關係示意

22　資源來源請參考 [30]。

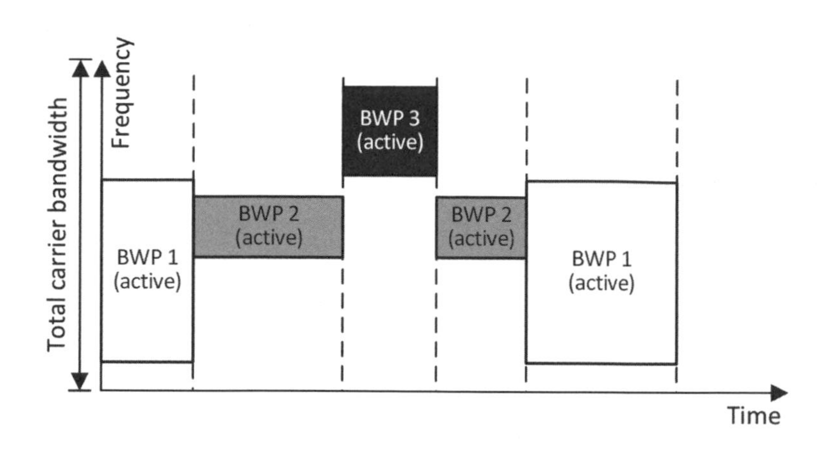

圖 5-34 不同時間使用不同 BWP 的概念說明

5-6 三維通道模型

先前介紹的 SCM 通道模型，係基於一維天線陣列所設計，在引入三維波束成形 (3D beamforming) 技術及全維度 MIMO (full dimension MIMO, FD-MIMO)[23] 後，因其多了鉛直 (vertical) 方向的維度，原先只考慮水平 (horizontal) 方向的二維通道模型便不再適用，需要新的三維通道模型以便能有效模擬評估三維波束成形與 FD-MIMO 技術。3GPP 基於原本 IMT-Advanced 通道模型及 WINNER 計畫發展的通道模型 [24]，在 2013 年開始發展三維通道模型，並沿用原本的 SCM 模型架構，爲了評估新引入的鉛直維度對通道的影響，三維通道模型引入鉛直維度的變數，並根據量測數據定義新的路徑損失、大尺度衰落以及小尺度衰落參數。

在引入鉛直維度的變數後，最大差異爲基地台與用戶之間的距離將從二維平面的點對點距離，轉變成在三維空間的點對點距離，圖 5-35 爲三維通道模型的室外與室內場景的二維與三維距離示意，其三維空間的距離定義如下：

$$d_{3D} = d_{3D\text{-}out} + d_{3D\text{-}in} = \sqrt{\left(d_{2D\text{-}out} + d_{2D\text{-}in}\right)^2 + \left(h_{BS} - h_{MS}\right)^2} \tag{5.1}$$

其中，h_{BS} 與 h_{MS} 分別是基地台及用戶高度，單位爲公尺，d_{3D} 是基地台與用戶之間在三維空間的距離，d_{2D} 是基地台與用戶之間在二維平面的距離，單位爲公尺；若在室內場景，d_{2D} 由室外部分的距離 $d_{2D\text{-}out}$ 與室內部分的距離 $d_{2D\text{-}in}$ 組成，d_{3D} 由室外部分的距離 $d_{3D\text{-}out}$

23 可執行三維波束成形的天線陣列亦稱爲 FD-MIMO。
24 請參考 [36]。

與室內部分的距離 $d_{3D\text{-}in}$ 組成。

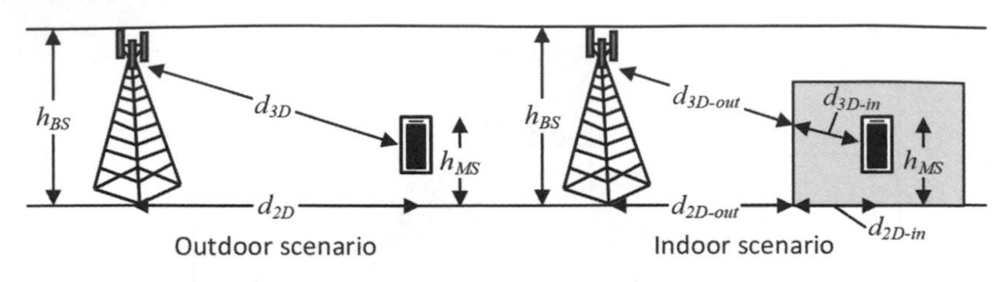

圖 5-35　室外與室內場景其二維與三維的距離示意

此外，為實現三維波束成形技術，基地台需使用均勻平面陣列，圖 5-36 為基地台的天線模型示意，其一個均勻平面陣列包含多個小的均勻平面陣列，上面的天線可為線性極化天線或交叉極化天線[25]，因為傳送端與接收端的天線特性亦將影響傳送信號與接收信號的關係，因此 3GPP 亦有規範天線特性。3GPP 定義的基地台天線鉛直與水平截止場型如 (5.2) 及 (5.3) 所示，而三維空間的天線場型如 (5.4) 所示，用戶天線則通常假設為全向性，惟用戶天線亦使用均勻平面陣列，則天線場型的形式即與基地台相同：

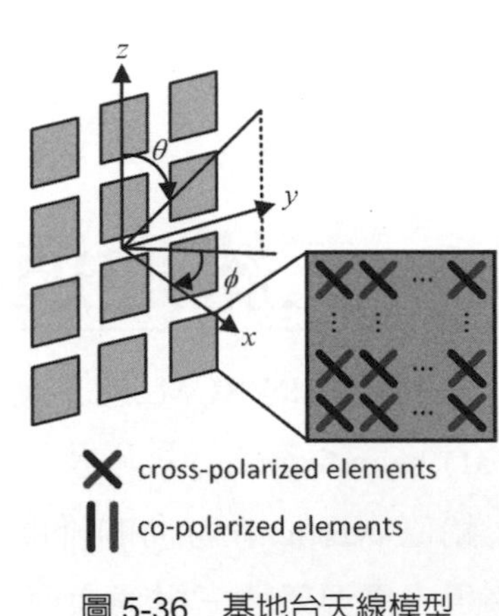

圖 5-36　基地台天線模型

$$A(\theta,\phi=0^\circ)[\text{dB}]=-\min\left[12\left(\frac{\theta-90^\circ}{\theta_{3\text{-dB}}}\right)^2, SLA_V\right],\quad 0^\circ\le\theta\le180^\circ \tag{5.2}$$

$$A(\theta=90^\circ,\phi)[\text{dB}]=-\min\left[12\left(\frac{\phi}{\phi_{3\text{-dB}}}\right)^2, A_m\right],\quad -180^\circ\le\theta\le180^\circ \tag{5.3}$$

$$A(\theta,\phi)[\text{dB}]=-\min\left[-\left(A(\theta,\phi=0^\circ)+A(\theta=90^\circ,\phi)[\text{dB}]\right), A_m\right] \tag{5.4}$$

其中 θ 與 ϕ 分別代表與天線主要輻射方向在鉛直與水平方向的夾角，$\theta_{3\text{-dB}}$ 與 $\phi_{3\text{-dB}}$ 為鉛直與水平方向的 3-dB 波束寬，SLA_V 為旁波瓣衰減，A_m 則為最大衰減。3GPP 三維通道模型採用的天線場型，其 $\theta_{3\text{-dB}}$ 與 $\phi_{3\text{-dB}}$ 皆為 65°，SLA_V 與 A_m 則皆為 30 dB。

25 線性極化與交叉極化天線分別如圖 5-36 中的 co-polarized elements 與 cross-polarized elements 所示。

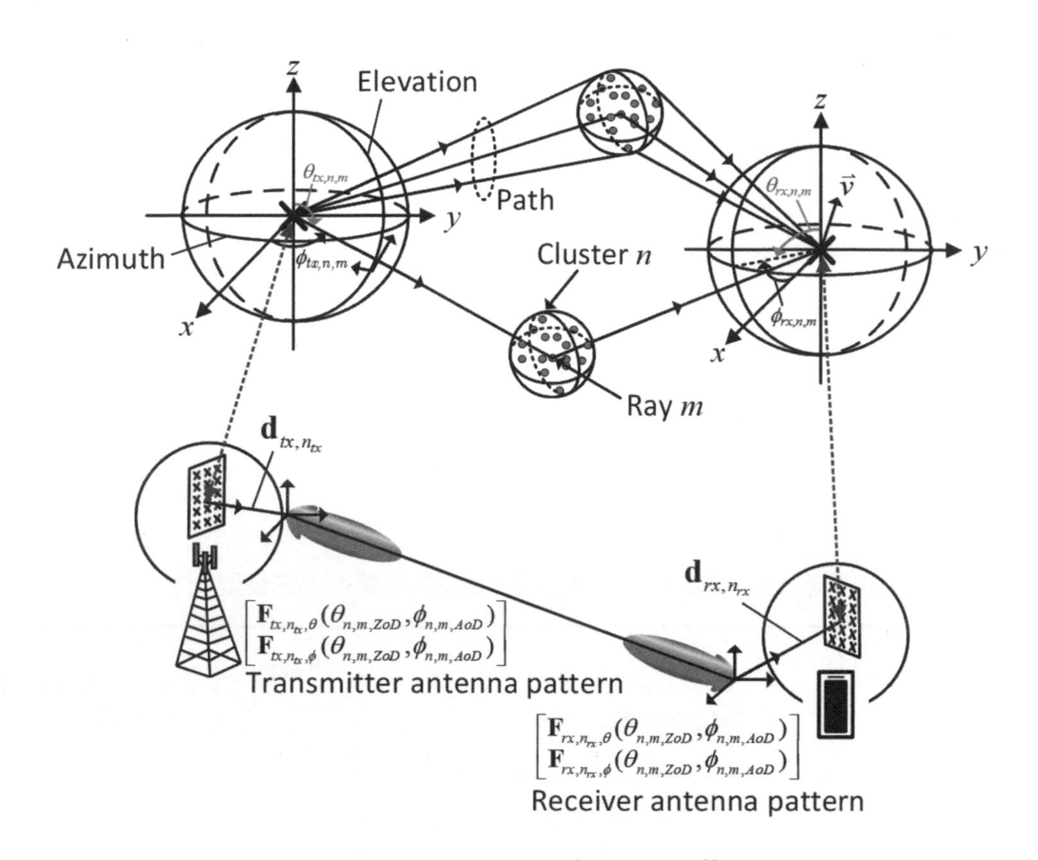

圖 5-37 三維 MIMO 通道模型示意 [26]

綜合以上所述，三維 MIMO 模型示意如圖 5-37 所示，圖中水平與鉛直維度使用的角度又稱爲方位 (azimuth) 角與天頂 (zenith) 角，爲便於說明通訊模型參數，將以水平與鉛直分別表示 azimuth 與 zenith。在圖 5-37 中，多路徑在水平與鉛直維度上皆有表現，其各個路徑在水平方向包含水平離開角度 (azimuth angle of departure, AOD) 與水平到達角度 (azimuth angle of arrival, AOA)；在鉛直方向包含鉛直離開角度 (zenith angle of departure, ZOD) 與鉛直到達角度 (zenith angle of arrival, ZOA)。3GPP 三維通道模型爲一基於射線 (ray-based) 的通道模型，其不同場景皆適用此 MIMO 通道模型的概念，接下來將進一步介紹 3GPP 三維通道模型中的應用場景、大尺度衰落與小尺度衰落模型，其大小尺度效應參數的產生方式與第二章介紹的 SCM 類似，可運用相同的概念產生所需的通道參數。

三維通道模型所支援的信號頻寬最高可達 2 GHz，載波頻率從 500 MHz 至 100 GHz，模型中有五種模擬場景：Rural macro (RMa)、Urban macro (UMa)、Urban micro street canyon (UMi-street canyon)、Indoor-office 與 Indoor Factory (InF)，其中 RMa 場景

26 資料來源請參考 [34]。

的載波頻率最高支援到 7 GHz，其餘場景的載波頻率最高支援到 100 GHz。此外，InF 根據工廠大小與雜波 (clutter) 密度的不同，又可分爲五種小場景，分別爲 InF-SL、InF-DL、InF-SH、InF-DH、InF-HH，其 InF-SL 代表雜波稀疏且基地台天線在高度較低的情況；InF-DL 代表雜波密集且基地台天線在高度較低的情況；InF-SH 代表雜波稀疏且基地台天線在高度較高的情況；InF-DH 代表雜波密集且基地台天線在高度較高的情況；InF-HH 代表傳送端與接收端天線皆在高度較高的情況。由於三維通道引入鉛直維度上的波束成形，使得在各個場景其接收到 LoS 的信號機率提高，因此模擬中亦需考量 LoS 發生的機率。五種場景依其接收到 LoS 的信號與否，全部皆可分爲 LoS 與 NLoS 場景，其採用的路徑損失模型皆不相同，列於表 5-6 中，而不同場景 LoS 發生的機率則列於表 5-7 中[27]。

表 5-6　3GPP 三維通道模型各場景的路徑損失模型

Scenarios	LoS/NLoS	Path loss [dB] (f_c in GHz, distance in m)	Shadow fading Std. [dB]	Applicability range, antenna height
RMa	LoS	$PL_{RMa\text{-}LoS}=\begin{cases}PL_1 & ,\ 10\text{ m}\le d_{2D}\le d_{BP}\\ PL_2 & ,\ d_{BP}\le d_{2D}\le 10\text{ km}\end{cases}$, refer to [35] $PL_1=20\log_{10}(40\pi d_{3D}f_c/3)+\min(0.03h^{1.72},10)\log_{10}(d_{3D})$ $-\min(0.044h^{1.72},14.77)+0.002\log_{10}(h)d_{3D}$ $PL_2=PL_1(d_{BP})+40\log_{10}(d_{3D}/d_{BP})$	$\sigma_{SF}=4$ $\sigma_{SF}=6$	$h_{BS}=35$ m $h_{MS}=1.5$ m $W=20$ m $h=5$ m h is avg. building height W is avg. street width The applicability ranges: $5\text{ m}\le h\le 50\text{ m}$ $5\text{ m}\le W\le 50\text{ m}$ $10\text{ m}\le h_{BS}\le 150\text{ m}$ $1\text{ m}\le h_{MS}\le 10\text{ m}$
RMa	NLoS	$PL_{RMa\text{-}NLoS}=\max(PL_{RMa\text{-}LoS},PL'_{RMa\text{-}NLoS}),\ 10\text{ m}\le d_{2D}\le 5\text{ km}$ $PL'_{RMa\text{-}NLoS}=161.04-7.1\log_{10}(W)+7.5\log_{10}(h)$ $-(24.37-3.7(h/h_{BS})^2)\log_{10}(h_{BS})$ $+(43.42-3.11\log_{10}(h_{BS}))(\log_{10}(d_{3D})-3)$ $+20\log_{10}(f_c)-(3.2(\log_{10}(11.75h_{MS}))^2-4.97)$	$\sigma_{SF}=8$	
UMa	LoS	$PL_{UMa\text{-}LoS}=\begin{cases}PL_1 & ,\ 10\text{ m}\le d_{2D}\le d'_{BP}\\ PL_2 & ,\ d'_{BP}\le d_{2D}\le 5\text{ km}\end{cases}$ $PL_1=28.0+22\log_{10}(d_{3D})+20\log_{10}(f_c)$ $PL_2=28.0+40\log_{10}(d_{3D})+20\log_{10}(f_c)$ $-9\log_{10}((d'_{BP})^2+(h_{BS}-h_{MS})^2)$	$\sigma_{SF}=4$	$1.5\text{ m}\le h_{MS}\le 22.5\text{ m}$ $h_{BS}=25$ m
UMa	NLoS	$PL_{UMa\text{-}NLoS}=\max(PL_{UMa\text{-}LoS},PL'_{UMa\text{-}NLoS}),\ 10\text{ m}\le d_{2D}\le 5\text{ km}$ $PL'_{UMa\text{-}NLoS}=13.54+39.08\log_{10}(d_{3D})$ $+20\log_{10}(f_c)-0.6(h_{MS}-1.5)$	$\sigma_{SF}=6$	$1.5\text{ m}\le h_{MS}\le 22.5\text{ m}$ $h_{BS}=25$ m
UMa	NLoS	Optional $PL=32.4+20\log_{10}(f_c)+30\log_{10}(d_{3D})$	$\sigma_{SF}=7.8$	

27　表 5-6 至表 5-15 的資料來源請參考 [35]。

Scenarios	LoS/NLoS	Path loss [dB] (f_c in GHz, distance in m)	Shadow fading Std. [dB]	Applicability range, antenna height
UMi-street canyon	LoS	$PL_{UMi\text{-}LoS}=\begin{cases}PL_1 & ,10\text{ m}\le d_{2D}\le d'_{BP}\\PL_2 & ,d'_{BP}\le d_{2D}\le 5\text{ km}\end{cases}$, refer to [35] $PL_1=32.4+21\log_{10}(d_{3D})+20\log_{10}(f_c)$ $PL_2=32.4+40\log_{10}(d_{3D})+20\log_{10}(f_c)$ $-9.5\log_{10}((d'_{BP})^2+(h_{BS}-h_{MS})^2)$	$\sigma_{SF}=4$	$1.5\text{ m}\le h_{MS}\le 22.5\text{ m}$ $h_{BS}=10\text{ m}$
	NLoS	$PL_{UMi\text{-}NLoS}=\max(PL_{UMi\text{-}LoS},PL'_{UMi\text{-}NLoS})$, $10\text{ m}\le d_{3D}\le 5\text{ km}$ $PL'_{UMi\text{-}NLoS}=22.4+35.3\log_{10}(d_{3D})$ $+21.3\log_{10}(f_c)-0.3(h_{MS}-1.5)$	$\sigma_{SF}=7.82$	$1.5\text{ m}\le h_{MS}\le 22.5\text{ m}$ $h_{BS}=10\text{ m}$
		Optional $PL=32.4+20\log_{10}(f_c)+31.9\log_{10}(d_{3D})$	$\sigma_{SF}=8.2$	
InH-office	LoS	$PL_{InH\text{-}LoS}=32.4+17.3\log_{10}(d_{3D})+20\log_{10}(f_c)$	$\sigma_{SF}=3$	$1\text{ m}\le d_{3D}\le 150\text{ m}$
	NLoS	$PL_{InH\text{-}NLoS}=\max(PL_{InH\text{-}LoS},PL'_{InH\text{-}NLoS})$ $PL'_{InH\text{-}NLoS}=17.30+38.3\log_{10}(d_{3D})+24.9\log_{10}(f_c)$	$\sigma_{SF}=8.03$	
		Optional $PL'_{InH\text{-}NLoS}=32.4+20\log_{10}(f_c)+31.9\log_{10}(d_{3D})$	$\sigma_{SF}=8.29$	
InF	LoS	$PL_{LoS}=31.84+21.50\log_{10}(d_{3D})+19.00\log_{10}(f_c)$	$\sigma_{SF}=4$	$1\text{ m}\le d_{3D}\le 600\text{ m}$
	NLoS	InF-SL: $PL=33+25.5\log_{10}(d_{3D})+20\log_{10}(f_c)$ $PL_{NLoS}=\max(PL,PL_{LoS})$	$\sigma_{SF}=5.7$	
		InF-DL: $PL=18.6+35.7\log_{10}(d_{3D})+20\log_{10}(f_c)$ $PL_{NLoS}=\max(PL,PL_{LoS},PL_{InF\text{-}SL})$	$\sigma_{SF}=7.2$	
		InF-SH: $PL=32.4+23.0\log_{10}(d_{3D})+20\log_{10}(f_c)$ $PL_{NLoS}=\max(PL,PL_{LoS})$	$\sigma_{SF}=5.9$	
		InF-DH: $PL=33.63+21.9\log_{10}(d_{3D})+20\log_{10}(f_c)$ $PL_{NLoS}=\max(PL,PL_{LoS})$	$\sigma_{SF}=4$	

表 5-7　3GPP 三維通道模型各場景的 LoS 發生機率模型

Scenarios	LoS probability (distance in m)
RMa	$\Pr_{LoS}=\begin{cases}1 & , d_{2D\text{-}out}\le 10\text{ m}\\ \exp\left(-\frac{d_{2D\text{-}out}-10}{1000}\right) & , 10\text{ m}<d_{2D\text{-}out}\end{cases}$
UMa	$\Pr_{LoS}=\begin{cases}1 & , d_{2D\text{-}out}\le 18\text{ m}\\ \left[\frac{18}{d_{2D\text{-}out}}+\exp\left(-\frac{d_{2D\text{-}out}}{63}\right)\left(1-\frac{18}{d_{2D\text{-}out}}\right)\right]\left(1+C'(h_{MS})\frac{5}{4}\left(\frac{d_{2D\text{-}out}}{100}\right)^3\exp\left(-\frac{d_{2D\text{-}out}}{150}\right)\right) & , 18\text{ m}<d_{2D\text{-}out}\end{cases}$, where $C'(h_{MS})=\begin{cases}0 & , h_{MS}\le 13\text{ m}\\ \left(\frac{h_{MS}-13}{10}\right)^{1.5} & , 13\text{ m}<h_{MS}<23\text{ m}\end{cases}$
UMi-street canyon	$\Pr_{LoS}=\begin{cases}1 & , d_{2D\text{-}out}\le 18\text{ m}\\ \frac{18}{d_{2D\text{-}out}}+\exp\left(-\frac{d_{2D\text{-}out}}{36}\right)\left(1-\frac{18}{d_{2D\text{-}out}}\right) & , 18\text{ m}<d_{2D\text{-}out}\end{cases}$
Indoor-mixed office	$\Pr_{LoS}=\begin{cases}1 & , d_{2D\text{-}in}\le 1.2\text{ m}\\ \exp\left(-\frac{d_{2D\text{-}in}-1.2}{4.7}\right) & , 1.2\text{ m}<d_{2D\text{-}in}<6.5\text{ m}\\ \exp\left(-\frac{d_{2D\text{-}in}-6.5}{32.6}\right)\cdot 0.32 & , 6.5\text{ m}\le d_{2D\text{-}in}\end{cases}$
Indoor-open office	$\Pr_{LoS}=\begin{cases}1 & , d_{2D\text{-}in}\le 5\text{ m}\\ \exp\left(-\frac{d_{2D\text{-}in}-5}{70.8}\right) & , 5\text{ m}<d_{2D\text{-}in}\le 49\text{ m}\\ \exp\left(-\frac{d_{2D\text{-}in}-49}{211.7}\right)\cdot 0.54 & , 49\text{ m}<d_{2D\text{-}in}\end{cases}$
InF-SL InF-SH InF-DL InF-DH	$\Pr_{LoS}(d_{2D})=\exp(-\frac{d_{2D}}{k_{subsce}})$, where $k_{subsce}=\begin{cases}-\frac{d_{clutter}}{\ln(1-r)} & \text{for InF-SL and InF-DL}\\ -\frac{d_{clutter}}{\ln(1-r)}\cdot\frac{h_{BS}-h_{MS}}{h_c-h_{MS}} & \text{for InF-SH and InF-DH}\end{cases}$ The parameters $d_{clutter}$, r and h_c are defined in Table 7.2-4 of [35].
InF-HH	$\Pr_{LoS}=1$

以上所述爲大尺度衰落的部分，在小尺度衰落的部分，小尺度效應參數的產生亦需利用大尺度通道參數如角度擴散 (AS)、延遲擴散 (DS) 與遮蔽衰落 (SF) 與 Ricean K 參數 (K) 等。實測的資料顯示角度擴散 (AS)、延遲擴散 (DS) 與遮蔽衰落 (SF) 與 Ricean K 參數 (K) 皆爲彼此相關的對數常態分布隨機變數，其中角度擴散在三維通道模型中又分成四種，包含水平到達角度擴散 (azimuth angle spread of arrival, ASA)、水平離開角度擴散 (azimuth angle spread of departure, ASD)、鉛直到達角度擴散 (zenith angle spread of arrival, ZSA) 與鉛直離開角度擴散 (zenith angle spread of departure, ZSD)，上述參數之間的相關性在不同場景大不相同，其相關性的數值列於表 5-11 至表 5-15 中。欲產生上述參數對應的數值，需根據使用情況利用表 5-11 至表 5-15 提供的相關性參數得到其對應的相關矩陣 **C** (Ricean K 參數只有在 LoS 場景才使用)，並使用 Cholesky 分解 (Cholesky decomposition) 對其開根號，亦即

$$\sqrt{\mathbf{C}} = \mathbf{L} \quad ; \quad \mathbf{C} = \mathbf{L}^T\mathbf{L} \tag{5.5}$$

緊接著，藉由若干個獨立的標準高斯隨機變數與其執行線性變換以產生遮蔽衰落、Ricean K 參數、延遲擴散、水平離開角度、水平到達角度、鉛直離開角度與鉛直到達角度值，其分別以 σ_{SF} 、K、σ_{DS} 、σ_{ASD} 、σ_{ASA} 、σ_{ZSD} 與 σ_{ZSA} 表示。需要注意的是，對應的相關矩陣需根據此順序所形成，並且限制 σ_{ASD} 與 σ_{ASA} 最大的角度擴散爲 104°，σ_{ZSD} 與 σ_{ZSA} 最大的角度擴散爲 52°。上述參數在不同場景下，其取對數後的平均值與標準差亦列於表 5-11 至表 5-15 中。

決定 σ_{DS} 、σ_{ASA} 、σ_{ASD} 、σ_{ZSA} 、σ_{ZSD} 、K、SF 這些參數後，即可產生各路徑之延遲、功率、鉛直和水平方向的離開角度與到達角度，最終組合爲多路徑通道響應。路徑延遲的產生如 (5.6) 所示：

$$\tau_n' = -r_{DS}\sigma_{DS}\ln(z_n) \ , \quad n = 1,2,\ldots,N \tag{5.6}$$

其中 N 爲路徑數，z_n 爲 i.i.d.[28] $U(0, 1)$ 均勻分布隨機變數，r_{DS} 爲與場景相關之比例常數。藉由計算 (5.6) 式產生所有路徑延遲後，將其由小至大重新排列，得到 $\tau_{(1)}' < \tau_{(2)}' < \ldots < \tau_{(N)}'$，再將所有 $\tau_{(n)}'$ 扣除 $\tau_{(1)}'$ 以正規化 (normalize) 路徑延遲，即 $\tau_n = \tau_{(n)}' - \tau_{(1)}'$，故 $0 = \tau_1 < \tau_2 < \ldots < \tau_N$。如爲 LoS 場景，需對 LoS 路徑延遲除上一 Ricean K 參數相關的比例常數 C_τ 補償峰值影響，其比例常數與 LoS 路徑延遲分別如 (5.7) 與 (5.8) 所示：

$$C_\tau = 0.7705 - 0.433K + 0.0002K^2 + 0.000017K^3 \tag{5.7}$$

28 i.i.d. 爲 independent, identically distributed 的縮寫。

$$\tau_n^{LoS} = \tau_n / C_\tau \tag{5.8}$$

路徑功率的產生如 (5.9) 所示：

$$P_n' = e^{\frac{(1-r_{DS})\tau_n}{r_{DS}\sigma_{DS}}} \cdot 10^{-0.1\xi_n} \quad , \quad n=1,2,...,N \tag{5.9}$$

其中ξ_n為 i.i.d. $N(\mu,\sigma^2)$ 高斯隨機變數，σ 為 3 dB。由 (5.9) 式得到 P_n' 後，將其正規化使得所有路徑的功率和為 1，亦即

$$P_n = \frac{P_n'}{\sum_{i=1}^{N} P_i'} \tag{5.10}$$

如為 LoS 場景，則路徑功率則如 (5.11) 所示：

$$P_n = \frac{P_n'}{(K+1)\sum_{i=1}^{N} P_i'} \quad ; \quad P_{LoS} = \frac{K}{K+1} \tag{5.11}$$

在 (5) 式中，由於 LoS 路徑的功率相較其它路徑大，故以 Ricean K 參數模擬 LoS 路徑的功率與總功率之比例。此外，若其它路徑的功率比最大功率路徑小 25 dB，則該路徑可忽略不計。接著，各路徑的到達角度與離開角度皆根據特定之機率分布計算，由於各路徑皆為三維空間，為方便了解其特性，將分成水平方向與鉛直方向做介紹。

水平方向部分，各路徑的水平到達角度根據 (5.12) 之機率分布計算：

$$\phi_{n,AoA}' = \frac{2\left(\sigma_{ASA}/1.4\right)\sqrt{-\ln\left(P_n/\max\left(P_n\right)\right)}}{C_\phi} \quad , \quad n=1,2,...,N \tag{5.12}$$

$$C_\phi = \begin{cases} C_\phi^{NLoS}\left(1.1035 - 0.028K - 0.002K^2 + 0.0001K^3\right), & \text{for LoS} \\ C_\phi^{NLoS} & \text{, for NLoS} \end{cases} \tag{5.13}$$

在式 (5.12) 中，σ_{ASA} 為水平到達角度擴散，C_ϕ 為比例常數，根據 LoS 與 NLoS 場景有所不同，如 (5.13) 所示，其中 C_ϕ^{NLoS} 是與路徑數相關的比例常數，其值列於表 5-8。因此，第 n 條路徑的第 m 條次路徑 (subpath) 的水平到達角度可表示如下：

$$\phi_{n,m,AoA} = X_n\phi'_{n,AoA} + Y_n + \phi_{LoS,AoA} + c_{ASA}\alpha_m \tag{5.14}$$

其中 X_n 爲 i.i.d. $U(-1, 1)$ 均勻分布隨機變數，Y_n 爲 i.i.d. $N(0,(\sigma_{ASA}/7)^2)$ 高斯隨機變數，$\phi_{LoS,AoA}$ 爲 LoS 路徑的水平到達角度，c_{ASA} 爲路徑相關的均方根水平到達角度擴散比例常數，α_m 爲第 m 條次路徑的角度偏移量 α_m，其值列於表 5-9。接著，利用上述相同的方式產生第 n 條路徑的第 m 條次路徑的水平離開角度 $\phi_{n,m,AoD}$。

鉛直方向部分，各路徑的鉛直到達角度根據 (5.15) 之機率分布計算：

$$\theta'_{n,ZoA} = -\frac{\sigma_{ZSA}\ln\left(P_n/\max\left(P_n\right)\right)}{C_\theta}, \quad n = 1,2,\cdots,N \tag{5.15}$$

$$C_\theta = \begin{cases} C_\theta^{NLoS}\left(1.3086 + 0.0339K - 0.0077K^2 + 0.0002K^3\right), & \text{for LoS} \\ C_\theta^{NLoS} & \text{, for NLoS} \end{cases} \tag{5.16}$$

在式 (5.15) 中，σ_{ZSA} 爲鉛直到達角度擴散，C_θ 爲比例常數，根據 LoS 與 NLoS 場景有所不同，如 (5.16) 所示，其中 C_θ^{NLoS} 是與路徑數相關的比例常數，其值列於表。因此，第 n 條路徑的第 m 條次路徑的鉛直到達角度可表示如下：

$$\theta_{n,m,ZoA} = X_n\theta'_{n,ZoA} + Y_n + \bar{\theta}_{ZoA} + c_{ZSA}\alpha_m \tag{5.17}$$

其中 X_n 爲 i.i.d. $U(-1, 1)$ 均勻分布隨機變數，Y_n 爲 i.i.d. $N(0,(\sigma_{ZSA}/7)^2)$ 高斯隨機變數，在室外至室內的場景下，$\bar{\theta}_{ZoA}$ 爲 90 度，否則爲 LoS 路徑的鉛直到達角度，c_{ZSA} 爲路徑相關的均方根鉛直到達角度擴散比例常數，α_m 爲第 m 條次路徑的角度偏移量 α_m，其值列於表 5-9。至於第 n 條路徑的鉛直離開角度產生方式則與第 n 條路徑的鉛直到達角度相同，惟角度偏移量需稍作調整，因此第 n 條路徑的第 m 條次路徑的鉛直離開角度可表示如下：

$$\theta_{n,m,ZoD} = X_n\theta'_{n,ZoD} + Y_n + \theta_{LoS,ZoD} + \mu_{offset,ZoD} + (3/8)\left(10^{\mu_{\lg ZSD}}\right)\alpha_m \tag{5.18}$$

其中 X_n 爲 i.i.d. $U(-1, 1)$ 均勻分布隨機變數，Y_n 爲 i.i.d. $N(0,(\sigma_{ZSD}/7)^2)$ 高斯隨機變數，$\theta_{LoS,ZoD}$ 概念與 $\bar{\theta}_{ZoA}$ 相同，$\mu_{offset,ZoD}$ 爲不同場景下的角度偏移量，其值列於表 5-10 中，α_m 爲第 m 條次路徑的角度偏移量 α_m 爲，$\mu_{\lg ZSD}$ 爲 ZSD 取常用對數後的平均值。

表 5-8　路徑數相關的比例常數

# Paths	4	5	8	10	11	12	14	15	16	19	20	25
C_{ϕ}^{NLoS}	0.779	0.860	1.018	1.090	1.123	1.146	1.190	1.211	1.226	1.273	1.289	1.358
C_{θ}^{NLoS}	-	-	0.889	0.957	1.031	1.104	-	1.1088	-	1.184	1.178	1.282

表 5-9　次路徑角度偏移量

Subpath number (m)	Offset angles α_m (degree)
1, 2	±0.0447
3, 4	±0.1413
5, 6	±0.2492
7, 8	±0.3715
9, 10	±0.5129
11, 12	±0.6797
13, 14	±0.8844
15, 16	±1.1481
17, 18	±1.5195
19, 20	±2.1551

表 5-10 鉛直離開角度擴散與角度偏移量的模型參數

RMa				
Scenarios		LoS	NLoS	O2I
ZOD spread (ZSD) $\lg ZSD = \log_{10}(ZSD/1^\circ)$	μ_{lgZSD}	$\max[-1, -0.17(d_{2D}/1000) - 0.01(h_{MS} - 1.5) + 0.22]$	$\max[-1, -0.19(d_{2D}/1000) - 0.01(h_{MS} - 1.5) + 0.28]$	$\max[-1, -0.19(d_{2D}/1000) - 0.01(h_{MS} - 1.5) + 0.28]$
	σ_{lgZSD}	0.34	0.30	0.30
ZOD offset	$\mu_{offset,ZOD}$	0	$\arctan((35 - 3.5)/d_{2D}) - \arctan((35 - 1.5)/d_{2D})$	$\arctan((35 - 3.5)/d_{2D}) - \arctan((35 - 1.5)/d_{2D})$

UMa			
Scenarios		LoS	NLoS
ZOD spread (ZSD) $\lg ZSD = \log_{10}(ZSD/1^\circ)$	μ_{lgZSD}	$\max[-0.5, -2.1(d_{2D}/1000) - 0.01(h_{MS} - 1.5) + 0.75]$	$\max[-0.5, -2.1(d_{2D}/1000) - 0.01(h_{MS} - 1.5) + 0.9]$
	σ_{lgZSD}	0.40	0.49
ZOD offset	$\mu_{offset,ZOD}$	0	$e(f_c) - 10\text{^}\{a(f_c)\log10(\max(b(f_c), d_{2D})) + c(f_c) - 0.07(h_{MS} - 1.5)\}$

UMi-street canyon			
Scenarios		LoS	NLoS
ZOD spread (ZSD) $\lg ZSD = \log_{10}(ZSD/1^\circ)$	μ_{lgZSD}	$\max[-0.21, -14.8(d_{2D}/1000) + 0.01\lvert h_{MS} - h_{BS}\rvert + 0.83]$	$\max[-0.5, -3.1(d_{2D}/1000) + 0.01\max(h_{MS} - h_{BS}, 0) + 0.2]$
	σ_{lgZSD}	0.35	0.35
ZOD offset	$\mu_{offset,ZOD}$	0	$-10\text{^}\{-1.5\log_{10}(\max(10, d_{2D})) + 3.3\}$

Indoor-office			
Scenarios		LoS	NLoS
ZOD spread (ZSD) $\lg ZSD = \log_{10}(ZSD/1^\circ)$	μ_{lgZSD}	$-1.43\log_{10}(1 + f_c) + 2.228$	1.08
	σ_{lgZSD}	$0.13\log_{10}(1 + f_c) + 0.30$	0.36
ZOD offset	$\mu_{offset,ZOD}$	0	0

InF			
Scenarios		LoS	NLoS
ZOD spread (ZSD) $\lg ZSD = \log_{10}(ZSD/1^\circ)$	μ_{lgZSD}	1.35	1.2
	σ_{lgZSD}	0.35	0.55
ZOD offset	$\mu_{offset,ZOD}$	0	0

Note: for NLOS ZOD offset of UMa:
$a(f_c) = 0.208\log_{10}(f_c) - 0.782$; $b(f_c) = 25$; $c(f_c) = -0.13\log_{10}(f_c) + 2.03$; $e(f_c) = 7.66\log_{10}(f_c) - 5.96$.
Note: O2I = outdoor-to-indoor

若採用交叉極化天線，則需另外考量功率比，第 n 條路徑的第 m 條次路徑的交叉極化功率比 (cross polarization power ratios, XPR) κ 可表示如下：

$$\kappa_{n,m} = 10^{0.1X_{n,m}} \tag{5.19}$$

其中 $X_{n,m}$ 爲 i.i.d. $N(\mu_{XPR},\sigma^2{}_{XPR})$ 高斯隨機變數，其 μ_{XPR} 與 $\sigma^2{}_{XPR}$ 列於表 5-11 至表 5-15 中。

在完成以上參數計算後，即可利用這些參數產生多天線 MIMO 通道係數。考慮一個傳送端與接收端分別有 N_T 與 N_R 根天線的 MIMO 通道，其通道響應係數爲一個 $N_R \times N_T$ 的矩陣，如 (5.20) 所示：

$$\mathbf{H}(t,\tau) = \begin{bmatrix} h_{1,1}(t,\tau) & h_{1,2}(t,\tau) & \cdots & h_{1,N_T}(t,\tau) \\ h_{2,1}(t,\tau) & h_{2,2}(t,\tau) & \cdots & h_{2,N_T}(t,\tau) \\ \vdots & \vdots & \ddots & \vdots \\ h_{N_R,1}(t,\tau) & h_{N_R,2}(t,\tau) & \cdots & h_{N_R,N_T}(t,\tau) \end{bmatrix} \tag{5.20}$$

在 NLoS 的場景下，(5.20) 式中第 (u, s) 個元素可表示如下 [29]：

$$h_{u,s}^{NLoS}(t,\tau) = \sum_{n=1}^{2}\sum_{i=1}^{3}\sum_{m\in R_i} h_{u,s,n,m}^{NLoS}(t)\delta\left(\tau-\tau_{n,i}\right) + \sum_{n=3}^{N}\sum_{m=1}^{M} h_{u,s,n,m}^{NLoS}(t)\delta\left(\tau-\tau_{n}\right) \quad ;$$

$$h_{u,s,n,m}^{NLoS}(t) = \sqrt{\frac{P_n}{M}}\sum_{m=1}^{M}\begin{bmatrix} F_{MS,u,\theta}\left(\theta_{n,m,ZoA},\phi_{n,m,AoA}\right) \\ F_{MS,u,\phi}\left(\theta_{n,m,ZoA},\phi_{n,m,AoA}\right)\end{bmatrix}^T \begin{bmatrix} \exp\left(j\Phi_{n,m}^{\theta\theta}\right) & \sqrt{\kappa_{n,m}^{-1}}\exp\left(j\Phi_{n,m}^{\theta\phi}\right) \\ \sqrt{\kappa_{n,m}^{-1}}\exp\left(j\Phi_{n,m}^{\theta\phi}\right) & \exp\left(j\Phi_{n,m}^{\phi\phi}\right)\end{bmatrix} \tag{5.21}$$

$$\begin{bmatrix} F_{BS,s,\theta}\left(\theta_{n,m,ZoD},\phi_{n,m,AoD}\right) \\ F_{BS,s,\phi}\left(\theta_{n,m,ZoD},\phi_{n,m,AoD}\right)\end{bmatrix}\exp\left(j2\pi\frac{\mathbf{r}_{MS,n,m}^T\cdot\mathbf{d}_{MS,u}}{\lambda}\right)\exp\left(j2\pi\frac{\mathbf{r}_{BS,n,m}^T\cdot\mathbf{d}_{BS,s}}{\lambda}\right)\exp\left(j2\pi\frac{\mathbf{r}_{MS,n,m}^T\cdot\mathbf{v}}{\lambda}t\right)$$

其中 M 爲一條路徑的次路徑數量，$F_{BS,s,\phi}$ 與 $F_{BS,s,\theta}$ 分別代表基地台第 s 根天線在水平與鉛直方向的天線場型，$F_{MS,u,\phi}$ 與 $F_{MS,u,\theta}$ 分別代表用戶第 u 根天線在水平與鉛直方向的天線場型，$\mathbf{d}_{BS,s}$ 與 $\mathbf{d}_{MS,u}$ 分別代表基地台第 s 根天線與用戶第 u 根天線相對於其天線陣列參考點的位置向量，$\Phi_{n,m}$ 代表第 n 條路徑的第 m 條次路徑在水平與鉛直方向的相位，$\mathbf{r}_{BS,n,m}$ 與 $\mathbf{r}_{MS,n,m}$ 分別代表基地台與用戶第 n 條路徑的第 m 條次路徑的單位方向向量，如 (5.22) 所示，v 與 $\mathbf{v}$ 代表用戶移動速度的大小與方向向量，如 (5.23) 所示，λ 代表載波波長。值得注意的是，在式 (5.21)，功率較大的前二條路徑相對於其他路徑特性稍微不同，其通道響應需額外處理 [30]。

29 請參考 [35]。
30 請參考 [35]。

$$\mathbf{r}_{MS,n,m}=\begin{bmatrix}\sin\theta_{n,m,ZoA}\cos\phi_{n,m,AoA}\\ \sin\theta_{n,m,ZoA}\sin\phi_{n,m,AoA}\\ \cos\phi_{n,m,ZoA}\end{bmatrix};\ \mathbf{r}_{BS,n,m}=\begin{bmatrix}\sin\theta_{n,m,ZoD}\cos\phi_{n,m,AoD}\\ \sin\theta_{n,m,ZoD}\sin\phi_{n,m,AoD}\\ \cos\theta_{n,m,ZoD}\end{bmatrix} \tag{5.22}$$

$$\mathbf{v}=v\cdot\left[\sin\theta_v\cos\phi_v \quad \sin\theta_v\sin\phi_v \quad \cos\phi_v\right]^T \tag{5.23}$$

另一方面，在 LoS 場景下，(5.20) 式中第 (u, s) 個元素可表示如下：

$$h_{u,s}^{LoS}(t,\tau)=\sqrt{\frac{1}{K+1}}h_{u,s}^{NLoS}(\tau,t)+\sqrt{\frac{K}{K+1}}h_{u,s,1}^{LoS}(t)\delta(\tau-\tau_1) \quad ;$$

$$h_{u,s,1}^{LoS}(t)=\begin{bmatrix}F_{MS,u,\theta}(\theta_{LoS,ZoA},\phi_{LoS,AoA})\\ F_{MS,u,\phi}(\theta_{LoS,ZoA},\phi_{LoS,AoA})\end{bmatrix}^T\begin{bmatrix}1 & 0\\ 0 & -1\end{bmatrix}\begin{bmatrix}F_{BS,s,\theta}(\theta_{LoS,ZoD},\phi_{LoS,AoD})\\ F_{BS,s,\phi}(\theta_{LoS,ZoD},\phi_{LoS,AoD})\end{bmatrix} \tag{5.24}$$
$$\exp\left(-j2\pi\frac{d_{3D}}{\lambda}\right)\exp\left(j2\pi\frac{\mathbf{r}_{MS,LoS}^T\cdot\mathbf{d}_{MS,u}}{\lambda}\right)\exp\left(j2\pi\frac{\mathbf{r}_{BS,LoS}^T\cdot\mathbf{d}_{BS,s}}{\lambda}\right)\exp\left(j2\pi\frac{\mathbf{r}_{MS,LoS}^T\cdot\mathbf{v}}{\lambda}t\right)$$

其中 $h_{u,s}^{NLoS}(t,\tau)$ 如 (5.21) 式所定義；如前所述，K 是 Ricean K 參數，d_{3D} 爲基地台與用戶在三維空間的距離，$\mathbf{r}_{BS,LoS}$ 與 $\mathbf{r}_{MS,LoS}$ 分別代表基地台與用戶 LoS 路徑的單位方向向量。3GPP 三維通道模型參數的完整產生流程如圖 5-38 所示。

表 5-11　3GPP 三維通道模型 RMa 場景的模型參數

Scenarios		RMa		
		LOS	NLOS	O2I
Delay spread (DS) $\lg DS = \log_{10}(DS/1\text{s})$	$\mu_{\lg DS}$	−7.49	−7.43	−7.47
	$\sigma_{\lg DS}$	0.55	0.48	0.24
AOD spread (ASD) $\lg ASD = \log_{10}(ASD/1^{\circ})$	$\mu_{\lg ASD}$	0.90	0.95	0.67
	$\sigma_{\lg ASD}$	0.38	0.45	0.18
AOA spread (ASA) $\lg ASA = \log_{10}(ASA/1^{\circ})$	$\mu_{\lg ASA}$	1.52	1.52	1.66
	$\sigma_{\lg ASA}$	0.24	0.13	0.21
ZOA spread (ZSA) $\lg ZSA = \log_{10}(ZSA/1^{\circ})$	$\mu_{\lg ZSA}$	0.47	0.58	0.93
	$\sigma_{\lg ZSA}$	0.40	0.37	0.22
Shadow fading (SF) [dB]	σ_{SF}	See Table 5-6		8
K-factor (K) [dB]	μ_K	7	N/A	N/A
	σ_K	4	N/A	N/A
Cross-Correlations	ASD vs. DS	0	−0.4	0
	ASA vs. DS	0	0	0
	ASA vs. SF	0	0	0
	ASD vs. SF	0	0.6	0
	DS vs. SF	−0.5	−0.5	0
	ASD vs. ASA	0	0	−0.7
	ASD vs. K	0	N/A	N/A
	ASA vs. K	0	N/A	N/A
	DS vs. K	0	N/A	N/A
	SF vs. K	0	N/A	N/A
	ZSD vs. SF	0.01	−0.04	0
	ZSA vs. SF	−0.17	−0.25	0
	ZSD vs. K	0	N/A	N/A
	ZSA vs. K	−0.02	N/A	N/A
	ZSD vs. DS	−0.05	−0.10	0
	ZSA vs. DS	0.27	−0.40	0
	ZSD vs. ASD	0.73	0.42	0.66
	ZSA vs. ASD	−0.14	−0.27	0.47
	ZSD vs. ASA	0.20	−0.18	−0.55
	ZSA vs. ASA	0.24	0.26	−0.22
	ZSD vs. ZSA	−0.07	−0.27	0

Scenarios		RMa		
		LOS	NLOS	O2I
Delay scaling parameter r_τ		3.8	1.7	1.7
XPR [dB]	μ_{XPR}	12	7	7
	σ_{XPR}	4	3	3
Number of clusters N		11	10	10
Number of rays per cluster M		20	20	20
Cluster *DS* (c_{DS}) in [ns]		N/A	N/A	N/A
Cluster *ASD* (c_{ASD}) in [degree]		2	2	2
Cluster *ASA* (c_{ASA}) in [degree]		3	3	3
Cluster *ZSA* (c_{ZSA}) in [degree]		3	3	3
Per cluster shadowing std ζ [dB]		3	3	3
Note: O2I = outdoor-to-indoor				

表 5-12　3GPP 三維通道模型 UMa 場景的模型參數

Scenarios		UMa		
		LOS	NLOS	O2I
Delay spread (*DS*) $\lg DS = \log_{10}(DS/1s)$	$\mu_{\lg DS}$	$-6.955 - 0.0963\log_{10}(f_c)$	$-6.28 - 0.204\log_{10}(f_c)$	-6.62
	$\sigma_{\lg DS}$	0.66	0.39	0.32
AOD spread (*ASD*) $\lg ASD = \log_{10}(ASD/1^{\circ})$	$\mu_{\lg ASD}$	$1.06 + 0.1114\log_{10}(f_c)$	$1.5\text{-}0.1144\log_{10}(f_c)$	1.25
	$\sigma_{\lg ASD}$	0.28	0.28	0.42
AOA spread (*ASA*) $\lg ASA = \log_{10}(ASA/1^{\circ})$	$\mu_{\lg ASA}$	1.81	$2.08\text{-}0.27\log_{10}(f_c)$	1.76
	$\sigma_{\lg ASA}$	0.20	0.11	0.16
ZOA spread (*ZSA*) $\lg ZSA = \log_{10}(ZSA/1^{\circ})$	$\mu_{\lg ZSA}$	0.95	$-0.3236\log_{10}(f_c) + 1.512$	1.01
	$\sigma_{\lg ZSA}$	0.16	0.16	0.43
Shadow fading (*SF*) [dB]	σ_{SF}	See Table 5-6	See Table 5-6	7
K-factor (*K*) [dB]	μ_K	9	N/A	N/A
	σ_K	3.5	N/A	N/A
Cross-Correlations	*ASD* vs. *DS*	0.4	0.4	0.4
	ASA vs. *DS*	0.8	0.6	0.4
	ASA vs. *SF*	–0.5	0	0
	ASD vs. *SF*	–0.5	–0.6	0.2
	DS vs. *SF*	–0.4	–0.4	–0.5
	ASD vs. *ASA*	0	0.4	0
	ASD vs. *K*	0	N/A	N/A
	ASA vs. *K*	–0.2	N/A	N/A
	DS vs. *K*	–0.4	N/A	N/A
	SF vs. *K*	0	N/A	N/A
	ZSD vs. *SF*	0	0	0
	ZSA vs. *SF*	–0.8	–0.4	0
	ZSD vs. *K*	0	N/A	N/A
	ZSA vs. *K*	0	N/A	N/A
	ZSD vs. *DS*	–0.2	–0.5	–0.6
	ZSA vs. *DS*	0	0	–0.2
	ZSD vs. *ASD*	0.5	0.5	–0.2
	ZSA vs. *ASD*	0	–0.1	0
	ZSD vs. *ASA*	–0.3	0	0
	ZSA vs. *ASA*	0.4	0	0.5
	ZSD vs. *ZSA*	0	0	0.5

Scenarios		UMa		
		LOS	NLOS	O2I
Delay scaling parameter r_τ		2.5	2.3	2.2
XPR [dB]	μ_{XPR}	8	7	9
	σ_{XPR}	4	3	5
Number of clusters N		12	20	12
Number of rays per cluster M		20	20	20
Cluster *DS* (c_{DS}) in [ns]		$\max(0.25, 6.5622 - 3.4084\log_{10}(f_c))$	$\max(0.25, 6.5622 - 3.4084\log_{10}(f_c))$	11
Cluster *ASD* (c_{ASD}) in [degree]		5	2	5
Cluster *ASA* (c_{ASA}) in [degree]		11	15	8
Cluster *ZSA* (c_{ZSA}) in [degree]		7	7	3
Per cluster shadowing std ζ [dB]		3	3	4
Note: O2I = outdoor-to-indoor				

表 5-13　3GPP 三維通道模型 UMi 場景的模型參數

Scenarios		UMi-street canyon		
		LOS	NLOS	O2I
Delay spread (DS) $\lg DS = \log_{10}(DS/1s)$	$\mu_{\lg DS}$	$-0.24\log_{10}(1+f_c)-7.14$	$-0.24\log_{10}(1+f_c)-6.83$	−6.62
	$\sigma_{\lg DS}$	0.38	$0.16\log_{10}(1+f_c)+0.28$	0.32
AOD spread (ASD) $\lg ASD = \log_{10}(ASD/1^\circ)$	$\mu_{\lg ASD}$	$-0.05\log_{10}(1+f_c)+1.21$	$-0.23\log_{10}(1+f_c)+1.53$	1.25
	$\sigma_{\lg ASD}$	0.41	$0.11\log_{10}(1+f_c)+0.33$	0.42
AOA spread (ASA) $\lg ASA = \log_{10}(ASA/1^\circ)$	$\mu_{\lg ASA}$	$-0.08\log_{10}(1+f_c)+1.73$	$-0.08\log_{10}(1+f_c)+0.81$	1.76
	$\sigma_{\lg ASA}$	$0.014\log_{10}(1+f_c)+0.28$	$0.05\log_{10}(1+f_c)+0.3$	0.16
ZOA spread (ZSA) $\lg ZSA = \log_{10}(ZSA/1^\circ)$	$\mu_{\lg ZSA}$	$-0.1\log_{10}(1+f_c)+0.73$	$-0.04\log_{10}(1+f_c)+0.92$	1.01
	$\sigma_{\lg ZSA}$	$-0.04\log_{10}(1+f_c)+0.34$	$-0.07\log_{10}(1+f_c)+0.41$	0.43
Shadow fading (SF) [dB]	σ_{SF}	See Table 5-6	See Table 5-6	7
K-factor (K) [dB]	μ_K	9	N/A	N/A
	σ_K	5	N/A	N/A
Cross-Correlations	ASD vs. DS	0.5	0	0.4
	ASA vs. DS	0.8	0.4	0.4
	ASA vs. SF	−0.4	−0.4	0
	ASD vs. SF	−0.5	0	0.2
	DS vs. SF	−0.4	−0.7	−0.5
	ASD vs. ASA	0.4	0	0
	ASD vs. K	−0.2	N/A	N/A
	ASA vs. K	−0.3	N/A	N/A
	DS vs. K	−0.7	N/A	N/A
	SF vs. K	0.5	N/A	N/A
	ZSD vs. SF	0	0	0
	ZSA vs. SF	0	0	0
	ZSD vs. K	0	N/A	N/A
	ZSA vs. K	0	N/A	N/A
	ZSD vs. DS	0	−0.5	−0.6
	ZSA vs. DS	0.2	0	−0.2
	ZSD vs. ASD	0.5	0.5	−0.2
	ZSA vs. ASD	0.3	0.5	0
	ZSD vs. ASA	0	0	0
	ZSA vs. ASA	0	0.2	0.5
	ZSD vs. ZSA	0	0	0.5

Scenarios		UMi-street canyon		
		LOS	NLOS	O2I
Delay scaling parameter r_τ		3	2.1	2.2
XPR [dB]	μ_{XPR}	9	8.0	9
	σ_{XPR}	3	3	5
Number of clusters N		12	19	12
Number of rays per cluster M		20	20	20
Cluster *DS* (c_{DS}) in [ns]		5	11	11
Cluster *ASD* (c_{ASD}) in [degree]		3	10	5
Cluster *ASA* (c_{ASA}) in [degree]		17	22	8
Cluster *ZSA* (c_{ZSA}) in [degree]		7	7	3
Per cluster shadowing std ζ [dB]		3	3	4
Note: O2I = outdoor-to-indoor				

表 5-14　3GPP 三維通道模型 Indoor-Office 場景的模型參數

Scenarios		Indoor-office	
		LOS	NLOS
Delay spread (DS) lgDS = $\log_{10}(DS/1s)$	μ_{lgDS}	$-0.01\log_{10}(1+f_c)-7.692$	$-0.28\log_{10}(1+f_c)-7.173$
	σ_{lgDS}	0.18	$0.10\log_{10}(1+f_c)+0.055$
AOD spread (ASD) lgASD = $\log_{10}(ASD/1^{\circ})$	μ_{lgASD}	1.60	1.62
	σ_{lgASD}	0.18	0.25
AOA spread (ASA) lgASA = $\log_{10}(ASA/1^{\circ})$	μ_{lgASA}	$-0.19\log_{10}(1+f_c)+1.781$	$-0.11\log_{10}(1+f_c)+1.863$
	σ_{lgASA}	$0.12\log_{10}(1+f_c)+0.119$	$0.12\log_{10}(1+f_c)+0.059$
ZOA spread (ZSA) lgZSA = $\log_{10}(ZSA/1^{\circ})$	μ_{lgZSA}	$-0.26\log_{10}(1+f_c)+1.44$	$-0.15\log_{10}(1+f_c)+1.387$
	σ_{lgZSA}	$-0.04\log_{10}(1+f_c)+0.264$	$-0.09\log_{10}(1+f_c)+0.746$
Shadow fading (SF) [dB]	σ_{SF}	See Table 5-6	
K-factor (K) [dB]	μ_K	7	N/A
	σ_K	4	N/A
Cross-Correlations	ASD vs. DS	0.6	0.4
	ASA vs. DS	0.8	0
	ASA vs. SF	–0.5	–0.4
	ASD vs. SF	–0.4	0
	DS vs. SF	–0.8	–0.5
	ASD vs. ASA	0.4	0
	ASD vs. K	0	N/A
	ASA vs. K	0	N/A
	DS vs. K	–0.5	N/A
	SF vs. K	0.5	N/A
	ZSD vs. SF	0.2	0
	ZSA vs. SF	0.3	0
	ZSD vs. K	0	N/A
	ZSA vs. K	0.1	N/A
	ZSD vs. DS	0.1	–0.27
	ZSA vs. DS	0.2	–0.06
	ZSD vs. ASD	0.5	0.35
	ZSA vs. ASD	0	0.23
	ZSD vs. ASA	0	–0.08
	ZSA vs. ASA	0.5	0.43
	ZSD vs. ZSA	0	0.42

Scenarios		Indoor-office	
		LOS	NLOS
Delay scaling parameter r_τ		3.6	3
XPR [dB]	μ_{XPR}	11	10
	σ_{XPR}	4	4
Number of clusters N		15	19
Number of rays per cluster M		20	20
Cluster *DS* (c_{DS}) in [ns]		N/A	N/A
Cluster *ASD* (c_{ASD}) in [degree]		5	5
Cluster *ASA* (c_{ASA}) in [degree]		8	11
Cluster *ZSA* (c_{ZSA}) in [degree]		9	9
Per cluster shadowing std ζ [dB]		6	3

表 5-15　3GPP 三維通道模型 InF 場景的模型參數

Scenarios		InF	
		LOS	NLOS
Delay spread (*DS*) lg*DS* = $\log_{10}$(*DS*/1s)	$\mu_{\lg DS}$	$\log_{10}(26(V/S)+14)-9.35$	$\log_{10}(30(V/S)+32)-9.44$
	$\sigma_{\lg DS}$	0.15	0.19
AOD spread (*ASD*) lg*ASD* = $\log_{10}$(*ASD*/1°)	$\mu_{\lg ASD}$	1.56	1.57
	$\sigma_{\lg ASD}$	0.25	0.2
AOA spread (*ASA*) lg*ASA* = $\log_{10}$(*ASA*/1°)	$\mu_{\lg ASA}$	$-0.18\log_{10}(1+f_c)+1.78$	1.72
	$\sigma_{\lg ASA}$	$0.12\log_{10}(1+f_c)+0.2$	0.3
ZOA spread (*ZSA*) lg*ZSA* = $\log_{10}$(*ZSA*/1°)	$\mu_{\lg ZSA}$	$-0.2\log_{10}(1+f_c)+1.5$	$-0.13\log_{10}(1+f_c)+1.45$
	$\sigma_{\lg ZSA}$	0.35	0.45
Shadow fading (*SF*) [dB]	σ_{SF}	Specified as part of pass loss models	
K-factor (K) [dB]	μ_K	7	N/A
	σ_K	8	N/A
Cross-Correlations	*ASD* vs. *DS*	0	0
	ASA vs. *DS*	0	0
	ASA vs. *SF*	0	0
	ASD vs. *SF*	0	0
	DS vs. *SF*	0	0
	ASD vs. *ASA*	0	0
	ASD vs. K	–0.5	N/A
	ASA vs. K	0	N/A
	DS vs. K	–0.7	N/A
	SF vs. K	0	N/A
	ZSD vs. *SF*	0	0
	ZSA vs. *SF*	0	0
	ZSD vs. K	0	N/A
	ZSA vs. K	0	N/A
	ZSD vs. *DS*	0	0
	ZSA vs. *DS*	0	0
	ZSD vs. *ASD*	0	0
	ZSA vs. *ASD*	0	0
	ZSD vs. *ASA*	0	0
	ZSA vs. *ASA*	0	0
	ZSD vs. *ZSA*	0	0

Scenarios		InF	
		LOS	NLOS
Delay scaling parameter r_τ		2.7	3
XPR [dB]	μ_{XPR}	12	11
	σ_{XPR}	6	6
Number of clusters N		25	25
Number of rays per cluster M		20	20
Cluster *DS* (c_{DS}) in [ns]		N/A	N/A
Cluster *ASD* (c_{ASD}) in [degree]		5	5
Cluster *ASA* (c_{ASA}) in [degree]		8	8
Cluster *ZSA* (c_{ZSA}) in [degree]		9	9
Per cluster shadowing std ζ [dB]		4	3
Note: V = hall volume in m^3, S = total surface area of hall in m^2 (walls + floor + ceiling)			

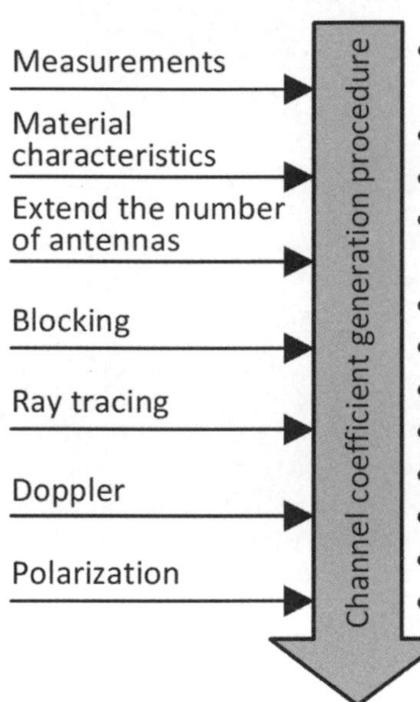

- Set environment, network layout, and antenna array parameters (v, f_c, azimuth ϕ, AOD, AOA, zenith θ, ZOD, ZOA)
- Assign propagation condition (NLoS, LoS)
- Calculate path loss (dB)
- Generate large-scale correlation parameters (delay, angular spread, Ricean K, shadow fading)
- Generate delays (τ)
- Generate cluster powers (P)
- Generate arrival and departure angles (AoA, ZoA, AoD, ZoD)
- Coupling of the rays randomly
- Generate cross-polarization power ratios XPRs ($\kappa_{n,m}$)
- Draw random initial phases
- Generate channel coefficients ($\mathbf{H}(t,\tau)$)
- Apply path loss and shadowing

圖 5-38　3GPP 三維通道模型參數產生流程

學習評量

1. 試說明 5G NR 系統的三大用例及其特點。
2. 試說明 5G NR 系統與 4G LTE-A 系統在網路協定架構的主要差異，以及此差異如何提升 5G NR 網路效能。
3. 試說明 5G NR 系統用戶平面協定架構中，無線承載、邏輯通道、運輸通道與實體通道的控制與訊務部分如何區分。
4. 試說明 C-RAN 網路架構中，CU、DU、RU、前傳網路、中傳網路、後傳網路各自的功能爲何。
5. 試說明 4G 系統與 5G 系統如何協作，以及使用雙連結技術的目的及其特色爲何。
6. 試說明網路切片的概念及其目的爲何。
7. 試說明邊緣運算的目的及其特色爲何。
8. 試說明 5G NR 新增 SDAP 層的原因及其功能。
9. 試說明 5G NR 系統提出彈性的實體層參數，以及迷你時槽概念爲何。
10. 試說明二維通道模型與三維通道模型的差異爲何。

參考文獻

[1] S. Ahmadi, *5G NR: Architecture, Technology, Implementation, and Operation of 3GPP New Radio Standards*, Academic Press, 2019.

[2] E. Dahlman, S. Parkvall, and J.Sköld, *5G NR: The Next Generation Wireless Access Technology*, Second Edition, Academic Press, 2020.

[3] R. Vannithamby and A. C.K. Soong, *5G Verticals Customizing Applications, Technologies and Deployment Techniques*, John Wiley & Sons, 2020.

[4] C. Cox, *An Introduction to 5G, The New Radio, 5G Network and Beyond*, John Wiley & Sons, 2021.

[5] 5G New Radio, ShareTechNote. [Online]. Available: http://www.sharetechnote.com.

[6] 3GPP TR 21.915 V15.0.0, Release 15 description; summary of Rel-15 work items (Release 15), Sept. 2019.

[7] 3GPP TR 21.916 V0.6.0, Release 16 description; summary of Rel-16 work items (Release 16), Sept. 2020.

[8] T.-K. Le, U. Salim, and F. Kaltenberger, "An overview of physical layer design for ultra-Reliable low-latency communications in 3GPP release 15 and release 16," Feb. 2020. [Online]. Available: arXiv: eess.SP/2002.03713.

[9] 3GPP TR 23.733, V15.1.0, Study on architecture enhancements to proximity services (ProSe) UE-to-network relay (Release 15), Dec. 2017.

[10] 3GPP TS 23.724 V16.1.0, Study on cellular Internet of things (CIoT) support and evolution for the 5G System (5GS) (Release 16), Jun. 2019.

[11] 3GPP TS 23.286, V16.4.0, Application layer support for vehicle-to-everything (V2X) services; functional architecture and information flows (Release 16), Sept. 2020.

[12] 3GPP TR 22.889 V17.3.0, Study on future railway mobile communication system (FRMCS) (Release 15), Sept. 2020.

[13] 3GPP TR 22.819, V16.2.0, Feasibility study on maritime communication services over 3GPP system (Release 15), Dec. 2018.

[14] 3GPP TR 38.889, V16.0.0, Study on NR-based access to unlicensed spectrum (Release 15), Dec. 2018.

[15] 3GPP TS 23.273, V16.4.0, 5G system (5GS) location services (LCS); stage 2 (Release 16), Jul. 2017.

[16] 3GPP TS 23.434, V16.5.0, Service enabler architecture layer for verticals (SEAL); functional architecture and information flows (Release 16), Sept. 2020.

[17] 3GPP TR 28.807, V1.2.0, Study on management aspects of non-public networks (NPN) (Release 16), Jun. 2020.

[18] 3GPP TR 38.811, V15.4.0, Study on new radio (NR) to support non-terrestrial networks (Release 15), Sept. 2020.

[19] 3GPP TS 38.300 V16.3.0, NR; NR and NG-RAN overall description; stage 2 (Release 16), Oct. 2020.

[20] 3GPP TS 23.501 V16.6.0, System architecture for the 5G system (5GS) (Release 15), Sept. 2020.

[21] 3GPP TR 38.801, V14.0.0, Study on new radio access technology: radio access architecture and interfaces (Release 14), Mar. 2017.

[22] R. K. Saha, "Functional split options in C-RAN architecture functional split options in C-RAN architecture abstract," Sept. 2018. [Online]. Available: DOI: 10.13140/RG.2.2.31060.04480.

[23] 3GPP TR 28.801, V15.1.0, Telecommunication management; study on management and orchestration of network slicing for next generation network (Release 14), Jan. 2018.

[24] 3GPP TR 23.758, V17.0.0, Study on application architecture for enabling edge applications (Release 17), Dec. 2019.

[25] 3GPP TS 37.324, V16.2.0, Evolved universal terrestrial radio access (E-UTRA) and NR; service data adaptation Protocol (SDAP) specification (Release 16), Sept. 2020.

[26] 3GPP TS 38.323, V16.2.0, NR; packet data convergence protocol (PDCP) specification (Release 16), Sept. 2020.

[27] 3GPP TS 38.322, V16.1.0, NR; radio link control (RLC) protocol specification (Release 16), Jul. 2020.

[28] 3GPP TS 38.321, V16.2.1, NR; medium access control (MAC) protocol specification (Release 16), Sept. 2020.

[29] MediaTek, "5G design concepts towards the next generation networks," White Paper, Mar. 2018. [Online]. Available: https://cdn-www.mediatek.com/page/5G_Design_Concepts_v12_MARCOM.pdf.

[30] 3GPP TS 38.211 V16.4.0, NR; physical channels and modulation (Release 16), Dec. 2020.

[31] 3GPP TS 38.212 V16.4.0, NR; multiplexing and channel coding (Release 16), Dec. 2020.

[32] 3GPP TS 38.213 V16.4.0, NR; physical layer procedures for control (Release 16), Dec. 2020.

[33] 3GPP TS 38.214 V16.4.0, NR; physical layer procedures for data (Release 16), Dec. 2020.

[34] Report ITU-R M.2412-0, Guidelines for evaluation of radio interface technologies for IMT-2020, Oct. 2017.

[35] 3GPP TR 38.901, V16.1.0, Study on channel model for frequencies from 0.5 to 100 GHz (Release 16), Dec. 2019.

[36] IST-WINNER II Deliverable 1.1.2 v.1.2, "WINNER II channel models", IST-WINNER2, Tech. Rep., 2007. [Online]. Available: http://www.ist-winner.org/deliverables.html.

Chapter

5G NR 實體層信號處理

6-1 概論

5G NR 系統實體層利用通道編碼、HARQ 處理、調變與多天線處理等技術，搭配客製化的控制信令 (control signaling) 及參考信號 (reference signal)，提供上層 (MAC 層) 所需服務，亦即將資訊轉換成實際信號並傳送的服務。5G NR 系統實體層介紹包含實體層信號處理及運作機制，本章將著重介紹實體層信號處理的技術內容，而實體層運作機制則於第七章介紹。本章針對實體層信號處理的介紹是以 5G NR R15 與 R16 爲基本框架，並詳述相關技術其較新版本的內容。雖然 5G NR 系統實體層包含許多不同的實體通道[1]，但構成這些通道的主要功能大致相同，因此本章僅針對其中較複雜的實體共享通道 (PUSCH, PDSCH) 及參考信號做詳盡介紹，讀者詳讀本章並瞭解這些通道的主要功能後，便能經由閱讀 3GPP 規格書，了解其他通道的運行方式。

本章將首先闡明第五代行動通訊 (5G) 系統中特有的天線埠概念，並說明其與參考信號的關聯性；接著針對支援下行實體通道及上行實體通道的參考信號做詳盡的介紹[2]。在熟悉天線埠及參考信號後，由於資訊在進入實體層通道前會先經過運輸通道處理，因此本章將依序闡述 5G 系統中運輸通道與實體共享通道的處理過程，並就規格書上的敘述詳加解釋，建議讀者在閱讀相關章節之前，可回顧參考圖 5-20 所示的協定架構，熟悉整體處理流程。本章的目的在於闡明 5G NR 系統實體層信號處理的特點及關鍵技術，以利讀者瞭解其原理，並熟悉閱讀規格書的技巧，其中實體共享通道處理過程具有極豐富的多天線技術，使 5G 系統可具有高傳輸速率及高傳輸品質等特性，因此本章會於 6-4 節著重介紹 5G 系統使用的多天線相關技術，並於最後一節介紹實體層傳收機架構。

6-2 5G NR 參考信號

無線通訊系統要正常運作，數據要能在上下行通道正常傳輸，需有許多參考信號附隨在系統中持續穿梭。本節將針對這些不可或缺的信號逐一介紹，首先將介紹與參考信號有密切關係的天線埠 (antenna port) 概念。

6-2-1 天線埠

5G NR 使用所謂的天線虛擬化 (antenna virtualization) 技術，使接收端僅能察覺到邏輯 (logical) 天線而非實體天線，這種邏輯天線就是所謂的天線埠。天線埠是傳送實體信

1 請參考第五章 5-4-1-5。
2 其他參考信號如定位參考信號，並非支援實體層運作的主要參考信號，因此省略不提。

號的輸出端，它是接收端可以察覺的邏輯天線，並不一定是指某根實際存在的天線，可以是單獨一根實體天線或是由許多實體天線共同組成的等效天線；於天線埠的作用下，複雜的實體信號與實體天線間的對應關係被簡化，而天線埠數量即對應到系統於當下擁有的空間資源數量。天線虛擬化技術及天線埠與實體天線的對應關係範例如圖 6-1 所示。

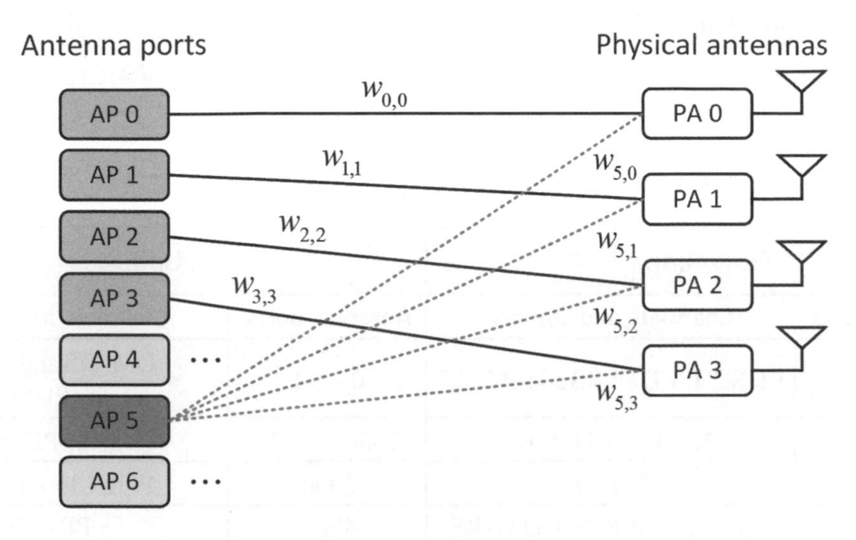

圖 6-1 天線埠與實體天線的對應關係

由圖中可發現，天線埠 {0, 1, 2, 3} 直接對應到單獨的實體天線 {0, 1, 2, 3}；而天線埠 5 則是由實體天線 {0, 1, 2, 3} 共同組成的邏輯天線。如果將符碼通過天線埠 5 送出，符碼會同時經由實體天線 {0, 1, 2, 3} 送出，並在接收端看到由四根天線的通道響應所組成的等效通道，如此接收端所看到的就是邏輯天線與等效通道響應，完全察覺不到實體天線。

範例：以圖 6-1 的天線埠 5 為例，說明天線埠的數學模型

假設實體天線 {0,1,2,3} 的通道響應分別為 $\{h_0,h_1,h_2,h_3\}$。若通過天線埠 5 傳送的符碼為 s_5，且實體天線 {0,1,2,3} 上所使用的預編碼權值為 $\{w_{5,0},w_{5,1},w_{5,2},w_{5,3}\}$，此時接收信號為

$$\mathbf{y} = (w_{5,0}\mathbf{h}_0 + w_{5,1}\mathbf{h}_1 + w_{5,2}\mathbf{h}_2 + w_{5,3}\mathbf{h}_3)s_5 = \mathbf{h}_{eff}s_5 \tag{6.1}$$

由 (6.1) 可發現，接收端只會看到等效天線通道 $\mathbf{h}_{eff}$，也就是天線埠 5 的通道響應，而無法得知個別實體通道的響應，因此接收端所察覺的僅是邏輯上的天線。

在 5G NR 系統中，每一個天線埠均有相對應的參考信號伴隨實體信號傳送；參考

信號是一組基地台與用戶皆熟悉的信號序列，其功能如同第三章所介紹的領航符碼 (pilot symbol)，藉由傳送雙方都熟悉的信號，接收端可估計出通道響應。如前所述，接收端僅能察覺天線埠所傳送的實體信號，如欲正確接收實體信號，則需使用該天線埠所搭配的參考信號估計天線埠的等效通道。事實上，接收端完全不需要知道實體天線的存在。綜上所述，5G NR 系統使用天線埠代替實體天線，並將所有實體層信號透過天線埠傳送，同時藉由參考信號的使用，接收端可得知天線埠的通道響應與位置。最後，表 6-1 整理下行及上行通道的天線埠與常用參考信號對應關係。

表 6-1　下行及上行通道的天線埠與常用參考信號對應關係 [3]

Downlink		Uplink	
Antenna ports	**Channels and signals**	**Antenna ports**	**Channels and signals**
1000 – 1011	PDSCH + DM-RS and PT-RS	0 – 11	DM-RS and PT-RS for PUSCH
2000	PDCCH + DM-RS	1000 – 1003	SRS, PUSCH
3000 – 3031	CSI-RS	2000	PUCCH + DM-RS
4000	PSS, SSS, PBCH + DM-RS	4000	PRACH

6-2-2 下行參考信號

下行參考信號 (downlink reference signal) 是一組事先定義在下行通道的特殊參考信號，佔據著特定數量及特定位置的資源單位，其用途一般是作爲基地台或用戶估計通道的基準，抑或補償振盪器中相位雜訊 (phase noise) 對系統性能的影響，也有特殊的參考信號用來估計用戶的地理位置。參考信號如其名，是爲了標定一個系統的參考基準，如果缺少了參考信號，用戶及基地台便無法標定處理的基準，將使得數據的傳送及接收完全無法進行。

在 5G NR 中定義了幾種下行參考信號：

1. 解調參考信號 (demodulation reference signal, DM-RS)
2. 相位追蹤參考信號 (phase-tracking reference signal, PT-RS)
3. 通道狀態資訊參考信號 (CSI reference signal, CSI-RS)
4. 遠端干擾管理參考信號 (remote interference management reference signal, RIM-RS)
5. 定位參考信號 (positioning reference signal)

接下來將針對前三種較常用的信號逐一介紹 [4]。

3　資料來源請參考 [7]；主要同步信號 (primary synchronization signal, PSS) 與次要同步信號 (secondary synchronization signal, SSS) 將在 7-3 波束管理 (beam management) 中介紹。

4　有關後兩種信號的介紹，請參考 [7]。

6-2-2-1 解調參考信號

下行解調參考信號 DM-RS 屬於一種用戶特定的參考信號，其目的在協助使用同步解調的用戶估計通道響應，以便能正確解調接收信號，因此會在傳送 PDSCH 及 PDCCH 時使用，而系統亦可對 DM-RS 使用波束成形技術，使其傳送於特定方向上。5G NR 系統採用前載式 (front-loaded) 架構配置 DM-RS，以支援低延遲通訊。相較於傳統將參考信號均勻配置在一個時槽內，或是配置在一個時槽的後端，前載式 DM-RS 的特色是將參考信號配置在一個時槽的前端，或是 PDSCH 起始符碼的所在位置，如此可使接收端能及早估計通道，一旦獲得通道響應資訊，便可即時對接收到的數據解碼，而不必等待完整的時槽後，才能對時槽內的數據解碼。根據 5G NR 的定義，DM-RS 可支援高達 12 個天線埠以實現 MIMO 傳輸。

接下來介紹 DM-RS 的時域架構，如圖 6-2 所示，系統根據在時域上配置第一個 DM-RS 位置的不同，其支援的映射類型分爲映射類型 A 與映射類型 B[5]。在映射類型 A 的架構中，第一個 DM-RS 位置係相對於時槽邊界而定，不論系統在一時槽內傳送數據的時機爲何，第一個 DM-RS 會從第三或第四個符碼開始配置，並佔據特定數量的資源單位，而前面的符碼主要保留給控制資源集合 (control resource set, CORESET)[6] 使用；在映射類型 B 的架構中，第一個 DM-RS 位置係相對於傳送數據的時機而定，而非時槽邊界。由於系統可在一時槽內的任意符碼開始傳送數據，因此不論傳送數據的時機與持續時間，第一個 DM-RS 會從傳送數據所對應的起始符碼開始配置，並佔據特定數量的資源單位，而此種映射類型亦可支援等待時間需較少的低延遲通訊。系統在使用上述兩種映射類型時，根據支援天線埠數的不同，可配置 DM-RS 爲單符碼或雙符碼類型，亦即在時域上會使用一個或兩個符碼，而雙符碼 DM-RS 一般使用在天線埠較多的情況。至於 PDSCH 使用何種映射類型及符碼類型的 DM-RS，係可由下行控制資訊 (downlink control information, DCI) 排程決定。

---

5 映射類型 A 對應基於時槽的傳輸架構；映射類型 B 對應基於迷你時槽的傳輸架構。
6 詳細內容將在 7-2 控制信令中介紹。

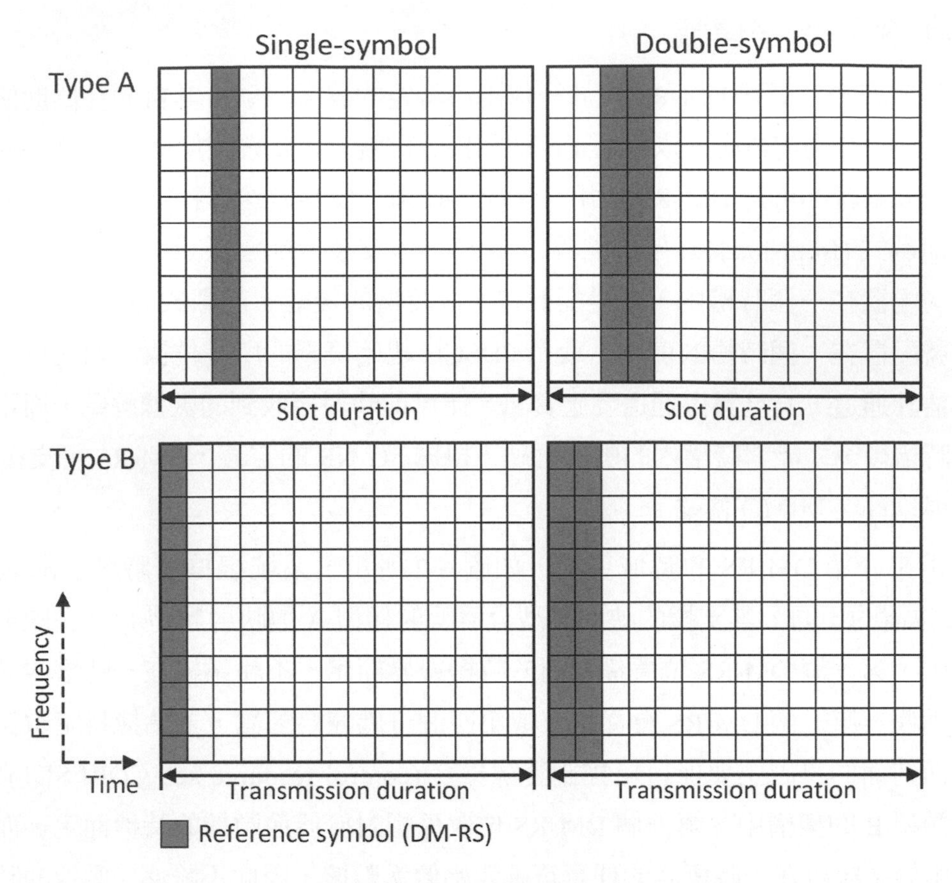

圖 6-2　解調參考信號配置示意

雖然前載式參考信號的架構在數據解碼上可減少延遲時間，但在通道變化快速的情況下，DM-RS 在時域上可能不夠密集而導致無法精確估計通道，因此為了支援通道變化快速的傳輸環境，如高速移動交通工具，系統在一個時槽內，除了可配置前載式參考信號外，亦可額外在至多三個位置上配置 DM-RS，讓用戶可利用額外的 DM-RS 提高通道估計的精確度。根據映射類型與符碼數量的不同，系統在時域上可配置 DM-RS 的方式亦不同，圖 6-3 為映射類型 A 的 DM-RS 在時域上可配置的架構，而圖 6-4 為映射類型 B 的 DM-RS 在時域上可配置的架構。

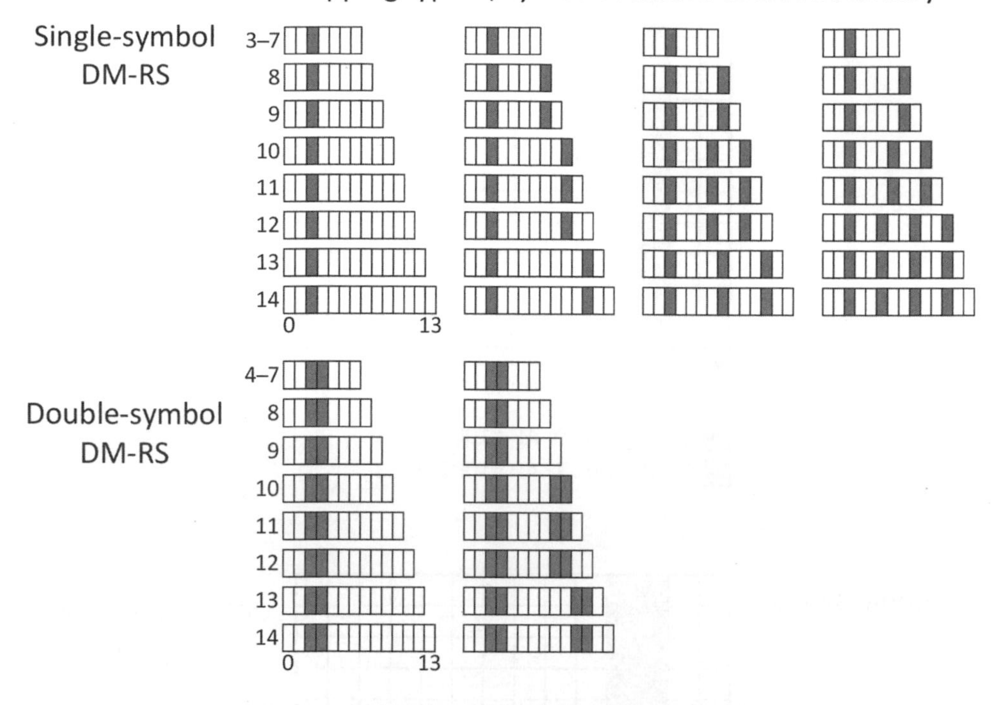

圖 6-3　映射類型 A 之解調參考信號的時域架構

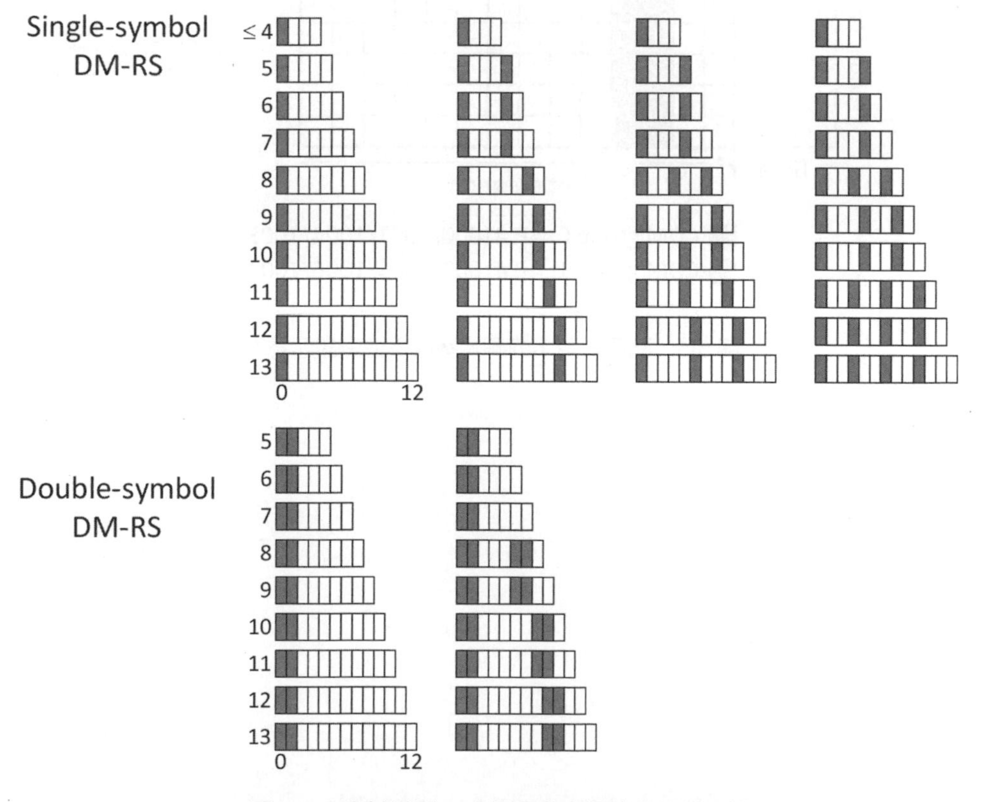

圖 6-4　映射類型 B 之解調參考信號的時域架構

Single-symbol

OCC for DM-RS pair

AP #1000/1002 + +

AP #1001/1003 − +

Slot duration

CDM group 0: AP #1000/1001

CDM group 1: AP #1002/1003

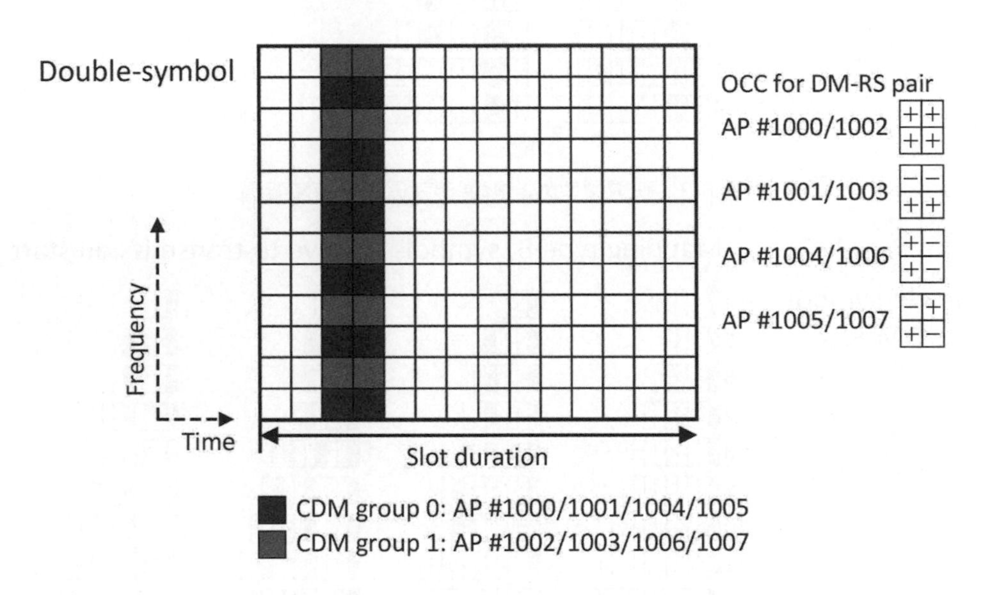

圖 6-5　配置類型 1 的解調參考信號配置示意

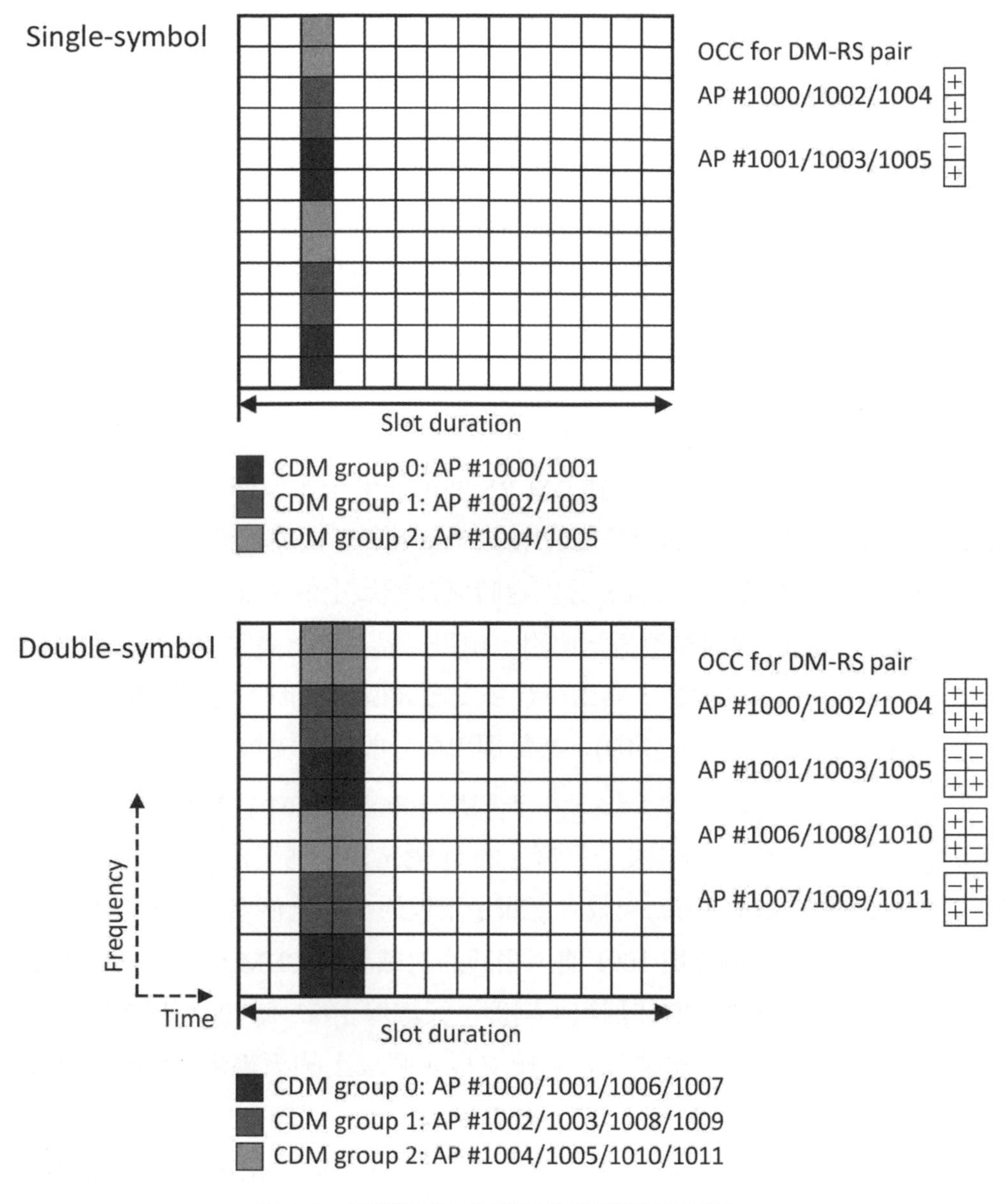

圖 6-6 配置類型 2 的解調參考信號配置示意

當支援多個天線埠 (多個 DM-RS) 時，可利用分頻多工 (frequency division multiplexing, FDM) 與分碼多工 (code division multiplexing, CDM) 以維持參考信號之間的正交性；而當不同 DM-RS 使用相同資源單位時，也就是不同的 DM-RS 事實上是重疊在同一些資源單位上，可使用正交覆蓋碼 (orthogonal cover codes, OCC) 來達到分碼多工。OCC 的特徵是在不同 DM-RS 上使用相互正交的碼字，讓接收端可分辨不同的 DM-RS，並消除 DM-RS 間的干擾，只要在接收端使用相對應的碼字解碼，就可讓不同 DM-RS 區分開來。DM-RS 具有兩種配置類型，分別爲配置類型 1 與配置類型 2，兩者在頻域上的資源配置方式不同，且支援正交參考信號的最大數量亦不同，而兩種配置類型的架構分別如圖 6-5 與 6-6 所示。針對配置類型 1 的情況，使用單符碼 DM-RS 至多可提供 4 個正交信號，而使用雙符碼 DM-RS 則可提供至多 8 個正交參考信號；針對配置類型 2 的情況，使用單符碼或雙符碼 DM-RS 則至多可提供 6 或 12 個正交參考信號。由於映射類型及配置類型係 DM-RS 分別在時域及頻域上的配置方式，因此系統可將不同的配置類型與不同的映射類型搭配使用。值得一提的是，配置類型 1 的 DM-RS 主要支援單用戶 MIMO (SU-MIMO)，其用戶最多支援 8 個天線埠；而配置類型 2 的 DM-RS 主要支援多用戶 MIMO (MU-MIMO)，其每個用戶一般最多支援 4 個天線埠。

在配置類型 1 的架構中 (如圖 6-5)，天線埠 1000 與 1001 在頻域上使用偶數編號的次載波，並在頻域上使用相互正交且長度 2 的 OCC，使兩個天線埠可傳送相互正交的參考信號。只要通道在四個連續的次載波之間是平坦的，則兩個參考信號在接收端仍可保持正交性。由於天線埠 1000 與 1001 使用相同的次載波及 CDM，因此 5G NR 將天線埠 1000 與 1001 組成編號 0 的 CDM 群組；同理，天線埠 1002 與 1003 組成編號 1 的 CDM 群組，但使用奇數編號的次載波。若系統支援 4 個以上的天線埠 (可額外使用天線埠 1004 至天線埠 1007)，則在時域上使用兩個連續的 OFDM 符碼以及長度 2 的 OCC，如此可產生四個相互正交的 OCC，而兩個分頻多工的 CDM 群組再使用此四個 OCC，即可區分所有 8 個天線埠；配置類型 2 與配置類型 1 的架構類似 (如圖 6-6)，除了支援不同的天線埠數外 [7]，其每個 CDM 群組係由兩兩相鄰的次載波 (共四個次載波) 所組成，並在頻域上使用相互正交且長度 2 的 OCC 區分兩個天線埠。由於一個資源區塊具有 12 個次載波，因此在一個 OFDM 符碼上的一個資源區塊內，最多可配置三個 CDM 群組。若系統在時域上使用兩個連續的 OFDM 符碼及長度 2 的 OCC，則最多可提供 12 個相互正交的參考信號，以區分 12 個天線埠。不論何種配置類型，參考信號在頻域上需有很低的功率變化量，以確保參考信號展開的所有頻率，可具有相似的通道估計效能。

7 配置類型 2 的單符碼 DM-RS 使用天線埠 1000 至 1005，而雙符碼 DM-RS 額外使用天線埠 1006 至 1011。

在 5G NR 系統中，DM-RS 序列的產生方式係基於長度為 31 的 Gold 序列來產生 pseudo-random sequence。此外，由於 DM-RS 可支援多用戶 MIMO，為了分辨不同用戶的 DM-RS，系統配給不同用戶相互正交的 pseudo-random sequence，如此不同的用戶只會察覺到屬於自己的天線埠，而不會知道其他用戶在分享資源。

6-2-2-2 相位追蹤參考信號

5G NR 系統支援 FR1 與 FR2 兩種頻段[8]的通訊，然而系統操作在高頻段 (FR2) 時，其振盪器會隨中心頻率增加而產生更多相位雜訊，而相位雜訊容易造成 OFDM 次載波之間的正交性失真，因此 5G NR 引入相位追蹤信號 PT-RS，其用途是追蹤傳送端與接收端的振盪器相位，以降低振盪器中相位雜訊的影響。由於相位雜訊在頻域上對一個 OFDM 符碼中所有次載波的相位旋轉影響一致，而在時域上對不同 OFDM 符碼的影響其相關性較小，因此 PT-RS 在設計上具有頻域稀疏而時域密集的特色。

圖 6-7 描述 PT-RS 在時域及頻域上的配置示意，在時域上，從系統配置 PDSCH 所對應到的第一個符碼開始配置 PT-RS[9]，避開 DM-RS 所在的位置，以 1、2 或是 4 個 OFDM 符碼為週期，在對應的位置上配置相同的 PT-RS，直到 PDSCH 結束為止，也就是當遇到 DM-RS 時，須在 DM-RS 之後的符碼重新以相同週期重複傳送 PT-RS。舉例來說，若系統以 4 個 OFDM 符碼為週期配置 PT-RS，當遇到 DM-RS 時，不論該 DM-RS 配置類型為單符碼或雙符碼，皆會在 DM-RS 之後的第 4 個 OFDM 符碼繼續傳送 PT-RS。PT-RS 在時域上配置的密度會與系統排程的調變編碼方案 (modulation-and-coding scheme, MCS) 相關，一般而言，系統使用較低階調變時不配置 PT-RS，而在使用較高階調變時配置密度較高的 PT-RS；在頻域上，PT-RS 可配置於一個資源區塊內的一個次載波上，並根據系統配置 PDSCH 的排程頻寬 (scheduled bandwidth) 大小，可在該排程頻寬內多個資源區塊中相對應的次載波上配置，而相鄰資源區塊間隔為 2 或 4 個資源區塊。PT-RS 在頻域上配置的密度會根據排程頻寬大小而調整，當排程頻寬較大時，系統可配置密度較低的 PT-RS，若排程頻寬小於三個資源區塊，則不配置 PT-RS[10]。

為了避免不同用戶的 PT-RS 於資源映射 (resource mapping) 時會配置在相同的頻域資源上，用於傳送 PT-RS 的次載波編號與資源區塊資訊，其係由用戶的細胞無線網路臨時識別碼 (cell radio-network temporary identifier, C-RNTI) 所決定。最後值得一提的是，PT-RS 一般係由一組 DM-RS 天線埠中編號最小的天線埠傳送。

8　FR1 為中低頻段 (小於 7 GHz)、FR2 為毫米波頻段 (大致介於 24 GHz 至 52 GHz)。
9　PT-RS 序列的產生方式與 DM-RS 相同。
10　詳細內容請參考 [7] 與 [10]。

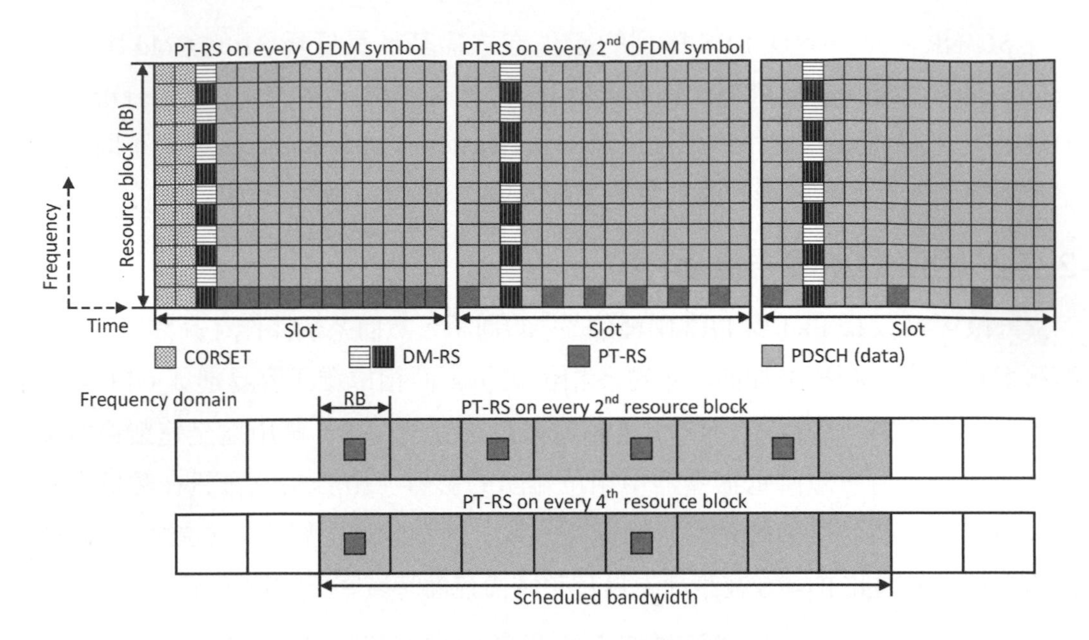

圖 6-7　相位追蹤參考信號配置示意

6-2-2-3 通道狀態資訊參考信號

通道狀態資訊參考信號 CSI-RS 的目的是讓用戶估計通道資訊，並回傳給基地台，其亦支援波束管理及追蹤接收信號的時間與頻率變化等用途。5G NR 系統配置 CSI-RS 十分彈性，並且可支援高達 32 個天線埠，實際上的架構會根據所支援天線埠數量的不同而改變，而根據支援天線埠數的不同，CSI-RS 所佔據的資源單位數也不同。一般而言，系統支援 *N* 個天線埠 (*N* 個 CSI-RS) 時，會在頻域上一個資源區塊與時域上一個時槽內配置 *N* 個資源單位。

單天線埠下 CSI-RS 的配置示意如圖 6-8 所示，圖中單天線埠的 CSI-RS 會在頻域上一個資源區塊與時域上一個時槽內佔據一個資源單位，而系統在此區域內可任意配置 CSI-RS 的位置，但須避開其他下行實體通道及參考信號。若要支援多天線埠，不同天線埠的 CSI-RS 係可能共用相同的資源單位，並搭配使用分時多工 (time division multiplexing, TDM)、分頻多工 FDM 以及分碼多工 CDM 等方式，讓不同的 CSI-RS 具有相互正交的特性。

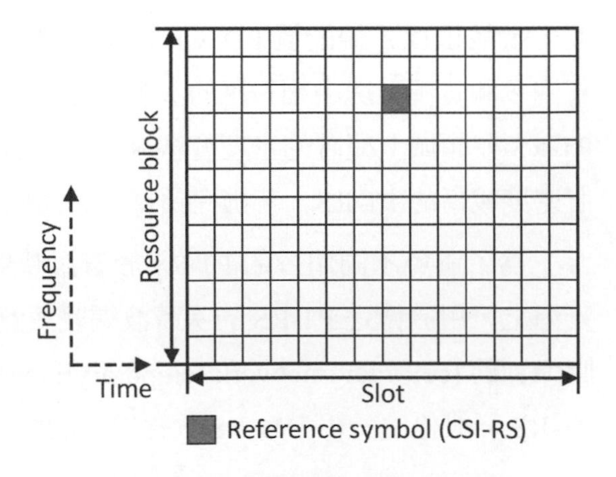

圖 6-8　單天線埠下通道狀態資訊參考信號配置示意

5G NR 系統支援三種分碼多工的 CSI-RS 配置方式，分別以 2 × CDM、4 × CDM 及 8 × CDM 代表支援 2、4 及 8 個 CSI-RS，並使用相對應數量的相鄰資源單位，而不同的 CSI-RS 皆使用相同資源單位，如圖 6-9 所示。圖 6-9 中相鄰的資源單位形成一組 CSI-RS，不同的 CSI-RS 使用相互正交的 OCC 來區分，而每個 OCC 在不同資源單位上的權值爲頻域權值 $w_f(k)$ 與時域權值 $w_t(l)$ 相乘的結果，其中 (k, l) 爲一組 CSI-RS 中不同資源單位在頻域及時域上的相對位置，並以 (0, 0) 表示一組 CSI-RS 在頻域及時域上的參考位置。舉例而言，系統在頻域第 5 個次載波與時域第 8 個符碼配置一組 2 × CDM 的 CSI-RS，其位置即表示爲 (0, 0)。不同分碼多工配置方式的頻域與時域權值，完整列於表 6-2。

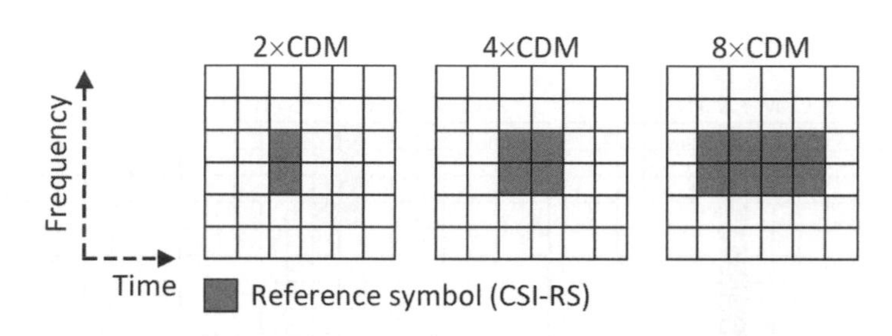

圖 6-9　通道狀態資訊參考信號以分碼多工支援多天線埠示意

表 6-2　不同分碼多工配置方式的頻域與時域權值 [11]

Index	2×CDM		4×CDM		8×CDM	
	$[w_f(0)\ w_f(1)]$	$w_t(0)$	$[w_f(0)\ w_f(1)]$	$[w_t(0)\ w_t(1)]$	$[w_f(0)\ w_f(1)]$	$[w_t(0)\ w_t(1)\ w_t(2)\ w_t(3)]$
0	[+1 +1]	1	[+1 +1]	[+1 +1]	[+1 +1]	[+1 +1 +1 +1]
1	[+1 −1]	1	[+1 −1]	[+1 +1]	[+1 −1]	[+1 +1 +1 +1]
2			[+1 +1]	[+1 −1]	[+1 +1]	[+1 −1 +1 −1]
3			[+1 −1]	[+1 −1]	[+1 −1]	[+1 −1 +1 −1]
4					[+1 +1]	[+1 +1 −1 −1]
5					[+1 −1]	[+1 +1 −1 −1]
6					[+1 +1]	[+1 −1 −1 +1]
7					[+1 −1]	[+1 −1 −1 +1]

當系統支援兩個以上的天線埠時，可根據天線埠數而搭配使用 CDM、TDM 及 FDM 等方式配置 CSI-RS[12]，接下來以 8 個與 32 個天線埠爲例，說明系統如何使用不同多工方式配置 CSI-RS。圖 6-10 描述 8 個天線埠下的三種 CSI-RS 架構，第一種架構爲四組 2 × CDM 的 CSI-RS，而四組 CSI-RS 皆以 FDM 方式配置，因此系統配置 CSI-RS

11　資料來源請參考 [7]。
12　不同天線埠數的 CSI-RS 配置方式請參考 [7]。

的資源單位係由同一符碼內的八個次載波所組成；第二種架構同樣為四組 2 × CDM 的 CSI-RS，在時域上以 TDM 方式配置兩組 CSI-RS，而在頻域上以 FDM 方式配置兩組 CSI-RS，因此系統配置 CSI-RS 的資源單位係由兩個符碼內的四個次載波所組成；第三種架構為兩組 4 × CDM 的 CSI-RS，而兩組 CSI-RS 係以 FDM 方式配置，因此系統配置 CSI-RS 的資源單位係由兩個符碼內的四個次載波所組成。此外，5G NR 系統於 32 個天線埠下亦支援三種 CSI-RS 架構，其中一種架構如圖 6-11 所示，此架構為四組 8 × CDM 的 CSI-RS，並以 FDM 方式配置。圖 6-11 說明系統於頻域上使用 FDM 方式配置不同組 CSI-RS 時，並不一定要使用連續次載波；同理，於時域上使用 TDM 方式配置不同組 CSI-RS 時，亦不一定要使用連續符碼。

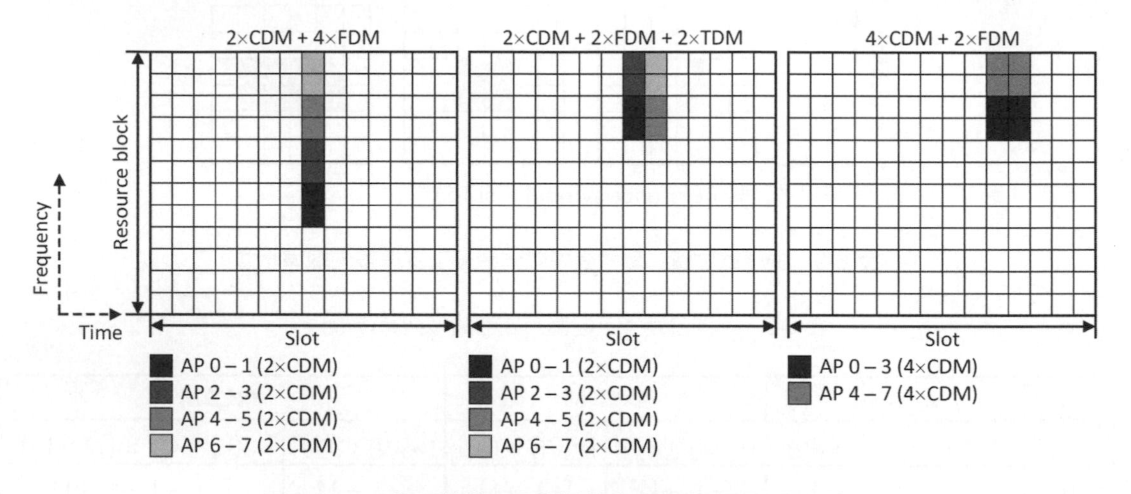

圖 6-10　八個天線埠下通道狀態資訊參考信號配置示意

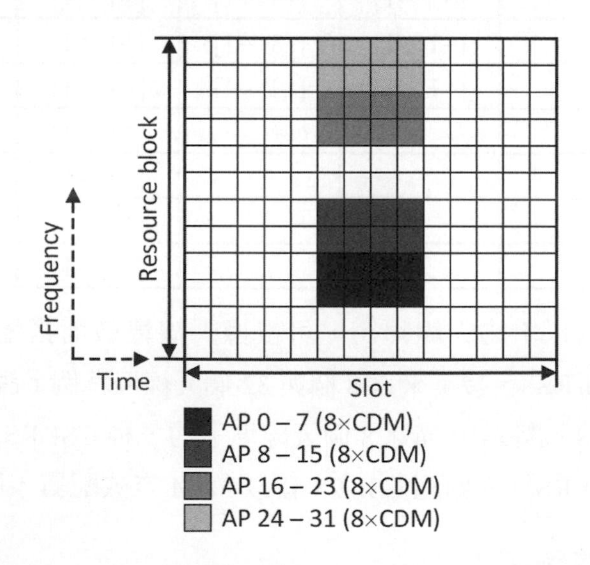

圖 6-11　32 個天線埠下通道狀態資訊參考信號配置示意

頻域上，CSI-RS 配置的最基本單位爲資源區塊。在系統配置的 CSI-RS 頻寬內[13]，可以每個資源區塊皆配置參考信號，抑或每兩個資源區塊的其中一個資源區塊 (奇數或偶數) 配置參考信號，而針對這兩種配置方式，規格書描述其 CSI-RS 密度爲 1 與 0.5。值得一提的是，4、8 及 12 個天線埠下的 CSI-RS 並不支援 CSI-RS 密度爲 0.5 的配置方式。此外，當系統將 CSI-RS 作爲追蹤參考信號 (tracking reference signal, TRS) 用途時，可配置密度爲 3 的單天線埠 CSI-RS，亦即每個 CSI-RS 支援單天線埠且使用每個資源區塊內的三個次載波。

時域上，系統可將多個 CSI-RS 資源組成多個 CSI-RS 資源集合 (CSI-RS resource set)，而每個 CSI-RS 資源集合可配置爲週期性、半持續性與非週期性。週期性 CSI-RS 資源集合的傳送週期可從 4 個時槽到 640 個時槽，並且可對資源集合中的 CSI-RS 配置特定的時槽偏移量 (offset)，如圖 6-12 所示；半持續性 CSI-RS 資源集合的傳送週期與時槽偏移量，其配置方式和週期性 CSI-RS 資源集合類似，惟其傳送與否係由 MAC 層協定所決定；非週期性 CSI-RS 資源集合的傳送是由 PDCCH 信令引發，和週期性 CSI-RS 資源集合不同，非週期性 CSI-RS 資源集合是一次性傳送。

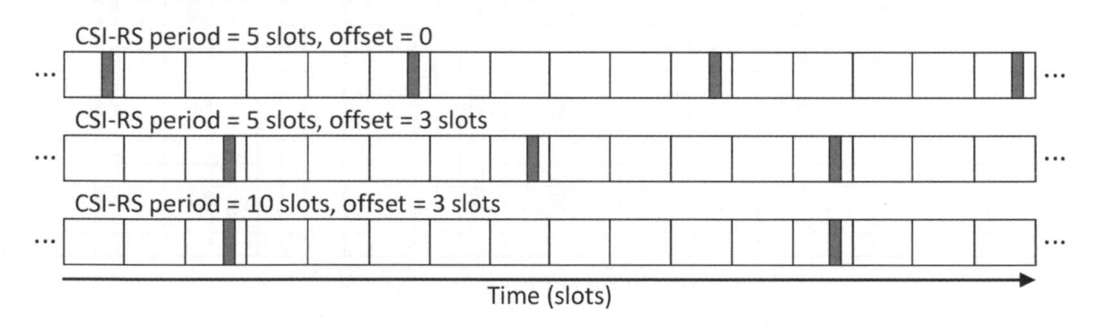

圖 6-12　通道狀態資訊參考信號的傳送週期與時槽偏移示意

上述所提的 CSI-RS 亦稱爲非零能量 CSI-RS，但在某些情況下，CSI-RS 可配置爲零能量 CSI-RS。若用戶被排程的 PDSCH 包含其他用戶的 CSI-RS 資源，由於用戶並不知曉其他用戶的 CSI-RS 資源在那些資源單位上，因此系統可將其他用戶的 CSI-RS 配置爲零能量 CSI-RS，讓其所在的資源單位傳送零能量的信號，如此用戶可將這些資源單位認爲是無效的，能直接略過不進行任何處理，但因傳送零能量信號會提高接收端的錯誤率，此時基地台會刻意降低傳送速率。

13　系統可配置 CSI-RS 的最大頻寬爲下行用户的部分頻寬。

追蹤參考信號

用戶必須追蹤並補償其振盪器的時間與頻率變化，才能使下行傳輸能正常運作，爲此，系統可配置追蹤參考信號 TRS，以輔助用戶補償其振盪器的誤差。TRS 並非爲一個 CSI-RS，而是由多個週期性 CSI-RS 所組成的資源集合，具體而言，TRS 係由兩個連續時槽內的四個單天線埠且密度爲 3 的 CSI-RS 所組成，如圖 6-13 所示。系統可配置資源集合中 CSI-RS 以及 TRS 的週期爲 10、20、40 或 80 ms。値得注意的是，TRS 中資源單位的位置可根據系統狀況而調整，但每個時槽內兩個 CSI-RS 在時域上的間隔一般須爲四個符碼，此限制係爲了可補償最大頻率誤差造成的影響。同理，每個資源區塊中的兩個資源單位間隔須爲四個次載波，亦是爲了可補償最大時間誤差造成的影響。

TRS 亦有另一種架構，係由單個時槽內的兩個 CSI-RS 組成，其架構與圖 6-13 中 TRS 架構內的單個時槽相同。針對 FR1 的情況，系統使用兩個連續時槽的 TRS 架構，而針對 FR2 的情況，系統可依實際情況而選擇使用單個時槽或兩個連續時槽的 TRS 架構。

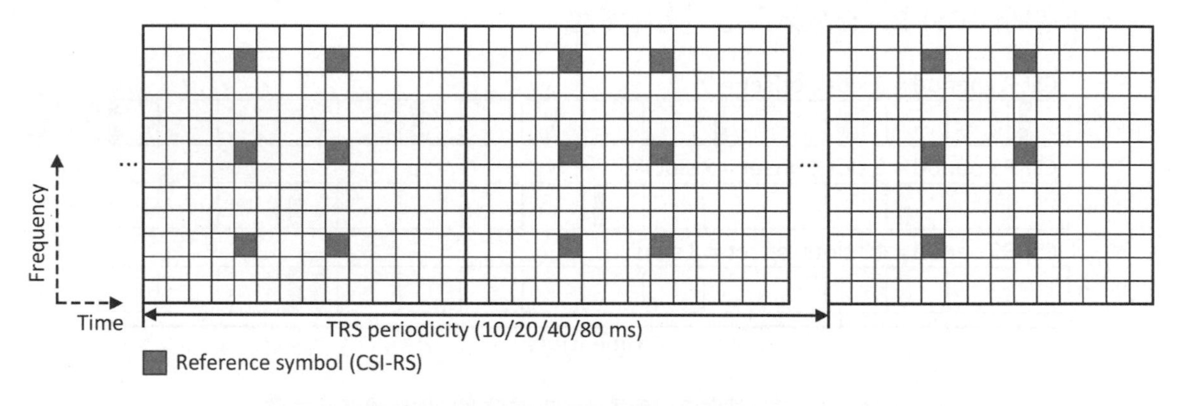

圖 6-13　追蹤參考信號配置示意

6-2-3　上行參考信號

5G NR 上行參考信號包含上行解調參考信號 (demodulation reference signal, DM-RS)、上行相位追蹤參考信號 (phase-tracking reference signal, PT-RS) 及上行探測參考信號 (sounding reference signal, SRS)。DM-RS 的目的是讓基地台估計通道，並支援信號解調，因此 DM-RS 只在有上行信號傳送，也就是當 PUSCH 及 PUCCH 傳送信號時才使用。PT-RS 的用途與下行 PT-RS 相同，係用來補償振盪器中相位雜訊 (phase noise) 對系統性能的影響。SRS 也是協助基地台估計通道用，但它是爲了支援上行通道相關的排程及鏈結調適 (link adaptation)，即使沒有數據傳送仍會使用，以便讓基地台隨時掌握上行通道狀況。SRS 在 TDD 系統中格外重要，因 TDD 系統利用上行通道估計與互易性

(reciprocity)，可輕易獲得下行通道的資訊。上行 PT-RS 的架構和下行 PT-RS 的架構類似[14]，因此接下來僅介紹 DM-RS 與 SRS。

6-2-3-1 解調參考信號

上行解調參考信號 DM-RS 的目的在協助使用同步解調的基地台解調接收信號，因此會在傳送 PUSCH 及 PUCCH 時使用，針對 PUSCH 及 PUCCH 所使用的 DM-RS 稍有不同，但其基礎架構相同；PUSCH 的 DM-RS 有固定的位置與 OFDM 符碼，PUCCH 的 DM-RS 則會根據 PUCCH 的格式而改變 (細節會在 7-2-2 介紹)。由於上行通道可支援 DFT-s-OFDMA 與 OFDMA 兩種系統架構，而 OFDMA 系統的 DM-RS 基礎架構與下行通道的 DM-RS 架構相同，因此不再贅述，以下將介紹 DFT-s-OFDMA 系統的 DM-RS。

在 DFT-s-OFDMA 架構下，系統只支援單層傳輸，並且無法支援配置類型 2 的 DM-RS 架構，以提供多用戶 MIMO 傳輸。此外，由於上行傳輸時需保有低 PAPR，並在不同頻域上 DM-RS 都可提供穩定的通道估計效能，上行通道使用的信號序列在時域及頻域上都需有很低的功率變化量，而 DM-RS 所使用的 Zadoff-Chu 序列在頻域及時域的功率皆爲定值，因此符合所需特性。Zadoff-Chu 序列的第 k 個元素可表示如下

$$\mathbf{X}_q^{ZC}(k) = e^{-j\pi q\frac{k(k+1)}{L_{ZC}}} \text{，} 0 \le k < L_{ZC} \tag{6.2}$$

其中 L_{ZC} 爲 Zadoff-Chu 序列的長度，q 爲 Zadoff-Chu 序列的指標，根據 q 的不同可以產生不同的序列。即使 Zadoff-Chu 序列擁有如此完美特性，它仍然不能直接用在 5G NR 系統，這是由於 (1) Zadoff-Chu 序列的長度必須是質數，以最大化 Zadoff-Chu 序列的數量；(2) Zadoff-Chu 序列的數量不足以使用於 PUCCH 或某些窄頻 PUSCH。因此 5G NR 系統針對 Zadoff-Chu 序列的使用做了一些修正。

在 5G NR 系統中，DM-RS 序列的產生方式分爲兩種類型，本書將介紹其中常用的類型，而另一種類型讀者可參閱規格書瞭解。常用類型的 DM-RS 序列其產生方式有三種，並以長度區別其使用時機。Zadoff-Chu 序列的長度必須是質數，而 DM-RS 序列的長度爲 6 的倍數；當 DM-RS 序列長度在 36 以上時，5G NR 系統使用循環延伸 (cyclic extension) 的方式基於 Zadoff-Chu 序列產生 DM-RS 序列，先利用小於 DM-RS 序列長度的最大質數產生 Zadoff-Chu 序列，再將 Zadoff-Chu 序列做循環延伸補足至 DM-RS 序列長度。舉例來說，當 DM-RS 序列長度爲 36 時，系統先產生長度爲 31 的 Zadoff-Chu 序列，再將 Zadoff-Chu 序列前五個元素值補到最後五個位置，讓長度變爲 36。值得注意的是，

14 當系統爲 DFT-s-OFDMA 架構時，在 DFT 預編碼階段將下行 PT-RS 鑲嵌於傳送數據中。

Zadoff-Chu 序列長度爲 31，因此 Zadoff-Chu 序列的數量爲 30。而在長度不超過 36 (6、12、18 及 24) 時，由於 Zadoff-Chu 序列的數量不足，因此 DM-RS 序列產生的方式改用 QPSK-based 序列；QPSK-based 序列由電腦模擬事先產生，並完整列在 5G NR 系統規格中 [15]。當 DM-RS 序列長度爲 30 時，系統不使用本書所提之序列，而是使用另一種特別的序列，其詳細描述可參閱規格書。

雖然 Zadoff-Chu 及 QPSK-based 序列有一定數量可供用戶使用，但在某些情況下序列數量仍然不足，由於所有的 DM-RS 序列係由多個細胞共用，每個細胞實際能使用的序列數量便減少。在 PUCCH 傳送時，不同用戶可能須在相同頻率上傳送控制資訊，此時爲了估計用戶通道，不同用戶需使用不同且相互正交的 DM-RS 序列；PUSCH 在使用空間多工或 MU-MIMO 時，爲估計不同天線埠或用戶的通道，也需使用不同的 DM-RS 序列。爲此，5G NR 系統另提供一種可以增加 DM-RS 序列數量的方式，將原本的 DM-RS 序列在頻域上做不同的相位旋轉 (phase rotation)，藉以產生相互正交的 DM-RS 序列，如圖 6-14 所示。由於頻域上做相位旋轉就等同於時域上做循環位移 (cyclic shift)，因此在規格書中將之稱爲 cyclic shifts。

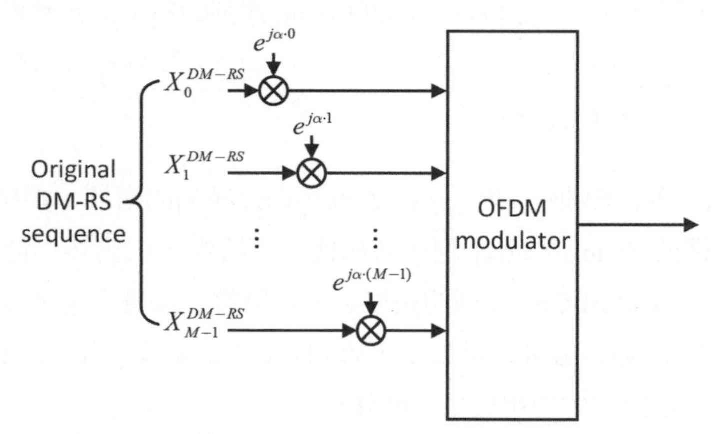

圖 6-14　解調參考信號頻域上做不同的相位旋轉示意

不同細胞中參考信號的配置

在 5G NR 系統中，爲了分配 DM-RS 序列給擁有不同 ID 的細胞使用，最基本的 DM-RS 序列 (不包含用循環位移產生的序列) 分爲 30 個不同群組，因不同長度的 DM-RS 序列數量最少爲 30，這樣數量的群組可確保每組至少一個序列。序列長度不足 60 時，每組會分配到一個 DM-RS 序列，長度超過 60 時，每組會分配到二個 DM-RS 序列，序列與 DM-RS 群組的對應方式如下：

$$q=\lfloor p+1/2\rfloor+v\cdot(-1)^{\lfloor 2p\rfloor}\ ;\ p=N_{ZC}\cdot(u+1)/31 \tag{6.3}$$

15　詳細內容請參考 [7]。

其中 q 為第 q 個 Zadoff-Chu 序列，u 為 DM-RS 群組的編號，v 為第 u 個 DM-RS 群組中 DM-RS 序列的編號，值得注意的是 v 只能是 0 或 1[16]。

細胞選擇 DM-RS 群組的方式有兩種，第一種是固定配置，也就是一個資源區塊中不同時槽都使用同一個 DM-RS 群組，另一種是群組跳躍 (group hopping)，也就是一個資源區塊中不同時槽使用不同 DM-RS 群組，這樣可以隨機化細胞間 DM-RS 的干擾。

序列跳躍

除了使用群組跳躍降低細胞間的干擾外，在 DM-RS 序列長度超過 60 時，每個 DM-RS 群組都會有兩個 DM-RS 序列，在不同的時槽上，可以選擇使用固定或不同的序列，使用不同序列的方式稱為序列跳躍 (sequence hopping)，其使用時機為群組跳躍未啓用時，目的為降低細胞間 DM-RS 的干擾。

6-2-3-2 上行探測參考信號

DM-RS 的目的是讓基地台可以成功解調 PUSCH/PUCCH，相反的，上行探測參考信號 SRS 的目的是讓基地台可以得知上行通道狀況以利排程或鏈結調適，因此 SRS 不需和 PUSCH/PUCCH 共同傳送。用戶可使用 1、2 或 4 個天線埠傳送 SRS，其編號從 1000 至 1003。

接下來介紹 SRS 的架構，如圖 6-15 所示，SRS 在時域上會佔據 1、2、4、8 或 12 個連續的 OFDM 符碼，並從一個時槽內的任意位置挑選相對應數量的符碼配置，圖 6-15 即為配置 2 或 4 個連續 OFDM 符碼在一時槽後端示意；而 SRS 在頻域上具有梳狀結構的特色，系統可每隔 2、4 或 8 個次載波配置 SRS，為方便說明，本書將其稱為 comb-2、comb-4 或 comb-8 結構。若不同用戶具有相同的梳狀結構，可將不同用戶以分頻多工的方式區分開來，使不同 SRS 可同時傳送在同一頻率範圍內，而圖 6-16 即為兩個 comb-2 結構的 SRS 以分頻多工配置示意。針對 comb-2 結構，其最多可支援 2 個不同的 SRS，而針對 comb-4 結構，其最多可支援 4 個不同的 SRS，同理 comb-8 結構最多可支援 8 個不同的 SRS。SRS 序列的架構和上行 DM-RS 類似，也是利用 Zadoff-Chu 序列及循環延伸設計，為了支援多天線埠及 MU-MIMO，系統使用循環位移來區分不同用戶的 SRS。

---

16 DM-RS 群組的編號係由細胞所對應 ID 經過運算後決定，詳細運算方法請參考 [7]。

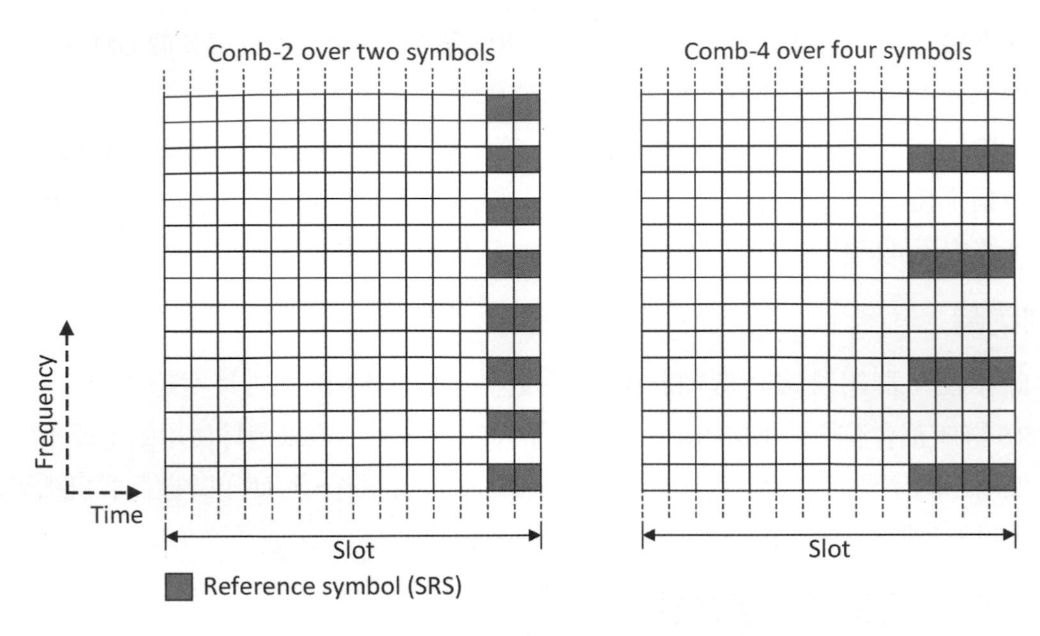

圖 6-15　探測參考信號配置示意

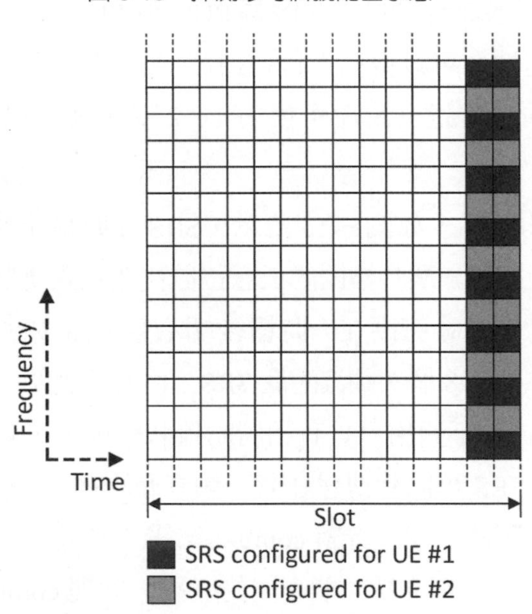

圖 6-16　探測參考信號支援多用戶示意

與 CSI-RS 類似，在時域上，系統可將多個 SRS 資源組成多個 SRS 資源集合 (SRS resource set)，而每個 SRS 資源集合可配置爲週期性、半持續性與非週期性。週期性 SRS 資源集合可由 RRC 層配置特定的傳送週期及時槽偏移量[17]；半持續性 SRS 資源

17　R15 版本的傳送週期可從 1 個時槽到 2560 個時槽；而 R16 版本的最小傳送週期爲 1 個時槽，最大傳送週期則已超過 81920 個時槽。

集合的傳送週期與時槽偏移量，其配置方式和週期性 SRS 資源集合類似，惟其傳送與否係由 MAC 層協定所決定；非週期性 SRS 資源集合的傳送是由 PDCCH 信令引發，和週期性 SRS 資源集合不同，非週期性 SRS 資源集合是一次性傳送。此外用戶可以配置多個 SRS 資源集合，而這些資源集合可用於不同的目的，包含下行及上行通道的多天線預編碼，與下行及上行的波束管理。

SRS 的傳送是由 RRC 層控制，RRC 層告知 SRS 的頻寬、SRS 開始的頻率，SRS 的梳狀結構 (comb-2、comb-4 或 comb-8)、循環位移的方式及 SRS 傳送的頻率；值得注意的是 SRS 資訊並非藉由 PDCCH 傳送。

6-3 運輸通道處理

從 MAC 層傳來的資訊是以位元的方式表示，在實際傳送時，位元須被轉換成信號傳送出去，在轉換的過程中，根據通道狀況或其資訊內容的重要性不同，這些位元被加工處理，讓資訊可以順利進入實體傳送過程，並成功傳送。運輸通道是介於 MAC 及實體層間的介面，它將位元做適當處理並送入實體層，運輸通道的加工步驟如圖 6-17 所示，本節將針對其加工步驟逐一做介紹 [18]。

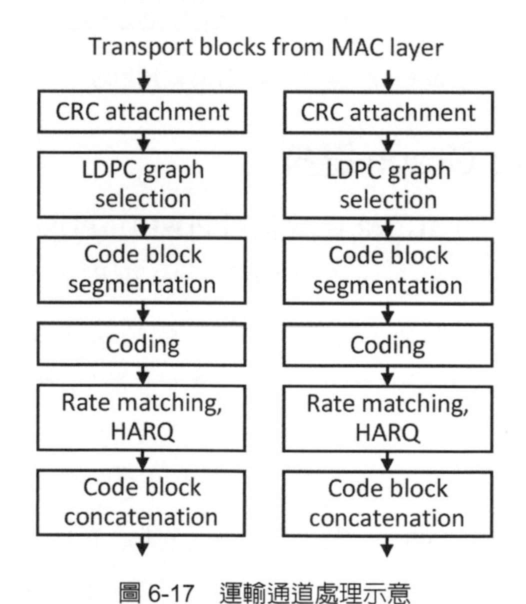

圖 6-17 運輸通道處理示意

18 上行運輸通道處理在碼塊合併後會經過數據與控制多工 (data and control multiplexing) 步驟，其詳細內容請參考 [8]。

6-3-1　運輸區塊

在一個 TTI 中，針對每一筆來自 MAC 層的訊息及一個成分載波 (component carrier) 最多會有兩個運輸區塊 (transport block) 進入運輸通道，運輸區塊的數量根據使用多天線技術而改變，惟在通道狀況良好的情況，5G NR 系統可支援超過四個傳送層 (layer)[19] 時才會使用兩個運輸區塊，換言之，系統在一般情況只使用一個運輸區塊；如圖 6-17 所示，若有兩個運輸區塊，則各自會有一個鏈 (chain) 進行處理。值得注意的是，運輸通道處理係針對 MAC 層的數據進行處理，因此只有 PDSCH (PUSCH) 有如此複雜的處理過程，其他如 PUCCH 並不需要如此完整的處理過程。

6-3-2　循環冗餘檢查碼

在運輸通道處理一開始時，一個固定長度的循環冗餘檢查碼 (CRC) 根據使用狀態及用戶的無線網路臨時識別碼 (radio network temporary identifier, RNTI) 計算後，被附加在運輸區塊的尾端，如圖 6-18 所示。若運輸區塊超過 3824 位元，5G NR 系統使用 24 位元的 CRC，反之則使用 16 位元的 CRC 以降低開銷 (overhead)。CRC 的目的是讓接收端可偵測運輸區塊是否有錯誤，並視需要使用 HARQ 機制通知傳送端重傳。

圖 6-18　運輸通道 CRC 附加示意

6-3-3　LDPC Base Graph 選擇

與 4G LTE-A 系統不同，5G NR 系統係對 PDSCH (PUSCH) 的位元使用低密度奇偶檢查碼 (low-density parity-check code, LDPC code) 編碼，而非渦輪碼 (turbo code)。LDPC 碼相較於渦輪碼，其具備較低計算複雜度、較高設計自由度與出色的錯誤修正能力等優點外，在高速傳輸或通道狀況不良的場景，亦能將數據的錯誤率降低至系統可正常運作的水準，因此適合使用在具備較高傳輸速率的共享通道。爲提升編碼效率及系統效能，根據碼率與運輸區塊長度的資訊，系統需選擇使用兩種奇偶檢查矩陣 (parity check matrix) 的其中一種做 LDPC 編碼，5G NR 將其定義爲 base graph 1 (BG1) 與 base graph 2 (BG2)。如圖 6-19 所示，系統使用 BG1 的時機分爲三種情況：(1) 運輸區塊長度不超過 292 位元；(2) 運輸區塊長度不超過 3824 位元且碼率不超過 2/3 (0.67)；(3) 碼率

19　傳送層的數量係指數據流的數量，而 5G NR 系統只有在下行傳輸才可支援超過四個層（最多八個層）。

不超過 1/4 (0.25)；其餘情況則需使用 BG2。由於兩種 BG 支援最大碼塊長度不同，因此系統需根據碼率與運輸區塊長度的資訊，優先選擇合適的 BG。

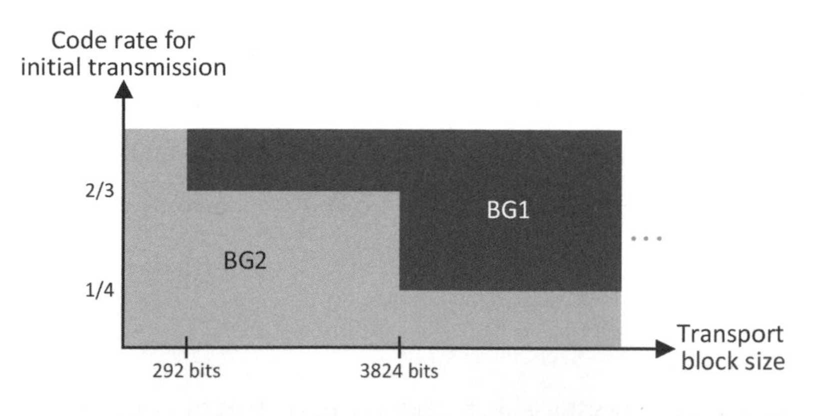

圖 6-19 LDPC Base Graph 選擇示意

6-3-4 碼塊分割

5G NR 系統中的 LDPC 碼編碼器可處理的位元長度有限，因此如果一個運輸區塊 (包含 CRC) 的長度超過編碼器可處理的位元長度，就需使用碼塊分割 (code block segmentation) 將過長的運輸區塊切割成數個碼塊 (code block)，切割後的每個碼塊須符合 LDPC 碼編碼器可支援的長度[20]，如圖 6-20 所示。每個碼塊在進入通道編碼前，先在尾端附上 24 位元的 CRC，其目的是讓接收端可提早偵測出傳送錯誤，如此即可提早終止接收端 LDPC 碼的解碼，降低接收端解碼的額外開銷。若只有一段碼塊，則不需額外的 CRC。碼塊的大小由控制通道傳送，在接收端得知運輸區塊大小後，可以直接將解出來的碼塊恢復成原來的運輸區塊。此外，爲了支援大型運輸區塊傳輸，5G NR 引入將數個碼塊合併爲一個碼塊群組 (code block group, CBG) 的機制，如圖 6-20 所示。當接收端偵測出傳送錯誤時，將可使用 HARQ 機制通知傳送端以碼塊群組爲單位進行重傳，以降低重傳開銷，而碼塊群組的大小亦由控制通道傳送。

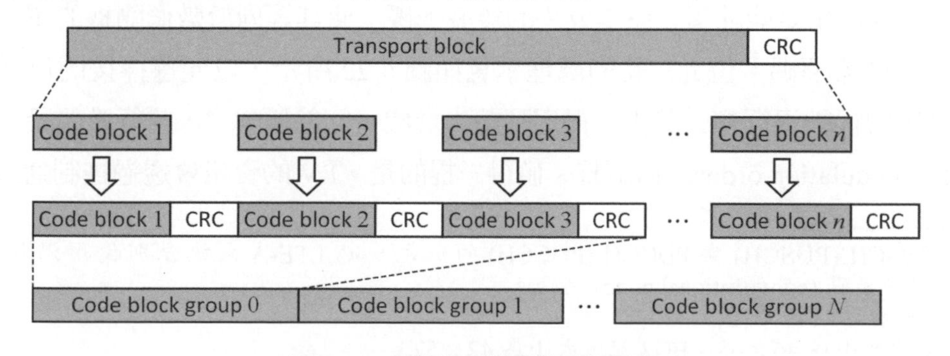

圖 6-20 碼塊分割與碼塊群組示意

20 LDPC 碼編碼器可支援最大的碼塊長度爲 8448 位元 (BG1) 或 3840 位元 (BG2)。

6-3-5 通道編碼

如前所述，針對 PDSCH (PUSCH) 的位元，5G NR 系統使用 LDPC 碼編碼，若是 PDCCH (PUCCH) 的位元，則使用極化碼 (polar code) 編碼[21]。在使用 LDPC 碼時，編碼器需根據 BG 選擇的結果，使用相對應的奇偶檢查矩陣編碼。LDPC 編碼程序不在本書探討的範疇[22]，接下來僅介紹其核心概念與兩種奇偶檢查矩陣的特點。LDPC 編碼的概念係設計一低密度奇偶檢查矩陣 **H**，使每個有效碼字 (codeword) **c** 與 **H** 的關係可符合數學式

$$\mathbf{H}\mathbf{c}^{T}=0 \tag{6.4}$$

至於兩種奇偶檢查矩陣，除矩陣大小不同外[23]，BG1 主要用於吞吐量 (throughput) 要求較高、碼率較高、碼塊長度較長的場景，其編碼器可支援最低碼率爲 1/3；BG2 則主要用於吞吐量要求不高、碼率較低、碼塊長度較短的場景，其編碼器可支援最低碼率爲 1/5。

6-3-6 速率匹配與碼塊合併

速率匹配 (rate matching) 的目的是針對不同通道特性調整傳輸速率。根據 HARQ 的狀況 (代表傳送錯誤的情況) 及通道狀況不同，基地台會調整傳輸速率以保證傳輸品質，而調整傳輸速率的過程即是速率匹配，它的處理過程分爲位元選擇 (bit selection) 與位元交錯 (bit interleaving)。位元選擇的處理示意如圖 6-21 所示，通道編碼後的碼字包含系統位元 (systematic bits) 與奇偶位元 (parity bits)，先捨去前面一部分系統位元後，將剩餘的位元依序寫入循環緩衝器 (circular buffer) 中，接著循環緩衝區根據不同的冗餘版本 (redundancy version, RV) 選擇輸出位元的起點，之後就如同輪盤式持續輸出位元直到符合規定的長度。爲因應時域及頻域的突發干擾，循環緩衝區輸出的位元需再經過交錯以打亂順序，其功用是能隨機化原本成片的突發干擾，使其等同於數個隨機的單一干擾，從而利於解碼器解碼。位元交錯的處理示意如圖 6-22 所示，位元選擇後的位元依位元交錯器設定的行數逐行寫入其中，再逐列讀出形成一冗餘版本[24]，其行數的設定係根據調變階數 (modulation order)[25] 而調整。值得一提的是，RV 的資訊會透過控制通道傳送，

---

21 針對 PDSCH (PUSCH) 與 PDCCH (PUCCH) 的位元，4G LTE-A 系統分別使用渦輪碼 (turbo code) 與旋積碼 (convolutional code) 編碼。

22 詳細編碼程序請參考 [8]。

23 BG1 矩陣大小爲 46×68；BG2 矩陣大小爲 42×52。

24 經速率匹配處理的位元在規格書中稱爲冗餘版本。

25 例如：QPSK 調變的調變階數爲 4、256-QAM 調變的調變階數爲 8。

它有四個種類，對應四個不同的起點與編號，不同的冗餘版本被用於 HARQ 重傳。

速率匹配的特點是使用循環緩衝器匹配不同的傳輸速率，由於輸入位元數是固定的，當通道狀況不佳的時候，基地台會把輸出位元數目調高，形成類似重複碼 (repetition code) 的結構，輸出長度越長，循環緩衝區就轉越多圈，讓同樣的位元重複出現，降低傳輸速率。最後，由於速率匹配係針對每個碼塊做處理，因此需再將速率匹配處理後的各個碼塊位元合併，此處理稱爲碼塊合併 (code block concatenation)。

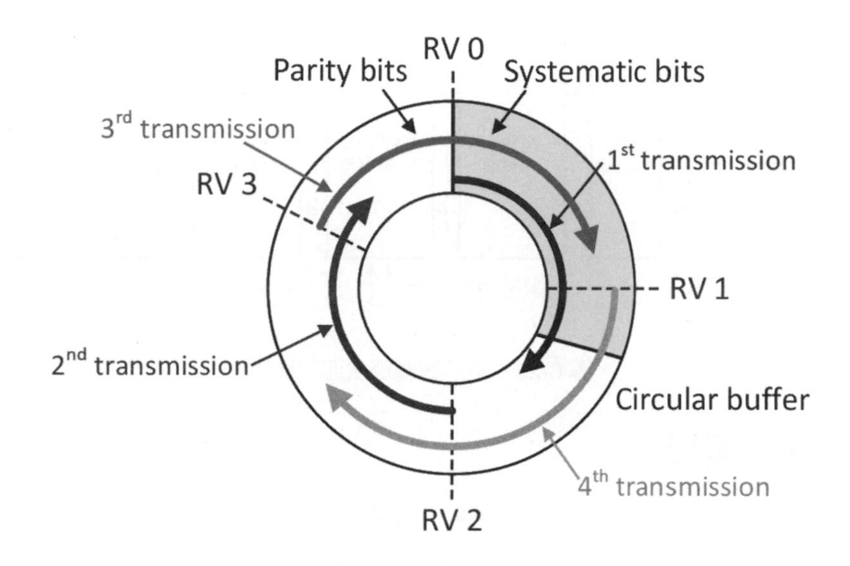

圖 6-21　位元選擇處理示意

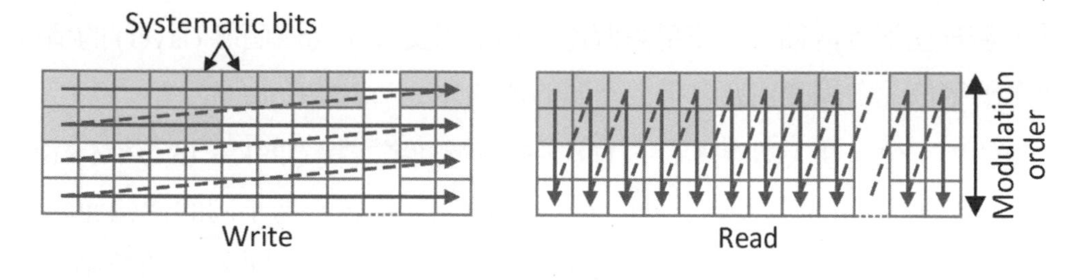

圖 6-22　位元交錯處理示意

6-4 下行實體層處理

下行實體層處理系統如圖 6-23 所示[26]，運輸通道的位元被編碼成為碼字，經由實體層處理轉換成信號傳送，在進入 OFDM 傳送機前，信號會根據系統架構及資源配置結果被適當處理，本節將針對這些處理過程做介紹。

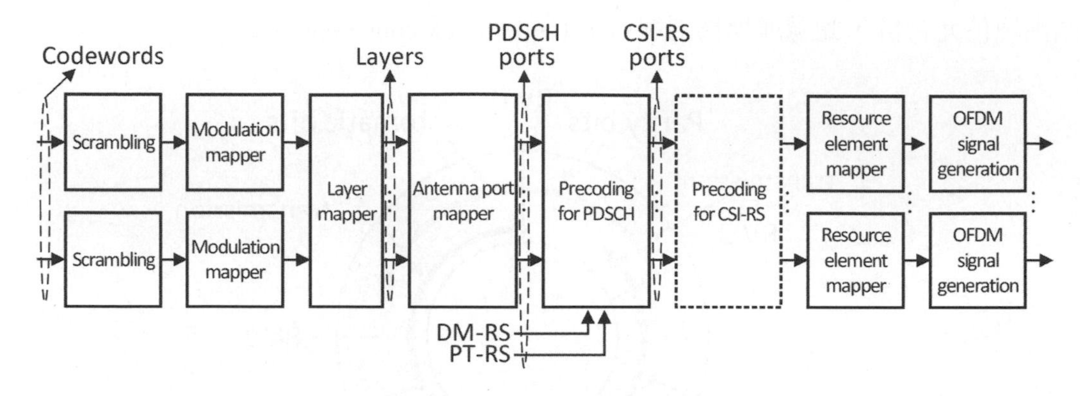

圖 6-23 下行實體層處理架構

6-4-1 擾碼與調變

5G NR 系統為隨機化鄰近細胞的干擾，不同細胞的傳送碼字位元在調變前乘上不同的擾碼 (scrambling code)，一般而言，不同細胞的擾碼互相正交，因此接收端可將來自其他細胞的干擾轉換成類似雜訊的形式，確保後端的通道解碼不受到其他細胞的干擾影響。此外，系統在下行傳輸中可使用兩個傳送碼字以支援超過四個層 (layer) 的情況下，對兩個傳送碼字位元在調變前亦會乘上不同的擾碼。

擾碼後的碼字位元進入調變器；5G NR 系統下行通道支援 QPSK、16-QAM、64-QAM 及 256-QAM 調變[27]，分別對應到 2、4、6、8 個位元。系統根據不同的傳輸速率使用不同的調變方式，傳輸速率是由上層協定根據通道狀況及 HARQ 回傳狀況所控制。

6-4-2 層映射

層映射 (layer mapping) 的目的是將調變後的碼字根據天線埠數量及傳送的層數將連續的符碼對應到不同的平行傳送層。此處層指的是使用空間多工的數據流 (data stream)，傳送層的數量就等同於空間多工增益。天線埠數量及傳送層的數量是由上層協定根據通

26 建議讀者可搭配參考表 6-1，熟悉下行通道天線埠及參考信號的使用方式與對應關係。
27 4G LTE-A 系統最高支援至 64-QAM 調變；5G NR 系統在上行通道使用 DFT 預編碼時，則可支援 π/2-BPSK 調變以提升放大器效能。

道狀況調整，因此在實體層的運作上，它們是事先決定好的兩個參數，實體層的運作只須根據這兩個參數做相應的規劃。相較於 4G LTE-A 而言，5G NR 僅制訂使用空間多工的層映射方式[28]，並將原本複雜的對應關係簡化，讓每種層數皆只有一種對應關係，其層映射示意如圖 6-24 所示。由於 5G NR 系統支援下行最多八個傳送層，因此空間多工的對應方式亦只有八種，接下來將介紹其對應規則。

在 5G NR 系統中，一個碼字最多可對應到四個傳送層，惟當系統支援超過四個層時才會使用到兩個碼字，其餘情況皆只使用一個碼字。若只使用一個碼字，則將碼字的所有傳送符碼依序對應到每一層；若使用兩個碼字，兩個碼字分別對應的層數量根據傳送層數量的不同會有差異，但其傳送符碼的對應規則仍與單碼字相同。針對五個層的情況，兩個碼字分別對應到前二層與後三層；針對六個層的情況，兩個碼字分別對應到前三層與後三層；針對七個層的情況，兩個碼字分別對應到前三層與後四層；針對八個層的情況，兩個碼字分別對應到前四層與後四層。

上述碼字與傳送層的對應關係皆有相對應的數學描述，茲以單傳送層爲例，其對應數學式爲

$$x^{(0)}(i) = d^{(0)}(i) \tag{6.5}$$

其中 $x^{(0)}(i)$ 爲層 0 的第 i 個傳送符碼，$d^{(0)}(i)$ 爲碼字 0 的第 i 個傳送符碼；至於使用多層傳輸時，亦即空間多工，其數學對應的基本概念與 (6.5) 式相同，後續將舉例說明其對應方式。最後值得一提的是，針對單天線埠的情況，由於系統可支援層的數量一般而言不會超過天線埠數量，亦即單天線埠只能支援單層傳輸，因此單天線埠的對應就等同於單傳送層的對應。

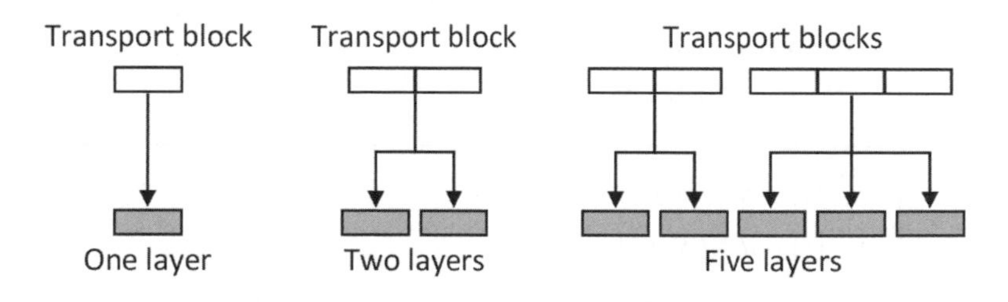

圖 6-24 層映射方式示意

28 4G LTE-A 系統的層映射方式分爲單天線埠、使用空間多工與使用傳送多樣的對應，詳細內容請參考 [11]。

範例：假設使用空間多工，層數為 4，碼字數為 1

根據規格書如表 6-3 所示，由於有四個層，其只由一個碼字對應到四個層，且對應出來每個層的符碼總數爲原本碼字的四分之一，即 $M_{\text{symb}}^{\text{layer}} = M_{\text{symb}}^{(0)} / 4$。而 (6.6) 式的意義即爲碼字中以四個符碼爲單位的第一位符碼係對應到層 0。

$$x^{(0)}(i) = d^{(0)}(4i) \tag{6.6}$$

範例：假設使用空間多工，層數為 7，碼字數為 2

根據規格書如表 6-3 所示，由於有七個層，其由兩個碼字所對應，其中一個碼字對應到三個層，另一個碼字則對應到四個層，且兩個碼字對應出來每個層的符碼總數分別爲原本碼字的三分之一與四分之一，即 $M_{\text{symb}}^{\text{layer}} = M_{\text{symb}}^{(0)} / 3 = M_{\text{symb}}^{(1)} / 4$。而 (6.7) 式與 (6.8) 式的意義分別爲碼字中以三個符碼爲單位的第一位符碼係對應到層 0，與碼字中以四個符碼爲單位的第四位符碼係對應到層 6。

$$x^{(0)}(i) = d^{(0)}(3i) \tag{6.7}$$

$$x^{(6)}(i) = d^{(1)}(4i+3) \tag{6.8}$$

表 6-3　碼字與層對應關係 [29]

4	1	$x^{(0)}(i) = d^{(0)}(4i)$ $x^{(1)}(i) = d^{(0)}(4i+1)$ $x^{(2)}(i) = d^{(0)}(4i+2)$ $x^{(3)}(i) = d^{(0)}(4i+3)$	$M_{\text{symb}}^{\text{layer}} = M_{\text{symb}}^{(0)} / 4$
7	2	$x^{(0)}(i) = d^{(0)}(3i)$ $x^{(1)}(i) = d^{(0)}(3i+1)$ $x^{(2)}(i) = d^{(0)}(3i+2)$ $x^{(3)}(i) = d^{(1)}(4i)$ $x^{(4)}(i) = d^{(1)}(4i+1)$ $x^{(5)}(i) = d^{(1)}(4i+2)$ $x^{(6)}(i) = d^{(1)}(4i+3)$	$M_{\text{symb}}^{\text{layer}} = M_{\text{symb}}^{(0)} / 3 = M_{\text{symb}}^{(1)} / 4$

29 資料來源請參考 [7]。

6-4-3　多天線與預編碼技術

一般而言，經過層映射的各層符碼係由預編碼器處理後，再映射到對應的天線埠上，然而由於估計通道用的參考信號其使用方式的變革，信號不經預編碼器處理亦能正確解調，因此 5G NR 並未明確規定基地台需使用預編碼器，而在規格書中僅描述天線埠映射 (antenna port mapping) 方式，此做法提供基地台更多彈性設計其預編碼器架構。本小節將逐一介紹 5G NR 系統中下行通道使用到的天線埠映射、多天線埠預編碼器架構與多天線埠預編碼技術。

天線埠映射

天線埠映射的目的即是將層映射後的各層符碼，映射到對應的天線埠上，而根據系統是否需執行 CSI 回報 (CSI report) 來決定預編碼器的情況，天線埠映射分為兩種方式。當 5G NR 系統不須使用參考信號執行 CSI 回報時，各層符碼會對應到不同的天線埠上 (一層符碼只會對應一個天線埠)，其數學表示為

$$\begin{bmatrix} y^{(p_0)}(i) \\ \vdots \\ y^{(p_{\upsilon-1})}(i) \end{bmatrix} = \begin{bmatrix} x^{(0)}(i) \\ \vdots \\ x^{(\upsilon-1)}(i) \end{bmatrix} \tag{6.9}$$

其中 $\left\{x^{(0)}(i),\ldots,x^{(\upsilon-1)}(i)\right\}$ 是層 0 至層 $\upsilon-1$ 的第 i 個輸出符碼，$\left\{y^{(p_0)}(i),\ldots,y^{(p_{\upsilon-1})}(i)\right\}$ 是天線埠 p_0 至天線埠 $p_{\upsilon-1}$ 的第 i 個傳送符碼；當 5G NR 系統需使用參考信號執行 CSI 回報時，則各層符碼會先經一預編碼器處理後，再對應到不同的 CSI-RS 天線埠上，其數學表示為

$$\begin{bmatrix} y^{(3000)}(i) \\ \vdots \\ y^{(3000+P-1)}(i) \end{bmatrix} = \mathbf{W}(i) \begin{bmatrix} x^{(0)}(i) \\ \vdots \\ x^{(\upsilon-1)}(i) \end{bmatrix} \tag{6.10}$$

其中 $\left\{x^{(0)}(i),\ldots,x^{(\upsilon-1)}(i)\right\}$ 是層 0 至層 $\upsilon-1$ 的第 i 個傳送符碼，$\left\{y^{(3000)}(i),\ldots,y^{(3000+P-1)}(i)\right\}$ 是 P 個 CSI-RS 天線埠的第 i 個傳送符碼，其編號從 3000 至 $2999+P$，$\mathbf{W}(i)$ 為預編碼器。值得一提的是，若只有一個 CSI-RS 天線埠，則 $\mathbf{W}(i)$ 為 1，此時就等同於單天線埠預編碼技術。

上述兩種映射方式，前者的天線埠數會與層數相同，主要用於無使用預編碼器的情況；後者的天線埠數與層數則可能不同，其天線埠數係由上層協定所控制，而基於碼簿的多天線埠預編碼技術亦屬於此情況，其詳細技術內容後續會介紹。

單天線埠預編碼技術

單天線埠的預編碼技術係直接傳送符碼，不同的天線埠會對應不同的參考信號，其數學表示為

$$y^{(p_0)}(i) = x^{(0)}(i) \tag{6.11}$$

其中 $x^{(0)}(i)$ 是層映射後的輸出符碼，$y^{(p_0)}(i)$ 為天線埠 p_0 的傳送符碼，而 i 則代表天線埠 p_0 的第 i 個傳送符碼。

多天線埠預編碼器架構

5G NR 系統支援的多天線埠預編碼技術分為兩種，第一種為基於碼簿的預編碼技術，其對應的預編碼器架構如圖 6-25 中的 (a) 與 (b)；第二種為非基於碼簿的預編碼技術，其對應的預編碼器架構如圖 6-25 中的 (c)。在第一種預編碼技術的架構中，基地台會在每個 CSI-RS 天線埠上額外使用參考信號，讓用戶得以透過 CSI-RS 獲得天線埠的通道響應資訊，並根據通道狀況計算出合適的預編碼，最後回傳建議的預編碼供基地台參考，而基地台亦可將預編碼器資訊透過控制通道及上層控制資訊告知用戶。此外，圖中 (a) 與 (b) 兩種架構略微不同的是，架構 (b) 會在每個 CSI-RS 天線埠後連接對應的混合預編碼器 $\mathbf{X}_1$，如此將可使 CSI-RS 得以傳送於實體空間中的特定方向。值得一提的是，不同 CSI-RS 天線埠可連接同一個或不同的混合預編碼器，其係由基地台自行設計決定；而在第二種預編碼技術的架構中，基地台在決定預編碼器前，會先通知用戶傳送 SRS，而每個 SRS 亦可連接對應的混合預編碼器 $\mathbf{X}_2$，使 SRS 得以傳送於實體空間中的特定方向，之後基地台再透過 SRS 獲得通道響應資訊，並根據通道狀況計算出合適的預編碼[30]。

值得注意的是，上述兩種預編碼技術所使用的預編碼器架構，由於通道估計用的 DM-RS 皆位於預編碼器 $\mathbf{W}$ 之前，因此用戶在估計通道時所得到的是實體通道 $\mathbf{H}$ 與預編碼器合成的等效通道，如此用戶不須事先知道基地台所使用的預編碼器，亦能正確解調信號[31]。接下來將介紹此兩種預編碼技術。

---

30 此處的混合預編碼器 $\mathbf{X}_1$ 與 $\mathbf{X}_2$ 可經由波束管理程序決定，而波束管理程序的詳細內容將在 7-3 介紹。

31 4G LTE-A 系統中基於碼簿的預編碼技術所使用的架構，其通道估計用的參考信號位於預編碼器之後，因此用戶須知道基地台所使用的預編碼器，才能正確解調信號。

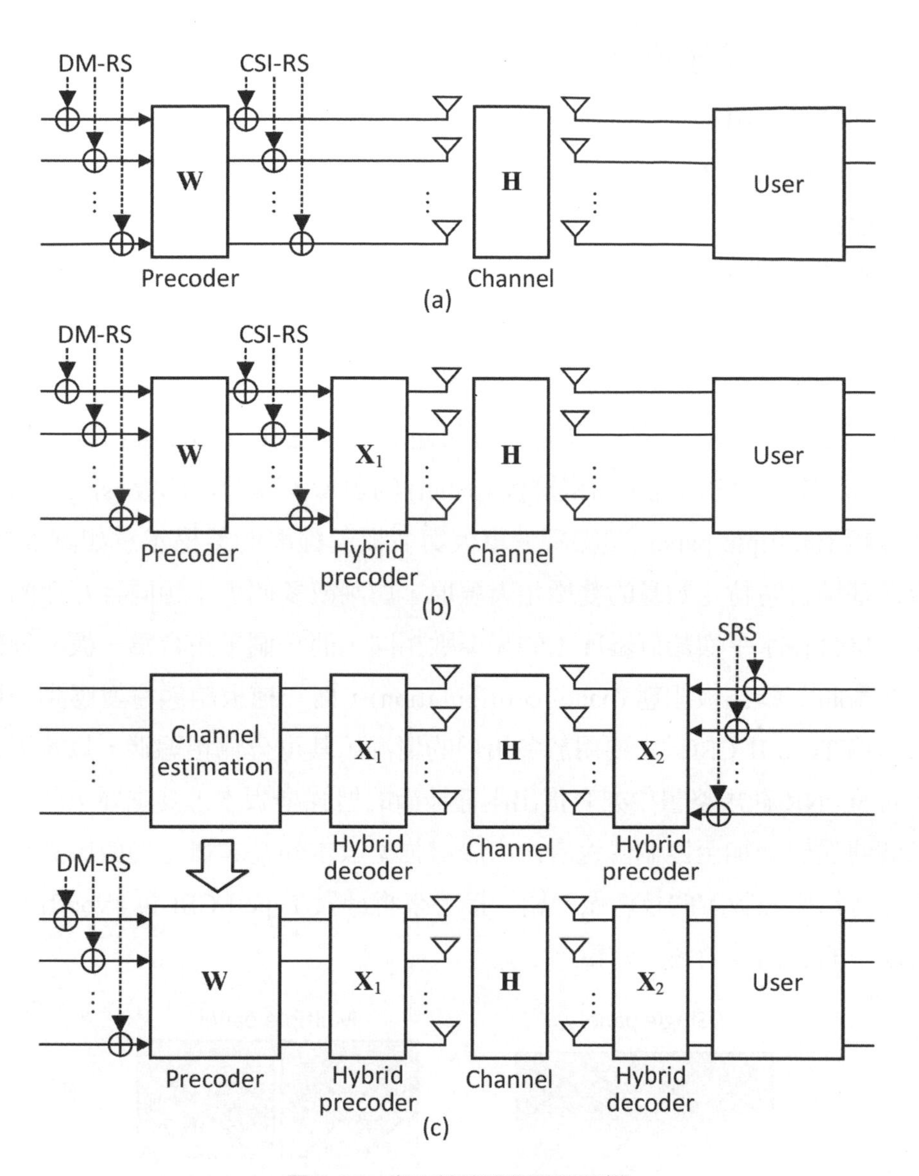

圖 6-25 多天線埠預編碼器架構

基於碼簿的多天線埠預編碼技術

當下行傳輸時，由於基地台並不知曉下行的通道資訊，因此需透過用戶回報通道狀態訊息得知，此即爲 CSI 回報。然而用戶若回報完整的通道資訊，將產生龐大的回傳開銷，尤其通道具有時變性，頻繁的 CSI 回報亦對系統造成太大的負擔。爲此，其解決方法是預先定義若干個預編碼所形成的碼簿，讓用戶根據通道狀況，從碼簿中挑選合適的預編碼並回傳給基地台，如此基地台就可得知下行的通道狀況，此技術亦稱爲基於碼簿的多天線埠編碼技術，其預編碼信號模型如式 (6.10)。

在下行通道中，基於碼簿的多天線埠預編碼技術主要分爲兩種，第一種爲 Type I CSI，主要用於單用戶的情況，而根據板 (panel) 的數量，其分爲單板 (single panel) 預編碼，以及多板 (multiple panel) 預編碼。單板與多板天線埠的架構示意如圖 6-26 所示，所謂多板即基地台將特定數量的雙極化天線埠，切割成多個大小相同且互斥的子集合，亦即不同子集合在水平與鉛直維度上的天埠數相同，而一個子集合爲一板。針對板的切割方式，本書將其稱爲板組態 (panel configuration)，而一種板組態會對應到一種切割方式；第二種爲 Type II CSI，主要用於多用戶的情況，其可分爲預編碼，以及天線埠選擇預編碼，而 5G NR 在規格書中亦有提出兩種技術的增強型版本，其主要不同之處在於，從支援二個傳送層增加至四個傳送層，由於增強型版本的基本概念仍與原先版本相同，因此本小節將以原先版本的技術做介紹。接下來將針對 Type I CSI 與 Type II CSI 這兩種預編碼技術中的各種技術逐一介紹。

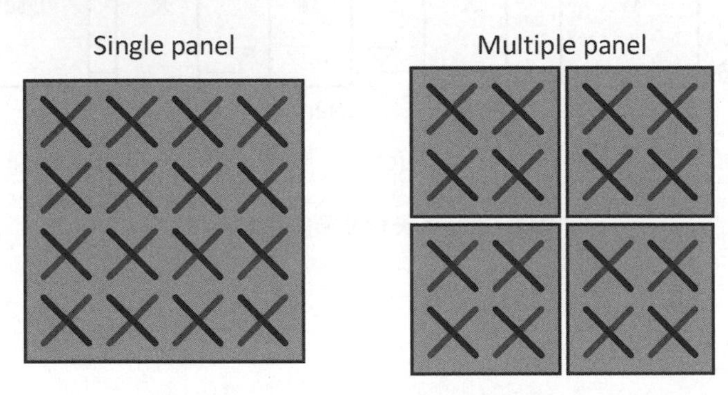

圖 6-26　單板與多板天線埠架構示意

Type I CSI—單板預編碼技術

5G NR 系統在下行通道最多可支援 32 個天線埠，當只有支援兩個天線埠時，系統最多可支援兩個傳送層，其碼簿中擁有的碼數量為 4，因數量較少，故可完整列出如表 6-4；而當支援四個以上的天線埠時，系統可支援的傳送層數係根據天線埠數而定，其最多可支援到八個傳送層，並且在預編碼技術的使用上相當靈活彈性且多樣，不同的天線埠數量、板組態，以及傳送層數皆會使用不同的碼簿，其可挑選的預編碼器數量亦有所不同。由於不同碼簿中的預編碼器數量眾多，很難在規格書中完整列出，因此使用了一套特殊的建構碼簿方法，5G NR 亦針對不同的天線埠數量、板組態，以及傳送層數制訂多種相對應的碼簿。接下來將闡述單板預編碼技術的基本概念，包含：系統支援的板組態、波束概念、預編碼器決定方式、預編碼矩陣的建構概念，以及描述預編碼矩陣在規格書中的對應與所需參數，並附上規格書中的碼簿及其相關參數，最後輔以範例說明預編碼矩陣的產生方式。

表 6-4　兩個天線埠下的預編碼碼簿 [32]

Codebook index	W	
	One-layer	Two-layer
0	$\frac{1}{\sqrt{2}}\begin{bmatrix}1\\1\end{bmatrix}$	$\frac{1}{2}\begin{bmatrix}1&1\\1&-1\end{bmatrix}$
1	$\frac{1}{\sqrt{2}}\begin{bmatrix}1\\j\end{bmatrix}$	$\frac{1}{2}\begin{bmatrix}1&1\\j&-j\end{bmatrix}$
2	$\frac{1}{\sqrt{2}}\begin{bmatrix}1\\-1\end{bmatrix}$	--
3	$\frac{1}{\sqrt{2}}\begin{bmatrix}1\\-j\end{bmatrix}$	--

使用單板預編碼技術時，5G NR 系統可配置的板組態及其相關參數如表 6-5 所示，其中 $P_{\text{CSI-RS}}$ 代表系統支援的 CSI-RS 天線埠數量，N_1 與 N_2 分別代表水平與鉛直維度上的天線埠數量，而 O_1 與 O_2 則分別代表水平與鉛直維度上的過取樣因子 (oversampling factor)，其 O_1 數值在任何一種板組態皆為 4，O_2 數值則會根據不同的板組態而改變，若鉛直維度上只有單個天線埠，則 O_2 數值為 1，反之則為 4。值得注意的是，當天線埠數為 4 時，由於天線埠數量較少，因此只有一種板組態可配置，而當天線埠數量更多時，皆有兩種以上的板組態可配置。

32 資料來源請參考 [10]。

表 6-5　單板預編碼技術中系統支援的板組態與相關參數 [33]

Number of CSI-RS ports, $P_{\text{CSI-RS}}$	(N_1, N_2)	(O_1, O_2)	CSI-RS port array (logical configuration)
4	(2, 1)	(4, 1)	××
8	(2, 2)	(4, 4)	×× ××
	(4, 1)	(4, 1)	××××
12	(3, 2)	(4, 4)	××× ×××
	(6, 1)	(4, 1)	××××××
16	(4, 2)	(4, 4)	×××× ××××
	(8, 1)	(4, 1)	××××××××
24	(4, 3)	(4, 4)	×××× ×××× ××××
	(6, 2)	(4, 4)	×××××× ××××××
	(12, 1)	(4, 1)	××××××××××××
32	(4, 4)	(4, 4)	×××× ×××× ×××× ××××
	(8, 2)	(4, 4)	×××××××× ××××××××
	(16, 1)	(4, 1)	××××××××××××××××

一般而言，碼簿中的預編碼矩陣係用以表示每個天線埠所對應的權值，系統藉由賦予天線埠不同權值而產生不同指向的波束，若所有天線埠權值組成的數學表示如同離散傅立葉轉換 (discrete Fourier transform, DFT)，則波束亦可稱爲 DFT 波束。5G NR 系統在使用 Type I CSI 與 Type II CSI 預編碼技術時，其預編碼矩陣皆由 DFT 波束所組成。值得注意的是，這裡指的波束是虛擬空間上的數位 DFT 波束，而非實體空間上的類比波束。由於 5G NR 系統引入鉛直維度，因此波束指向亦可分爲水平與鉛直維度，其波束指向的示意如圖 6-27 所示。基地台係利用天線埠數量與過取樣參數這兩個參數分別在水平與鉛直維度的可涵蓋角度範圍內，均勻分割出 N_1O_1 及 N_2O_2 個角度，而每個角度皆有一個相對應的波束指向之。值得一提的是，圖 6-27 中顏色塗滿的波束爲原始的正交波束，其餘波束則是在兩正交波束所對應的角度範圍內額外產生，以提供更多角度上的選擇。

33　資料來源請參考 [10]。

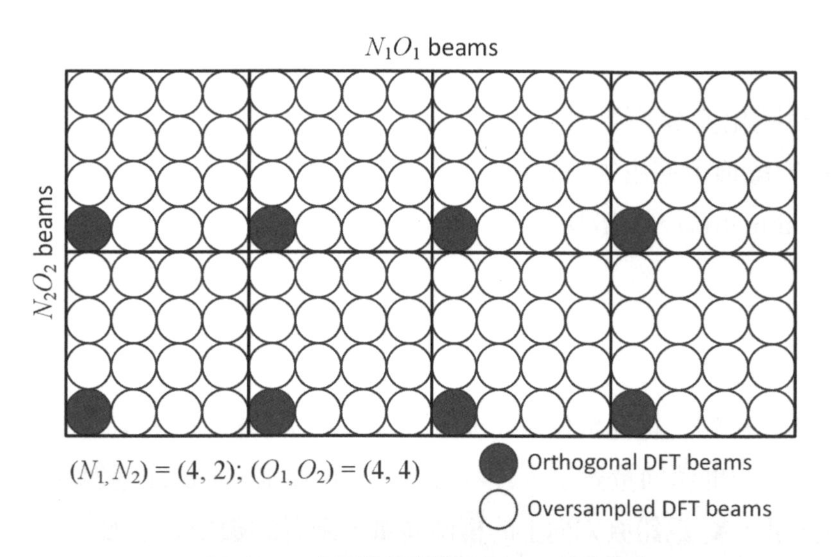

圖 6-27 水平與鉛直維度上 DFT 波束示意

接下來介紹基地台如何決定預編碼器，如前面所述，基地台欲使用何種預編碼器係可參考用戶回傳的建議，而用戶回傳的資訊即爲預編碼器矩陣指示器 (precdoer matrix indicator, PMI)。PMI 回傳的資訊主要分爲寬頻帶 (wideband) 與次頻帶 (subband) PMI，兩者分別以 i_1 與 i_2 表示。寬頻帶 PMI 代表用戶使用的整個系統頻帶狀況或長期通道特性所對應的預編碼器編號；而次頻帶 PMI 則代表短期通道特性所對應的預編碼器編號，其具有頻率選擇性 (frequency selective)，用戶可針對不同的次頻帶建議不同的預編碼器編號。至於用戶需回傳何種 PMI，係根據上層協定配置的 CSI 回報而定，簡而言之，當用戶被配置回傳寬頻帶 PMI 時，用戶需回傳對應的 i_1，而當用戶被配置回傳次頻帶 PMI 時，用戶則需回傳對應的 i_1 與 i_2。不論 PMI 回傳的資訊爲何，基地台使用的預編碼器皆使用特定技巧設計而成。

5G NR 系統使用雙重碼簿 (dual-codebook) 技巧設計預編碼碼簿，因此規格書中所列的任何一個預編碼矩陣，不論碼簿支援的層數，其每個層對應的天線埠權值皆可使用雙重碼簿技巧產生。雙重碼簿的概念是將預編碼器 $\mathbf{W}$ 分成 $\mathbf{W}_1$ 及 $\mathbf{W}_2$ 兩部分，$\mathbf{W}_1$ 的功用在匹配空間相關性，主要代表整個系統頻帶的通道特性；$\mathbf{W}_2$ 的功用在執行波束選擇 (beam selection)，以及雙極化天線埠間的 co-phasing 選擇[34]，主要代表次頻帶的通道特性。用戶藉由這兩個矩陣可選擇合適的預編碼器供基地台參考，而 $\mathbf{W}_1$ 及 $\mathbf{W}_2$ 係分別由寬頻帶 PMI 與次頻帶 PMI 所決定。預編碼器的數學形式表示爲

34 由於基地台係採用雙極化天線埠架構，兩種極化的天線埠皆使用相同指向的波束，但其中一組極化天線埠需額外做相位旋轉，因此一般兩種極化的天線埠會有相對應的預編碼權值。

$$\mathbf{W}=\mathbf{W}_1\mathbf{W}_2 \tag{6.12}$$

由於基地台為雙極化天線埠架構，其相同極化的所有天線埠可組成一組天線埠 (共兩組)，而不同組天線埠可使用的波束所對應的權值可組成 $\mathbf{W}_1$，因此 $\mathbf{W}_1$ 為一分塊對角矩陣 (block diagonal matrix)，其數學表示如下：

$$\mathbf{W}_1=\begin{bmatrix}\mathbf{B} & \mathbf{O}\\ \mathbf{O} & \mathbf{B}\end{bmatrix} \tag{6.13}$$

其中 $\mathbf{B}$ 係由 L 個波束的天線埠權值所組成，其矩陣大小一般為 $(P_{\text{CSI-RS}}/2)\times L$，而每個波束係以一特定方向的權值向量表示，其可由 $\mathbf{X}_1$ 與 $\mathbf{X}_2$ 做 Kronecker 運算求得，$\mathbf{X}_1$ 為水平方向上的權值向量，$\mathbf{X}_2$ 為鉛直方向上的權值向量，兩者的數學表示如下：

$$\mathbf{X}_1:\mathbf{v}_l=\begin{bmatrix}1 & e^{\frac{j2\pi l}{N_1O_1}} & \cdots & e^{\frac{j2\pi(N_1-1)l}{N_1O_1}}\end{bmatrix}^T\ ;\ \mathbf{X}_2:\mathbf{u}_m=\begin{bmatrix}1 & e^{\frac{j2\pi m}{N_2O_2}} & \cdots & e^{\frac{j2\pi(N_2-1)m}{N_2O_2}}\end{bmatrix}^T \tag{6.14}$$

值得注意的是，由於 L 可為 1 或 4，因此 $\mathbf{B}$ 根據 L 的數值可為一向量或矩陣，而 $\mathbf{W}_1$ 對角線上的兩個分塊 $\mathbf{B}$，係分別對應兩組極化天線埠[35]；當 $\mathbf{B}$ 為一向量時，可利用 $\mathbf{W}_2$ 做 co-phasing 選擇，而當 $\mathbf{B}$ 為一矩陣時，則可利用 $\mathbf{W}_2$ 做波束與 co-phasing 選擇，其數學表示如下 ($\mathbf{W}_2$ 的大小為 $2L\times 1$)：

$$\mathbf{W}_2=\frac{1}{\sqrt{2N_1N_2}}\begin{bmatrix}\mathbf{e}_p\\ \varphi\mathbf{e}_p\end{bmatrix} \tag{6.15}$$

其中 $\mathbf{e}_p$ 為 4×1 的標準基底[36](若 L 為 1，則以 1 取代 $\mathbf{e}_p$)，係用來決定波束選擇的結果 (p 表示挑選矩陣 $\mathbf{B}$ 中的第 p 個波束)；φ 為一參數，係用來決定不同極化天線埠的相位旋轉結果。圖 6-28 為 Type I CSI 單板預編碼技術使用雙重碼簿的用例說明，當用戶回傳給基地台建議的寬頻帶 PMI 後，$\mathbf{W}_1$ 中的矩陣 $\mathbf{B}$ 會根據其數值由相對應的四個波束組成，再由 $\mathbf{W}_2$ 挑選其中的第二個波束，以及乘上 φ 以產生另一極化的天線埠權值，最後得到 $\mathbf{W}_1\mathbf{W}_2$ 的結果。

---

35 若將一組相同極化的天線埠再分為數量相同的兩組天線埠，則基地台需決定四組天線埠的權值，而 $\mathbf{W}_1$ 仍為一分塊對角矩陣，但其對角線上的分塊數量，會由兩個變為四個。

36 四個標準基底為 $\mathbf{e}_1=[1,0,0,0]^T$、$\mathbf{e}_2=[0,1,0,0]^T$、$\mathbf{e}_3=[0,0,1,0]^T$、$\mathbf{e}_4=[0,0,0,1]^T$。

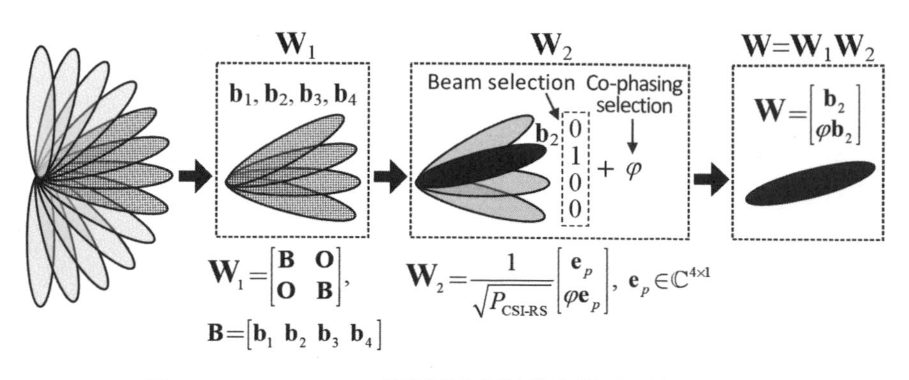

圖 6-28 Type I CSI—單板預編碼技術的雙重碼簿用例說明

基地台可否執行波束選擇係根據使用的碼簿模式 (codebookMode) 而決定，雖然規格書所描述的碼簿模式共三種，但當 codebookMode 爲 1 或 1-2 時，兩種碼簿模式下的碼簿皆屬於 $L = 1$ 的情況，基地台並不能執行波束選擇，而當 codebookMode 爲 2 時，此碼簿模式下的碼簿屬於 $L = 4$ 的情況，一旦用戶決定合適的 PMI 並建議給基地台後，基地台將從碼簿中挑選相對應的若干波束，這些波束分別對應四個相鄰的指向，之後基地台可根據實際情況，再執行波束選擇。值得注意的是，從碼簿中挑選的若干波束具備不同的相位旋轉與指向，亦即多個不同相位旋轉的波束皆可能屬於同一指向，若將同一指向的波束歸類爲一組，則會有四組。相鄰波束的配置方式係根據基地台配置的板組態而改變，如圖 6-29 所示，當基地台僅配置一個維度的天線埠時，則該維度上會有四個相鄰波束；而當基地台配置兩個維度的天線埠時，四個相鄰波束需分配在兩個維度上，因此單一維度會有兩個波束。值得一提的是，當系統支援超過兩個層傳輸時，L 只能爲 1，亦即系統無法產生四個方向的波束以執行波束選擇。

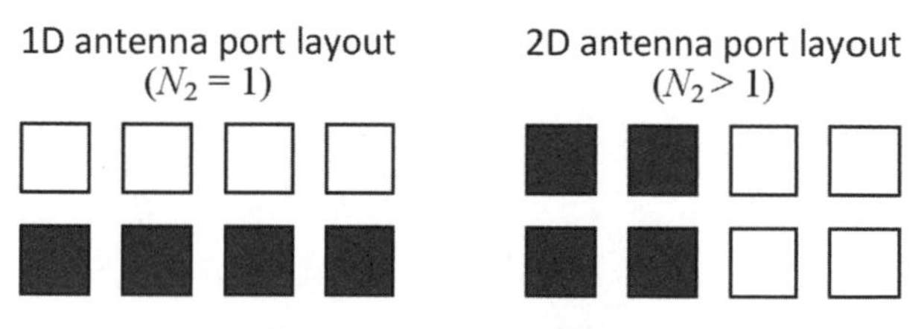

圖 6-29 相鄰波束配置示意

表 6-6 單板預編碼技術的預編碼矩陣整理

Number of layers	W
1	$\mathbf{W}_{l,m,n}^{(1)}$
2	$\mathbf{W}_{l,l',m,m',n}^{(2)}$
3	$\mathbf{W}_{l,l',m,m',n}^{(3)}$ or $\mathbf{W}_{l,p,m,n}^{(3)}$
4	$\mathbf{W}_{l,l',m,m',n}^{(4)}$ or $\mathbf{W}_{l,p,m,n}^{(4)}$
5	$\mathbf{W}_{l,l',l'',m,m',m'',n}^{(5)}$
6	$\mathbf{W}_{l,l',l'',m,m',m'',n}^{(6)}$
7	$\mathbf{W}_{l,l',l'',l''',m,m',m'',m''',n}^{(7)}$
8	$\mathbf{W}_{l,l',l'',l''',m,m',m'',m''',n}^{(8)}$

不論碼簿模式為何，系統皆使用碼簿指標 i_1 與 i_2 以決定合適的預編碼矩陣，而碼簿指標 i_1 亦包含多個碼簿指標，其表示如下：

$$i_1 = \begin{cases} \begin{bmatrix} i_{1,1} & i_{1,2} \end{bmatrix} & , \upsilon \notin \{2,3,4\} \\ \begin{bmatrix} i_{1,1} & i_{1,2} & i_{1,3} \end{bmatrix} & , \upsilon \in \{2,3,4\} \end{cases} \tag{6.16}$$

其中 υ 為碼簿對應的層數，碼簿指標 $i_{1,1}$ 與 $i_{1,2}$ 分別對應水平與鉛直維度的波束，碼簿指標 $i_{1,3}$ 則在層數為 2、3、4 時才使用，主要用以決定不同層所使用的波束，其數值係根據層數與板組態而有差異。規格書中所有層數對應的預編碼矩陣整理於表 6-6 中，不難發現這些預編碼矩陣 **W**，其皆可由以下兩種數學通式表示

$$\mathbf{W}_{l,l',l'',l''',m,m',m'',m''',n}^{(\upsilon)} \tag{6.17}$$

$$\mathbf{W}_{l,m,p,n}^{(\upsilon)} \tag{6.18}$$

其中 υ 同樣為碼簿對應的層數，而其餘參數的對應會根據層數不同而有差異。在層數為 4 以下的情況，l 對應碼簿指標 $i_{1,1}$、l' 對應碼簿指標 $i_{1,1}$ 及 k_1、m 對應碼簿指標 $i_{1,2}$、m' 對應指標 $i_{1,2}$ 及 k_2，而 k_1 與 k_2 係由碼簿指標 $i_{1,3}$ 決定；p 對應碼簿指標 $i_{1,3}$；n 對應碼簿指標 i_2。在層數為 5 以上的情況，$\{l, l', l'', l'''\}$ 對應碼簿指標 $i_{1,1}$ 及 O_1、$\{m, m', m'', m'''\}$ 對應碼簿指標 $i_{1,2}$ 及 O_2，n 則同樣對應碼簿指標 i_2。單板預編碼技術支援兩種型態的預編碼矩陣，其數學表示如 (6.19) 與 (6.20) 式所示：

$$\mathbf{W}_{\text{parameters}}^{(\text{number of layers})} = \begin{bmatrix} \mathbf{v} & \mathbf{v} & \cdots & \mathbf{v}''' \\ \varphi\mathbf{v} & \varphi'\mathbf{v} & \cdots & \varphi'''\mathbf{v}''' \end{bmatrix} \tag{6.19}$$

$$\mathbf{W}_{\text{parameters}}^{(\text{number of layers})} = \begin{bmatrix} \tilde{\mathbf{v}} & \tilde{\mathbf{v}} & \tilde{\mathbf{v}} & \tilde{\mathbf{v}} \\ \theta\tilde{\mathbf{v}} & \theta'\tilde{\mathbf{v}} & \theta\tilde{\mathbf{v}} & \theta'\tilde{\mathbf{v}} \\ \varphi\tilde{\mathbf{v}} & \varphi\tilde{\mathbf{v}} & \varphi'\tilde{\mathbf{v}} & \varphi'\tilde{\mathbf{v}} \\ \varphi\theta\tilde{\mathbf{v}} & \varphi\theta'\tilde{\mathbf{v}} & \varphi'\theta\tilde{\mathbf{v}} & \varphi'\theta'\tilde{\mathbf{v}} \end{bmatrix} \tag{6.20}$$

此兩種型態的預編碼矩陣皆係利用多個數學式計算產生，在規格書中描述的相關數學式完整列出如下：

$$\varphi_n = e^{j\pi n/2} \tag{6.21}$$

$$\theta_p = e^{j\pi p/4} \tag{6.22}$$

$$\mathbf{u}_m = \begin{cases} \begin{bmatrix} 1 & e^{j\frac{2\pi m}{O_2 N_2}} & \cdots & e^{j\frac{2\pi m(N_2-1)}{O_2 N_2}} \end{bmatrix} & , N_2>1 \\ 1 & , N_2=1 \end{cases} \tag{6.23}$$

$$\mathbf{v}_{l,m} = \begin{bmatrix} \mathbf{u}_m & e^{j\frac{2\pi l}{O_1 N_1}}\mathbf{u}_m & \cdots & e^{j\frac{2\pi l(N_1-1)}{O_1 N_1}}\mathbf{u}_m \end{bmatrix}^T \tag{6.24}$$

$$\tilde{\mathbf{v}}_{l,m} = \begin{bmatrix} \mathbf{u}_m & e^{j\frac{4\pi l}{O_1 N_1}}\mathbf{u}_m & \cdots & e^{j\frac{4\pi l(N_1/2-1)}{O_1 N_1}}\mathbf{u}_m \end{bmatrix}^T \tag{6.25}$$

由於基地台採用雙極化天線埠架構，當預編碼矩陣爲第一種型態時，其中一組雙極化天線埠的每個天線埠權值係由 (6.23) 與 (6.24) 式計算產生，而另一組雙極化天線埠的每個天線埠權值則會以它利用 (6.21) 式做相位旋轉；而當預編碼矩陣爲第二種型態時，其中一組雙極化天線埠只有一半的天線埠權值係由 (6.23) 與 (6.25) 式計算產生，其餘雙極化天線埠的天線埠權值則會以它利用 (6.21) 與 (6.22) 式做相位旋轉。

以上爲技術內容的詳細介紹，接著根據規格書所描述的碼簿，本書整理一個至四個傳送層的預編碼碼簿及其相關碼簿指標供讀者參考，其餘層數的預編碼碼簿讀者可自行參閱規格書深入瞭解。由於在兩個至四個傳送層下需額外使用碼簿指標 $i_{1,3}$，因此兩個傳送層下的碼簿指標 $i_{1,3}$ 對應關係列於表 6-7，而三個與四個傳送層下的碼簿指標 $i_{1,3}$ 對應關係列於表 6-8，至於一個至四個傳送層的預編碼碼簿則分別如表 6-9 至表 6-12 所示 [37]。對於所有碼簿而言，雖然在各種碼簿指標相互搭配下可產生眾多預編碼矩陣，但這些預編碼矩陣皆可由一套特殊的建構方法產生，以下舉例說明產生方式。

表 6-7　兩個傳送層下的碼簿指標 $i_{1,3}$ 對應關係

$i_{1,3}$	$N_1 > N_2 > 1$		$N_1 = N_2$		$N_1 = 2, N_2 = 1$		$N_1 > 2, N_2 = 1$	
	k_1	k_2	k_1	k_2	k_1	k_2	k_1	k_2
0	0	0	0	0	0	0	0	0
1	O_1	0	O_1	0	O_1	0	O_1	0
2	0	O_2	0	O_2	--	--	$2O_1$	0
3	$2O_1$	0	O_1	O_2	--	--	$3O_1$	0

表 6-8　三個與四個傳送層下的碼簿指標 $i_{1,3}$ 對應關係

$i_{1,3}$	$N_1 = 2, N_2 = 1$		$N_1 = 4, N_2 = 1$		$N_1 = 6, N_2 = 1$		$N_1 = 2, N_2 = 2$		$N_1 = 3, N_2 = 2$	
	k_1	k_2	k_1	k_2	k_1	k_2	k_1	k_2	k_1	k_2
0	O_1	0	O_1	0	O_1	0	O_1	0	O_1	0
1	--	--	$2O_1$	0	$2O_1$	0	0	O_2	0	O_2
2	--	--	$3O_1$	0	$3O_1$	0	O_1	O_2	O_1	O_2
3	--	--	--	--	$4O_1$	0	--	--	$2O_1$	0

37　表 6-7 至表 6-12 的資料來源請參考 [10]。

表 6-9 單板預編碼技術中一個傳送層下的預編碼碼簿

codebookMode	W				
	i_1	i_2			
codebookMode = 1	$i_{1,1}=0,1,...,N_1O_1-1$ $i_{1,2}=0,1,...,N_2O_2-1$	0	1	2	3
		$\mathbf{W}^{(1)}_{i_{1,1},i_{1,2},0}$	$\mathbf{W}^{(1)}_{i_{1,1},i_{1,2},1}$	$\mathbf{W}^{(1)}_{i_{1,1},i_{1,2},2}$	$\mathbf{W}^{(1)}_{i_{1,1},i_{1,2},3}$
codebookMode = 2 $(N_2>1)$	$i_{1,1}=0,1,...,\frac{N_1O_1}{2}-1$ $i_{1,2}=0,1,...,\frac{N_2O_2}{2}-1$	0	1	2	3
		$\mathbf{W}^{(1)}_{2i_{1,1},2i_{1,2},0}$	$\mathbf{W}^{(1)}_{2i_{1,1},2i_{1,2},1}$	$\mathbf{W}^{(1)}_{2i_{1,1},2i_{1,2},2}$	$\mathbf{W}^{(1)}_{2i_{1,1},2i_{1,2},3}$
		4	5	6	7
		$\mathbf{W}^{(1)}_{2i_{1,1}+1,2i_{1,2},0}$	$\mathbf{W}^{(1)}_{2i_{1,1}+1,2i_{1,2},1}$	$\mathbf{W}^{(1)}_{2i_{1,1}+1,2i_{1,2},2}$	$\mathbf{W}^{(1)}_{2i_{1,1}+1,2i_{1,2},3}$
		8	9	10	11
		$\mathbf{W}^{(1)}_{2i_{1,1},2i_{1,2}+1,0}$	$\mathbf{W}^{(1)}_{2i_{1,1},2i_{1,2}+1,1}$	$\mathbf{W}^{(1)}_{2i_{1,1},2i_{1,2}+1,2}$	$\mathbf{W}^{(1)}_{2i_{1,1},2i_{1,2}+1,3}$
		12	13	14	15
		$\mathbf{W}^{(1)}_{2i_{1,1}+1,2i_{1,2}+1,0}$	$\mathbf{W}^{(1)}_{2i_{1,1}+1,2i_{1,2}+1,1}$	$\mathbf{W}^{(1)}_{2i_{1,1}+1,2i_{1,2}+1,2}$	$\mathbf{W}^{(1)}_{2i_{1,1}+1,2i_{1,2}+1,3}$
codebookMode = 2 $(N_2=1)$	$i_{1,1}=0,1,...,\frac{N_1O_1}{2}-1$ $i_{1,2}=0$	0	1	2	3
		$\mathbf{W}^{(1)}_{2i_{1,1},0,0}$	$\mathbf{W}^{(1)}_{2i_{1,1},0,1}$	$\mathbf{W}^{(1)}_{2i_{1,1},0,2}$	$\mathbf{W}^{(1)}_{2i_{1,1},0,3}$
		4	5	6	7
		$\mathbf{W}^{(1)}_{2i_{1,1}+1,0,0}$	$\mathbf{W}^{(1)}_{2i_{1,1}+1,0,1}$	$\mathbf{W}^{(1)}_{2i_{1,1}+1,0,2}$	$\mathbf{W}^{(1)}_{2i_{1,1}+1,0,3}$
		8	9	10	11
		$\mathbf{W}^{(1)}_{2i_{1,1}+2,0,0}$	$\mathbf{W}^{(1)}_{2i_{1,1}+2,0,1}$	$\mathbf{W}^{(1)}_{2i_{1,1}+2,0,2}$	$\mathbf{W}^{(1)}_{2i_{1,1}+2,0,3}$
		12	13	14	15
		$\mathbf{W}^{(1)}_{2i_{1,1}+3,0,0}$	$\mathbf{W}^{(1)}_{2i_{1,1}+3,0,1}$	$\mathbf{W}^{(1)}_{2i_{1,1}+3,0,2}$	$\mathbf{W}^{(1)}_{2i_{1,1}+3,0,3}$
	where $\mathbf{W}^{(1)}_{l,m,n}=\frac{1}{\sqrt{P_{\text{CSI-RS}}}}\begin{bmatrix}\mathbf{v}_{l,m}\\ \varphi_n\mathbf{v}_{l,m}\end{bmatrix}$.				

表 6-10　單板預編碼技術中兩個傳送層下的預編碼碼簿

codebookMode	W		
	i_1	i_2	
codebookMode = 1	$i_{1,1}=0,1,\ldots,N_1O_1-1$ $i_{1,2}=0,1,\ldots,N_2O_2-1$	0	1
		$\mathbf{W}^{(2)}_{i_{1,1},i_{1,1}+k_1,i_{1,2},i_{1,2}+k_2,0}$	$\mathbf{W}^{(2)}_{i_{1,1},i_{1,1}+k_1,i_{1,2},i_{1,2}+k_2,1}$
		2	3
		$\mathbf{W}^{(2)}_{i_{1,1},i_{1,1}+k_1,i_{1,2},i_{1,2}+k_2,2}$	$\mathbf{W}^{(2)}_{i_{1,1},i_{1,1}+k_1,i_{1,2},i_{1,2}+k_2,3}$
codebookMode = 2 ($N_2>1$)	$i_{1,1}=0,1,\ldots,\frac{N_1O_1}{2}-1$ $i_{1,2}=0,1,\ldots,\frac{N_2O_2}{2}-1$	0	1
		$\mathbf{W}^{(2)}_{2i_{1,1},2i_{1,1}+k_1,2i_{1,2},2i_{1,2}+k_2,0}$	$\mathbf{W}^{(2)}_{2i_{1,1},2i_{1,1}+k_1,2i_{1,2},2i_{1,2}+k_2,1}$
		2	3
		$\mathbf{W}^{(2)}_{2i_{1,1}+1,2i_{1,1}+1+k_1,2i_{1,2},2i_{1,2}+k_2,0}$	$\mathbf{W}^{(2)}_{2i_{1,1}+1,2i_{1,1}+1+k_1,2i_{1,2},2i_{1,2}+k_2,1}$
		4	5
		$\mathbf{W}^{(2)}_{2i_{1,1},2i_{1,1}+k_1,2i_{1,2}+1,2i_{1,2}+1+k_2,0}$	$\mathbf{W}^{(2)}_{2i_{1,1},2i_{1,1}+k_1,2i_{1,2}+1,2i_{1,2}+1+k_2,1}$
		6	7
		$\mathbf{W}^{(2)}_{2i_{1,1}+1,2i_{1,1}+1+k_1,2i_{1,2}+1,2i_{1,2}+1+k_2,0}$	$\mathbf{W}^{(2)}_{2i_{1,1}+1,2i_{1,1}+1+k_1,2i_{1,2}+1,2i_{1,2}+1+k_2,1}$
codebookMode = 2 ($N_2=1$)	$i_{1,1}=0,1,\ldots,\frac{N_1O_1}{2}-1$ $i_{1,2}=0$	0	1
		$\mathbf{W}^{(2)}_{2i_{1,1},2i_{1,1}+k_1,0,0,0}$	$\mathbf{W}^{(2)}_{2i_{1,1},2i_{1,1}+k_1,0,0,1}$
		2	3
		$\mathbf{W}^{(2)}_{2i_{1,1}+1,2i_{1,1}+1+k_1,0,0,0}$	$\mathbf{W}^{(2)}_{2i_{1,1}+1,2i_{1,1}+1+k_1,0,0,1}$
		4	5
		$\mathbf{W}^{(2)}_{2i_{1,1}+2,2i_{1,1}+2+k_1,0,0,0}$	$\mathbf{W}^{(2)}_{2i_{1,1}+2,2i_{1,1}+2+k_1,0,0,1}$
		6	7
		$\mathbf{W}^{(2)}_{2i_{1,1}+3,2i_{1,1}+3+k_1,0,0,0}$	$\mathbf{W}^{(2)}_{2i_{1,1}+3,2i_{1,1}+3+k_1,0,0,1}$
	where $\mathbf{W}^{(2)}_{l,l',m,m',n}=\frac{1}{\sqrt{2P_{\text{CSI-RS}}}}\begin{bmatrix}\mathbf{v}_{l,m} & \mathbf{v}_{l',m'}\\ \varphi_n\mathbf{v}_{l,m} & -\varphi_n\mathbf{v}_{l',m'}\end{bmatrix}$ and the mapping from $i_{1,3}$ to k_1 and k_2 is given in Table 6-7.		

表 6-11 單板預編碼技術中三個傳送層下的預編碼碼簿

codebookMode	W				
codebookMode = 1-2 ($P_{\text{CSI-RS}} < 16$)	$i_{1,1}$	$i_{1,2}$	i_2		
	$0,1,\ldots,N_1O_1-1$	$0,1,\ldots,N_2O_2-1$	$0,1$	$\mathbf{W}^{(3)}_{i_{1,1},i_{1,1}+k_1,i_{1,2},i_{1,2}+k_2,i_2}$	
	where $\mathbf{W}^{(3)}_{l,l',m,m',n}=\frac{1}{\sqrt{3P_{\text{CSI-RS}}}}\begin{bmatrix}\mathbf{v}_{l,m} & \mathbf{v}_{l',m'} & \mathbf{v}_{l,m}\\ \varphi_n\mathbf{v}_{l,m} & \varphi_n\mathbf{v}_{l',m'} & -\varphi_n\mathbf{v}_{l,m}\end{bmatrix}$ and the mapping from $i_{1,3}$ to k_1 and k_2 is given in Table 6-8.				
codebookMode = 1-2 ($P_{\text{CSI-RS}} \geq 16$)	$i_{1,1}$	$i_{1,2}$	$i_{1,3}$	i_2	
	$0,1,\ldots,\frac{N_1O_1}{2}-1$	$0,1,\ldots,N_2O_2-1$	$0,1,2,3$	$0,1$	$\mathbf{W}^{(3)}_{i_{1,1},i_{1,2},i_{1,3},i_2}$
	where $\mathbf{W}^{(3)}_{l,m,p,n}=\frac{1}{\sqrt{3P_{\text{CSI-RS}}}}\begin{bmatrix}\tilde{\mathbf{v}}_{l,m} & \tilde{\mathbf{v}}_{l,m} & \tilde{\mathbf{v}}_{l,m}\\ \theta_p\tilde{\mathbf{v}}_{l,m} & -\theta_p\tilde{\mathbf{v}}_{l,m} & \theta_p\tilde{\mathbf{v}}_{l,m}\\ \varphi_n\tilde{\mathbf{v}}_{l,m} & \varphi_n\tilde{\mathbf{v}}_{l,m} & -\varphi_n\tilde{\mathbf{v}}_{l,m}\\ \varphi_n\theta_p\tilde{\mathbf{v}}_{l,m} & -\varphi_n\theta_p\tilde{\mathbf{v}}_{l,m} & -\varphi_n\theta_p\tilde{\mathbf{v}}_{l,m}\end{bmatrix}$.				

表 6-12 單板預編碼技術中四個傳送層下的預編碼碼簿

codebookMode	W				
codebookMode = 1-2 ($P_{\text{CSI-RS}} < 16$)	$i_{1,1}$	$i_{1,2}$	i_2		
	$0,1,\ldots,N_1O_1-1$	$0,1,\ldots,N_2O_2-1$	$0,1$	$\mathbf{W}^{(4)}_{i_{1,1},i_{1,1}+k_1,i_{1,2},i_{1,2}+k_2,i_2}$	
	where $\mathbf{W}^{(4)}_{l,l',m,m',n}=\frac{1}{\sqrt{4P_{\text{CSI-RS}}}}\begin{bmatrix}\mathbf{v}_{l,m} & \mathbf{v}_{l',m'} & \mathbf{v}_{l,m} & \mathbf{v}_{l',m'}\\ \varphi_n\mathbf{v}_{l,m} & \varphi_n\mathbf{v}_{l',m'} & -\varphi_n\mathbf{v}_{l,m} & -\varphi_n\mathbf{v}_{l',m'}\end{bmatrix}$ and the mapping from $i_{1,3}$ to k_1 and k_2 is given in Table 6-8.				
codebookMode = 1-2 ($P_{\text{CSI-RS}} \geq 16$)	$i_{1,1}$	$i_{1,2}$	$i_{1,3}$	i_2	
	$0,1,\ldots,\frac{N_1O_1}{2}-1$	$0,1,\ldots,N_2O_2-1$	$0,1,2,3$	$0,1$	$\mathbf{W}^{(4)}_{i_{1,1},i_{1,2},i_{1,3},i_2}$
	where $\mathbf{W}^{(4)}_{l,m,p,n}=\frac{1}{\sqrt{4P_{\text{CSI-RS}}}}\begin{bmatrix}\tilde{\mathbf{v}}_{l,m} & \tilde{\mathbf{v}}_{l,m} & \tilde{\mathbf{v}}_{l,m} & \tilde{\mathbf{v}}_{l,m}\\ \theta_p\tilde{\mathbf{v}}_{l,m} & -\theta_p\tilde{\mathbf{v}}_{l,m} & \theta_p\tilde{\mathbf{v}}_{l,m} & -\theta_p\tilde{\mathbf{v}}_{l,m}\\ \varphi_n\tilde{\mathbf{v}}_{l,m} & \varphi_n\tilde{\mathbf{v}}_{l,m} & -\varphi_n\tilde{\mathbf{v}}_{l,m} & -\varphi_n\tilde{\mathbf{v}}_{l,m}\\ \varphi_n\theta_p\tilde{\mathbf{v}}_{l,m} & -\varphi_n\theta_p\tilde{\mathbf{v}}_{l,m} & -\varphi_n\theta_p\tilde{\mathbf{v}}_{l,m} & \varphi_n\theta_p\tilde{\mathbf{v}}_{l,m}\end{bmatrix}$.				

範例：假設使用 Type I CSI—單板預編碼技術，天線埠數量為 4、層數為 1、codebookMode = 1、$(N_1, N_2) = (2, 1)$、$i_{1,1} = 0$、$i_{1,2} = 0$、$i_2 = 0$

當天線埠數量爲 4、層數爲 1 且 codebookMode 爲 1 時，依題意需參考表 6-9 產生該對應的預編碼矩陣，其數學表示如下：

$$\mathbf{W}_{l,m,n}^{(1)} = \frac{1}{\sqrt{P_{\text{CSI-RS}}}}\begin{bmatrix} \mathbf{v}_{l,m} \\ \varphi_n \mathbf{v}_{l,m} \end{bmatrix} \tag{6.26}$$

其中 $P_{\text{CSI-RS}}$ 爲天線埠數量，$\mathbf{v}_{l,m}$ 爲雙極化天線埠的其中一組預編碼權值，φ_n 爲一參數，其作用是將 $\mathbf{v}_{l,m}$ 做相位旋轉，在分別求得上述結果並代回 (6.26) 式後，方能得到其對應的預編碼矩陣。首先，由題意可知 $P_{\text{CSI-RS}}$ 爲 4 且板組態 N_1 與 N_2 分別爲 2 與 1，根據表 6-5 中的內容，其對應的 O_1 與 O_2 分別爲 4 與 1，接著根據表 6-9，其 l、m、n 的數值分別對應 $i_{1,1}$、$i_{1,2}$、i_2，因爲三者的數值皆爲 0，故 l、m、n 的數值皆爲 0。之後需利用 (6.23) 與 (6.24) 式分別求得 $\mathbf{u}_0$ 與 $\mathbf{v}_{0,0}$，以及利用 (6.21) 式求得 φ_0。根據 (6.23) 式，由於 N_2 爲 1，因此 $\mathbf{u}_0 = 1$，將其代入 (6.24) 式中可得 $\mathbf{v}_{0,0}$，其數學表示爲

$$\mathbf{v}_{0,0} = \begin{bmatrix} 1 & e^{j\frac{2\pi\cdot 0\cdot 1}{4\cdot 2}} 1 \end{bmatrix}^T = \begin{bmatrix} 1 \\ 1 \end{bmatrix} \tag{6.27}$$

$\mathbf{v}_{0,0}$ 爲雙極化天線埠的其中一組預編碼權值，而另一組預編碼權值則會以它做相位旋轉，根據 (6.21) 式，φ_0 表示如下：

$$\varphi_0 = e^{j\pi\cdot 0/2} = 1 \tag{6.28}$$

最後，將 $P_{\text{CSI-RS}}$、$\mathbf{v}_{0,0}$ 與 φ_0 的結果代入 (6.26) 式中，即可得該預編碼矩陣

$$\mathbf{W}_{0,0,0}^{(1)} = \frac{1}{\sqrt{P_{\text{CSI-RS}}}}\begin{bmatrix} \mathbf{v}_{0,0} \\ \varphi_0 \mathbf{v}_{0,0} \end{bmatrix} = \frac{1}{\sqrt{4}}\begin{bmatrix} \begin{bmatrix} 1 \\ 1 \end{bmatrix} \\ 1\cdot\begin{bmatrix} 1 \\ 1 \end{bmatrix} \end{bmatrix} = \frac{1}{\sqrt{4}}\begin{bmatrix} 1 \\ 1 \\ 1 \\ 1 \end{bmatrix} \tag{6.29}$$

範例：假設使用 Type I CSI—單板預編碼技術，天線埠數量為 4、層數為 1、codebookMode = 1、$(N_1, N_2) = (2, 1)$、$i_{1,1} = 1$、$i_{1,2} = 0$、$i_2 = 1$

當天線埠數量爲 4、層數爲 1 且 codebookMode 爲 1 時，依題意需參考表 6-9 產生該對應的預編碼矩陣，其數學表示同樣如 (6.26) 式，欲得到該預編碼矩陣，需分別求得 $P_{\text{CSI-RS}}$、$\mathbf{v}_{l,m}$ 與 φ_n。首先，由題意可知 $P_{\text{CSI-RS}}$ 爲 4 且板組態 N_1 與 N_2 分別爲 2 與 1，根據表 6-5 中的內容，其對應的 O_1 與 O_2 分別爲 4 與 1，接著根據表 6-9，其 l、m、n 的數值分別對應 $i_{1,1}$、$i_{1,2}$、i_2，因爲三者的數值分別爲 1、0、1，故 l、m、n 的數值分別爲 1、0、1。之後需利用 (6.23) 與 (6.24) 式分別求得 $\mathbf{u}_0$ 與 $\mathbf{v}_{1,0}$，以及利用 (6.21) 式求得 φ_1。根據 (6.23) 式，由於 N_2 爲 1，因此 $\mathbf{u}_0 = 1$，將其代入 (6.24) 式中可得 $\mathbf{v}_{1,0}$，其數學表示爲

$$\mathbf{v}_{1,0} = \begin{bmatrix} 1 & e^{j\frac{2\pi \cdot 1 \cdot 1}{4 \cdot 2}} \cdot 1 \end{bmatrix}^T = \begin{bmatrix} 1 \\ e^{j\frac{2\pi}{8}} \cdot 1 \end{bmatrix} = \begin{bmatrix} 1 \\ e^{j\frac{\pi}{4}} \end{bmatrix} \tag{6.30}$$

$\mathbf{v}_{1,0}$ 爲雙極化天線埠的其中一組預編碼權值，而另一組預編碼權值則會以它做相位旋轉，根據 (6.21) 式，φ_1 表示如下：

$$\varphi_1 = e^{j\pi \cdot 1/2} = e^{j\pi/2} \tag{6.31}$$

最後，將 $P_{\text{CSI-RS}}$、$\mathbf{v}_{1,0}$ 與 φ_1 的結果代入 (6.26) 式中，即可得該預編碼矩陣

$$\mathbf{W}_{1,0,1}^{(1)} = \frac{1}{\sqrt{P_{\text{CSI-RS}}}} \begin{bmatrix} \mathbf{v}_{1,0} \\ \varphi_1 \mathbf{v}_{1,0} \end{bmatrix} = \frac{1}{\sqrt{4}} \begin{bmatrix} \begin{bmatrix} 1 \\ e^{j\frac{\pi}{4}} \end{bmatrix} \\ e^{j\frac{\pi}{2}} \begin{bmatrix} 1 \\ e^{j\frac{\pi}{4}} \end{bmatrix} \end{bmatrix} = \frac{1}{\sqrt{4}} \begin{bmatrix} 1 \\ e^{j\frac{\pi}{4}} \\ e^{j\frac{\pi}{2}} \\ e^{j\frac{\pi}{2}} e^{j\frac{\pi}{4}} \end{bmatrix} \tag{6.32}$$

範例：假設使用 Type I CSI—單板預編碼技術，天線埠數量為 4、層數為 1、codebookMode = 2、$(N_1, N_2) = (2, 1)$、$i_{1,1} = 1$、$i_{1,2} = 0$、$i_2 = 5$

當天線埠數量爲 4、層數爲 1 且 codebookMode 爲 2 時，依題意需參考表 6-9 產生該對應的預編碼矩陣，其數學表示同樣如 (6.26) 式所示，欲得到該預編碼矩陣，需分別求得 $P_{\text{CSI-RS}}$、$\mathbf{v}_{l,m}$ 與 φ_n。首先，由題意可知 $P_{\text{CSI-RS}}$ 爲 4 且板組態 N_1 與 N_2 分別爲 2 與 1，

根據表 6-5 中的內容，其對應的 O_1 與 O_2 分別爲 4 與 1，接著根據表 6-9，當 i_2 爲 5 時，其 l、m、n 數值會分別對應 $2i_{1,1}+1$、0、1，因爲 $i_{1,1}$ 的數值爲 1，故 l、m、n 的數值分別爲 3、0、1。之後需利用 (6.23) 與 (6.24) 式分別求得 $\mathbf{u}_0$ 與 $\mathbf{v}_{3,0}$，以及利用 (6.21) 式求得 φ_1。根據 (6.23) 式，由於 N_2 爲 1，因此 $\mathbf{u}_0 = 1$，將其代入 (6.24) 式中可得 $\mathbf{v}_{3,0}$，其數學表示爲

$$\mathbf{v}_{3,0} = \begin{bmatrix} 1 & e^{j\frac{2\pi\cdot 3\cdot 1}{4\cdot 2}}\cdot 1 \end{bmatrix}^T = \begin{bmatrix} 1 \\ e^{j\frac{6\pi}{8}}\cdot 1 \end{bmatrix} = \begin{bmatrix} 1 \\ e^{j\frac{3\pi}{4}} \end{bmatrix} \tag{6.33}$$

$\mathbf{v}_{3,0}$ 爲雙極化天線埠的其中一組預編碼權值，而另一組預編碼權值則會以它做相位旋轉，根據 (6.21) 式，φ_1 表示如下：

$$\varphi_1 = e^{j\pi\cdot 1/2} = e^{j\pi/2} \tag{6.34}$$

最後，將 $P_{\text{CSI-RS}}$、$\mathbf{v}_{3,0}$ 與 φ_1 的結果代入 (6.26) 式中，即可得該預編碼矩陣

$$\mathbf{W}^{(1)}_{3,0,1} = \frac{1}{\sqrt{P_{\text{CSI-RS}}}}\begin{bmatrix} \mathbf{v}_{3,0} \\ \varphi_1\mathbf{v}_{3,0} \end{bmatrix} = \frac{1}{\sqrt{4}}\begin{bmatrix} \begin{bmatrix} 1 \\ e^{j\frac{3\pi}{4}} \end{bmatrix} \\ e^{j\frac{\pi}{2}}\begin{bmatrix} 1 \\ e^{j\frac{3\pi}{4}} \end{bmatrix} \end{bmatrix} = \frac{1}{\sqrt{4}}\begin{bmatrix} 1 \\ e^{j\frac{3\pi}{4}} \\ e^{j\frac{\pi}{2}} \\ e^{j\frac{\pi}{2}}e^{j\frac{3\pi}{4}} \end{bmatrix} \tag{6.35}$$

值得注意的是，由於此範例的 codebookMode 爲 2，若用戶只回傳 i_1，則根據表 6-9，基地台共有 16 種相對應的預編碼矩陣可挑選，其中會有四組相鄰的波束，而每組波束皆會有四種極化相位旋轉。

範例：假設使用 Type I CSI—單板預編碼技術，天線埠數量為 8、層數為 1、codebookMode = 2、$(N_1, N_2) = (2, 2)$、$i_{1,1} = 1$、$i_{1,2} = 1$、$i_2 = 2$

當天線埠數量爲 8、層數爲 1 且 codebookMode 爲 2 時，依題意需參考表 6-9 產生該對應的預編碼矩陣，其數學表示同樣如 (6.26) 式，欲得到該預編碼矩陣，需分別求得 $P_{\text{CSI-RS}}$、$\mathbf{v}_{l,m}$ 與 φ_n。首先，由題意可知 $P_{\text{CSI-RS}}$ 爲 8 且板組態 N_1 與 N_2 皆爲 2，根據表 6-5 中的內容，其對應的 O_1 與 O_2 皆爲 4，接著根據表 6-9，當 i_2 爲 2 時，其 l、m、n 的數

值會分別對應 $2i_{1,1}$、$2i_{1,2}$、2，因為 $i_{1,1}$ 與 $i_{1,2}$ 的數值皆為 1，故 l、m、n 的數值皆為 2。之後需利用 (6.23) 與 (6.24) 式分別求得 $\mathbf{u}_2$ 與 $\mathbf{v}_{2,2}$，以及利用 (6.21) 式求得 φ_2。根據 (6.23) 式，將其對應的參數代入計算可得 $\mathbf{u}_2$，其數學表示如下：

$$\mathbf{u}_2 = \begin{bmatrix} 1 & e^{j\frac{2\pi\cdot 2\cdot 1}{4\cdot 2}} \end{bmatrix} = \begin{bmatrix} 1 & e^{j\frac{\pi}{2}} \end{bmatrix} \tag{6.36}$$

接著將其對應的參數與 $\mathbf{u}_2$ 代入 (6.24) 式中計算即可得 $\mathbf{v}_{2,2}$，其數學表示為

$$\mathbf{v}_{2,2} = \begin{bmatrix} \mathbf{u}_2 & e^{j\frac{2\pi\cdot 2\cdot 1}{4\cdot 2}} \cdot \mathbf{u}_2 \end{bmatrix}^T = \begin{bmatrix} 1 \\ e^{j\frac{\pi}{2}} \\ e^{j\frac{4\pi}{8}} \cdot 1 \\ e^{j\frac{4\pi}{8}} e^{j\frac{\pi}{2}} \end{bmatrix} = \begin{bmatrix} 1 \\ e^{j\frac{\pi}{2}} \\ e^{j\frac{\pi}{2}} \\ e^{j\frac{\pi}{2}} e^{j\frac{\pi}{2}} \end{bmatrix} \tag{6.37}$$

$\mathbf{v}_{2,2}$ 為雙極化天線埠的其中一組預編碼權值，而另一組預編碼權值則會以它做相位旋轉，根據 (6.21) 式，φ_2 表示如下：

$$\varphi_2 = e^{j\pi\cdot 2/2} = -1 \tag{6.38}$$

最後，將 $P_{\text{CSI-RS}}$、$\mathbf{v}_{2,2}$ 與 φ_2 的結果代入 (6.26) 式中，即可得該預編碼矩陣

$$\mathbf{W}_{2,2,2}^{(1)} = \frac{1}{\sqrt{P_{\text{CSI-RS}}}} \begin{bmatrix} \mathbf{v}_{2,2} \\ \varphi_2 \mathbf{v}_{2,2} \end{bmatrix} = \frac{1}{\sqrt{4}} \begin{bmatrix} \begin{bmatrix} 1 \\ e^{j\frac{\pi}{2}} \\ e^{j\frac{\pi}{2}} \\ e^{j\frac{\pi}{2}} e^{j\frac{\pi}{2}} \end{bmatrix} \\ -1 \cdot \begin{bmatrix} 1 \\ e^{j\frac{\pi}{2}} \\ e^{j\frac{\pi}{2}} \\ e^{j\frac{\pi}{2}} e^{j\frac{\pi}{2}} \end{bmatrix} \end{bmatrix} = \frac{1}{\sqrt{4}} \begin{bmatrix} 1 \\ e^{j\frac{\pi}{2}} \\ e^{j\frac{\pi}{2}} \\ e^{j\frac{\pi}{2}} e^{j\frac{\pi}{2}} \\ 1 \\ -e^{j\frac{\pi}{2}} \\ -e^{j\frac{\pi}{2}} \\ -e^{j\frac{\pi}{2}} e^{j\frac{\pi}{2}} \end{bmatrix} \tag{6.39}$$

範例：假設使用 Type I CSI—單板預編碼技術，天線埠數量為 4、層數為 2、codebookMode = 1、$(N_1, N_2) = (2, 1)$、$i_{1,1} = 1$、$i_{1,2} = 0$、$i_2 = 0$、$i_{1,3} = 1$

當天線埠數量爲 4、層數爲 2 且 codebookMode 爲 1 時，依題意需參考表 6-10 產生該對應的預編碼矩陣，其數學表示如下：

$$\mathbf{W}^{(2)}_{l,l',m,m',n} = \frac{1}{\sqrt{2P_{\text{CSI-RS}}}}\begin{bmatrix} \mathbf{v}_{l,m} & \mathbf{v}_{l',m'} \\ \varphi_n \mathbf{v}_{l,m} & -\varphi_n \mathbf{v}_{l',m'} \end{bmatrix} \tag{6.40}$$

其中 $P_{\text{CSI-RS}}$ 爲天線埠數量，$\mathbf{v}_{l,m}$ 與 $\mathbf{v}_{l',m'}$ 爲雙極化天線埠的其中兩組預編碼權值，φ_n 爲一參數，其作用是將 $\mathbf{v}_{l,m}$ 與 $\mathbf{v}_{l',m'}$ 做相位旋轉，在分別求得上述結果並代回 (6.40) 式後，方能得到其對應的預編碼矩陣。針對層數爲 2 的情況，其每層對應的預編碼矩陣產生方式與單層相同，而 (6.40) 式中的每行即代表不同層的預編碼矩陣，接下來將介紹其產生方式。首先，由題意可知 $P_{\text{CSI-RS}}$ 爲 4 且板組態 N_1 與 N_2 分別爲 2 與 1，根據表 6-5 中的內容，其對應的 O_1 與 O_2 分別爲 4 與 1，接著根據表 6-10，其 l 與 m 的數值分別對應 $i_{1,1}$ 與 $i_{1,2}$，因爲兩者的數值皆爲 0，故 l 與 m 的數值皆爲 0；l' 與 m' 的數值分別對應 $i_{1,1}+k_1$ 與 $i_{1,2}+k_2$，因爲層數爲 2，所以需根據表 6-7 並依對應的條件得到 k_1 與 k_2，當 $i_{1,3}$ 爲 1 時，k_1 與 k_2 分別對應 O_1 與 0，故 l' 與 m' 的數值分別爲 5 與 0；n 的數值則對應 i_2，故 n 的數值爲 0。之後需利用 (6.23) 與 (6.24) 式求得 $\mathbf{u}_0$、$\mathbf{v}_{1,0}$ 與 $\mathbf{v}_{5,0}$，以及利用 (6.21) 式求得 φ_0。

根據 (6.23) 式，由於 N_2 爲 1，因此 $\mathbf{u}_0$ 爲 1，將其代入 (6.24) 式中可得 $\mathbf{v}_{1,0}$，其數學表示爲

$$\mathbf{v}_{1,0} = \begin{bmatrix} 1 & e^{j\frac{2\pi\cdot 1\cdot 1}{4\cdot 2}}\cdot 1 \end{bmatrix}^T = \begin{bmatrix} 1 \\ e^{j\frac{2\pi}{8}}\cdot 1 \end{bmatrix} = \begin{bmatrix} 1 \\ e^{j\frac{\pi}{4}} \end{bmatrix} \tag{6.41}$$

$\mathbf{v}_{1,0}$ 爲雙極化天線埠的其中一組預編碼權值，而另一組預編碼權值則會以它做相位旋轉，根據 (6.21) 式，φ_0 表示如下：

$$\varphi_0 = e^{j\pi\cdot 0/2} = 1 \tag{6.42}$$

$\mathbf{v}_{5,0}$ 產生方式與 $\mathbf{v}_{1,0}$ 相同，利用 (6.23) 與 (6.24) 式可得 $\mathbf{v}_{5,0}$，其數學表示爲

$$\mathbf{v}_{5,0} = \begin{bmatrix} 1 & e^{j\frac{2\pi\cdot 5\cdot 1}{4\cdot 2}}\cdot 1 \end{bmatrix}^T = \begin{bmatrix} 1 \\ e^{j\frac{10\pi}{8}}\cdot 1 \end{bmatrix} = \begin{bmatrix} 1 \\ e^{j\frac{5\pi}{4}} \end{bmatrix} \tag{6.43}$$

$\mathbf{v}_{5,0}$ 爲雙極化天線埠的其中一組預編碼權值，而另一組預編碼權值同樣會以它做相位旋轉，其相位旋轉與第一層的極化相位旋轉相關。

最後，將 $P_{\text{CSI-RS}}$、$\mathbf{v}_{1,0}$、$\mathbf{v}_{5,0}$ 與 φ_0 的結果代入 (6.40) 式中，即可得該預編碼矩陣

$$\mathbf{W}_{1,5,0,0,0}^{(2)} = \frac{1}{\sqrt{2P_{\text{CSI-RS}}}}\begin{bmatrix} \mathbf{v}_{1,0} & \mathbf{v}_{5,0} \\ \varphi_0\mathbf{v}_{1,0} & -\varphi_0\mathbf{v}_{5,0} \end{bmatrix} = \frac{1}{\sqrt{8}}\begin{bmatrix} \begin{bmatrix} 1 \\ e^{j\frac{\pi}{4}} \end{bmatrix} & \begin{bmatrix} 1 \\ e^{j\frac{5\pi}{4}} \end{bmatrix} \\ 1\cdot\begin{bmatrix} 1 \\ e^{j\frac{\pi}{4}} \end{bmatrix} & -1\cdot\begin{bmatrix} 1 \\ e^{j\frac{5\pi}{4}} \end{bmatrix} \end{bmatrix}$$

$$= \frac{1}{\sqrt{8}}\begin{bmatrix} 1 & 1 \\ e^{j\frac{\pi}{4}} & e^{j\frac{5\pi}{4}} \\ 1 & -1 \\ e^{j\frac{\pi}{4}} & -e^{j\frac{5\pi}{4}} \end{bmatrix} \tag{6.44}$$

範例：假設使用 Type I CSI—單板預編碼技術，天線埠數量為 8、層數為 4、codebookMode = 1-2、$(N_1, N_2) = (4, 1)$

當天線埠數量爲 8、層數爲 4 且 codebookMode 爲 1-2 時，依題意需參考表 6-12 產生該對應的預編碼矩陣，其數學表示如下：

$$\mathbf{W}_{l,l',m,m',n}^{(4)} = \frac{1}{\sqrt{4P_{\text{CSI-RS}}}}\begin{bmatrix} \mathbf{v}_{l,m} & \mathbf{v}_{l',m'} & \mathbf{v}_{l,m} & \mathbf{v}_{l',m'} \\ \varphi_n\mathbf{v}_{l,m} & \varphi_n\mathbf{v}_{l',m'} & -\varphi_n\mathbf{v}_{l,m} & -\varphi_n\mathbf{v}_{l',m'} \end{bmatrix} \tag{6.45}$$

其中 $P_{\text{CSI-RS}}$ 爲天線埠數量，$\mathbf{v}_{l,m}$ 與 $\mathbf{v}_{l',m'}$ 爲雙極化天線埠的其中兩組預編碼權值，φ_n 爲一參數，其作用是將 $\mathbf{v}_{l,m}$ 與 $\mathbf{v}_{l',m'}$ 做相位旋轉，在分別求得上述結果並代回 (6.45) 式後，方能得到其對應的預編碼矩陣。針對層數爲 4 的情況，由於每層對應的預編碼矩陣產生方式亦與單層相同，故此範例會將相關參數以變數形式表示，再介紹預編碼矩陣的產生方式。首先，由題意可知 $P_{\text{CSI-RS}}$ 爲 8 且板組態 N_1 與 N_2 分別爲 4 與 1，根據表 6-5 中的內容，其對應的 O_1 與 O_2 分別爲 4 與 1，接著根據表 6-12，其 l 與 m 的數值分別對應 $i_{1,1}$ 與 $i_{1,2}$；l' 與 m' 的數值分別對應 $i_{1,1}+k_1$ 與 $i_{1,2}+k_2$，因爲層數爲 4，所以需根據表 6-8 並依

對應的條件得到 k_1 與 k_2；n 的數值則對應 i_2。之後需利用 (6.23) 與 (6.24) 式分別求得 $\mathbf{u}_m$ 與 $\mathbf{v}_{l,m}$，以及利用 (6.21) 式求得 φ_n。

根據 (6.23) 式，由於 N_2 為 1，因此 $\mathbf{u}_m$ 為 1，將其代入 (6.24) 式中可得 $\mathbf{v}_{l,m}$，其數學表示為

$$\mathbf{v}_{l,m}=\begin{bmatrix}1 & e^{j\frac{2\pi l}{4\cdot 4}}\cdot 1 & e^{j\frac{2\pi l\cdot 2}{4\cdot 4}}\cdot 1 & e^{j\frac{2\pi l\cdot 3}{4\cdot 4}}\cdot 1\end{bmatrix}^T=\begin{bmatrix}1\\ e^{j\frac{\pi l}{8}}\\ e^{j\frac{2\pi l}{8}}\\ e^{j\frac{3\pi l}{8}}\end{bmatrix} \tag{6.46}$$

同理可得 $\mathbf{v}_{l',m'}$，其數學表示為

$$\mathbf{v}_{l',m'}=\begin{bmatrix}1 & e^{j\frac{2\pi l'}{4\cdot 4}}\cdot 1 & e^{j\frac{2\pi l'\cdot 2}{4\cdot 4}}\cdot 1 & e^{j\frac{2\pi l'\cdot 3}{4\cdot 4}}\cdot 1\end{bmatrix}^T=\begin{bmatrix}1\\ e^{j\frac{\pi l'}{8}}\\ e^{j\frac{2\pi l'}{8}}\\ e^{j\frac{3\pi l'}{8}}\end{bmatrix} \tag{6.47}$$

而 φ_n 為 (6.21) 式的結果。最後，將 $P_{\text{CSI-RS}}$、$\mathbf{v}_{l,m}$、$\mathbf{v}_{l',m'}$ 與 φ_n 的結果代入 (6.45) 式中，即可得該預編碼矩陣

$$\mathbf{W}^{(4)}_{l,l',m,m',n}=\frac{1}{\sqrt{32}}\begin{bmatrix}1 & 1 & 1 & 1\\ e^{j\frac{\pi l}{8}} & e^{j\frac{\pi l'}{8}} & e^{j\frac{\pi l}{8}} & e^{j\frac{\pi l'}{8}}\\ e^{j\frac{2\pi l}{8}} & e^{j\frac{2\pi l'}{8}} & e^{j\frac{2\pi l}{8}} & e^{j\frac{2\pi l'}{8}}\\ e^{j\frac{3\pi l}{8}} & e^{j\frac{3\pi l'}{8}} & e^{j\frac{3\pi l}{8}} & e^{j\frac{3\pi l'}{8}}\\ e^{j\frac{n\pi}{2}}\cdot 1 & e^{j\frac{n\pi}{2}}\cdot 1 & -e^{j\frac{n\pi}{2}}\cdot 1 & -e^{j\frac{n\pi}{2}}\cdot 1\\ e^{j\frac{n\pi}{2}}e^{j\frac{\pi l}{8}} & e^{j\frac{n\pi}{2}}e^{j\frac{\pi l'}{8}} & -e^{j\frac{n\pi}{2}}e^{j\frac{\pi l}{8}} & -e^{j\frac{n\pi}{2}}e^{j\frac{\pi l'}{8}}\\ e^{j\frac{n\pi}{2}}e^{j\frac{2\pi l}{8}} & e^{j\frac{n\pi}{2}}e^{j\frac{2\pi l'}{8}} & -e^{j\frac{n\pi}{2}}e^{j\frac{2\pi l}{8}} & -e^{j\frac{n\pi}{2}}e^{j\frac{2\pi l'}{8}}\\ e^{j\frac{n\pi}{2}}e^{j\frac{3\pi l}{8}} & e^{j\frac{n\pi}{2}}e^{j\frac{3\pi l'}{8}} & -e^{j\frac{n\pi}{2}}e^{j\frac{3\pi l}{8}} & -e^{j\frac{n\pi}{2}}e^{j\frac{3\pi l'}{8}}\end{bmatrix} \tag{6.48}$$

範例：假設使用 Type I CSI—單板預編碼技術，天線埠數量為 32、層數為 2、$(N_1, N_2) = (4, 4)$、$(O_1, O_2) = (4, 4)$，試求預編碼器數量

考慮天線埠數量爲 32、層數爲 2 且板組態 (N_1, N_2) 爲 $(4, 4)$ 的簡單範例，其所對應的碼簿如表 6-10 所示，由於系統可挑選的碼簿模式共有兩種，以下將分別計算兩種模式中可挑選的預編碼器數量。

針對 codebookMode = 1 的模式，根據表 6-10 的內容，其中碼簿指標 $i_{1,1}$ 可選擇的編號包含 0 至 N_1O_1-1，共有 N_1O_1 種，故此範例共有 16 種；同理，碼簿指標 $i_{1,2}$ 可選擇的編號包含 0 至 N_2O_2-1，共有 N_2O_2 種，故此範例共有 16 種；而此範例額外使用碼簿指標 $i_{1,3}$ 以決定 k_1 與 k_2 數值，根據表 6-7，其對應可選擇的編號數量爲 4 種；最後根據表 6-10，其中碼簿指標 i_2 的編號數量爲 4。綜上所述，在 codebookMode 爲 1 的模式下，此範例中系統可挑選的預編碼器數量爲 $16 \times 16 \times 4 \times 4 = 4096$。

針對 codebookMode = 2 的模式，根據表 6-10 的內容，其中碼簿指標 $i_{1,1}$ 可選擇的編號包含 0 至 $(N_1O_1/2) -1$，共有 $(N_1O_1/2)$ 種，故此範例共有 8 種；同理，碼簿指標 $i_{1,2}$ 可選擇的編號包含 0 至 $(N_2O_2/2) -1$，共有 $(N_2O_2/2)$ 種，故此範例共有 8 種；而此範例額外使用碼簿指標 $i_{1,3}$ 以決定 k_1 與 k_2 數值，根據表 6-7，其對應可選擇的編號數量爲 4 種；最後根據表 6-10，其中碼簿指標 i_2 的編號數量爲 8。綜上所述，在 codebookMode 爲 2 的模式下，此範例中系統可挑選的預編碼器數量爲 $8 \times 8 \times 4 \times 8 = 2048$。

Type I CSI—多板預編碼技術

多板預編碼技術爲單板預編碼技術的延伸，其預編碼矩陣的天線埠權值產生方式與單板預編碼技術雷同，同樣係使用雙重碼簿的技巧建構而成，其可由單板預編碼類推，因此不再贅述，只側重介紹此種預編碼技術的特色，並解釋規格書中所描述的相關碼簿參數，最後輔以範例說明預編碼矩陣的產生方式。當使用多板預編碼技術時，5G NR 系統支援的天線埠數爲 8、16 及 32，傳送層數最多爲 4，並且支援多個同樣天線埠配置的板，其數量係以 N_g 表示。系統支援的板組態及其相關參數列於表 6-13 中，值得注意的是，在 8 個天線埠時僅支援兩個板，而在 16 與 32 個天線埠時皆可支援兩個或四個板。

表 6-13　多板預編碼技術中系統支援的板組態與相關參數 [38]

Number of CSI-RS ports, $P_{\text{CSI-RS}}$	(N_g, N_1, N_2)	(O_1, O_2)	CSI-RS port array (logical configuration)
8	(2, 2, 1)	(4, 1)	××|××
16	(2, 4, 1)	(4, 1)	××××|××××
	(4, 2, 1)	(4, 1)	××|××|××|××
	(2, 2, 2)	(4, 4)	××|×× / ××|××
32	(2, 8, 1)	(4, 1)	××××××××|××××××××
	(4, 4, 1)	(4, 1)	××××|××××|××××|××××
	(2, 4, 2)	(4, 4)	××××|×××× / ××××|××××
	(4, 2, 2)	(4, 4)	××|××|××|×× / ××|××|××|××

與單板預編碼技術雷同，多板預編碼技術亦分爲不同的碼簿模式，惟多板預編碼技術並非代表系統可否執行波束選擇，而是代表系統可支援的板數，以及使用的碼簿指標與預編碼矩陣的數學形式皆不同。不論碼簿模式爲何，系統皆使用碼簿指標 i_1 與 i_2 以決定合適的預編碼矩陣，其中碼簿指標 i_2 用以表示相位旋轉的結果，而碼簿指標 i_1 會根據不同層數而包含不同的碼簿指標，其表示如下：

$$i_1 = \begin{cases} \begin{bmatrix} i_{1,1} & i_{1,2} & i_{1,4} \end{bmatrix} & , \upsilon = 1 \\ \begin{bmatrix} i_{1,1} & i_{1,2} & i_{1,3} & i_{1,4} \end{bmatrix} & , \upsilon \in \{2,3,4\} \end{cases} \tag{6.49}$$

其中 υ 爲碼簿對應的層數，碼簿指標 $i_{1,1}$、$i_{1,2}$ 與 $i_{1,3}$ 皆用以決定波束方向，而碼簿指標 $i_{1,4}$ 係對不同板的天線埠權值做相位旋轉用。值得注意的是，碼簿指標 $i_{1,3}$ 係只有在多層傳輸時才使用，其使用規則與單板預編碼技術相同，而碼簿指標 $i_{1,4}$ 會根據不同碼簿模式而有差異。當碼簿模式爲 1 時，系統支援的板數爲 2 或 4，且使用的碼簿指標 $i_{1,4}$ 會根據不同板數而包含不同碼簿指標，其表示如下：

$$i_{1,4} = \begin{cases} i_{1,4,1} & , N_g = 2 \\ \begin{bmatrix} i_{1,4,1} & i_{1,4,2} & i_{1,4,3} \end{bmatrix} & , N_g = 4 \end{cases} \tag{6.50}$$

38　資料來源請參考 [10]。

其中板數為 4 的情形，額外使用的兩個碼簿指標係對其他兩個板的天線埠權值做相位旋轉用；而當碼簿模式為 2 時，系統支援的板數僅為 2，且使用的碼簿指標 $i_{1,4}$ 與 i_2 皆包含多個碼簿指標，兩者的表示如下：

$$i_{1,4} = \begin{bmatrix} i_{1,4,1} & i_{1,4,2} \end{bmatrix} \tag{6.51}$$

$$i_2 = \begin{bmatrix} i_{2,0} & i_{2,1} & i_{2,2} \end{bmatrix} \tag{6.52}$$

接下來介紹預編碼矩陣，不論碼簿模式為何，規格書中所列的預編碼矩陣 $\mathbf{W}$，其數學形式可表示為

$$\mathbf{W}_{l,m,p,n}^{\alpha,\beta,\gamma} \tag{6.53}$$

其中 α 為極化相位旋轉參數，主要在多層傳輸時，用以表示天線埠權值在不同層做不同方式的相位旋轉；β 為板的數量，亦即 N_g 的數值 (2 或 4)；γ 為 codebookMode (1 或 2)，而 l、m、p 與 n 分別對應不同的碼簿指標。預編碼矩陣係利用多個數學式計算產生，在規格書中描述的相關數學式完整列出如下：

$$\varphi_n = e^{j\pi n/2} \tag{6.54}$$

$$a_p = e^{j\pi/4} e^{j\pi p/2} \tag{6.55}$$

$$b_n = e^{-j\pi/4} e^{j\pi n/2} \tag{6.56}$$

$$\mathbf{u}_m = \begin{cases} \begin{bmatrix} 1 & e^{j\frac{2\pi m}{O_2 N_2}} & \cdots & e^{j\frac{2\pi m(N_2-1)}{O_2 N_2}} \end{bmatrix} & , N_2>1 \\ 1 & , N_2=1 \end{cases} \tag{6.57}$$

$$\mathbf{v}_{l,m} = \begin{bmatrix} \mathbf{u}_m & e^{j\frac{2\pi l}{O_1 N_1}} \mathbf{u}_m & \cdots & e^{j\frac{2\pi l(N_1-1)}{O_1 N_1}} \mathbf{u}_m \end{bmatrix}^T \tag{6.58}$$

雖然規格書中所有碼簿對應的預編碼矩陣皆可利用上述數學式計算產生，但在不同碼簿模式下，系統需使用不同數學表示的預編碼矩陣。當碼簿模式為 1 時，系統使用的預編碼矩陣，其數學表示為

$$\mathbf{W}_{l,m,p,n}^{1,2,1}=\frac{1}{\sqrt{P_{\text{CSI-RS}}}}\begin{bmatrix}\mathbf{v}_{l,m}\\ \varphi_n\mathbf{v}_{l,m}\\ \varphi_{p_1}\mathbf{v}_{l,m}\\ \varphi_n\varphi_{p_1}\mathbf{v}_{l,m}\end{bmatrix};\quad \mathbf{W}_{l,m,p,n}^{2,2,1}=\frac{1}{\sqrt{P_{\text{CSI-RS}}}}\begin{bmatrix}\mathbf{v}_{l,m}\\ -\varphi_n\mathbf{v}_{l,m}\\ \varphi_{p_1}\mathbf{v}_{l,m}\\ -\varphi_n\varphi_{p_1}\mathbf{v}_{l,m}\end{bmatrix};$$

$$\mathbf{W}_{l,m,p,n}^{1,4,1}=\frac{1}{\sqrt{P_{\text{CSI-RS}}}}\begin{bmatrix}\mathbf{v}_{l,m}\\ \varphi_n\mathbf{v}_{l,m}\\ \varphi_{p_1}\mathbf{v}_{l,m}\\ \varphi_n\varphi_{p_1}\mathbf{v}_{l,m}\\ \varphi_{p_2}\mathbf{v}_{l,m}\\ \varphi_n\varphi_{p_2}\mathbf{v}_{l,m}\\ \varphi_{p_3}\mathbf{v}_{l,m}\\ \varphi_n\varphi_{p_3}\mathbf{v}_{l,m}\end{bmatrix};\quad \mathbf{W}_{l,m,p,n}^{2,4,1}=\frac{1}{\sqrt{P_{\text{CSI-RS}}}}\begin{bmatrix}\mathbf{v}_{l,m}\\ -\varphi_n\mathbf{v}_{l,m}\\ \varphi_{p_1}\mathbf{v}_{l,m}\\ -\varphi_n\varphi_{p_1}\mathbf{v}_{l,m}\\ \varphi_{p_2}\mathbf{v}_{l,m}\\ -\varphi_n\varphi_{p_2}\mathbf{v}_{l,m}\\ \varphi_{p_3}\mathbf{v}_{l,m}\\ -\varphi_n\varphi_{p_3}\mathbf{v}_{l,m}\end{bmatrix};\qquad (6.59)$$

$$p=\begin{cases}p_1 & ,N_g=2\\ [p_1\quad p_2\quad p_3] & ,N_g=4\end{cases}$$

值得注意的是，這種碼簿根據系統支援的板數量，其對應不同的預編碼矩陣與 p；而當碼簿模式爲 2 時，系統使用的預編碼矩陣，其數學表示爲

$$\mathbf{W}_{l,m,p,n}^{1,2,2}=\frac{1}{\sqrt{P_{\text{CSI-RS}}}}\begin{bmatrix}\mathbf{v}_{l,m}\\ \varphi_{n_0}\mathbf{v}_{l,m}\\ a_{p_1}b_{n_1}\mathbf{v}_{l,m}\\ a_{p_2}b_{n_2}\mathbf{v}_{l,m}\end{bmatrix};\quad \mathbf{W}_{l,m,p,n}^{2,2,2}=\frac{1}{\sqrt{P_{\text{CSI-RS}}}}\begin{bmatrix}\mathbf{v}_{l,m}\\ -\varphi_{n_0}\mathbf{v}_{l,m}\\ a_{p_1}b_{n_1}\mathbf{v}_{l,m}\\ -a_{p_2}b_{n_2}\mathbf{v}_{l,m}\end{bmatrix};\qquad (6.60)$$

$$p=[p_1\quad p_2],\ n=[n_0\quad n_1\quad n_2]$$

以上爲技術內容的詳細介紹，接著根據規格書所描述的碼簿，本書整理一個與二個傳送層的預編碼碼簿供讀者參考，前者如表 6-14 所示，後者如表 6-15 所示[39]，其餘層數的預編碼碼簿讀者可自行參閱規格書深入瞭解。對於所有碼簿而言，雖然在各種碼簿指標相互搭配下可產生眾多預編碼矩陣，但這些預編碼矩陣皆可由一套特殊的建構方法產生，而多層碼簿的預編碼矩陣產生方式其概念與單層碼簿相同，茲以單層碼簿爲主，以下舉例說明產生方式。

39 表 6-14 與表 6-15 的資料來源請參考 [10]。

表 6-14 多板預編碼技術中一個傳送層下的預編碼碼簿

<table>
<tr><th>codebookMode</th><th colspan="6">$\mathbf{W}$</th></tr>
<tr><td rowspan="3">codebookMode = 1, $N_g \in \{2,4\}$</td><td>$i_{1,1}$</td><td>$i_{1,2}$</td><td colspan="2">$i_{1,4,q}$, $q=1,\ldots,N_g-1$</td><td>i_2</td><td></td></tr>
<tr><td>$0,1,\ldots,N_1O_1-1$</td><td>$0,1,\ldots,N_2O_2-1$</td><td colspan="2">0,1,2,3</td><td>0,1,2,3</td><td>$\mathbf{W}^{(1)}_{i_{1,1},i_{1,2},i_{1,4},i_2}$</td></tr>
<tr><td colspan="6">where $\mathbf{W}^{(1)}_{l,m,p,n} = \mathbf{W}^{1,N_g,1}_{l,m,p,n}$.</td></tr>
<tr><td rowspan="3">codebookMode = 2, $N_g=2$</td><td>$i_{1,1}$</td><td>$i_{1,2}$</td><td>$i_{1,4,q}$, $q=1,2$</td><td>$i_{2,0}$</td><td>$i_{2,q}$, $q=1,2$</td><td></td></tr>
<tr><td>$0,1,\ldots,N_1O_1-1$</td><td>$0,1,\ldots,N_2O_2-1$</td><td>0,1,2,3</td><td>0,1,2,3</td><td>0,1</td><td>$\mathbf{W}^{(1)}_{i_{1,1},i_{1,2},i_{1,4},i_2}$</td></tr>
<tr><td colspan="6">where $\mathbf{W}^{(1)}_{l,m,p,n} = \mathbf{W}^{1,N_g,2}_{l,m,p,n}$.</td></tr>
</table>

表 6-15 多板預編碼技術中二個傳送層下的預編碼碼簿

<table>
<tr><th>codebookMode</th><th colspan="5">$\mathbf{W}$</th></tr>
<tr><td rowspan="3">codebookMode = 1, $N_g \in \{2,4\}$</td><td>$i_{1,1}$</td><td>$i_{1,2}$</td><td>$i_{1,4,q}$, $q=1,\ldots,N_g-1$</td><td>i_2</td><td></td></tr>
<tr><td>$0,\ldots,N_1O_1-1$</td><td>$0,\ldots,N_2O_2-1$</td><td>0,1,2,3</td><td>0,1</td><td>$\mathbf{W}^{(2)}_{i_{1,1},i_{1,1}+k_1,i_{1,2},i_{1,2}+k_2,i_{1,4},i_2}$</td></tr>
<tr><td colspan="5">where $\mathbf{W}^{(2)}_{l,l',m,m',p,n} = \frac{1}{\sqrt{2}}\begin{bmatrix}\mathbf{W}^{1,N_g,1}_{l,m,p,n} & \mathbf{W}^{2,N_g,1}_{l',m',p,n}\end{bmatrix}$
and the mapping from $i_{1,3}$ to k_1 and k_2 is given in Table 6-7.</td></tr>
<tr><td rowspan="3">codebookMode = 2, $N_g=2$</td><td>$i_{1,1}$</td><td>$i_{1,2}$</td><td>$i_{1,4,q}$, $q=1,2$</td><td>$i_{2,q}$, $q=0,1,2$</td><td></td></tr>
<tr><td>$0,\ldots,N_1O_1-1$</td><td>$0,\ldots,N_2O_2-1$</td><td>0,1,2,3</td><td>0,1</td><td>$\mathbf{W}^{(2)}_{i_{1,1},i_{1,1}+k_1,i_{1,2},i_{1,2}+k_2,i_{1,4},i_2}$</td></tr>
<tr><td colspan="5">where $\mathbf{W}^{(2)}_{l,l',m,m',p,n} = \frac{1}{\sqrt{2}}\begin{bmatrix}\mathbf{W}^{1,N_g,2}_{l,m,p,n} & \mathbf{W}^{2,N_g,2}_{l',m',p,n}\end{bmatrix}$
and the mapping from $i_{1,3}$ to k_1 and k_2 is given in Table 6-7.</td></tr>
</table>

範例：假設使用 Type I CSI—多板預編碼技術，天線埠數量為 8、層數為 1、codebookMode = 1、$(N_g, N_1, N_2) = (2, 2, 1)$、$i_{1,1} = 0$、$i_{1,2} = 0$、$i_{1,4,1} = 1$、$i_2 = 0$

當天線埠數量爲 8、層數爲 1 且 codebookMode 爲 1 時，依題意需參考表 6-14 產生該對應的預編碼矩陣，其數學表示如下：

$$\mathbf{W}_{l,m,p,n}^{(1)} = \mathbf{W}_{l,m,p,n}^{1,2,1} \tag{6.61}$$

而 $\mathbf{W}_{l,m,p,n}^{1,2,1}$ 如 (6.59) 式所示，欲得到該預編碼矩陣，需分別求得 $P_{\text{CSI-RS}}$、$\mathbf{v}_{l,m}$、φ_{p_1} 與 φ_n。首先，由題意可知 $P_{\text{CSI-RS}}$ 爲 8 且板組態 N_1 與 N_2 分別爲 2 與 1，根據表 6-13 中的內容，其對應的 O_1 與 O_2 分別爲 4 與 1，接著根據表 6-14，其 l 與 m 的數值分別對應 $i_{1,1}$ 與 $i_{1,2}$，因爲兩者的數值皆爲 0，故 l 與 m 的數值皆爲 0；根據 (6.59) 式，當 N_g 爲 2 時，則 p 代表 p_1，其對應 $i_{1,4,1}$，故 p_1 的數值爲 1；n 的數值則對應 i_2，故 n 的數值爲 0。之後需利用 (6.57) 與 (6.58) 式分別求得 $\mathbf{u}_0$ 與 $\mathbf{v}_{0,0}$，以及利用 (6.54) 式求得 φ_1 與 φ_0。根據 (6.57) 式，由於 N_2 爲 1，因此 $\mathbf{u}_0 = 1$，將其代入 (6.58) 式中可得 $\mathbf{v}_{0,0}$，其數學表示爲

$$\mathbf{v}_{0,0} = \begin{bmatrix} 1 & e^{j\frac{2\pi\cdot 0\cdot 1}{4\cdot 2}} 1 \end{bmatrix}^T = \begin{bmatrix} 1 \\ 1 \end{bmatrix} \tag{6.62}$$

接著根據 (6.54) 式，φ_1 與 φ_0 表示如下：

$$\varphi_1 = e^{j\pi\cdot 1/2} \text{ ；} \varphi_0 = e^{j\pi\cdot 0/2} = 1 \tag{6.63}$$

最後，將 $P_{\text{CSI-RS}}$、$\mathbf{v}_{0,0}$、φ_1 與 φ_0 的結果代入 (6.59) 式中，即可得該預編碼矩陣

$$\mathbf{W}_{l,m,p,n}^{1,2,1} = \frac{1}{\sqrt{8}} \begin{bmatrix} \mathbf{v}_{0,0} \\ \varphi_0 \mathbf{v}_{0,0} \\ \varphi_1 \mathbf{v}_{0,0} \\ \varphi_0 \varphi_1 \mathbf{v}_{0,0} \end{bmatrix} = \begin{bmatrix} \begin{bmatrix} 1 \\ 1 \end{bmatrix} \\ 1 \cdot \begin{bmatrix} 1 \\ 1 \end{bmatrix} \\ e^{j\frac{\pi}{2}} \cdot \begin{bmatrix} 1 \\ 1 \end{bmatrix} \\ 1 \cdot e^{j\frac{\pi}{2}} \cdot \begin{bmatrix} 1 \\ 1 \end{bmatrix} \end{bmatrix} = \begin{bmatrix} 1 \\ 1 \\ 1 \\ 1 \\ e^{j\frac{\pi}{2}} \\ e^{j\frac{\pi}{2}} \\ e^{j\frac{\pi}{2}} \\ e^{j\frac{\pi}{2}} \end{bmatrix} \tag{6.64}$$

範例：假設使用 Type I CSI—多板預編碼技術，天線埠數量為 16、層數為 1、codebookMode = 1、$(N_g, N_1, N_2) = (4, 2, 1)$、$i_{1,1} = 0$、$i_{1,2} = 0$、$i_{1,4,1} = 1$、$i_{1,4,2} = 2$、$i_{1,4,3} = 3$、$i_2 = 0$

當天線埠數量爲 16、層數爲 1 且 codebookMode 爲 1 時，依題意需參考表 6-14 產生該對應的預編碼矩陣，其數學表示如下：

$$\mathbf{W}_{l,m,p,n}^{(1)} = \mathbf{W}_{l,m,p,n}^{1,4,1} \tag{6.65}$$

而 $\mathbf{W}_{l,m,p,n}^{1,4,1}$ 如 (6.59) 式所示，欲得到該預編碼矩陣，需分別求得 $P_{\text{CSI-RS}}$、$\mathbf{v}_{l,m}$、φ_{p_1}、φ_{p_2}、φ_{p_3} 與 φ_n。首先，由題意可知 $P_{\text{CSI-RS}}$ 爲 16 且板組態 N_1 與 N_2 分別爲 2 與 1，根據表 6-13 中的內容，其對應的 O_1 與 O_2 分別爲 4 與 1，接著根據表 6-14，其 l 與 m 的數值分別對應 $i_{1,1}$ 與 $i_{1,2}$，因爲兩者的數值皆爲 0，故 l 與 m 的數值皆爲 0；根據 (6.59) 式，當 N_g 爲 4 時，則 p 代表 p_1、p_2、p_3，其分別對應 $i_{1,4,1}$、$i_{1,4,2}$、$i_{1,4,3}$，故 p_1、p_2、p_3 的數值分別爲 1、2、3，而 n 的數值則對應 i_2，故 n 的數值爲 0。之後需利用 (6.57) 與 (6.58) 式分別求得 $\mathbf{u}_0$ 與 $\mathbf{v}_{0,0}$，以及利用 (6.54) 式求得 φ_1、φ_2、φ_3 與 φ_0。根據 (6.57) 式，由於 N_2 爲 1，因此 $\mathbf{u}_0 = 1$，將其代入 (6.58) 式中可得 $\mathbf{v}_{0,0}$，其數學表示爲

$$\mathbf{v}_{0,0} = \begin{bmatrix} 1 & e^{j\frac{2\pi\cdot 0\cdot 1}{4\cdot 2}} 1 \end{bmatrix}^T = \begin{bmatrix} 1 \\ 1 \end{bmatrix} \tag{6.66}$$

接著根據 (6.54) 式，φ_1、φ_2、φ_3 與 φ_0 的表示如下：

$$\varphi_1 = e^{j\pi\cdot 1/2} \;;\; \varphi_2 = e^{j\pi\cdot 2/2} = -1 \;;\; \varphi_3 = e^{j\pi\cdot 3/2} \;;\; \varphi_0 = e^{j\pi\cdot 0/2} = 1 \tag{6.67}$$

最後，將 $P_{\text{CSI-RS}}$、$\mathbf{v}_{0,0}$、φ_1、φ_2、φ_3 與 φ_0 的結果代入 (6.59) 式中，即可得該預編碼矩陣

$$\mathbf{W}_{l,m,p,n}^{1,4,1}=\frac{1}{\sqrt{16}}\begin{bmatrix}\mathbf{v}_{0,0}\\ \varphi_0\mathbf{v}_{0,0}\\ \varphi_1\mathbf{v}_{0,0}\\ \varphi_0\varphi_1\mathbf{v}_{0,0}\\ \varphi_2\mathbf{v}_{0,0}\\ \varphi_0\varphi_2\mathbf{v}_{0,0}\\ \varphi_3\mathbf{v}_{0,0}\\ \varphi_0\varphi_3\mathbf{v}_{0,0}\end{bmatrix}=\begin{bmatrix}\begin{bmatrix}1\\1\end{bmatrix}\\ 1\cdot\begin{bmatrix}1\\1\end{bmatrix}\\ e^{j\frac{\pi}{2}}\cdot\begin{bmatrix}1\\1\end{bmatrix}\\ 1\cdot e^{j\frac{\pi}{2}}\cdot\begin{bmatrix}1\\1\end{bmatrix}\\ e^{j\pi}\cdot\begin{bmatrix}1\\1\end{bmatrix}\\ 1\cdot e^{j\pi}\cdot\begin{bmatrix}1\\1\end{bmatrix}\\ e^{j\frac{3\pi}{2}}\cdot\begin{bmatrix}1\\1\end{bmatrix}\\ 1\cdot e^{j\frac{3\pi}{2}}\cdot\begin{bmatrix}1\\1\end{bmatrix}\end{bmatrix}=\begin{bmatrix}1\\1\\1\\1\\e^{j\frac{\pi}{2}}\\e^{j\frac{\pi}{2}}\\e^{j\frac{\pi}{2}}\\e^{j\frac{\pi}{2}}\\-1\\-1\\-1\\-1\\e^{j\frac{3\pi}{2}}\\e^{j\frac{3\pi}{2}}\\e^{j\frac{3\pi}{2}}\\e^{j\frac{3\pi}{2}}\end{bmatrix} \tag{6.68}$$

範例：假設使用 Type I CSI—多板預編碼技術，天線埠數量為 8、層數為 1、$(N_g, N_1, N_2) = (2, 2, 1)$、$i_{1,1} = 0$、$i_{1,2} = 0$、$i_{1,4,1} = 0$、$i_{1,4,2} = 0$、$i_{2,0} = 1$、$i_{2,1} = 1$、$i_{2,2} = 1$、codebookMode = 2

當天線埠數量爲 8、層數爲 1 且 codebookMode 爲 2 時，依題意需參考表 6-14 產生該對應的預編碼矩陣，其數學表示如下：

$$\mathbf{W}_{l,m,p,n}^{(1)}=\mathbf{W}_{l,m,p,n}^{1,2,2} \tag{6.69}$$

而 $\mathbf{W}_{l,m,p,n}^{1,2,2}$ 如 (6.60) 式所示，欲得到該預編碼矩陣，需分別求得 $P_{\text{CSI-RS}}$、$\mathbf{v}_{l,m}$、a_{p_1}、a_{p_2}、b_{n_1}、b_{n_2} 與 φ_{n_0}。首先，由題意可知 $P_{\text{CSI-RS}}$ 爲 8 且板組態 N_1 與 N_2 分別爲 2 與 1，根據表 6-13 中的內容，其對應的 O_1 與 O_2 分別爲 4 與 1；根據表 6-14，其 l 與 m 的數值分別對

應 $i_{1,1}$ 與 $i_{1,2}$，因爲兩者的數值皆爲 0，故 l 與 m 的數值皆爲 0；根據 (6.60) 式，p 代表 p_1 與 p_2，其分別對應 $i_{1,4,1}$ 與 $i_{1,4,2}$，故 p_1 與 p_2 的數值皆爲 0，而 n 代表 n_0、n_1、n_2，其分別對應 $i_{2,0}$、$i_{2,1}$、$i_{2,2}$，故 n_0、n_1、n_2 的數值皆爲 1。之後需利用 (6.57) 與 (6.58) 式分別求得 $\mathbf{u}_0$ 與 $\mathbf{v}_{0,0}$，以及利用 (6.54)、(6.55) 與 (6.56) 式分別求得 φ_n、a_p 與 b_n。根據 (6.57) 式，由於 N_2 爲 1，因此 $\mathbf{u}_0 = 1$，將其代入 (6.58) 式中可得 $\mathbf{v}_{0,0}$，其數學表示爲

$$\mathbf{v}_{0,0} = \begin{bmatrix} 1 & e^{j\frac{2\pi \cdot 0 \cdot 1}{4 \cdot 2}} & 1 \end{bmatrix}^T = \begin{bmatrix} 1 \\ 1 \end{bmatrix} ; \tag{6.70}$$

根據 (6.55) 式，當 p_1 與 p_2 皆爲 0 時，a_{p_1} 與 a_{p_2} 皆爲 a_0，而 a_0 表示如下：

$$a_0 = e^{j\pi/4} e^{j\pi 0/2} = e^{j\pi/4} \; ; \tag{6.71}$$

根據 (6.56) 式，當 n_1 與 n_2 皆爲 1 時，b_{n_1} 與 b_{n_2} 皆爲 b_1，而 b_1 表示如下：

$$b_1 = e^{-j\pi/4} e^{j\pi \cdot 1/2} \; ; \tag{6.72}$$

根據 (6.54) 式，當 n_0 爲 1 時，φ_{n_0} 爲 φ_1，其數學表示爲

$$\varphi_1 = e^{j\pi \cdot 1/2} \tag{6.73}$$

最後，將 $P_{\text{CSI-RS}}$、$\mathbf{v}_{0,0}$、a_0、b_1 與 φ_1 的結果代入 (6.60) 式中，即可得該預編碼矩陣

$$\mathbf{W}_{l,m,p,n}^{1,2,2} = \frac{1}{\sqrt{8}} \begin{bmatrix} \mathbf{v}_{0,0} \\ \varphi_1 \mathbf{v}_{0,0} \\ a_0 b_1 \mathbf{v}_{0,0} \\ a_0 b_1 \mathbf{v}_{0,0} \end{bmatrix} = \begin{bmatrix} \begin{bmatrix} 1 \\ 1 \end{bmatrix} \\ e^{j\frac{\pi}{2}} \cdot \begin{bmatrix} 1 \\ 1 \end{bmatrix} \\ e^{j\frac{\pi}{4}} \cdot e^{-j\frac{\pi}{4}} e^{j\frac{\pi}{2}} \cdot \begin{bmatrix} 1 \\ 1 \end{bmatrix} \\ e^{j\frac{\pi}{4}} \cdot e^{-j\frac{\pi}{4}} e^{j\frac{\pi}{2}} \cdot \begin{bmatrix} 1 \\ 1 \end{bmatrix} \end{bmatrix} = \begin{bmatrix} 1 \\ 1 \\ e^{j\frac{\pi}{2}} \\ e^{j\frac{\pi}{2}} \\ e^{j\frac{\pi}{4}} e^{-j\frac{\pi}{4}} e^{j\frac{\pi}{2}} \\ e^{j\frac{\pi}{4}} e^{-j\frac{\pi}{4}} e^{j\frac{\pi}{2}} \\ e^{j\frac{\pi}{4}} e^{-j\frac{\pi}{4}} e^{j\frac{\pi}{2}} \\ e^{j\frac{\pi}{4}} e^{-j\frac{\pi}{4}} e^{j\frac{\pi}{2}} \end{bmatrix} \tag{6.74}$$

Type II CSI—預編碼

Type II CSI 預編碼的概念與 Type I CSI 預編碼技術雷同，同樣採用雙重碼簿的技巧設計預編碼矩陣，其最大的不同處是，Type I CSI 預編碼係只有單個波束，因此一般適用於單用戶的情況，而 Type II CSI 則可利用多個波束做線性結合 (linear combination)，因此可適用於多用戶的情況。此外，Type II CSI 預編碼引入更多碼簿指標將通道量化更精細，包含量化的波束能量大小縮放 (beam amplitude scaling) 和相位 (phase) 等相關碼簿指標。由於規格書中所列的碼簿指標數量極多，本書將側重介紹預編碼矩陣的建構概念並描述規格書中各種碼簿指標所對應的功用，以利讀者瞭解預編碼矩陣的產生方式及閱讀規格書的技巧。

當使用 Type II CSI 預編碼時，系統支援最多兩個傳送層，而可做線性結合的波束個數分為2、3或4個(以L表示)，其每個波束的寬頻帶與次頻帶所對應的波束能量大小，以及次頻帶的相位皆能調整。簡而言之，若以雙重碼簿的建構概念做介紹，$\mathbf{W}_1$ 係由 L 個正交的 DFT 波束所組成，而 $\mathbf{W}_2$ 則將此 L 個波束做線性結合，其中波束能量大小與相位可利用 $\mathbf{W}_2$ 作調整。圖 6-30 為 Type II CSI 預編碼使用雙重碼簿的用例說明，$\mathbf{W}_1$ 係從一組相互正交的波束中，挑選出L個DFT波束所組成，而$\mathbf{W}_1$同樣為一分塊對角矩陣(矩陣大小為 $P_{\text{CSI-RS}} \times 2L$)，其中每個分塊的大小為 $(P_{\text{CSI-RS}}/2) \times L$，接著再利用 $\mathbf{W}_2$ 將此 L 個波束做線性結合，而$\mathbf{W}_2$係用來調整每個波束的波束能量大小及相位(矩陣大小為$2L \times 1$)，最後得到 $\mathbf{W}_1\mathbf{W}_2$ 的結果。

接下來針對規格書中所列的碼簿指標詳加描述其功用，並介紹預編碼矩陣的產生方式。首先，L 個波束係由碼簿指標 $i_{1,1}$ 與 $i_{1,2}$ 所決定，$i_{1,1}$ 從系統的所有波束中挑選一組正交波束群組 (beam group)，再由 $i_{1,2}$ 從這組波束中挑選出 L 個波束。正交波束群組的示意如圖 6-31 所示，圖中相同樣式的波束即為一組相互正交的波束群組，值得注意的是，同組正交波束群組中的相鄰兩波束皆會相隔四個波束。之後，系統需決定每個波束的波束能量大小與相位，其係由碼簿指標 $i_{1,4}$、$i_{2,2}$ 與 $i_{2,1}$ 所決定，$i_{1,4}$ 與 $i_{2,2}$ 分別決定寬頻帶與次頻帶的波束能量大小，其決定方式分為兩種，第一種為寬頻帶及次頻帶 (wideband+subband)，第二種為寬頻帶 (wideband only)；而 $i_{2,1}$ 決定每個波束次頻帶的相位旋轉。此外，系統可根據需求使用碼簿指標 $i_{1,3}$，而 $i_{1,3}$ 係從 2L 個波束中找出一個能量最強的波束[40]，此波束的波束能量大小與相位皆為 1。在完成上述處理後，最後將 2L 個波束所對應的天線埠權值結合方能產生預編碼矩陣。

---

40 由於基地台為雙極化天線埠，因此兩種極化共有 2L 個波束。

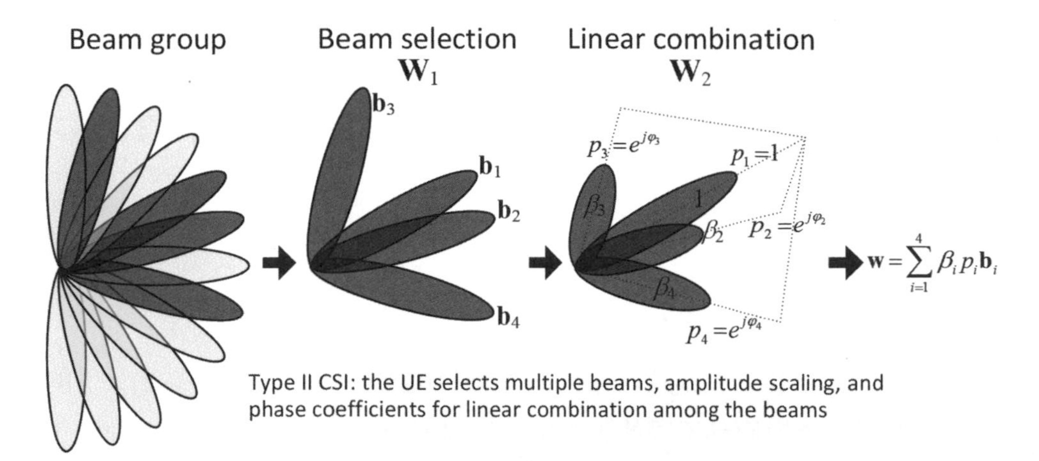

圖 6-30 Type II CSI—預編碼的雙重碼簿用例說明

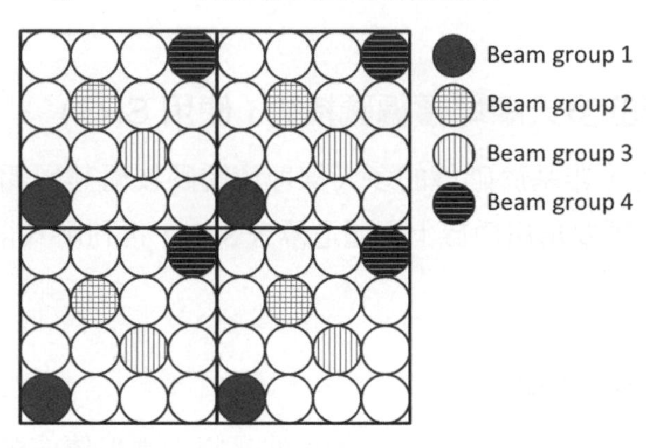

圖 6-31 波束群組示意

Type II CSI—天線埠選擇預編碼

天線埠選擇預編碼的概念與 Type II CSI 預編碼類似，其預編碼矩陣產生方式可由 Type II CSI 預編碼類推，接下來針對此種預編碼的特色做介紹。相較於 Type II CSI 預編碼，天線埠選擇係挑選合適的天線埠，而非 DFT 波束。當使用此技術時，系統可根據實際情況從所有天線埠中，挑選 2、3 或 4 個合適的天線埠做線性結合 (以 L 表示線性結合的天線埠個數)，而這些天線埠可先經預編碼處理，再執行天線埠選擇。值得注意的是，此種預編碼是從天線埠群組 (antenna port group) 中挑選二至四個天線埠做線性結合，而天線埠群組係從基地台的所有天線埠，挑選其中若干個組成，其挑選的間隔並非如 Type II CSI 預編碼，只能以四個單位爲間隔挑選，而是可以 1、2、3 或 4 個天線埠爲間隔作挑選。

以雙重碼簿的建構概念說明預編碼矩陣的產生方式，而天線埠選擇預編碼的 $\mathbf{W}_1$ 和 Type II CSI 預編碼稍有差異，但 $\mathbf{W}_2$ 則雷同，故僅列出 $\mathbf{W}_1$ 的數學表示。$\mathbf{W}_1$ 係從一組天線埠群組中挑選 L 個天線埠所組成，且同樣為一分塊對角矩陣 (矩陣大小為 $P_{\text{CSI-RS}} \times 2L$)，其數學可表示如下 (以 $L = 4$ 為例)：

$$\mathbf{W}_1 = \begin{bmatrix} \mathbf{B} & \mathbf{O} \\ \mathbf{O} & \mathbf{B} \end{bmatrix};\ \mathbf{B} = \begin{bmatrix} \mathbf{e}_{p1} & \mathbf{e}_{p2} & \mathbf{e}_{p3} & \mathbf{e}_{p4} \end{bmatrix} \tag{6.75}$$

其中每個分塊 **B** 的大小為 $(P_{\text{CSI-RS}}/2) \times L$，而每個分塊的行向量為 $(P_{\text{CSI-RS}}/2) \times 1$ 的標準基底 $\mathbf{e}_p$，其不同編號 p 會對應到不同的天線埠 (此例中的 $p1, p2, p3, p4$ 為不同的天線埠編號)。之後利用 $\mathbf{W}_2$ 調整每個天線埠的能量大小及相位 (矩陣大小為 $2L \times 1$)，最後得到 $\mathbf{W}_1\mathbf{W}_2$ 的結果。

非基於碼簿的多天線埠預編碼技術 (使用 SRS)

如前所述，非基於碼簿的多天線埠預編碼技術其預編碼器係基於用戶傳送的 SRS 而定，基地台須要求用戶於上行通道傳送 SRS，再利用其得到通道狀態資訊以計算合適的預編碼器。

6-4-4 資源映射

資源映射 (resource mapping) 的目的是將天線埠傳信號配置於資源區塊上。下行傳輸的資源映射有兩種類型：非交錯式資源映射 (non-interleaved resource mapping) 及交錯式資源映射 (interleaved resource mapping)。為了簡化系統並支援非交錯式資源映射，5G NR 系統使用虛擬資源區塊 (virtual resource block, VRB) 的概念，在使用 VRB 時，系統先將用戶分配到 VRB 上，再根據目前使用的分配類型 (非交錯式或交錯式)，將 VRB 映射到實體資源區塊 (physical resource block, PRB)，不同種類的資源映射分別適用於不同環境。若以部分頻寬的角度來看，非交錯式與交錯式資源映射如圖 6-32 所示，圖中的共同資源區塊 (common resource block, CRB) 係用來說明部分頻寬的資源區塊位置。

5G NR 系統使用時頻資源配置，根據通道環境配置適合的資源給用戶，用戶多可以獲得良好的傳輸環境，故一般情況下，非交錯式資源映射即可以提供良好的系統效能。非交錯式資源映射的特性為連續次載波配置，亦即每個用戶所分配的次載波皆為連續區段，PDCCH 通知用戶資源分配時，只需告知開始及結尾的次載波位置即可，因此有較低的開銷。在非交錯式資源映射中，VRB 映射到 PRB 的方式為不做任何改變的直接映射，如圖 6-32 上半部分所示。

非交錯式資源映射的好處是低開銷，但在某些特殊需求，如需要低延遲的多媒體數據，或在極端環境如高速移動交通工具中，它無法提供足夠好的效能，此時須額外引入頻率多樣。交錯式資源映射係可將多個連續的 VRB，以 N_{bundle} 個連續的 VRB 分成一組[41]，交錯分配不同組到不同的 PRB 上，如此可提升用戶傳送數據的頻率多樣，如圖 6-32 下半部分所示。交錯式資源映射擁有較高彈性及頻率多樣，但用戶須明確知道每個資源區塊分配的位置及單一資源區塊中次載波的間距，因此需要使用較多控制信號，亦即較高的開銷。最後值得一提的是，5G NR 系統容許在兩種映射類型間動態切換。

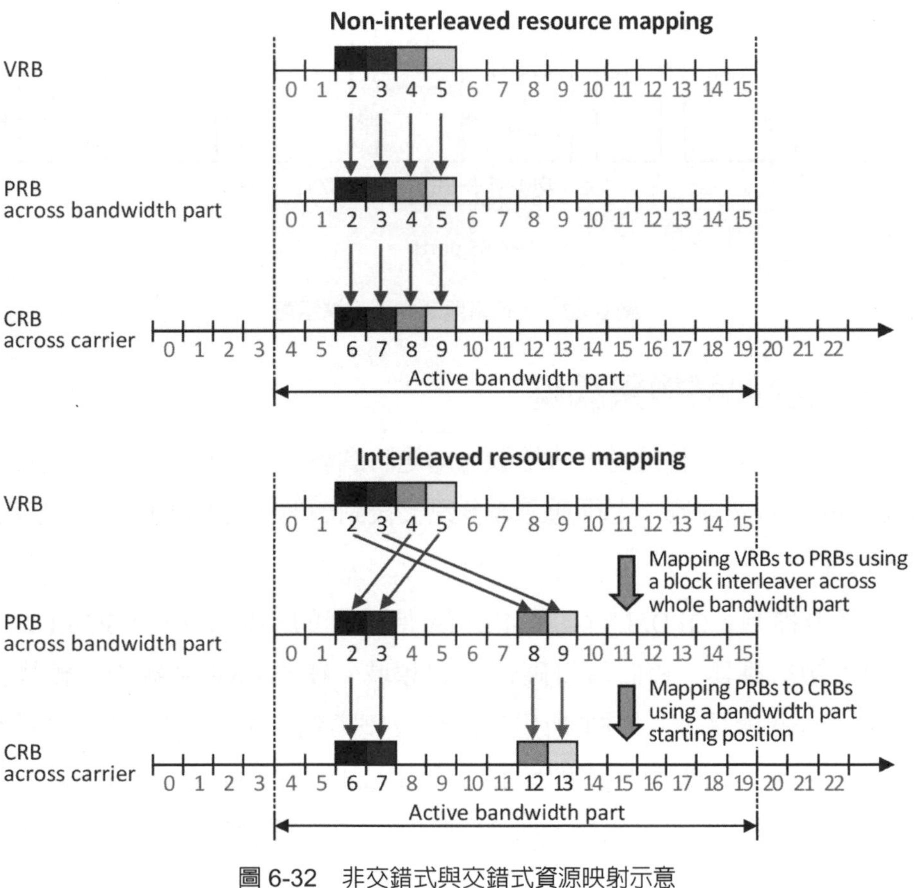

圖 6-32 非交錯式與交錯式資源映射示意

41 其詳細描述請參考 [7]。

6-5 上行實體層處理

上行實體層處理系統如圖 6-33 所示[42]，其大部分功能如擾碼、調變及最後的信號產生程序都與下行相同，但在層映射、預編碼及資源映射則與下行有所不同，本節將針對不同處做介紹。

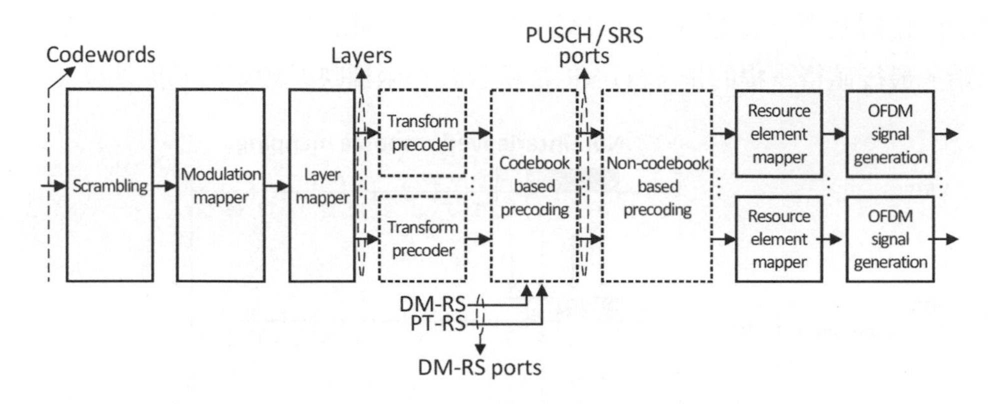

圖 6-33　上行實體層處理架構示意

6-5-1　層映射與轉換預編碼

上行通道層映射與下行通道做法相似，即是將調變後的符碼由上層協定根據通道狀況決定可支援的層數做對應；上行通道最多只支援到四個天線埠，因此系統支援的層數爲 1、2、3 及 4[43]。

在第三章中提到，OFDMA 與 SC-FDMA 傳送端的不同處在於 SC-FDMA 額外增加了一個 DFT 預編碼器，將時域符碼轉換到頻域。在 5G NR 系統中，轉換預編碼器 (transform precoder) 即是執行 DFT 所用。爲顧及實際執行 DFT 的效能，轉換預編碼器的大小定爲 {2, 3, 5} 的公倍數，亦即是 DFT 是由 radix-2、radix-3 及 radix-5 組成；例如 DFT 大小爲 60、72、108 可以執行，而 84 則不行。當用戶被配置 N 個次載波時，轉換預編碼器的大小即爲 N。

6-5-2　多天線與預編碼技術

5G NR 系統中上行多天線技術的使用不如下行複雜，此因用戶端天線較少，運算能力也較低；上行多天線技術支援最基本的單天線埠傳送與多天線埠預編碼技術，而多天線埠預編碼技術根據碼簿的使用與否，其分爲基於碼簿與非基於碼簿這兩種類型，接下來將針對各種技術做介紹。

42　建議讀者可搭配參考表 6-1，熟悉上行通道天線埠及參考信號的使用方式與對應關係。
43　詳細對應方式請參考 [7]。

單天線埠預編碼技術

單天線埠預編碼技術即是直接傳送符碼，而根據轉換預編碼的使用與否，其分爲兩種數學表示。在使用轉換預編碼的情況，單天線埠預編碼的數學表示爲

$$z^{(p_0)}(i) = y^{(0)}(i) \tag{6.76}$$

其中 $y^{(0)}(i)$ 是層 0 經轉換預編碼後的輸出符碼， $z^{(p_0)}(i)$ 爲天線埠 p_0 的傳送符碼，i 則代表天線埠 p_0 的第 i 個傳送符碼；而在無使用轉換預編碼的情況，單天線埠預編碼的數學表示爲

$$z^{(p_0)}(i) = x^{(0)}(i) \tag{6.77}$$

其中 $x^{(0)}(i)$ 是層 0 的輸出符碼， $z^{(p_0)}(i)$ 爲天線埠 p_0 的傳送符碼，i 則代表天線埠 p_0 的第 i 個傳送符碼；最後值得一提的是，層 0 所對應的天線埠 p_0 是由上層協定所決定，其編號常爲 1000[44]。

多天線埠預編碼技術

上行通道的多天線埠預編碼技術不論類型，其預編碼信號模型皆爲

$$\begin{bmatrix} z^{(p_0)}(i) \\ \vdots \\ z^{(p_{\rho-1})}(i) \end{bmatrix} = \mathbf{W}(i) \begin{bmatrix} y^{(0)}(i) \\ \vdots \\ y^{(v-1)}(i) \end{bmatrix} \tag{6.78}$$

其中 $\mathbf{W}(i)$ 爲 $\rho \times v$ 的預編碼矩陣，以層 0 爲例，$y^{(0)}(i)$ 爲層 0 經轉換預編碼後的輸出符碼，若系統沒使用轉換預編碼，則 $y^{(0)}(i)$ 爲層 0 的輸出符碼，亦即 $y^{(0)}(i) = x^{(0)}(i)$。對基於碼簿的預編碼技術而言，上行碼簿的建構不如下行複雜，系統根據轉換預編碼的使用與否、支援天線埠數量及傳送層數量而使用不同碼簿。當支援天線埠數量爲 2 而層數爲 1 或 2 時，碼簿可選擇的預編碼器數量爲 6 或 3，其完整列於表 6-16，值得注意的是，當層數爲 1 時，不論系統使用轉換預編碼與否，碼簿可選擇的預編碼器皆相同，而當層數爲 2 時，系統不使用轉換預編碼；當使用轉換預編碼且支援天線埠數爲 4 而層數爲 1 時，可選擇的預編碼器數量爲 28，其完整列於表 6-17；當無使用轉換預編碼且支援天線埠數爲 4 而層數爲 1、2、3 或 4 時，碼簿可選擇的預編碼器數量爲 28、22、7 或 5，其完整列於表 6-18 至表 6-21[45]。

---

44 多天線埠對應方式與單天線埠的概念相同，其詳細對應方式請參考 [7]。

45 表 6-16 至表 6-21 的資料來源請參考 [7]。

對非基於碼簿的預編碼技術而言，(6.78) 式中的預編碼矩陣即爲最基本的單位矩陣，此意味著用戶可根據系統需求與通道狀況自行設計預編碼器 [46]。

表 6-16 兩個天線埠下的預編碼碼簿

TPMI index	W	
	One-layer	Two-layer
0	$\frac{1}{\sqrt{2}}\begin{bmatrix}1\\0\end{bmatrix}$	$\frac{1}{2}\begin{bmatrix}1 & 0\\0 & 1\end{bmatrix}$
1	$\frac{1}{\sqrt{2}}\begin{bmatrix}0\\1\end{bmatrix}$	$\frac{1}{2}\begin{bmatrix}1 & 1\\1 & -1\end{bmatrix}$
2	$\frac{1}{\sqrt{2}}\begin{bmatrix}1\\1\end{bmatrix}$	$\frac{1}{2}\begin{bmatrix}1 & 1\\j & -j\end{bmatrix}$
3	$\frac{1}{\sqrt{2}}\begin{bmatrix}1\\-1\end{bmatrix}$	--
4	$\frac{1}{\sqrt{2}}\begin{bmatrix}1\\j\end{bmatrix}$	--
5	$\frac{1}{\sqrt{2}}\begin{bmatrix}1\\-j\end{bmatrix}$	--

46 預碼編器的決定方式會於 7-5-2 上行傳輸模式中詳細介紹。

表 6-17 四個天線埠下使用轉換預編碼時的單個傳送層之預編碼碼簿

TPMI index	W						
0 – 6	$\frac{1}{2}\begin{bmatrix}1\\0\\0\\0\end{bmatrix}$	$\frac{1}{2}\begin{bmatrix}0\\1\\0\\0\end{bmatrix}$	$\frac{1}{2}\begin{bmatrix}0\\0\\1\\0\end{bmatrix}$	$\frac{1}{2}\begin{bmatrix}0\\0\\0\\1\end{bmatrix}$	$\frac{1}{2}\begin{bmatrix}1\\0\\1\\0\end{bmatrix}$	$\frac{1}{2}\begin{bmatrix}1\\0\\-1\\0\end{bmatrix}$	$\frac{1}{2}\begin{bmatrix}1\\0\\j\\0\end{bmatrix}$
7 – 13	$\frac{1}{2}\begin{bmatrix}1\\0\\-j\\0\end{bmatrix}$	$\frac{1}{2}\begin{bmatrix}0\\1\\0\\1\end{bmatrix}$	$\frac{1}{2}\begin{bmatrix}0\\1\\0\\-1\end{bmatrix}$	$\frac{1}{2}\begin{bmatrix}0\\1\\0\\j\end{bmatrix}$	$\frac{1}{2}\begin{bmatrix}0\\1\\0\\-j\end{bmatrix}$	$\frac{1}{2}\begin{bmatrix}1\\1\\1\\-1\end{bmatrix}$	$\frac{1}{2}\begin{bmatrix}1\\1\\j\\j\end{bmatrix}$
14 – 20	$\frac{1}{2}\begin{bmatrix}1\\1\\-1\\1\end{bmatrix}$	$\frac{1}{2}\begin{bmatrix}1\\1\\-j\\-j\end{bmatrix}$	$\frac{1}{2}\begin{bmatrix}1\\j\\1\\j\end{bmatrix}$	$\frac{1}{2}\begin{bmatrix}1\\j\\j\\1\end{bmatrix}$	$\frac{1}{2}\begin{bmatrix}1\\j\\-1\\-j\end{bmatrix}$	$\frac{1}{2}\begin{bmatrix}1\\j\\-j\\-1\end{bmatrix}$	$\frac{1}{2}\begin{bmatrix}1\\-1\\1\\1\end{bmatrix}$
21 – 27	$\frac{1}{2}\begin{bmatrix}1\\-1\\j\\-j\end{bmatrix}$	$\frac{1}{2}\begin{bmatrix}1\\-1\\-1\\-1\end{bmatrix}$	$\frac{1}{2}\begin{bmatrix}1\\-1\\-j\\j\end{bmatrix}$	$\frac{1}{2}\begin{bmatrix}1\\-j\\1\\-j\end{bmatrix}$	$\frac{1}{2}\begin{bmatrix}1\\-j\\j\\-1\end{bmatrix}$	$\frac{1}{2}\begin{bmatrix}1\\-j\\-1\\j\end{bmatrix}$	$\frac{1}{2}\begin{bmatrix}1\\-j\\-j\\1\end{bmatrix}$

表 6-18　四個天線埠下無使用轉換預編碼時的單個傳送層之預編碼碼簿

TPMI index	W						
0 – 6	$\frac{1}{2}\begin{bmatrix}1\\0\\0\\0\end{bmatrix}$	$\frac{1}{2}\begin{bmatrix}0\\1\\0\\0\end{bmatrix}$	$\frac{1}{2}\begin{bmatrix}0\\0\\1\\0\end{bmatrix}$	$\frac{1}{2}\begin{bmatrix}0\\0\\0\\1\end{bmatrix}$	$\frac{1}{2}\begin{bmatrix}1\\0\\1\\0\end{bmatrix}$	$\frac{1}{2}\begin{bmatrix}1\\0\\-1\\0\end{bmatrix}$	$\frac{1}{2}\begin{bmatrix}1\\0\\j\\0\end{bmatrix}$
7 – 13	$\frac{1}{2}\begin{bmatrix}1\\0\\-j\\0\end{bmatrix}$	$\frac{1}{2}\begin{bmatrix}0\\1\\0\\1\end{bmatrix}$	$\frac{1}{2}\begin{bmatrix}0\\1\\0\\-1\end{bmatrix}$	$\frac{1}{2}\begin{bmatrix}0\\1\\0\\j\end{bmatrix}$	$\frac{1}{2}\begin{bmatrix}0\\1\\0\\-j\end{bmatrix}$	$\frac{1}{2}\begin{bmatrix}1\\1\\1\\1\end{bmatrix}$	$\frac{1}{2}\begin{bmatrix}1\\1\\j\\j\end{bmatrix}$
14 – 20	$\frac{1}{2}\begin{bmatrix}1\\1\\-1\\-1\end{bmatrix}$	$\frac{1}{2}\begin{bmatrix}1\\1\\-j\\-j\end{bmatrix}$	$\frac{1}{2}\begin{bmatrix}1\\j\\1\\j\end{bmatrix}$	$\frac{1}{2}\begin{bmatrix}1\\j\\j\\-1\end{bmatrix}$	$\frac{1}{2}\begin{bmatrix}1\\j\\-1\\-j\end{bmatrix}$	$\frac{1}{2}\begin{bmatrix}1\\j\\-j\\1\end{bmatrix}$	$\frac{1}{2}\begin{bmatrix}1\\-1\\1\\-1\end{bmatrix}$
21 – 27	$\frac{1}{2}\begin{bmatrix}1\\-1\\j\\-j\end{bmatrix}$	$\frac{1}{2}\begin{bmatrix}1\\-1\\-1\\1\end{bmatrix}$	$\frac{1}{2}\begin{bmatrix}1\\-1\\-j\\j\end{bmatrix}$	$\frac{1}{2}\begin{bmatrix}1\\-j\\1\\-j\end{bmatrix}$	$\frac{1}{2}\begin{bmatrix}1\\-j\\j\\1\end{bmatrix}$	$\frac{1}{2}\begin{bmatrix}1\\-j\\-1\\j\end{bmatrix}$	$\frac{1}{2}\begin{bmatrix}1\\-j\\-j\\-1\end{bmatrix}$

表 6-19 四個天線埠下無使用轉換預編碼時的兩個傳送層之預編碼碼簿

TPMI index	W				
0 – 4	$\frac{1}{2}\begin{bmatrix}1&0\\0&1\\0&0\\0&0\end{bmatrix}$	$\frac{1}{2}\begin{bmatrix}1&0\\0&0\\0&1\\0&0\end{bmatrix}$	$\frac{1}{2}\begin{bmatrix}1&0\\0&0\\0&0\\0&1\end{bmatrix}$	$\frac{1}{2}\begin{bmatrix}0&0\\1&0\\0&1\\0&0\end{bmatrix}$	$\frac{1}{2}\begin{bmatrix}0&0\\1&0\\0&0\\0&1\end{bmatrix}$
5 – 9	$\frac{1}{2}\begin{bmatrix}0&0\\0&0\\1&0\\0&1\end{bmatrix}$	$\frac{1}{2}\begin{bmatrix}1&0\\0&1\\1&0\\0&-j\end{bmatrix}$	$\frac{1}{2}\begin{bmatrix}1&0\\0&1\\1&0\\0&j\end{bmatrix}$	$\frac{1}{2}\begin{bmatrix}1&0\\0&1\\-j&0\\0&1\end{bmatrix}$	$\frac{1}{2}\begin{bmatrix}1&0\\0&1\\-j&0\\0&-1\end{bmatrix}$
10 – 14	$\frac{1}{2}\begin{bmatrix}1&0\\0&1\\-1&0\\0&-j\end{bmatrix}$	$\frac{1}{2}\begin{bmatrix}1&0\\0&1\\-1&0\\0&j\end{bmatrix}$	$\frac{1}{2}\begin{bmatrix}1&0\\0&1\\j&0\\0&1\end{bmatrix}$	$\frac{1}{2}\begin{bmatrix}1&0\\0&1\\j&0\\0&-1\end{bmatrix}$	$\frac{1}{2\sqrt{2}}\begin{bmatrix}1&1\\1&1\\1&-1\\1&-1\end{bmatrix}$
15 – 19	$\frac{1}{2\sqrt{2}}\begin{bmatrix}1&1\\1&1\\j&-j\\j&-j\end{bmatrix}$	$\frac{1}{2\sqrt{2}}\begin{bmatrix}1&1\\j&j\\1&-1\\j&-j\end{bmatrix}$	$\frac{1}{2\sqrt{2}}\begin{bmatrix}1&1\\j&j\\j&-j\\-1&1\end{bmatrix}$	$\frac{1}{2\sqrt{2}}\begin{bmatrix}1&1\\-1&-1\\1&-1\\-1&1\end{bmatrix}$	$\frac{1}{2\sqrt{2}}\begin{bmatrix}1&1\\-1&-1\\j&-j\\-j&j\end{bmatrix}$
20 – 21	$\frac{1}{2\sqrt{2}}\begin{bmatrix}1&1\\-j&-j\\1&-1\\-j&j\end{bmatrix}$	$\frac{1}{2\sqrt{2}}\begin{bmatrix}1&1\\-j&-j\\j&-j\\1&-1\end{bmatrix}$	--	--	--

表 6-20　四個天線埠下無使用轉換預編碼時的三個傳送層之預編碼碼簿

TPMI index	W			
0 – 3	$\frac{1}{2}\begin{bmatrix}1&0&0\\0&1&0\\0&0&1\\0&0&0\end{bmatrix}$	$\frac{1}{2}\begin{bmatrix}1&0&0\\0&1&0\\1&0&0\\0&0&1\end{bmatrix}$	$\frac{1}{2}\begin{bmatrix}1&0&0\\0&1&0\\-1&0&0\\0&0&1\end{bmatrix}$	$\frac{1}{2\sqrt{3}}\begin{bmatrix}1&1&1\\1&-1&1\\1&1&-1\\1&-1&-1\end{bmatrix}$
4 – 6	$\frac{1}{2\sqrt{3}}\begin{bmatrix}1&1&1\\1&-1&1\\j&j&-j\\j&-j&-j\end{bmatrix}$	$\frac{1}{2\sqrt{3}}\begin{bmatrix}1&1&1\\-1&1&-1\\1&1&-1\\-1&1&1\end{bmatrix}$	$\frac{1}{2\sqrt{3}}\begin{bmatrix}1&1&1\\-1&1&-1\\j&j&-j\\-j&j&j\end{bmatrix}$	--

表 6-21　四個天線埠下無使用轉換預編碼時的四個傳送層之預編碼碼簿

TPMI index	W		
0 – 3	$\frac{1}{2}\begin{bmatrix}1&0&0&0\\0&1&0&0\\0&0&1&0\\0&0&0&1\end{bmatrix}$	$\frac{1}{2\sqrt{2}}\begin{bmatrix}1&1&0&0\\0&0&1&1\\1&-1&0&0\\0&0&1&-1\end{bmatrix}$	$\frac{1}{2\sqrt{2}}\begin{bmatrix}1&1&0&0\\0&0&1&1\\j&-j&0&0\\0&0&j&-j\end{bmatrix}$
4 – 6	$\frac{1}{4}\begin{bmatrix}1&1&1&1\\1&-1&1&-1\\1&1&-1&-1\\1&-1&-1&1\end{bmatrix}$	$\frac{1}{4}\begin{bmatrix}1&1&1&1\\1&-1&1&-1\\j&j&-j&-j\\j&-j&-j&j\end{bmatrix}$	--

6-5-3　資源映射與跳頻技術

如同先前在下行通道所介紹，5G 系統使用虛擬資源區塊 VRB 概念，而上行通道的資源映射係由基地台透過 PDCCH 告知用戶，其分配方式只有非交錯式映射。此外，上行通道資源分配方式多為連續次載波，系統在上行通道 VRB 對應到 PRB 時可使用跳頻技術，亦可不使用，惟使用跳頻技術時可提供頻率多樣。上行跳頻大致分為兩種方式，第一種為時槽內跳頻 (intra-slot frequency hopping)，第二種為時槽間跳頻

(inter-slot frequency hopping)，如圖 6-34 所示。時槽內跳頻技術係將一個時槽內的符碼，分成兩部分使用跳頻，時槽內的前半部分符碼屬於第一跳頻，後半部分符碼屬於第二跳頻，不同跳頻對應的資源區塊在頻域上位置不同；時槽間跳頻技術係以時槽爲單位，在多個時槽間使用跳頻，偶數編號的時槽屬於第一跳頻，奇數編號的時槽屬於第二跳頻，例如：編號 0 的時槽爲第一跳頻、編號 1 的時槽爲第二跳頻、編號 2 的時槽爲第一跳頻，依此類推，而不同跳頻對應的資源區塊在頻域上位置不同。上述兩種跳頻技術的第一跳頻位置係對應用戶所使用的第一個資源區塊位置，而第二跳頻與第一跳頻的位置會相差一跳頻偏移量 (offset)，至於第一個資源區塊位置與跳頻偏移量的資訊則可經由控制通道通知用戶。最後值得一提的是，兩種跳頻技術的使用可根據系統狀況動態調整，並藉由 PDCCH 通知用戶目前使用的技術。

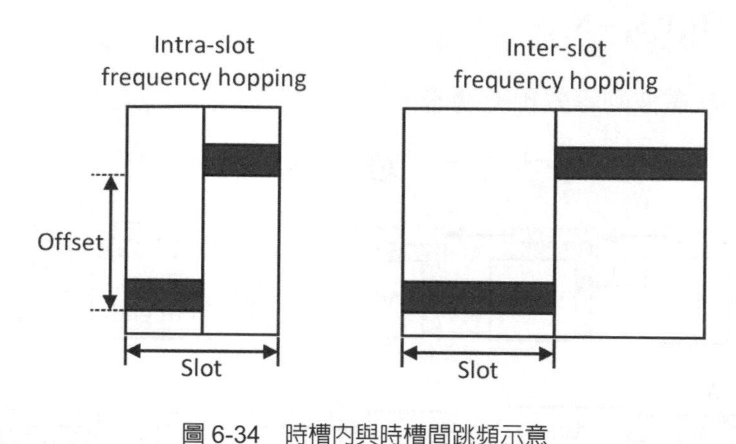

圖 6-34　時槽內與時槽間跳頻示意

6-6　實體層傳收機架構

經過資源映射後的符碼，透過實體層傳收機傳送至通道中。5G NR 系統在上行通道使用 SC-FDMA 技術，SC-FDMA 與 OFDMA 的主要差別在於 SC-FDMA 傳送時額外使用一個 DFT 運算 (詳見第三章)，但其仍屬於 OFDMA 調變技術。MIMO-OFDMA 的基本傳收機架構如圖 6-35 所示，與第四章不同處在於此 **X** 並非基本的 PSK 或 QAM 符碼，而是經過預編碼及天線埠映射後的符碼；OFDMA 的接收信號模型可表示爲 [47]

$$\mathbf{Y}=\left(\mathbf{F}\otimes\mathbf{I}_{N_R}\right)\left(\boldsymbol{\Upsilon}\otimes\mathbf{I}_{N_R}\right)\mathbf{G}\left(\boldsymbol{\Theta}\otimes\mathbf{I}_{N_T}\right)\left(\mathbf{F}^{-1}\otimes\mathbf{I}_{N_T}\right)\mathbf{X}+\mathbf{N}=\mathbf{H}\mathbf{X}+\mathbf{N} \tag{6.79}$$

47　請參考第四章 4-4-2。

其中 **H** 為等效 OFDMA 通道：

$$\mathbf{H}=\left(\mathbf{F}\otimes\mathbf{I}_{N_R}\right)\mathbf{H}_e\left(\mathbf{F}^{-1}\otimes\mathbf{I}_{N_T}\right)=\text{diag}\left\{\mathbf{H}_0,\mathbf{H}_1,\ldots,\mathbf{H}_{N-1}\right\} \tag{6.80}$$

如先前所提，**X** 可寫為

$$\mathbf{X}=\mathbf{P}_{ant}\mathbf{P}_{alloc}\mathbf{S} \tag{6.81}$$

其中 $\mathbf{P}_{ant}$ 為 MIMO 預編碼器，$\mathbf{P}_{alloc}$ 代表資源配置映射，**S** 為 PSK 或 QAM 符碼。值得注意的是，即便 **X** 是由複雜的處理後形成，MIMO-OFDMA 的基本架構仍然不變，仍可將每個次載波接收信號獨立出來，並利用平坦衰落 (flat fading) 通道模型表示：

$$\mathbf{Y}_k=\mathbf{H}_k\mathbf{X}_k=\mathbf{H}_k\mathbf{P}_k\mathbf{S}_k+\mathbf{N}_k \tag{6.82}$$

其中 $\mathbf{P}_k$ 為第 k 個次載波的等效預編碼器。

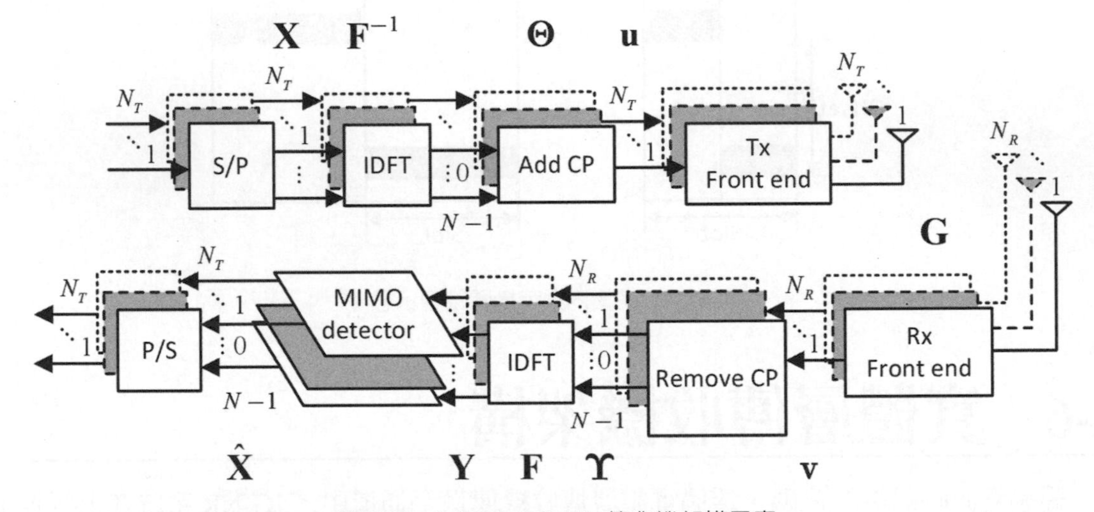

圖 6-35　MIMO-OFDMA 傳收機架構示意

由 (6.81) 及 (6.82) 式可發現，不論進入 MIMO-OFDMA 傳送機前的處理多麼複雜，都不影響 MIMO-OFDMA 的運作，因此利用 MIMO-OFDMA 技術可將複雜的通道與傳送 / 接收信號的關係簡化並使用簡單的平坦衰落模型表示，如此第四章介紹的多天線技術即可直接在 5G NR 系統使用。最後值得一提的是，此處的傳送天線數並非實體天線數，而是天線埠數。

學習評量

1. 試說明 5G NR 系統定義天線埠的目的爲何。
2. 試說明 5G NR 系統中，下行參考信號 DM-RS、PT-RS 及 CSI-RS 的功能爲何。
3. 試說明 5G NR 系統中，上行參考信號 DM-RS 及 SRS 的功能爲何。
4. 試說明 5G NR 系統中，運輸通道處理過程執行 LDPC Base Graph 選擇功能的原因爲何。提示：參考 6-3-3 小節。
5. 試說明 5G NR 系統中，運輸通道處理過程執行碼塊群組機制的優點。提示：參考 6-3-4 小節。
6. 試說明 5G NR 系統如何執行速率匹配 (rate matching)。提示：參考 6-3-6 小節。
7. 試說明 5G NR 系統中層 (layer) 的概念，並以層數爲 5，碼字數爲 2 爲例，說明層映射的數學對應關係。提示：參考 6-4-2 小節中的範例。
8. 考慮 Type I CSI—單板預編碼技術，當天線埠數爲 12、層數爲 4、codebookMode = 1-2、$(N_1, N_2) = (3, 2)$、$i_{1,1} = 0$、$i_{1,2} = 0$、$i_{1,3} = 3$、$i_2 = 1$ 時，試求該對應的預編碼矩陣。
9. 考慮 Type I CSI—單板預編碼技術，當天線埠數爲 32、層數爲 4、codebookMode = 1-2、$(N_1, N_2) = (4, 4)$、$(O_1, O_2) = (4, 4)$ 時，試求該碼簿的預編碼器數量。
10. 考慮 Type I CSI—多板預編碼技術，當天線埠數爲 32、層數爲 2、codebookMode = 1、$(N_g, N_1, N_2) = (4, 2, 2)$、$i_{1,1} = 7$、$i_{1,2} = 7$、$\{i_{1,4,1}, i_{1,4,2}, i_{1,4,3}\} = \{1, 2, 3\}$、$i_{1,3} = 0$、$i_2 = 0$ 時，試求該對應的預編碼矩陣。
11. 考慮 Type I CSI—多板預編碼技術，當天線埠數爲 32、層數爲 2、codebookMode = 2、$(N_g, N_1, N_2) = (2, 8, 1)$、$i_{1,1} = 31$、$i_{1,2} = 0$、$\{i_{1,4,1}, i_{1,4,2}\} = \{1, 2\}$、$i_{1,3} = 0$、$\{i_{2,0}, i_{2,1}, i_{2,2}\} = \{0, 0, 0\}$ 時，試求該對應的預編碼矩陣。
12. 試說明 5G NR 系統中，下行通道的非基於碼簿多天線埠預編碼技術的概念，及其與基於碼簿多天線埠預編碼技術的差異爲何。
13. 試說明 5G NR 系統中，交錯式資源映射及非交錯式資源映射的優點爲何。提示：參考 6-4-4 小節。
14. 試說明 5G NR 系統中，上行通道的非基於碼簿多天線埠預編碼技術其信號模型，其中 $\mathbf{W}$ 爲單位矩陣的原因爲何。提示：參考 6-5-2 小節。
15. 試說明 5G NR 系統中，上行通道的資源映射採用跳頻技術的原因爲何。提示：參考 6-5-3 小節。

參考文獻

[1] S. Ahmadi, *5G NR: Architecture, Technology, Implementation, and Operation of 3GPP New Radio Standards*, Academic Press, 2019.

[2] E. Dahlman, S. Parkvall, and J.Sköld, *5G NR: The Next Generation Wireless Access Technology*, Second Edition, Academic Press, 2020.

[3] R. Vannithamby and A. C.K. Soong, *5G Verticals Customizing Applications, Technologies and Deployment Techniques*, John Wiley & Sons, 2020.

[4] C. Cox, *An Introduction to 5G, The New Radio, 5G Network and Beyond*, John Wiley & Sons, 2021.

[5] 5G New Radio, ShareTechNote. [Online]. Available: http://www.sharetechnote.com..

[6] 3GPP TR 38.912 V16.0.0, Study on new radio (NR) access technology (Release 16), Jul. 2020.

[7] 3GPP TS 38.211 V16.4.0, NR; physical channels and modulation (Release 16), Dec. 2020.

[8] 3GPP TS 38.212 V16.4.0, NR; multiplexing and channel coding (Release 16), Dec. 2020.

[9] 3GPP TS 38.213 V16.4.0, NR; physical layer procedures for control (Release 16), Dec. 2020.

[10] 3GPP TS 38.214 V16.4.0, NR; physical layer procedures for data (Release 16), Dec. 2020.

[11] 3GPP TS 36.211 V12.3.0, Evolved universal terrestrial radio access (E-UTRA); physical channels and modulations (Release 12), Sept. 2014.

[12] 3GPP TS 36.212 V12.2.0, Evolved universal terrestrial radio access (E-UTRA); multiplexing and channel coding (Release 12), Sept. 2014.

[13] 3GPP TS 36.213 V12.3.0, Evolved universal terrestrial radio access (E-UTRA); physical layer procedure (Release 12), Sept. 2014.

Chapter 7

5G NR 實體層運作機制

7-1 概論

5G NR 系統實體層介紹包含實體層信號處理及運作機制，第六章已介紹實體層信號處理的技術內容，本章將著重介紹實體層運作機制的技術內容，並以 5G NR R15 與 R16 爲基本框架，詳述相關技術其較新版本的內容。本章首先說明第五代行動通訊 (5G) 系統中控制信令的架構、功能及運作模式，讓讀者瞭解行動通訊系統如何利用控制信令，使基地台與用戶間能大量溝通協調，從而使系統能順利運作，接著三個小節將介紹與多天線技術相關的運作機制，包含波束管理、毫米波系統與大規模多天線系統、與傳輸模式。波束管理爲通訊系統欲進行數據傳輸前須執行的重要機制，而毫米波頻段爲 5G 系統才支援的傳輸頻率，其搭配大規模多天線系統能有效地提供高傳輸速率及高傳輸品質，至於 5G 系統特有的傳輸模式將整理實體層所使用的多天線技術。

介紹完主要運作機制後，本章將說明用戶裝置可不經過基地台而直接與其他用戶裝置通訊的側行鏈路 (sidelink) 傳輸技術，最後兩小節將介紹 5G 系統的協調多點 (coordinated multi-point, CoMP) 與載波聚合 (carrier aggregation, CA) 技術。本章的目的在於闡明 5G NR 系統實體層的特點及關鍵技術，以利讀者瞭解 5G NR 系統實體層運作機制的原理，並熟悉閱讀規格書的技巧。

7-2 控制信令

爲使行動通訊系統能順利運作，基地台與用戶間需有大量溝通與協調，爲順利此溝通協調，系統使用控制信令 (control signaling) 傳遞控制資訊與描述設備狀況。本節將針對實體層的控制信令逐一介紹，並著重於處理過程及架構的描述與其設計特色。

7-2-1 下行控制信令

爲支援下行數據傳輸，下行實體層控制信令是不可或缺的機制。下行實體層控制信令主要內容包括：通道資源分配、上行通道資源分配、HARQ 資訊傳送、上行通道功率控制、時槽格式指示、搶占指示等。

圖 7-1 描述下行通道的對應關係，其中下行控制資訊係透過數種實體層通道傳遞，而下行實體層控制信令藉由其中的實體下行控制通道 (Physical Downlink Control Channel, PDCCH) 傳送信號，其目的皆爲使 PDSCH 能順利傳送數據給用戶。PDCCH 的用途是傳送下行通道與上行通道的排程，同時傳達針對用戶的管理資訊。本節主要著重

於實體層控制信令介紹，重點在介紹 PDCCH，上層 RLC 層與 MAC 層的控制信令不透過實體層通道傳送，而是透過 PDSCH 作為一般數據傳送。

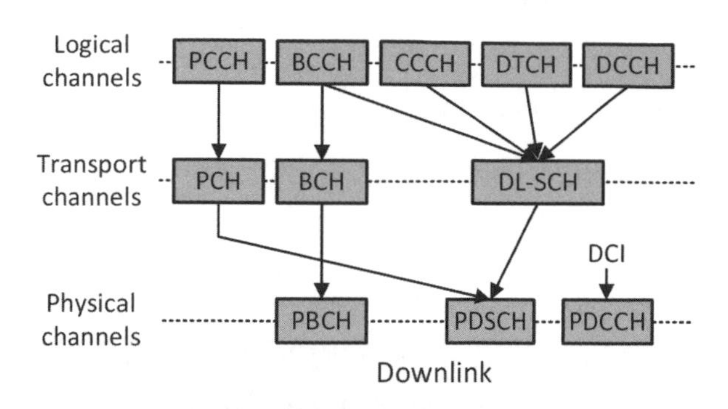

圖 7-1　下行邏輯通道、運輸通道與實體通道的對應關係

在開始接收數據信號前，基地台與用戶須先事充分溝通以確保數據的傳送通道正常運作。對實際系統而言，PDSCH 信號的接收須使用控制信令中的控制資訊，若控制信令先於數據信號傳送則可降低接收數據的延遲。由於 5G NR 系統支援更大的頻寬 (最大頻寬為 400 MHz)，若仍採用 4G LTE-A 系統的方式，將 PDCCH 佔據整個系統頻寬，不僅浪費資源，也增加用戶搜尋的複雜度，因此 5G NR 引入控制資源集合 (control resource set, CORESET) 的概念，將 PDCCH 相關的控制資訊包含在 CORESET 中，且可配置於部分頻寬 (bandwidth part, BWP) 內的若干資源區塊；另一方面，5G NR 系統支援使用波束成形技術傳送 PDCCH，以強化信號在特定方向上的傳輸品質。圖 7-2 為 PDCCH 處理流程示意，一個 CORESET 係由多個資源單位群組 (resource element group, REG) 與控制通道單元 (control channel element, CCE) 所組成的集合，而系統限制用戶 PDCCH 可傳送 CCE 的位置定義為搜尋空間 (search space)。具體而言，PDCCH 的配置為 CORESET 與搜尋空間的組合，其中 CORESET 會提供 PDCCH 分別在時域與頻域上佔據的頻寬與 OFDM 符碼數量等資訊，而搜尋空間會提供 PDCCH 起始符碼的編號與檢視週期等資訊，因此用戶需透過 CORESET 與搜尋空間才能找到自己的 PDCCH，從而能解出其內含資訊。值得注意的是，一個 CORESET 可對應到多個搜尋空間，但一個搜尋空間只能對應到一個 CORESET。本節接著介紹組成下行控制信令的傳送機制、組成架構，與實體層通道。

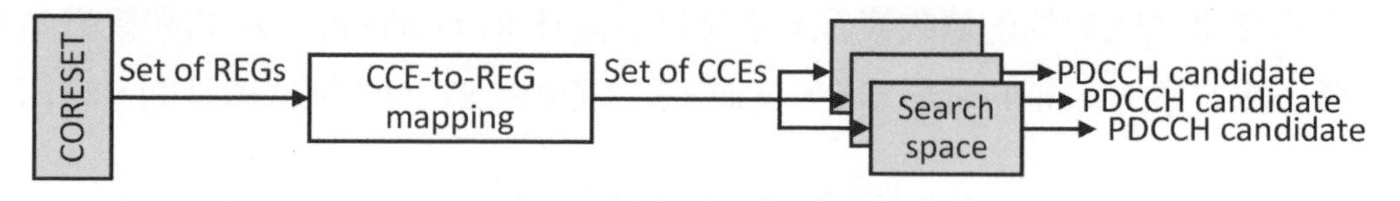

圖 7-2　PDCCH 處理流程示意

7-2-1-1 資源單位群組與控制資源集合

實體層控制通道組成有其最小單位及基本架構，而下行實體控制通道皆由最小單位：資源單位群組 (REG) 組成。一個 REG 係由頻域上一個資源區塊與時域上一個 OFDM 符碼組成，而六個 REG 可組成一個 CCE[1]，多個 CCE 形成的集合則可組成 CORESET。圖 7-3 為 CORESET 的配置示意，它的大小與位置係由基地台半靜態配置，且可配置在時槽內與載波頻率範圍內的任何位置，惟用戶無法在它配置的部分頻寬以外的頻率位置處理 CORESET。此外，每個細胞最多可配置四個部分頻寬，而每個部分頻寬最多可配置三個 CORESET。接著介紹 CORESET 在時域與頻域上的特色，在時域方面，如 6-2-2-1 節所介紹，5G NR 採用前載式 DM-RS 的架構，DM-RS 一般會從一個時槽內的第三或第四個 OFDM 符碼開始配置，而前面的位置則用來配置 CORESET，因此一般 CORESET 會配置在每個時槽的前端，其持續時間最多為三個 OFDM 符碼。然而系統可以根據數據傳輸的情況，配置 CORESET 在時域上任意位置以實現低延遲通訊。至於在頻域方面，CORESET 係以六個資源區塊為單位，由該單位的倍數組成，其所佔據的最大頻寬不超過部分頻寬的頻寬。

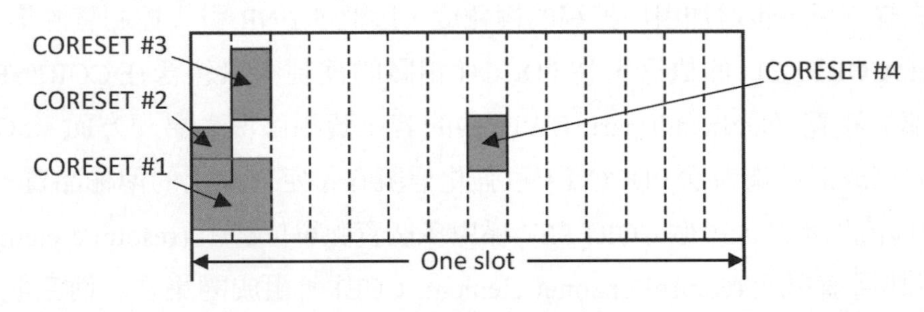

圖 7-3 CORESET 配置示意

對於每個 CORESET 而言，會有一個特定的 CCE 與 REG 的對應關係，而描述此關係的概念即為 REG bundle，簡言之，一個 REG bundle 為多個 (2、3 或 6 個) REG 組成的集合，且用戶可以假設其使用相同的預編碼，換言之，一個 CCE 可分為多個 REG bundle。圖 7-4 描述 CCE 與 REG 的映射關係，系統配置 CCE 與 REG 的映射關係分為交錯式或非交錯式。非交錯式映射的配置較簡單，系統使用的 REG bundle size 為 6，因此六個相鄰的 REG 可形成一個 CCE，也就是說用戶可以假設在整個 CCE 上預編碼是相同的；而非交錯式映射的配置較複雜，系統具有兩種 REG bundle size 的配置方案可以選擇，第一種方案的 bundle size 為 6，其適用於 CORESET 的各種持續時間，亦即一至

1 由於 PDCCH 每四個次載波會配置一個 DM-RS，因此一個 CCE 具有 54 個資源單元。

三個 OFDM 符碼皆適用；另一種方案的 bundle size 則根據 CORSET 持續時間的不同會有差異，對於一個或兩個 OFDM 符碼的 CORESET，bundle size 可以爲 2 或 6，而對於三個 OFDM 符碼的 CORESET，bundle size 可以爲 3 或 6。在交錯式映射的情況下，系統可使用交錯器將組成 CCE 的 REG 在頻率上分開，以獲得頻率多樣。無論是交錯式或非交錯式映射，系統皆會以先時域後頻域的順序配置 REG，直到符合 bundle size 的數量，而這些 REG 會形成一個 REG bundle。値得注意的是，對於給定的 CORESET，其只會有一種 CCE 與 REG 的映射配置，但系統可使用不同的映射方式配置多個 CORESET。此外，CORESET 中的 PDCCH 係由單天線埠傳送，其使用的 DM-RS 爲每四個次載波會配置一個，且可配置於 PDCCH 的範圍或整個 CORESET，如圖 7-5 所示。

最後値得一提的是，第一個 CORESET 即爲 CORESET 0，其在頻域上的頻寬不必爲六個資源區塊的倍數，而它會經由基地台在初始接取 (initial access) 階段傳送的主要資訊區塊 (master information block, MIB) 提供給用戶，用戶便可知道如何接收基地台傳送的其他系統資訊，並在建立連線後，用戶將可利用 RRC 層控制信令被配置多個可重疊的 CORESET 資源。

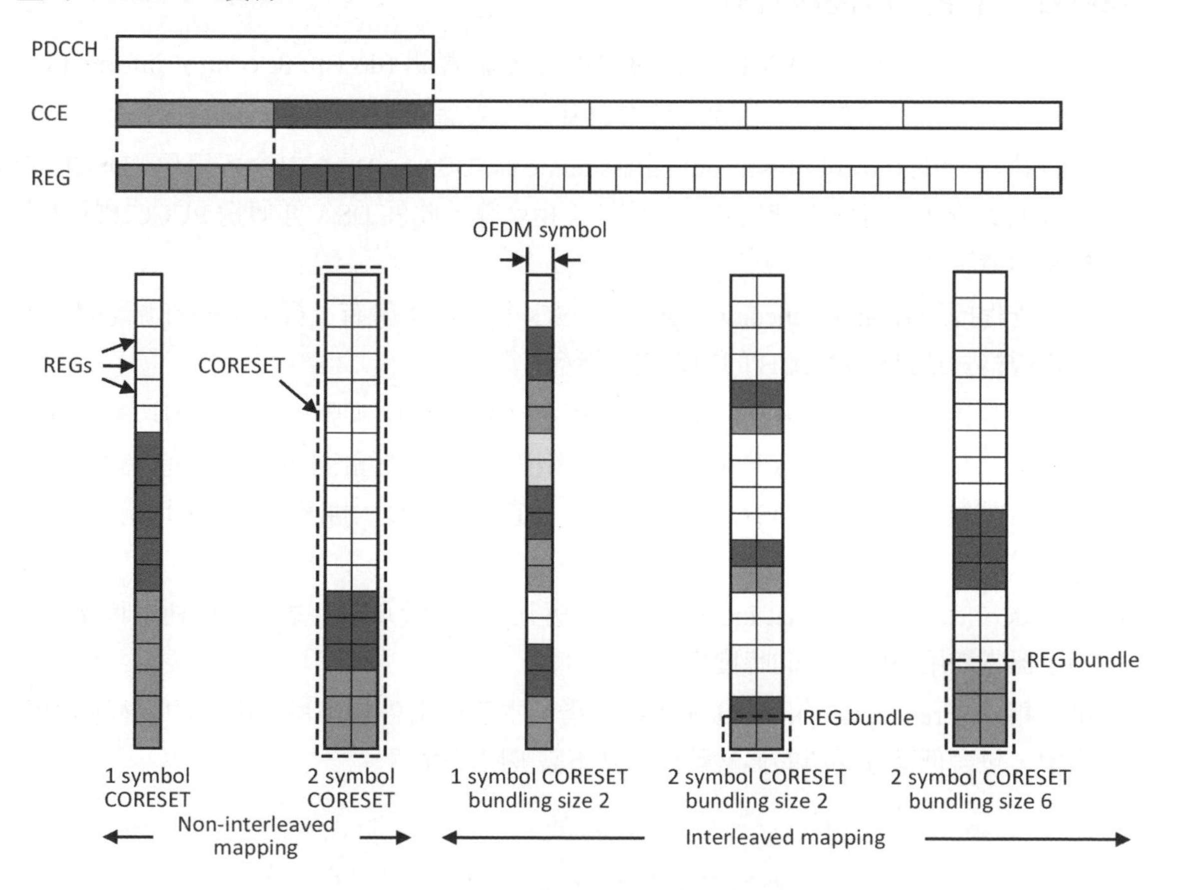

圖 7-4　CCE 與 REG 的映射關係示意

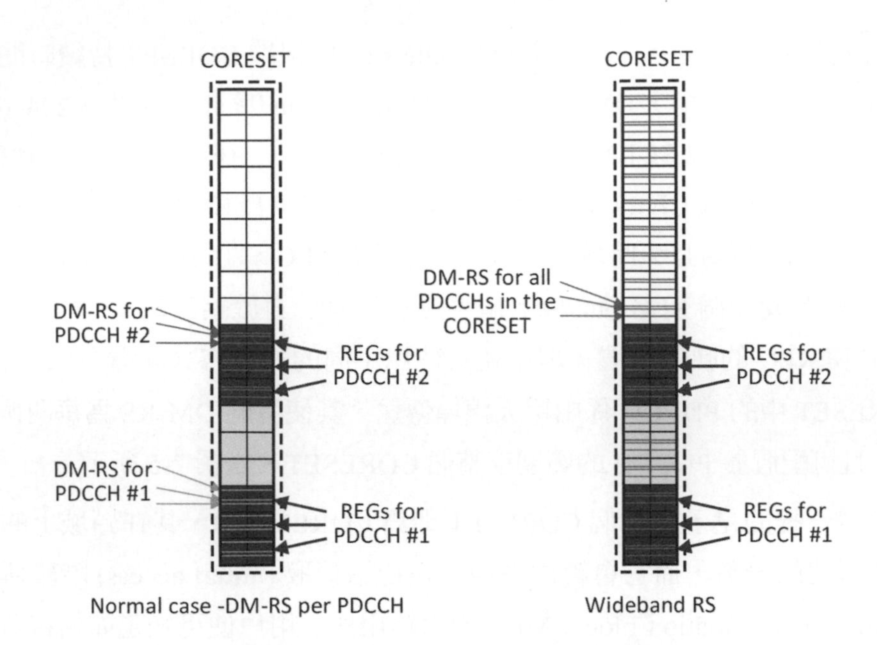

圖 7-5　PDCCH 參考信號配置示意

7-2-1-2 實體下行控制通道

實體下行控制通道 PDCCH 負責傳送下行控制資訊 (downlink control information, DCI)，基地台管理用戶的指令皆包含於 DCI 中，主要有以下內容：

1. 下行排程指配 (downlink scheduling assignments, DSA)；DSA 內含各用戶 PDSCH 的資源配置分布、傳送數據格式、空間多工指令等，此外 DSA 亦傳送 PUCCH 的功率控制指令。
2. 上行排程授予 (uplink scheduling grants, USG)；USG 中帶有上行通道的資源配置、傳送數據格式及針對 PUSCH 的功率控制指令。
3. 功率控制指令 (power control command, PCC)；PCC 同時調整一群用戶的功率，其目的是降低系統開銷；DSA 與 USG 中的功率控制指令只能針對單一用戶進行調整，若需同時調整一群用戶，DSA 與 USG 的指令造成系統極大開銷，PCC 即爲解決此問題而設計使用。
4. 時槽格式指示 (slot format indication)；如第五章 5-5 所介紹，基地台會利用時槽格式指示器告知用戶所使用的時槽格式。
5. 搶占指示 (pre-emption indication)；搶占指示主要用來告知用戶在配置的下行傳輸資源中，包含低延遲通訊的傳輸數據，其不需被用戶解調。

PDCCH 涵蓋的控制指令繁多，但並非所有指令都會同時使用，根據使用場景、基地台與用戶狀況等，DCI 會使用不同格式，而不同格式對應的 PDCCH 傳送位元數亦不同，常見的 DCI 格式如表 7-1 所示。於 5G NR 系統中，一個 PDCCH 負責傳送一個用戶的 DCI，而 PDCCH 可透過鏈結調適動態調整傳輸速率，以確保傳輸品質；系統使用載波聚合時，每個成分載波 (component carrier, CC) 的控制資訊係由不同 PDCCH 傳送。最後值得注意的是，即使 PDCCH 使用不同 DCI 格式，其處理過程與資源配置方式仍相同。

表 7-1 常見的 DCI 格式[2]

DCI format	Contents
0_0	Simple uplink scheduling grant for the PUSCH
0_1	Complex uplink scheduling grant for the PUSCH
1_0	Simple downlink scheduling assignment for the PDSCH
1_1	Complex downlink scheduling assignment for the PDSCH
2_0	Slot format indications
2_1	Pre-emption indications
2_2	Power control commands for the PUCCH and PUSCH
2_3	SRS request and power control commands

實體下行控制通道處理

接著介紹 PDCCH 的處理過程及架構，如圖 7-6 所示，DCI 的傳送數據先透過 CRC 計算，其計算方式與該 PDCCH 接收用戶的 RNTI 有關；此外根據不同使用場景，PDCCH 亦可使用不同 ID 計算[3]。使用 RNTI 計算 CRC 有兩項優點：(1) 只有 PDCCH 的目標用戶可成功解碼，如此可避免資訊被其他用戶得知；(2) 用戶可藉此判斷 PDCCH 的歸屬，基地台無須另行通知用戶，可降低開銷。資訊經 CRC 運算後，再透過極化碼 (polar code) 的方式編碼，編碼後的資訊再經由速率匹配 (rate matching)[4] 調整至適合通道環境與符合 PDCCH 格式的傳輸速率及尺寸。

2 資料來源請參考 [8]。

3 除 RNTI 外，亦有其他用户 ID 可使用，例如 C-RNTI 係於群播場景使用。

4 編碼位元處理方案分爲捨去 (puncturing)、縮短 (shortening) 與重複 (repetition)，其詳細內容請參考 [8]。

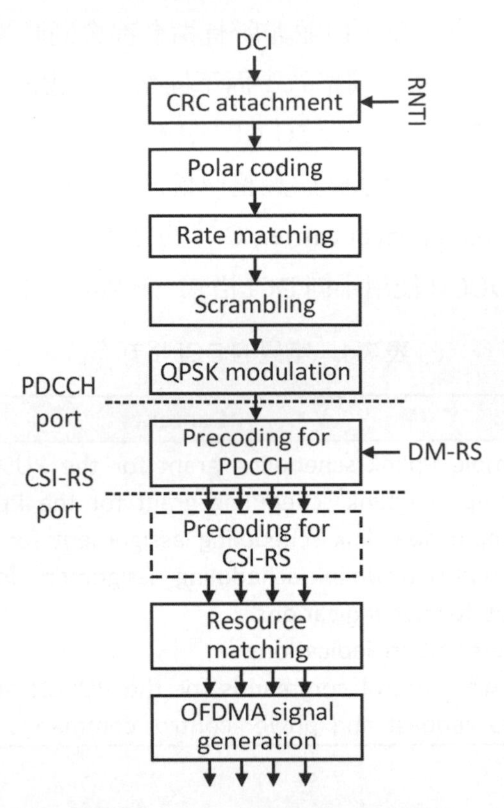

圖 7-6 PDCCH 處理架構示意

為了降低處理複雜度，PDCCH 使用的傳輸單位並非 REG，而是控制通道單位 CCE，根據不同 PDCCH 大小，PDCCH 使用的 CCE 數量可為 1、2、4、8 或 16；PDCCH 使用的 CCE 數量亦稱為聚合層級 (aggregation level)，不同聚合層級對應的資源數量如表 7-2 所示。值得注意的是，PDCCH 的大小並非僅根據 DCI 內傳送資訊的數量決定，亦會受用戶通道狀況影響。根據不同通道狀況，PDCCH 會使用不同傳輸速率，因此相同的 DCI 亦可產生不同大小的 PDCCH；換言之，通道狀況較佳的用戶，其 PDCCH 會消耗較少資源，反之則較多。一個細胞的 CCE 總量並非固定不變，它會根據細胞組態，例如 CORESET 尺寸、部分頻寬等變化，因此 CCE 在同細胞中不同次訊框也會動態變化；此外 PDCCH 的數量及大小亦會根據通道狀況、使用 DCI 的格式及用戶數量改變。一般而言，細胞中所有可用的 CCE 係從零開始編號，根據這些編號，用戶可識別自身 PDCCH 的所在位置，進而接收 PDCCH 中的資訊。

表 7-2　不同聚合層級對應的資源數量 [5]

Aggregation level	Number of CCEs
1	1
2	2
4	4
8	8
16	16

為降低系統開銷，基地台不會明確告知用戶其 PDCCH 的位置，因此用戶事先不知道其 PDCCH 位置，必須透過試誤法，檢驗其 PDCCH 所有可能位置；由於只有給予自身的 PDCCH 才可通過用戶的 CRC 驗證，用戶不會意外接收其他用戶的 PDCCH。由於不做任何限制的試誤將導致極高的複雜度，為降低複雜度，PDCCH 配置於 CCE 的方式有相當程度的限制。舉例而言，當要配置具有四個 CCE 聚合層級的 PDCCH 時，其配置起點被限制於編號為 4 的倍數的 CCE，接著再連續配置 PDCCH 資訊；假設 PDCCH 配置由編號為 4 的 CCE 開始，此 PDCCH 就會佔據編號為 4、5、6 及 7 的 CCE。PDCCH 與 CCE 的對應關係範例 (以聚合層級是 1、2、4 與 8 為例) 如圖 7-7 所示。當 PDCCH 配置妥當後，CCE 上的位元會透過細胞特定擾碼 (scrambling) 降低細胞間的干擾，接著將其經由 QPSK 調變，並配置參考信號與經過預編碼處理，最後再映射到 PDCCH 對應的時頻資源。

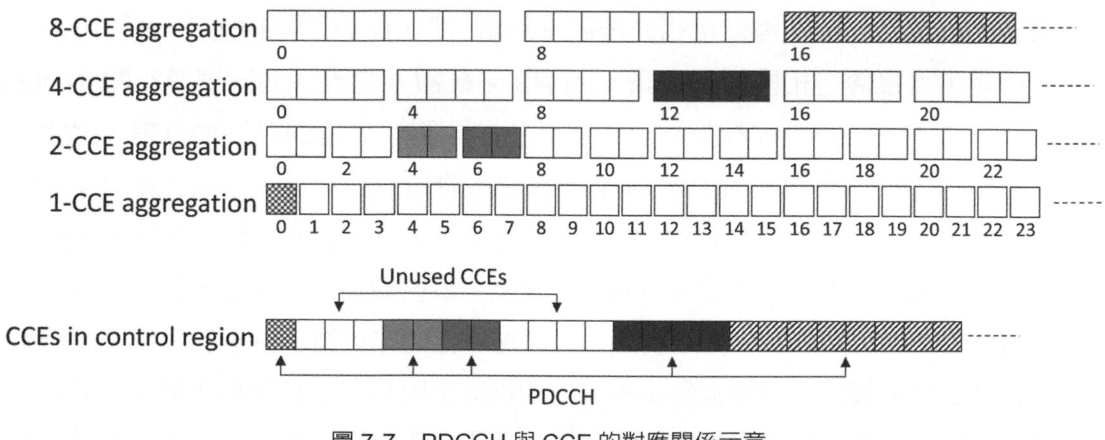

圖 7-7　PDCCH 與 CCE 的對應關係示意

5　資料來源請參考 [7]。

PDCCH 的盲解碼

PDCCH 會動態調整其大小及所在的位置，用戶須得知其位置方能正確解出資訊；如前所述，爲降低系統開銷，基地台不會明確告知用戶其 PDCCH 的位置，而是由用戶端藉由盲解碼 (blind decoding) 技巧，搜尋 PDCCH 並解出其內含資訊。前小節中提到 CCE 具有特殊架構，因此用戶不需逐一針對所有 REG 做窮盡嘗試，只需依照 CCE 架構嘗試解碼 PDCCH，如此可降低盲解碼的複雜度。爲更進一步降低複雜度，5G NR 系統限制用戶 PDCCH 可傳送 CCE 的位置，並據此定義各用戶的搜尋空間 (search space)，以降低用戶所需檢視的 CCE 數量；雖然此將降低 PDCCH 配置的彈性，但考量到 5G NR 系統使用的頻寬較大，避免讓用戶檢視所有 CCE 是必須的做法。

搜尋空間描述用戶在每個成分載波中需檢視的 CCE 位置，由於 CCE 聚合層級爲 1、2、4、8 或 16 個，因此每個用戶都有多個搜尋空間。在每個次訊框中，用戶會嘗試在整個搜尋空間中解碼 PDCCH；若 CRC 執行正確，則認定爲正確找到用戶的 PDCCH，接著用戶就可接收 PDCCH 中的控制資訊。由於一個 CCE 上只能傳送一個 PDCCH，因此當用戶 1 使用編號 8 的 CCE 後，用戶 2 即無法使用 CCE 編號開頭爲 8 的 CCE 聚合[6]。爲避免衝突頻繁發生，系統定義用戶特有的終端特定搜尋空間 (terminal-specific search space)，將用戶搜尋空間區隔開，用戶利用用戶 ID 及次訊框編號可自動計算出其終端特定搜尋空間的位置，不須由基地台透過控制信令指定；由於計算係基於次訊框的編號，終端特定搜尋空間會隨著時間變動，如此便可避免不同用戶的終端特定搜尋空間持續相互阻擋的問題。

在某些情況下，系統需傳送相同控制資訊給一群用戶，例如先前提到的功率控制指令。爲避免重複傳送相同控制資訊，5G NR 系統額外定義了共同搜尋空間 (common search space)；用戶共同的系統控制資訊會使用共同搜尋空間配置於 PDCCH，因此所有用戶都需檢視共同搜尋空間。由於共同系統資訊須讓所有用戶都可接收，爲增加系統資訊傳送的可靠度，共同搜尋空間的 PDCCH 只能使用 4、8 或 16 的聚合層級，其使用的 CCE 已事先定義，因此所有用戶皆會知道其資訊。最後值得一提的是，雖然共同搜尋空間的原始目的是傳送共同系統控制資訊，共同搜尋空間亦可用來傳送用戶特定的控制資訊，此將發生於某個用戶的終端特定搜尋空間被完全阻擋無法使用時。圖 7-8 描述兩個用戶的共同搜尋空間及其各自的終端特定搜尋空間，圖中顯示兩個用戶擁有不同的終端特定搜尋空間，部分的終端特定搜尋空間有所重疊，而重疊的情形在不同次訊框中也會

6　多個 CCE 聚集稱作 CCE 聚合，CCE 聚合內含 CCE 數量可爲 1、2、4、8 或 16。

不同[7]。雖然每個用戶定義了各自的終端特定搜尋空間及共同的共同搜尋空間，但由於相同 PDCCH 接收信號亦可對應不同 DCI 格式，用戶需將所有可能格式皆各自執行盲解碼才能完整確認是否有給自己的 PDCCH。值得一提的是，嘗試盲解碼的次數根據次載波間距的不同會有差異，對於 15/30/60/120 kHz 的次載波間距，所有 DCI 的大小皆可支援每個時槽嘗試盲解碼的次數多達 44/36/22/20 次。

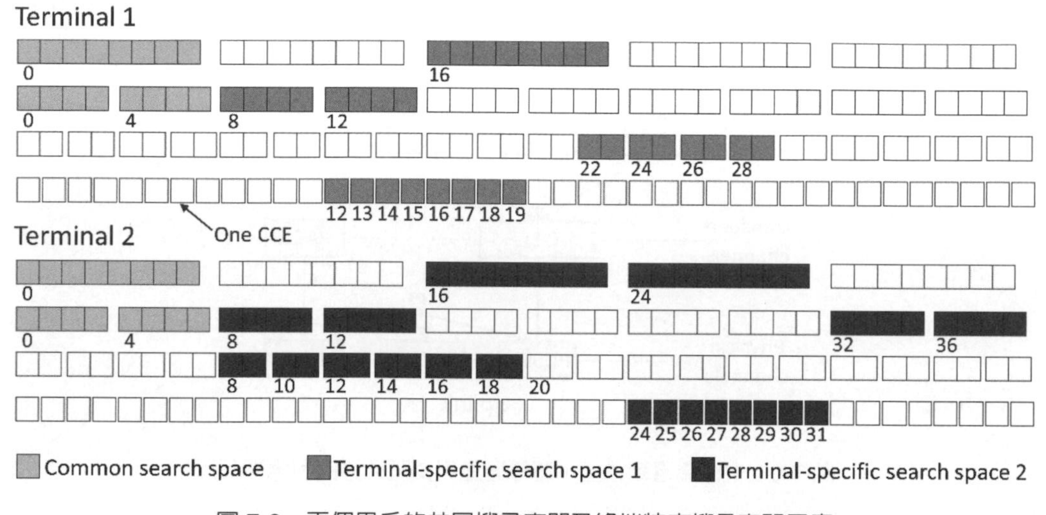

圖 7-8 兩個用戶的共同搜尋空間及終端特定搜尋空間示意

以上盲解碼的敘述係基於使用單一成分載波的情況，當使用載波聚合技術時，類似的方法仍可適用，惟此時所有成分載波都會擁有各自的終端特定搜尋空間，因此盲解碼的複雜度將提高；根據 PDCCH 的位置，可分爲有或沒有使用跨載波排程 (cross-carrier scheduling) 兩種情形，但不論如何，同一個成分載波只會對應到一個 PDCCH。不同成分載波有各自的終端特定搜尋空間，但其共同搜尋空間是相同的；共同搜尋空間的目的是傳送系統控制資訊，每個用戶只需要接收一次即可，因此即使在使用多個成分載波情況，用戶仍然只有一個共同搜尋空間。

7-2-2 上行控制信令

如同下行控制信令，用戶使用上行控制信令回報狀態並與基地台溝通。上行控制信令所攜帶的資訊包括：PDSCH 的 HARQ、CSI 回報及排程請求 (scheduling request)；由於用戶係被動由基地台管理，並無太多管理所需的控制資訊，其組成較下行控制信令簡單。

上行通道對應關係如圖 7-9 所示，其 MAC 及 RLC 層的控制信令係藉由 PUSCH 傳送，在大多數情況，實體層控制信令係藉由 PUCCH 傳送，但亦可藉由 PUSCH 傳送。

7 有關搜尋空間的計算請參考 [9]。

當用戶未配置 PUSCH 時，控制信令須藉由 PUCCH 傳送，雖然這種模式較爲正規，但會使用戶有較高的 PAPR，不利於上行信號傳送；因此當用戶已有配置 PUSCH，亦即 UL-SCH 可傳送數據時，控制信令會利用時間多工的方式，鑲嵌在 PUSCH 中。利用 PUSCH，控制信令便能與一般數據共享 SC-FDMA 技術，可獲得較佳的 PAPR。在 5G NR R16 之前的版本，PUSCH 及 PUCCH 不能同時使用，在 5G NR R16 中，如此限制被打破以獲得較高的彈性，其缺點即是較高的 PAPR。接下來本節分別介紹 PUCCH 及 PUSCH 傳送控制信令的方法。

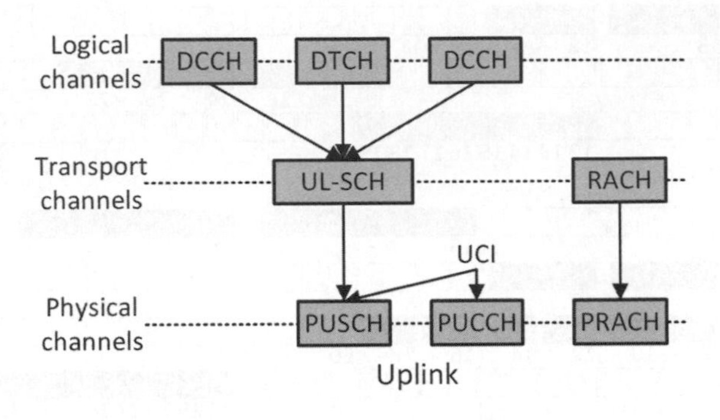

圖 7-9　上行端邏輯通道、運輸通道與實體通道的對應關係

7-2-2-1 經由 PUCCH 傳送控制信令

當用戶未配置資源給 PUSCH 時，控制信令 (HARQ 資訊，CSI 回報、排程請求等) 需經由 PUCCH 傳送。爲有效使用資源，PUCCH 使用分碼多工 (code division multiplexing) 將不同用戶的控制信令經由相同資源區塊傳送；由於每個資源區塊中具有 12 個次載波，最多可同時有 12 個正交碼供不同用戶使用，而這些正交碼是利用 6-2-3-1 節中的相位旋轉 (循環位移) 技巧產生。實際上，PUCCH 並不會用完所有正交碼，以免產生太多干擾，典型的情形是使用六個正交碼。

實體上行控制通道格式

當用戶傳送不同控制信令時，PUCCH 的資源使用格式會有所不同，如此格式稱爲 PUCCH Format，而 5G NR 系統使用的 PUCCH Format 及其相關參數如表 7-3 所示。PUCCH 共有五種格式：Format 0、Format 1、Format 2、Format 3 與 Format 4，其中 Format 0 與 Format 2 屬於短 PUCCH Format，最多佔據兩個 OFDM 符碼；而 Format 1、Format 3 與 Format 4 則屬於長 PUCCH Format，其佔據 4 到 14 個 OFDM 符碼。位於細胞邊緣的用戶如果使用一個或兩個 OFDM 符碼傳送控制資訊，由於其持續時間可能無法提供足夠的接收能量以利基地台進行可靠的接收，因此可根據實際狀況選擇使用具備較長持續時間的長 PUCCH Format，以提供足夠的接收能量。此五種格式分別具有相對應的處理過程，以下分別介紹這五種架構。

表 7-3 PUCCH 格式 [8]

	Format 0	Format 1	Format 2	Format 3	Format 4
Number of UCI bits	1-2	1-2	> 2	> 2	> 2
Number of symbols	1-2	4-14	1-2	4-14	4-14
Number of resource blocks	1	1	1-16	1-16	1-16

PUCCH Format 0 可使用至多兩個位元傳送控制資訊，並於傳送 HARQ 資訊或排程請求時使用，其架構如圖 7-10 所示，其中一個方塊具有 12 個次載波，爲一個 OFDM 符碼；一般而言，傳送控制資訊的符碼會配置於一個時槽的尾端，但在一些特定情況下，例如需要較少等待時間的低延遲通訊，則可根據實際情況配置在時槽的任意位置。序列選擇爲 PUCCH Format 0 的特色，它可以利用位元選擇傳送 HARQ 資訊或排程請求的序列，以及相對應的相位旋轉，而序列隨時槽變化與使用相位旋轉技巧則能隨機化不同細胞間與同細胞內不同用戶間的干擾。

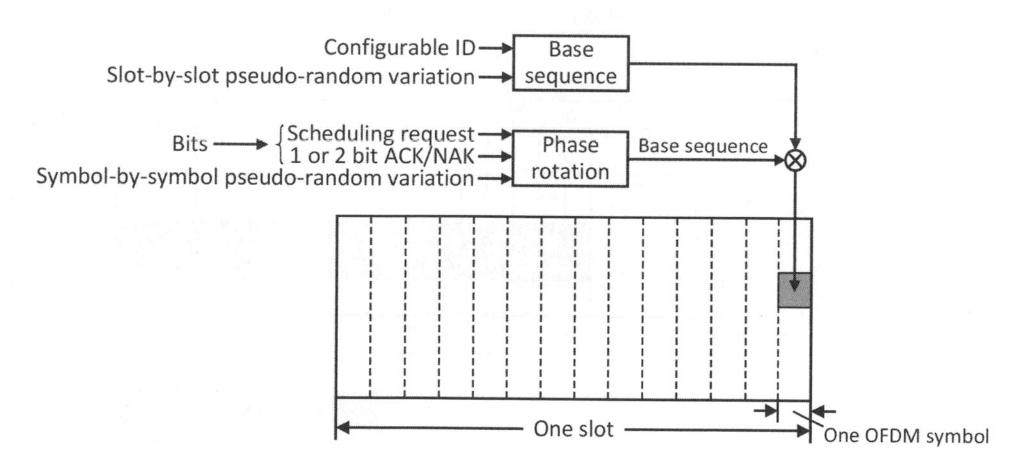

圖 7-10 PUCCH Format 0 架構示意

PUCCH Format 1 於傳送 HARQ 資訊或排程請求時使用，並使用 4 至 14 個 OFDM 符碼傳送至多兩個位元的控制資訊，其架構如圖 7-11 所示，它配置的 OFDM 符碼需作爲傳送控制資訊以及參考信號 (DM-RS) 使用，兩者配置的數量需在通道估計的精確度與控制資訊的傳送能量間做權衡，一般而言參考信號的數量配置爲全部的一半爲佳。傳送控制資訊的位元經過 BPSK 或 QPSK 調變後，產生一個符碼，此符碼使用循環位移技

8 資料來源請參考 [7]。

巧做相位旋轉並乘上長度為 12 的 pseudo-random sequence，之後再將此符碼重複配置在多個 OFDM 符碼上，而 PUCCH 符碼間會鑲嵌參考信號。藉由使用循環位移產生正交碼，使得相同細胞內不同用戶間的 PUCCH 不會相互干擾，而根據 OFDM 符碼使用的正交碼長度以及利用循環位移產生的正交碼數量，可決定支援同時使用相同資源的用戶數量。圖 7-11 為 PUCCH Format 1 使用九個 OFDM 符碼傳送 PUCCH 的配置示意，其中四個符碼作為傳送控制資訊使用，五個符碼為參考信號，在此例中，由於傳送控制資訊的符碼數量較少，其使用相對應長度的正交碼較短，使得最多支援四個用戶可使用相同的相位旋轉角度，搭配相位旋轉技巧產生的 12 個正交碼中只有 6 個有用，因此相同資源最多可支援 $4 \times 6 = 24$ 個用戶同時傳送。由於長 PUCCH Format 使用的 OFDM 符碼較多其持續時間較長，因此 PUCCH Format 1 支援在時槽內使用跳頻技術以獲得較佳的頻率多樣，值得注意的是，不同的跳頻需使用相對應長度的正交序列。

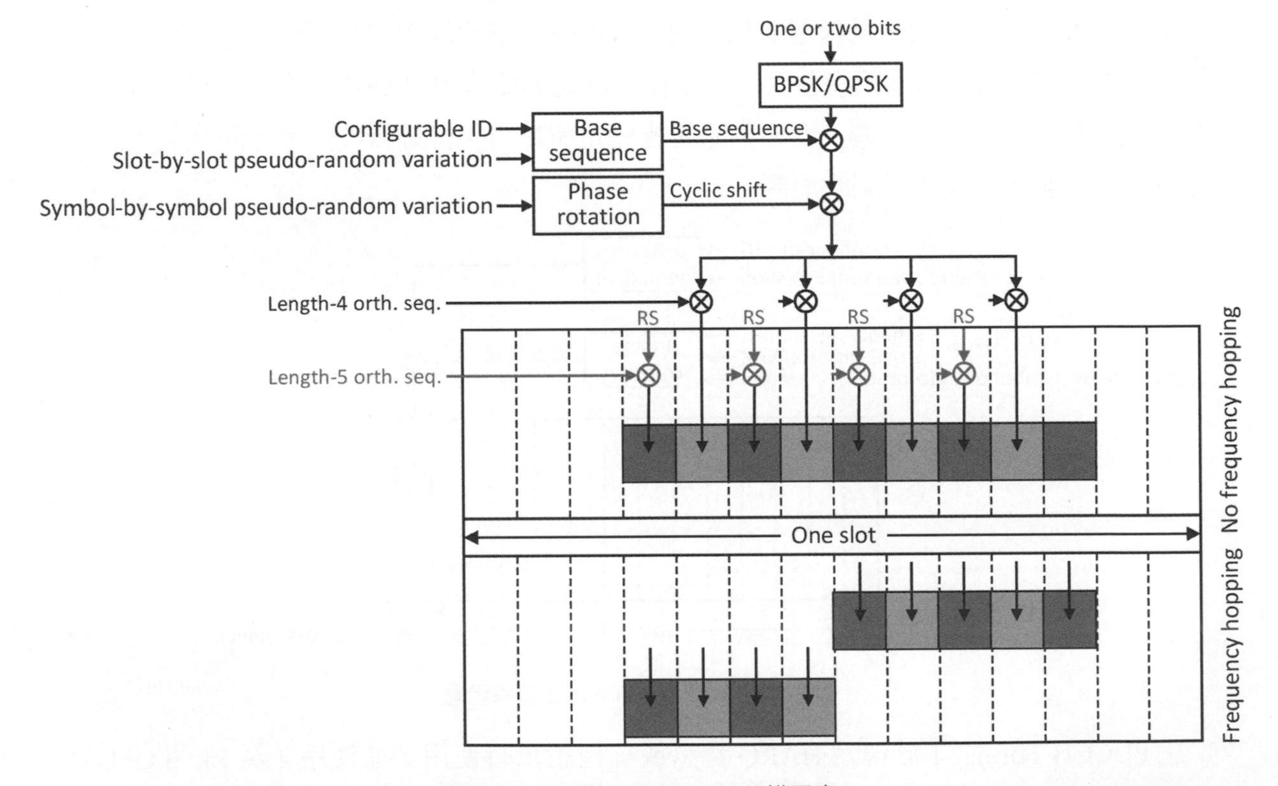

圖 7-11　PUCCH Format 1 架構示意

PUCCH Format 2 只使用於 OFDMA 架構，其可使用超過兩個位元傳送 CSI 回報與 HARQ，而 CSI 回報與 HARQ 可同時傳送，但若需要經過編碼的資訊太多，則不傳送 CSI 回報以保留更重要的 HARQ。PUCCH Format 2 的架構如圖 7-12 所示，控制資訊經過編碼後，使用細胞特定擾碼以降低細胞間的干擾，之後再經過 QPSK 調變產生一個或兩個 QPSK 符碼，並重複分配在多個資源區塊上，而每個 OFDM 符碼中的每三個次載波會鑲嵌一個參考信號，以輔助基地台可解調接收信號。PUCCH Format 2 使用的資源區塊數量係根據有效酬載的大小與可配置的最大碼率而定，最多爲系統可配置的資源區塊數量，若有效酬載較小，則使用較少的資源區塊以確保可維持相同的編碼率。此外值得一提的是，一般而言 PUCCH Format 2 會分配在一個時槽的尾端，然而系統可根據實際情況適當地將其分配在時槽內的任意位置。

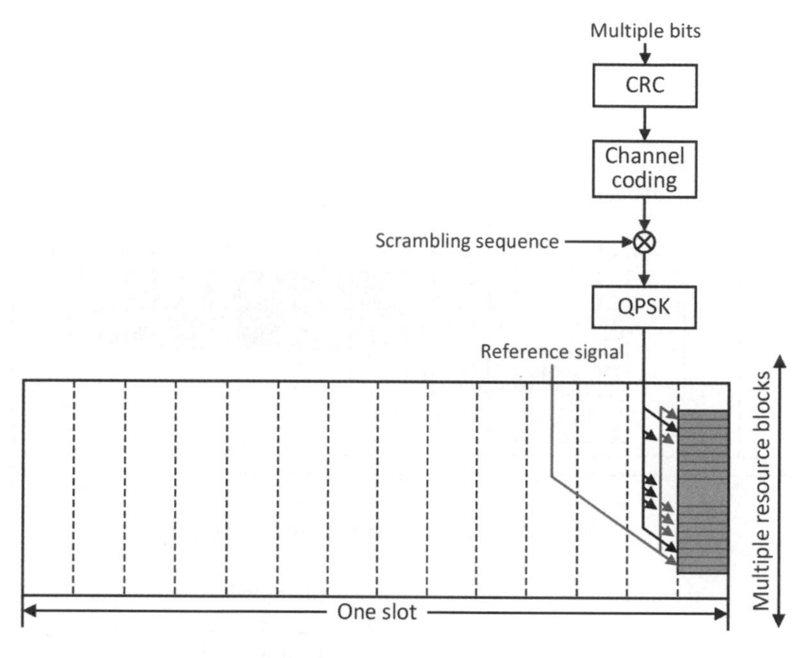

圖 7-12 PUCCH Format 2 架構示意

PUCCH Format 3 可視爲 PUCCH Format 2 的長格式版本，於傳送 CSI 回報或 HARQ 資訊時使用，並使用 4 至 14 個 OFDM 符碼傳送至多兩個位元的控制資訊，而每個 OFDM 符碼可配置於多個資源區塊，因此此格式具備最大的有效酬載容量。PUCCH Format 3 的架構如圖 7-13 所示，控制資訊經過編碼後，使用細胞特定擾碼以降低細胞間的干擾，之後再經過 QPSK 調變產生多個 QPSK 符碼，並重複分配在多個資源區塊上，而配置傳送 PUCCH 的 OFDM 符碼中需根據實際情況鑲嵌足夠的參考信號，以輔助基地台可解調接收信號。此外 PUCCH Format 3 可根據狀況額外使用跳頻技術以獲得較佳的頻率多樣，值得注意的是，各個跳頻所包含的若干 OFDM 符碼中，至少需使用一個以上的參考信號以利基地台可正確解調。PUCCH Format 4 本質上與 PUCCH Format 3 相同，此格式在頻域上只使用一個資源區塊，但可支援多個用戶同時在相同資源傳送，其架構如圖 7-14 所示。

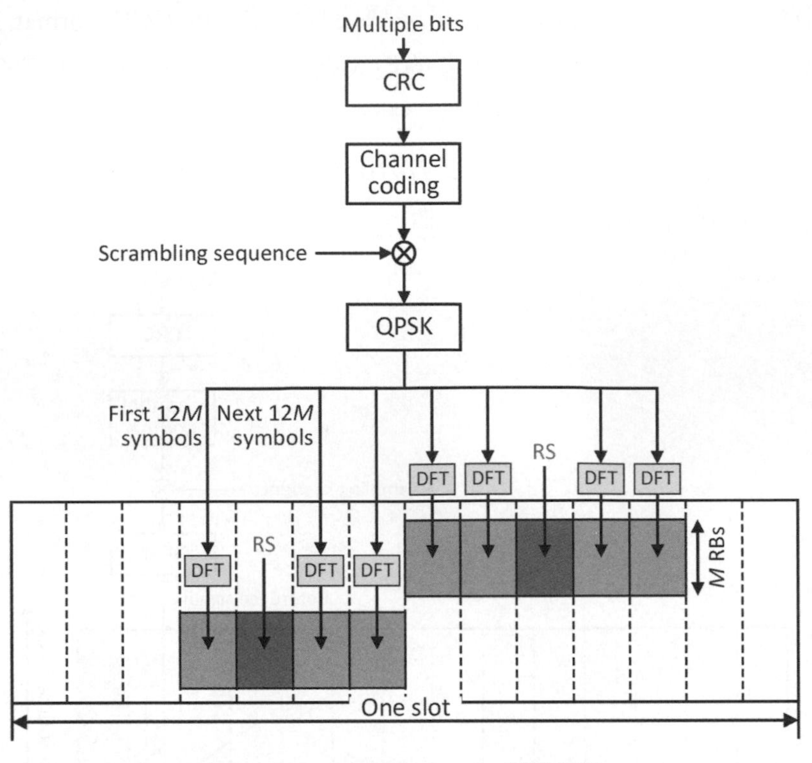

圖 7-13　PUCCH Format 3 架構示意

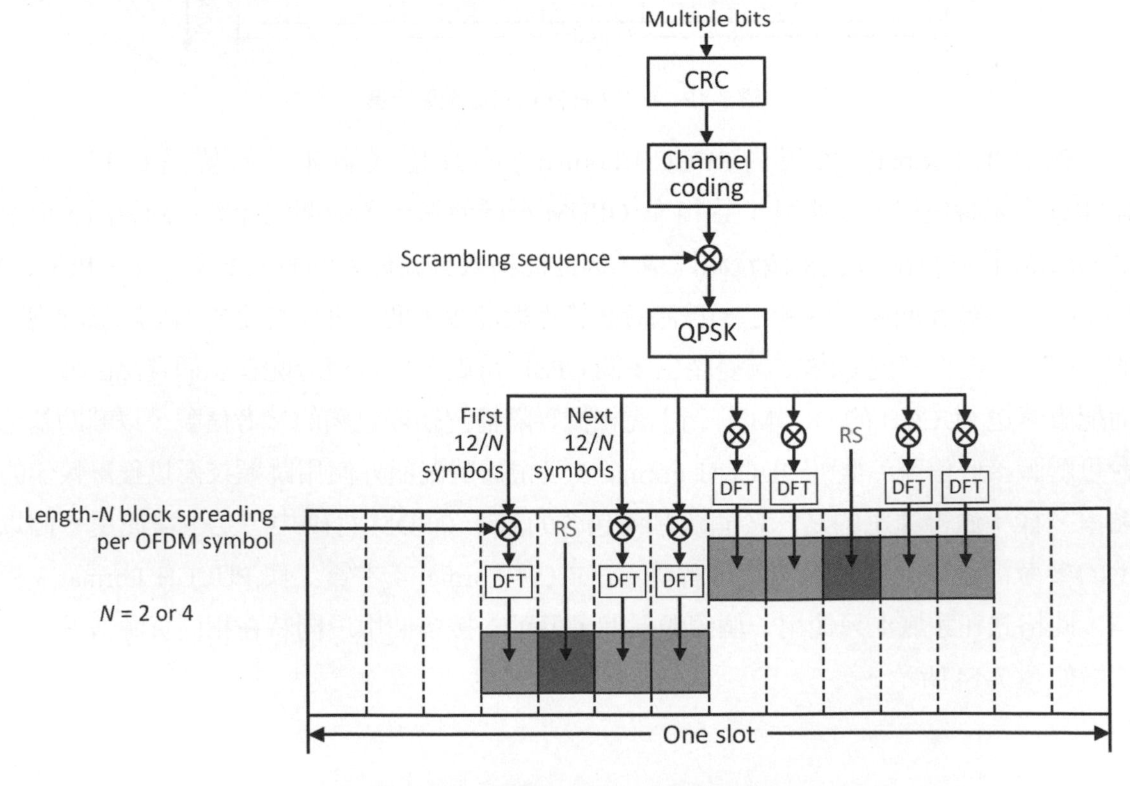

圖 7-14　PUCCH Format 4 架構示意

PUCCH 的資源與參數配置

爲了因應在延遲和頻譜效率方面具備廣泛的服務要求，如不同用戶支援聚合不同數量的成分載波，5G NR 採用靈活的配置方案，以 PUCCH 資源集合 (PUCCH resource set) 的概念配置資源，如圖 7-15 所示。一個 PUCCH 資源集合包含一個或多個 PUCCH 資源組態 (configuration)，其中每個資源組態包含要使用的 PUCCH 格式與該格式所需的所有參數。系統最多可配置四個 PUCCH 資源集合，且每個資源集合 UCI 酬載使用的位元數會對應到一特定數量範圍，其中第一個 PUCCH 資源集合 (編號爲 0) 最多可包含 32 個 PUCCH 資源，其餘的每個資源集合最多可包含 8 個 PUCCH 資源。由於第一個 PUCCH 資源集合可處理的 UCI 酬載至多 2 個位元，因此它只可包含 Format 0 與 Format 1，其餘的 PUCCH 資源集合則可包含前述兩種以外的任何 Format。

當用戶準備傳送 UCI 時，由於 UCI 的酬載會決定 PUCCH 資源集合，而 DCI 中的 PUCCH 資源指示器 (resource indicator)，會決定 PUCCH 資源集合中的 PUCCH 資源組態，因此排程者可以決定上行控制信令如何傳送。對於第一個資源集合，因其可能包含多達 32 個資源，並且無法用 3 位元的 PUCCH 資源指示器表示，此時則需搭配使用上行 PDCCH 的第一個 CCE 指標 (index) 與 PUCCH 資源指示器來決定集合內的 PUCCH 資源。最後值得一提的是，PUCCH 資源可在半靜態配置的週期性 CSI 回報與排程請求中傳送。

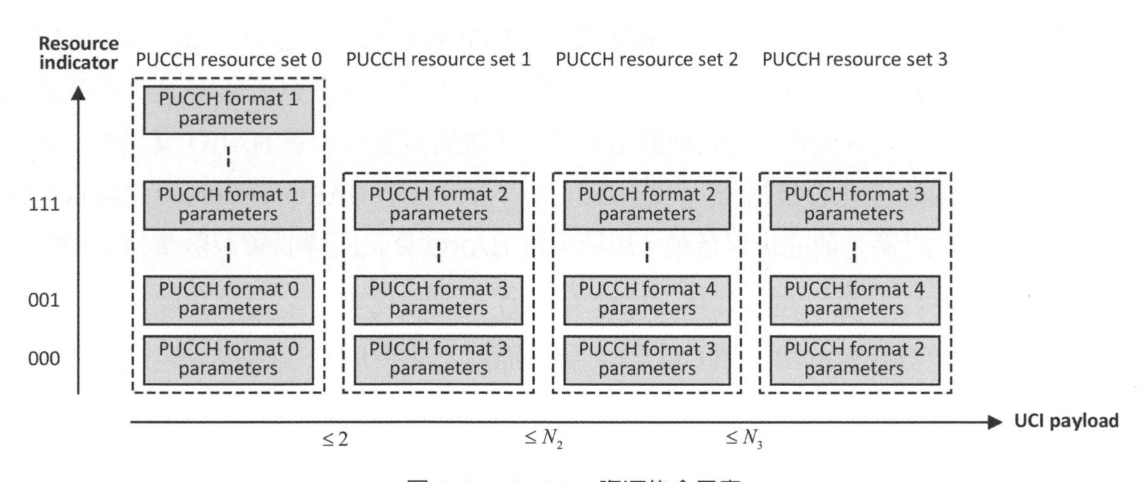

圖 7-15　PUCCH 資源集合示意

7-2-2-2 經由 PUSCH 傳送控制信令

如前所述，用戶可同時使用 PUSCH 與 PUCCH 來分別傳送數據與控制信令，然而在大多數的情況下，用戶考慮將控制信令鑲嵌在 PUSCH 中與數據一同傳送的方式會比較合適，其主要原因有二：其一是當用戶使用 SC-FDMA 技術時，控制信令藉由 PUCCH 傳送會造成較高的 PAPR，不利於上行信號傳送；其二是當系統使用較高的傳送功率時，若 PUSCH 和 PUCCH 使用的頻帶相距較分開，爲滿足頻帶外能量溢出的限制，則射頻電路在設計上較爲困難。綜上所述，5G NR 系統與 4G LTE-A 系統相同，皆是以經由 PUSCH 傳送控制信令的方式爲主，而 SC-FDMA 與 OFDMA 架構採用此方式的原理皆相同。

一般而言，因用戶已進入排程並配置可傳送數據的 PUSCH，因此無需額外傳送排程請求，只有 HARQ 資訊與 CSI 回報這兩種控制信令才會利用此機制，經由 PUSCH 傳送。原則上，基地台大致知道何時該期待用戶會傳送 HARQ 資訊，因此可以同時將 HARQ 資訊與數據一起解調，但當用戶傳送 HARQ 資訊時，將有一定機率會錯過下行控制通道的排程指配，故在此情況下，基地台仍可期待，但用戶並不會回傳 HARQ 資訊；另一方面，如果速率匹配方式會依 HARQ 資訊傳送與否而調整，則經過編碼後的位元將可能因錯過排程指配而影響，從而導致 UL-SCH 的數據解碼失敗。爲了避免這種錯誤情況發生，5G 系統採用的方案是，將編碼後的 UL-SCH 數據其中部分 HARQ 資訊位元，在速率匹配時給捨去，而未捨去的位元將不受 HARQ 資訊傳送與否影響。此外考量到一些特別的情況，如載波聚合或碼塊群組重傳，系統將可能有大量 HARQ 資訊的位元，此時至多只有兩個位元會被捨去。由於 DCI 會內含保留給 HARQ 資訊的資源數量，因此不管用戶是否錯過先前的排程指派，用於上行 HARQ 資訊回傳的資源數量爲已知的。

最後值得一提的是，在 UCI 中，由於 HARQ 資訊較爲重要，因此其位元會配置到第一個解調參考信號後的第一個 OFDM 符碼，而較不重要的 CSI 回報，其位元會配置於後續的 OFDM 符碼。

7-3 波束管理

前面第六章介紹的預編碼技術係基於用戶已與基地台建立連線，為使信號能提高增益而設計之預編碼器，主要使用數位信號處理技術。然而用戶欲與基地台建立連線前，抑或進入新的細胞，皆須執行特定程序才行，此程序即為波束管理 (beam management)，主要使用類比波束成形 (analog beamforming) 技術。用戶需先經過波束管理程序執行初始接取 (initial access)，連線建立後才可進一步設計預編碼器，而基地台在執行波束管理程序時，會傳送特定的同步信號供用戶實現時間與頻率上的同步，本節將先介紹波束管理中同步信號的架構，再介紹波束管理程序。

7-3-1 同步信號

為使用戶可以順利與基地台建立連線，基地台會固定傳送一特定信號，提供用戶搜尋所在細胞並執行初始接取的步驟，而基地台所發送的信號即為同步信號區塊 (synchronization signal block, SSB)，它會經由實體空間上的一特定方向波束傳送給用戶。同步信號區塊的架構如圖 7-16 所示，其佔據四個 OFDM 符碼與 240 個次載波，並由四種信號所組成，包含主要同步信號 (primary synchronization signal, PSS)、次要同步信號 (secondary synchronization signal, SSS)、實體廣播通道 (physical broadcast channel, PBCH)、與解調參考信號 (demodulation reference signal, DM-RS)，其中 PSS 與 SSS 在時域上分別佔據第一個與第三個 OFDM 符碼，並在頻域上佔據相同頻率位置的 127 個次載波，而 PSS 所在的其餘次載波皆會保留空白，SSS 所在的兩側會保留 8 個與 9 個空白次載波，兩側其餘的 48 個次載波則為 PBCH 使用，至於 PBCH 則會在第二至四個 OFDM 符碼傳送，並在配置為 PBCH 的所有次載波中，每四個次載波會配置一 DM-RS 作解調用，其餘次載波配置為 PBCH 信號。值得一提的是，系統配置為同步信號區塊的資源單位將不會被作為其他參考信號所用，而區塊內未配置的資源單位亦將保留不做任何用途；另一方面，由於同步信號區塊主要由同步信號 (SS) 與實體廣播通道 (PBCH) 組成，因此其亦表示為 SS/PBCH block。此外系統支援不同實體層參數的同步信號區塊，惟次載波間距為 60 kHz 的情況下並不支援傳送同步信號區塊，其餘實體層參數對應的同步信號區塊頻寬與持續時間，以及支援的頻率範圍，如表 7-4 所示。

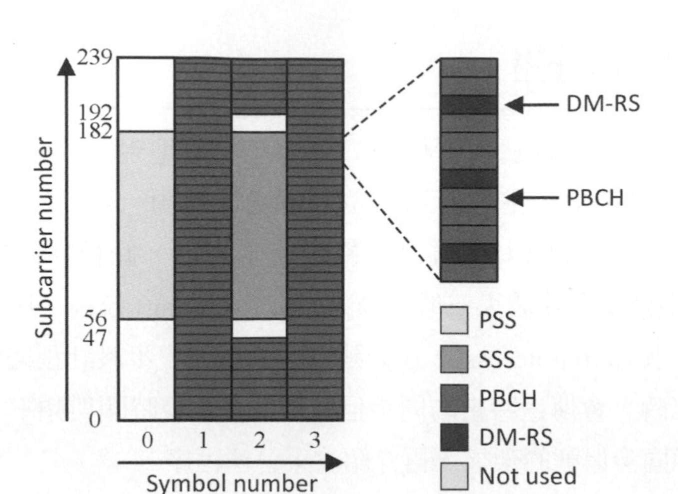

圖 7-16 同步信號區塊

表 7-4 不同實體層參數下同步信號區塊資訊 [9]

Numerology (kHz)	**SSB bandwidth** (MHz)	**SSB duration** (μs)	**Frequency range**
15	3.6	≈ 285	FR1 (< 3 GHz)
30	7.2	≈ 143	FR1
120	28.8	≈ 36	FR2
240	57.6	≈ 18	FR2

接著介紹不同信號的用途，PSS 係用戶與基地台連線或進入新的細胞需搜尋的第一個信號，其功用是讓用戶能與基地台在時間與頻率上實現同步，用戶一旦搜尋到 PSS，便可得知 SSS 的傳送時機；而 SSS 係用戶用來確認所在細胞的實體 Cell ID (physical cell identity, PCI)，具體來說用戶係透過 PSS 與 SSS 來確認 Cell ID。5G NR 系統支援 1008 個不同的 PCI，並將其分為三個具有 336 個不同 PCI 的集合，三個集合會對應到三種不同的 PSS 序列，而每個集合亦會對應到不同的 SSS，由於 PCI 會決定系統需使用的 PSS 序列與 SSS，因此用戶須先搜尋三種 PSS 序列確認 PCI 的集合，之後再搜尋其中的 SSS 即可確認所在細胞的實體 Cell ID；至於 PBCH 係用來攜帶主要資訊區塊 (master information block, MIB) 與多種系統資訊區塊 (system information block, SIB)，MIB 與各種 SIB 提供的資訊有所不同 [10]，其中較為重要的是 SIB1，其具有控制信令相關的資訊，包含用戶的搜尋空間、CORESET 與 PDCCH 相關的參數。

9 資料來源請參考 [9]。
10 MIB 與各種 SIB 的詳細內容請參考 [7] 至 [10]。

接下來分別介紹同步信號在頻域與時域上的特色，在頻域方面，於 4G LTE-A 系統中，由於 PSS 與 SSS 會被固定配置於整個載波的頻帶中心，因此用戶一旦得知載波的位置便能解調 PSS 與 SSS。然而 5G NR 系統支援更大的頻寬與更彈性的資源配置，因此系統引入了同步信號區塊的概念，其配置的頻率位置能根據實際情況而調整，而不再限制於整個載波的頻帶中心。從用戶的角度來看，由於搜尋細胞過程中並不知曉同步信號區塊的所在頻率，爲了提高用戶的搜尋效率，系統配置同步信號區塊的頻率會限制在特定的位置，因此用戶只需搜尋這些位置即可，而這些位置即爲 synchronization raster[11]。

在時域方面，SSB 傳送週期可從 5 ms 至 160 ms，一般情況預設每 20 ms 傳送一次 SSB，因此用戶在一特定頻率下等待此時間未搜尋到 SSB，即可跳到下一個頻率繼續搜尋。如前面所述，每一個 SSB 都會經由實體空間中一特定指向的波束所傳送，而 5G NR 系統支援多個 SSB 並分別由不同指向的波束傳送，此多個 SSB 會組成 SS burst set，如圖 7-17 所示。針對不同傳輸頻段與不同的次載波間距，SS burst set 的時域架構亦有所不同，圖 7-18 及圖 7-19 分別爲 FR1 與 FR2 下的 SS burst set 時域架構。值得注意的是，系統根據不同的傳輸頻率所支援的 SSB 數量不同，在 FR1 的頻段中，傳輸頻率低於 3 GHz 的情況最多支援 4 個，高於 3 GHz 的情況最多支援 8 個 SSB，而在 FR2 的頻段中則最多支援 64 個。

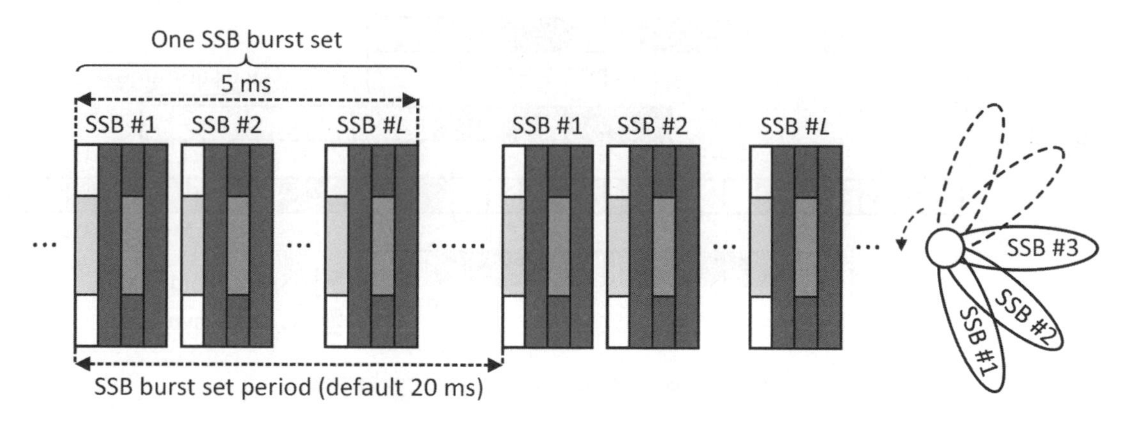

圖 7-17 SS burst set 示意

11 詳細內容請參考 [9]。

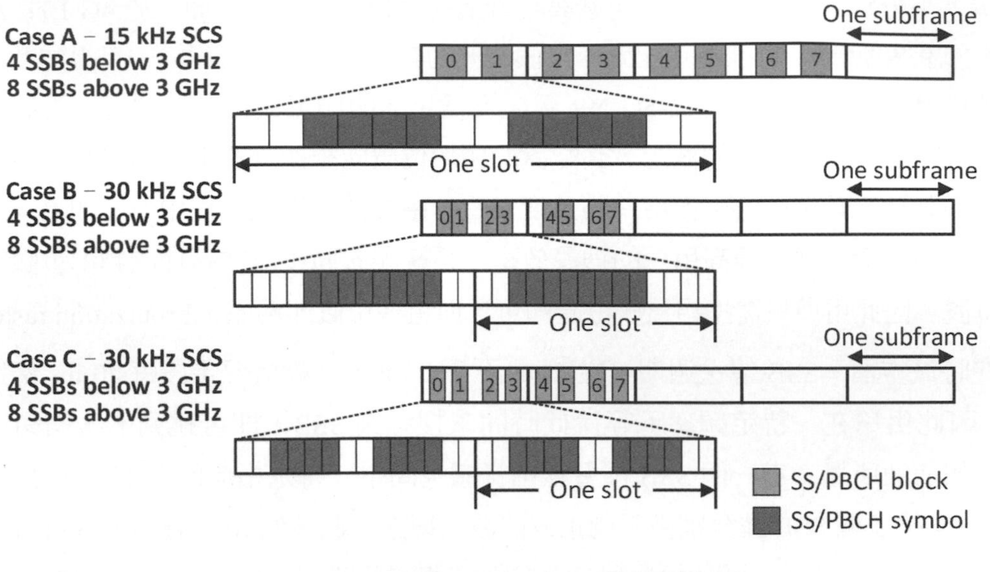

圖 7-18　FR1 下的 SS burst set 時域架構示意

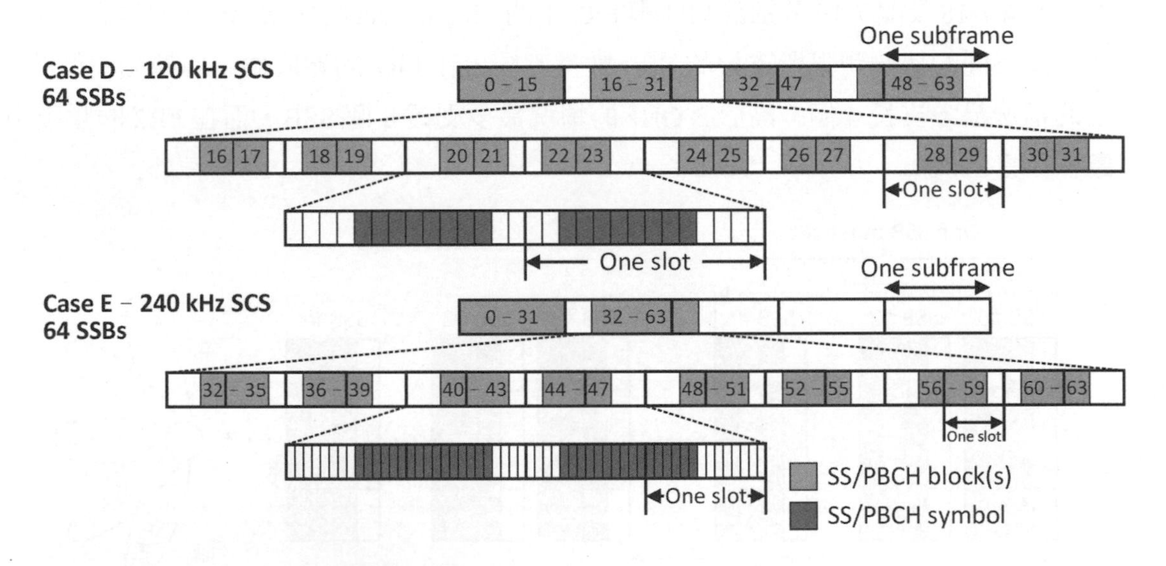

圖 7-19　FR2 下的 SS burst set 時域架構示意

7-3-2　波束管理程序

傳送端與接收端利用高指向性且高增益的波束，可強化傳輸路徑上的信號能量以提高數據的傳輸品質，而波束管理的主要目的即是建立並維持傳送端與接收端之間用於數據傳輸的最佳波束對 (beam pair)，尤其 5G NR 系統支援高頻率的毫米波 (millimeter wave) 頻段，毫米波的損失特性需仰賴波束成形技術配合才得以發揮優勢，因此波束管理極為重要。此外，最佳波束對在實體空間中並不一定對應傳送端與接收端直接指向彼此的波束，由於實際上可能存在傳輸路徑被障礙物遮擋的情況，而透過反射的方式可能得以提供較佳的傳輸路徑，因此波束管理須能處理上述兩種傳輸情況，如圖 7-20 所示。一般而言，下行傳輸合適的傳送端 (基地台) 與接收端 (用戶) 波束對，其亦適用於上行傳輸，因此本小節會著重介紹下行傳輸的波束管理，接下來將先針對規格書的內容做描述 [12]，再進一步介紹實務上的波束管理程序。

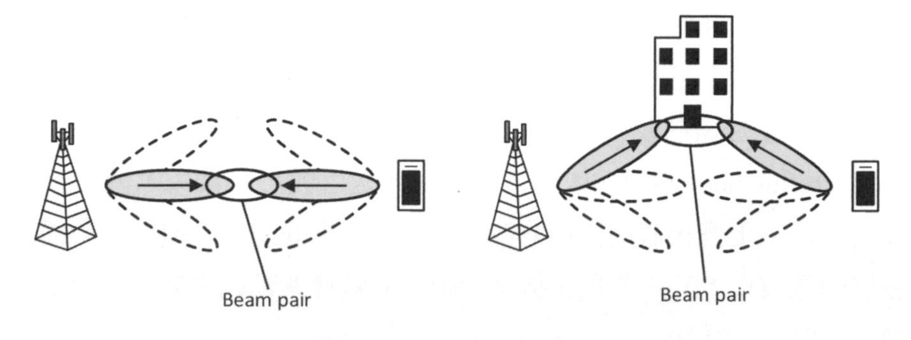

圖 7-20　最佳波束對示意

5G NR 定義的波束管理共分爲四個面向，包含波束掃瞄 (beam sweeping)、波束量測 (beam measurement)、波束決定 (beam determination)、與波束回報 (beam reporting)，其中波束掃瞄係指基地台與用戶在一特定時間內逐一切換多個指向性波束，而這些波束會涵蓋實體空間中一特定的角度範圍；波束量測係指用戶量測經由基地台指向性波束傳送的信號特性，或基地台量測經由用戶指向性波束傳送的信號特性 [13]，如參考信號接收功率 (reference signal received power, RSRP)；波束決定係指基地台或用戶根據波束量測的結果，選擇欲作爲傳送 / 接收的單一波束或多個波束；波束回報係指用戶根據波束量測的結果向基地台回報相關資訊，如波束傳送的信號特性或波束決定的資訊。此外，基地台可根據在下行通道用戶接收基地台利用波束傳送的信號其量測結果，決定上行傳輸時接收信號用的波束，亦可根據在上行通道基地台利用波束接收用戶傳送的信號其量測結果，決定下行傳輸時傳送信號用的波束；同理，用戶可根據在下行通道用戶利用波束接收基地台傳送的信號其量測結果，決定上行傳輸時傳送信號用的波束，亦可根據在上行通道基地台量測經由用戶單個或多個波束傳送的信號特性，並指示用戶可使用的波束，決定下行傳輸時接收信號用的波束。

除了波束管理的面向外，5G NR 定義三種不同的波束管理程序，其分爲 P-1、P-2 及 P-3 三個程序，如圖 7-21 所示，値得注意的是，此三個程序並非波束管理的執行順序，

12 波束管理的技術內容請參考 [6]。
13 下行傳輸時，用户處於閒置狀態與連線狀態係分別量測 SSB 與 CSI-RS 的信號特性；上行傳輸時，基地台量測 SRS 的信號特性。

而是作爲不同的用途。P-1 程序主要爲初始接取階段欲建立波束對的用途，對於可使用波束成形技術的基地台與用戶而言，基地台與用戶皆會掃瞄多個不同指向的波束，讓用戶可量測基地台利用波束傳送的信號特性，協助基地台選擇傳送信號用的波束與用戶接收信號用的波束，以建立最佳波束對；P-2 程序爲基地台作 beam refinement 的用途，用戶固定接收信號用的波束，基地台掃瞄波束並根據用戶接收信號的量測結果，可更換傳送信號用的波束。由於在初始接取階段已決定了具有指向性的寬波束，爲強化連線階段的數據傳輸品質，基地台可基於寬波束涵蓋的角度範圍資訊，進一步掃瞄在小角度範圍內的多個解析度較佳且指向較接近的窄波束，並從中選擇合適的波束作更換；P-3 程序爲用戶作 beam refinement 的用途，基地台固定傳送信號用的波束，用戶掃瞄波束接收信號並根據量測結果更換接收信號用的波束。値得一提的是，一般同步會需要使用涵蓋角度範圍較廣的寬波束，其主要用來傳送 SSB，而數據傳輸則需要使用能量集中的窄波束，其主要用來傳送 CSI-RS。

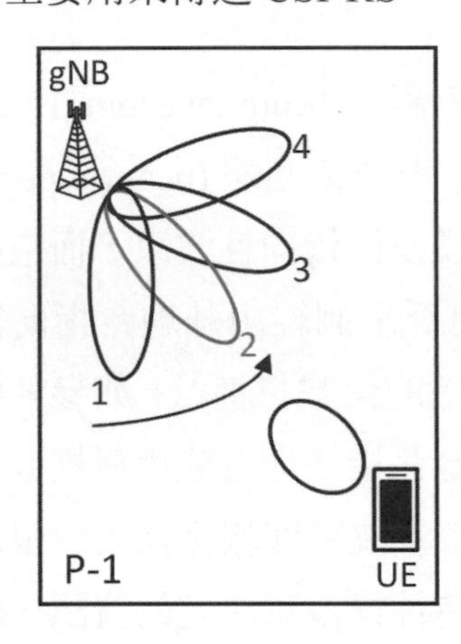

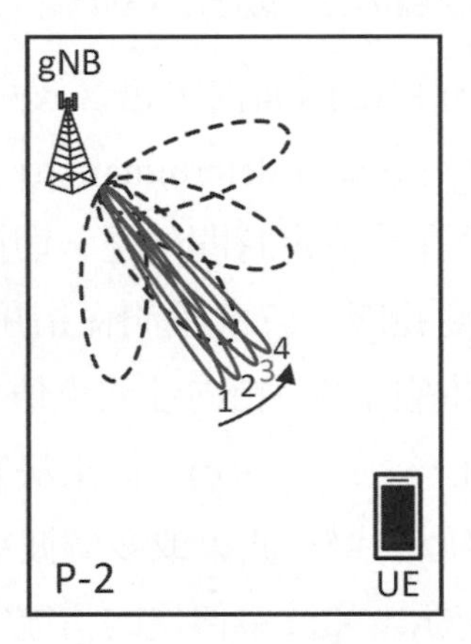

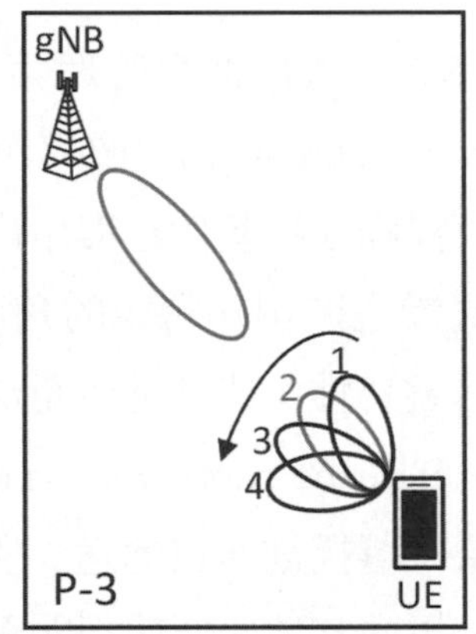

圖 7-21　波束管理程序示意

接著從實務上的角度來看，波束管理程序可分爲三個面向，分別爲初始波束建立 (initial beam establishment)、波束調整 (beam adjustment) 與波束恢復 (beam recovery)。初始波束建立即是基地台與用戶建立波束對的過程，主要執行 P-1 程序，用戶需在細胞搜尋的過程中，量測由基地台透過不同指向波束傳送的 SSB，以決定合適的波束，若用戶本身亦具有多個指向波束，則可掃瞄多個波束量測基地台的信號強度，以決定本身可配對基地台的波束。在波束調整方面，一旦建立初始波束對，由於用戶設備的移動或旋轉，或是環境中其他物體的移動可能遮擋到傳輸路徑，將導致數據傳輸的品質下降，因此系統需週期性的評估傳送端與接收端的波束指向，此時系統主要執行 P-2 與 P-3 程序，以重新選擇基地台與用戶合適的波束。値得注意的是，由於數據傳輸需要使用能量較集中的窄波束以提高傳輸速率，因此基地台在有數據傳輸需求的情況時，亦需執行 P-2 程序挑選合適的波束，尤其是初始波束建立之後的連線階段。

最後在波束恢復方面，某些情況下因環境中物體的移動或其他事件可能導致當前建立的波束對被快速遮擋，而沒有足夠的時間進行正常波束調整以適應該變化，此時系統將執行特定的故障 / 恢復程序。此特定程序包含：波束故障檢測、候選波束識別、恢復請求與網路回覆，其中波束故障檢測即是檢測發生波束故障的用戶，可藉由量測參考信號的 RSRP 來判斷是否發生波束故障；候選波束識別即是用戶嘗試搜尋可恢復連結的新波束對，此時可能 P-1、P-2 與 P-3 三個程序皆會執行；恢復請求與網路回覆即是若用戶已宣稱波束故障並找到新的候選波束對，則會傳送波束恢復請求予網路，並等待網路回覆以恢復連結。

7-4 毫米波系統與大規模多天線系統

在 5G NR 系統中，為獲得更多頻譜資源，毫米波頻段被引入，然而此頻段天然巨大的路徑損失會使系統擁有差勁的接收訊雜比。多天線技術為改善此問題的關鍵技術之一，利用更多的空間自由度 (degrees of freedom)，它可有效提升傳輸品質及傳輸速率。基本上，天線數量的提升，可提供更多處理系統缺陷以及強化系統通訊能力的自由度。基於此一認知，大規模天線技術藉由大幅增加天線數，獲得更多通訊的餘裕 (margin)。相較於傳統天線規模 (約 4~8 根)，大規模天線技術預期運作在數百根天線的規模，能提升頻譜使用率、降低能量消耗、提升系統穩定性甚至能增加系統的安全及保密能力。由於大規模多天線系統需在有限的面積容納巨量天線，而天線配置的間距會與載波波長有關，波長越短使得天線間的間距可配置較小，因此大規模多天線系統一般常應用於毫米波系統，接下來將詳細介紹毫米波系統與大規模多天線系統。

7-4-1 毫米波系統

現有無線通訊技術多致力於增加頻譜使用效率以期在有限頻譜資源中達到更高速傳輸。有限頻譜資源起因於現有無線通訊系統大多運作在低於 7 GHz 的頻段，導致這些頻段十分擁擠。事實上，在介於 7 GHz 與 300 GHz 的厘米波 (centimeter wave) 及毫米波 (millimeter wave) 頻段中，許多部分尚未被使用，若能適當利用該頻段，頻譜擁擠的問題便能迎刃而解，其中以毫米波的潛力更受矚目。

經由量測結果發現，毫米波頻段的通道特性與傳統無線通訊系統使用的低頻通道段特性有所不同。首先，毫米波通道的路徑損失遠高於傳統通道，如以下自由空間傳導模型 [14]：

$$P_R = \frac{G_T G_R \lambda^2}{(4\pi)^2 d^2 L} P_T \tag{7.1}$$

其中 P_R 與 P_T 分別代表接收及傳送功率，G_R 與 G_T 分別代表接收及傳送天線的增益，λ 代表載波波長，d 代表傳送天線與接收天線間的距離，L 代表系統損失因子 (system loss factor)。由 (7.1) 可知當波長較小時，接收端與傳送端接收功率的比值降低，亦即路徑損失增大。當使用毫米波頻段時，由於波長極小，因此較傳統系統遭受更大的路徑損失。

除較大的路徑損失外，毫米波也因較小波長而導致其繞射效應十分微弱，如此毫米波系統在視線 (line-of-sight, LoS) 環境時，其表現近乎自由傳導，亦即路徑損失因子 (path loss factor) 接近 2；相反的，由於繞射效應微弱，毫米波系統在非視線 (non-line-of-sight, NLoS) 環境下只能藉由反射路徑傳輸信號，因此信號遭受更大的損失，反映在模型中即是路徑損失因子較 LoS 環境大 [15]。毫米波的穿透損失極大，極易被障礙物所遮擋，無法穿過牆壁傳送信號。由於上述效應，毫米波系統無法藉由佈建在室外的基地台傳送信號給室內用戶，必須在室內另外佈建基地台或分散式天線系統 (distributed antenna system, DAS)；此外大穿透損失也使得系統較易受到其他物件如樹葉、車輛的影響而使信號能量受到額外的損耗。最後，毫米波通道的角度擴散 (angle spread) 較小，原因爲有效散射物較少；事實上，毫米波通道較趨近於 LoS 環境，並容易產生低秩 (low rank) 的通道環境。

毫米波的通道特性對系統而言，有利亦有弊。系統可藉由使用小波長信號，在較小的空間內裝置較多天線，如此有利於大規模多天線系統的使用；系統可藉由波束成形技術提供高指向性及高空間增益，補償較嚴重的路徑損失，並大幅降低視線外的干擾。由於毫米波的路徑損失嚴重，細胞半徑多無法超過 200 公尺 [16]，因此需佈建較多基地台而使成本提高，但在另一方面，也可使頻率使用效率大幅提高；此外，毫米波細胞大小恰好適用於未來將廣泛佈建的小細胞異質性網路。最後値得注意的是，由於毫米波系統的硬體如射頻電路有較高的成本及能耗，因此硬體限制對系統設計有極大影響。舉例而言，目前針對毫米波系統設計的波束成形技術，並非所有天線皆可裝置放大器，因此只使用相移器 (phase shifter) 而不調整信號強度，此外相位調整的數值也被限制在有限範

14 請參考第二章 2-2-1。
15 其實際數值隨著頻段與環境變動，其量測值皆超過 2，甚至可高達 4.6 [13]。
16 請參考 [13]。

圍內，以降低硬體要求。未來的毫米波系統的運作場景如圖 7-22 所示，其有兩個特點：(1) 系統皆使用高指向性的波束成形技術傳輸信號；(2) 由於高指向性波束成形及大頻寬的使用，系統有機會提供如同光纖般的傳輸速率與穩定性，並可用來作爲無線後傳線路 (backhaul) 使用。

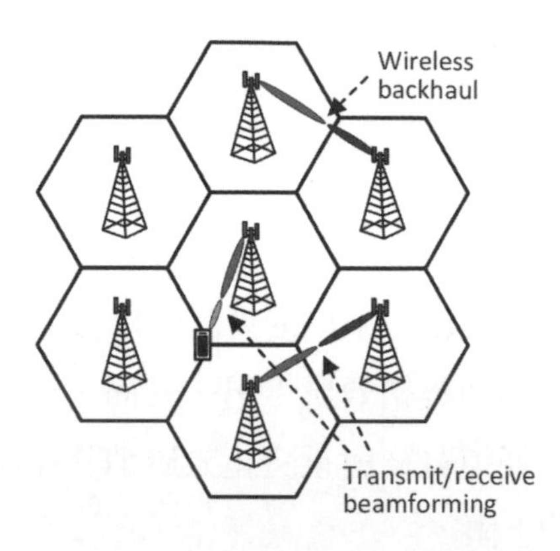

圖 7-22 毫米波系統運作示意

7-4-2-1 大規模多天線技術基本概念與優勢

多天線技術可強化通訊系統效能，而大規模多天線技術擴大運用此特色進一步提供通訊系統更多餘裕。在實際考量下，大規模多天線只能運用在基地台端，即便如此，它仍可帶來許多優勢，除了因爲較多天線可以提供空間自由度外，大量天線的環境亦會帶來兩種特別現象：通道凝結 (channel hardening) 及通道正交化 (channel orthogonalization)。這兩種效應可使小規模衰落效應消失，並降低用戶自身 (intra-user) 及用戶間 (inter-user) 的干擾，因此額外提供了更多系統面的優勢。考慮多天線系統信號模型如下：

$$\mathbf{y} = \mathbf{H}\mathbf{x} + \mathbf{n} \tag{7.2}$$

其中 $\mathbf{y}$ 爲接收信號向量，$\mathbf{x}$ 爲傳送信號向量，其總功率爲 P，$\mathbf{H}$ 爲 $N_R \times N_T$ 小尺度衰落通道矩陣，其各個元素爲 i.i.d.，且功率皆爲 1，$\mathbf{n}$ 是高斯雜訊向量，其各個元素功率皆爲 σ_n^2。由於基地台使用大規模多天線，在下行傳輸時，傳送天線數遠大於接收天線數 ($N_T \gg N_R$)，系統容量爲[17]

$$C_D = \log_2 \det\left(\mathbf{I}_{N_R} + \frac{\gamma}{N_T}\mathbf{H}\mathbf{H}^H\right) \approx N_R \log_2(1+\gamma) \tag{7.3}$$

17 請參考第四章 4-3-2。

其中 $\gamma = P/\ \sigma_n^2$ 爲 SNR。在上行傳輸時，接收天線數遠大於傳送天線數 ($N_R \gg N_T$)，系統容量爲

$$C_U = \log_2 \det\left(\mathbf{I}_{N_T} + \frac{\gamma}{N_T}\mathbf{H}^H\mathbf{H}\right) \approx N_T \log_2\left(1 + \frac{N_R\gamma}{N_T}\right) \tag{7.4}$$

(7.3) 與 (7.4) 式的近似來自於大數法則如下：

$$\mathbf{H}\mathbf{H}^H \approx N_T\mathbf{I}_{N_R} \quad ; \quad \mathbf{H}^H\mathbf{H} \approx N_R\mathbf{I}_{N_T} \tag{7.5}$$

觀察 (7.3) 與 (7.4) 式可發現，原本 **H** 中小尺度衰落的影響消失，亦即不論原本 **H** 爲何，系統容量都與其無關，此即爲通道凝結效應；另一方面，天線間干擾也因大數法則而消失，此即爲通道正交化效應。通道凝結與正交化效應消除了小尺度衰落與天線間干擾影響，使得系統容量達到理論的上限。

在通道正交化效應下，下行傳送端可使用簡單的匹配預編碼器 (matched precoder) $\mathbf{F} = \mathbf{H}^H$ 消除接收天線間干擾，而上行接收端可使用簡單的匹配解碼器 (matched decoder) $\mathbf{G} = \mathbf{H}^H$ 消除傳送天線間干擾，因此傳送機與接收機的複雜度可大幅降低。另一方面，藉由通道凝結與通道正交化效應，配備大規模多天線的基地台可同時提供多個同頻道用戶幾近無相互干擾且極穩定的傳輸環境，此即爲空間分割多重接取 (space division multiple access, SDMA) 所追求的目標。

大規模多天線技術亦有其他伴隨的優點。首先，由於天線增益極大，每根天線所需傳送功率極小，可減輕射頻電路的負擔；其次，由於小規模衰落消失，通道狀況穩定，系統可持續透過良好通道傳送數據，提供高品質的服務；最後，由於空間自由度極大，系統可利用這些自由度設計對抗缺陷的機制，如低 PAPR 機制，或對抗射頻缺陷的機制。現行研究發現，爲能實現上述大規模多天線技術的優點，天線數量須高達數百，此時通道凝結及通道正交化的效應較能明顯；即使未達到如此規模，大規模多天線系統仍能利用眾多的空間自由度達到相當高的效能增益。

7-4-2-2 大規模多天線技術的系統架構

爲了實現大規模天線技術的優點，現行常用的大規模多天線系統主要分爲三種系統架構，分別爲類比波束成形 (analog beamforming)、數位波束成形 (digital beamforming)、與混合波束成形 (hybrid beamforming)，此三種各有其特色，系統可根據需求選擇適合的架構配置。由於接收端的架構與傳送端相同，因此本小節將以傳送端爲主，接下來將介紹這三種系統架構各自的特色。

類比波束成形架構

類比波束成形的架構示意如圖 7-23 所示，此架構係由一組基頻信號處理元件、一組射頻鏈路 (RF chain) 與多根天線所組成，其中射頻鏈路一般代表 D/A 轉換器 (digital-to-analog converter, DAC)、A/D 轉換器 (analog-to-digital converter, ADC)、低通濾波器 (low-pass filter, LPF) 與本地振盪器 (local oscillator, LO) 等相關射頻元件的集合，而多根天線會形成一組天線陣列，且每根天線皆會搭配相移器與功率放大器 (power amplifier, PA) 以調整信號的相位與功率。類比波束成形架構所使用的技術即爲第二章 2-4-1 介紹的波束成形技術，透過調整每根天線的相移器，使所有天線間的相位差，可符合特定指向的指引向量 (steering vector) 所對應到的相位差，如此將可強化信號在實體空間中特定指向的傳輸品質。値得一提的是，由於射頻鏈路包含造價昂貴的射頻元件，如 A/D 轉換器或 D/A 轉換器，相較於天線而言，射頻鏈路的成本高出許多，而類比波束成形架構只使用一組射頻鏈路，故此架構實現的成本相較於數位與混合波束成形架構較爲便宜。

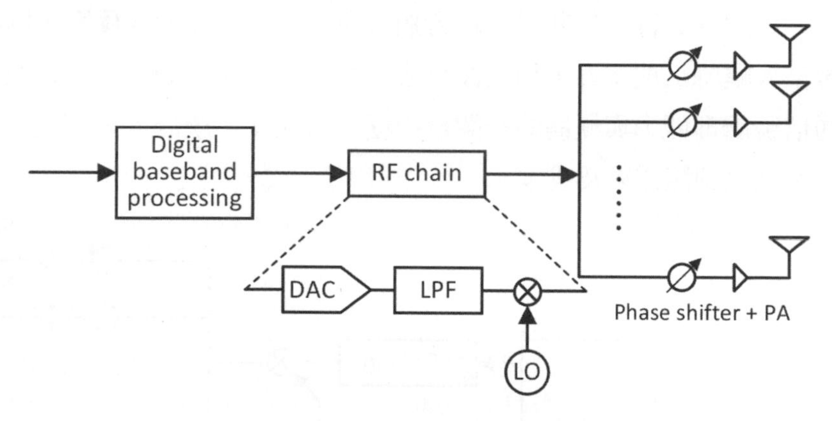

圖 7-23 類比波束成形架構示意

數位波束成形架構

數位波束成形的架構示意如圖 7-24 所示，此架構係由數組基頻信號處理元件、數組射頻鏈路與數根天線所組成，一般常見的架構爲每根天線會配置一組射頻鏈路，以利系統可針對每根天線的基頻信號做處理，系統可根據需求將各個數據流搭配使用第四章介紹的多天線技術，或第六章介紹的預編碼技術，以決定每根天線欲傳送的信號。此架構的優點爲多組基頻信號元件與射頻鏈路可提供極佳的信號處理能力與極高的空間自由度，惟隨著射頻鏈路的個數增加將會導致整個系統成本提高。

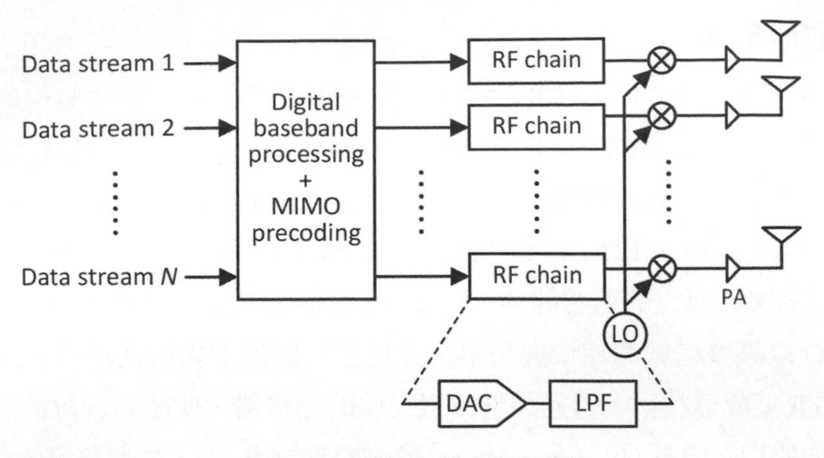

圖 7-24　數位波束成形架構示意

混合波束成形架構

混合波束成形的架構示意如圖 7-25 所示，此架構為類比與數位波束成形架構的結合，將原本數位波束成形架構所具備一組射頻鏈路會配置一根天線的特性，改為一組射頻鏈路會配置一組陣列天線，如此將能結合類比與數位波束成形的優點，除了經由減少射頻鏈路個數來大幅降低成本外，類比波束成形強化傳輸品質的特性，以及數位波束成形提供極佳的信號處理能力與極高的空間自由度，將能使系統於實現趨近數位波束成形效能時，擁有較低之硬體需求及成本。

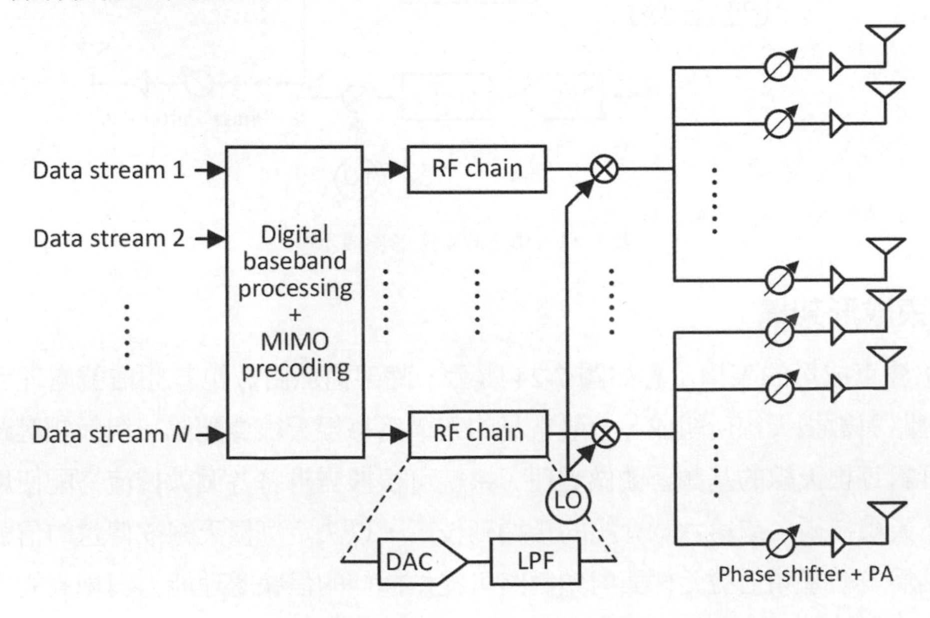

圖 7-25　混合波束成形架構示意

7-5 傳輸模式

5G NR 系統引入了多天線技術，並大幅利用此技術改善系統效能，多天線技術的運用因此成爲十分關鍵的議題；由於通道環境多變化，爲使不同的多天線技術能適用於不同環境，5G NR 系統可支援多個傳輸模式，分別對應到不同多天線傳輸方式，系統根據通道的變化，可在不同傳輸模式間切換，利用動態調整優化系統效能。本節與第六章不同的是，第六章著重介紹基頻信號的預編碼技術，而本節則著重介紹系統如何決定預編碼的運作機制。

7-5-1 下行傳輸模式

下行傳輸模式較爲複雜，除了最簡單的單天線埠傳輸外[18]，由於 5G NR 系統支援 FR1 與 FR2 兩種頻段的數據傳輸，且不同頻段支援的傳輸模式有所不同，圖 7-26 所示爲系統支援的下行傳輸模式。在 FR1 頻段的情況下，由於基地台主要使用單一板，因此傳輸模式的差別爲參考信號使用上的差異，其分爲單組 CSI-RS 傳輸、多組 CSI-RS 傳輸、及基於 SRS 的傳輸；至於在 FR2 頻段的情況下，由於基地台可使用單一板或多個板，因此傳輸模式可分爲單板天線陣列的傳輸及多板天線陣列的傳輸。値得注意的是，上述所提的板皆爲邏輯上的天線埠集合，且每個天線埠會有其對應的實體天線或天線陣列。接下來將針對各種下行傳輸模式做介紹。

18 單天線埠傳輸對應到本書 6-4-3 中所介紹的單天線埠預編碼技術。

Downlink MIMO operation in sub-7 GHz

Single CSI-RS	Multiple CSI-RS	SRS-based
• CSI-RS may be beamformed • Allows codebook feedback • gNB transmit CSI-RS; UE computes RI/PMI/CQI • Codebooks are defined for up to 32 ports	• Combines beams selection with codebook feedback (multiple beamformed CSI-RS with CRI feedback) • gNB transmit one or more CSI-RS, each in different directions; UE computes CRI/PMI/CQI • Maximum of 32 ports per CSI-RS	• Exploits TDD reciprocity feature • Similar to SRS-based operation in 4G LTE-A • UE transmits SRS, gNB computes precoding weights

gNB
CSI-RS (32 ports)
UE
RI/PMI (32)/CQI
gNB
CSI-RS (8 ports)
CSI-RS (8 ports)
CSI-RS (8 ports)
CSI-RS (8 ports)
UE
CRI/RI/PMI/CQI
gNB
SRS
UE
RI/CQI

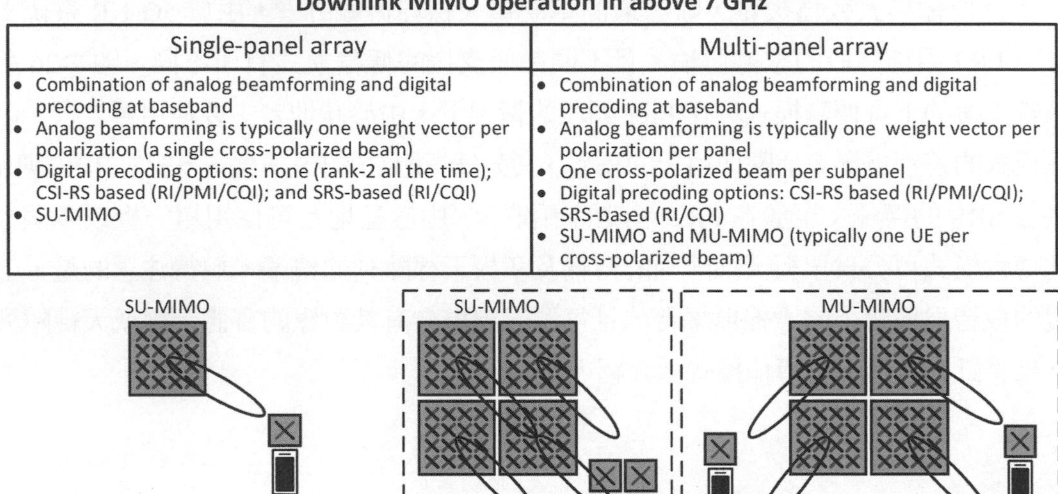

Downlink MIMO operation in above 7 GHz

Single-panel array	Multi-panel array
• Combination of analog beamforming and digital precoding at baseband • Analog beamforming is typically one weight vector per polarization (a single cross-polarized beam) • Digital precoding options: none (rank-2 all the time); CSI-RS based (RI/PMI/CQI); and SRS-based (RI/CQI) • SU-MIMO	• Combination of analog beamforming and digital precoding at baseband • Analog beamforming is typically one weight vector per polarization per panel • One cross-polarized beam per subpanel • Digital precoding options: CSI-RS based (RI/PMI/CQI); SRS-based (RI/CQI) • SU-MIMO and MU-MIMO (typically one UE per cross-polarized beam)

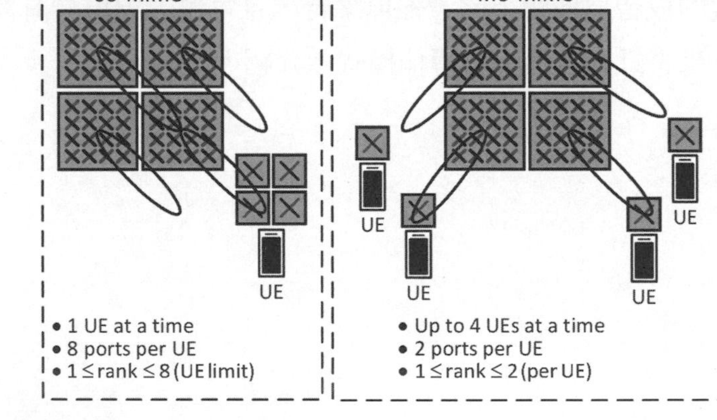

圖 7-26　下行傳輸模式

單組 CSI-RS 傳輸

單組 CSI-RS 傳輸主要適用於 7 GHz 以下的數據傳輸，其方式爲基地台會先決定欲使用的 CSI-RS 天線埠，並傳送參考信號予用戶做通道估計用，而用戶則根據通道狀況回傳給基地台建議的秩指示器 (rank indicator, RI)、預編碼器矩陣指示器 (precoder matrix indicator, PMI)、通道品質指示器 (channel quality indicator, CQI)，其中 RI 對應到建議的傳送層數、PMI 對應到建議使用的預編碼器、CQI 則對應到建議的調變編碼方

案 (modulation-and-coding scheme, MCS)。值得注意的是，一組 CSI-RS 最多支援 32 個 CSI-RS 天線埠。

多組 CSI-RS 傳輸

多組 CSI-RS 傳輸主要適用於 7 GHz 以下的數據傳輸，其方式與單組 CSI-RS 傳輸類似，同樣爲基地台會先決定欲使用的 CSI-RS 天線埠，並傳送參考信號予用戶做通道估計用，而用戶亦會根據通道狀況回傳給基地台建議的 RI、PMI 及 CQI，惟最大的不同是由於此傳輸模式爲多組 CSI-RS，因此基地台可將不同組 CSI-RS 傳送於實體空間中的不同方向，且每組 CSI-RS 皆有其相對應的時頻資源與編號，供用戶根據通道狀況決定合適的 CSI-RS，並利用 CSI-RS 資源指示器 (CSI-RS resource indicator, CRI) 回傳給基地台建議使用的 CSI-RS。值得注意的是，用戶回傳給基地台建議使用的 CSI-RS 可爲單組 CSI-RS 或多組 CSI-RS，且每組 CSI-RS 最多亦支援 32 個 CSI-RS 天線埠。

基於 SRS 的傳輸

基於 SRS 的傳輸主要適用 7 GHz 以下的數據傳輸，其方式即爲非基於碼簿的傳輸，而預編碼決定的原理係利用通道互易性 (reciprocity) 的特性，在 TDD 系統的假設下，下行通道的通道狀況可由上行通道推導得知，因此基地台須要求用戶於上行通道傳送 SRS，再利用其得到通道狀態資訊以計算合適的預編碼器。

單板天線陣列的傳輸

單板天線陣列傳輸主要適用於 7 GHz 以上的數據傳輸，由於傳輸頻率較高，信號受路徑損失的影響較爲顯著，因此基地台一般會搭配使用波束成形技術 (類比波束成形技術) 以提高信號在實體空間中特定方向上的傳送功率，具體而言，基地台會優先執行波束掃瞄以決定適合的波束，之後再決定基頻信號的預編碼器。由於基地台主要使用單一板，且每個板一般會使用一個特定指向的交叉極化波束，因此此傳輸模式支援單用戶 MIMO 傳輸；另一方面，由於單一高指向性波束可提供通道的秩數有限，故每個用戶最多支援兩個層的傳輸，其預編碼器的決定方式共分爲三種，分別爲不使用預碼編技術、基於碼簿的預編碼技術、及非基於碼簿的預碼編技術，而基於碼簿及非基於碼簿的預編碼技術與在 7 GHz 以下傳輸的原理相同。

多板天線陣列的傳輸

多板天線陣列傳輸主要適用於 7 GHz 以上的數據傳輸，其原理與單板天線陣列傳輸相同，惟將單一板增加為多個板，因此此傳輸模式可支援單用戶 MIMO 傳輸，也可支援多用戶 MIMO 傳輸；另一方面，由於增加的板可提供額外的指向性波束而增加通道的秩數，因此單用戶 MIMO 傳輸可支援最多八個傳送層，而對多用戶 MIMO 傳輸而言，每個用戶通常會對應到一個板，故每個用戶最多支援兩個層的傳輸。此傳輸模式的預編碼器決定方式共為兩種，分別為基於碼簿的預編碼技術及非基於碼簿的預碼編技術，而基於碼簿及非基於碼簿的預編碼技術與在 7 GHz 以下傳輸的原理相同。

7-5-2 上行傳輸模式

上行傳輸模式較下行傳輸模式簡單，此因大部分的處理工作可在基地台完成，不需讓用戶端增加太多負擔。上行傳輸模式除了最簡單的單天線埠傳輸外[19]，規格書中所描述的模式主要分為兩種：基於碼簿的傳輸及非基於碼簿的傳輸，接下來將針對此兩種傳輸模式做介紹。

基於碼簿的傳輸

基於碼簿的傳輸模式主要係由基地台決定上行傳輸的傳送層數(秩數)及預編碼器，並透過上行排程將此資訊告知用戶，讓用戶使用對應的預編碼器，而用戶可配置至少一個以上的天線埠傳送 SRS，以利基地台透過參考信號估計通道，從而選擇用戶合適的傳送層數及該層數下所對應的預編碼器。基地台在選擇預編碼器時，除了須考量通道狀況決定傳送層數外，亦須考量用戶設備是否支援不同天線埠其信號可做線性結合的相關性處理，舉例而言，圖 7-27 說明四個天線埠且單層傳輸下的預編碼器使用情形，根據天線埠之間的相關性可分為無相關、部分相關與全相關，對於天線埠間無相關的用戶設備，基地台僅能挑選四種預編碼器做天線埠選擇；而對於天線埠間全相關的用戶設備，由於所有天線埠的信號可做線性結合處理，因此基地台可從碼簿所有預編碼器中挑選；當然實際上用戶設備可能僅支援部分天線埠的信號可做線性結合處理，此時基地台可挑選的預編碼器則會根據用戶設備的能力而定。

---

19 單天線埠傳輸對應到本書 6-5-2 中所介紹的單天線埠預編碼技術。

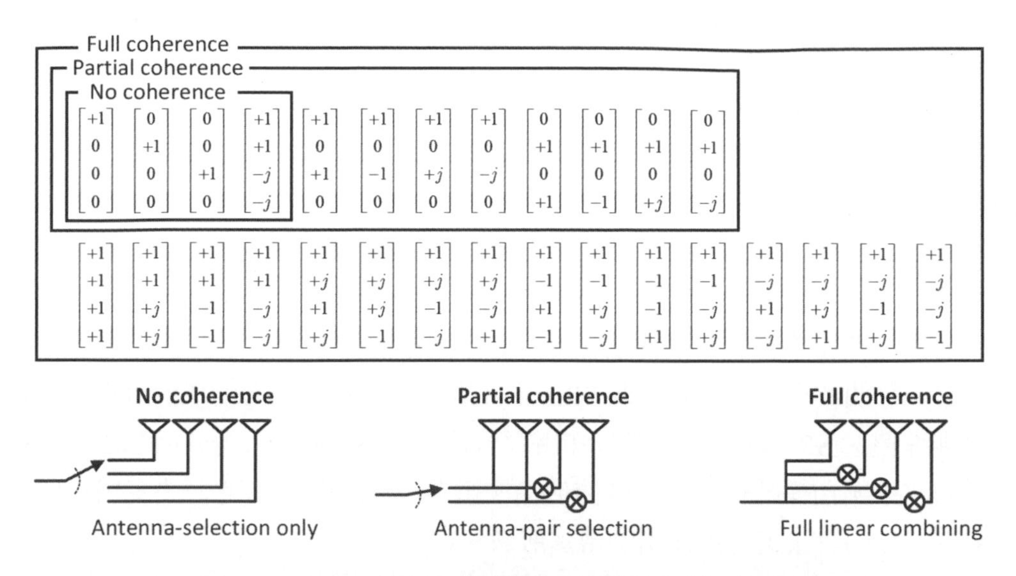

圖 7-27 四個天線埠且單層傳輸下的預編碼器使用情形示意

相較於 4G LTE-A，5G NR 基於碼簿的傳輸亦支援配置多個波束傳送多天線埠 SRS，如圖 7-28 所示，用戶會利用實體空間中多個不同指向的波束傳送多天線埠 SRS 給基地台，且每個波束所配置的 SRS 皆有其代表的編號，之後基地台可基於不同波束傳送的 SRS 進行通道估計，再利用 SRS 資源指示器 (SRS resource indicator, SRI) 告知用戶合適的 SRS 編號，以及相對應的秩數與預編碼器，最後用戶須使用 SRS 編號所對應的波束，並搭配基地台配置的預編碼器進行數據傳輸。一般而言，用戶會使用波束寬度較大的波束傳送多天線埠的 SRS，若用戶具有多個不同的板，則不同板可使用不同指向的波束，且每個板皆有特定一組射頻天線會對應到每個 SRS 的天線埠。此外，如圖 7-28 的上半部分所示，在滿秩的傳輸情況下，用戶須使用由基地台透過 SRI 指示所對應的寬波束以進行數據傳輸，而在單秩的傳輸情況下，用戶實際上會在由基地台透過 SRI 指示所對應的寬波束內，額外使用較窄的波束，如圖 7-28 的下半部分所示。

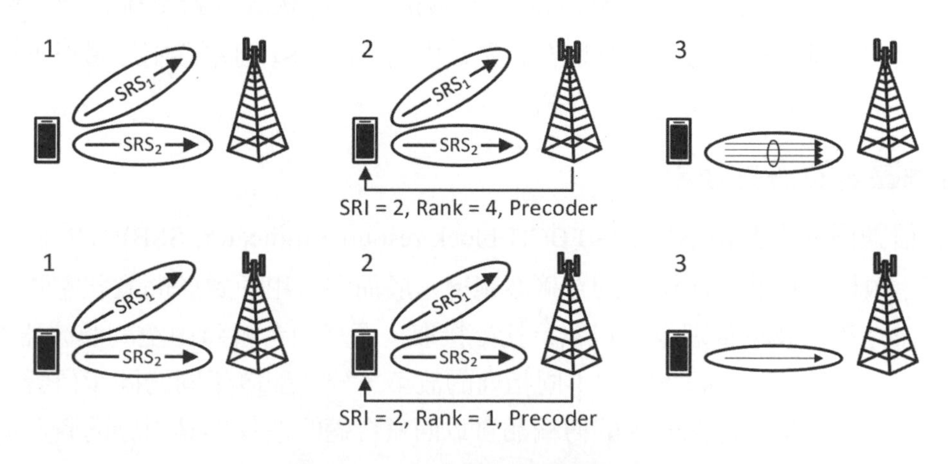

圖 7-28 上行基於碼簿的傳輸示意

非基於碼簿的傳輸

非基於碼簿的傳輸模式主要係由用戶根據下行通道估計設計出數個候選上行預編碼器後，基地台再根據各個候選上行預編碼器之效能，決定上行傳輸的傳送層數 (秩數) 及預編碼器，並透過排程將此資訊告知用戶。圖 7-29 爲上行非基於碼簿的傳輸示意，非基於碼簿的傳輸原理主要是利用下行通道估計與互易性，基地台會於下行通道傳送 CSI-RS 供用戶估計通道，而用戶可根據通道狀況計算出若干個合適的候選預編碼器，且每個候選預編碼器皆屬於一個傳送層並對應不同指向的波束，爲方便基地台決定合適的預編碼器，每個波束亦會配置一個 SRS 並有其代表的編號，之後基地台可根據實際情況，透過排程傳送 SRS 資源指示器告知用戶合適的 SRS 編號，最後用戶須使用 SRS 編號所對應的波束與預編碼權重進行數據傳輸。值得一提的是，基地台決定用戶所使用的預編碼權重，也同時決定了可使用的傳送層數。

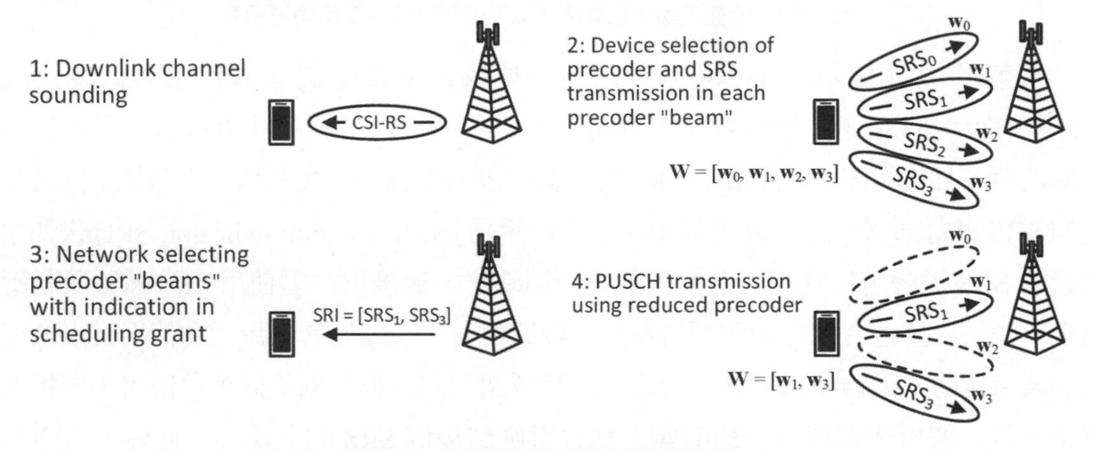

圖 7-29　上行非基於碼簿的傳輸示意

7-5-3　通道狀態資訊與鏈結調適

爲適當使用不同傳輸模式，5G NR 系統須根據通道狀況針對系統資源、傳送層數及傳輸模式做出選擇與配置，而基地台即是藉由用戶的 CSI 回報機制以獲得下行通道狀態，本小節將針對 CSI 回報內容做介紹。

同步信號區塊資源指示器

同步信號區塊資源指示器 (SS/PBCH block resource indicator, SSBRI) 的功用在告知基地台用戶根據通道狀況所決定的合適波束。一般而言，用戶處於閒置狀態時，欲與基地台連線需先透過波束管理程序以執行初始接取，而基地台會將由空間濾波器 (類比波束成形技術) 所產生的實體空間中不同指向的波束，分別配置不同的同步信號區塊資源並編號，供用戶可量測每個資源的傳輸品質以回報合適的波束與其對應的資源編號。值得一提的是，由於回傳 SSBRI 對應的波束需用來傳送用戶整個頻帶的資源，因此它具有頻率非選擇性 (frequency non-selective)。

通道狀態資訊參考信號資源指示器

通道狀態資訊參考信號資源指示器 (CSI-RS resource indicator, CRI) 的功用在告知基地台用戶根據通道狀況所決定的合適波束，其與同步信號區塊資源指示器不同之處在於，此種指示器主要使用在用戶已處於連線狀態的情況。因用戶欲進行數據傳輸前，爲了強化傳輸品質，基地台一般會使用寬度較窄且能量集中的波束，同樣會將由空間濾波器 (類比波束成形技術) 所產生的實體空間中不同指向的窄波束，分別配置不同 CSI-RS 資源並編號，供用戶可量測每個資源的傳輸品質以回報合適的波束與其對應的資源編號，之後便可利用此波束執行其他的 CSI 回報，如秩指示器、預編碼器矩陣指示器、通道品質指示器。值得一提的是，由於回傳 CRI 對應的波束需用來傳送用戶整個頻帶的資源，因此它亦具有頻率非選擇性。

秩指示器

秩指示器 (rank indicator, RI) 的功用在告知基地台用戶所判斷通道矩陣的秩，或建議傳送的層數，RI 只在傳輸模式支援空間多工時才回報。因通道矩陣與頻率有關，理想上每個資源區塊都應有 RI，但實際上由於回傳開銷的考量，回傳的 RI 具有頻率非選擇性，亦即在考慮整個系統頻帶後，用戶只回傳一組 RI 代表整個頻帶的狀況。

預編碼器矩陣指示器

預編碼器矩陣指示器 (precoder matrix indicator, PMI) 的功用在告知基地台用戶所建議使用的預編碼器，而使用的碼簿是根據 RI 而定，換言之，用戶假設基地台傳送的層數與 RI 相同。舉例而言，當 RI 爲 2 時，用戶在層數爲 2 的碼簿中挑選適合的預編碼器，並回傳其編號。PMI 的回傳可具有頻率選擇性 (frequency selective)，它可針對不同的次頻帶建議不同的 PMI，但仍無法對個別資源區塊建議。最後，基地台可限制回傳碼簿範圍，以避免用戶回報使用機率不高的預編碼器。

通道品質指示器

通道品質指示器 (channel quality indicator, CQI) 的功用在告知基地台 PDSCH 數據傳輸區塊錯誤率 (block error rate, BLER) 不超過 10% 前提下，可使用的最高速率 MCS。CQI 的功能就等效於回傳用戶在接收端的 SINR，不直接回傳 SINR 的原因有三：首先，不同用戶的接收機效能不同，其等效 SINR 亦有不同；其次，SINR 是連續數值，需經量化才能回傳，而 CQI 即帶有量化功能；最後，回傳 CQI 可以降低基地台評估 MCS 的負擔，將使用機率不高的 MCS 直接剔除。

CQI 的回傳模式有兩種：wideband CQI 及 selected subband CQI。Wideband CQI 係將整個系統頻帶的效應平均考量後，只回傳一組 CQI； Selected subband CQI 則針對某些次頻帶分別回傳相對應的 CQI。事實上 selected subband CQI 將整個系統頻帶平均分成固定大小的次頻帶，每個次頻帶包含若干個資源區塊，並選擇其中最好的數個次頻帶回傳，其數量係由系統頻帶大小決定。CQI 對應的 MCS 如表 7-5 所示，其中的碼率指的不是通道編碼率，而是總和考量控制信號及參考信號後的實際傳送數據速率；值得注意的是，下行通道共支援 29 種不同的 MCS，但 CQI 僅有 16 個值，此差異係為了降低回傳開銷，因 29 種 MCS 需使用五個位元才能充分表示，而 CQI 回報只需使用四個位元，每次 CQI 回傳即可節省一個位元的開銷，惟其代價是回傳的 CQI 無法唯一決定 MCS。

表 7-5　CQI 與 MCS 的對應關係 [20]

CQI index	Modulation	Approximate code rate	Efficiency (information bits per symbol)
0	No transmission	--	--
1	QPSK	0.076	0.1523
2	QPSK	0.12	0.2344
3	QPSK	0.19	0.3770
4	QPSK	0.3	0.6016
5	QPSK	0.44	0.8770
6	QPSK	0.59	1.1758
7	16-QAM	0.37	1.4766
8	16-QAM	0.48	1.9141
9	16-QAM	0.6	2.4063
10	64-QAM	0.45	2.7305
11	64-QAM	0.55	3.3223
12	64-QAM	0.65	3.9023
13	64-QAM	0.75	4.5234
14	64-QAM	0.85	5.1152
15	64-QAM	0.93	5.5547

20　資料來源請參考 [10]，而支援 256-QAM 情況下 CQI 與 MCS 的對應關係請參考相同的資料來源。

層指示器

層指示器 (layer indicator, LI) 的功用在告知用戶基地台所使用的預編碼器中信號強度最強的傳送層，其一般為基地台傳送 PDCCH 或於 PDSCH 傳送 PT-RS 時一併傳送。值得一提的是，因系統可針對不同的次頻帶建議不同的 PMI，而不同 PMI 會有其相對應信號強度最強的傳送層，因此回傳的 LI 具有頻率選擇性。

鏈結調適

5G NR 系統根據通道狀況、封包 QoS 要求及先前 HARQ 的狀況調整用戶資源配置、傳送層數及傳送速率等參數，如圖 7-30 所示，其中鏈結調適 (link adaptation) 即是基地台最佳化系統傳送速率及傳送層數的處理程序，它與傳輸模式及 CSI 回報息息相關。傳送速率係由 MCS 控制，根據不同的通道編碼率及調變階數可調整實際傳輸數據的速率，較高的傳送速率需有較佳的通道狀況方能實現。下行通道支援 29 種不同的 MCS，相較於上行 CQI 回傳的 MCS 數量更多，藉由 CQI 的回傳，基地台可估計出接收端的 SINR，從而挑選適當的 MCS 使用。

如圖 7-30 所示，鏈結調適包含內迴路調適 (inner loop adaption)、外迴路調適 (outer loop adaption) 及秩調適 (rank adaption) 三種功能。秩調適決定傳送的層數，一般而言傳送的層數即為 RI 的數值，但基地台也可根據其判斷選擇其他的傳送層數。內迴路調適根據目前用戶所要求的 BLER 選擇適當的 MCS，其中 BLER 是由上層協定根據不同應用所需 QoS 決定；不同的 MCS 有不同的等效 SINR 及 BLER 對應方式，其常見轉換公式為

$$\mathrm{BLER} = a_n \exp(-b_n \mathrm{SINR}_{eff}) \tag{7.6}$$

其中 a_n 與 b_n 為第 n 個 MCS 所對應的係數。由於系統可藉由回傳 CQI 估計出用戶的等效 SINR，利用此等效 SINR 與 (7.6) 式，系統可估計出不同 MCS 所對應的 BLER；比較用戶要求的 BLER 與不同 MCS 可提供的 BLER 後，系統可挑選一組可符合用戶需求的 MCS。由於可能同時有多組 MCS 符合用戶需求，系統一般會挑選傳輸速率最大者使用。

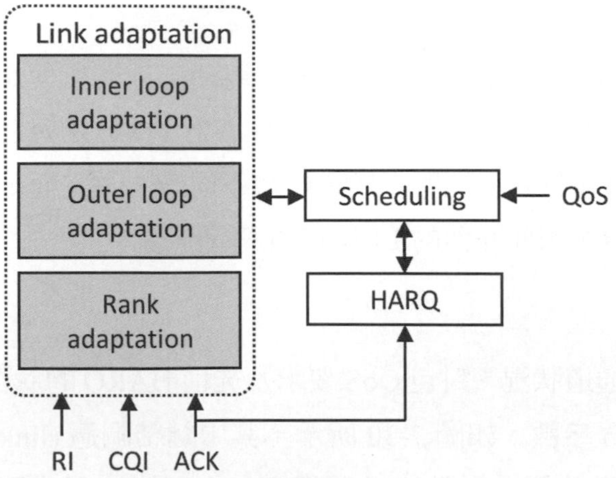

Link adaptation
Inner loop adaptation
Outer loop adaptation
Rank adaptation
Scheduling
QoS
HARQ
RI CQI ACK

圖 7-30　鏈結調適運作架構示意

除了內迴路外，外迴路也可影響 MCS 的選擇。外迴路根據 HARQ 的狀況額外調整等效 SINR：

$$\mathrm{SINR}_{eff}^{offset} = \mathrm{SINR}_{eff} + \mathrm{SINR}_{offset} \tag{7.7}$$

此時與實際 SINR 比較的值改爲 $\mathrm{SINR}_{eff}^{offset}$。當前次數據可被正確接收，代表目前的 MCS 可符合 BLER 要求，因此可再進一步提高傳送速率，此時 SINR_{offset} 可以增加；相反的，若前次數據未能被正確接收，表示目前的 MCS 無法符合 BLER 要求，因此須降低傳送速率，此時 SINR_{offset} 則必須減少。外迴路調適利用 HARQ 回傳狀況及偏移量進一步校正 MCS，當內迴路無法正確選擇 MCS 時，外迴路即會進行校正。最後值得注意的是，MCS 及傳送層數的選擇均是熱門的研究議題，根據不同的系統及傳輸模式可有不同的做法，本小節所介紹的方法只是最基本的形式，讀者可自行參考文獻，探討其他更先進的演算法。

7-5-4 傳輸模式的選擇

爲能在下行傳輸通道有效使用多天線技術，5G NR 系統支援了許多傳輸模式，各個傳輸模式皆具有其不同的功能及特色。由於通道環境隨著時間改變，不同通道狀況適合的傳輸模式亦不同，如何根據用戶及通道狀況選擇最適合的傳輸模式，即爲十分重要的議題。5G NR 標準並未針對如何選取傳輸模式提供明確準則，本小節試著討論選擇傳輸模式的原則與可能方式。

傳輸模式選擇的基本原則即是綜合考量通道狀況及使用需求後，選出最適當的傳輸方法。當通道 SNR 不佳時，系統需要使用波束成形技術以提升 SNR；而當通道具有嚴重的衰落效應 (fading effect) 時，系統則需要使用多樣化 (diversity) 技術，以降低通道的衰落效應；相對地，當通道具有良好 SNR 且衰落效應也不嚴重時，系統可選擇較複雜的調變，並使用空間多工技術 (spatial multiplexing) 以提升傳輸速率，然而使用空間多工需通道具備良好的秩數，因此系統可考慮利用多板傳輸來提高通道的秩數；最後，當同時有多個用戶需要服務時，系統可考慮使用 MU-MIMO 模式，而當用戶具有高移動速度時，此時由於通道狀況變化大，因此需使用較穩定的傳輸模式，如第四章介紹的傳送多樣技術 (transmit diversity)，以避免用戶連線中斷。由於 5G NR 系統支援 FR1 與 FR2 兩種頻段，兩者的通道環境差異亦將影響基地台使用的多天線技術，因此基地台在選擇傳輸模式時，可先根據系統的傳輸頻率區別欲使用的傳輸模式，再依實際需求選擇合適的傳輸模式。接下來將針對不同的頻段介紹如何選擇傳輸模式。

對 FR1 頻段而言，基地台可考慮使用單一板進行單用戶 MIMO (SU-MIMO) 傳輸，而多用戶 MIMO (MU-MIMO) 傳輸的情況類似多個單用戶傳輸，基地台可配置同一板給多個用戶，亦可配置每個用戶各自一個板，由於兩種傳輸決定預編碼器的概念類似，因此以下會針對單用戶做介紹。一般而言，基地台與用戶需先經過波束管理程序以決定合適的波束對，一旦用戶建立連線後，基地台會再傳送 CSI-RS 於能量較集中的多個窄波束，讓用戶建議適合數據傳輸的波束，此時基地台可優先考慮使用單組 CSI-RS 的傳輸模式以獲得較大的 SNR 增益。由於單組 CSI-RS 的傳輸模式主要係由一個特定指向的波束傳送參考信號以執行 CSI 回報，單一波束所能提供的通道秩數會受實際傳輸環境而影響，若空間中的多路徑效應不夠顯著，基地台可傳送的層數將會受通道秩不足而無法提高，即便多路徑效應足夠顯著，波束的指向與其涵蓋的角度範圍亦會影響基地台可傳送的層數。換言之，當基地台因只使用單一波束而無法提高傳送層數時，可考慮選擇使用多組 CSI-RS 的傳輸模式，利用多組不同指向的波束能捕捉空間中更多可行的傳輸路徑，增加傳輸通道的秩數以實現更高的傳送層數。

雖然上述兩種傳輸模式的預編碼器決定方式皆是透過 PMI 的回傳，但因預編碼器的數量龐大，且用戶需透過通道估計計算出能代表通道狀況的預編碼器，若當此預編碼器無法完整描述通道狀況，進而影響信號的傳輸品質，抑或用戶設備能力無法即時計算出建議的 PMI 時，基地台可基於上述兩種傳輸模式所使用的波束，並改為基於 SRS 的傳輸模式，要求用戶傳送參考信號由基地台自行計算出合適的預編碼器。惟此種傳輸模式可使用的參考信號數量會因用戶設備能力而異，一般而言用戶能使用的參考信號會比基地台要少，因此當通道環境十分糟糕時，基於 SRS 的傳輸模式可能會不具備穩定性，此時系統可回歸使用基於單組 CSI-RS 的傳輸模式並只考慮較單純的預編碼方法。

對 FR2 頻段而言，傳輸模式的選擇方法與 FR1 頻段類似，然而由於傳輸頻率位於毫米波頻段，因此不論 SU-MIMO 或 MU-MIMO 傳輸，基地台皆需使用波束成形技術來強化信號傳輸的品質，因此 FR2 頻段的使用通常需要具備大規模天線陣列，並有單板與多板的選擇。FR2 頻段傳輸模式的選擇大致可以 SU-MIMO 與 MU-MIMO 傳輸做區別。當基地台欲使用 SU-MIMO 傳輸時，可優先考慮使用單板天線陣列的傳輸模式，只利用單一板決定一個適合數據傳輸的波束。然而因單個波束可提供的多通道路徑有限，當有傳送層數爲 2 以上的傳輸需求，或是需要有傳送多樣化時，基地台需考慮用戶設備所能支援的天線埠數，視實際情況切換至多板天線陣列的傳輸模式，由多個板提供多個不同指向的波束，藉此增加傳輸通道路徑的數量，以獲得更大的秩數及更好的多樣性；實際上這多個波束的指向角度亦會影響通道的秩數，一般多個波束的指向角度分得越開，其空間相關性也會較小，通道的秩數相對較高。最後，若基地台欲使用 MU-MIMO 傳輸時，則需選擇多板天線陣列的傳輸模式，並配置不同板分別對應到不同的用戶，讓每個板能提供相對應用戶合適的波束以進行數據傳輸。

至於上行傳輸通道的傳輸模式選擇，其基本原則與下行通道類似，惟用戶信號處理的能力並不如基地台強大，因此僅能從支援的兩種傳輸模式中選擇，並考慮較簡單的預編碼方法。

7-6 側行鏈路傳輸

側行鏈路最早於 3GPP R12 在裝置對裝置 (device-to-device, D2D) 通訊的標準制定，其爲行動裝置間的通訊鏈結，最大特點爲行動裝置不需經過基地台而能與其他行動裝置直接通訊。5G NR 在 R16 開始支援側行鏈路傳輸，主要用於發展車聯網 (vehicle-to-everything, V2X) 的應用，以確保車輛間能相互連結進行通訊，而其他不經過基地台通訊的應用亦能使用側行鏈路，如鄰域服務 (proximity service, ProSe)[21]。接下來將針對側行鏈路的技術內容做介紹。

21 詳細內容將在 8-3 裝置對裝置通訊及鄰域服務中介紹。

7-6-1　通訊場景及傳輸資源

側行鏈路傳輸支援三種傳輸場景，分別爲單播、群播及廣播，如圖 7-31 所示，其中單播爲用戶傳遞訊息給單一用戶，群播爲用戶傳遞訊息給若干用戶，而廣播爲用戶廣播訊息給一定範圍內的用戶接收。由於某些 5G NR 應用會需要同時藉由基地台與側行鏈路進行通訊，因此 3GPP 依據側行鏈路與基地台的關係定義幾種佈建場景，分爲有基地台覆蓋 (in-coverage) 及無基地台覆蓋 (out-of-coverage) 兩種，當有基地台覆蓋時，所有用戶都可接收到基地台信號；無基地台覆蓋則爲相反的情況。值得注意的是，定義這兩種場景係爲了方便評估側行鏈路傳輸的技術，當然實際亦有基地台部分覆蓋 (partial coverage) 的情況，如圖 7-32 所示。

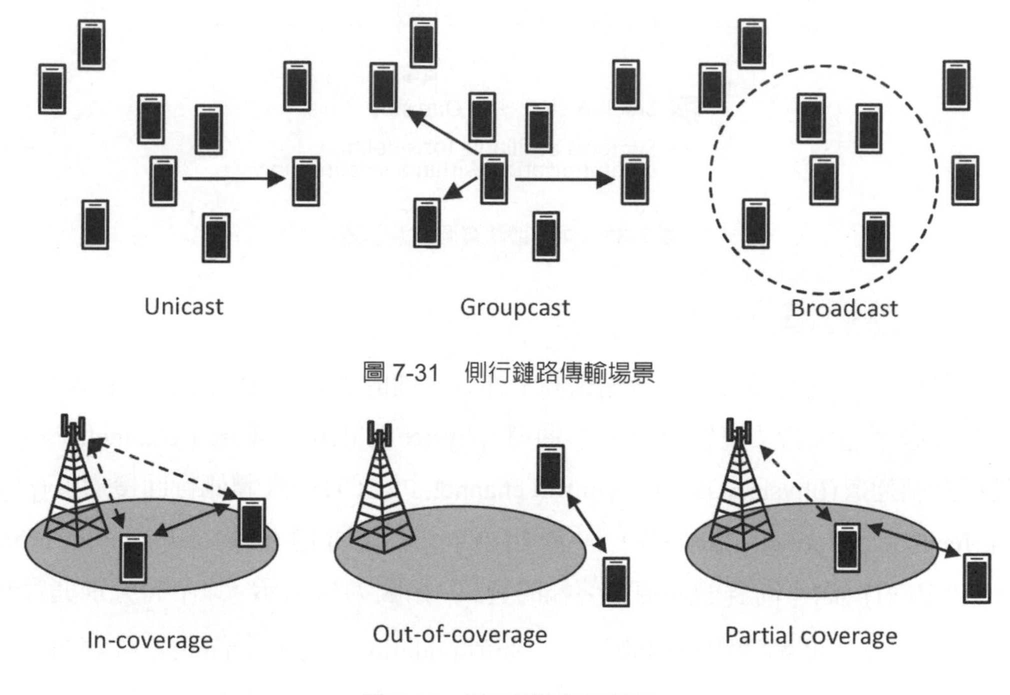

圖 7-31　側行鏈路傳輸場景

圖 7-32　側行鏈路佈建場景

側行鏈路通訊係基於 OFDMA 架構配置傳輸資源，並以側行鏈路資源池 (sidelink resource pool) 的概念配置，亦即多個用戶能共享資源池，其架構如圖 7-33 所示。在時域上，側行鏈路資源池係由多個用於側行鏈路傳輸的時槽所組成，並具有特定的資源池週期 (resource-pool period) 以重複進行相同的資源配置；而在頻域上，側行鏈路資源池佔據的頻寬係由一組連續的次通道 (sub-channel)[22] 所組成。值得注意的是，配置爲側行鏈路傳輸的時槽並非所有符碼會作爲側行鏈路傳輸用途，而是會保留若干符碼做爲與基地台通訊的上行 / 下行控制信令使用，如此將可在大量使用側行鏈路通訊的環境中，避免因配置大量時頻資源給側行鏈路通訊而導致基地台可使用的時頻資源不足。

22　一個次通道係由多個連續的資源區塊 (RB) 所組成。

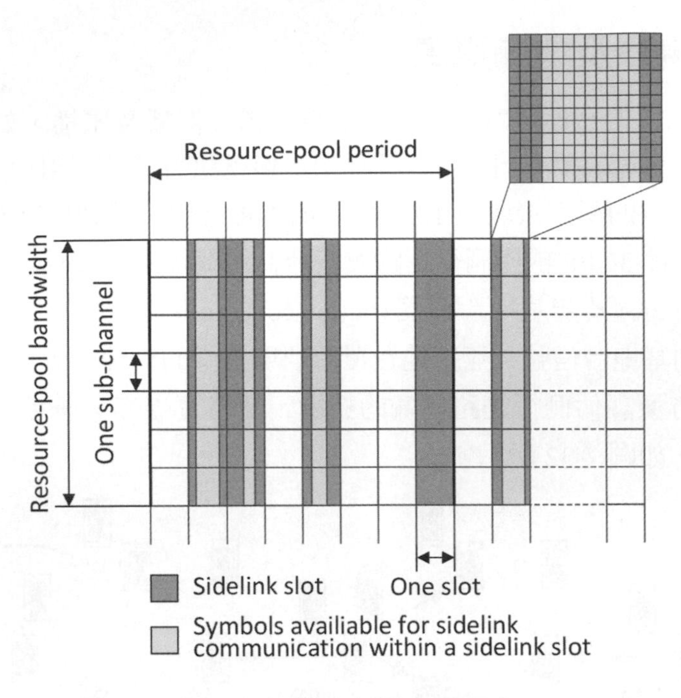

圖 7-33　側行鏈路資源配置示意

7-6-2　實體通道

側行鏈路與一般上行及下行傳輸相同，亦有不同的實體通道用來傳送控制信令或數據，這些實體通道包含：實體側行共享通道 (physical sidelink shared channel, PSSCH)、實體側行控制通道(physical sidelink control channel, PSCCH)、實體側行回覆通道(physical sidelink feedback channel, PSFCH)，與實體側行廣播通道 (physical sidelink broadcast channel, PSBCH)，而不同實體通道所傳輸的資訊，如圖 7-34 所示，以下將分別進行介紹。

PSSCH 對應的運輸通道稱為側行共享通道 (sidelink shared channel, SL-SCH)，其與下行 PDSCH 雷同，兩者主要用途皆為數據傳輸，不同之處在於 PSSCH 還額外傳送一些 L1/L2 的控制信令，其稱為第二階段側行控制資訊 (2nd-stage sidelink control information, 2nd-stage SCI)；PSCCH 的用途為傳送側行控制資訊 (sidelink control information, SCI)，也就是第一階段 SCI (1st-stage SCI)[23]，其包含用戶能正確解調 PSSCH 所需的資訊；PSFCH 的用途為側行鏈路傳輸的 HARQ 回傳；PSBCH 與下行的同步信號區塊雷同，其為同步用途的側行鏈路同步信號區塊中一部分，負責傳送側行鏈路同步所需的少量資訊[24]。

23　1st-stage SCI 與 2nd-stage SCI 在通訊標準中分別簡稱為 SCI Format 0_1 與 SCI Format 0_2。
24　包含側行鏈路的主要資訊區塊 (sidelink MIB, S-MIB)。

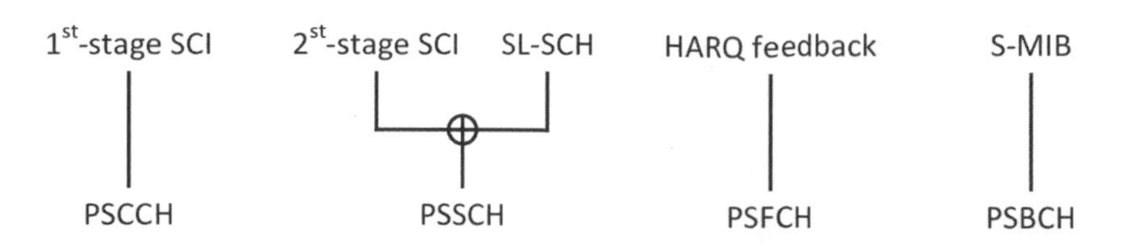

圖 7-34　實體側行鏈路通道的傳輸資訊

PSSCH/PSCCH

PSSCH 與 PSCCH 係在系統配置的時頻資源上聯合傳送，其架構如圖 7-35 所示，時頻資源會在時域上的一時槽中佔據多個可用的 OFDM 符碼，而在頻域上佔據整數個的次通道，並用於傳送資源配置模式 1 或資源配置模式 2 的排程資訊[25]。在配置爲側行鏈路的可用符碼中，PSSCH 與 PSCCH 係從第二個符碼開始傳送，而第一個符碼一般會被配置與第二個符碼相同的數據，係爲了提供較長的時間來調整接收端的放大器增益，使其符合接收信號的功率，因此第一個符碼亦稱爲自動增益控制 (automatic gain control, AGC) 符碼。在 PSSCH/PSCCH 傳輸結束後，系統會再配置一個保護符碼 (guard symbol)，係用來作爲切換不同傳輸方式的緩衝時間，包含側行鏈路傳輸的傳送 / 接收切換，以及側行鏈路與上行 / 下行傳輸之間的切換。

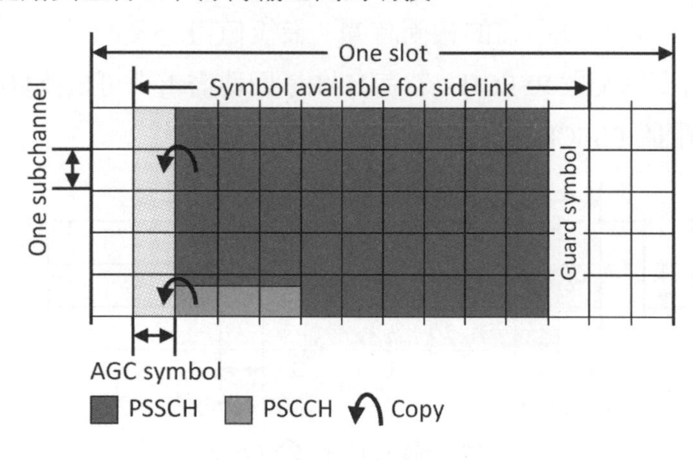

圖 7-35　PSSCH 與 PSCCH 配置示意

接著介紹 PSCCH 與 PSSCH 的配置方式，PSCCH 會配置於 PSSCH/PSCCH 時頻資源的前兩個符碼或前三個符碼 (不包括 AGC 符碼)，以及頻率最小 (編號最小) 的資源區塊，其頻寬最多爲一個次通道，其餘的時頻資源則配置給 PSSCH。此外，由於 PSCCH 會配置於資源池內，因此接收端用戶需要事先知道 PSCCH 的頻寬與持續時間 (兩

25　此兩種資源配置模式會於下一小節介紹。

個或三個符碼) 資訊。值得一提的是，由於 PSCCH 會配置在整個 PSSCH/PSCCH 時頻資源中的固定位置，因此接收端用戶不需使用盲解碼技巧，而只要針對每個次通道的下緣搜尋 PSCCH 即可，一旦找到就表示知道整個時頻資源的起始頻率位置，此時只要再透過第一階段 SCI 所提供的頻寬資訊，便能了解整個時頻資源的配置。至於 PSSCH 則需傳送 SL-SCH 與第二階段 SCI，兩者分別進行通道編碼與調變後 [26]，符碼會先利用多工技術合在一起，再映射至 PSSCH 的時頻資源上；另一方面，由於第一階段 SCI 會提供的資訊，其中包含接收端用戶傳送第二階段 SCI 與 SL-SCH 所使用的資源，因此用戶一旦將第一階段 SCI 解碼，便能從 PSSCH 中獲得第二階段 SCI 與 SL-SCH。

PSFCH

PSFCH 主要用於傳送 PSSCH 的 HARQ 資訊，其基本架構與 PUCCH Format 0 相同，也就是透過長度為 12 的序列來傳送回覆資訊 (ACK 或 NACK)，並利用相位移轉技巧產生不同的序列，之後再將序列映射至配置 PSFCH 的單個資源區塊上。圖 7-36 為 PSFCH 配置示意，PSFCH 會配置於側行鏈路可用符碼中的倒數第二個符碼，其前一個符碼則同樣作為 AGC 符碼，會配置與 PSFCH 符碼相同的數據，至於可用符碼中最後一個符碼則是作為保護符碼。此外，PSSCH/PSCCH 與 PSFCH 之間需配置一個保護符碼，提供 PSSCH/PSCCH 與 PSFCH 切換所需的緩衝時間。最後值得一提的是，側行鏈路資源池無 HARQ 回傳需求可不用配置 PSFCH，若有 HARQ 回傳需求則可根據實際情況，以 1、2 或 4 個時槽為週期配置 PSFCH。

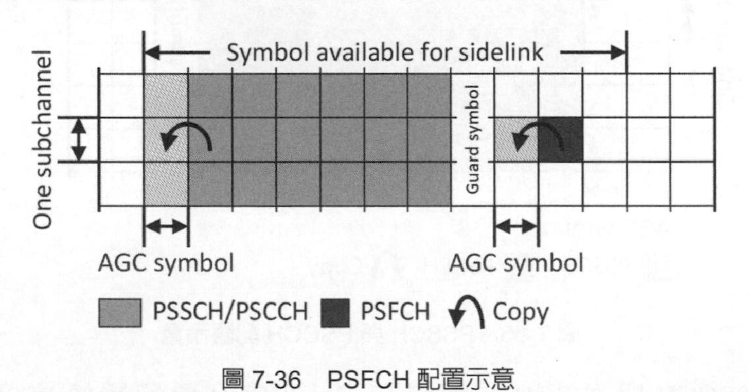

圖 7-36　PSFCH 配置示意

7-6-3　資源配置與 CSI 回報

前面提到決定側行鏈路傳輸的資源有兩種不同的模式，分別為資源配置模式 1 及 2，如圖 7-37 所示。在資源配置模式 1 的情況下，被基地台覆蓋的用戶會根據系統的排程

26　SL-SCH 使用 LDPC 碼編碼且最高支援 256-QAM 調變；第一階段 SCI 與第二階段 SCI 皆使用極化碼編碼且僅支援 QPSK 調變。

執行側行鏈路傳輸，而在資源配置方式 2 的情況下，用戶則是自主感測並選擇側行鏈路傳輸的資源。值得注意的是，資源配置模式僅與擔任傳送端的用戶有關，而擔任接收端的用戶不須得知傳送端用戶使用何種資源配置模式，仍然可以使用適合自己的資源配置方式進行數據傳輸。

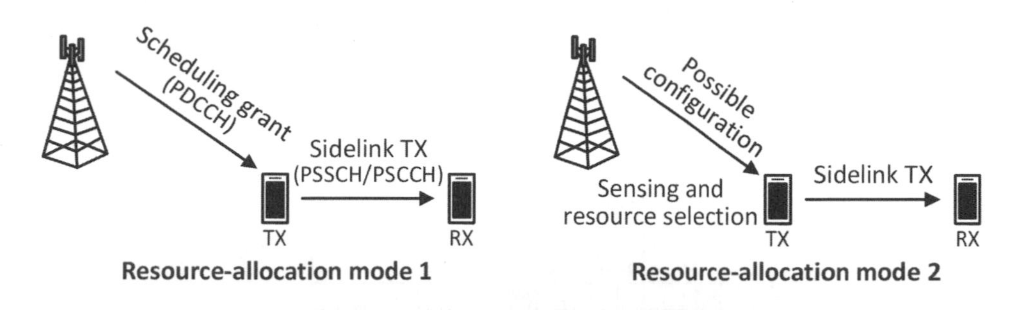

圖 7-37　不同資源配置模式的傳輸示意

資源配置模式 1

在資源配置模式 1 的情況下，用戶只有在已透過排程授予 (scheduling grant) 配置傳輸資源後，才可進行側行鏈路傳輸，而配置排程授予的方式與上行數據傳輸類似，兩者皆是由基地台所配置，不同之處在於上行排程授予是用於上行數據傳輸，而側行鏈路傳輸的排程授予則是用於側行鏈路的數據傳輸，如圖 7-38 所示。與上行數據傳輸的排程類似，側行鏈路傳輸的排程亦可分爲動態授予 (dynamic grant) 與配置授予 (configured grant)，接下來將針對這兩種授予做介紹。

在動態授予方面，排程資訊是透過新的 DCI 格式 3_0 提供，圖 7-39 即爲動態授予配置資源的示意，每個動態授予可以在 32 個時槽內配置至多三組時頻資源，使其傳送相同的運輸區塊，而這三組時頻資源具有相同的排程頻寬且爲一個符碼。這三組資源在時域上會位於不同的時槽，在接收到 DCI 後，以該時槽爲基準，於時槽偏移量 ΔT 的位置配置第一組資源，隨後以第一組資源爲基準，於時槽偏移量 ΔT_1 與 ΔT_2 的位置分別配置第二與第三組資源；同理，這三組資源在頻域上可位於不同的頻率位置，第一組資源的位置會以資源池起始頻率爲基準，第二與第三組資源則以第一組資源爲基準，三組資源對應的頻率偏移量分別爲 Δf、Δf_1 與 Δf_2。值得注意的是，上述的所有參數與排程頻寬皆會由 DCI 提供。至於配置授予則是會週期性的排程，其分爲兩種類型 (Type 1 與 Type 2)，簡言之，第一種類型爲所有排程資訊皆由 RRC 層控制信令提供，而第二種類型爲排程資訊會由 RRC 層控制信令與 DCI 提供，如授予週期由 RRC 層控制信令提供、傳輸資源由 DCI 提供。

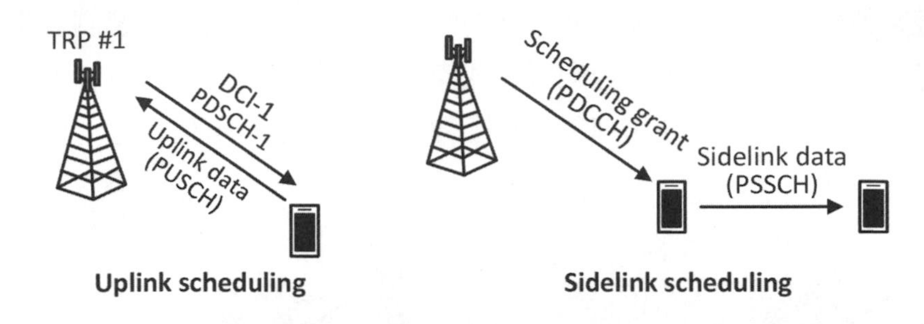

圖 7-38　上行與側行鏈路傳輸排程比較

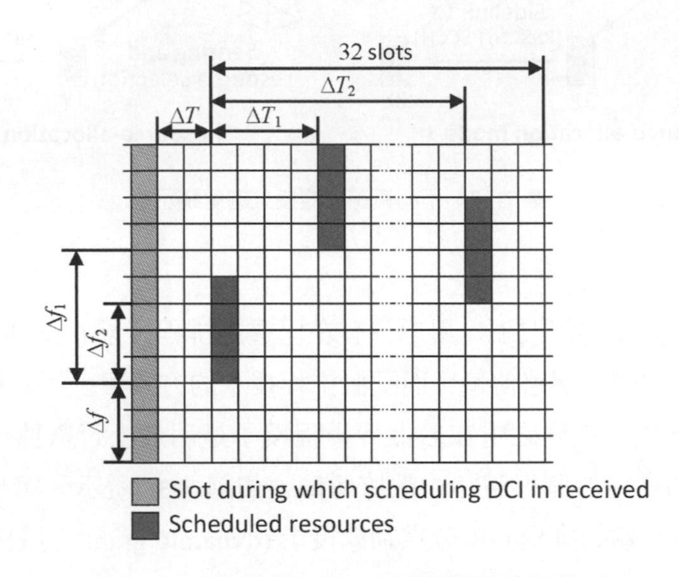

圖 7-39　側行鏈路資源於多個時槽的配置示意

資源配置模式 2

在資源配置模式 2 的情況下，用戶會自主感測並選擇可用於側行鏈路傳輸的資源，具體而言，類似於資源配置模式 1 的配置方式，用戶除了正在使用的資源外，亦會在 32 個時槽內額外保留至多兩個資源，作為未來可傳輸用的資源，且完整 32 個時槽內的配置組態亦能在時域上週期性的重複配置；另一方面，由於用戶會將欲保留資源的相關資訊告知給其他用戶，因此用戶便能根據實際情況選擇可用於傳輸的資源。

CSI 回報

5G NR 的側行鏈路傳輸支援側行鏈路的 CSI 回報，其方式是傳送端用戶會傳送 CSI-RS 給接收端用戶，接收端用戶再利用參考信號估計通道並傳送 CSI 回報給傳送端用戶，使其可利用回報資訊執行後續的預編碼選擇。側行鏈路使用的 CSI-RS 架構與下行傳輸的 CSI-RS 架構[27] 相同，但有以下限制：(1) CSI-RS 天線埠數量限制為 1 或 2；(2) CSI-RS 密度限制為 1，亦即在側行鏈路傳輸的頻寬內每個資源區塊皆會配置 CSI-RS。此外，側行鏈路的 CSI-RS 只能與 PSSCH/PSCCH 一起傳輸，並透過第二階段 SCI 指示。值得注意的是，由於上行 PUCCH 沒有對應的實體側行鏈路通道，因此側行鏈路的 CSI 回報是透過 PSSCH 中的 MAC 層信令來傳送，其回報內容只有包含秩指示器 (秩數為 1 或 2) 與四位元的 CQI，並且不支援 PMI 回報。

7-6-4 側行鏈路同步

在眾多用戶可以進行側行鏈路通訊前，若有基地台覆蓋，則所有用戶理論上應與基地台達到同步，由於每個用戶本身會有其運作的時序，為實現同步則需有一個特定時序作為參考的基準，因此同步的目的是為了確保所有用戶皆能依照一個共同時序來運作，而這個時序即為 master sync reference。一般而言，master sync reference 會是基地台運作的時序，其可由全球導航衛星系統 (global navigation satellite system, GNSS) 提供，而最廣為人知的 GNSS 即為全球定位系統 (global positioning system, GPS)。用戶同步的方式採用同步鏈的概念，也就是用戶可透過其他用戶來讓本身運作的時序與 master sync reference 一致，如圖 7-40 所示。同戶同步的情況大致可分為兩種，第一種是用戶位於基地台覆蓋範圍內的情況，欲同步的用戶可與基地台直接同步，使其運作時序與參考時序一致；第二種是用戶位於基地台覆蓋範圍外的情況，欲同步的用戶只能透過其他用戶來間接與基地台同步，若該用戶與基地台之間的傳輸需經由多個用戶來實現，則這些用戶可形成一個同步鏈，該用戶可經由這些用戶來讓運作時序與參考時序一致。

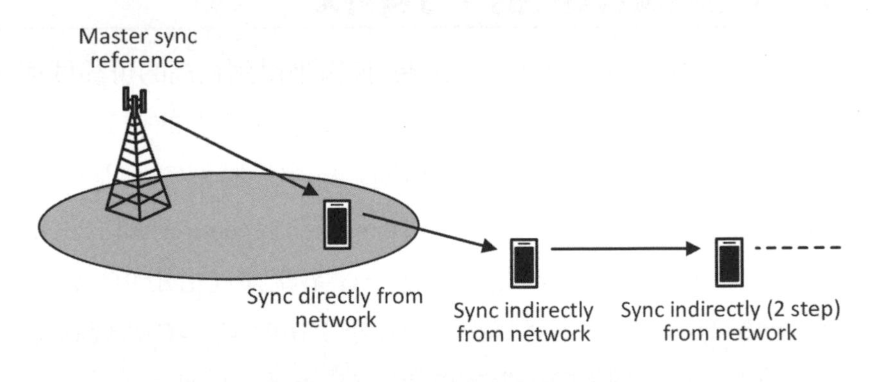

圖 7-40　側行鏈路同步鏈示意

27　請參考第六章 6-2-2-3。

側行鏈路同步信號區塊

爲了能使用戶可透過其他用戶來間接與基地台同步，用戶會配置傳送側行鏈路同步信號區塊，其組成的信號與基地台執行同步所使用的 SSB 類似，其中包含：側行鏈路主要同步信號 (sidelink PSS, S-PSS)、側行鏈路次要同步信號 (sidelink SSS, S-SSS)，與實體側行鏈路廣播通道 (PSBCH)，如圖 7-41 所示。圖中，側行鏈路同步信號區塊的資源配置與 SSB 有所差異，在頻域上，由於 SSB 會使用 20 個資源區塊 (240 個次載波)，其佔據的頻寬對於側行鏈路傳輸的用戶來說過於龐大，因此側行鏈路同步信號區塊被限制只能配置 11 個資源區塊 (132 個次載波)，其中 S-PSS 及 S-SSS 與 SSB 中的 PSS 及 SSS 相同，皆配置 127 個次載波，而 PSBCH 則配置 132 個次載波；在時域上，側行鏈路同步信號區塊會配置 13 個符碼，其中 S-PSS 與 S-SSS 皆爲 2 個符碼，而 PSBCH 則爲 9 個符碼，三者配置的符碼位置如圖 7-41 所示。

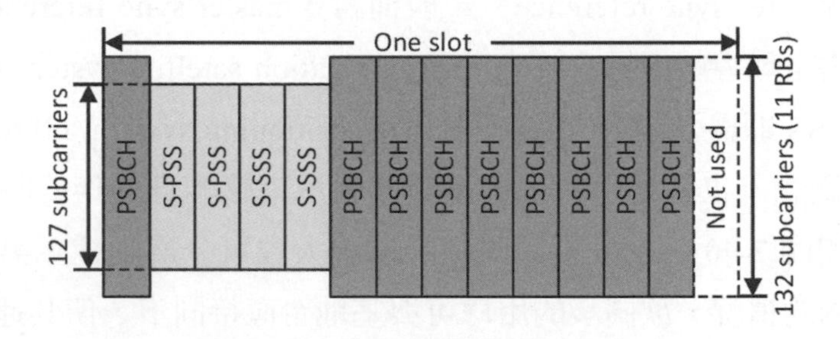

圖 7-41　側行鏈路同步信號區塊

7-7 協調多點傳輸 / 接收

在先前章節中提到，5G NR 藉由使用 MIMO 技術來得到較高的可靠度與傳輸速率，惟前述的 MIMO 技術係侷限於一個基地台與單用戶或多用戶間的傳輸。若能突破此限制，讓不同基地台或傳輸點互相合作，則可預期系統效能將進一步提升，而協調多點 (coordinated multi-point, CoMP) 傳輸 / 接收 (transmission/reception) 即爲 3GPP 在 R11 最重要的技術進展之一，其在 4G 系統制訂。由於 5G 系統傾向沿用 4G 系統的 CoMP 架構[28]，並引入新的傳輸方案，因此本節將先詳細介紹 3GPP 針對 4G 系統制訂的 CoMP 應用場景、傳輸 / 接收模式與相關議題，最後再介紹 5G 系統新的傳輸方案 。

28　5G NR 系統亦將 CoMP 稱爲多傳輸點 (multiple transmission point, multi-TRP)。

7-7-1 CoMP 應用場景

3GPP 中定義了以下四種 CoMP 場景：

CoMP 場景 1：同質性 (Homogeneous) 網路中基地台內的協調多點 (Intra-site CoMP)，如圖 7-42 所示。

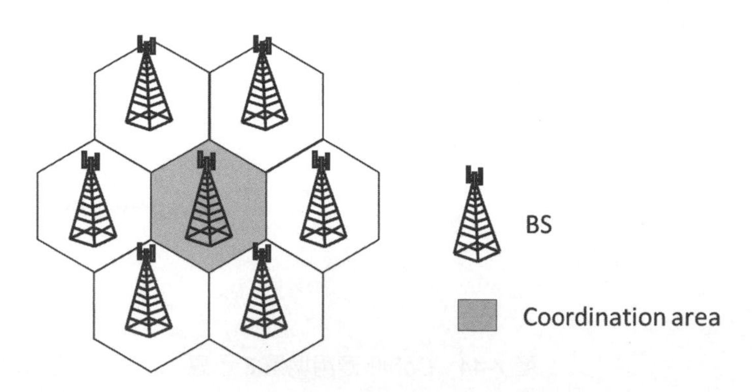

圖 7-42 CoMP 應用場景 1 示意

CoMP 場景 2：同質性 (Homogeneous) 網路中基地台與高功率遠端無線電站 (Remote Radio Head, RRH) 間的協調多點 (Inter-site CoMP)，如圖 7-43 所示。

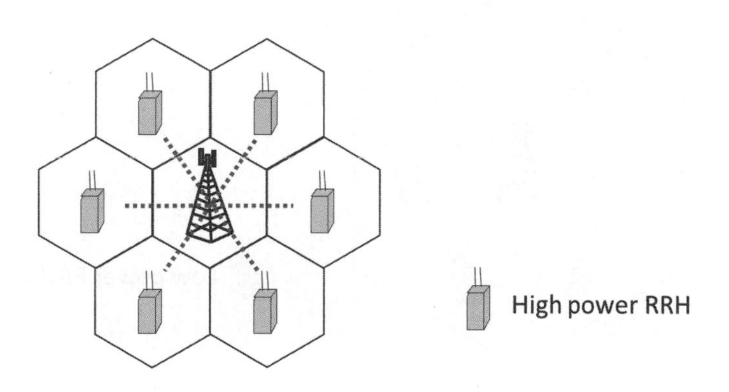

圖 7-43 CoMP 應用場景 2 示意

CoMP 場景 3：異質性 (Heterogeneous) 網路中巨細胞與其覆蓋範圍內的小細胞間的協調多點，如圖 7-44 所示。

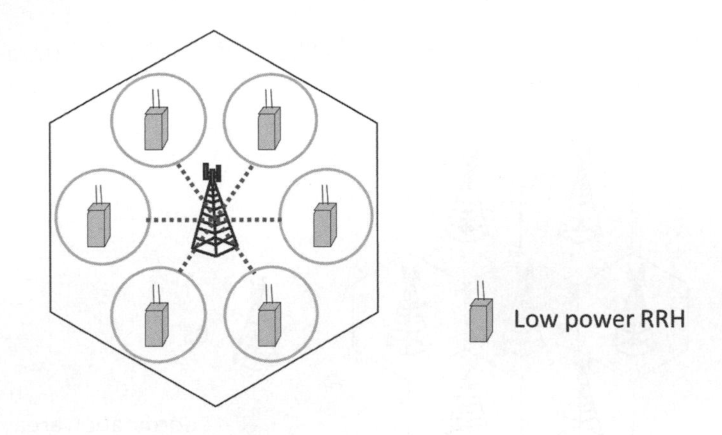

圖 7-44　CoMP 應用場景 3 示意

CoMP 場景 4：異質性 (Heterogeneous) 網路中巨細胞與其覆蓋範圍內 RRH 間的協調多點，其中巨細胞與 RRH 具有相同的實體 Cell ID，如圖 7-45 所示。

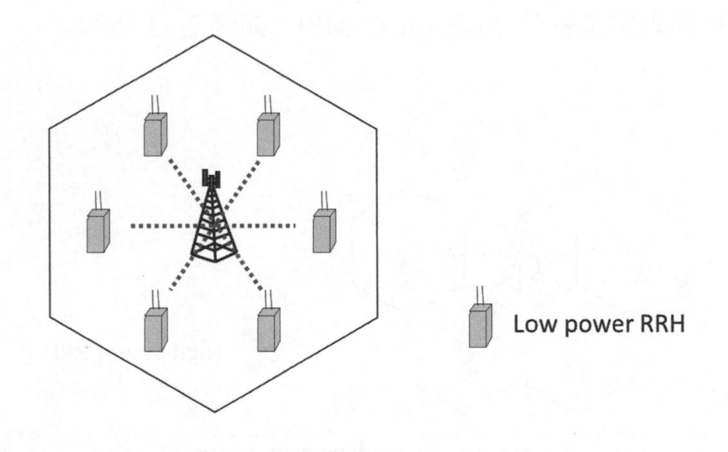

圖 7-45　CoMP 應用場景 4 示意

場景 1 與 2 應用於同質性網路，爲最易實現的場景。現有的行動通訊網路主要以同質性網路爲主，最常見的場景爲一個基地台服務三個扇區 (sector)，應用場景 1 即爲三個鄰近扇區的協調式傳輸與接收，在此場景下，由於參與協調者位於同一基地台內，其間不需要額外的連線，使得應用場景 1 易於實現；相對的，由於其合作程度相較於其他場景較有限，故對於系統效能的提升亦較小。場景 2 爲場景 1 的延伸，其包含基地台內與基地台間的協調，常見的實作方式爲一個基地台與數個高功率 RRH 互相連結，其中基地台與每個 RRH 皆服務三個扇區，在此場景下，由於合作範圍與程度較場景 1 大，系統效能較場景 1 提升，然而，其提升幅度將由合作範圍 (有多少細胞參與合作) 與基地台間連線品質 (連線傳輸速率與延遲) 決定。

場景 3 與 4 應用於異質性網路，現有的應用較少，但有鑑於未來行動通訊網路將逐漸由同質性網路轉爲異質性網路，此二場景爲未來較具潛力者。場景 3 爲一個巨細胞與其覆蓋範圍內的數個小細胞間的協調多點，其實作方式主要有兩種：一種爲一個基地台與數個低功率 RRH 相連，其與場景 2 在實作上最大差別爲，場景 2 使用高功率 RRH，其可視爲一個巨細胞，且覆蓋範圍與基地台不重疊，然而場景 3 使用低功率 RRH，其覆蓋範圍較小，且與基地台重疊；另一種實作方式爲以 X2 介面連結一個巨細胞基地台與數個小細胞基地台。場景 4 爲一個巨細胞內有數個與基地台連結的 RRH，其與場景 3 最大的差別在於，場景 3 中的 RRH 與基地台使用不同的 Cell ID，因此邏輯上它們分屬不同細胞；而場景 4 中 RRH 與基地台使用相同的 Cell ID，因此邏輯上其與基地台屬於同一個細胞，此系統亦稱爲分散式天線系統。

7-7-2 CoMP 資源管理

爲了支援 CoMP，3GPP 定義了 CoMP 協作集合 (cooperating set)、CoMP 傳輸節點 (transmission point) 與 CoMP 量測集合 (measurement set)。CoMP 協作集合係指地理位置上參與 CoMP 數據傳輸與接收的節點集合；而 CoMP 傳輸節點則是 CoMP 協作集合中針對某特定用戶實際參與傳輸與接收的節點；最後，CoMP 量測集合爲針對某特定用戶實際參與回報其通道資訊的細胞集合。舉例而言，一個 CoMP 協作節點包括七個細胞，對於某特定用戶只有其鄰近的三個細胞參與量測，其中信號品質較佳的兩者參與傳輸，如圖 7-46 所示。由此可發現，CoMP 量測集合爲 CoMP 協作集合的子集合，而 CoMP 傳輸節點又是 CoMP 量測集合的子集合。

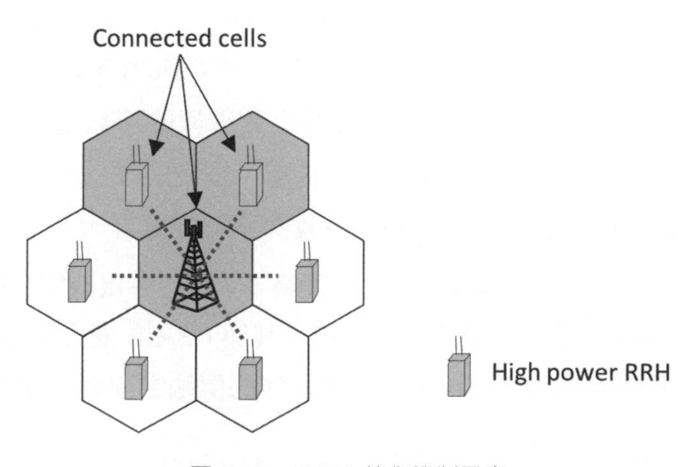

圖 7-46 CoMP 協作機制示意

在 R11 之前，除了應用 ICIC 的情況外，4G 系統的資源排程係以細胞為單位，即每個細胞各自量測其上下行通道，並依此獨立決定資源排程；在此情況下，細胞特定參考信號 (cell-specific reference signal, CRS)[29] 與 SRS 分別為量測下 / 上行通道的參考信號，而 CRS 與 SRS 的內容由實體 Cell ID 決定。在使用 CoMP 時，由於參與的傳輸點並不一定屬於不同細胞 (如 CoMP 應用場景 4)，不適用固有的 CRS 與 SRS，故 4G 系統使用 CSI-RS 作為量測通道的參考信號；為使用戶區別與各傳輸點的通道品質，每個傳輸點均使用不同的 CSI-RS 資源。此外，當參與的傳輸點與其使用的 CSI-RS 數量較多時，用戶須占用大量實體傳輸資源以回報每個 CSI-RS 的接收品質，為減少上行時用於回報的實體資源，一個用戶只回報三個 CSI-RS 資源。因此，對於移動中的用戶，CoMP 量測集合須隨用戶位置改變以達較佳的效能。在 4G 系統中，管理 CoMP 量測集合的程序稱為 CoMP 資源管理 (CoMP resource management, CRM) 程序，目的為用戶回報來自各傳輸點的 CSI-RS 接收品質後，據以決定欲加入與移除的 CoMP 量測集合傳輸點。CRM 用於量測與回報的實體資源較多，不以次訊框為單位進行，而是由事件觸發，換言之，當用戶經由量測結果發現原 CoMP 量測集合需更動時，再傳送 CRM 回報。

7-7-3 下行協調傳輸

3GPP 制訂的下行協調傳輸有三種模式：協調式排程 / 波束成形 (coordinated scheduling/beamforming, CS/CB)、動態傳輸點選擇 (dynamic point selection, DPS) 及聯合傳輸 (joint transmission, JT)。CS/CB 是由多個傳輸點共同協調出最佳的排程或波束成形策略以與各自的用戶通訊，值得注意的是，在 CS/CB 策略下，一個用戶在一個 TTI 只會接受一個傳輸點服務，不會有多的傳輸點同時傳送給一個用戶的情況；此外，傳輸點間不會共享數據，它們只會交換彼此的通道資訊以作出排程 / 波束成形的策略。由於通道資訊的數據量遠小於實際傳送給用戶的數據量，在 CS/CB 策略下傳輸點之間的數據量傳輸量不大；為了進一步降低 CS/CB 傳輸點之間數據的傳輸量，傳輸點並不會在每個 TTI 都重新做排程 / 波束成形的決定，而是採用半固定的模式，一段時間更改一次排程 / 波束成形的決定，如此使得 CS/CB 較易於實際系統中實現。

DPS 是另一個下行 CoMP 的策略，在 DPS 策略下，系統會根據用戶回報的通道狀態，在每個 TTI 決定每個用戶各由哪個傳輸點服務，其與 CS/CB 最大的差別在於 DPS 無法事先知道用戶將被哪個傳輸點服務，因此參與合作的傳輸點都要共享欲傳給該用戶的數

29 詳細內容請參考 [21]。

據，而在 CS/CB 下，只有該用戶隸屬的傳輸點擁有欲傳給該用戶的數據，數據並不會在傳輸點間共享。DPS 在每個 TTI 都要作出排程決定，而 CS/CB 只需一段時間決定一次，因此 DPS 下傳輸點之間鏈結的負擔會較重，然而其對系統效能的提升也因對環境的反應較快而較高。爲了減輕負擔使其較易實現，DPS 下傳輸點之間不需協調波束成形的策略，它們只需協調用戶的分配。

最後一個下行 CoMP 的策略是 JT，JT 爲數個傳輸點同時傳送給同一個用戶的傳輸策略，又可依傳輸點擁有通道資訊的準確度與預編碼的自由度，分成同調與非同調 JT。當傳輸點擁有的通道資訊不夠準確 (例如用戶快速移動使得通道變化太快以至無法精確估計) 或其預編碼的自由度不足 (碼簿的大小不夠)，就只能使用非同調 JT；當傳輸點擁有準確的通道資訊且擁有較大的預編碼自由度，就可使用同調 JT，此時各傳輸點會調整其傳送信號的相位，使得各傳輸點的信號在用戶端能以建設性干涉的形式接收，達到較佳的接收品質。由於 JT 是讓多個傳輸點服務一個用戶，因此在負擔較小的網路有較佳的效能；在負擔較大的網路，集中資源給一個用戶的 JT 的效能不一定比各個傳輸點傳給各自用戶來得好。在 JT 下，由於每個參與的傳輸點都要共享欲傳給用戶的數據與多天線的通道資訊，其實現的難度比 DPS 更高。JT 也可與 DPS 結合，也就是參與協作的傳輸點中只有部分傳輸點傳送數據給欲傳送的用戶。

以上三種下行 CoMP 模式，無論是 CS/CB、DPS 或是 JT，傳輸點都必須共享通道資訊。先前提到，在 R11 之前的 4G 系統中，下行通道資訊的取得是依靠各基地台傳送過來的 CRS 或 CSI-RS，用戶在收到之後會回報接收品質給該基地台。爲使參考信號不對信號的接收產生較大影響，每個基地台會基於自己的實體 Cell ID 對傳送的參考信號編碼，由於鄰近的基地台均使用不同的實體細胞編碼，此方法可有效打散參考信號對鄰近細胞的干擾。然而，在 CoMP 應用場景 4 下，由於每個傳輸點使用相同的實體 Cell ID，因此舊有的方法並不適用。爲解決此問題， R11 爲擁有相同實體 Cell ID 的傳輸點訂定不同的虛擬 Cell ID，並讓傳輸點改成基於虛擬 Cell ID 來對參考信號編碼。也就是說，在 CoMP 場景 4 下，每個傳輸點即使共用相同的實體 Cell ID，它們還是可以靠虛擬 Cell ID 來區別。在此，各傳輸點的虛擬 Cell ID 是靠較上層的協定來指派。此外，爲提升 CoMP 的效能，4G 系統增加了對 CSI-RS 回報的自由度，在新的制度下，各傳輸點可以同時使用不同的資源區塊傳送 CSI-RS，而用戶可以針對各傳輸點傳送的 CSI-RS 同時分別傳送回報。最後，R11 還針對 CoMP 定義了干擾量測資源 (interference measurement resource, IMR)，其用途爲量測特定傳輸點對用戶的干擾，無論是 CS/CB、DPS 或 JT 都可以藉由 IMR 的使用，將特定干擾較大的傳輸點關掉以降低對用戶的干擾；在此傳輸點與用戶間 IMR 的參數由較上層的協定決定。

7-7-4 上行協調接收

在上行端，CoMP 指的是傳輸點間的協調接收，由於 4G 系統在最早的版本就有定義基地台之間的 X2 介面，且基地台與 RRH 也有專屬介面以相互交換資訊，因此 R8 有部分能力在上行端協調接收用戶傳送的信號。在 R11 討論的上行 CoMP 主要爲提供接收演算法以改善鏈結品質。如同下行 CoMP，上行 CoMP 也分成三個模式，分別爲 CS/CB、DPS 與聯合接收 (joint reception, JR)，其中 DPS 指的是根據即時通道資訊動態選取最佳接收點，而 JR 則是所有接收點合作接收，此模式也可將所有合作的接收點視爲一巨大的接收天線陣列。上行 CoMP 對系統造成的額外負擔主要來自於接收點的選取、協調式排程及接收數據的共享，這些功能主要由一個中央基頻單元 (baseband unit, BBU) 處理。JR 對系統的負擔較大但效能也較 DPS 好。

如同下行 CoMP，上行 CoMP 在應用場景 4 也會發生參考信號對其他傳輸干擾過大的情形，因此對參考信號的預編碼也改成由虛擬 Cell ID 決定。邏輯上，代表這些 RRH 分別隸屬於不同虛擬細胞；由於不同虛擬細胞可以重複利用相同的傳輸資源，加上這些虛擬細胞彼此間相互合作以降低干擾，此舉可大幅提升系統效能。另一個上行 CoMP 會遇到的問題是功率控制，在一對一的傳輸中，基地台會根據通道的路徑損失調整上行傳送功率，對於損失較大的鏈結，用戶會使用較大的功率以克服損失，反之亦然。但上行 CoMP 指的是一對多的傳輸，此時傳輸功率必須綜合考量所有參與的接收點，因此一般的解決方法是採用閉迴路 (closed-loop) 的功率控制，亦即先依照最主要的接收者調整傳送功率，參與合作的接收點會於接收完回報給傳送者是否需調整傳送功率，如此逐漸調整出最佳的傳送功率。

7-7-5 5G NR 多傳輸點的傳輸方案

雖然 5G 系統傾向沿用 4G 系統的 CoMP 架構，並基於此架構發展新的技術，但目前 5G 系統的多傳輸點相關通訊標準仍在制定，而 3GPP 在 R16 首先以支援兩個多傳輸點的情況制定傳輸方案，也就是在兩個不同地理位置的傳輸點可同時傳送 PDSCH，其架構如圖 7-47 所示。在此架構中，系統可支援兩種不同的傳輸方案，分別爲基於單 DCI 的多傳輸點傳輸、與基於多 DCI 的多傳輸點傳輸，如圖 7-48 所示。這兩種傳輸方案除了具有不同的 DCI 排程方式外，使用 PDSCH 的方式亦不同，第一種傳輸方案共同使用一個 PDSCH，而第二種傳輸方案則使用兩個不同的 PDSCH，接下來將針對此兩種傳輸方案做介紹。

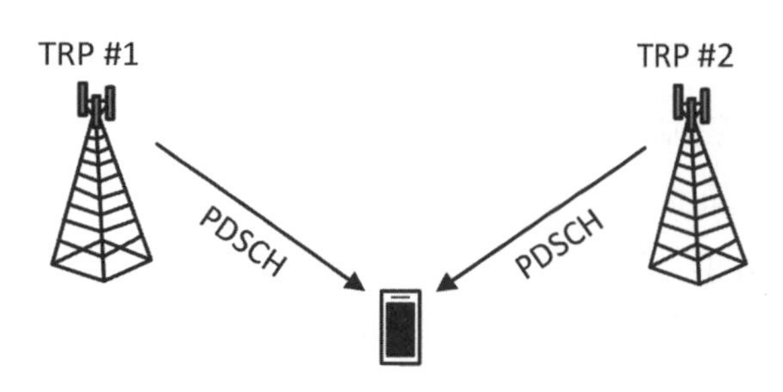

圖 7-47 5G NR 多傳輸點傳輸示意

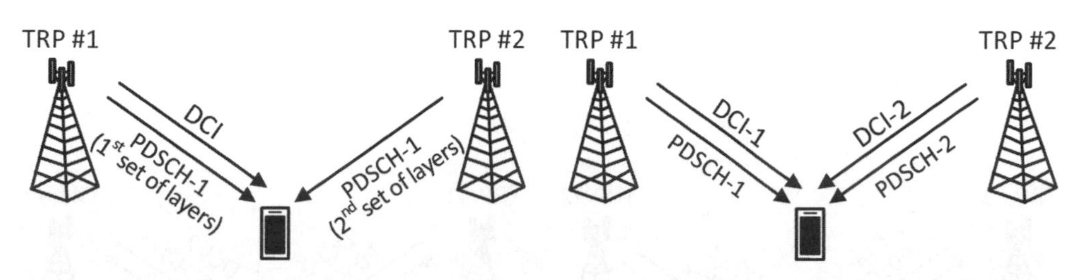

圖 7-48 多傳輸點的傳輸方案示意

基於單 DCI 的多傳輸點傳輸

圖 7-48 的左半部分爲基於單 DCI 的多傳輸點傳輸示意，單個 DCI 可以排程一個具有多傳送層的 PDSCH，其中不同的傳送層可由不同的傳輸點提供，正因如此，從不同傳輸點傳送的 PDSCH 應具有不同的準同位 (quasi co-location, QCL) 關係。所謂的準同位關係即是兩個不同天線埠傳送的信號具有相同的通道特性，此時可稱這兩個天線埠爲準同位關係[30]，用戶可由其中一個天線埠的通道估計結果，推算得到另一個天線埠的結果。PDSCH 的準同位關係可在排程的 DCI 中由傳送配置指示 (transmission configuration indication, TCI) 狀態動態指示，爲使系統支援此傳輸方案，3GPP R16 引入 DCI 可同時指示兩個不同的 TCI 狀態描述其對應的準同位關係，而這兩個 TCI 狀態實際上是提供不同 DM-RS 天線埠集合的準同位關係。具體而言，第一個 TCI 狀態提供 DM-RS 天線埠中編號最小的 CDM 群組其 QCL 關係，而第二個 TCI 狀態則提供其餘 DM-RS 天線埠的 QCL 關係。

30 準同位關係的詳細內容請參考 [9]。

基於多 DCI 的多傳輸點傳輸

圖 7-48 的右半部分為基於多 DCI 的多傳輸點傳輸示意，每個傳輸點會各自傳送一個運輸區塊，其會由不同的 DCI 各自排程傳送 PDSCH，而每個 PDSCH 最多支援 4 個傳送層。由於兩個 PDSCH 可以獨立接收，因此原則上可以假設兩個傳輸點的傳送時間是完全獨立，然而為了支援接收的兩個 PDSCH 可經過同一個 DFT 處理，此傳輸方案需假設兩個傳輸點在時間上能校齊。此外，由於此傳輸方案的每個傳輸點各自具有一個運輸區塊，因此亦會有兩個獨立的 HARQ 回傳，而 HARQ 回傳有兩種方式，分為聯合 HARQ 回傳與分開 HARQ 回傳，如圖 7-49 所示，其中前者僅使用單個 PUCCH 一併回傳 HARQ 資訊給其中一個傳輸點，而後者則使用不同的 PUCCH 回傳各自的 HARQ 資訊。

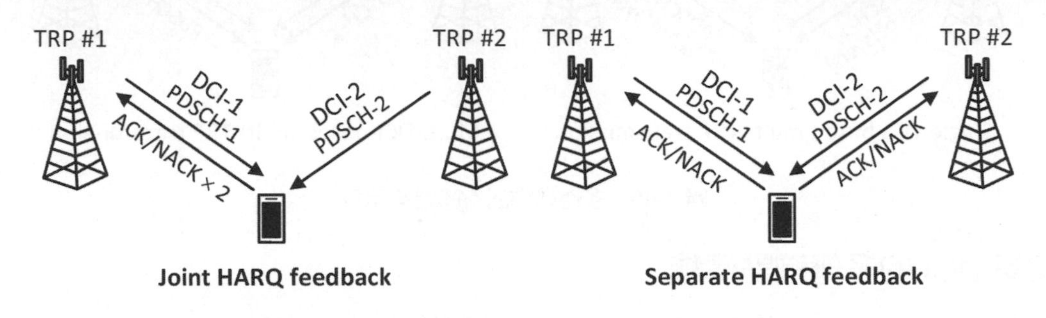

圖 7-49　基於多 DCI 的多傳輸點之 HARQ 回傳示意

7-8　載波聚合

在第五章曾介紹，5G NR 網路下行使用 OFDMA，對於一般 5G NR 的終端而言，可擁有 1.4 MHz 至 20 MHz 頻寬的能力，若終端的設備能力較強，則可能支援比 20 MHz 較大的頻寬。由於連續頻寬資源稀少，在 R10 中，為使傳輸頻寬進一步提升，便引入載波聚合 (carrier aggregation, CA) 的技術，結合至多五個連續或不連續的 20 MHz 頻寬之成分載波 (component carrier, CC)，因此總頻寬可高達 100 MHz，此為 4G 系統可支援的最大頻寬。隨著行動通訊技術的演進，3GPP 致力於研究提升頻譜效率的進階技術，並將載波聚合技術引入 5G 系統，使其可支援更大頻寬以提高傳輸速率，能結合至多 16 個不同頻寬大小的成分載波，使總頻寬可高達 400 MHz。成分載波可為不連續，其用意為竭盡所能地利用頻譜上零碎的資源，以提供高速的服務。載波聚合技術是促成 5G NR 能夠符合 ITU 5G 規範的核心關鍵技術之一。由於 5G NR 載波聚合的通訊標準仍持續在修訂，目前標準中主要描述各個頻帶聚合的配置方式，例如：FR1 與 FR2 中多個頻帶如何聚合，以及與 4G 系統的頻帶如何聚合，而這些頻帶聚合皆有相對應的頻譜配置模式，因此接下來主要會針對載波聚合的基本概念做介紹。本節將先介紹載波聚合可能操作的場景，隨後說明如何動態啓動載波聚合技術，其中包含用戶與基地台之間的互動關係。

7-8-1　頻譜配置模式

3GPP 在規劃載波聚合時，將 5G NR 所能提供的載波單元定義爲成分載波，由於 5G NR 規劃需提供最高達 400 MHz 的頻寬，因此需要聚合多個成分載波才得以實現。然而由於頻譜通常零散，難以找到一段如此大的連續頻帶，3GPP 制定以下三種頻譜配置模式：頻帶內連續 (intra-band contiguous) 載波聚合、頻帶內非連續 (intra-band non-contiguous) 載波聚合，與頻帶間非連續 (inter-band non-contiguous) 載波聚合。

頻帶內連續載波聚合

如圖 7-50 所示，頻帶內連續 (intra-band contiguous) 載波聚合是三種頻譜方案中最簡明的一種，具有下列兩個優點：其一是在實作上成本較低，原因在於僅需一組基頻信號處理元件及一組射頻元件，故能向後相容於 5G 系統的用戶。其二則是較容易做資源配置。

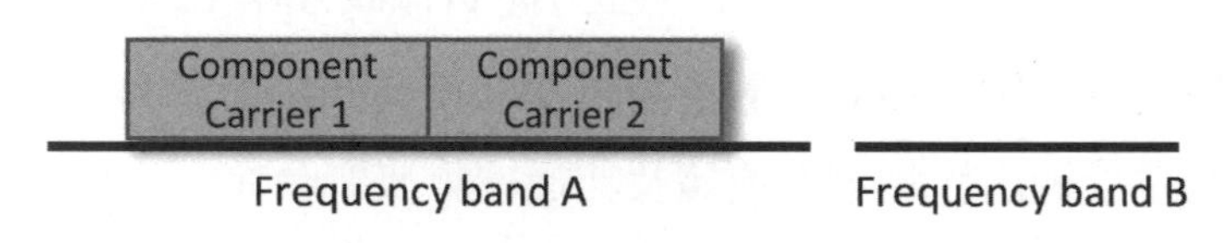

圖 7-50　頻帶內連續載波聚合示意

頻帶內非連續載波聚合

如圖 7-51 所示，頻帶內連續載波聚合給予每個用戶數個連續的成分載波，較易產生零碎的頻譜，使其使用效率降低。頻帶內非連續 (intra-band non-contiguous) 載波聚合解決了頻譜使用效率的問題，且仍保有單一基頻信號處理元件及單一射頻元件的低成本特性。

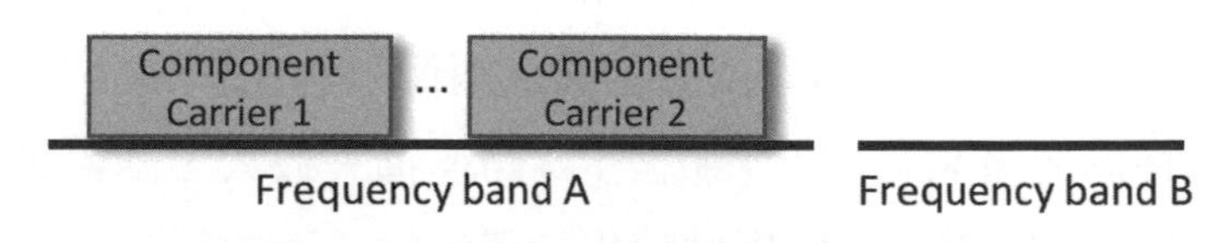

圖 7-51　頻帶內非連續載波聚合示意

頻帶間非連續載波聚合

3GPP 考量到未來使用更高頻帶的可能性，遂提出頻帶非連續 (inter-band non-contiguous) 載波聚合，如圖 7-52 所示；支援頻帶間載波聚合可在資源分配上更有彈性，但其缺點爲需要數組基頻信號處理元件及數組射頻元件，因此成本及複雜度皆較高。

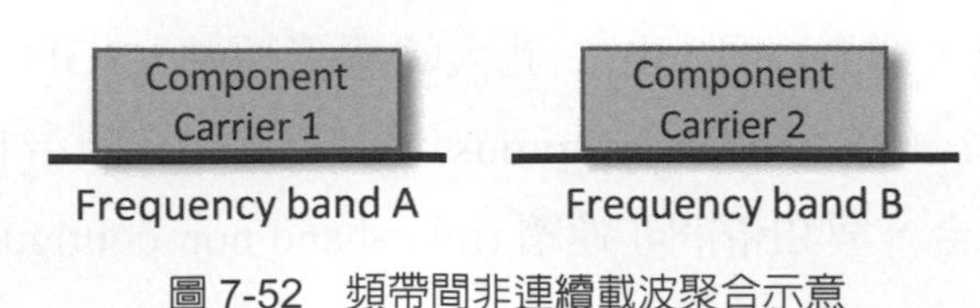

圖 7-52　頻帶間非連續載波聚合示意

7-8-2　佈建場景

不同的載波頻率有不同的路徑損失，舉例而言，未來可能使用的 3.5 GHz 頻帶和現行的 2 GHz 頻帶相比，路徑損失多了 8 dB。因此設計載波聚合時，需根據不同聚合方式設計不同的佈建場景。爲了能適用於未來的頻寬規劃，3GPP 規劃了五種不同佈建場景，適用於不同方式的載波聚合，以下爲其說明 (皆假設頻率 F2 大於頻率 F1)。

佈建場景 1 是由巨細胞在相同位置上提供兩個重疊的頻帶，且涵蓋範圍相同，如圖 7-53 所示，此佈建場景適用於頻帶內連續及非連續載波聚合。

圖 7-53　載波聚合佈建場景 1 示意

佈建場景 2 亦是由巨細胞在相同位置上提供兩個重疊的頻帶，如圖 7-54 所示，和佈建場景 1 的差別在於考量高頻載波 (載波 F2) 路徑損失較大，涵蓋範圍較小，因此由較大涵蓋範圍的低頻載波 (載波 F1) 提供較佳的機動性，而由較小涵蓋範圍的高頻載波提供較高的吞吐量，此佈建場景適用於頻帶內及頻帶間非連續載波聚合。

圖 7-54 載波聚合佈建場景 2 示意

佈建場景 3 與佈建場景 2 相似，亦是由巨細胞在相同位置上提供兩個重疊的頻帶，差別在將涵蓋範圍較小的高頻載波指向低頻載波涵蓋範圍的邊緣，如圖 7-55 所示，相同地由較大涵蓋範圍的低頻載波提供較佳的機動性，而較小涵蓋範圍的高頻載波則是提供較高的吞吐量，此佈建場景亦是適用於頻帶內及頻帶間非連續載波聚合。

圖 7-55 載波聚合佈建場景 3 示意

佈建場景 4 是由巨細胞以較大涵蓋範圍的低頻載波提供較高的機動性，而高頻載波則是由 RRH 在熱點 (hotspot) 提供較高的吞吐量，如圖 7-56 所示，此佈建場景亦適用於頻帶內及頻帶間非連續載波聚合。

圖 7-56 載波聚合佈建場景 4 示意

佈建場景 5 與佈建場景 2 相似，亦是由巨細胞在相同位置上提供兩個重疊的頻帶，由較大涵蓋範圍的低頻載波提供較佳的機動性，而較小涵蓋範圍的高頻載波則是提供較高的吞吐量，如圖 7-57 所示。其間差別在於將其中一個頻率經由頻率選擇中繼站 (frequency selective repeater) 延伸涵蓋範圍，此佈建場景亦適用於頻帶內及頻帶間非連續載波聚合。

圖 7-57　載波聚合佈建場景 5 示意

先前第五章所介紹的 LTE-NR 協作，其主要內容係介紹兩個通訊系統如何利用雙連結技術來實現兩個節點服務同一用戶的傳輸方案，並透過載波聚合技術聚合多個頻帶以提高傳輸速率；另一方面，3GPP 針對 4G 系統與 5G 系統的基地台制定可行的佈建選項，前者涵蓋的範圍較大，後者涵蓋的範圍較小，營運商可根據實際系統需求與佈建選項，從上述 5 種佈建場景中選擇合適的佈建場景進行基地台佈建。

7-8-3　載波聚合啓動機制

欲使用載波聚合技術，基地台首先須知道用戶是否支援載波聚合，及其支援至何種程度，此需透過第三層中無線資源控制之用戶能力轉送程序 (RRC UE capability transfer procedure) 達成。在此程序中，用戶傳送與其載波聚合支援能力相關的資訊給基地台，包含用戶緩衝記憶體大小 (較大的緩衝記憶體可以支援較高的傳輸速率)、是否支援跨載波排程 (cross-carrier scheduling)、是否支援同時在所有成分載波上傳送 PUCCH 與 PUSCH、是否支援在一個成分載波內傳送多叢集 PUSCH (multi-cluster PUSCH)、是否支援在一個成分載波內之上行非連續資源配置 (non-contiguous uplink resource allocation within a CC)、是否支援 A6 事件回報機制 (A6 事件指的是鄰近細胞的主要成分載波 (primary component carrier, PCC) 的信號強度高於所在細胞的次要成分載波 (secondary component carrier, SCC)，此事件為基地台決定是否啓動交遞機制的重要參考)、支援的頻帶組成、是否支援 E-UTRA IRAT 交遞 (例如從 5G NR 載波聚合模式直接交遞到 HSPA+ 載波聚合模式)、及是否支援在所有成分載波內傳送週期性探測參考信號 (SRS)。

確認了用戶支援載波聚合技術的細節後，基地台將藉由無線資源控制之連線組態重置程序 (RRC connection reconfiguration procedure) 分配額外的成分載波給用戶，在此程序中，基地台通知用戶跨載波調度的架構及次要成分載波的 PUSCH、次要成分載波的上行功率控制與CQI回報架構。完成以上程序後，基地台遂調度額外的成分載波給用戶。當用戶有傳送大量數據的需求時，基地台將依據用戶支援的載波聚合能力及當下頻譜的使用狀況，調度一至四個次要成分載波供其傳送，同時也將啓動一個計時器，當用戶在一段時間內沒有使用次要成分載波或用戶發送額外控制信號要求終止次要成分載波，次要成分載波便被終止；以上程序不影響主要成分載波的運作，主要成分載波亦不被終止。

學習評量

1. 試說明 5G NR 系統中，PDCCH 通道的功能爲何。
2. 試說明 5G NR 系統中，控制資源集合 (CORESET) 的概念，及其與搜尋空間的關係爲何。
3. 試說明 5G NR 系統中，用戶特定搜尋空間與共同搜尋空間的功能爲何。
4. 試說明 5G NR 系統中，PUCCH Format 2 與 PUCCH Format 3 的功能，以及兩者的差異爲何。
5. 試說明 5G NR 系統中，同步信號區塊 (SSB) 的功能，及其傳送的方式爲何。
6. 試說明 5G NR 系統中，波束管理程序的三種程序其功能爲何。
7. 試說明 5G NR 系統中，毫米波頻段的特性及其與大規模多天線系統的關係爲何。
8. 試說明 5G NR 系統中，類比、數位及混合波束成形架構的特色爲何。
9. 試說明 5G NR 系統中，同步信號區塊資源指示器 (SSBRI)、CSI-RS 資源指示器 (CRI)、秩指示器 (RI)、預編碼器矩陣指示器 (PMI)、通道品質指示器 (CQI) 及層指示器 (LI) 的功能爲何。
10. 試說明 5G NR 系統中，編碼調變方案 (modulation-and-coding scheme, MCS) 爲何，以及系統如何決定採用的方案。
11. 試說明 5G NR 系統中，側行鏈路用戶傳送 CSI 回報的方式爲何。
12. 試說明 5G NR 系統中，側行鏈路用戶實現同步的方式爲何。
13. 試說明 5G NR 系統中，協調多點 CoMP 與 MIMO 多天線技術的概念異同，以及如何運用 CoMP 獲得「均勻用戶體驗」。提示：均勻用戶體驗意指用戶在細胞不同位置，均能獲得一定程度的服務品質。
14. 試說明 5G NR 系統中，基於單 DCI 的多傳輸點傳輸方案的功能，及其與基於多 DCI 的多傳輸點傳輸方案的差異爲何。
15. 試說明 5G NR 系統中，載波聚合支援的頻譜配置模式爲何。

參考文獻

[1] S. Ahmadi, *5G NR: Architecture, Technology, Implementation, and Operation of 3GPP New Radio Standards*, Academic Press, 2019.

[2] E. Dahlman, S. Parkvall, and J.Sköld, *5G NR: The Next Generation Wireless Access Technology*, Second Edition, Academic Press, 2020.

[3] R. Vannithamby and A. C.K. Soong, *5G Verticals Customizing Applications, Technologies and Deployment Techniques*, John Wiley & Sons, 2020.

[4] C. Cox, *An Introduction to 5G, The New Radio, 5G Network and Beyond*, John Wiley & Sons, 2021.

[5] 5G New Radio, ShareTechNote. [Online]. Available: http://www.sharetechnote.com..

[6] 3GPP TR 38.912 V16.0.0, Study on new radio (NR) access technology (Release 16), Jul. 2020.

[7] 3GPP TS 38.211 V16.4.0, NR; physical channels and modulation (Release 16), Dec. 2020.

[8] 3GPP TS 38.212 V16.4.0, NR; multiplexing and channel coding (Release 16), Dec. 2020.

[9] 3GPP TS 38.213 V16.4.0, NR; physical layer procedures for control (Release 16), Dec. 2020.

[10] 3GPP TS 38.214 V16.4.0, NR; physical layer procedures for data (Release 16), Dec. 2020.

[11] M. Giordani, M. Polese, and A. Roy *et al.*, "A tutorial on beam management for 3GPP NR at mmWave frequencies," *IEEE Commun. Surveys Tut.*, vol. 21, no. 1, pp. 173-196, Sept. 2018.

[12] M. Giordani, M. Polese, and A. Roy *et al.*, "Standalone and non-standalone beam management for 3GPP NR at mmWaves," *IEEE Commun. Mag.*, vol. 57, no. 4, pp. 123-129, Apr. 2019.

[13] A. I. Sulyman, A. T. Nassar, and M. K. Samimi *et al.*, "Radio propagation path loss models for 5G cellular networks in the 28 GHZ and 38 GHZ millimeter-wave bands," *IEEE Communications Magazine*, vol. 52, no. 9, pp. 78-86, Sept. 2014.

[14] 3GPP TR 36.819 V11.2.0, Coordinated multi-point operation for 5G NR physical layer aspects (Release 11), Sept. 2013.

[15] M. S. J. Solaija, H. Salman, and A. B. Kihero *et al.*, "Generalized coordinated multipoint framework for 5G and beyond," *IEEE Access*, vol. 9, pp. 72499-72515, May 2021.

[16] S. Muruganathan, S. Faxer, and S. Jarmyr *et al.*, "On the system-level performance of coordinated multi-point transmission schemes in 5G NR deployment scenarios," in *2019 IEEE 90th Veh. Technol. Conf. (VTC2019-Fall)*, 2019, pp. 1-5.

[17] 3GPP TR 36.808 V10.1.0: Evolved universal terrestrial radio access (E-UTRA); carrier aggregation; base station (BS) radio transmission and reception (R10), Jul. 2013.

[18] 3GPP TS 38.101-1 V16.5.0, NR; user equipment (UE) radio transmission and reception; part 1: range 1 standalone (Release 16), Sept. 2020.

[19] 3GPP TS 38.101-2 V16.5.0, NR; user equipment (UE) radio transmission and reception; part 2: range 2 standalone (Release 16), Sept. 2020.

[20] 3GPP TS 38.101-3 V16.5.0, NR; user equipment (UE) radio transmission and reception; part 3: range 1 and range 2 interworking operation with other radios (Release 16), Sept. 2020.

[21] 3GPP TS 36.211 V12.3.0, Evolved universal terrestrial radio access (E-UTRA); physical channels and modulations (Release 12), Sept. 2014.

Chapter 8

5G NR 進階關鍵技術

8-1 概論

隨著通訊技術演進，相較於第四代行動通訊系統，第五代行動通訊系統支援的通訊應用範疇更爲廣泛，提供的服務更爲多樣，而在這眾多的通訊應用中，除了 3GPP 定義的 5G NR 三大用例外，亦有許多通訊應用是使用其他關鍵技術才得以實現，因此本章將針對 5G NR 的多項進階關鍵技術，介紹其技術內容，首先介紹以服務爲導向的關鍵技術，包括：極可靠低延遲通訊 (ultra-reliable and low-latency communications, URLLC)、裝置對裝置通訊與鄰域服務 (device-to-device (D2D) communications and proximity service (ProSe))、機器類型通訊與物聯網 (machine type communications (MTC) and Internet of things (IoT))，與車聯網通訊 (vehicle-to-everything (V2X) communications)；接著介紹其他 5G NR 特別的應用，包括：定位服務與技術 (location service and positioning)、非授權頻譜與頻譜共享技術 (unlicensed spectrum and spectrum sharing)、垂直應用與專網 (verticals and non-public network (NPN))，與非地面網路 (non-terrestrial network, NTN) 通訊。

8-2 極可靠低延遲通訊

極可靠低延遲通訊係 5G NR 關鍵的三大用例之一，此類型通訊對數據傳輸在低延遲 (low latency) 與高可靠度 (high reliability) 方面的品質要求非常嚴苛，針對用戶平面的通訊延遲需低於 0.5 ms，而在 1 ms 延遲與封包大小爲 32 bytes 的情況，數據傳輸區塊錯誤率 (block error rate, BLER) 需達到 10^{-5} 以下。此用例範疇內的相關通訊應用，例如：工業自動化製造、遠程醫療手術、智慧電網配電自動化、運輸安全、自動駕駛汽車等，未來皆會因受益於極可靠低延遲通訊而得以實現。爲達成此嚴苛的品質要求，3GPP 制定相關技術以降低延遲及提升可靠度，在 R15 中主要利用彈性實體層參數、下行搶占資源傳輸 (downlink pre-emption transmission)、上行授予資源傳輸 (uplink configured grant transmission) 等技術；而在 R16 中主要針對實體層運作機制進行增強，如針對 PDCCH 的架構與 DCI 格式、PUCCH、PUSCH 的架構進行增強，以提供極可靠低延遲通訊。本節將上述技術整理爲實體層增強與資源配置兩個部分做介紹。

8-2-1 實體層增強

URLLC 需要低延遲與極可靠度的特性，而整個通訊協定中又以實體層協定最能即時根據傳輸情況作調整，因此 URLLC 的技術主要針對實體層進行增強，以最有效的方式提供低延遲與極可靠度，以下將針對彈性實體層參數、下行實體層增強以及上行實體層增強進行介紹。

彈性實體層參數

5G NR 系統使用實體層參數以提供 5 種不同的次載波間距 (subcarrier spacing, SCS)，如：15 kHz、30 kHz、60 kHz、120 kHz 及 240 kHz，並根據不同的通訊用例及需求而動態調整合適的 SCS。當系統需使用 URLLC 通訊時，可挑選較大的 SCS 以縮短 OFDM 符碼的傳送時間，從而降低傳輸延遲。此外，5G NR 係以時槽爲單位來設計傳輸架構，爲了支援低延遲通訊，其亦制定迷你時槽 (mini slot) 的傳輸機制，一個迷你時槽可配置少於 14 個 OFDM 符碼數量 [1] 以達到更快速的傳輸，其 OFDM 符碼數量可爲 2、4 或 7，且可根據不同需求而動態調整，若再搭配較大 SCS，則可進一步降低傳輸時間。

增強型下行實體層通道

在第七章中提到，當用戶欲解碼 PDCCH 時，爲了降低系統開銷，基地台不會明確告知用戶其 PDCCH 的位置，而是由用戶利用盲解碼技巧 [2] 搜尋 PDCCH 並解出其內含資訊；另一方面，由於 CCE 具有特殊架構，且基地台會限制用戶 PDCCH 可傳送 CCE 的位置，因此用戶不需逐一針對所有 REG 做窮盡嘗試，只需依照 CCE 架構及用戶本身的搜尋空間嘗試解碼 PDCCH，如此可降低盲解碼的複雜度。一般而言，PDCCH 會配置於一個時槽的前端，然而 URLLC 係使用迷你時槽傳送數據來降低延遲，且迷你時槽可根據實際情況配置於一個時槽的任意位置，如此將影響原先的 CCE 架構。爲此 3GPP 針對迷你時槽設計其 CCE 的擺放方式，以達到不影響用戶執行盲解碼的效能，同時亦能利用迷你時槽傳送 PDCCH。

雖然用戶 PDCCH 可傳送 CCE 的位置有所限制，但爲了降低用戶盲解碼的複雜度，3GPP 針對迷你時槽定義了用戶需檢視的最大 PDCCH 數量與可配置的最大 CCE 數量，其分別如表 8-1 與表 8-2 所示 [3]，值得注意的是，目前僅針對 SCS 爲 15 或 30 kHz 的情況制定。在表 8-1 與表 8-2 中，最大 PDCCH 與 CCE 數量根據不同的參數 X 與 Y 會有差異，

---

1 一個時槽包含 14 個 OFDM 符碼。
2 盲解碼技巧請參考第七章 7-2-1-2。
3 表 8-1 與表 8-2 的資料來源請參考 [5]。

其中 Y 係指一組連續的符碼數量，其稱爲一組拓展 (span)，而 X 係指兩組長度相同拓展的起始符碼之間，需要相隔的符碼數量，此兩個參數組合表示爲 (X, Y)。舉例而言，圖 8-1 爲需檢視的符碼範例示意，其參數組合爲 (4, 3)，圖中需檢視的一組拓展爲三個連續的符碼，因此括號中的第二個數字爲 3；第一組拓展係從符碼編號 0 開始，而第二組拓展係從符碼編號 5 開始，兩者相隔的符碼數量爲 4，因此括號中的第一個數字爲 4。

表 8-1　每個時槽中用戶需檢視的最大 PDCCH 數量

	Maximum number of monitored PDCCH candidates per span for combination (X, Y)		
	(2, 2)	(4, 3)	(7, 3)
15 kHz	14	28	44
30 kHz	12	24	36

表 8-2　每個時槽中用戶可配置的最大 CCE 數量

	Maximum number of non-overlapped CCEs per span for combination (X, Y)		
	(2, 2)	(4, 3)	(7, 3)
15 kHz	18	36	56
30 kHz	18	36	56

OFDM symbol index	0	1	2	3	4	5	6	7	8	9	10	11	12	13
Combination (4,3)	Span 1					Span 2					Span 3			

圖 8-1　需檢視的符碼範例示意

在 DCI 格式方面，3GPP 針對 URLLC 制定兩種簡潔型 DCI (compact DCI)，分別爲用於 PDSCH 的 DCI 格式 1_2 與 PUSCH 的 DCI 格式 0_2，兩者分別相對於 DCI 格式 0_0 與 DCI 格式 0_1 而言，其傳送控制資訊的位元數皆可減少至少 10 至 16 個。

增強型上行實體層通道

R16 對於 PUCCH 架構增強是針對混合式自動重傳請求 (hybrid automatic repeat request, HARQ) 回覆，一般而言，當用戶接收到基地台的信號時，成功解調數據後會回傳 HARQ 的認可 (acknowledgement, ACK)，而在 R15 中，每個時槽只支援一個 PUCCH 負責傳送 HARQ-ACK，其在 R16 中解除此限制，每個時槽支援超過一個 PUCCH 負責傳送 HARQ-ACK，如此可較快的回傳 HARQ-ACK 以降低延遲，且分離了 URLLC 及

eMBB的HARQ-ACK。當用戶執行多個服務種類，如同時執行URLLC及eMBB的應用，此時多個 HARQ-ACK 能同時使用 PUSCH 及 PUCCH 以因應不同服務種類的回覆。

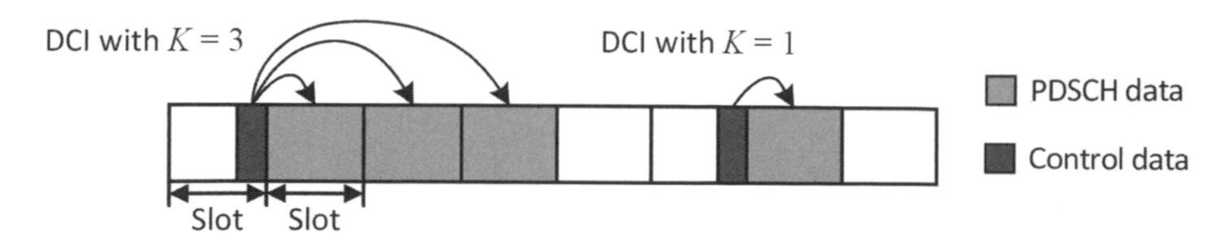

圖 8-2　重複傳送示意

重複傳送機制在 R14 於高可靠度通訊標準中被制定，藉由重複傳送相同的數據，以提升解調正確率並增加可靠度，其機制如圖 8-2 所示，圖中 K 爲重複傳送的次數且由控制信號所決定。在 R15 制定 Type A 重複傳送，其中爲避免用戶傳送的 PUSCH 較大而超出一個時槽 (亦包含迷你時槽)，因此規定一個時槽僅准許一次重複傳送，若執行多次重複傳送，則將重複傳送的 PUSCH 分配至不同的時槽，如圖 8-3 所示。然而 Type A 有一個極大的缺點，即是會提高延遲，爲此在 R16 中制定 Type B 重複傳送，其中一個時槽內可含有多個重複傳送的 PUSCH，並當 PUSCH 超出一個時槽時，可橫跨當下的時槽，並由下一個連續的時槽繼續傳送剩餘的 PUSCH，如圖 8-3 所示。

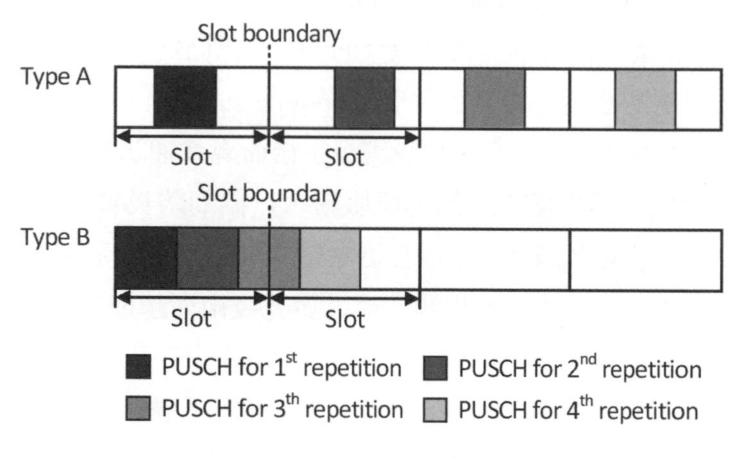

圖 8-3　Type A 與 Type B 重複傳送示意

8-2-2　優先資源配置方法

相對於一般 eMBB 通訊，3GPP 針對 URLLC 授予較高的傳送優先權，亦即 URLLC 的資源配置會優先於其他類型的通訊，其在上下行通道亦使用不同的技術，下行傳輸時使用下行搶占資源傳輸技術，上行傳輸時則使用上行授予資源傳輸技術。

在下行傳輸方面，下行搶占資源技術係指基地台在原先 eMBB 通訊過程中，若 URLLC 的數據需要被即時傳送，則會優先分配資源給 URLLC 使用，並透過搶占指示告知 eMBB 用戶其傳送資源中包含 URLLC 數據，使其不需對 URLLC 數據進行解調。

在上行傳輸方面，當 eMBB 用戶欲傳送 PUSCH 時，須傳送排程請求並於基地台傳送的 DCI 中取得上行授予後，才可傳送 PUSCH，由於此過程需耗費一定時間，爲實現 URLLC 所需的低延遲傳輸，因此 3GPP 制定上行授予資源傳輸技術。上行授予資源傳輸技術主要分爲兩種類型：第一種爲 Type 1，URLLC 用戶獲得上層 RRC 層協定所授予傳輸的相關資訊，包含時頻資源數量與重複傳送次數，不需額外取得基地台的上行授予即可傳送 PUSCH；第二種爲 Type 2，與 Type 1 不同之處在於，用戶經由上層 RRC 層協定只獲得重複傳送次數的資訊，其餘授予傳輸的資訊則需從 DCI 中獲得，此優點爲透過 DCI 可即時取得較彈性的時頻資源配置，以符合 URLLC 中不同應用的訊務特性。

8-3 裝置對裝置通訊與鄰域服務

由於手持裝置的普及化及社群網路等應用需要大量鄰域服務，而裝置對裝置 (device-to-device, D2D) 通訊亦支援鄰域服務 (proximity service, ProSe) 的通訊技術，因此從 4G 系統開始便廣受產學界關注，直至現今的 5G 系統仍爲一個關鍵技術以協助支援傳統通訊系統無法提供的應用，尤其公共安全 (public safety) 已被世界各國視爲極重要的政策，而公共安全所關注的是：在大型災害發生後而導致通訊網路大規模毀損的情況下，網路仍然可以提供某種程度以上的通訊服務，以協助防災救災順利進行。相較於一般商業網路，由於公共安全網路要求能在更嚴格的環境下進行通訊，因此 3GPP 從 4G 系統開始引入 D2D 通訊並持續發展相關技術，隨著技術漸趨成熟，3GPP 亦將其引入 5G 系統發展，使 5G 系統成爲有競爭力的公共安全通訊系統。除了公共安全的考量，D2D 通訊還擁有其他優點：藉由 D2D 技術，用戶可以不需經過基地台直接與其他用戶通訊，讓頻譜資源使用效率提高，亦可降低 end-to-end 延遲，此外較短的距離也較易享有高速傳輸，並使能量消耗降低；另一方面，由於部分用戶改使用 D2D 通訊而省下基地台的資源，非 D2D 用戶可因此得利；最後，使用 D2D 技術可讓部分用戶成爲中繼站 (relay station)，擴大基地台運作範圍。

針對 D2D 技術引入 5G 系統，由於 D2D 通訊主要爲提供鄰近區域的通訊服務，因此 3GPP 在 5G NR 通訊標準中將 D2D 通訊稱爲鄰域服務。因 5G 系統的鄰域服務係從 4G 系統的 D2D 通訊與鄰域服務發展而來，本節將先簡介通訊標準的演進以熟悉技術的發展脈絡，之後再介紹鄰域服務的技術及特色，包含使用場景、運作方式、搜尋流程及群組通訊。

8-3-1 鄰域服務通訊標準

D2D 通訊與鄰域服務的標準演進如圖 8-4 所示，3GPP 從 R12 開始將 D2D ProSe 技術引入 4G 系統，由於 D2D 通訊為行動裝置間的通訊，不同於傳統基地台 - 行動裝置的通訊鏈結，數據傳輸的通道差異使得部分實體層技術及運作機制須重新設計，因此當時的通訊系統並不適合提供此類型的服務。之後技術持續發展，3GPP 在 R14 針對這種不需經過基地台直接通訊的通訊方式，制定相對應的實體層技術及運作機制，並將行動裝置間的通訊鏈結定義為側行鏈路 (sidelink)[4]，其相關技術內容亦描述於此類型的通訊標準中。隨著通訊技術的發展演進，由 4G 系統發展至 5G 系統，新的通訊系統支援更龐大的通訊應用範疇，許多應用如車聯網、物聯網，因其行動裝置的通訊皆可能不需經過基地台，故需使用 D2D 通訊所支援的鄰域服務技術，為此 3GPP 預期在 R17 將 4G 系統的 D2D 通訊技術納入 5G 系統研究，並以鄰域服務制定相關通訊標準。此外，由於車聯網的系統架構與 D2D 通訊類似，因此 4G 系統中 D2D 通訊的相關技術，在 R14 被納入車聯網的通訊標準，並在之後的版本持續發展車聯網所需的通訊技術，而部分鄰域服務的技術亦制定於車聯網的通訊標準中。上述內容即為 5G 系統中鄰域服務的技術演進，後續內容將介紹鄰域服務的技術及特色。

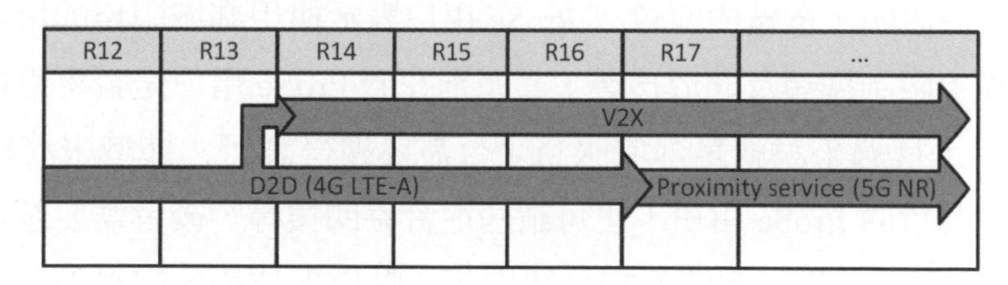

圖 8-4 裝置對裝置通訊與鄰域服務標準演進示意

8-3-2 鄰域服務使用場景及運作方式

如前所述，D2D 通訊支援鄰域服務的通訊技術，而使用鄰域服務的用戶係透過側行鏈路進行通訊，此種通訊鏈結即是使用 PC5 通訊介面，而非基地台與用戶的 Uu 通訊介面。雖然鄰域服務的用戶可不經過基地台直接與其他用戶通訊，但它仍可使用在有基地台覆蓋的情況，因此為了評估鄰域服務技術的方便性，3GPP 定義了使用場景，其中場景分為有基地台覆蓋及無基地台覆蓋兩種，當有基地台覆蓋時，所有用戶都可接收到基地台信號；無基地台覆蓋則為相反的情況。值得注意的是，實際亦會有部分覆蓋的情況。

4 側行鏈路傳輸請參考第七章 7-6。

鄰域服務的使用場景如圖 8-5 所示，若用戶未被基地台所覆蓋，則可透過其他作爲中繼站的用戶與基地台連結，抑或多個用戶的數據可集中彙整至有與基地台連結的中繼站，由中繼站負責與基地台通訊，而用戶透過中繼站與基地台通訊的通訊連結如圖 8-6 所示，接下來將介紹鄰域服務如何運作。

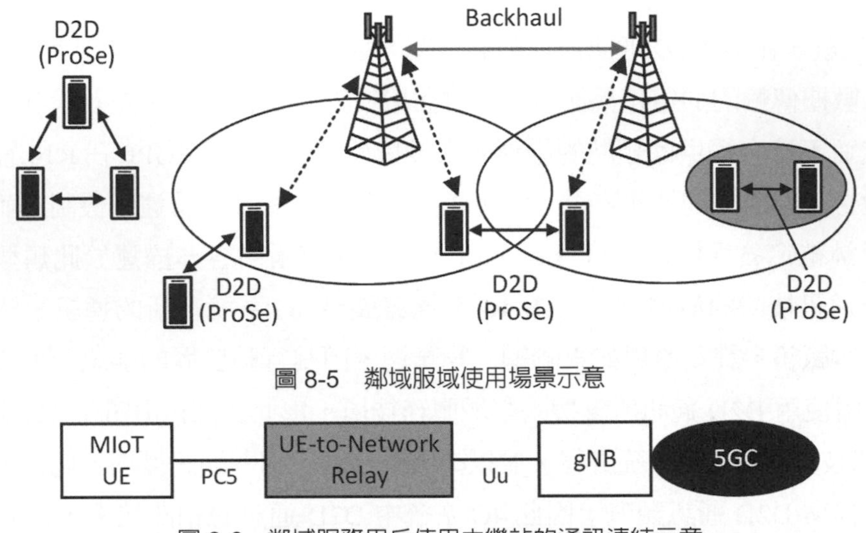

圖 8-5　鄰域服域使用場景示意

圖 8-6　鄰域服務用戶使用中繼站的通訊連結示意

鄰域服務具有兩個基本的運作功能，一個是鄰域服務搜尋 (ProSe discovery)，其目的是找尋鄰近同樣支援鄰域服務的用戶；另一個是鄰域服務直接通訊，也就是實際的通訊行爲。爲便於說明，後續內容會以 ProSe 用戶表示使用鄰域服務的用戶。鄰域服務搜尋可分爲兩類：限制搜尋及開放搜尋，其區別在於 ProSe 用戶是否可以拒絕其他用戶的鄰域服務搜尋，反過來說就是鄰域服務是否需要獲得許可。鄰域服務搜尋可使用搜尋信號直接找到鄰近的 ProSe 用戶，也可請基地台協助搜尋，後者需要基地台持續更新 ProSe 用戶的資訊。至於鄰域服務直接通訊則包含點對點傳輸、中繼點、單播、廣播及群播技術等技術，並經由側行鏈路進行通訊。

除了針對搜尋用戶的權限區分搜尋方式外，3GPP 亦根據 ProSe 用戶其搜尋行爲的差異性，將用戶歸類爲 Model A 或 Model B，其中 Model A 的 ProSe 用戶支援限制搜尋及開放搜尋，屬於主動的搜尋行爲，而 Model B 的 ProSe 用戶僅支援限制搜尋，屬於被動的搜尋行爲。Model A 的 ProSe 用戶分爲兩類：執行宣告之用戶 (announcing user) 及執行監測之用戶 (monitoring user)，執行宣告之用戶不論欲支援何種搜尋方式，將會主動公開自身相關的搜尋資訊，提供給執行監測之用戶搜尋，而符合權限的執行監測之用戶則可透過此搜尋資訊與之進行通訊；Model B 的 ProSe 用戶分爲兩類：執行搜尋之用

戶 (discoverer) 及被搜尋之用戶 (discoveree)，執行搜尋之用戶需先對被搜尋之用戶請求搜尋許可，而被搜尋之用戶會透過特殊的辨識方式確認其權限是否符合，待許可後才會被動提供自身相關的搜尋資訊，如此執行搜尋之用戶才可透過此搜尋資訊與被搜尋之用戶進行通訊。從搜尋過程中所扮演的角色來看，若以搜尋與被搜尋的角色做區分，則擔任搜尋的角色為執行監測之用戶或執行搜尋之用戶，而擔任被搜尋的角色為執行宣告之用戶或被搜尋之用戶。

8-3-3 鄰域服務搜尋流程

當 ProSe 用戶欲與鄰近區域的其他 ProSe 用戶進行通訊時，不論是開放搜尋或限制搜尋，皆需經過鄰域服務的搜尋流程才能與搜尋對象通訊。圖 8-7 為鄰域服務的搜尋流程，圖中的流程大致分為三個階段，第一為授權存取與服務開通的階段，如圖中的步驟 (1) 至步驟 (4)；其次為提供搜尋資訊的階段，如圖中的步驟 (5a) 與 (5b)；最後為索取數據的階段，如圖中的步驟 (6) 至步驟 (7)。

在授權存取與服務開通的階段，不論 ProSe 用戶擔任搜尋或被搜尋的角色，皆需執行授權存取與服務開通的流程，其步驟如下：(1) ProSe 用戶與網路連結並註冊，再對接取與移動管理功能 (access and mobility management function, AMF) 請求授予鄰域服務相關的存取權限與開通服務功能；(2) AMF 根據鄰域服務請求的內容，從策略控制功能 (policy control function, PCF) 取得相對應的用戶裝置策略 (UE policy)，其中包含的資訊如應用功能 (application function, AF)、群組資訊、Model 資訊 (Model A 或 Model B)、區域資訊等。群組資訊係指用戶若已加入群組，則可額外提供群組的相關資訊，而區域資訊係指用戶的所在位置；(3) AMF 將取得的用戶裝置策略傳送給請求執行鄰域服務的 ProSe 用戶；(4) ProSe 用戶會使用 AMF 提供的用戶裝置策略並將結果回報給 AMF。

在提供搜尋資訊的階段，根據 ProSe 用戶所屬 Model 而執行相對應的流程，若為 Model A 的用戶，則執行步驟 (5a) 的流程，亦即執行宣告之用戶會根據開放或限制搜尋的條件，主動公開自身相關的搜尋資訊，以便符合權限的 ProSe 用戶可自行搜尋；若為 Model B 的用戶，則執行步驟 (5b) 的流程，亦即執行搜尋之用戶需先向被搜尋之用戶請求搜尋許可，之後被搜尋之用戶經過特殊的辨識方式確認其權限是否符合，待許可後才會被動提供自身相關的搜尋資訊。

最後在索取數據的階段，當擔任搜尋的角色在提供搜尋資訊的階段取得搜尋對象 (被搜尋的角色) 的搜尋資訊後，則可透過搜尋資訊與之進行通訊，此時若有對搜尋對象索取數據的需求，則執行步驟 (6) 與 (7)。步驟 (6) 為擔任搜尋的角色需對搜尋對象請

求傳送詮釋資料 (metadata)；而步驟 (7) 為擔任被搜尋的角色根據請求內容，回覆相對應的詮釋資料。

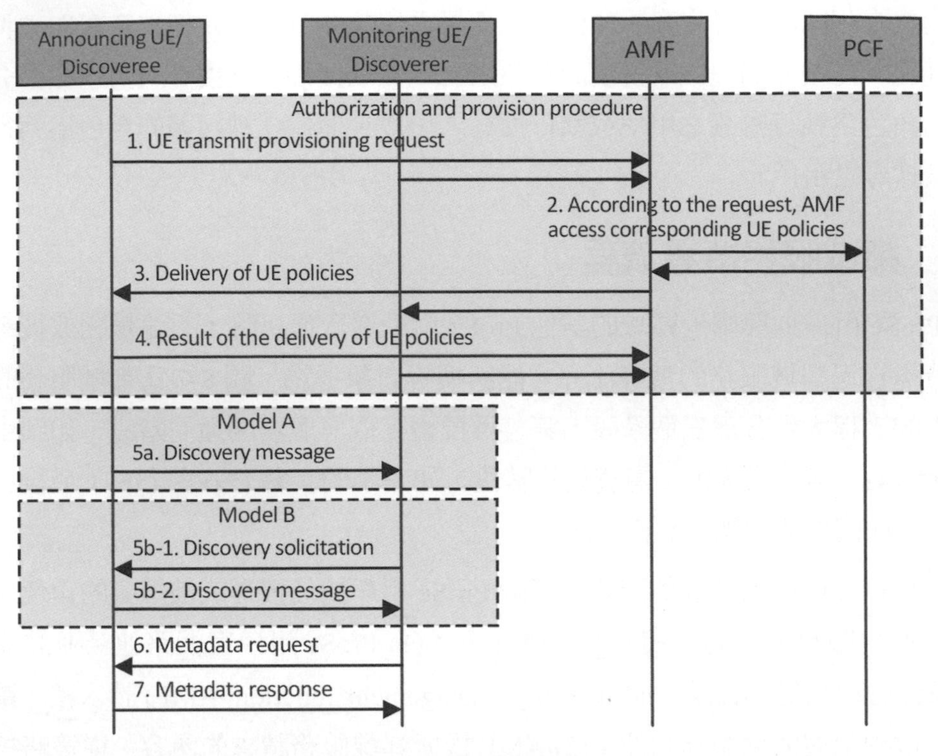

圖 8-7　鄰域服務的搜尋流程

8-3-4　鄰域服務群組通訊

除了 ProSe 用戶與其他 ProSe 用戶直接通訊的方式外，鄰域服務亦具有群組通訊 (group communication) 的功能，也就是若干 ProSe 用戶可組成一個群組，如此將能透過群播的方式傳遞訊息給群組內的用戶。鄰域服務的群組建立流程如圖 8-8 所示，在建立群組之前，所有相關的 ProSe 用戶皆需執行前一小節所介紹的授權存取與服務開通流程，以具備執行鄰域服務的權限，之後可透過以下步驟建立群組：(1) 由欲執行群播的領導用戶 (leading user) 對其他用戶請求搜尋許可 (圖中，領導用戶如用戶 1，其他用戶如用戶 2、用戶 3 及用戶 4)；(2) 被請求搜尋的用戶確認權限是否符合，待許可後提供自身相關的搜尋資訊；(3) 領導用戶根據可搜尋的對象，決定欲加入群組的成員 (如用戶 2 與用戶 3)，並向 3 請求建立群組，以取得群組通訊所需的相關資訊；(4) 應用伺服器回覆領導用戶，提供群組通訊所需的相關資訊，包含群組 ID、群組成員列表中所有成員的相關資訊；(5) 領導用戶通知加入群組的所有成員，已許可建立群組通訊；(6) 群組內的所有成員可向應用伺服器取得群組通訊的相關資訊；(7) 回覆結果給領導用戶，完成建立群組通訊流程；(8) 群組內的所有成員即可進行群組通訊，利用群播傳遞訊息給群組內其他成員。

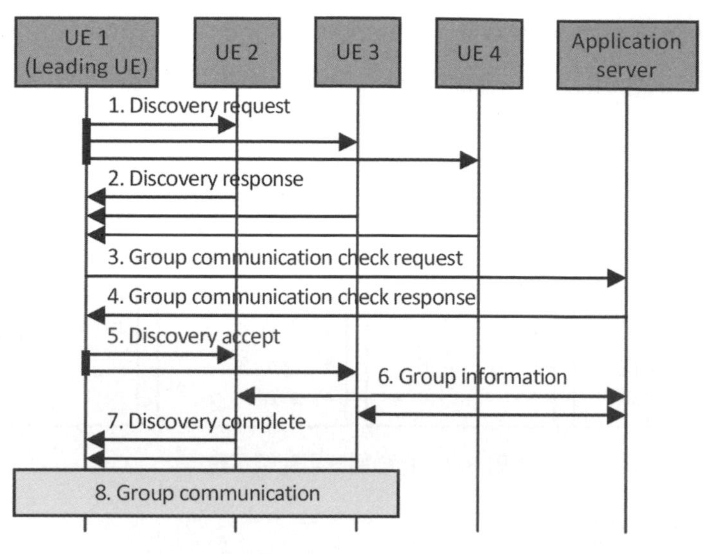

圖 8-8　鄰域服務群組通訊建立流程

8-4　機器類型通訊與物聯網

隨著網路應用的持續發展，許多利用機器輔助的應用開始興起，機器與機器之間的訊務量快速上升，許多原本未相連結的裝置開始相連結，最終由機器控制的通訊裝置數量將會遠超過人對人 (human-to-human) 的通訊裝置。爲了因應此一場景，3GPP 也積極著手規劃機器類型通訊 (machine type communications, MTC) 技術，在 4G 系統將機器類型通訊正式納入標準，而隨著通訊技術的演進，在 5G 系統更是將巨量機器類型通訊定義爲三大用例。由於機器類型通訊中最常見的應用爲物聯網，且物聯網亦爲 5G 系統重點發展的一項關鍵技術，因此本節會以物聯網爲主軸，先簡介物聯網的技術概念及其標準演進，以利讀者熟悉物聯網的發展面向，之後再介紹其中兩種常見類型的物聯網。

8-4-1　物聯網概論

物聯網 (Internet of things, IoT) 的主要概念是將普遍出現在人們周遭的物件 (things/objects) 互相連結，形成能互相溝通的互聯網路 (Internet)，因此屬於機器類型通訊的一種應用。事實上，物聯網的概念包含兩個面向，從物件的面向來看，它可運作在人們周遭任何的物件上，包含監視器、感測器、汽車、小動物、農作物以及人類自身等，而這

些物件要足夠聰明 (smart)，能自主行動、並互相合作溝通，對環境使用者的行動做出反應。從網路的面向來看，每個物件都須有其獨特的定址，以便物件能夠互相分辨追蹤。從上面的定義可以想像一個場景，即全世界所有物件都互相連結並構成一張巨大的網路，這樣的理念讓物聯網有能力實現許多人們想像中，可以大幅改善生活品質的重要應用。物聯網的應用可分類如下：運輸與物流、醫療照護、智慧型環境、個人與社會，各個類型下的應用如圖 8-9 所示。

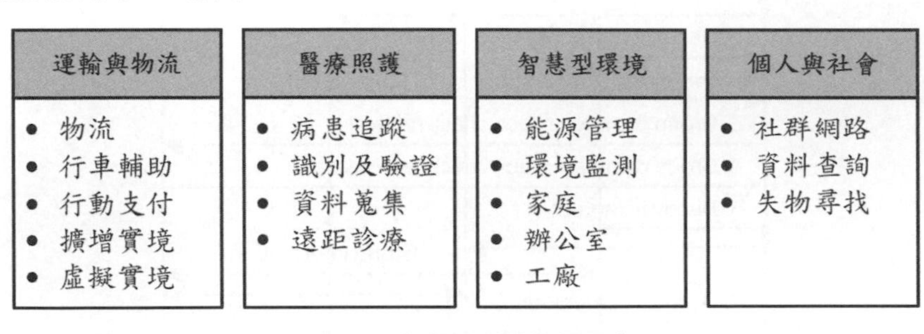

圖 8-9　物聯網應用範例示意

◆ 3GPP 物聯網通訊標準

由於物聯網涵蓋的應用類型相當廣泛，不同應用具備的特性亦會影響不同的發展面向，因此 3GPP 將物聯網分成許多類型，包括：窄頻物聯網 (narrowband Internet of things, NB-IoT)、蜂巢式物聯網 (cellular Internet of things, CIoT)、巨量物聯網 (massive Internet of things, MIoT)、工業物聯網 (industrial Internet of things, IIoT)、個人型物聯網 (personal Internet of things, PIoT)，以及 NR-RedCap (reduced capability)[5]。在上述的各類型物聯網中，因部分物聯網係由其他物聯網發展而來，部分物聯網係由其他物聯網與機器類型通訊發展而來，為了能讓讀者瞭解整個物聯網的發展脈絡，以下內容會根據 3GPP 通訊標準的制定順序進行介紹，如圖 8-10 所示。

從 R13 開始，3GPP 針對適用於 4G 系統的 NB-IoT 與增強型機器類型通訊 (enhanced machine type communications, eMTC) 制定標準，而這兩種 4G 系統的通訊技術在之後的版本各自發展演進。隨著通訊標準的演進，物聯網的技術逐漸發展成熟，適用於 5G 系統的各類型物聯網從 R16 開始被制定。其一，由於 4G 系統的 NB-IoT 與 eMTC 兩種類型的通訊技術，皆可使用在一般的蜂巢式網路，因此 3GPP 將兩者的相關技術納入 5G 系統的 CIoT 架構，特別制定 CIoT 的通訊標準以持續發展相關技術；其次，對於 5G 系統而言，為了能在有限的頻譜資源支援更多的通訊應用，使用窄頻寬的窄頻通訊技術顯得更為重要，而 4G 系統的 NB-IoT 因具備窄頻通訊的特色，因此 3GPP 將其相關技術

5　NR-RedCap 亦稱為 NR-Lite 或 NR-Light。

納入 5G 系統的 NB-IoT 架構，特別制定 NB-IoT 的通訊標準以持續發展相關技術；其三，由於機器類型通訊與物聯網的應用蓬勃發展，此應用類型的行動裝置如穿戴式裝置 (wearable device)、智慧型感測器 (smart sensor) 等數量大幅提升，爲此 3GPP 制定了巨量機器類型通訊 (massive machine type communications, mMTC) 與 MIoT 的通訊標準；其四，未來大量工廠將逐漸智慧化，利用大量的行動裝置監控設備或機台，即時蒐集數據並彙整至雲端統一管理，以隨時掌控設備或機台的運作狀況，因工業類型的物聯網裝置其使用場景較爲特別，爲此 3GPP 制定了 IIoT 的通訊標準。值得一提的是，由於 IIoT 與 URLLC 同樣講求極低延遲的特性，爲此 3GPP 預期在 R17 的 IIoT 通訊標準中制定時敏性網路 (time-sensitive networking, TSN)，此部分的標準仍在制定且與 URLLC 的標準有所關聯。

雖然目前 R17 仍在制定，但未來深具潛力的物聯網相關應用如 PIoT 與 NR-RedCap，3GPP 預計在此版本制定相關標準。在 PIoT 方面，由於穿戴式裝置在未來將會普及化，其相關通訊技術亦爲物聯網中的一大發展趨勢，推測 PIoT 即是針對穿戴式裝置所制定；在 NR-RedCap 方面，NR-RedCap 的行動裝置性能會介於 eMBB 與 URLLC 的行動裝置性能之間，其目的是爲了補足不同物聯網應用的缺口：在物聯網應用中，大頻寬高傳輸速率或低延遲高可靠的行動裝置屬於高階物聯網應用，而大量連結且低耗能的行動裝置屬於低階物聯網，未來介於這兩者之間效能需求的中階物聯網應用將可由 NR-RedCap 所支援。

最後，由於目前 3GPP 針對 CIoT 與 MIoT 制定的標準較爲完整，其餘類型的物聯網仍未制定較詳細的標準，因此接下來僅針對 CIoT 與 MIoT 介紹其技術及特色。

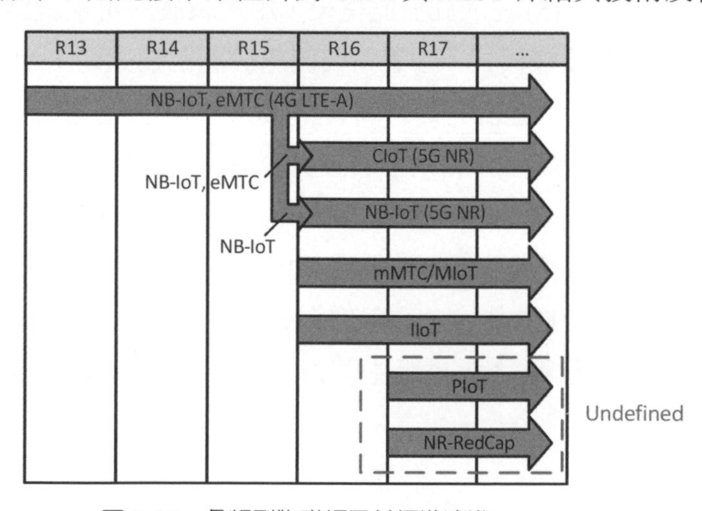

圖 8-10　各類型物聯網及其標準演進

8-4-2 蜂巢式物聯網

如前所述，CIoT 沿用 4G 系統的 eMTC 與 NB-IoT 技術使其適用於 5G 系統，其在節能與數據傳輸方面亦制定許多技術，而本小節將針對其中幾種較具特色的技術做介紹。在節能方面，CIoT 支援喚醒信令 (wake-up signaling)、提前傳輸機制 (early data transmission)、以及僅由行動端發起連線之模式 (mobile initiated connection only mode, MICO mode) 的功能；在數據傳輸方面，CIoT 支援小數據封包使用訊息驗證碼完整性 (message authentication code-integrity, MAC-I) 的功能。

對於喚醒信令而言，當物聯網裝置無數據傳輸的需求時，即可進入睡眠狀態，惟裝置接收到喚醒信令才會解除睡眠狀態，如此將可減少裝置能耗。對於提前傳輸機制而言，由於物聯網裝置可使用小數據封包傳輸，透過在隨機接取 (random access) 階段告知基地台有小數據封包的傳輸需求，則可在要傳送小數據封包的時機提前傳輸，以避免封包數據量低於一般封包要求而無法提前傳輸，進而減少等待時間與裝置能耗。

對於 MICO 模式而言，圖 8-11 為 MICO 模式的執行流程，其步驟如下：(1) 用戶裝置需先向 AMF 傳送註冊請求，若用戶裝置欲執行 MICO 模式則需額外傳送 MICO 模式的偏好設定及活躍時間 (active time)；(2) AMF 會從統一數據管理 (unified data management, UDM) 取得用戶裝置的相關資訊，其中包含預期的用戶裝置行為 (如用戶裝置移動路徑)、電池能耗指示、以及用戶裝置使用的電池為可充電或可替換等；(3) AMF 根據用戶裝置資訊與 MICO 模式的偏好設定，決定是否允許用戶裝置執行 MICO 模式及對應的活躍時間；(4) AMF 回傳註冊結果，其中包含是否可執行 MICO 模式的指示與對應的活躍時間；(5) 完成註冊流程後，用戶裝置即可與網路連線，此時用戶裝置可能處於閒置模式或連線模式，當用戶裝置處於閒置模式時，AMF 與用戶裝置皆會啓動計時器以開始計時，一旦計時的時間大於 AMF 指示的活躍時間，若用戶裝置可執行 MICO 模式，則執行步驟 (6)，當用戶裝置處於連線模式時，則 AMF 與用戶裝置皆會關閉計時器以結束計時；(6) 若用戶裝置被指示可執行 MICO 模式，則當計時器的計時時間大於活躍時間時，用戶裝置即可切換為 MICO 模式，此模式的用戶裝置雖然未失去與網路的連線 (註冊資訊並未消失)，但不能被網路所喚醒，惟用戶裝置需傳送數據時，才會啓動電源與網路連線 (不需重新註冊)，如此將可減少裝置能耗。

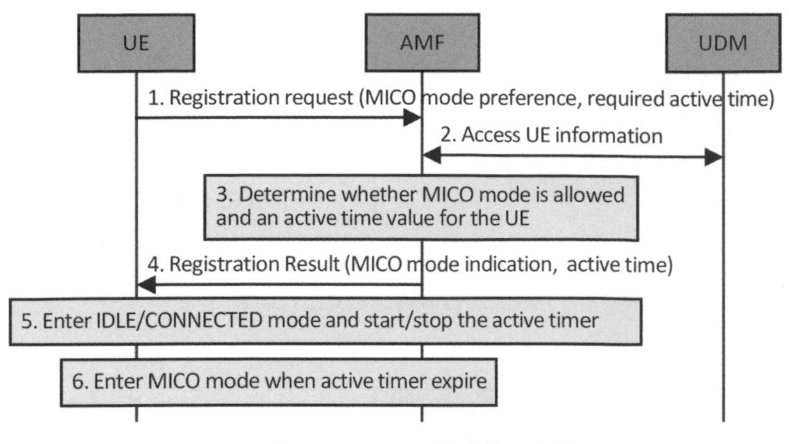

圖 8-11 MICO 模式執行流程

在小數據封包方面，由於物聯網裝置大多屬於小數據封包的傳輸方式，大量的小數據封包可能於傳輸過程中遭受外在因素或惡意攻擊的行爲更改其訊息內容，爲提升每個小數據封包的安全性，物聯網裝置引入訊息驗證碼的功能以檢驗封包內容的完整性。圖 8-12 爲小數據封包傳輸使用完整性函數示意，當用戶欲傳送 *N* 筆小數據時，可將此 *N* 筆小數據、密鑰及其他參數 (如演算法類型) 作爲完整性函數 (integrity function) 的輸入，之後完整性函數會輸出相對應的訊息驗證碼完整性 (MAC-I)，用以檢驗所有小數據封包的內容完整性。值得注意的是，此 *N* 筆小數據會各自形成一小數據封包，並全數被用戶傳送，惟最後一筆小數據的尾端會附加完整性函數輸出的訊息驗證碼完整性，以便接收端在接收完所有小數據封包後，可檢驗所有小數據封包的內容完整性。此外針對每筆小數據封包的格式，如圖 8-13 所示，封包的 PDCP 層訊頭中具有保留位元參數 *E* 與 *P*，位元參數 *E* 係用來通知接收端收到的封包是否使用 MAC-I，亦即是否爲最後一筆封包，若數值爲 1 表示封包有使用 MAC-I，數值爲 0 則表示無使用；而位元參數 *P* 係用來通知接收端是否需利用 MAC-I 檢驗所有小數據封包的內容完整性，若數值爲 1 表示接收端需強制執行，數值爲 0 則表示接收端可根據實際情況 (如傳輸速率) 選擇是否執行，如此亦能減少接收端信號處理的能耗。值得注意的是，所有小數據封包的位元參數 *P* 數值皆相同。

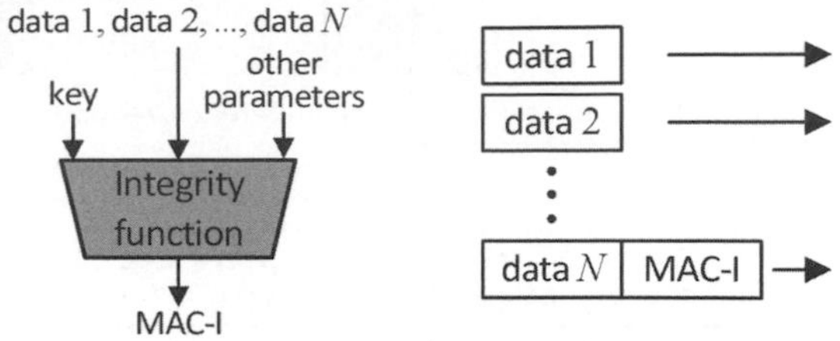

data 1, data 2, ..., data N
key
other parameters
Integrity function
MAC-I
data 1
data 2
data N MAC-I

圖 8-12　小數據封包傳輸使用完整性函數示意

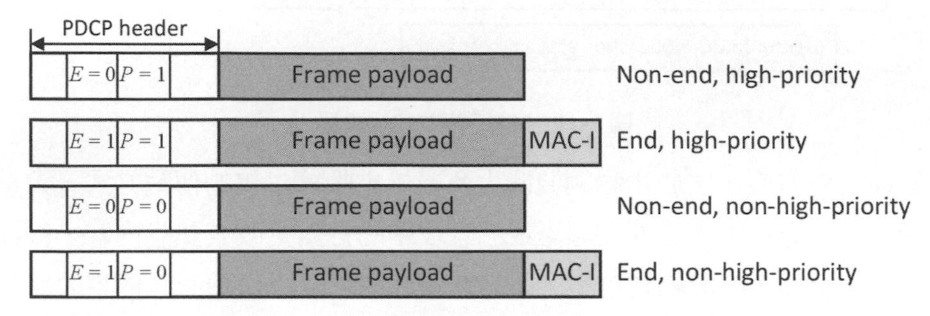

圖 8-13　使用訊息驗證碼完整性的封包格式示意

8-4-3　巨量物聯網

MIoT 係由巨量的物聯網裝置所形成的物聯網應用，其中裝置間大量的訊息交流爲此應用的一大特色，由於裝置間可交流訊息的種類多樣，因此 3GPP 針對不同類型的訊息交流方式定義了四種模型，分別處理點對點訊息 (point-to-point message)、應用程式對點訊息 (application-to-point message)、群組訊息 (group message)，與廣播訊息 (broadcast message)，接下來將針對上述四種訊息交流的模型做介紹。

對於點對點訊息而言，圖 8-14 爲點對點訊息傳遞的架構，圖中的裝置，不論是用戶裝置或是 MIoT 裝置，彼此皆須具備 5G MIoT 訊息服務 (message service for MIoT in 5G, MSGin5G) 的功能才可互相交流訊息，其訊息傳遞的方式即是透過裝置的 5G 訊息服務客戶端 (5G message service client, 5GMSGS client) 發送訊息給另一裝置的 5GMSGS 客戶端接收，而傳遞訊息期間會經由 5G NR 網路轉送訊息。此外 5G NR 網路會連結 5G MIoT 訊息服務應用層 (MSGin5G application layer)，提供用戶裝置取得 5G MIoT 應用程式，此方式所傳遞的訊息即爲應用程式對點訊息。

對於應用程式對點訊息而言，簡單來說，用戶裝置可向 5G MIoT 訊息服務應用層中的應用伺服器取得 5G MIoT 的應用程式。由於應用伺服器提供多種應用程式，因此用戶可根據需求選擇欲使用的應用程式，而根據不同的訊息傳遞方式，其可分爲行動端發起應用程式接收之訊息傳遞 (mobile originated application terminated messaging, MOAT messaging)、應用程式發起行動端接收之訊息傳遞 (application originated mobile terminated messaging, AOMT messaging)，兩者的架構分別如圖 8-15 與圖 8-16 所示。MOAT 的訊息如監控裝置環境之訊息，用戶裝置會透過本身的 5GMSGS 客戶端傳遞訊息給應用伺服器以蒐集數據並進行分析，而傳遞訊息期間同樣會經由 5G NR 網路轉送訊息；AOMT 的訊息如管理及控制用戶裝置之訊息，應用伺服器會傳遞訊息給多個用戶裝置以統一管理，舉共享單車 (shared bike) 爲例，應用伺服器會傳遞訊息來控制單車。值得注意的是，若用戶裝置不爲 3GPP 裝置，則需額外透過閘道與 5G NR 網路連結以轉送訊息。

物聯網群組訊息是多個用戶裝置或物聯網裝置組成群組，群組內成員傳遞資訊的訊息。圖 8-17 爲群組訊息傳遞的架構示意，當用戶裝置對群組傳遞訊息，訊息會先被傳遞至 5G MIoT 訊息服務伺服器 (MSGin5G server) 的群組功能，再將此訊息傳遞給群組內其他用戶裝置，其中若有非 3GPP 用戶裝置，同樣需先透過 MSGin5G 閘道與網路連線；最後，廣播訊息是應用程式向大量用戶裝置或物聯網裝置傳遞資訊的訊息，訊息傳遞的架構如圖 8-18 所示。應用程式透過傳遞廣播訊息可減少網路的訊務量，並降低 MIoT 中大量裝置對網路的負擔。舉例而言，某應用程式需要控制大量物聯網裝置，須先提供服務區域的資訊，再透過 MSGin5G 伺服器廣播指定的服務區域。

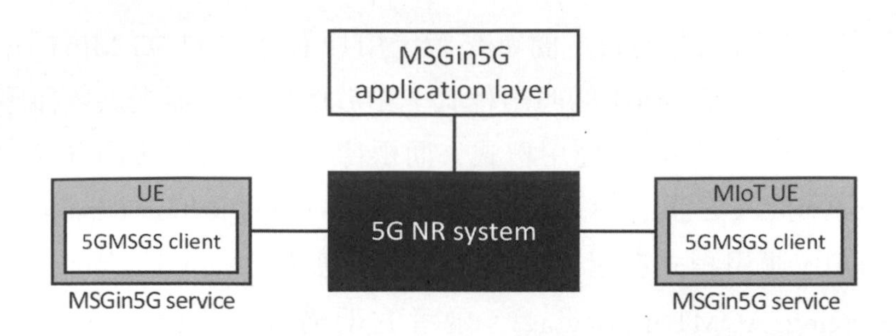

圖 8-14　MIoT 中點對點訊息傳遞架構示意

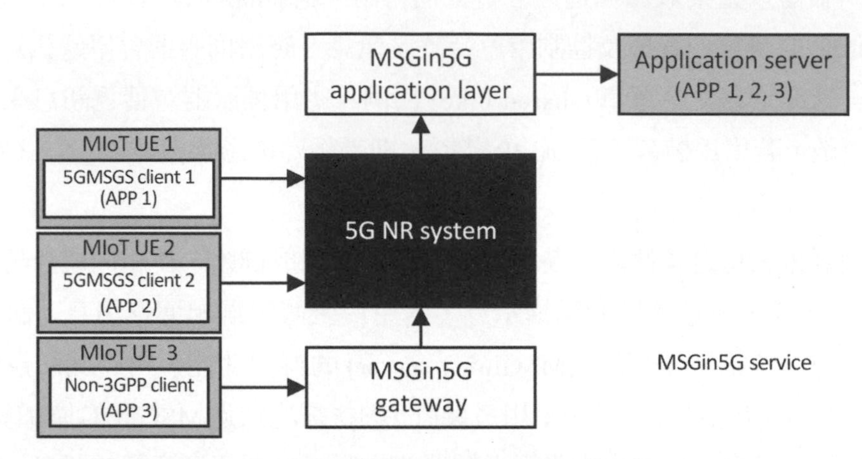

圖 8-15　MIoT 中 MOAT 訊息傳遞架構示意

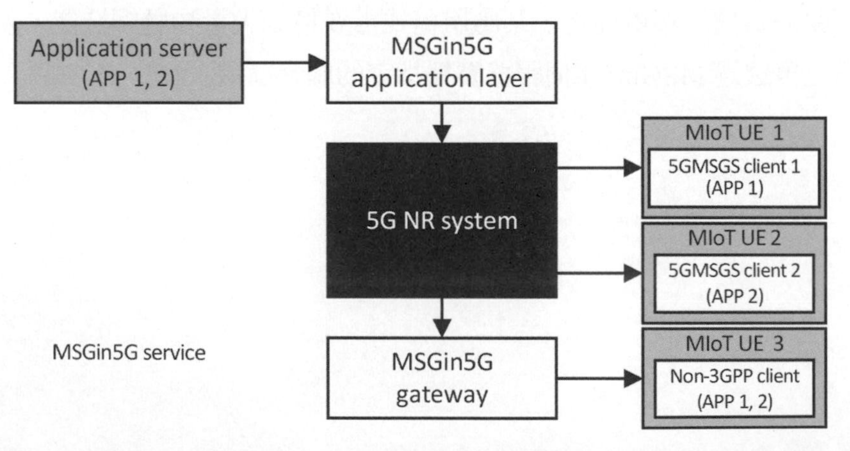

圖 8-16　MIoT 中 AOMT 訊息傳遞架構示意

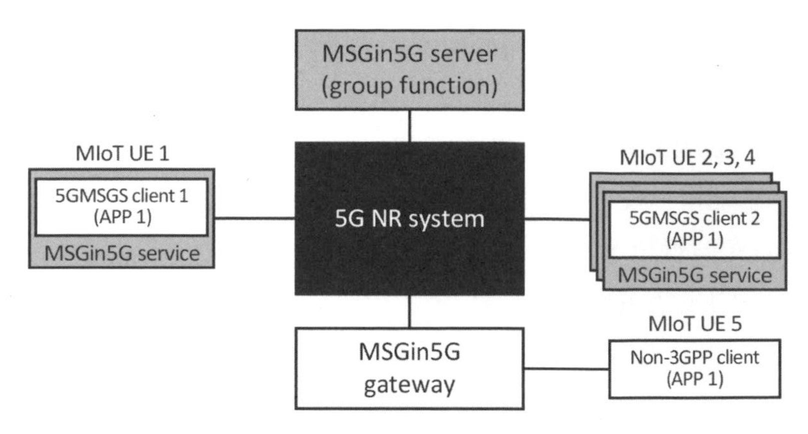

圖 8-17　MIoT 中群組訊息傳遞架構示意

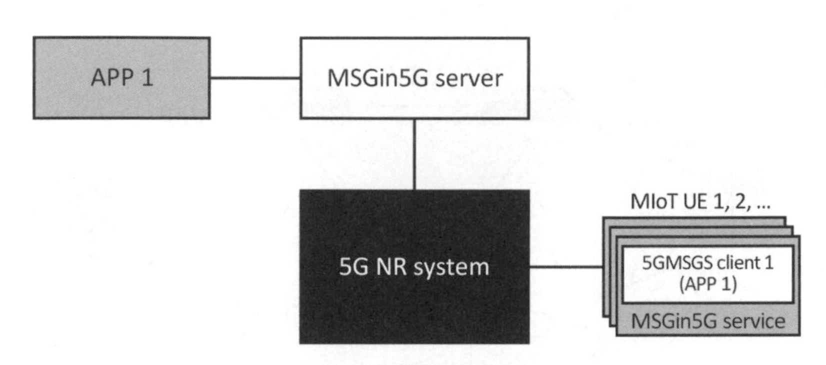

圖 8-18　MIoT 中廣播訊息傳遞架構示意

8-5　車聯網通訊

車聯網 (vehicle-to-everything, V2X) 的概念係指車輛與其周遭的物件 (things/objects) 或網路互相連結，形成可互相溝通的互聯網路 (Internet)，交換彼此重要訊息，如圖 8-19 所示，車聯網通訊可分爲四種通訊類型，包含：(1) 車輛對車輛 (vehicle-to-vehicle, V2V)；(2) 車輛對基礎設施 (vehicle-to-infrastructure, V2I)；(3) 車輛對網路 (vehicle-to-network, V2N)；(4) 車輛對行人 (vehicle-to-pedestrian, V2P)。V2V 通訊係指車輛間可直接通訊，讓車輛間能即時互傳訊息，如位置、速度、方向等資訊，了解彼此動態以避免發生碰撞；V2I 通訊係指車輛可連結基礎設施，如路側單元 (roadside unit, RSU)，透過基礎設施可延伸 V2X 通訊的範圍，以取得車輛將前往之處的最新資訊，此外亦可透過 RSU 控制範圍內的車流；V2N 通訊係指車輛透過基地台與網路 (如 4G/5G 網路) 進行通訊，此類型得以管理大範圍的車流；V2P 通訊係指車輛與行人間的通訊，車輛可對行人提供警示，抑或由行人向路過的車輛傳遞訊息。車輛透過 V2X 通訊可與其他裝置交換資訊以達到交通管制、行車提醒，而網路亦能提供車輛關於天候、速限等資訊，增加車輛的感知能力以避免事故發生，尤其現今車輛大多會裝載許多感測器如：相機、雷達 (radio detection and ranging, RADAR)、光達 (light detection and ranging, LIDAR)，隨著訊號處理的技術演進，車輛得以提升偵測距離與可靠度。車輛利用這些感測器感知環境，再利用 V2X 通訊技術交換資訊，最後建立一個大範圍的車流資訊網以提高行車的安全性，此即爲車聯網通訊的發展願景。

本節前半部分的內容將以車聯網爲主軸，介紹車聯網的通訊標準以及相關技術，包含系統架構、車聯網通訊建立流程與車聯網群組通訊建立與管理，後半部分的內容則著重介紹其他兩種交通運輸工具的技術，包含陸上列車相關的鐵路通訊 (railways communication)，以及海上船隻相關的海事通訊 (maritime communication)。

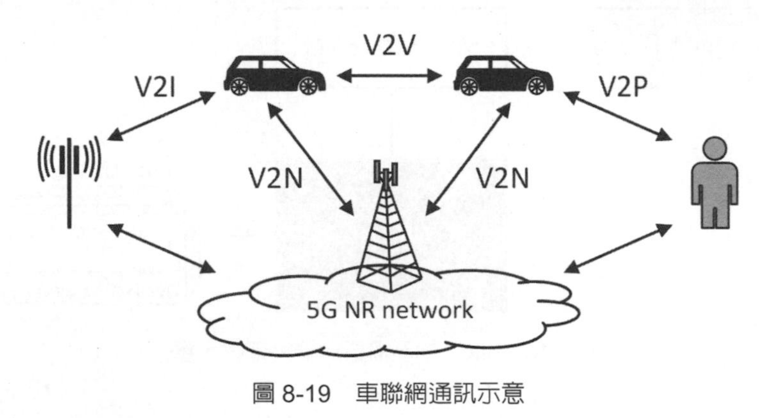

圖 8-19　車聯網通訊示意

8-5-1　車聯網通訊標準

3GPP 從 R14 開始制定 V2X 通訊標準，並沿用 R13 中 D2D 通訊標準的架構，制定了蜂巢式 V2X (cellular V2X, C-V2X) 通訊。在 R14 中，蜂巢式 V2X 通訊支援的 V2X 通訊類型僅包含 V2V 通訊與 V2N 通訊，其技術內容爲 V2X 通訊支援車輛的最大車速爲 160 km/h、車輛間最大相對速度爲 280 km/h，並規範 V2V 通訊最大延遲時間爲 100 ms，V2N 通訊最大延遲時間爲 1 s。至於 V2P 通訊及 V2I 通訊則是在 R15 時才支援。

此外 3GPP 在 R15 亦制定增強型車聯網 (enhanced vehicle-to-everything, eV2X)，並制定了多種V2X應用，包含：(1) 車輛自動跟車 (vehicle platooning)；(2) 先進駕駛 (advanced driving)；(3) 擴展感測器 (extended sensors)；(4) 遠端駕駛 (remote driving)。車輛自動跟車係指多台車輛組成隊伍並前後跟車，而隊伍中的第一台車輛會週期地傳遞訊息給隊伍內其他車輛，以執行自動跟車及管理，如此隊伍內的車輛間距可維持在非常短的距離，使得車輛間通訊的延遲較低；先進駕駛係指車輛透過 V2X 通訊技術分享資訊給鄰近車輛，以協同管理行車軌跡與預測行車動向，如此可提升行車安全及交通效率，此外依先進駕駛技術的成熟度，其亦可分為輔助駕駛、半自動駕駛與全自動駕駛；擴展感測器係指多台車輛將自身感測得到的資訊利用 RSU 進行 V2I 通訊，透過分享資訊給其他車輛的方式，藉以延伸車輛的感知範圍，提升行車安全；遠端駕駛係指車輛位於危險的環境或駕駛人無法自行駕駛時，可借助邊緣運算技術，使其在高可靠及低延遲通訊下達成遠端操控車輛。

前述的 V2X 通訊主要為 4G 系統所適用，而 5G 系統適用的 V2X 通訊則是在 R16 才制定，其技術內容除沿用 4G 系統的技術外，亦支援點對點通訊的延遲需低於 5 ms，並確保在短至中距離 (80-200 m) 的封包傳送成功率達 99%。未來在 R17 將針對 R15 制定的多種 V2X 應用制定相關技術並加以實現，使 V2X 通訊更為完整。

8-5-2 車聯網系統架構

先前介紹的四種 V2X 通訊類型，根據車輛與網路連結與否可大致分為兩種情況，如圖 8-20 所示，第一種是沒有與 5G NR 網路連結的情況，如 V2V 通訊、V2P 通訊及 V2I 通訊，這三種類型的通訊行為可不經過基地台，而是使用經由側行鏈路傳輸的 D2D 通訊或鄰域服務技術進行通訊，其通訊介面為 PC5 通訊介面；而第二種則是會與 5G NR 網路連結的情況，如 V2N 通訊，此類型的通訊行為即是一般用戶與基地台的通訊，其通訊介面為 Uu 通訊介面。值得注意的是，V2X 的四種通訊類型皆支援單播、群播與廣播等通訊技術，其中車輛、行人及 RSU 皆可執行 V2X 應用，而在 5G NR 網路中具有 V2X 應用伺服器 (V2X application server) 以提供 V2X 相關應用服務。

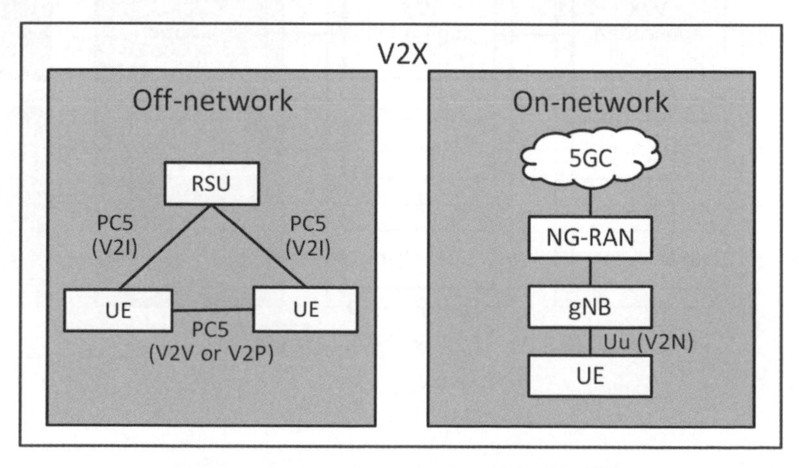

圖 8-20 V2X 與 5G NR 網路的系統架構示意

接下來介紹 V2X 應用的系統架構，如圖 8-21 所示，不論 V2X 用戶或網路，整個系統架構根據不同的功能可分爲三個層面：V2X 應用層 (V2X application layer)、V2X 應用賦能者層 (V2X application enabler layer, VAE layer)、垂直應用服務賦能者架構層 (service enabler architecture layer for vertical, SEAL)。V2X 應用層爲多種 V2X 應用功能，如車輛自動跟車、遠端駕駛等；VAE 層主要爲提供執行 V2X 通訊的功能；SEAL 爲在 3GPP 網路中支援垂直應用所使用的架構[6]，其可提供多種服務，如定位管理 (location management)、群組管理 (group management)、組態管理 (configuration management)，與網路資源管理 (network resource management) 等。從網路的面向來看，網路中的 V2X 應用伺服器包含 V2X 應用伺服器、VAE 伺服器 (VAE server) 及 SEAL 伺服器 (SEAL server)，其中 V2X 應用伺服器提供 V2X 用戶欲使用的 V2X 應用或應用程式、VAE 伺服器提供 V2X 用戶開通執行 V2X 通訊的服務、SEAL 伺服器爲代表所有垂直應用服務相關的伺服器，其包含定位管理伺服器 (location management server)、群組管理伺服器 (group management server)、組態管理伺服器 (configuration management server) 等；從用戶的面向來看，V2X 用戶包含 V2X 應用客戶端 (V2X application client)、VAE 客戶端 (VAE client) 及 SEAL 客戶端 (SEAL client)，其中 SEAL 客戶端同樣爲代表所有垂直應用服務相關的客戶端，而針對 V2X 用戶的客戶端用途，簡而言之，V2X 用戶欲執行 V2X 通訊、使用 V2X 應用或垂直應用服務時，係透過該客戶端向網路中相對應的伺服器取得對應的服務或功能。值得一提的是，V2X 用戶亦可作爲其他 V2X 用戶的中繼站，因此 V2X 用戶可透過中繼站向網路中的伺服器取得所需的服務或功能。

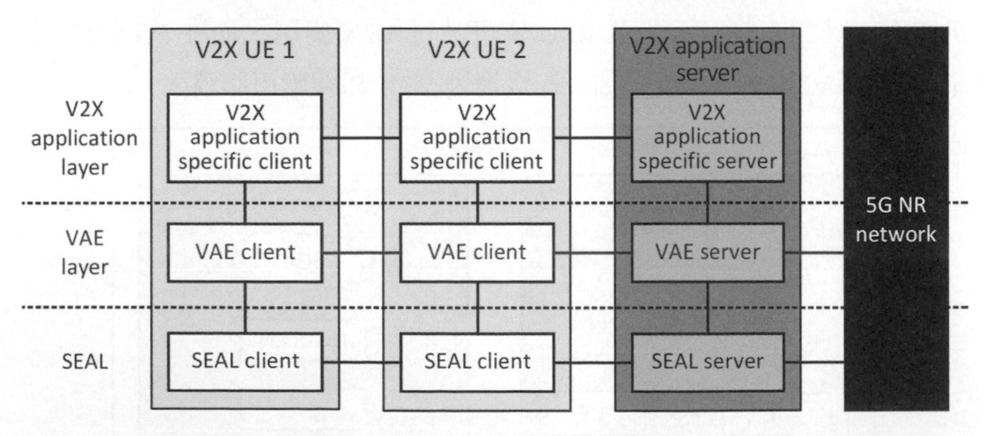

圖 8-21　V2X 應用的系統架構示意

6　SEAL 與垂直應用的概念請參考第八章 8-8-1。

8-5-3　車聯網通訊建立流程

在前一小節所介紹 V2X 應用的系統架構中，V2X 用戶可使用 V2X 應用或垂直應用服務，然而 V2X 用戶欲使用這些功能或服務前，必須先建立車聯網通訊，亦即開通執行車聯網通訊的服務，此流程即是由 VAE 層中的客戶端與伺服器所執行。圖 8-22 為 V2X 用戶註冊或註銷執行 V2X 通訊的流程，當 V2X 用戶有執行 V2X 通訊的需求時，需透過本身的 VAE 客戶端向網路中的 VAE 伺服器傳送執行 V2X 通訊的註冊請求，再由 VAE 伺服器開通 V2X 的通訊服務並回覆給 VAE 客戶端，之後 V2X 用戶即可執行 V2X 通訊。同理，若 V2X 用戶無執行 V2X 通訊的需求，可透過自身的 VAE 客戶端向網路中的 VAE 伺服器傳送執行 V2X 通訊的註銷請求，再由 VAE 伺服器關閉 V2X 的通訊服務並回覆給 VAE 客戶端，之後 V2X 用戶就無法傳收 V2X 訊息。

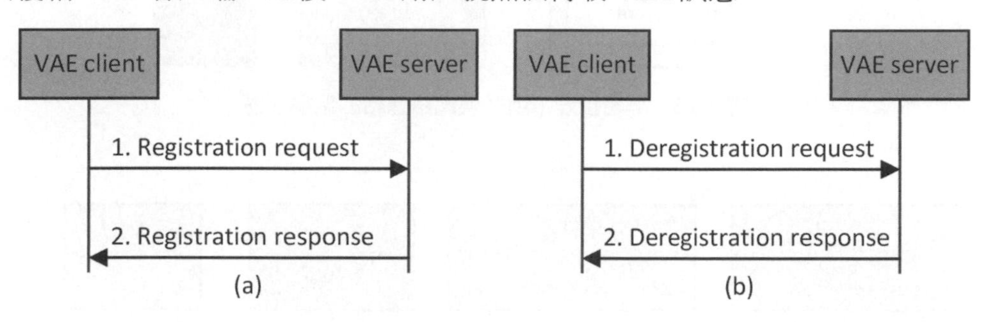

圖 8-22　V2X 用戶執行 V2X 通訊功能：(a) 註冊流程；(b) 註銷流程

8-5-4　車聯網群組通訊與管理

與裝置對裝置通訊類似，V2X 用戶在建立 V2X 通訊後，亦能由多個 V2X 用戶組成一車聯網群組，以便可透過群播的方式進行群組通訊或執行群組管理。V2X 用戶欲執行群組建立的流程，需在與網路連結的情況才行，其系統架構如圖 8-23 所示，而群組管理相關的功能係由 SEAL 中的群組管理客戶端與伺服器所負責。圖 8-24 為 V2X 用戶的群組建立流程，其流程大致如下：由一群組內擔任管理員的 V2X 用戶負責向網路請求建立群組，透過自身的群組管理客戶端向群組管理伺服器傳送建立群組的請求，之後伺服器會建立及儲存群組的相關資訊，並將相關訊息通知 VAE 伺服器與群組內其他成員的群組管理客戶端，最後再回覆給管理員的群組管理客戶端，完成群組建立流程。此外，若有 V2X 用戶欲加入或離開群組，則需執行群組成員異動流程，如圖 8-25 所示，其流程大致如下：當群組內的成員有異動時，群組管理伺服器會得知成員異動的訊息，並將相關訊息通知 VAE 伺服器與群組內所有成員的群組管理客戶端，以更新群組成員資訊。

值得注意的是，一旦完成群組建立的流程，V2X 用戶的群組管理客戶端可與群組管理伺服器互動，亦可與同群組內其他 V2X 用戶的群組管理客戶端互動，惟在建立群組後變成未與網路連結的情況，則 V2X 用戶的群組管理客戶端僅可與同群組內其他 V2X 用戶的群組管理客戶端互動。

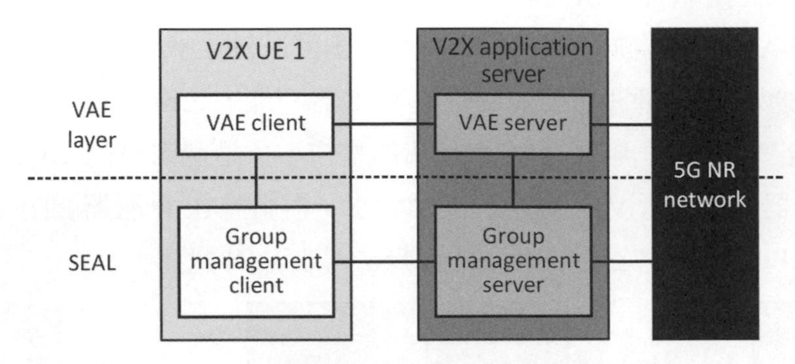

圖 8-23　群組管理中用戶與網路連結的架構示意

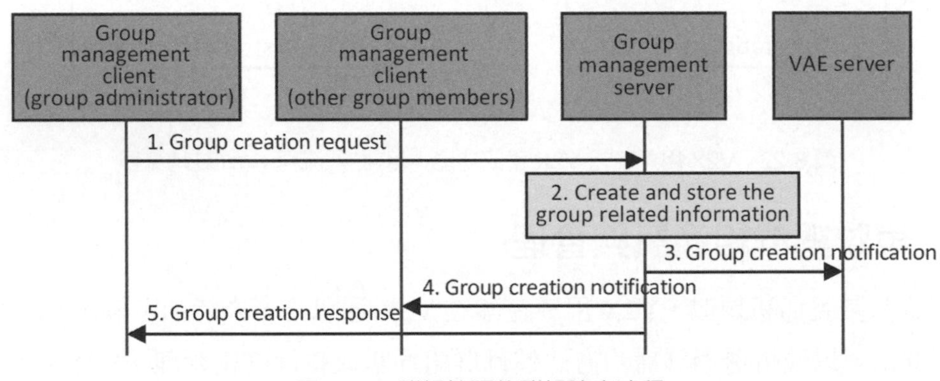

圖 8-24　群組管理的群組建立流程

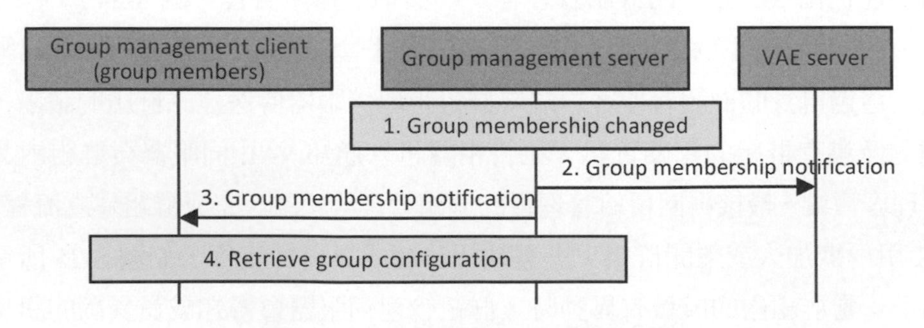

圖 8-25　群組管理的群組成員異動流程

8-5-5 鐵路通訊

本節介紹了 V2X 的標準發展及技術，除了一般常見的車輛外，列車亦爲重要的交通運輸工具，其使用的通訊技術即爲鐵路通訊，由於鐵路通訊與其他通訊最大的不同在於其運作於高速環境，因此有其獨特的通訊標準與技術，本小節將針對鐵路通訊的標準發展及技術內容做介紹。

GSM-R (global system for mobile communications-railway) 係爲鐵路通訊及應用的國際無線通訊標準，其爲歐洲鐵路交通管理系統的子系統且在 2000 年制定，而隨著技術演進，目前亦有多種的鐵路通訊系統，但新發展的鐵路通訊系統仍須與舊系統相容，才能使舊系統能正常運作。在眾多系統中，其中一種爲 3GPP 在 R15 針對鐵路通訊所制定的未來鐵路行動通訊系統 (future railway mobile communication system, FRMCS)，FRMCS 相似於 GSM-R 且額外提升了通訊能力，例如：更高的數據傳輸速率、更低的通訊延遲、多媒體通訊、改善通訊可靠度。爲了將系統平順的轉移，兩個系統勢必需具備可互通的特性。由於目前鐵路通訊的標準仍停留於 4G LTE-A 版本，而 5G NR 版本的標準仍在制定，因此以下會針對 R15 中的 FRMCS 架構做介紹。

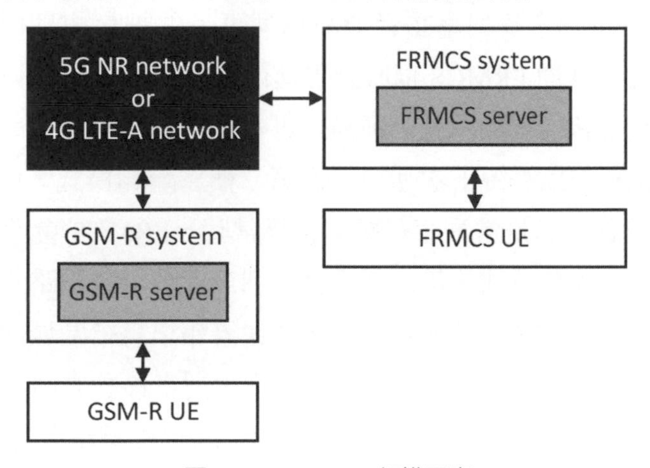

圖 8-26 FRMCS 架構示意

圖 8-26 爲 FRMCS 架構示意，FRMCS 需與網路連結以取得網路資源，並同時透過網路與 GSM-R 連結，如此 FRMCS 才能在較舊的 GSM-R 系統中正常運作。在 FRMCS 架構中，FRMCS 伺服器係指列車上的基地台，抑或在地面上管理鐵路運作的基地台與 RSU，其負責提供用戶裝置的鐵路相關服務。從應用層面來看，FRMCS 的應用功能如圖 8-27 所示，其可分爲基礎功能、關鍵層面通訊應用及支援應用、效能層面通訊應用及支援應用，與商業層面通訊應用及支援應用，其中三種層面的支援應用與通訊應用類似，惟支援應用在應用層級上較高，它是基於各層面通訊應用內容所延伸的應用，因此接下來針對將基礎功能與三種層面的通訊應用做介紹。

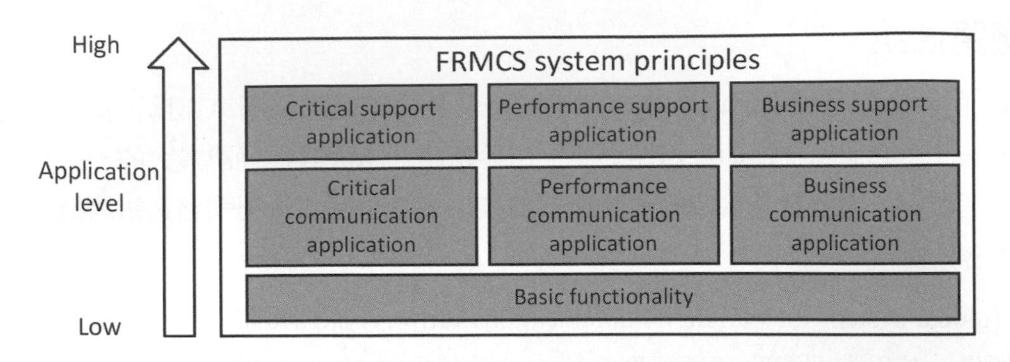

圖 8-27　FRMCS 應用功能示意

基礎功能分為 FRMCS 連線建立與用戶裝置功率控制。當用戶裝置需要執行鐵路通訊時，需與 FRMCS 伺服器進行註冊，之後 FRMCS 伺服器會配置 ID 給用戶裝置，而完成註冊的用戶裝置會先測試自身功率大小，再執行 FRMCS 應用，以避免功率過大而影響其他列車上的通訊。當用戶裝置結束 FRMCS 應用，則將相關資訊移除。

關鍵層面通訊應用主要分為兩種應用類型，第一種為駕駛員與地面 FRMCS 伺服器的多列車語音通訊 (multi-train voice communication)，第二種為列車緊急通訊 (railway emergency communication)。多列車語音通訊為列車上駕駛員與地面上 FRMCS 伺服器之間的通訊，駕駛員與地面 FRMCS 伺服器可進行語音通訊以傳送列車相關資訊，如位置資訊，待完成語音通訊，駕駛員有兩種模式可執行，第一種為待命模式，即通訊相關設定可保留於 FRMCS 中以等待下次通訊，而第二種為離開模式，即 FRMCS 會移除通訊相關設定。列車緊急通訊是當列車行駛發生異常時，FRMCS 會發出警報並做緊急處理，以下為兩種常見的處理方式，第一種為警告列車駕駛員或鐵路工作人員以進行緊急操作，如降低車速；第二種是依據警報內容，傳送警報訊息給區域內的用戶裝置，警報區域大小係由 FRMCS 對於緊急事件的位置精確度、列車移動方向及列車速度所決定。完整的列車緊急通訊流程如圖 8-28 所示，其步驟如下：(1) 鐵路緊急警報發生，FRMCS 判斷其是否滿足緊急警報需求，若滿足則繼續以下步驟，反之則結束流程；(2) FRMCS 將警報資訊 (如列車數量、區域及列車站等) 傳送給 FRMCS 伺服器，再由 FRMCS 伺服器傳送給滿足警報條件的用戶裝置。此外在所有訊息中，警報訊息具有最高的傳收優先度；(3) 若有用戶裝置進入警報區域，FRMCS 會立即確認其是否滿足警報條件，若滿足其條件則執行步驟 (2)；(4) 當緊急事件排除，FRMCS 結束鐵路緊急警報，並透過 FRMCS 伺服器傳送警報結束的通知給區域內的用戶裝置。

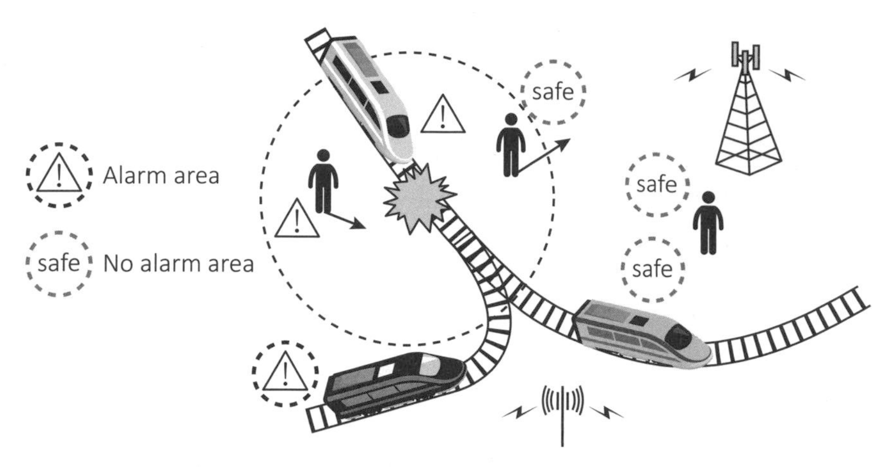

圖 8-28 列車緊急通訊流程

效能層面通訊應用主要的目的係維持列車上用戶裝置的用戶體驗品質，如即時影片傳輸、傳遞閉路電視 (closed-circuit television, CCTV) 數據。即時影片傳輸可作爲列車人員在檢查或操控列車的輔助功能，由 FRMCS 伺服器提供即時影片給用戶裝置，此外用戶裝置亦可向其他用戶裝置請求即時影片，而收到請求的用戶裝置有兩種選擇，第一爲接受請求並即時地傳送影片，第二爲拒絕請求並傳送拒絕通知給發起請求的用戶裝置，其拒絕的原因可能是正在執行更高優先度的通訊；傳遞 CCTV 數據係將列車上的 CCTV 數據傳送至地面上的系統留存，當列車停靠車站時，由於列車爲靜止狀態且與地面 FRMCS 伺服器 (如車站的基地台) 距離最近，因此爲最佳傳送時機，一旦列車與地面 FRMCS 伺服器連線即可傳送 CCTV 數據，傳送完畢則結束連線。值得一提的是，由於 CCTV 的數據量相當龐大，因此未來標準會針對此問題進行處理。

商業層面通訊應用係指列車上乘客所使用的多媒體應用，當用戶裝置需要使用多媒體應用時，需先與 FRMCS 伺服器進行註冊並請求使用多媒體應用，之後 FRMCS 伺服器會配置多媒體應用所需的時頻資源並傳送數據給用戶裝置。然而當用戶需要執行如直播串流這類需要大量數據傳輸的應用時，行駛中的列車其 FRMCS 伺服器可能無法持續取得大量數據，此情況在現行標準所制定的技術，只可在列車停靠時，透過請求車站的 FRMCS 伺服器配置更多頻寬資源給此用戶裝置的方式解決，相信未來會針對列車行駛時的高速傳輸制定相關標準及技術。

8-5-6 海事通訊

前面介紹的 V2X 通訊與鐵路通訊皆爲地面上交通運輸工具的通訊技術，然而海面上的船隻亦具有通訊上的需求，因此 3GPP 針對此類型的通訊制定海事通訊技術。在 R16 以前的版本，海事通訊的相關技術皆位於關鍵任務的標準中，直至 R16 的版本，

3GPP 才特別制定海事通訊的標準並定義了海上通訊的服務，包含：用戶裝置間通訊、用戶裝置與船隻間通訊，以及船隻間通訊，以下將分別介紹。

不同用戶裝置在海上進行通訊時，它們通常位於船艙或甲板，由於船隻內的大量鋼材會影響通訊品質，尤其用戶裝置位於船艙時受到的影響更為嚴重，因此需要配置中繼站於船隻頂端，以協助用戶裝置與附近的基地台進行通訊，而根據船隻容量及大小可選擇配置多個中繼站。此外，當船隻駛出 3GPP 網路覆蓋的區域，即切換至公共安全獨立運作 (isolated operation for public safety, IOPS) 模式，當船隻回到 3GPP 網路覆蓋區域，即可切換回 3GPP 網路服務模式。

用戶裝置與船隻間通訊可能伴隨著海上事故的發生，如圖 8-29 所示，船載用戶裝置 (如船上人員或乘客) 會觸發救援裝備 [7] 上的救援請求 (rescue request)，進而發送訊息給附近的基地台或中繼站，其訊息包含用戶裝置的位置與心律 (heartbeat)，如此救援協調中心可依據用戶裝置與心律狀態安排救援優先度。若船載的用戶裝置在事故發生後，漂流至 3GPP 網路覆蓋之外，則可使用擴大網路覆蓋範圍的移動式中繼站，如無人駕駛飛機 (drone)、衛星通訊等，以協助發送救援請求。除了船載用戶裝置，船隻上的貨櫃亦可結合物聯網並安裝感測器，如位置追蹤感測器及移動管理等。位置追蹤感測器可記錄貨櫃移動軌跡與預計抵達目的地時間，而移動管理可監控貨櫃並將移動路線提供給使用者。

船隻間通訊在海事通訊亦為重要的一環，除了基地台利用船隻上的中繼站讓兩艘船進行通訊的方式外，未來 3GPP 將利用鄰域服務技術，使距離數百公尺至 2 公里內的船隻間得以利用中繼站直接進行通訊，或者透過無人駕駛飛機及衛星進行通訊。

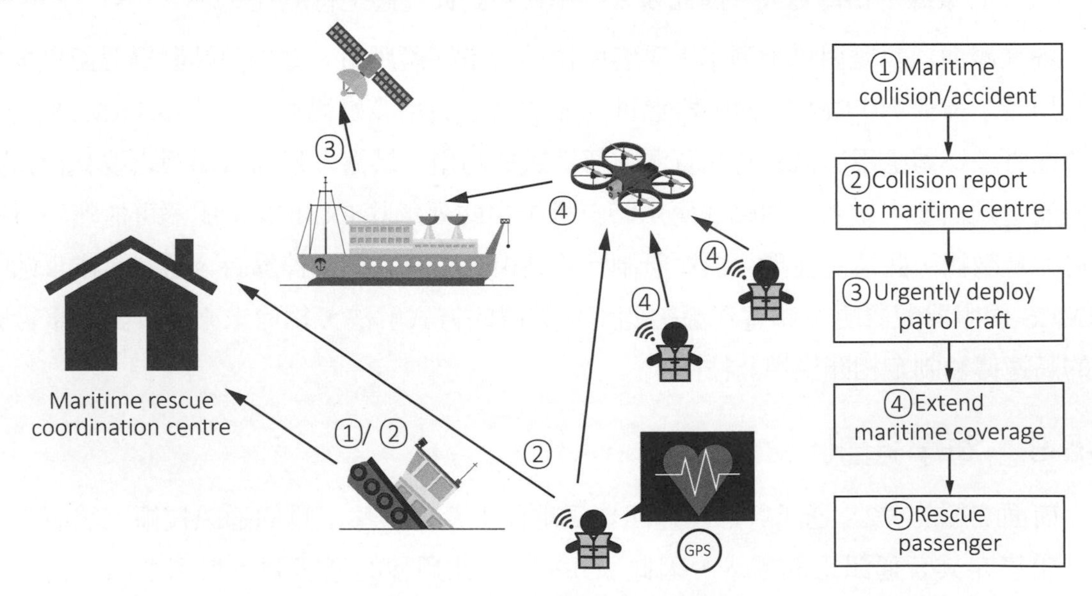

圖 8-29　海上事故與救援示意

7　常見的救援裝備如穿戴裝置與救生衣。

8-6 定位服務與技術

定位服務爲通訊的一大應用，對於網路而言，若 5G NR 網路完全知悉其服務用戶的位置，則可優化網路服務，而對於用戶而言，用戶知悉其他用戶裝置的位置亦能產生大量定位相關的通訊應用，因此精確的定位服務在 5G NR 中相當重要且可提供許多應用，如人流的監控、物聯網與車聯網。由於傳統的定位服務係利用全球定位系統 (global positioning system, GPS) 對用戶進行定位，惟其定位誤差較大，因此 3GPP 針對定位服務制定相關技術，以輔助網路提高定位的精確度，之後亦持續發展定位服務的技術。3GPP 從 R13 開始針對定位服務制定若干種定位技術並評估其定位的精確度，常見技術如使用無線區域網路 (wireless local area network, WLAN) 或藍牙 (bluetooth) 進行定位，之後於 R14 定義了若干種定位服務的使用場景，惟此時仍未有較詳盡的標準，一直到 R16 才制定了較完整的定位服務與定位技術標準。定位服務與技術的相關內容，本節將分爲定位服務應用、定位服務流程，與關鍵定位技術進行介紹。

8-6-1 定位服務應用

欲使用定位服務前需先發起定位請求，而依據發起方的不同其可區分爲：(1) 由網路發起的定位請求 (network induced location request, NI-LR)；(2) 以行動端爲接收方的定位請求 (mobile terminated location request, MT-LR)；(3) 以行動端爲發起方的定位請求 (mobile originated location request, MO-LR)。由網路爲發起的定位請求係由於 5G NR 網路需要知悉用戶的位置，以利執行一些緊急服務，如緊急通話 (emergency call)，因此需透過定位請求以取得用戶的定位資訊，其說明如下：用戶欲使用緊急通話以聯繫其他用戶的整個流程係由網路所主導，首先用戶透過基地台傳送緊急通話請求予網路，接著網路使用定位技術取得用戶的位置並確認其提供的資訊是否可發起緊急通話，一旦確認可行，網路即可執行緊急通話，並使用相同方式取得一個或多個其他用戶的位置以進行緊急通話，而透過定位請求取得定位資訊的用戶稱爲目標用戶；以行動端爲接收方的定位請求係指用戶或應用功能 (AF) 因自身執行特定應用需了解其他用戶的位置，因此對網路發起定位請求以取得目標用戶的位置；以行動端爲發起方的定位請求係指用戶因自身執行特定應用需了解自身的位置，因此可透過對網路傳送定位請求的方式取得。

若依據目標用戶回傳定位請求的迫切性，定位服務的定位請求可分爲兩種類型：(1) 立即性定位請求 (immediate location request)；(2) 延遲性定位請求 (deferred location request)。立即性定位請求可由 NI-LR、MT-LR 或 MO-LR 發起，而目標用戶須於短時間內回傳自身相關的定位資訊，包含估計位置、估計精確度、服務品質 (quality of service, QoS) 及欲使用的定位技術；延遲性定位請求只可由 MT-LR 發起，由於目標用戶除了需回傳自身相關的定位資訊外，亦需回傳額外的定位事件及其相關資訊，因此只需在未來一段時間內回傳即可。額外的定位事件可能有以下四種，包括：(1) 用戶未與網路連線；(2) 區域定位；(3) 週期性定位；(4) 移動目標定位。接下來針對此四種事件做介紹。

用戶未與網路連線是指用戶原先未與網路建立連線，一旦建立連線，即傳送自身相關的定位資訊予網路；區域定位是指用戶或 AF 可觀測一個區域內的目標用戶，而此區域內的目標用戶需定期回傳其定位資訊及所處狀態，其中用戶的狀態可分爲三種，分別爲持續待在此區域、進入此區域，及離開此區域；週期性定位是用戶或 AF 以一特定週期對目標用戶傳送定位請求，而目標用戶再回傳自身相關的定位資訊；移動目標定位是當目標用戶的移動軌跡不爲直線或爲較複雜的軌跡時，用戶或 AF 傳送定位請求予目標用戶後，目標用戶需回傳自身相關的定位及移動資訊，而移動資訊係目標用戶當前與前一次回傳定位資訊中的位置變化。此外依照回傳時間差異定義最短回傳時間及最長回傳時間，其中最短回傳時間係指目標用戶於回傳定位資訊後，在此最短回傳時間內不得再進行回傳，從而避免網路訊務量超載，而最長回傳時間則係指目標用戶最久須在此最長回傳時間內回傳定位資訊。

8-6-2　定位服務流程

上述的定位服務可分爲三種類型：NI-LR、MT-LR，與 MO-LR 服務，接下來將分別說明這三種定位服務的流程。圖 8-30 爲 NI-LR 服務流程示意，其主要用於執行緊急服務需定位資訊的情況，以下爲 NI-LR 服務流程步驟：(1) 用戶欲執行緊急服務需向網路註冊，網路會建立 PDU 會話並對接取與移動管理功能 (access and mobility management function, AMF) 發起定位請求，以取得自身的位置資訊；(2) AMF 收到請求訊息後，即對定位管理功能 (location management function, LMF) 傳送緊急服務的服務識別碼 (service identity)，以執行定位技術，其服務識別碼是用來區分不同的定位服務；(3) LMF 透過用戶或基地台執行一個或多個定位技術以定位目標用戶的位置，而定位技術會於下一小節介紹。值得注意的是，當執行緊急服務時，須得知發起緊急服務之用戶的位置，如此才得以建立該用戶與其他用戶之間的連線；(4) 當基地台執行完多種定位技術，則從中挑選最精確的定位資訊 (如 QoS 最佳的定位技術及其定位結果)，接著回傳定位資訊給 AMF，包括：估計位置及估計精確度、QoS、服務識別碼，與使用的定位技術；(5) 網路根據緊急服務內容並透過 AMF 對行動定位中心 (gateway mobile location center,

GMLC)[8] 傳送相關通知；(6) 承上步驟，GMLC 傳送緊急通知給相關的用戶，並執行定位技術以取得他們的位置；(7) GMLC 將相關用戶的定位資訊回傳給 AMF 與發起緊急服務的用戶，至此即開始執行緊急服務的 PDU 會話，如緊急通話；(8) 若在執行緊急服務時需要通知其他用戶，則 AMF 會再將資訊傳送給 GMLC，接著如同步驟 (5) 至 (7) 傳送緊急通知給用戶。

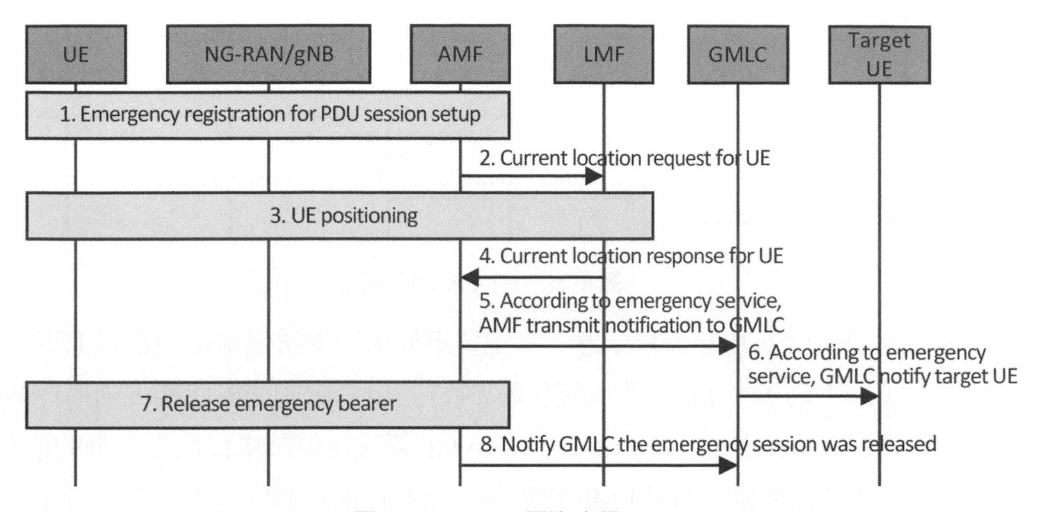

圖 8-30 NI-LR 服務流程

圖 8-31 為 MT-LR 服務流程示意，其主要用於用戶或 AF 欲透過定位服務以取得目標用戶位置資訊的情況，以下為 MT-LR 服務流程步驟：(1) 用戶或 AF 欲取得目標用戶的位置資訊，需傳送定位請求給 GMLC，若欲取得的目標用戶數量多於一個，則 GMLC 將會確認其數量是否不超過可定位的最大數量，一旦超過 GMLC 則會傳送拒絕定位的回覆給用戶；(2) GMLC 向統一數據管理 (unified data management, UDM) 請求取得目前服務目標用戶的 AMF 及其網路位址，待 UDM 確認完相關隱私設定後會回傳對應的回覆；(3) GMLC 根據回覆內容傳送定位請求給服務目標用戶的 AMF，以協助取得目前目標用戶的位置；(4) 若目標用戶處於閒置狀態，則 AMF 會觸發定位服務請求流程以透過網路與用戶建立連線；(5) AMF 收到請求訊息後，即對 LMF 傳送定位目標用戶目前位置的請求，以執行定位技術；(6) LMF 透過用戶或基地台執行一個或多個定位技術以定位目標用戶的位置；(7) 當基地台執行完多種定位技術，則從中挑選最精確的定位資訊 (如 QoS 最佳的定位技術及其定位結果)，接著回傳定位資訊給 AMF；(8) AMF 會將目標用戶的定位資訊回覆給 GMLC；(9) GMLC 最後再將目標用戶的定位資訊回覆給發起定位請求的用戶或 AF，完成整個流程。

---

8 GMLC 在網路中負責處理定位服務相關的事務，如數據傳遞、接取控制等

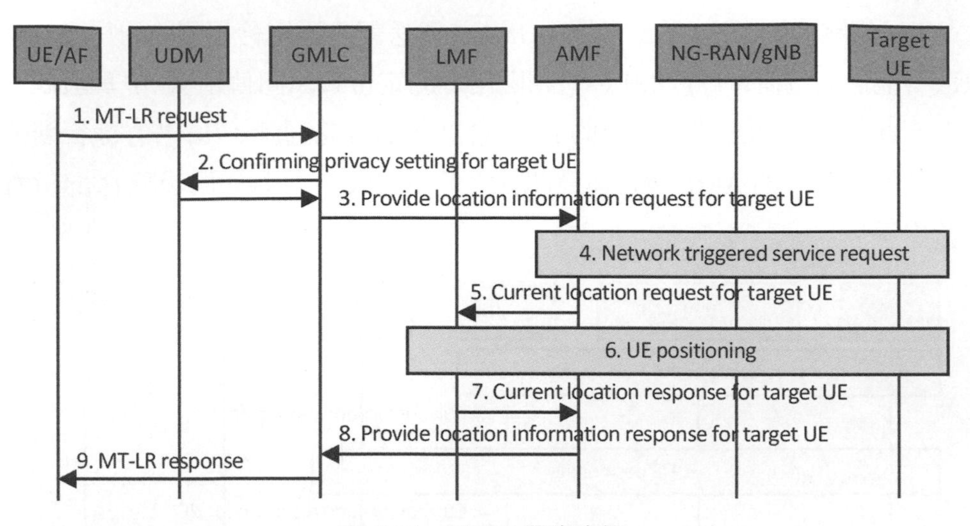

圖 8-31 MT-LR 服務流程

圖 8-32 為 MO-LR 服務流程示意，其主要用於用戶欲透過定位服務以取得自身位置資訊的情況，以下為 MO-LR 服務流程步驟：(1) 若用戶處於閒置狀態，則用戶會觸發定位服務請求並與 AMF 建立連線；(2) 用戶向 AMF 傳送定位請求以取得自身的位置資訊；(3) AMF 收到請求訊息後，即對 LMF 傳送定位用戶目前位置的請求，以執行定位技術；(4) LMF 透過用戶或基地台執行一個或多個定位技術以定位用戶的位置；(5) 當基地台執行完多種定位技術，則從中挑選最精確的定位資訊 (如 QoS 最佳的定位技術及其定位結果)，接著回傳定位資訊給 AMF；(6) AMF 會將用戶的定位資訊回覆給發起定位請求的用戶，完成整個流程。

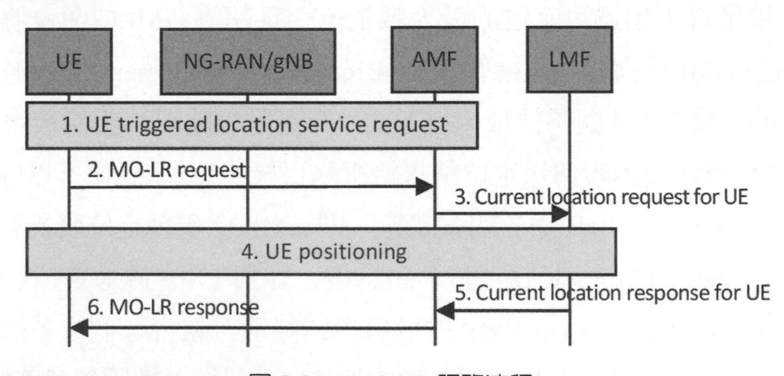

圖 8-32 MO-LR 服務流程

8-6-3 關鍵定位技術

前一小節介紹的定位服務皆需使用定位技術以取得自身或目標用戶的位置，而實際上根據系統需求與通道狀況的差異，適合的定位技術亦有所不同，因此本小節將介紹若干種關鍵的定位技術。定位技術的核心概念是透過量測傳送信號的特性，再利用特定的信號處理方式來估計位置，藉此獲得定位目標的定位資訊。當定位服務使用定位技術進行定位時，除了使用的定位技術與估計位置外，估計精確度、QoS、服務識別碼亦爲重要的參考指標，這五個參數在通訊標準中稱爲定位資訊，其中估計精確度 (即估計誤差) 與 QoS 可作爲此次定位對於估計位置的信心程度，而服務識別碼則可指示定位服務對於估計位置精確度的要求，若此次定位結果無法滿足定位服務所需的估計精確度，則可再執行一次定位服務的流程。

由於不同定位技術適用的條件不同，且不同定位技術可得到的定位結果與其精確度有所差異，若系統只使用單一種定位技術定位，則可能無法獲得符合要求的定位資訊。有鑒於此，5G 系統在 R16 主要採用執行多種定位技術同時定位的方案，以提高定位的精確度。當用戶或基地台在 NG-RAN 中執行定位技術時，需具備以下假設：(1) 支援 TDD 與 FDD 系統；(2) 不論用戶或基地台，LMF 沒有限制其所使用的定位技術；(3) 在符合定位服務協定 (包含目標用戶的隱私設定) 下，用戶或基地台可使用定位技術以取得任何目標用戶的定位資訊；(4) 定位資訊可用於 5G 系統以改善系統效能；(5) 定位技術的架構與功能應具有向前相容性，以利其他定位技術發展，提升系統的定位能力。系統可使用的定位技術種類多樣，而現行常見的定位技術，包括：全球導航衛星系統 (global navigation satellite system, GNSS) 定位、觀測到達時間差 (observed time difference of arrival, OTDoA) 定位、增強型細胞 ID (enhanced cell identifier, E-CID) 定位、大氣壓力感測器 (barometric pressure sensor) 定位、WLAN 定位、藍牙定位、地面信標系統 (terrestrial beacon system, TBS) 定位、基於下行信號 AoD 定位、基於上行信號 AoA 定位，與基於上行 / 下行信號 TDoA 定位。接下來將針對其中幾種關鍵技術做介紹。

GNSS 定位 (如 GPS) 係利用衛星系統進行定位，它常作爲其他定位技術的輔助技術，當用戶使用 GNSS 定位時，用戶會將量測到的資訊傳送至 LMF，以協助網路取得目標用戶的位置，而當基地台使用 GNSS 定位取得用戶的位置時，會再透過其他定位技術協助取得更精確的位置；OTDoA 定位爲 4G 系統所採用的定位技術並沿用至 5G 系統，用戶觀測鄰近基地台傳送的信號，以取得相對於服務用戶之基地台的到達時間差，再搭配已知的基地台地理位置資訊，利用幾何概念估計自身的位置；E-CID 定位爲 4G

系統所採用的定位技術並沿用至 5G 系統，利用基地台所在細胞的地理座標以及量測的資訊來估計自身的位置，其中量測的資訊主要包括：參考信號接收功率 (reference signal received power, RSRP)、參考信號接收品質 (reference signal received quality, RSRQ)、接收信號強度指示 (received signal strength indicator, RSSI)、估計基地台與用戶之間距離的往返時間 (round trip time, RTT)、到達時間差 (TDoA)，與信號到達角度 (AoA) 及離開角度 (AoD)；大氣壓力感測器定位係透過用戶或基地台量測大氣壓力，以取得高度的資訊，可協助其他定位技術作鉛直方向的定位；WLAN 定位係指用戶透過 WLAN 接取點 (access point, AP) 取得用戶的位置，並利用 RSSI 與 AP 與用戶之間的 RTT 來估計用戶位置；藍牙定位係用戶之間透過藍牙信標 (beacon) 的 RSSI 來估計用戶位置。最後值得一提的是，用戶或基地台使用多種定位技術，彼此相輔相成，搭配上定位服務的多種變化，將能使定位服務與技術得以應用於 5G 系統不同的通訊應用。

8-7 非授權頻譜與頻譜共享技術

隨著通訊技術的演進，通訊系統支援更多的應用且更高的傳輸速率，爲了因應龐大數據的傳輸要求，雖然可使用載波聚合 (carrier aggregation, CA) 技術[9]聚合多個成分載波來增加頻寬，但可配置的授權頻譜依然有限，爲此 3GPP 除了繼續發展使用授權頻譜的無線接取技術以提升頻譜效率外，亦將使用非授權頻譜的無線接取技術納入考量。3GPP 在 R13 針對 4G 系統使用非授權頻譜的技術制定 LTE-U (LTE in unlicensed band)，其亦稱爲授權輔助接取 (licensed assisted access, LAA) 技術，4G 系統除了使用原先的授權頻譜外，亦透過載波聚合技術聚合非授權頻譜 (如 Wi-Fi 系統的 5 GHz 頻段)，以提升傳輸速率；由於非授權頻譜不爲任何營運商所擁有[10]，且所有無線接取技術 (如 Wi-Fi 與藍牙) 皆可使用，因此系統所使用的頻帶可能會有其他無線接取技術同時使用，此時系統傳送的數據將可能會與其他無線接取技術的數據發生碰撞，造成數據流失，因此 LAA 技術必須能因應此種情況，爲此 3GPP 採用與 Wi-Fi 系統相同的先聽後傳 (listen-before-talk, LBT) 機制，簡單來說，就是系統在傳送數據前會先探測通道是否有其他數據，確認沒有才可傳送數據。LAA 技術在 R13 制定並持續發展演進，R13 支援下行傳輸、R14 支援上行傳輸、R15 增強技術以提高成功傳輸的機率，R16 則將 LAA 技術引入 5G 系統，制定 NR-U (NR in unlicensed band, NR-U)，其技術大致與 LTE-U 相同，不同之處在於上行傳輸使用非授權頻譜時，用戶執行隨機接取 (random access) 會由

---

9 載波聚合技術請參考第七章 7-8。

10 常見的非授權頻譜如 ISM 頻段，其爲各國主要開放給工業、科學和醫學機構使用的特定頻段，使用該頻段無需許可證或費用。

原先 4-step RACH 變為 2-step RACH，也就是訊息傳遞的次數會從原先的四次減少為兩次，如此將能降低延遲並減少在 LBT 機制中所發生碰撞的機會。

此外，由於頻譜資源具稀缺的特性，為了能充分有效利用這些頻譜資源，並將原先 4G LTE-A 網路使用的頻譜，逐漸轉換成 5G NR 網路使用，營運商可考慮採用頻譜共享 (spectrum sharing) 技術，將 4G LTE-A 網路的部分頻譜切割給 5G NR 網路使用，然而此種方式無法根據實際情況動態調整，為使系統能有效提升頻譜效率，3GPP 在 R15 制定動態頻譜共享 (dynamic spectrum sharing, DSS) 技術，並於 R16 與 R17 持續發展技術以提升頻譜效率。接下來本節將針對非授權頻譜使用場景、非授權頻譜運作方式，與動態頻譜共享技術進行介紹。

8-7-1 非授權頻譜使用場景

當系統欲使用非授權頻譜來進行數據傳輸時，一般會搭配授權頻譜一起使用，而一般非授權頻譜使用場景如圖 8-33 所示，圖中使用不同頻譜的節點亦分為主要節點 (master node) 與次要節點 (secondary node)(詳見第五章 5-3-4)。3GPP 針對 NR-U 的使用制定若干種非授權頻譜使用場景，其大致可分為以下三種：(1) 使用 5G 系統授權頻譜的基地台作為主要節點，而使用 NR-U 的基地台作為次要節點，兩個節點需搭配使用雙連結[11] 與載波聚合技術；(2) 使用 4G 系統授權頻譜的基地台作為主要節點，而使用 NR-U 的基地台作為次要節點，兩個節點需使用雙連結與載波聚合技術；(3) NR-U 獨立組網，如專網 (non-public network, NPN)[12]。目前 3GPP 針對非授權頻譜所制定的標準中，主要使用的頻段為中低頻段 (即 FR1)，其中又細分成兩個主要使用的頻帶，分別為 5 GHz 與 6 GHz 的頻帶，詳細頻帶如圖 8-34 所示。值得注意的是，不同國家所使用的非授權頻譜仍應位於此兩個主要頻帶，但確切使用的頻帶會有所差異。

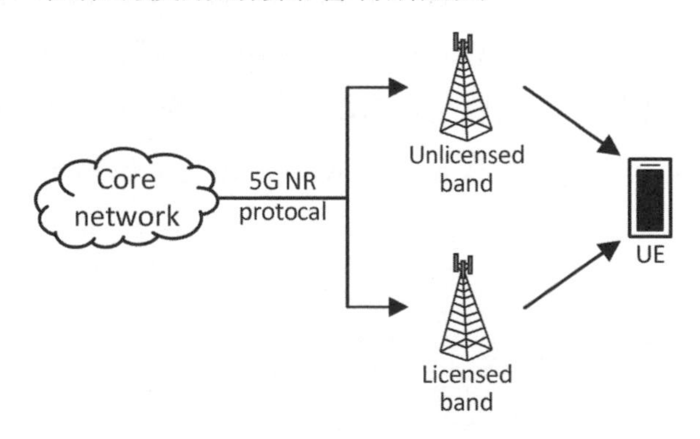

圖 8-33 非授權頻譜使用場景示意

11 雙連結技術請參考第五章 5-3-4。
12 專網的概念請參考第八章 8-8。

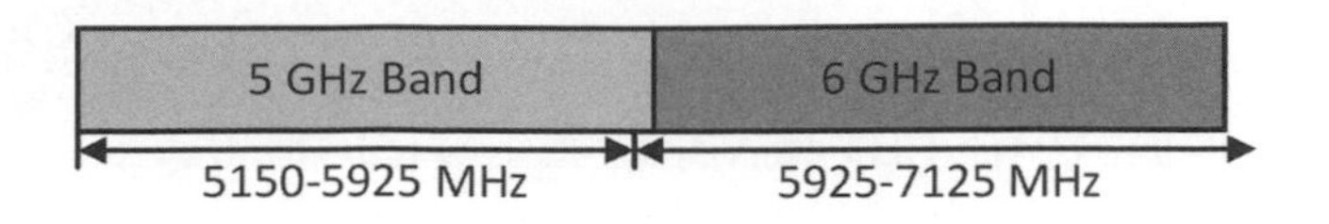

圖 8-34　非授權頻譜主要使用頻帶

8-7-2　非授權頻譜運作方式

前一小節介紹了非授權頻譜的使用場景，本小節將接著介紹在使用場景下的運作方式。先前提到 LAA 技術係使用載波聚合技術以聚合非授權頻譜與原先使用的授權頻譜，如此便能提供更高的數據傳輸速率與更大的網路容量，具體而言，用戶或基地台透過授權頻譜傳輸的控制信令，使其可聚合一個或多個非授權頻譜的頻帶來增加傳送數據量。然而由於非授權頻譜資源爲多種無線接取技術的共享資源，爲避免傳送數據受到干擾或與其他數據發生碰撞，因此其運作機制需要額外設計。接下來將針對多種關鍵技術進行介紹，如先聽後傳機制、搜尋參考信號、通道選擇，以及 2-step 隨機接取通道。

先聽後傳機制

爲了能有效使用非授權頻譜，須在符合法規的情況下，與其他使用非授權頻譜的無線接取技術共同使用相同頻帶，以進行數據傳輸，因此 3GPP 採用先聽後傳 (LBT) 機制，此機制亦使用於 Wi-Fi 系統中。LBT 機制係在傳輸之前，使用空閒通道評估 (clear channel assessment, CCA) 機制，利用能量檢測 (energy detection) 檢查通道是否爲空閒 [13]，若爲空閒則基地台或用戶將可進行數據傳輸。空閒通道評估會持續一段時間檢查通道，至多持續到最大通道佔據時間 (maximum channel occupancy time, MCOT)，若在此時間內檢查通道都不爲空閒，則需再經過一個隨機時間後，再進行一次空閒通道評估，其等待的隨機時間係由競爭窗口大小 (contention window size, CWS) 所決定，CWS 的數值會從一集合中挑出，再從 0 至 CWS 之間隨機選擇一個數值，數值愈大則等待的時間愈久。值得一提的是，根據不同的應用與實際情況，可配置不同的 CWS 及 MCOT 作彈性調整。最後，下行與上行傳輸可配置的 CWS 及 MCOT 參數，分別如表 8-3 及 8-4 所示 [14]。

13　通道若有其他數據傳輸，則系統會檢測到較大的能量值，因此可依其數值評估通道的使用情形。
14　表 8-3 與表 8-4 的資料來源請參考 [2]。

表 8-3 於下行配置的 MCOT 及 CWS 參數

Priority class	MCOT (ms)	CWS {min, ..., max}
1	2	{3,7}
2	3	{7,15}
3	8 or 10	{15,31,63}
4	8 or 10	{15,31,63,127,255,511,1023}

表 8-4 於上行配置的 MCOT 及 CWS 參數

Priority class	MCOT (ms)	CWS {min, ..., max}
1	2	{3,7}
2	3	{7,15}
3	6 or 10	{15,31,63,127,255,511,1023}
4	6 or 10	{15,31,63,127,255,511,1023}

搜尋參考信號

在使用非授權頻譜進行通訊時，由於無法確認何時會有其他無線接取技術使用此頻段，因此需有一機制以判斷非授權頻譜的使用情況，爲此 3GPP 制定搜尋參考信號 (discovery reference signal, DRS)，以探測頻譜的使用情況。DRS 包含主要同步信號 (PSS)、次要同步信號 (SSS)，以及 CSI-RS。一般 DRS 傳送時間爲 6 ms，且會週期性地傳送 DRS，其週期可爲 40/80/160 ms。此外，由於 DRS 會具有重要的資訊，因此它可傳送於次訊框的任何位置，以減少碰撞機率來提高成功傳送的機率。圖 8-35 爲在非授權頻譜中週期性 DRS 與 Wi-Fi 傳輸示意。

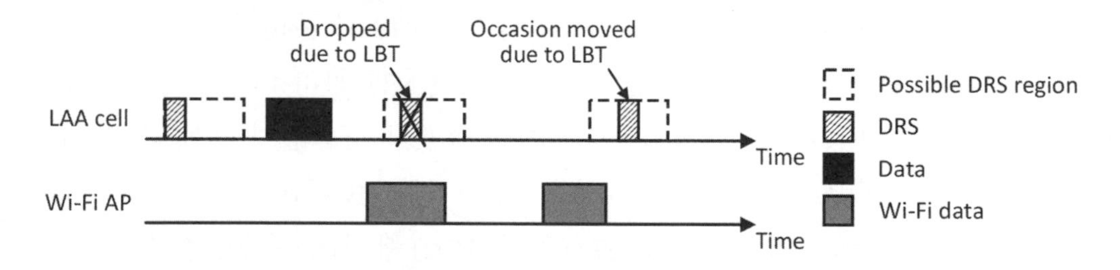

圖 8-35 在非授權頻譜中週期性 DRS 與 Wi-Fi 數據傳輸示意

通道選擇

由於非授權頻譜會被其他無線接取技術共同使用，因此通道選擇十分重要，而常用的通道選擇指標爲參考信號接收功率 (RSRP)、參考信號接收品質 (RSRQ)，與接收信號強度指示 (RSSI)。用戶量測基地台傳送的 DRS 來獲得 RSRP 與 RSRQ，並將其回傳給基地台，若傳送 DRS 時發生碰撞導致無法順利傳送，則用戶將無法獲得 RSRP 和 RSRQ，此時基地台會量測一定時間內用戶回傳的數據其 RSSI，並將其對佔據通道的時間作平均，以作爲通道選擇的依據。圖 8-36 爲依據時間平均量測 RSSI 示意，基地台計算 70 個 OFDM 符碼的平均 RSSI，再以 3 個週期的平均 RSSI 作平均，最後得到的平均 RSSI 可作爲通道選擇的依據。

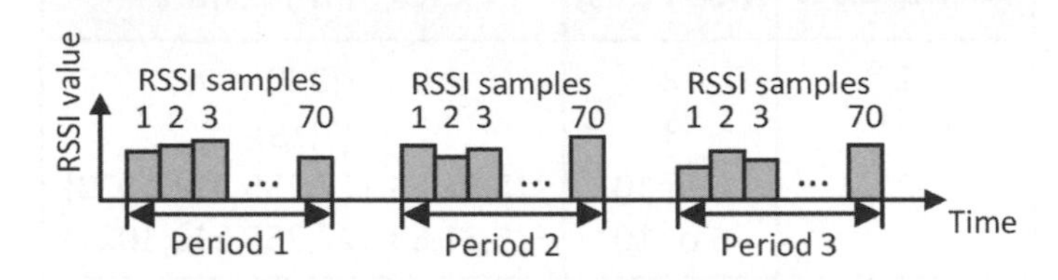

圖 8-36　基於時間量測的 RSSI 示意

2-step 隨機接取通道

一般的隨機接取爲 4-step RACH，分爲 4 次傳輸，如圖 8-37 (a) 所示。4-step RACH 用於競爭式傳輸 (contention-based transmission)，其步驟如下：(1) 用戶在實體隨機接取通道 (PRACH) 上傳送 RACH 的前導碼 (preamble) 給 gNB；(2) gNB 會檢測並接收前導碼，再於下行傳輸中回傳隨機接取回覆給用戶，其內容包含檢測到的前導碼、時間修正 (timing correction)、暫時細胞無線網路臨時識別碼 (temporary cell radio-network temporary identifier, TC-RNTI)，以及上行排程授予的資源；(3) 當用戶接收到 gNB 的隨機接取回覆後，利用 gNB 排程的上行資源傳送用戶識別碼給 gNB，若 gNB 已知悉用戶識別碼 (用戶先前曾與 gNB 建立連線)，則回傳 C-RNTI 即可；(4) 若已有 C-RNTI 的用戶，則 gNB 將 TC-RNTI 與 C-RNTI 進行配對，並於下行傳輸中回傳 C-RNTI，完成隨機接取流程。若在步驟 (3) 中是回傳用戶識別碼，則 gNB 要執行競爭解決 (contention resolution) 流程，在先前步驟 (1) 中可能會有多個用戶在鄰近的時間傳送相同的前導碼給 gNB，因而在步驟 (2) 中 gNB 會回傳相同的 TC-RNTI 給不同用戶，也就是一個 TC-RNTI 會對應到多個用戶識別碼，此時 gNB 會在下行傳輸中回傳 TC-RNTI，讓多個用戶在接收後將此與步驟 (3) 傳送的數據做配對，其中只有一個用戶能配對成功，且 TC-RNTI 會轉變成此用戶的 C-RNTI，至此完成隨機接取流程。由於此種方式需要用戶與基地台的兩次往返時間，爲了減少訊息傳遞所花費的時間，3GPP 於 R16 中制訂 2-step RACH，如圖 8-37 (b) 所示，其將 4-step RACH 中用戶的步驟 (1) 與步驟 (3) 融合爲一個訊息，基地台的步驟 (2) 與步驟 (4) 融合爲一個訊息，以減少隨機接取時間。在使用非授權頻譜的情況下，因每次傳輸皆受限於 LBT 機制，故 2-step RACH 亦可減少 LBT 的次數，以增加訊息成功傳輸的機會。

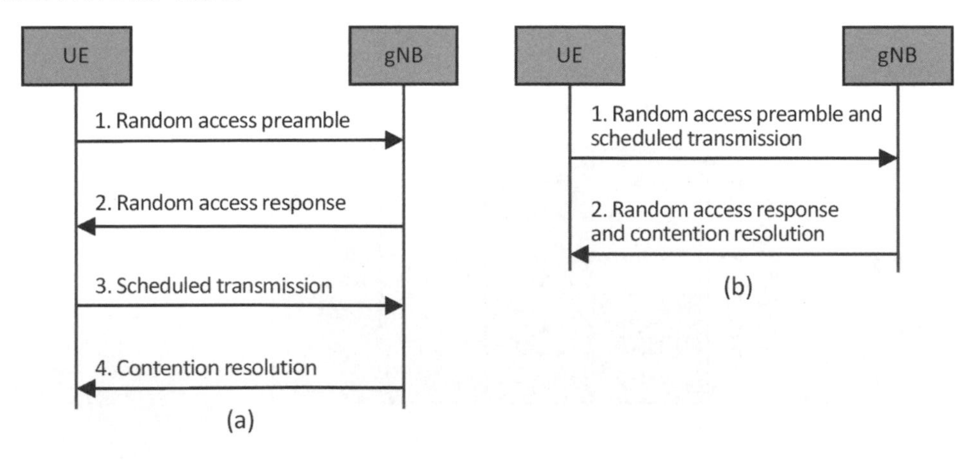

圖 8-37 (a) 4-step RACH 流程；(b) 2-step RACH 流程

8-7-3 動態頻譜共享技術

由於頻譜資源具稀缺的特性，爲了能充分有效利用這些頻譜資源，並將原先 4G LTE-A 網路使用的頻譜，逐漸轉換成 5G NR 網路使用，營運商可考慮採用頻譜共享技術，將 4G LTE-A 網路的部分頻譜切割給 5G NR 網路使用，如圖 8-38 所示。圖中 4G LTE-A 網路與 5G NR 網路所使用的頻譜在頻域上區分，因此可互不干擾，然而此種配置方式屬於靜態配置，其頻譜使用效率不見得較高。舉例而言，當頻譜已完成配置，若某一時刻 4G 系統的用戶沒有數據傳輸的需求，而 5G 系統的用戶極需使用大量頻譜資源以傳輸數據，因 5G 系統的用戶並不能使用配置給 4G 系統的頻譜，此時將造成頻譜資源的浪費，降低頻譜使用效率。爲此，3GPP 制定動態頻譜共享技術，即 4G LTE-A 網路與 5G NR 網路雖然仍共享相同的頻譜，但可根據實際情況動態調整兩個系統的頻譜配置，以提升頻譜使用效率，如圖 8-39 所示。

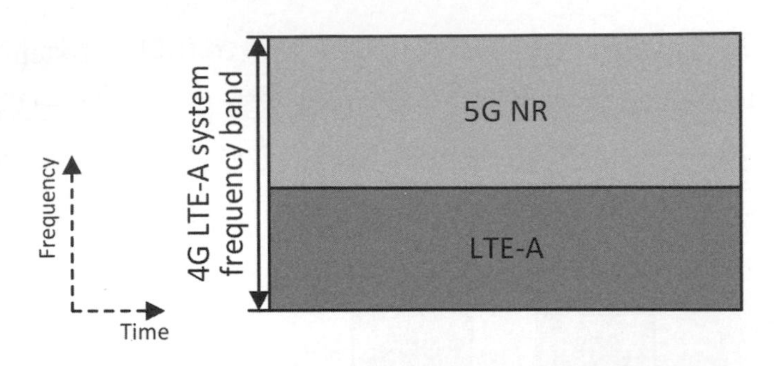

圖 8-38　5G NR 與 4G LTE-A 頻譜共享示意

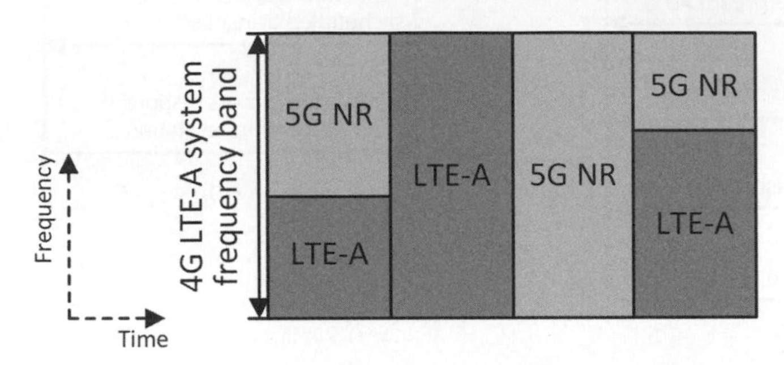

圖 8-39　5G NR 與 4G LTE-A 動態頻譜共享示意

8-8　垂直應用與專網

隨著通訊技術的演進，5G 系統支援更廣泛的通訊應用，除了三大用例 eMBB、URLLC 與 mMTC 外，亦支援諸多關鍵的通訊應用，如車聯網 (V2X)、專網 (non-public network, NPN)、非地面網路通訊等，而在這些應用當中，各個應用皆具有其相關的垂直應用功能，以車聯網通訊爲例，車聯網通訊可視爲一種應用，而車聯網應用中的車輛自動跟車功能，則可視爲其中一種垂直應用。由於每種應用具有多樣的垂直應用，爲使系統能在同一實體網路中，可支援多樣的通訊應用及其垂直應用，3GPP 開始著手制定垂直應用技術與架構，期能有效運用網路資源並設計整個網路，以達到較佳的網路使用效率。3GPP 在 R16 中針對垂直應用制定了一個標準架構，其主要由垂直應用層 (vertical application layer, VAL)，與垂直應用服務賦能者架構層 (service enabler architecture layer for vertical, SEAL) 所組成，該架構可套用絕大部分的通訊應用並提供多種管理服務。隨著標準的演進，預期在 R17 及未來的標準中，將更明確描述垂直應用及其管理服務將如何使用在不同的通訊應用上。

由於垂直應用技術的發展，使得 5G 系統的許多通訊應用得以實現，而受益於此技術的其中關鍵應用之一即爲專網。所謂的專網即是企業或私人使用的專屬網路，其會提供專屬的網路功能，爲使同一網路能支援更多的通訊應用，因此垂直應用技術相當重要。3GPP 在 R16 中制定專網，並介紹專網的類型及架構，未來在 R17 中將會制定更實際的應用方式。接下來本節將先介紹垂直應用架構，接著再介紹專網的類型，分爲基礎類型及衍生類型。

8-8-1 垂直應用架構

在前面的車聯網通訊中提到，3GPP 針對垂直應用服務制定了垂直應用服務賦能者架構層 (SEAL)，以提供所有垂直應用服務的相關管理服務，如定位、群組、密鑰、識別、網路資源；而針對垂直應用功能，3GPP 制定了垂直應用層，其可包含特定的應用功能 (如 V2X 應用的車輛自動跟車)，以及垂直應用賦能者層 (vertical application enabler layer) 的功能，此功能類似於車聯網架構中的 VAE 層，主要提供執行垂直應用的功能。另一方面，垂直應用層亦包含 VAL 客戶端 (VAL client) 與 VAL 伺服器 (VAL server) 兩種角色，而整個垂直應用的架構如圖 8-40 所示。簡單來說，用戶欲使用任何垂直應用功能或垂直應用服務，皆需透過用戶的 VAL 客戶端向 VAL 伺服器取得，垂直應用層提供特定的垂直應用，而 SEAL 提供垂直應用服務。

以車聯網中的智慧交通爲例，當多台車輛需要執行車輛自動跟車時，第一台車輛需透過 VAL 客戶端向 VAL 伺服器發起群組建立請求，之後 VAL 伺服器會與 SEAL 伺服器連結，並向網路取得建立車聯網群組的相關參數，待完成後多台車輛即可透過群組通訊執行車輛自動跟車；而當多台車輛欲執行群組通訊時，亦會透過 SEAL 的群組管理功能進行群組通訊。此外，車輛透過 VAL 伺服器連結至 5G NR 網路，可交換鄰近車輛的位置資訊，此時透過 SEAL 伺服器的定位管理功能，將可向網路取得其他車輛的位置，以提高行車安全。

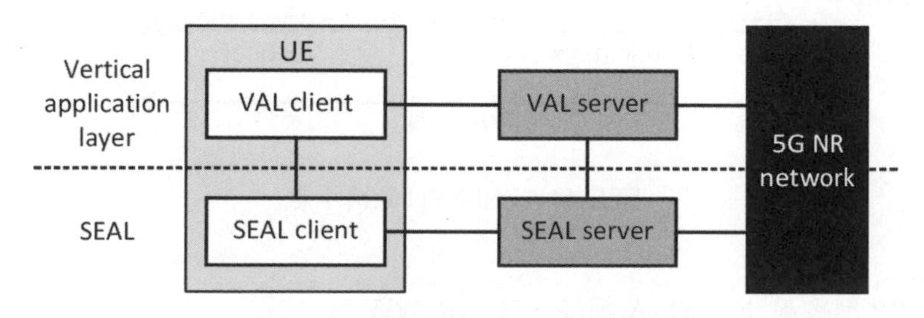

圖 8-40 垂直應用於 SEAL 架構示意

8-8-2 專網基礎類型

目前 3GPP 將專網大致分爲兩大類型，第一類爲獨立專網 (stand-alone non-public network, SNPN)，其擁有完全獨立於 3GPP 網路[15]的實體網路，特色是使用者擁有專屬的核心網路與頻段，因此使用者可依據需求自行設計網路架構並且自行營運，具有非常高的安全性，惟代價是使用者需負擔網路建置的硬體成本。雖然獨立專網不屬於 3GPP 網路，但爲了避免獨立專網影響到現有的 3GPP 網路運作，因此它仍需配置 3GPP 網路以作爲管理用途。

第二類是基於公用網路所發展的專網，即非獨立專網，其一般稱爲 PNI-NPN (public network integrated non-public network, PNI-NPN)[16]，而所謂的公用網路其實就是 3GPP 網路，其一般會由電信營運商所提供。PNI-NPN 不像獨立專網擁有專屬的實體網路，而是透過公用網路來提供專網相關的服務給使用者，也就是說，電信營運商可根據使用者的要求提供專網所需的網路資源，如網路切片 (network slice)[17]、網路功能 (network function, NF)[18] 或頻段，讓使用者可自行規劃網路配置及營運管理與維護，以提供垂直應用服務給所服務的用戶。圖 8-41 爲 PNI-NPN 的架構，電信營運商可提供使用者建置專網所需的網路資源與網路功能，讓使用者自行設計外，亦能透過網路切片技術將部分網路功能 (如核心網路的網路功能) 提供給使用者。

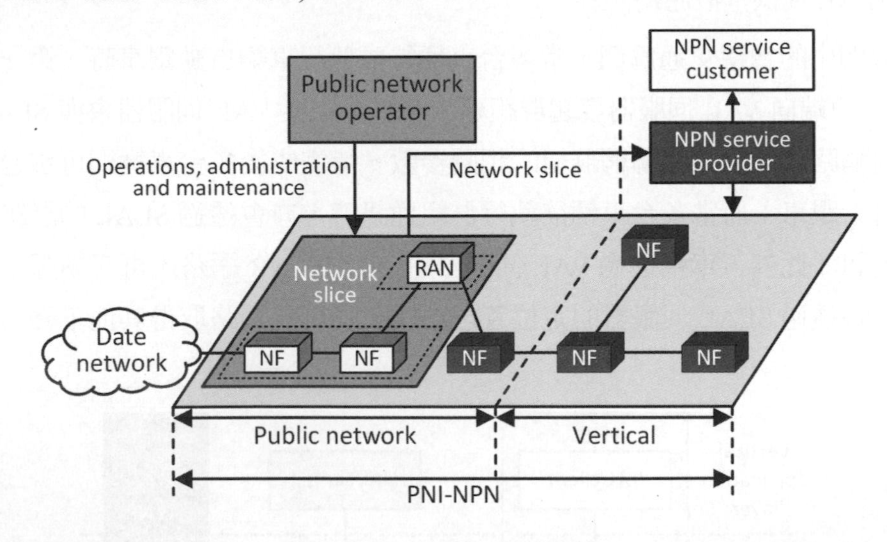

圖 8-41 PNI-NPN 架構示意

15 一般指的 3GPP 網路如 4G LTE-A 網路、5G NR 網路。
16 SNPN 與 PNI-NPN 的詳細內容請參考 [21] 與 [22]。
17 網路切片技術請參考第五章 5-3-5。
18 5G NR 核心網路的多種網路功能請參考第五章 5-3-1。

8-8-3 專網衍生類型

先前介紹的專網爲目前標準中的內容，而依據企業所擁有的網路實體與設備的差異，專網可分爲三種衍生類型，由於此部份內容目前尚未於標準中明確定義，本書將針對可能採用的專網類型做介紹。圖 8-42 爲衍生類型的專網架構示意，其中除了獨立專網外，目前常見衍生類型的專網分爲：網路切片型專網、專用基地台型專網，與邊緣運算型專網。圖 8-42 (a) 爲網路切片型專網，由於基地台、邊緣運算及核心網路的實體皆建置在電信營運商的基地，因此企業需藉由網路切片技術，根據需求設計專屬的網路切片以提供服務給用戶；圖 8-42 (b) 爲專用基地台型專網，相較於網路切片型專網，其將原先建置於電信營運商基地的基地台改移至企業內部，使企業可根據需求彈性建置專屬的基地台，如此將可提升企業內部用戶通訊的傳輸品質；圖 8-42 (c) 爲邊緣運算型專網，除了專屬基地台外，亦進一步將邊緣運算實體一起建置在企業內部，一方面可提升用戶通訊的傳輸品質，另一方面數據不需再回傳至電信營運商的網路實體才能運算處理，而能直接透過企業內部的邊緣運算實體即時運算，從而降低數據的傳輸延遲；最後圖 8-42 (d) 即爲獨立專網，企業擁有專屬基地台、邊緣運算及核心網路的實體，因此企業能依據需求自行規劃網路的使用方式。

除了從企業所擁有的網路實體與設備區分不同的專網外，若以使用的頻段區分，則專網可分爲專頻專網及共頻專網。專頻專網係指政府將特定頻段提供給專網使用，使其具有較高的保密性且能維持一定的信號品質，惟專有頻譜的使用需要額外的租賃費用；而共頻專網則是讓專網與其他 5G NR 應用使用相同的頻段，相較於專頻專網，共頻專網具有較高的干擾與較低的保密性，但其所需成本較低。

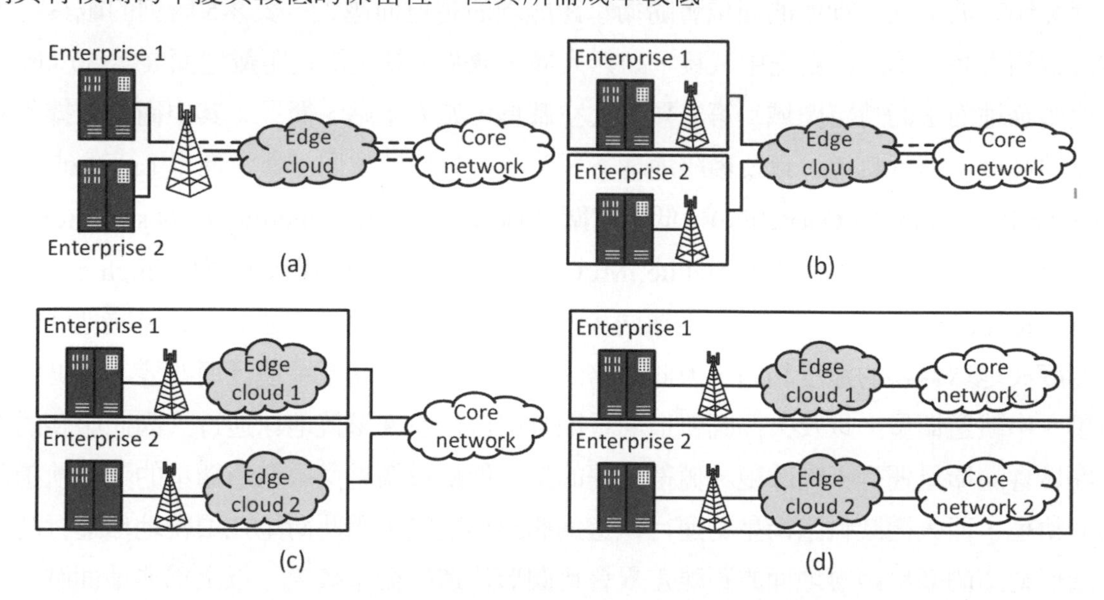

圖 8-42 專網衍生類型示意：

(a) 網路切片型專網；(b) 專用基地台型專網；(c) 邊緣運算型專網；(d) 獨立專網

8-9 非地面網路通訊

一般而言，網路佈建是根據用戶分布與需求佈建基地台，其網路覆蓋範圍通常爲人類活動的陸地及其邊緣地帶，至於人跡罕至的大洋、沙漠、深山與極地等區域，由於 5G 基地台難以佈建，使得這些區域的網路覆蓋不易實現，此外於可佈建 5G 基地台之地點，因實際佈建狀況及遮蔽效應等問題，亦可能出現網路覆蓋盲區 (coverage hole)，因此爲解決 5G NR 網路在上述區域的覆蓋問題，5G NR 網路考慮透過非地面載具協助用戶連接至網路，此種技術歸類爲非地面網路 (non-terrestrial network) 通訊。3GPP 在 R15 初步介紹各種不同的非地面載具，並針對各種非地面載具描述其軌道及服務範圍等特性，之後在 R16 進一步描述非地面網路通訊如何應用於 5G 系統，以及介紹非地面網路通訊參考場景。本節將依序介紹非地面載具、非地面網路通訊參考場景，與非地面網路多重鏈結通訊。

8-9-1 非地面載具介紹

根據非地面載具與地面用戶通訊距離的不同，非地面網路通訊技術會使用不同種類的非地面載具，而 3GPP 定義數種非地面載具其列出如表 8-5 所示。表中介紹不同種類的非地面載具與其相對應的離地高度、運行軌道，與波束涵蓋面 (beam footprint)，其中波束涵蓋面是指非地面載具使用波束成形技術服務地面用戶，其波束涵蓋地面的面積大小，由於衛星在使用波束成形技術時，其波束會涵蓋特定的角度範圍，因此對於固定的角度範圍，波束涵蓋地面的面積會隨衛星距離地面越遠而越大。表 8-5 所列的載具可大致分爲兩大類：第一類爲空中載具，如無人機、飛船，其大約在距離地面 8 至 50 km 的高度服務地面上的特定區域；第二類爲太空載具，如太空站、衛星，其中衛星根據不同的離地高度、運行軌道，以及環繞地球方式，亦可分爲地球同步軌道衛星 (geostationary earth orbit satellite, GEO satellite)、低軌道衛星 (low-earth orbit satellite, LEO satellite)、中軌道衛星 (medium-earth orbit satellite, MEO satellite)，與大橢圓軌道衛星 (high elliptical orbit satellite, HEO satellite) 等。地球同步軌道衛星的運行軌道爲圓形，其環繞地球的運行速度與地球自轉的速度相同，因此服務的地面區域不會隨衛星運行而改變；而低軌道衛星、中軌道衛星，以及大橢圓軌道衛星則會依自行速度環繞地球運行，因此服務的地面區域會隨衛星運行不斷改變。値得一提的是，低軌道衛星與中軌道衛星的運行軌道爲圓形軌道，而大橢圓軌道衛星的運行軌道爲橢圓形軌道，因此衛星在環繞地球運行時，橢圓形軌道的衛星距離地面的距離差異會比圓形軌道的衛星較大。以上爲非地面載具介紹，下個小節將介紹如何將非地面網路通訊應用於 5G 系統。

表 8-5 非地面載具種類介紹[19]

Platforms	Altitude range	Orbit	Typical beam footprint size
Low-earth orbit (LEO) satellite	300 – 1500 km	Circular around the earth	100 – 1000 km
Medium-earth orbit (MEO) satellite	7000 – 25000 km		100 – 1000 km
Geostationary earth orbit (GEO) satellite	35786 km	National station keeping position fixed in terms of elevation/azimuth with respect to given earth point	200 – 3500 km
UAS platform	8 – 50 km		5 – 200 km
High elliptical orbit (HEO) satellite	400 – 50000 km	Elliptical around the earth	200 – 3500 km

8-9-2 非地面網路通訊參考場景

介紹完不同種類的非地面載具及其特性，本小節將進一步說明非地面網路通訊如何應用於 5G 系統，介紹規格書描述的非地面網路通訊參考場景，以及非地面載具與網路之間的各個鏈結名稱。首先，非地面載具根據處理數據的運作方式差異，可分爲透明式非地面載具及再生式非地面載具，其中透明式非地面載具會維持數據的完整性，不會對數據作解調處理，主要負責轉傳數據及調整傳輸的功率或頻率；相對地，再生式非地面載具類似基地台，其具備基地台的部分功能，它除了具備透明式非地面載具的特色外，亦可先對數據解調，並在經過適當處理後重新將數據調變，再將其傳送給下一個節點。

接著規格書以衛星爲例，分別描述這兩種運作方式的非地面載具其通訊場景，圖 8-43 與 8-44 分別爲透明式與再生式非地面載具的運作示意。在這兩個圖中，若非地面載具具有波束成形技術的功能，則每個波束會在地面上形成可服務的波束涵蓋面，全部波束涵蓋的所有地面區域即爲該非地面載具可服務的區域，而在這區域的用戶將可利用非地面載具進行通訊。針對非地面網路通訊中的各個節點之間鏈結，3GPP 定義用戶與非地面載具之間的鏈結稱爲服務鏈結 (service link)，而非地面載具與地面閘道之間的鏈結稱爲饋線鏈路 (feeder link)，若系統使用兩個以上的衛星且衛星之間可通訊，則衛星間的鏈結稱爲衛星間鏈結 (inter-satellite link)。綜上所述，非地面網路通訊的通訊方式就是用戶的數據可經由非地面載具傳輸到閘道，最後再傳輸到核心網路；若同時有兩個以上的非地面載具，則數據亦可經由多個非地面載具轉傳，透過多個通訊鏈路傳輸以增加傳輸多樣性。最後值得一提的是，3GPP 針對不同種類的非地面載具搭配使用上述兩種運

19 資料來源請參考 [23]。

作方式，制定了 6 種非地面網路通訊參考場景，其中非地面載具分為 GEO 及 LEO，而波束指向模式分為固定波束指向，以及隨衛星環繞地球而改變波束指向，如表 8-6 所示。

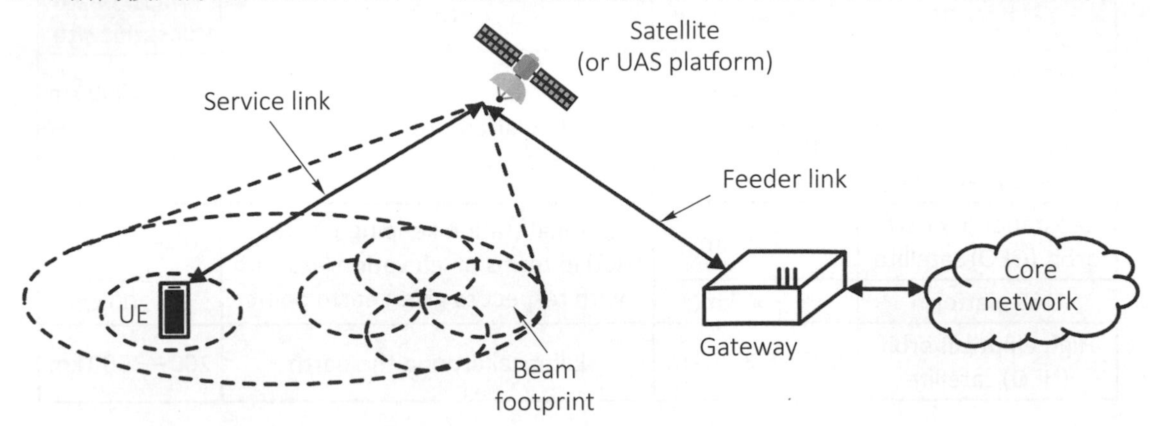

圖 8-43　透明式非地面載具運作示意

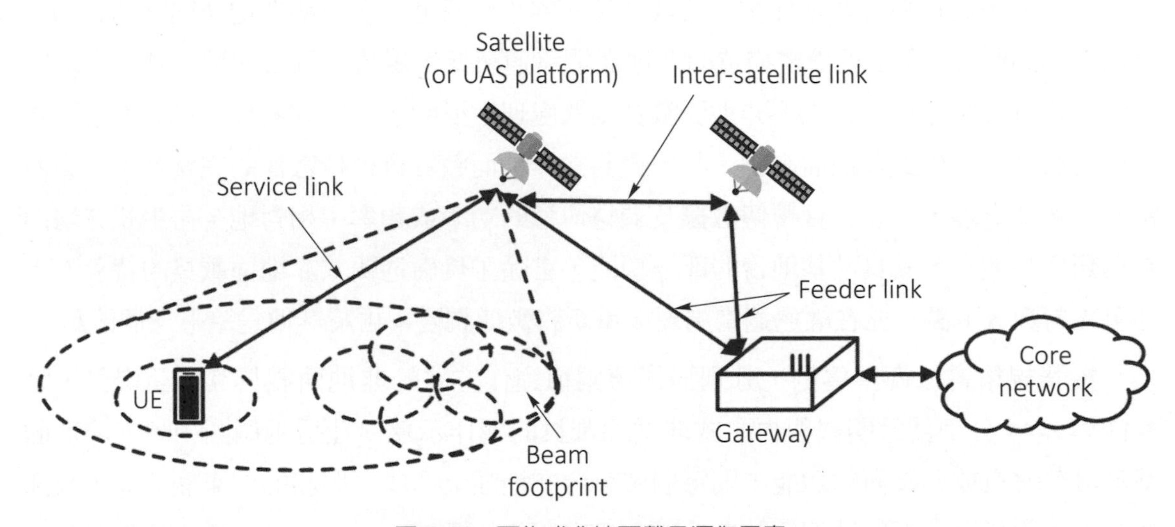

圖 8-44　再生式非地面載具運作示意

表 8-6　非地面網路通訊參考場景[20]

Platforms	Transparent satellite	Regenerative satellite
GEO satellite	Scenario A	Scenario B
LEO satellite: steerable beams	Scenario C1	Scenario D1
LEO satellite: beams move with the satellite	Scenario C2	Scenario D2

20 資料來源請參考 [23]。

8-9-3 非地面網路多重鏈結通訊

前一小節介紹用戶如何使用非地面載具進行通訊，其通訊場景屬於無基地台的情況，然而實際上用戶的通訊場景可能同時存在基地台與非地面載具，此時用戶將可利用多重鏈結的概念，分別利用基地台與非地面載具來傳輸數據。一般而言，這種通訊場景下的用戶主要仍利用基地台來進行通訊，但用戶與基地台間的傳輸路徑可能會受環境變化而嚴重影響傳輸品質，爲了強化傳輸的多樣性，系統可根據實際情況配置非地面載具作爲輔助角色，以協助用戶傳輸數據。3GPP 針對透明式與再生式非地面載具制定使用多重鏈結的通訊場景，其運作架構分別如圖 8-45 與 8-46 所示，不論何種運作方式，用戶至核心網路的傳輸鏈路皆可分爲兩種，第一種爲一般基地台通訊的傳輸鏈路，而第二種爲用戶數據經由非地面載具傳輸的傳輸鏈路。由於只有第二種傳輸鏈路會因非地面載具的運作方式而有差異，因此接下來會針對不同處做介紹。

在使用透明式非地面載具的情況下，因非地面載具僅負責轉傳用戶的數據，因此閘道與核心網路間可額外配置基地台以協助處理數據，而這基地台亦能與其他基地台相互溝通，最後所有的基地台再將用戶的數據傳輸給核心網路；在使用再生式非地面載具的情況下，因非地面載具具備基地台的部分功能，因此非地面載具可擔任 DU 的角色，而閘道則擔任 CU 的角色，這兩種角色包含的功能可根據實際情況作調整[21]。值得注意的是，由於整個傳輸鏈路已具備一般基地台通訊完整的功能，因此一般不會再配置額外的基地台於閘道與核心網路之間，閘道處理完的數據可直接傳輸給核心網路。

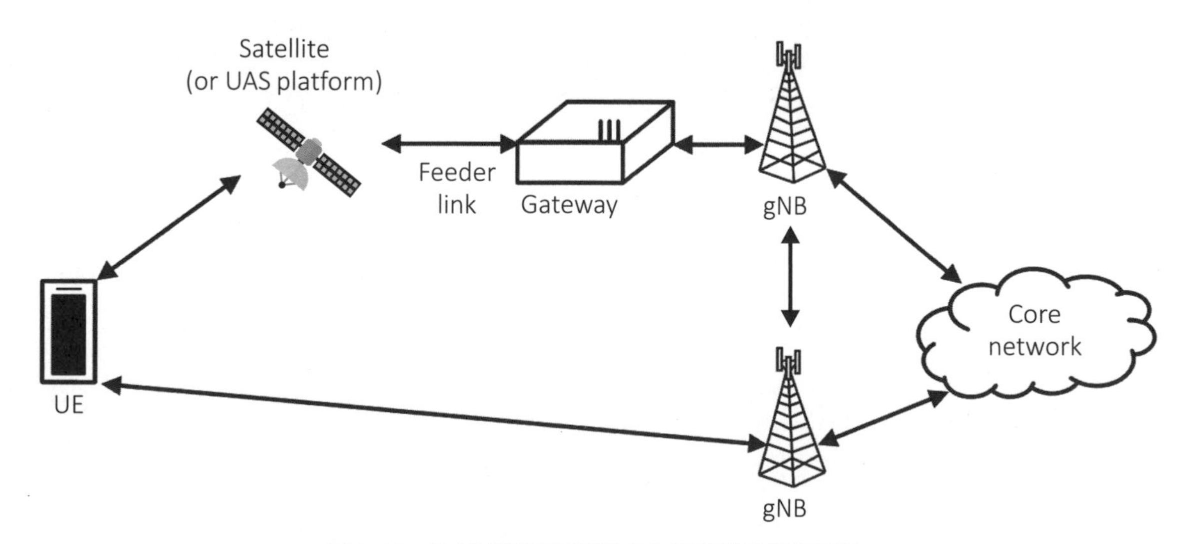

圖 8-45　具多重鏈結之透明式非地面載具運作示意

21 DU 與 CU 的概念及其功能請參考第五章 5-3-3。

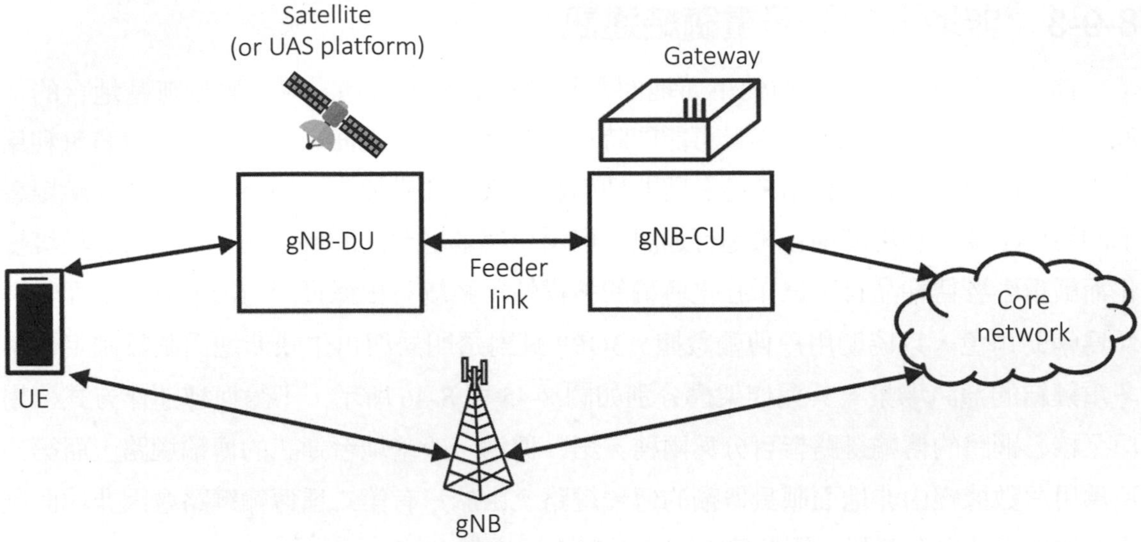

圖 8-46　具多重鏈結之再生式非地面載具運作示意

學習評量

1. 試說明極可靠低延遲通訊中，為降低延遲所使用的技術為何。
2. 試說明極可靠低延遲通訊中，重複傳送的目的，以及 Type A 與 Type B 重複傳送的差異為何。
3. 試說明 5G NR 系統中，鄰域服務的通訊模式與傳統基地台 - 用戶通訊模式的差異為何。
4. 試說明鄰域服務中，Model A 與 Model B 的運作方式，及兩者的差異為何。
5. 列舉三種不同的物聯網類型及其特性。
6. 試說明蜂巢式物聯網 (CIoT) 中，用戶裝置採用 MICO 模式的目的及其功能為何。
7. 試說明車聯網通訊中，不經過基地台的通訊類型及其通訊方式為何。
8. 試說明鐵路通訊中，以應用層面切入，FRMCS 的應用功能為何。
9. 在海事通訊中，船隻含有大量鋼材進而影響通訊品質，試說明用戶如何進行通訊。
10. 試說明定位服務中三種定位服務的功能為何。
11. 試說明非授權頻譜中 2-step RACH 的用途，及其與 4-step RACH 的差異為何。
12. 試說明動態頻譜共享的目的為何。
13. 試說明垂直應用中，SEAL 提供垂直應用服務的管理服務為何。
14. 試說明獨立專網 (SNPN) 與 PNI-NPN 的差異為何。
15. 試說明非地面載具的兩種不同運作方式及其差異為何。

參考文獻

[1] S. Ahmadi, *5G NR: Architecture, Technology, Implementation, and Operation of 3GPP New Radio Standards*, Academic Press, 2019.

[2] E. Dahlman, S. Parkvall, and J.Sköld, *5G NR: The Next Generation Wireless Access Technology*, Second Edition, Academic Press, 2020.

[3] R. Vannithamby and A. C.K. Soong, *5G Verticals Customizing Applications, Technologies and Deployment Techniques*, John Wiley & Sons, 2020.

[4] C. Cox, *An Introduction to 5G, The New Radio, 5G Network and Beyond*, John Wiley & Sons, 2021.

[5] 3GPP TS 38.213 V16.4.0, NR; physical layer procedures for control (Release 16), Dec. 2020.

[6] 3GPP TR 38.824 V16.0.0, Study on physical layer enhancements for NR ultra-reliable and low latency case (URLLC) (Release 16), Mar. 2019.

[7] T. K. Le, U. Salim, and F. Kaltenberger, "An overview of physical layer design for ultra-reliable low-latency communications in 3GPP releases 15, 16, and 17," *IEEE Access*, vol. 9, pp. 433-444, Dec. 2020.

[8] 3GPP TS 23.303 V16.0.0, Proximity-based services (ProSe); stage 2 (Release 12), Jul. 2020.

[9] 3GPP TS 23.752 V17.0.0, Study on system enhancement for proximity based services (ProSe) in the 5G system (5GS) (Release 17), Mar. 2021.

[10] 3GPP TS 23.724 V16.1.0, Study on cellular Internet of things (CIoT) support and evolution for the 5G system (5GS) (Release 16), Jun. 2019.

[11] 3GPP TS 22.824 V16.0.0, Feasibility study on 5G message service for MIoT; stage 1 (Release 16), Sept. 2018.

[12] 3GPP TR 38.825 V16.0.0, Study on NR industrial Internet of things (IoT) (Release 16), Mar. 2019.

[13] 3GPP TS 23.286 V17.1.0, Application layer support for vehicle-to-everything (V2X) services; functional architecture and information flows; (Release 16), Apr. 2021.

[14] 3GPP TS 23.287 V16.5.0, Architecture enhancements for 5G system (5GS) to support vehicle-to-everything (V2X) services (Release 16), Dec. 2020.

[15] 3GPP TS 22.819 V16.2.0, Feasibility study on maritime communication services over 3GPP system; Stage 1 (Release 15), Dec. 2018.

[16] 3GPP TS 22.889 V17.4.0, Study on future railway mobile communication system; stage 1 (Release 15), Mar. 2021.

[17] 3GPP TS 23.273 V17.0.0, 5G system (5GS) location services (LCS); stage 2 (Release 16), Mar. 2021.

[18] 3GPP TS 38.305 V16.4.0, NG radio access network (NG-RAN); stage 2 functional specification of user equipment (UE) positioning in NG-RAN (Release 15), Mar. 2021.

[19] 3GPP RP-191575, Revised WID on NR-based access to unlicensed spectrum, Jun. 2019.

[20] 3GPP TS 23.434 V17.1.0, Service enabler architecture layer for verticals (SEAL); functional architecture and information flows (Release 16), Apr. 2021.

[21] 3GPP TS 28.807 V17.0.0, Study on management of non-public networks (NPN) (Release 16), Dec. 2020.

[22] 5G-ACIA White paper: "5G non-public networks for industrial scenarios," Jul. 31, 2019.

[23] 3GPP TS 38.821 V16.0.0, Solutions for NR to support non-terrestrial networks (NTN) (Release 16), Dec. 2019.

NOTE

附錄 A

矩陣代數簡介

A-1　矩陣基本特性與特殊矩陣簡介

A-2　向量與矩陣範數

A-3　特徵值與奇異值分解

A-4　線性聯立方程式

A-5　Kronecker 乘積

A-6　複數向量微分

A-1 矩陣基本特性與特殊矩陣簡介

本節簡介矩陣代數中常見的基本特性與特殊矩陣。首先定義複數矩陣 A、B 及 C 如下：

$$\mathbf{A}=[a_{ij}]\in\mathbb{C}^{N\times N}\quad ;\quad \mathbf{B}=[b_{ij}]\in\mathbb{C}^{N\times N}\quad ;\quad \mathbf{C}=[c_{ij}]\in\mathbb{C}^{N\times N} \tag{A.1}$$

其中 a_{ij} 爲矩陣 **A** 第 i 列第 j 行的元素；b_{ij} 爲矩陣 **B** 第 i 列第 j 行的元素；c_{ij} 爲矩陣 **C** 第 i 列第 j 行的元素。矩陣代數的基本運算如下：

$$\begin{aligned}
&\mathbf{C}=\mathbf{A}+\mathbf{B} \quad \leftrightarrow \quad c_{ij}=a_{ij}+b_{ij}\\
&\mathbf{C}=\alpha\mathbf{A} \quad \leftrightarrow \quad c_{ij}=\alpha\cdot a_{ij}\\
&\mathbf{C}=\mathbf{AB} \quad \leftrightarrow \quad c_{ij}=\sum_{k=1}^{N}a_{ik}b_{kj}
\end{aligned} \tag{A.2}$$

其中 α 爲一複數純量。矩陣轉置 (transpose)、共軛轉置 (conjugate transpose) 及反矩陣 (inverse) 定義如下：

$$\begin{aligned}
&\mathbf{C}=\mathbf{A}^T \quad \leftrightarrow \quad c_{ij}=a_{ji}\\
&\mathbf{C}=\mathbf{A}^H \quad \leftrightarrow \quad c_{ij}=a_{ji}^*\\
&(\mathbf{AB})^T=\mathbf{B}^T\mathbf{A}^T\\
&(\mathbf{AB})^H=\mathbf{B}^H\mathbf{A}^H\\
&\mathbf{A}=\mathbf{B}^{-1} \quad \leftrightarrow \quad \mathbf{AB}=\mathbf{BA}=\mathbf{I}_N
\end{aligned} \tag{A.3}$$

其中 $\mathbf{I}_N$ 爲 $N\times N$ 單位矩陣。矩陣行列式 (determinant) 與跡 (trace) 的性質如下：

$$\begin{aligned}
&\det(\mathbf{A}^T)=\det(\mathbf{A})\\
&\det(\mathbf{A}^H)=\det(\mathbf{A})^*\\
&\det(\mathbf{A}^{-1})=\det(\mathbf{A})^{-1}\\
&\det(\mathbf{AB})=\det(\mathbf{A})\cdot\det(\mathbf{B})\\
&\det(\mathbf{I}_N+\mathbf{AB})=\det(\mathbf{I}_N+\mathbf{BA})\\
&\det(\alpha\mathbf{A})=\alpha^N\det(\mathbf{A})\\
&\mathrm{tr}(\mathbf{A}+\mathbf{B})=\mathrm{tr}(\mathbf{A})+\mathrm{tr}(\mathbf{B})\\
&\mathrm{tr}(\mathbf{AB})=\mathrm{tr}(\mathbf{BA})
\end{aligned} \tag{A.4}$$

若 **A** 與 **C** 皆爲可逆矩陣，則以下等式成立：

$$(\mathbf{A}+\mathbf{BCD})^{-1}=\mathbf{A}^{-1}-\mathbf{A}^{-1}\mathbf{B}(\mathbf{DA}^{-1}\mathbf{B}+\mathbf{C}^{-1})^{-1}\mathbf{DA}^{-1} \tag{A.5}$$

(A.5) 式稱爲矩陣求逆引理 (matrix inversion lemma)，其常見的應用形式如下：

$$(\mathbf{A}+\mathbf{xy}^H)^{-1}=\mathbf{A}^{-1}-\frac{\mathbf{A}^{-1}\mathbf{xy}^H\mathbf{A}^{-1}}{1+\mathbf{y}^H\mathbf{A}^{-1}\mathbf{x}} \tag{A.6}$$

其中 $\mathbf{x}=[x_i]\in\mathbb{C}^{N\times 1}$ 與爲複數向量。

最後定義若干特殊矩陣如下：

對稱矩陣 (symmetric matrix): $\mathbf{A}=\mathbf{A}^T$

共軛對稱矩陣 (Hermitian or conjugate symmetric matrix): $\mathbf{A}=\mathbf{A}^H$

正交矩陣 (orthogonal matrix): $\mathbf{A}^T\mathbf{A}=\mathbf{I}_N$

么正矩陣 (unitary matrix): $\mathbf{A}^H\mathbf{A}=\mathbf{I}_N$ (A.7)

Toeplitz 矩陣 (Toeplitz matrix): $a_{ij}=a_{i+k,j+k}$

正定矩陣 (positive definite matrix): $\mathbf{xAx}>0,\ \forall\mathbf{x}\neq\mathbf{0}$

半正定矩陣 (positive semi-definite matrix): $\mathbf{xAx}\geq 0,\ \forall\mathbf{x}\neq\mathbf{0}$

A-2 向量與矩陣範數

本節簡介向量與矩陣的範數 (norm)。首先定義複數向量 $\mathbf{x}$ 及複數矩陣 $\mathbf{A}$ 如下：

$$\mathbf{x}=[x_i]\in\mathbb{C}^{N\times 1}\quad;\quad\mathbf{A}=[a_{ij}]\in\mathbb{C}^{N\times N} \tag{A.8}$$

其中 x_i 爲向量 $\mathbf{x}$ 的第 i 個元素；a_{ij} 爲矩陣 $\mathbf{A}$ 第 i 列第 j 行的元素。向量範數定義如下：

$$\|\mathbf{x}\|_p=\left[\sum_{n=1}^{N}|x_n|^p\right]^{1/p} \tag{A.9}$$

此即爲向量 $\mathbf{x}$ 的 p-norm。常見的向量範數如下：

1-norm: $\|\mathbf{x}\|_1=\sum_{n=1}^{N}|x_n|$

2-norm: $\|\mathbf{x}\|_2=\left[\sum_{n=1}^{N}|x_n|^2\right]^{1/2}$ (A.10)

∞-norm: $\|\mathbf{x}\|_\infty=\max_n|x_n|$

其中 max 爲取最大值 (maximum) 的運算。向量範數的基本性質如下：

$$\begin{aligned} &\|\mathbf{x}\| \geq 0 \\ &\|\mathbf{x}+\mathbf{y}\| \leq \|\mathbf{x}\|+\|\mathbf{y}\| \\ &\|\alpha \mathbf{x}\| = |\alpha| \|\mathbf{x}\| \end{aligned} \tag{A.11}$$

其中 $\mathbf{y}=[y_i]\in\mathbb{C}^{N\times 1}$ 。

其次介紹矩陣範數。定義複數向量 $\mathbf{x}$ 及複數矩陣 $\mathbf{A}$、$\mathbf{B}$ 如下：

$$\mathbf{x}=[x_i]\in\mathbb{C}^{N\times 1} \quad ; \quad \mathbf{A}=[a_{ij}]\in\mathbb{C}^{M\times N} \quad ; \quad \mathbf{B}=[b_{ij}]\in\mathbb{C}^{M\times N} \tag{A.12}$$

常見的矩陣範數有兩種，其一爲矩陣的 p-norm，定義如下：

$$\|\mathbf{A}\|_p = \sup_{\mathbf{x}\neq 0} \frac{\|\mathbf{A}\mathbf{x}\|_p}{\|\mathbf{x}\|_p} \tag{A.13}$$

其中 sup 爲取最小上界 (supremum) 的運算；其二爲矩陣的 Frobenius-norm，定義如下：

$$\|\mathbf{A}\|_F = \left[\sum_{i=1}^{M}\sum_{j=1}^{N}|a_{ij}|^2\right]^{1/2} = \mathrm{tr}(\mathbf{A}^H\mathbf{A}) \tag{A.14}$$

最後，矩陣範數的基本性質如下：

$$\begin{aligned} &\|\mathbf{A}\| \geq 0 \\ &\|\mathbf{A}+\mathbf{B}\| \leq \|\mathbf{A}\|+\|\mathbf{B}\| \\ &\|\alpha \mathbf{A}\| = |\alpha| \|\mathbf{A}\| \end{aligned} \tag{A.15}$$

A-3 特徵值與奇異值分解

本節介紹矩陣運算中常使用的特徵值分解 (eigenvalue decomposition, EVD) 與奇異值分解 (singular value decomposition, SVD) 及其性質。特徵值分解可將任一正方矩陣 $\mathbf{A}=[a_{ij}]\in\mathbb{C}^{N\times N}$ 分解如下：

$$\mathbf{A}=\mathbf{E}\boldsymbol{\Lambda}\mathbf{E}^{-1} \tag{A.16}$$

其中

$$\begin{aligned} &\mathbf{E}=[\mathbf{e}_1 \quad \mathbf{e}_2 \quad \ldots \quad \mathbf{e}_N]\in\mathbb{C}^{N\times N} \ ; \\ &\boldsymbol{\Lambda}=\begin{bmatrix} \lambda_1 & & \\ & \ddots & \\ & & \lambda_N \end{bmatrix}\in\mathbb{C}^{N\times N} \end{aligned} \tag{A.17}$$

其中 $\{\lambda_n\}$ 及 $\{\mathbf{e}_n\}$ 為矩陣 **A** 的特徵值及對應的特徵向量，滿足下式：

$$\mathbf{A}\mathbf{e}_n = \lambda_n \mathbf{e}_n \tag{A.18}$$

當 **A** 為共軛對稱矩陣 ($\mathbf{A} = \mathbf{A}^H$) 時，其特徵值分解可表示如下：

$$\mathbf{A} = \mathbf{E}\boldsymbol{\Lambda}\mathbf{E}^{-1} = \mathbf{E}\boldsymbol{\Lambda}\mathbf{E}^H = \sum_{n=1}^{N} \lambda_n e_n e_n^H \tag{A.19}$$

其中 **E** 為么正矩陣，且所有特徵值皆為實數；此外，若 **A** 的特徵值皆不為 0 時，其反矩陣可表示如下：

$$\mathbf{A}^{-1} = (\mathbf{E}\boldsymbol{\Lambda}\mathbf{E}^H)^{-1} = \mathbf{E}\boldsymbol{\Lambda}^{-1}\mathbf{E}^H = \sum_{n=1}^{N} \lambda_n^{-1} e_n e_n^H \tag{A.20}$$

最後，特徵值分解的兩個常用性質如下：

$$\begin{aligned} \det(\mathbf{A}) &= \prod_{n=1}^{N} \lambda_n \\ \operatorname{tr}(\mathbf{A}) &= \sum_{n=1}^{N} \lambda_n \end{aligned} \tag{A.21}$$

奇異值分解可將任一矩陣 $\mathbf{A} = [a_{ij}] \in \mathbb{C}^{M\times N}$ 分解如下：

$$\mathbf{A} = \mathbf{U}\boldsymbol{\Sigma}\mathbf{V}^H = \sum_{i=1}^{p} \sigma_i \mathbf{u}_i \mathbf{v}_i^H \quad ; \quad p = \min(M, N) \tag{A.22}$$

其中

$$\begin{aligned} &\mathbf{U} = [\mathbf{u}_1 \quad \mathbf{u}_2 \quad \dots \quad \mathbf{u}_N] \in \mathbb{C}^{M\times M} \quad ; \quad \mathbf{U}^H\mathbf{U} = \mathbf{I}_M \\ &\mathbf{V} = [\mathbf{v}_1 \quad \mathbf{v}_2 \quad \dots \quad \mathbf{v}_N] \in \mathbb{C}^{N\times N} \quad ; \quad \mathbf{V}^H\mathbf{V} = \mathbf{I}_M \\ &\boldsymbol{\Sigma} = \begin{cases} \begin{bmatrix} \operatorname{diag}(\sigma_1 \quad \sigma_2 \quad \dots \quad \sigma_p) \\ \mathbf{O}_{(M-N)\times N} \end{bmatrix}, & \text{if } M > N \\ \left[\operatorname{diag}(\sigma_1 \quad \sigma_2 \quad \dots \quad \sigma_p) \quad \mathbf{O}_{M\times(N-M)}\right], & \text{if } M \le N \end{cases} \in \mathbb{C}^{M\times N} \end{aligned} \tag{A.23}$$

其中 $\{\sigma_n\}$ 及 $\{\mathbf{u}_n\}$、$\{\mathbf{v}_n\}$ 為矩陣 **A** 的奇異值及對應的左右奇異向量，min 為取最小值 (minimum) 的運算，diag(·) 為將向量轉成對角矩陣的運算，$\mathbf{O}_{M\times N}$ 為 $M\times N$ 的全零矩陣。值得注意的是，**U** 及 **V** 皆為么正矩陣，而奇異值皆為正實數且為單調遞減序列，亦即

$$\sigma_1 \ge \sigma_2 \ge \dots \ge \sigma_p \ge 0 \tag{A.24}$$

奇異值分解的常用性質如下：

$$\mathbf{A}\mathbf{v}_i = \sigma_i \mathbf{u}_i, \quad i = 1,2,\ldots,p$$
$$\mathbf{A}\mathbf{v}_i = 0, \quad i = p+1,\ldots,N$$
$$\mathbf{A}^H \mathbf{u}_i = \sigma_i \mathbf{v}_i, \quad i = 1,2,\ldots,p$$
$$\mathbf{A}^H \mathbf{u}_i = 0, \quad i = p+1,\ldots,M$$
$$\mathbf{u}_i^H \mathbf{A}\mathbf{v}_i = \sigma_i, \quad i = 1,2,\ldots,p \tag{A.25}$$
$$\mathbf{A}^H \mathbf{A} = \sum_{i=1}^{p} \sigma_i^2 \mathbf{v}_i \mathbf{v}_i^H$$
$$\mathbf{A}\mathbf{A}^H = \sum_{i=1}^{p} \sigma_i^2 \mathbf{u}_i \mathbf{u}_i^H$$

由 (A.25) 式的最後兩個性質及 (A.19) 式可得知，$\mathbf{A}^H\mathbf{A}$ 與 $\mathbf{A}\mathbf{A}^H$ 的特徵值即為 $\mathbf{A}$ 的奇異值平方；此外，藉由 (A.14) 式及 (A.21) 式可得

$$\|\mathbf{A}\|_F^2 = \mathrm{tr}(\mathbf{A}^H\mathbf{A}) = \mathrm{tr}(\mathbf{A}\mathbf{A}^H) = \sum_{i=1}^{p} \sigma_i^2 \tag{A.26}$$

A-4 線性聯立方程式

線性聯立方程式為通訊系統中常出現的問題形式，本節簡介使用矩陣代數求線性聯立方程式的解。考慮線性聯立方程式如下：

$$\mathbf{A}\mathbf{x} = \mathbf{b} \tag{A.27}$$

其中

$$\mathbf{A} = [a_{ij}] \in \mathbb{C}^{M\times N} \quad ; \quad \mathbf{x} = [x_i] \in \mathbb{C}^{N\times 1} \quad ; \quad \mathbf{b} = [b_i] \in \mathbb{C}^{M\times 1} \tag{A.28}$$

且假設 $\mathbf{A}$ 為滿秩 (full rank)，亦即 rank($\mathbf{A}$) = min(M, N)。未知向量 $\mathbf{x}$ 的求解可根據 M 與 N 的關係：(1) $M = N$；(2) $M < N$；(3) $M > N$ ，區分為三種情形。

當 $M = N$ 時，$\mathbf{A}$ 為一正方可逆矩陣，此時 $\mathbf{x}$ 可利用反矩陣求解如下：

$$\mathbf{x} = \mathbf{A}^{-1}\mathbf{A}\mathbf{x} = \mathbf{A}^{-1}\mathbf{b} \tag{A.29}$$

當 $M < N$ 時 [1]，未知數較方程式為多，因此有無限多組解符合 (A.27) 式，此時常取其中 2-norm 最小的解，稱為最小範數解 (minimum-norm solution)，其表示如下：

$$\mathbf{x}_{MN} = \mathbf{A}^H(\mathbf{A}\mathbf{A}^H)^{-1}\mathbf{b} \tag{A.30}$$

1　此時系統稱為 under-determined 系統。

最小範數解的物理意義即爲最小能量解。欲證明 (A.30) 式爲最小範數解，首先將符合 (A.27) 式的任意解表示爲

$$\mathbf{x} = \mathbf{x}_{MN} + \mathbf{y} \tag{A.31}$$

其中 $\mathbf{y}$ 爲落於矩陣 $\mathbf{A}$ 零空間 (null space) 的任意向量，亦即 $\mathbf{Ay} = \mathbf{0}$。將 $\mathbf{x}$ 的範數表示如下：

$$\begin{aligned} \|\mathbf{x}\|_2^2 &= \|\mathbf{A}^H(\mathbf{AA}^H)^{-1}\mathbf{b} + \mathbf{y}\|_2^2 \\ &= \mathbf{x}_{MN}^H\mathbf{x}_{MN} + \mathbf{A}^H(\mathbf{AA}^H)^{-1}\mathbf{by} + \mathbf{y}^H\mathbf{b}^H(\mathbf{AA}^H)^{-1}\mathbf{A} + \mathbf{y}^H\mathbf{y} \\ &= \mathbf{x}_{MN}^H\mathbf{x}_{MN} + \mathbf{y}^H\mathbf{y} \\ &= \|\mathbf{x}_{MN}\|_2^2 + \|\mathbf{y}\|_2^2 \end{aligned} \tag{A.32}$$

觀察 (A.32) 式可發現欲使 $\mathbf{x}$ 的範數最小，則 $\mathbf{y}$ 須爲零向量，此時 $\mathbf{x} = \mathbf{x}_{MN}$。

當 $M > N$ 時[2]，未知數較方程式爲少，一般情況下無任何確切解符合 (A.27) 式，此時常取其最小平方解 (least-square solution)，定義如下：

$$\mathbf{x}_{LS} = \arg\min_{\mathbf{x}} \|\mathbf{Ax} - \mathbf{b}\|_2^2 \tag{A.33}$$

其中 arg min 爲取最小值發生的點的運算；(A.33) 式的目標爲在所有向量 $\mathbf{x}$ 中，尋找使向量 $\mathbf{Ax}$ 與向量 $\mathbf{b}$ 之間的歐式距離 (Euclidean distance) 最小者。最小平方解的表示如下：

$$\mathbf{x}_{LS} = (\mathbf{A}^H\mathbf{A})^{-1}\mathbf{A}^H\mathbf{b} \tag{A.34}$$

欲證明 (A.34) 式爲最小平方解，首先考慮爲使 (A.33) 式中的歐式距離最小，$\mathbf{Ax}_{LS} - \mathbf{b}$ 須與 $\mathbf{A}$ 的行空間 (column space) 正交，亦即

$$\mathbf{P}_A(\mathbf{Ax}_{LS} - \mathbf{b}) = \mathbf{A}(\mathbf{A}^H\mathbf{A})^{-1}\mathbf{A}^H(\mathbf{Ax}_{LS} - \mathbf{b}) = \mathbf{0} \tag{A.35}$$

其中 $\mathbf{P}_A = \mathbf{A}(\mathbf{A}^H\mathbf{A})^{-1}\mathbf{A}^H$ 爲投影至矩陣 $\mathbf{A}$ 行空間的投影矩陣，將 (A.35) 式兩邊同乘 $(\mathbf{A}^H\mathbf{A})^{-1}\mathbf{A}^H$ 即可得 (A.34) 式中的解。

在 (A.30) 式及 (A.34) 式中，可觀察到以下關係：

$$\begin{aligned} \mathbf{AA}^H(\mathbf{AA}^H)^{-1} &= \mathbf{I}_M \\ (\mathbf{A}^H\mathbf{A})^{-1}\mathbf{A}^H\mathbf{A} &= \mathbf{I}_N \end{aligned} \tag{A.36}$$

---

2 此時系統稱爲 over-determined 系統。

其中

$$\mathbf{A}_R^+ = \mathbf{A}^H(\mathbf{A}\mathbf{A}^H)^{-1}$$
$$\mathbf{A}_L^+ = (\mathbf{A}^H\mathbf{A})^{-1}\mathbf{A}^H \quad (A.37)$$

爲矩陣 A 的擬反矩陣 (pseudo-inverse)；因 $\mathbf{A}_R^+$ 須位於 **A** 的右側，又稱爲右擬反矩陣，$\mathbf{A}_L^+$ 須位於 **A** 的左側，又稱爲左擬反矩陣。

A-5 Kronecker 乘積

本節簡介矩陣運算子 Kronecker 乘積 (Kronecker product)。首先定義複數矩陣 **A**、**B** 如下：

$$\mathbf{A} = [a_{ij}] \in \mathbb{C}^{M\times N} \quad ; \quad \mathbf{B} = [b_{ij}] \in \mathbb{C}^{P\times Q} \quad (A.38)$$

Kronecker 乘積的定義如下：

$$\mathbf{A}\otimes\mathbf{B} \triangleq \begin{bmatrix} a_{11}\mathbf{B} & a_{12}\mathbf{B} & \cdots & a_{1N}\mathbf{B} \\ a_{21}\mathbf{B} & a_{22}\mathbf{B} & \cdots & a_{2N}\mathbf{B} \\ \vdots & \vdots & \ddots & \vdots \\ a_{M1}\mathbf{B} & a_{M2}\mathbf{B} & \cdots & a_{MN}\mathbf{B} \end{bmatrix} \in \mathbb{C}^{MP\times NQ} \quad (A.39)$$

其常用性質如下：

$$\mathbf{A}\otimes(\alpha\mathbf{B}) = (\alpha\mathbf{A})\otimes\mathbf{B} = \alpha(\mathbf{A}\otimes\mathbf{B})$$
$$(\mathbf{A}\otimes\mathbf{B})(\mathbf{C}\otimes\mathbf{D}) = (\mathbf{AC}\otimes\mathbf{BD})$$
$$\mathbf{A}\otimes(\mathbf{B}+\mathbf{C}) = \mathbf{A}\otimes\mathbf{B} + \mathbf{A}\otimes\mathbf{C}$$
$$(\mathbf{A}+\mathbf{B})\otimes\mathbf{C} = \mathbf{A}\otimes\mathbf{C} + \mathbf{B}\otimes\mathbf{C} \quad (A.40)$$
$$(\mathbf{A}\otimes\mathbf{B})\otimes\mathbf{C} = \mathbf{A}\otimes(\mathbf{B}\otimes\mathbf{C})$$
$$(\mathbf{A}\otimes\mathbf{B})^H = \mathbf{A}^H\otimes\mathbf{B}^H$$
$$(\mathbf{A}\otimes\mathbf{B})^{-1} = \mathbf{A}^{-1}\otimes\mathbf{B}^{-1}$$

若 $\mathbf{A}\in\mathbb{C}^{M\times M}$ 與 $\mathbf{B}\in\mathbb{C}^{N\times N}$ 皆爲正方矩陣，則有以下性質：

$$\det(\mathbf{A}\otimes\mathbf{B}) = \det(\mathbf{A}^M)\det(\mathbf{B}^M)$$
$$\mathrm{tr}(\mathbf{A}\otimes\mathbf{B}) = \mathrm{tr}(\mathbf{A}) + \mathrm{tr}(\mathbf{B}) \quad (A.41)$$
$$\mathrm{rank}(\mathbf{A}\otimes\mathbf{B}) = \mathrm{rank}(\mathbf{A}) + \mathrm{rank}(\mathbf{B})$$

Kronecker 乘積可應用於多維度通訊系統的信號模型表示，如第四章中的 MIMO-OFDM 系統。

A-6 複數向量微分

本節簡介複數向量的微分。首先考慮複數純量函數 $f(\mathbf{w}) \in \mathbb{C}$ ，其中

$$\mathbf{w} = \begin{bmatrix} a_1 + jb_1 & a_2 + jb_2 & \ldots & a_N + jb_N \end{bmatrix}^T \in \mathbb{C}^{N\times 1} \tag{A.42}$$

爲複數向量。$f(\mathbf{w})$ 對 $\mathbf{w}$ 的微分定義如下[3]：

$$\nabla_{\mathbf{w}} f(\mathbf{w}) = \frac{df(\mathbf{w})}{d\mathbf{w}} = \begin{bmatrix} \frac{\partial f(\mathbf{w})}{\partial a_1} + j\frac{\partial f(\mathbf{w})}{\partial b_1} \\ \frac{\partial f(\mathbf{w})}{\partial a_2} + j\frac{\partial f(\mathbf{w})}{\partial b_2} \\ \vdots \\ \frac{\partial f(\mathbf{w})}{\partial a_N} + j\frac{\partial f(\mathbf{w})}{\partial b_N} \end{bmatrix} \in \mathbb{C}^{N\times 1} \tag{A.43}$$

在此定義下，$f(\mathbf{w})$ 對 $\mathbf{w}$ 微分爲零即等同於 (A.43) 式中各個元素爲零：

$$\nabla_{\mathbf{w}} f(\mathbf{w}) = \mathbf{0} \quad \leftrightarrow \quad \frac{\partial f(\mathbf{w})}{\partial a_k} + j\frac{\partial f(\mathbf{w})}{\partial b_k} = 0 \ , \qquad k = 1,2,\ldots,N \tag{A.44}$$

複數純量函數的向量微分在通訊系統中常見的應用形式如下：

$$\begin{aligned} &\nabla_{\mathbf{w}} \mathbf{c}^H \mathbf{w} = 0 \\ &\nabla_{\mathbf{w}} \mathbf{w}^H \mathbf{c} = 2\mathbf{c} \\ &\nabla_{\mathbf{w}} \mathbf{w}^H \mathbf{Q}\mathbf{w} = 2\mathbf{Q}\mathbf{w} \end{aligned} \tag{A.45}$$

其中 $\mathbf{c} \in \mathbb{C}^{N\times 1}$ 、 $\mathbf{Q} \in \mathbb{C}^{N\times N}$ 。

接下來將純量函數延伸至向量函數，考慮向量函數如下：

$$\mathbf{h}(\mathbf{w}) = \begin{bmatrix} h_1(\mathbf{w}) & h_2(\mathbf{w}) & \ldots & h_M(\mathbf{w}) \end{bmatrix} \in \mathbb{C}^{1\times M} \tag{A.46}$$

其中 $\{h_i(\mathbf{w})\}$ 皆爲複數純量函數。$\mathbf{h}(\mathbf{w})$ 對 $\mathbf{w}$ 的微分定義如下：

$$\nabla_{\mathbf{w}} \mathbf{h}(\mathbf{w}) = \begin{bmatrix} \nabla_{\mathbf{w}} h_1(\mathbf{w}) & \nabla_{\mathbf{w}} h_2(\mathbf{w}) & \ldots & \nabla_{\mathbf{w}} h_M(\mathbf{w}) \end{bmatrix} \in \mathbb{C}^{N\times M} \tag{A.47}$$

在此定義下，$\mathbf{h}(\mathbf{w})$ 對 $\mathbf{w}$ 微分爲零即等同於式中各個分量爲零：

$$\nabla_{\mathbf{w}} \mathbf{h}(\mathbf{w}) = \mathbf{O} \quad \leftrightarrow \quad \nabla_{\mathbf{w}} h_k(\mathbf{w}) = \mathbf{0}, \quad k = 1,2,\ldots,M \tag{A.48}$$

複數向量函數的向量微分常見的應用形式如下：

$$\nabla_{\mathbf{w}} \mathbf{w}^H \mathbf{R} = 2\mathbf{R} \tag{A.49}$$

其中 $\mathbf{R} \in \mathbb{C}^{N\times M}$ 。

3　此種定義與一般複變函數中的定義不同，此處是將複數視爲兩個正交的實數，與通訊系統中的複數信號概念相同。

參考文獻

[1] G. H. Golub and C. F. Van Loan, *Matrix Computations*, Fourth Edition, Johns Hopkins University Press, 2013.

附錄 B

最佳化理論簡介

本附錄所介紹的最佳化 (optimization) 問題聚焦於約束條件下 (constrained) 求取目標函數 (objective function) 的極值 [1] 及其對應的變數值，其標準數學形式如下：

$$\begin{aligned}&\min_{\mathbf{x}} f(\mathbf{x})\\&\text{subject to } \mathbf{x}\in\Omega\end{aligned} \tag{B.1}$$

其中 min 爲取最小值 (minimum) 的運算，$f(\mathbf{x})$ 爲目標函數，$\mathbf{x}=[x_1,x_2...,x_N]^T\in\mathbb{C}^{N\times1}$ 爲變數向量，Ω 爲 $\mathbb{C}^{N\times1}$ 的子集合，稱爲約束 (constraint) 集合或可行 (feasible) 集合。(B.1) 式所述爲於可行集合中尋找使 $f(\mathbf{x})$ 最小的 $\mathbf{x}$，及其相對應函數值。至於求取最大值的問題，可經由定義 $g(\mathbf{x}) = -f(\mathbf{x})$，並將目標函數由 $f(\mathbf{x})$ 改爲 $g(\mathbf{x})$ 即可：

$$\begin{aligned}&\min_{\mathbf{x}} g(\mathbf{x})=-f(\mathbf{x})\\&\text{subject to } \mathbf{x}\in\Omega\end{aligned} \tag{B.2}$$

此時 $f(\mathbf{x})$ 的最大值即爲 $g(\mathbf{x})$ 的最小值，因此解出 (B.2) 後將其最大值所對應的 $\mathbf{x}$ 代入 $f(\mathbf{x})$ 即可。

最基本的最佳化問題爲無約束條件下 (unconstrained) 的最佳化問題，其數學形式爲

$$\min_{\mathbf{x}} f(\mathbf{x}) \tag{B.3}$$

比較 (B.1) 及 (B.3) 式可發現，(B.3) 式中並無特定可行集合，亦即 $\mathbf{x}$ 可爲任意向量。此時求解的方法是尋找使 $f(\mathbf{x})$ 微分值爲 0 的 $\mathbf{x}$；由於最大值、最小值與鞍點 (saddle point) 的 $f(\mathbf{x})$ 微分值皆爲 0，需比較所有使 $f(\mathbf{x})$ 微分值爲 0 的 $\mathbf{x}$ 相對應的目標函數值後，方能決定 (B.3) 式的解。事實上，只有少數較單純的函數可解析出一階微分函數，因此相較於解析方法，數值方法搭配電腦輔助計算爲實務上常使用的最佳化問題求解替代方案 [2]。

通訊系統中常見的約束條件下最佳化問題，其數學形式如下：

$$\begin{aligned}&\min_{\mathbf{x}} f(\mathbf{x})\\&\text{subject to } g_k(\mathbf{x})=0,\quad k=1,2,...,K\end{aligned} \tag{B.4}$$

當 $f(\mathbf{x})$ 與 $\{g_k(\mathbf{x})\}$ 可解析出一階微分函數時，可利用拉格朗日定理 (Lagrange’s Theorem) 求解，拉格朗日定理指出當 $\mathbf{x}$ 爲 (B.4) 式的解，且 $\nabla_{\mathbf{x}}g_k(\mathbf{x})\neq\mathbf{0}$ 時，以下等式成立 [3]：

$$\nabla_{\mathbf{x}}f(\mathbf{x})+\sum_{k=1}^{K}\lambda_k\nabla_{\mathbf{x}}g_k(\mathbf{x})=\mathbf{0} \tag{B.5}$$

1　最大值 (maximum) 或最小值 (minimum)。
2　相關介紹請參考 [1]。
3　相關說明請參考 [1]，向量微分則請參考附錄 A。

其中 $\{\lambda_k\}$ 爲實數純量，稱爲拉格朗日乘數 (Lagrange multiplier)。結合 (B.5) 式與 (B.4) 式中的約束等式，可列出聯立方程式如下：

$$\begin{cases} \nabla_{\mathbf{x}} f(\mathbf{x}) + \sum_{k=1}^{K} \lambda_k \nabla_{\mathbf{x}} g_k(\mathbf{x}) = 0 \\ g_k(\mathbf{x}) = 0, \quad k = 1,2,..,K \end{cases} \tag{B.6}$$

(B.6) 式所描述者爲獲得最小值的必要條件，其解未必爲最小值，可能爲最大值、最小值或鞍點，因此需先找出所有可能的解 $\mathbf{x}$，並比較其相對應的 $f(\mathbf{x})$ 值，方能決定 (B.4) 式的眞正解。以上求解方法稱爲拉格朗日乘數法。

範例：拉格朗日乘數法

考慮實數向量 $\mathbf{x} = [x_1, x_2]^T \in \mathbb{R}^{2\times1}$，與最佳化問題如下：

$$\begin{aligned} &\min_{\mathbf{x}} x_1 x_2 \\ &\text{subject to } x_1^2 + x_2^2 - 1 = 0 \end{aligned} \tag{B.7}$$

此問題即爲在單位圓上尋找座標乘積最小的點。利用拉格朗日乘數法可得聯立方程式如下：

$$\begin{cases} x_2 + 2\lambda x_1 = 0 \\ x_1 + 2\lambda x_2 = 0 \\ x_1^2 + x_2^2 - 1 = 0 \end{cases} \tag{B.8}$$

符合 (B.8) 式的解爲

$$\begin{bmatrix} x_1 \\ x_2 \end{bmatrix} = \begin{bmatrix} 1/\sqrt{2} \\ 1/\sqrt{2} \end{bmatrix}, \begin{bmatrix} -1/\sqrt{2} \\ 1/\sqrt{2} \end{bmatrix}, \begin{bmatrix} 1/\sqrt{2} \\ -1/\sqrt{2} \end{bmatrix}, \begin{bmatrix} -1/\sqrt{2} \\ -1/\sqrt{2} \end{bmatrix} \tag{B.9}$$

其中符合乘積最小值有兩組解：

$$\begin{bmatrix} x_1 \\ x_2 \end{bmatrix} = \begin{bmatrix} -1/\sqrt{2} \\ 1/\sqrt{2} \end{bmatrix}, \begin{bmatrix} 1/\sqrt{2} \\ -1/\sqrt{2} \end{bmatrix} \tag{B.10}$$

拉格朗日乘數法可延伸至有不等式約束條件的最佳化問題，其數學形式如下：

$$\begin{aligned} &\min_{\mathbf{x}} f(\mathbf{x}) \\ &\text{subject to } g_k(\mathbf{x}) = 0, \quad k = 1,2,...,K \\ &\qquad\qquad h_l(\mathbf{x}) \le 0, \quad l = 1,2,...,L \end{aligned} \tag{B.11}$$

根據 Karush-Kuhn-Tucker (KKT) 定理 (Karush-Kuhn-Tucker Theorem)，(B.11) 式的解 $\mathbf{x}$ 須滿足以下聯立方程式[4]：

$$\begin{cases} \nabla_{\mathbf{x}} f(\mathbf{x}) + \sum_{k=1}^{K} \lambda_k \nabla_{\mathbf{x}} g_k(\mathbf{x}) + \sum_{l=1}^{L} \mu_l \nabla_{\mathbf{x}} h_l(\mathbf{x}) = 0 \\ g_k(\mathbf{x}) = 0, \quad k = 1,2,\ldots,K \\ h_l(\mathbf{x}) \le 0, \quad l = 1,2,\ldots,L \\ \sum_{l=1}^{L} \mu_l h_l(\mathbf{x}) = 0 \\ \mu_l \ge 0, \quad l = 1,2,\ldots,L \end{cases} \tag{B.12}$$

其中 $\{\mu_l\}$ 為實數純量，稱為 KKT 乘數 (KKT multiplier)，(B.12) 式則總稱為 KKT 條件 (KKT condition)。與 (B.6) 式類似，需先找出所有可能的解 $\mathbf{x}$，並比較其相對應的 $f(\mathbf{x})$ 值，方能決定 (B.12) 式的真正解。

範例：KKT 乘數法

考慮實數向量 $\mathbf{x} = [x_1, x_2]^T \in \mathbb{R}^{2\times1}$，與最佳化問題如下：

$$\begin{aligned} &\min_{\mathbf{x}} x_1^2 + x_2 \\ &\text{subject to } x_1 - x_2 + 2 = 0 \\ &\qquad\qquad x_1 + x_2 - 1 \le 0 \end{aligned} \tag{B.13}$$

利用 KKT 乘數法可得聯立方程式如下：

$$\begin{cases} 2x_1 + \lambda + \mu = 0 \\ 1 - \lambda + \mu = 0 \\ x_1 - x_2 + 2 = 0 \\ x_1 + x_2 - 1 \le 0 \\ \mu(x_1 + x_2 - 1) = 0 \\ \mu \ge 0 \end{cases} \tag{B.14}$$

首先假設 $\mu > 0$，則 $x_1 + x_2 = 1$，可得解如下：

$$\begin{bmatrix} x_1 \\ x_2 \end{bmatrix} = \begin{bmatrix} -1/2 \\ 3/2 \end{bmatrix}, \quad \lambda = 1, \quad \mu = 0 \tag{B.15}$$

4　相關說明請參考 [1]。

此解顯然違背了 $\mu > 0$ 的假設，因此非合法解。其次假設 $\mu = 0$，再解 (B.14) 式，可得與 (B.15) 式相同的解，經二階微分判別，可確定此即爲眞正解。

雖然理論上 (B.4) 及 (B.12) 式可利用拉格朗日及 KKT 乘數法求解，惟其確切解通常難以解析方法獲得，因此實務上常使用其他數値方法求解 [5]。在 (B.11) 式中，若 $f(\mathbf{x})$ 與 $\{h_l(\mathbf{x})\}$ 皆爲凸 (convex) 函數，且 $\{g_k(\mathbf{x})\}$ 爲仿射 (affine) 函數，此時最佳化問題稱爲凸最佳化 (convex optimization) 問題。凸最佳化問題的全域解 (global solution) 相對較容易獲得，近年來在通訊系統中的應用相當廣泛活躍，幾乎所有領域均可見其蹤跡，如：檢測、編碼、波束成形、資源配置、網路規劃等 [6]。

5　請參考 [1]。
6　請參考 [2]。

參考文獻

[1] E. K. P. Chong and S. H. Żak, *An introduction to Optimization*, Fourth Edition, John Wiley and Sons, 2013.

[2] D. P. Palomar and Y. C. Eldar, *Convex Optimization in Signal Processing and Communications*, Cambridge University Press, 2010.

INDEX

A

B

C

D

E

F

G

H

I

J

K

L

M

N

O

P

Q

R

S

T

U

V

W

X

Z

（請由此線剪下）

讀者回函卡

掃 QRcode 線上填寫 ▶▶▶

姓名：＿＿＿＿＿＿ 生日：西元＿＿＿＿年＿＿＿月＿＿＿日 性別：□男 □女

電話：（ ）＿＿＿＿＿ 手機：＿＿＿＿＿＿

e-mail：（必填）＿＿＿＿＿＿＿＿＿＿＿＿

註：數字零，請用 Φ 表示，數字 1 與英文 L 請另註明並書寫端正，謝謝。

通訊處：□□□□□＿＿＿＿＿＿＿＿＿＿＿＿

學歷：□高中・職 □專科 □大學 □碩士 □博士

職業：□工程師 □教師 □學生 □軍・公 □其他

學校／公司：＿＿＿＿＿＿＿＿ 科系／部門：＿＿＿＿＿＿＿＿

・需求書類：

□ A. 電子 □ B. 電機 □ C. 資訊 □ D. 機械 □ E. 汽車 □ F. 工管 □ G. 土木 □ H. 化工 □ I. 設計

□ J. 商管 □ K. 日文 □ L. 美容 □ M. 休閒 □ N. 餐飲 □ O. 其他

・本次購買圖書為：＿＿＿＿＿＿＿＿＿＿ 書號：＿＿＿＿＿＿

・您對本書的評價：

封面設計：□非常滿意 □滿意 □尚可 □需改善，請說明＿＿＿＿＿＿＿＿

內容表達：□非常滿意 □滿意 □尚可 □需改善，請說明＿＿＿＿＿＿＿＿

版面編排：□非常滿意 □滿意 □尚可 □需改善，請說明＿＿＿＿＿＿＿＿

印刷品質：□非常滿意 □滿意 □尚可 □需改善，請說明＿＿＿＿＿＿＿＿

書籍定價：□非常滿意 □滿意 □尚可 □需改善，請說明＿＿＿＿＿＿＿＿

整體評價：請說明＿＿＿＿＿＿＿＿＿＿＿＿＿＿＿＿

・您在何處購買本書？

□書局 □網路書店 □書展 □團購 □其他＿＿＿＿＿＿＿＿

・您購買本書的原因？（可複選）

□個人需要 □公司採購 □親友推薦 □老師指定用書 □其他＿＿＿＿＿＿

・您希望全華以何種方式提供出版訊息及特惠活動？

□電子報 □ DM □廣告（媒體名稱＿＿＿＿＿＿＿＿＿＿＿＿）

・您是否上過全華網路書店？（www.opentech.com.tw）

□是 □否 您的建議＿＿＿＿＿＿＿＿＿＿＿＿＿＿＿＿

・您希望全華出版哪方面書籍？＿＿＿＿＿＿＿＿＿＿＿＿

・您希望全華加強哪些服務？＿＿＿＿＿＿＿＿＿＿＿＿

感謝您提供寶貴意見，全華將秉持服務的熱忱，出版更多好書，以饗讀者。

填寫日期：　　/　　/

2020.09 修訂

親愛的讀者：

感謝您對全華圖書的支持與愛護，雖然我們很慎重的處理每一本書，但恐仍有疏漏之處，若您發現本書有任何錯誤，請填寫於勘誤表內寄回，我們將於再版時修正，您的批評與指教是我們進步的原動力，謝謝！

全華圖書　敬上

勘　誤　表

書　號		書　名		作　者	
頁　數	行　數	錯誤或不當之詞句		建議修改之詞句	

我有話要說：（其它之批評與建議，如封面、編排、內容、印刷品質等・・・）